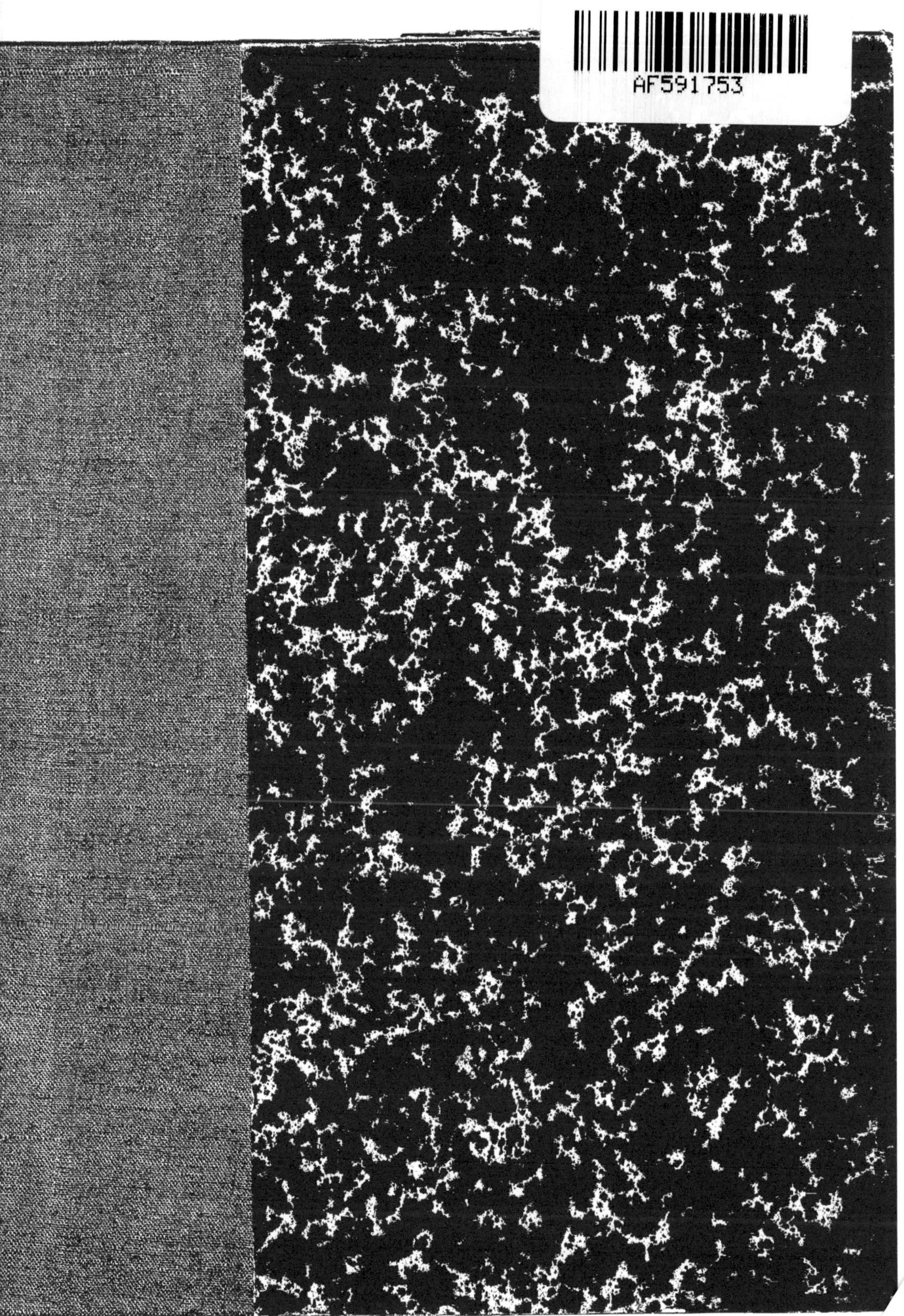

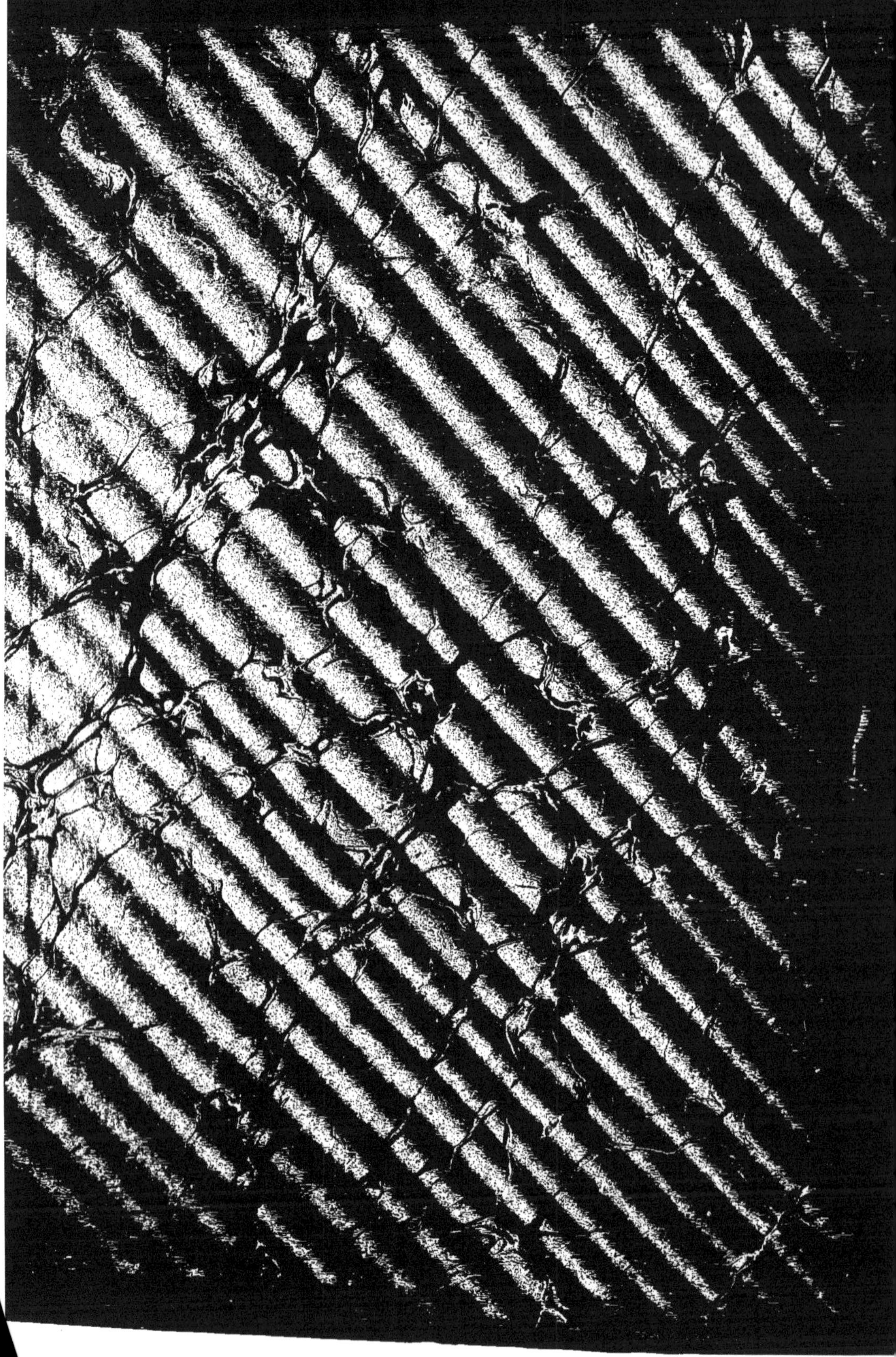

MINISTÈRE DES TRAVAUX PUBLICS

MÉMOIRES

POUR SERVIR À L'EXPLICATION

DE

LA CARTE GÉOLOGIQUE DÉTAILLÉE DE LA FRANCE

RECHERCHES

SUR

LA CRAIE SUPÉRIEURE

PREMIÈRE PARTIE

STRATIGRAPHIE GÉNÉRALE

PAR

A. DE GROSSOUVRE

INGÉNIEUR EN CHEF DES MINES

FASCICULE II

PARIS

IMPRIMERIE NATIONALE

MDCCCCI

STRATIGRAPHIE

DE

LA CRAIE SUPÉRIEURE

MINISTÈRE DES TRAVAUX PUBLICS

MÉMOIRES

POUR SERVIR À L'EXPLICATION

DE

LA CARTE GÉOLOGIQUE DÉTAILLÉE DE LA FRANCE

RECHERCHES

SUR

LA CRAIE SUPÉRIEURE

PREMIÈRE PARTIE

STRATIGRAPHIE GÉNÉRALE

PAR

A. DE GROSSOUVRE

INGÉNIEUR EN CHEF DES MINES

FASCICULE II

PARIS

IMPRIMERIE NATIONALE

MDCCCCI

CHAPITRE XIV.

LA CRAIE DANS LES ALPES CENTRALES ENTRE L'ARVE ET LE RHIN.

Immédiatement après avoir traversé la vallée de l'Arve, nous rencontrons sur sa rive droite, en avant des Hautes-Alpes calcaires formées par les massifs de la Dent du Midi, des Diablerets et de la Dent de Morcles, une série de chaînes qui s'étendent jusqu'à l'Aar et qui, par leur composition et leur tectonique, se distinguent nettement des chaînes voisines. Ce système constitue une unité bien tranchée à laquelle on a donné le nom de Préalpes romandes : parfois, on le désigne simplement sous celui de Préalpes, bien que M. Renevier ait proposé d'appeler Préalpes allemandes les chaînes externes qui, au delà du lac de Thoune, vont du Pilate aboutir au Köpfenstock. Mais si ces dernières sont bien la continuation orographique des Préalpes situées à l'Ouest de l'Aar, beaucoup de géologues contestent qu'elles en soient le prolongement tectonique et proposent d'abandonner cette dernière dénomination. Pour cette même raison, ils rejettent également le terme de zone du Chablais appliqué par M. Diener à l'ensemble des Préalpes romandes et des Préalpes allemandes.

Sans discuter cette question, ce qui m'entraînerait trop en dehors de l'objet plus spécial de mes recherches et me conduirait sur un terrain de controverses actuellement encore loin d'être épuisées, je me bornerai à remarquer que les couches crétacées se présentent dans des conditions assez différentes de part et d'autre de la vallée de l'Aar et du lac de Thoune; j'étudierai donc successivement les deux régions limitées par cette dépression.

I

CHAÎNES ENTRE L'ARVE ET L'AAR.

La région des Préalpes est-elle, en entier ou en partie, une nappe de recouvrement due à un charriage grandiose? Vient-elle du Nord? ou du Sud? Est-elle formée au contraire de zones indépendantes ayant la forme d'éventails imbriqués? Hypothèses, auxquelles on pourrait en ajouter encore bien d'autres, que je ne suis pas en mesure de discuter : ceux que l'étude de ces questions intéresse devront se reporter aux mémoires de MM. Lugeon et Hans Schardt[1] dans lesquels toutes les solutions proposées sont examinées avec la plus grande compétence, après de longues recherches sur le terrain.

Tout en laissant de côté le point de vue purement tectonique, je ne puis cependant m'empêcher de dire quelques mots d'un des principaux arguments mis en avant par ceux qui se sont attachés à démontrer l'existence de charriages énormes, quelle que fût d'ailleurs la solution particulière adoptée par chacun d'eux. Je veux parler des contrastes frappants que l'on observe, dans la région des Préalpes, entre des dépôts de même âge placés presque en contact : des terrains si dissemblables ont paru ne pouvoir être, dans ces conditions, des facies latéraux les uns des autres. On en a conclu qu'ils avaient dû être dérangés de leurs positions primitives, ce qui est indiscutable, et, en outre, qu'ils provenaient de régions très éloignées les unes des autres : c'est là le point qui me paraît contestable et que je ne puis considérer comme une conséquence nécessaire des différences observées.

En dehors même de l'hypothèse d'un charriage à grandes distances, je n'en admets pas moins que certaines parties de cette zone ont éprouvé des dérangements importants par le fait même des plissements subis par les couches,

(1) Voir sur cette question, parmi les nombreux travaux dont la bibliographie a été donnée par MM. Lugeon et Hans Schardt :

1893. Hans Schardt, *Origine des Préalpes romandes.* (*Eclogæ geologicæ Helvetiæ*, IV, p. 129.)

1894. E. Haug, *L'origine des Préalpes romandes et les zones de sédimentation des Alpes de la Suisse et de la Savoie.* (*Archives des sc. phys. et nat.*, XXXII.)

1896. M. Lugeon, *La région de la brèche du Chablais.* (*Bul. des Services de la Carte géologique de la France*, n° 49, VII.)

1898. Hans Schardt, *Les régions exotiques du versant Nord des Alpes suisses. Préalpes du Chablais et du Stockhorn et les Klippes.* (*Bul. Soc. vaudoise des sc. nat.*, XXXIV.)

de sorte que l'on peut aujourd'hui observer au voisinage immédiat l'un de l'autre des dépôts autrefois fort éloignés.

Mais lorsqu'il s'agit d'apprécier les modifications de facies dans le sens horizontal, on ne doit pas oublier que ces changements n'ont pas toujours lieu par des passages graduels, lents et ménagés, qu'ils se produisent assez souvent d'une manière fort brusque, et que leurs limites peuvent être fort nettes et très tranchées. J'en citerai comme exemple un seul cas qui, je dois l'avouer, m'a fort embarrassé à l'époque où je me suis trouvé en sa présence : il s'agissait des différences de facies qu'offrent sur les deux rives de la Loire, en aval de la Charité, les calcaires de l'Oxfordien supérieur et du Rauracien. Sur la rive gauche, leur grain est si fin qu'on a pu les qualifier de lithographiques; sur la rive droite, au contraire, ils sont oolithiques, à grains de grosseur variable. La limite, formée par la vallée de la Loire, est absolument tranchée sans que l'on puisse trouver de passage latéral : on a là deux facies bien différents, en contact absolument régulier et normal.

C'est là une circonstance qu'il ne faut pas perdre de vue et qui montre que l'argument invoqué n'est peut-être pas aussi décisif qu'on le pense : pour ma part, je considère que le voisinage de couches, dont les unes possèdent ce que l'on a appelé le facies helvétique et les autres le facies alpin, n'indique pas nécessairement l'existence de déplacements immenses.

Je reviens, après cette digression, à l'étude des couches crétacées des Préalpes[1].

Dans toute la partie septentrionale de cette région, c'est-à-dire dans les chaînes de la bordure extérieure, on voit en général les couches néocomiennes succéder par transitions ménagées à celles du Jurassique supérieur. Dans le petit massif du Monsalvens seul, Gilliéron indique que le Tithonique semble avoir subi une érosion avant le dépôt du Néocomien et que l'horizon de Berrias, constitué par des calcaires plus ou moins durs, bleus ou gris foncé, et des

[1] 1873. V. Gilliéron, *Les Alpes de Fribourg en général et Montsalvens en particulier.* (*Matériaux pour la Carte géologique de la Suisse*, 12ᵉ livraison.)

1885. V. Gilliéron, *Description géologique des territoires de Vaud, Fribourg et Berne compris dans la feuille XII entre le lac de Neufchâtel et la crête du Niesen.* (*Matériaux pour la Carte géologique de la Suisse*, 18ᵉ livraison.)

1887. E. Favre et Hans Schardt, *Description géologique des Préalpes du canton de Vaud et du Chablais jusqu'à la Dranse et la chaîne des Dents du Midi.* (*Matériaux pour la Carte géologique de la Suisse*, 22ᵉ livraison.)

marnes schisteuses de teintes plus sombres, paraît renfermer, avec des fossiles néocomiens francs, des fossiles tithoniques remaniés.

De ce côté, le Néocomien, comme disent les géologues suisses, ou plutôt l'Infracrétacé, se présente avec des caractères tout spéciaux. Gilliéron donne la succession suivante de bas en haut :

1° 5 mètres de calcaires à *Ostrea rectangularis, Bel. pistilliformis, Bel. bipartitus* et fossiles jurassiens;

2° 30 mètres de couches calcaires et marneuses à *Bel. latus* avec fossiles alpins pyriteux (facies méditerranéen ou alpin);

3° Une assise de 100 mètres environ d'épaisseur, appelée par Gilliéron Néocomien bleu, subdivision très puissante, composée comme la précédente de calcaires en bancs épais entremêlés de marnes plus ou moins schisteuses avec fossiles alpins (facies méditerranéen);

4° 30 mètres de calcaire oolithique, facies de charriage caractérisé par des Brachiopodes (facies jurassien);

5° Enfin 15 mètres de calcaires noirs, avec traces rares de fossiles, que Gilliéron compare aux calcaires urgoniens.

Cette composition particulière de l'Infracrétacé, qui rappelle le type mixte des environs de Grenoble, se retrouve avec des caractères atténués de l'autre côté de la vallée de la Sarine.

Dans la chaîne du Niremont, de Semsales à Montreux, à la base du Néocomien, une assise marneuse, désignée par Ooster sous le nom de *Marnes à Ptéropodes*, est formée par des marnes grises, le plus souvent assez compactes, parfois un peu schisteuses et renfermant une faune littorale. Les fossiles, de petites dimensions, sont rares en certains points et abondants sur d'autres : ils comprennent des Gastropodes (Nérinées, Actéonines, Cérithes), des Bivalves, des Bryozoaires, des Échinodermes et notamment une grande quantité d'articles de Crinoïdes, des Polypiers, des Spongiaires, des Foraminifères et en outre quelques Céphalopodes (*Bel. bipartitus, Bel. latus, Bel. pistilliformis, Am. Grasi*); c'est donc une faune nettement littorale.

Mais, partout ailleurs, dans les chaînes extérieures des Préalpes, aussi bien sur la rive droite du Rhône que sur le bord méridional du Léman, les étages inférieurs du système infracrétacé se présentent avec un caractère méditerranéen bien caractérisé et sont constitués par une série de calcaires gris clair ou gris foncé, en bancs peu épais, parfois séparés par de minces lits marneux; les rognons siliceux y sont très abondants.

Cependant, dans l'arête des Pléiades, MM. Favre et Hans Schardt ont signalé un banc de brèche avec fragments calcaires, anguleux ou roulés, entremêlés de débris d'Échinodermes, facies que nous retrouverons sur la rive droite de l'Aar.

La faune des calcaires infracrétacés est très abondante, surtout en Céphalopodes, et est en particulier bien représentée dans le gisement de Châtel-Saint-Denis, mais les listes qu'on en a données manquent certainement d'homogénéité et l'on y voit figurer avec des espèces hauteriviennes d'autres barrémiennes : *Am. Grasi*, *Am. Leopoldi*, *Am. radiatus*, *Am. Astieri* avec *Am. difficilis*, *Am. Didayi*, *Crioceras Emerici* et même avec des espèces de l'Aptien inférieur, telles que *Ancyloceras Matheroni*, *Anc. gigas*.

En résumé, d'une manière générale, les étages infracrétacés possèdent le facies alpin (méditerranéen) dans les Préalpes extérieures, et lorsque l'on recoupe les divers terrains en allant de la bordure externe vers le centre du massif des Préalpes, on constate d'abord un amincissement du système, puis sa disparition complète dans les chaînes médianes situées au Sud de celles des Tours d'Aï et des Gastlosen.

Cet amaigrissement du terrain infracrétacé en s'approchant de la zone médiane est-il dû uniquement à des érosions antérieures au dépôt du Crétacé supérieur, ou résulte-t-il, du moins en partie, d'une diminution de puissance de chacun des étages? C'est ce qui n'a pas encore été précisé jusqu'à ce jour : cependant il semble bien que la première cause a joué le rôle prédominant, car, même au voisinage de la zone médiane, les couches possèdent encore le facies alpin, ce qui exclut l'hypothèse de la proximité d'anciens rivages. D'ailleurs, comme l'a fait observer M. Lugeon, la présence d'un lambeau de calcaire à *Bel. pistilliformis* à la pointe de Vésine (massif de la Haute-Pointe, entre la Dranse et le Giffre), c'est-à-dire dans le prolongement de la chaîne des Gastlosen, au milieu d'une région où l'Infracrétacé fait en général défaut et où le Supracrétacé repose directement sur le Jurassique supérieur, confirme cette manière de voir.

Au Sud-Est des Préalpes, l'Infracrétacé reparaît dans les hautes chaînes calcaires du désert de Platé, du massif de Fiz, de la Dent du Midi et des Diablerets, mais avec un facies tout différent de celui qui vient d'être indiqué et qui rappelle plutôt celui des couches du Jura.

Dans le massif de la Dent du Midi, les couches infracrétacées possèdent, d'après les travaux de MM. E. Favre et Hans Schardt, le facies jurassien le plus franc : elles débutent par des schistes avec *Ostrea Couloni* que surmontent des calcaires avec débris de Crinoïdes, puis des calcaires marneux à *Toxaster complanatus* et *Ostrea rectangularis.*

Alors vient une masse épaisse (60 à 80 m.) de calcaires à facies corallien, les calcaires urgoniens, dans lesquels on peut distinguer une subdivision inférieure qui, pour certains géologues, constitue l'Urgonien proprement dit, et au-dessus des calcaires à teinte plus jaune, caractérisés par l'abondance des Orbitolines, qui, avec de nouveaux calcaires compacts semblables à ceux de l'Urgonien, constituent l'étage Rhodanien de M. Renevier.

Ce puissant massif calcaire joue dans le paysage des montagnes alpines un rôle bien tranché, grâce aux escarpements si pittoresques qu'il forme; il est recouvert par une faible épaisseur (6 m.) de grès compacts, jaunâtres ou gris, avec grains verts, au milieu desquels s'intercalent quelques lits schisteux : cette nouvelle assise, peu fossilifère, est rattachée par les géologues suisses à l'Aptien.

L'Albien est représenté par un grès d'une dureté extrême, ressemblant à un quartzite et renfermant quelques Céphalopodes caractéristiques; mais à côté d'espèces telles qu'*Am. Milleti,* toujours confiné à la base de cet étage, on en cite d'autres, telles que *Am. Mantelli, Am. varians,* qui appartiennent au Cénomanien.

Sur la rive droite du Rhône [1], nous trouvons dans les Hautes-Alpes vaudoises le Valanginien formé par une puissante masse de schistes noirs, pauvres en fossiles, renfermant quelques Ammonites, parmi lesquelles des *Phylloceras,* ce qui tendrait à rattacher ce niveau au type alpin.

A Saint-Maurice, des schistes noirs, qui paraissent l'équivalent de ces couches valanginiennes, mais ne renferment aucuns fossiles, sont recouverts par des calcaires noirs à *Requienia* cf. *eurystoma* et à Nérinées, surmontés par l'Hauterivien à *Toxaster complanatus.*

L'Hauterivien présente partout, contrairement au Valanginien, le facies jurassien bien caractérisé : il est constitué par des calcaires compacts et des marnes schisteuses à Toxasters (*Tox. complanatus, Ostrea rectangularis, O. Couloni*); cependant M. Renevier y cite deux *Lytoceras : L. subfimbriatum, L. Honnorati.*

[1] 1890. E. Renevier, *Monographie géologique des Hautes-Alpes vaudoises et parties avoisinantes du Valais.* (*Matériaux pour la Carte géologique de la Suisse,* 16e livraison.)

L'ensemble de ces couches infracrétacées paraît avoir comme équivalent plus au Nord des calcaires bleuâtres bien lités alternant avec des schistes marneux qui s'étendent des environs de Cheville au Nord-Est jusqu'à Javernaz au Sud-Ouest. Ces couches, avec un facies alpin bien caractérisé, possèdent une faune de Céphalopodes assez nombreuse : dans la liste donnée par M. Renevier, on trouve associés des fossiles valanginiens, hauteriviens et barrémiens; trois ou quatre espèces aptiennes y figurent même. La plupart de ces fossiles sont éminemment caractéristiques du facies alpin et se retrouvent dans les couches des Voirons et des Alpes françaises.

Mais tandis que ces calcaires bleuâtres ne sont pas surmontés par les calcaires coralliens à Réquiénies, ou comme l'on dit ordinairement par les calcaires urgoniens, dans le reste du massif, c'est-à-dire plus au Sud, les couches à Toxasters sont recouvertes par une épaisseur considérable de calcaires blancs compacts, particulièrement bien développés dans la crête de l'Argentine.

Dans cette masse calcaire, M. Renevier distingue un niveau inférieur caractérisé par *Requienia ammonia*, qui, pour lui, est l'Urgonien proprement dit, et un niveau supérieur où le Rudiste précédent fait défaut et où apparaissent, au contraire, en abondance les Orbitolines (*O. lenticularis*) absentes dans les couches inférieures : c'est le Rhodanien de M. Renevier.

Au-dessus de ces calcaires coralliens à Rudistes se montrent, d'une manière peu constante d'ailleurs, des calcaires grenus, spathoïdes, ou des grès ordinairement verdâtres, d'une faible épaisseur, habités par une faune de Bivalves de grande taille et à coquille épaisse : ces couches pourraient appartenir aussi bien à l'Albien qu'à l'Aptien.

Le premier de ces étages est certainement représenté au-dessus des couches à Bivalves par des calcaires noirâtres et des grès tendres verdâtres renfermant une faune de Céphalopodes albiens bien caractérisés.

Ainsi l'on peut considérer, dans la région comprise entre l'Arve et l'Aar, trois zones :

L'une, au Nord, dans laquelle les couches infracrétacées se présentent avec le facies alpin et ne paraissent pas monter plus haut que le Barrémien et peut-être l'Aptien : les calcaires urgoniens à Rudistes y font complètement défaut.

Puis une zone centrale dans laquelle les couches infracrétacées n'existent plus, ayant été enlevées par des érosions.

Enfin une zone méridionale dans laquelle le type alpin existe encore vers sa limite Nord, tandis que partout ailleurs le facies jurassien prédomine : les calcaires urgoniens y sont bien développés, sauf dans la petite région septentrionale à facies alpin où ils manquent.

Dans ces trois zones, le Crétacé supérieur se présente lui-même sous des aspects un peu différents.

Dans la chaîne du Nirmont et dans le massif de Monsalvens, il est représenté par des calcaires marneux, schisteux, tendres, le plus souvent d'un blanc sale, mais parfois aussi prenant des teintes verdâtres et bleuâtres ou montrant des tâches d'un bleu noirâtre : ces calcaires marneux sont entrecoupés, de distance en distance, par des bancs plus compacts, plus résistants et d'ailleurs peu épais. La puissance totale de cette assise est d'environ 100 mètres. Comme fossiles, on y a signalé *Inoceramus Brongniarti* et *Micraster breviporus*.

Il est probable que, sur certains points, le Crétacé supérieur marneux prend un facies crayeux, car quelques auteurs ont parlé de la craie blanche de Semsales, mais nulle part je n'ai pu trouver de détails sur cette prétendue craie.

En s'avançant vers le Sud, les caractères de l'assise se modifient un peu : c'est toujours une roche schisteuse, mais elle est souvent tachetée de rouge. A part les Foraminifères, les fossiles y sont rares : quelques dents de Carcharodon et des Inocérames.

Il semble que, par cette région de transition, l'on passe peu à peu aux calcaires schisteux rouges qui prédominent à partir de la chaîne des Gastlosen et s'étendent de là en transgression sur la zone médiane des Préalpes où, à l'Est du Rhône, ils reposent directement sur le Jurassique supérieur. Sur l'autre rive, on les retrouve avec les mêmes caractères, en superposition tantôt sur le Néocomien, tantôt sur le Jurassique supérieur, le Jurassique inférieur et même la Brèche.

Ce facies particulier du Crétacé supérieur est bien caractérisé par sa couleur rouge : cependant, sur certains points, celle-ci fait place à une teinte gris verdâtre qui s'enchevêtre irrégulièrement avec le rouge.

La puissance totale de cette assise peut atteindre 200 mètres.

Les roches de ce niveau, calcaires et marnes, de caractères assez variables, se présentent presque toujours en bancs minces irréguliers, rarement compacts, qui alternent parfois avec des marnes schisteuses. Cette disposition en petits bancs leur a fait donner le nom de schistes rouges.

MM. E. Favre et Hans Schardt ont montré que, dans la chaîne de Cray, la séparation entre le Néocomien et les Couches rouges est tout à fait tranchée : au-dessus des calcaires néocomiens avec rognons siliceux, on observe une couche épaisse de 15 à 20 centimètres très ferrugineuse et remplie de rognons siliceux[1] rouges : la matière qui les englobe est presque un véritable minerai de fer et ressemble à une hématite impure.

Sur l'autre rive du Rhône, les Couches rouges sont également très ferrugineuses à la base. MM. E. Favre et Hans Schardt signalent une épaisseur de 10 centimètres de minerai de fer au col de Riss et aux Roches de Bellevue ou de Treveneusaz. « En plusieurs endroits », disent-ils, « on croit même constater que les Couches rouges pénètrent dans des anfractuosités ou poches du Malm, comme si celui-ci avait été érodé. »

On a fait de nombreuses théories sur la nature, l'origine et l'âge de ces dépôts.

On a même supposé que, quand ils surmontent les couches infracrétacées, ils représentent toute la série située immédiatement au-dessus et que, là où ils sont en contact direct avec le Malm, leur base pourrait bien être l'équivalent latéral de l'Infracrétacé tout entier.

Cette interprétation ne me paraît guère concorder avec les faits observés jusqu'à ce jour, car, d'une part, Gilliéron, E. Favre et M. Hans Schardt ont constaté une séparation tranchée entre le Néocomien et les Couches rouges, et, d'autre part, la transgressivité de ces dernières, qui reposent indifféremment sur la Brèche, le Jurassique supérieur et le Néocomien, indique certainement une lacune : le petit lambeau néocomien de la Pointe de Vésine, isolé au milieu d'une région où les Schistes rouges reposent directement sur le Jurassique, montre clairement que des érosions ont eu lieu après le dépôt des couches infracrétacées.

Ces diverses observations prouvent suffisamment que les Couches rouges appartiennent au Supracrétacé : le représentent-elles tout entier ou en partie seulement, c'est ce qu'il est encore bien difficile de dire dans l'état actuel de nos connaissances.

On a cité de ces couches *Micraster breviporus*, ce qui semblerait indiquer

[1] Seraient-ce des rognons siliceux d'origine néocomienne, résidus d'une décalcification? Il est à remarquer qu'ils font complètement défaut plus haut dans l'assise. Nous verrons plus loin que ces couches ferrugineuses sont imprégnées de silice : peut-être ces rognons seraient-ils dus à une concentration locale de la silice?

l'existence de l'étage Turonien. Pour ma part, je n'oserais pas aller si loin, car préciser un niveau sur la détermination d'un seul Échinide me paraît bien hasardé. Je me bornerai à rappeler que, dans l'Aquitaine, il existe jusque vers le sommet de la craie des formes bien voisines du *M. breviporus* (=*M. carentonensis*, Lambert) qui ne sont pas toujours faciles à en distinguer [1].

Je serais assez porté à croire que les Couches rouges des Préalpes correspondent uniquement au sommet de la craie : des raisons de stratigraphie générale sur lesquelles je reviendrai plus tard et diverses autres considérations que je vais avoir l'occasion d'exposer dans un instant me déterminent à adopter de préférence cette manière de voir.

Si l'âge de cette assise a donné lieu à des opinions assez variées, même parmi les géologues qui sont d'accord pour la rattacher à l'ère crétacée, une thèse plus extrême encore a été récemment soutenue par M. Quereau [2], qui a cherché à démontrer que les Schistes rouges des Préalpes sont l'équivalent des calcaires rouges du Jurassique supérieur alpin.

Cette idée, ou tout au moins une autre fort analogue, avait d'ailleurs été émise, il y a bien longtemps déjà, par Ooster [3] : à la suite de l'examen d'un certain nombre de fossiles recueillis dans les Alpes de Wimmis par un collecteur, il avait déclaré que ces couches appartenaient au Jurassique moyen. En réalité, comme l'a montré Gilliéron [4], Ooster avait confondu deux couches rouges différentes, dont l'une appartient en effet au Jurassique moyen, mais dont l'autre est située au-dessus du Néocomien. L'examen des divers gisements cités par Ooster confirme complètement l'assertion de Gilliéron et explique bien la présence d'espèces vraiment jurassiques dans les séries qu'il avait étudiées : on y voit figurer, à côté de localités où existent des calcaires incontestablement jurassiques, d'autres où affleurent les Couches rouges proprement dites, celles qui sont rattachées au Crétacé par la plupart des géologues.

Il est particulièrement intéressant de trouver, parmi les fossiles décrits par Ooster, deux espèces provenant précisément de ces dernières, des calcaires

(1) Voir précédemment page 17.

(2) 1893. Dr E. Quereau, *Die Klippenregion von Iberg* (*Beitr. zur geol. Karte der Schweiz*, 33e Lieferung).

(3) 1869. Ooster, *Protozœ helvetica. Die fossile Fauna des rothen Kalkes bei Wimmis.*

1869. V. Fischer-Ooster, *Protozœ helvetica. Geognotische Beschreibung von Wimmis.*

(4) 1885. Gilliéron, *Description géologique des terrains de Vaud, Fribourg et Berne compris dans la feuille XII entre le lac de Neufchâtel et la crête de Niesen.* (*Matériaux pour la carte géologique de la Suisse*, 18e livraison.)

rouges du Simmenfluh, près Wimmis. Ooster les regardait comme d'âge jurassique : il me paraît bien difficile d'accepter cette manière de voir.

L'un de ces fossiles est un énorme Inocérame décrit sous le nom d'*In. Brunneri* (Pl. I, fig. 1, 5; Pl. II, fig. 1) : il a 330 millimètres de longueur et son test relativement mince n'a que de 1 à 5 millimètres d'épaisseur. Ooster dit bien que l'on en trouve de semblables dans les calcaires rouges des Alpes Orientales, mais je ne crois pas qu'aucune découverte ait confirmé cette dernière assertion et que l'on ait jamais rencontré dans des calcaires jurassiques bien authentiques des Inocérames de la taille de celui de Wimmis : par ce caractère, celui-ci rappelle au contraire des formes du Crétacé tout à fait supérieur.

D'autre part, de ces mêmes couches du Simmenfluh, Ooster a figuré un Échinide (Pl. II, fig. 6) sous le nom de *Collyrites friburgensis*, Ooster, 1865. Je ne vois aucune ressemblance entre lui et le Collyrite du Synopsis : il me rappelle plutôt certaines espèces des couches crétacées supérieures des Pyrénées, des Calcaires à Stegasters des environs de Pau, et les profils des figures d'Ooster s'adapteraient assez bien à ceux du *Stegaster altus*.

Ce qui me confirme dans cette interprétation, c'est que, précisément, M. de Loriol a décrit du calcaire de Semsales, un Échinide, le *Cardiaster Gillieroni*, qui est un *Stegaster*.

Ce ne sont pas d'ailleurs les seuls fossiles crétacés cités de ces couches : j'ai déjà parlé des Micrasters identifiés à *M. breviporus*. Mérian a signalé en outre le *Bourgueticrinus ellipticus*. Des dents de *Carcharodon* y ont été trouvées par plusieurs géologues.

Tous ces fossiles démontrent d'une manière incontestable l'âge crétacé des Couches rouges des Préalpes, et je considère même, d'après les fossiles figurés par Ooster, que la zone crétacée la plus élevée, le niveau à Stegasters des Pyrénées, y est représentée.

Je ne puis donc me rallier aux conclusions de M. Quereau déduites uniquement de la considération de la faune microscopique des schistes rouges des chaînes fribourgeoises.

Ce savant base son argumentation sur l'analogie de ces calcaires avec ceux du sommet des Mythes et du Rothe Fluh, ressemblance sur laquelle il insiste après Gilliéron et M. Hans Schardt; mais tandis que ceux-ci en concluaient l'âge crétacé de ces derniers, M. Quereau, par un raisonnement inverse, considérant que les calcaires des Mythes sont d'âge tithonique, en déduit que les couches rouges des Alpes fribourgeoises appartiennent au même niveau.

L'âge tithonique de celles des Mythes et du Rothe Fluh pourrait être mis en doute, car cette conclusion repose uniquement, comme le fait remarquer M. Lugeon, sur la présence de fossiles signalés par Stutz, qui n'ont pas été retrouvés par M. Quereau, bien qu'il ait étudié cette région avec un soin particulier.

Laissons donc de côté, pour l'instant, les couches rouges des Mythes qui pourraient être crétacées ou jurassiques, et examinons les autres arguments tirés par M. Quereau de l'étude de la faune microscopique. D'accord avec M. Hans Schardt, il établit qu'elle est différente de celle des Calcaires de Seewen; elle lui paraît tout à fait semblable à celle des calcaires rouges tithoniques des Alpes-Orientales.

En réponse à cet argument, M. Lugeon a fait remarquer que les différences de faunes entre les Schistes rouges et le Calcaire de Seewen résultent surtout du degré de fréquence des diverses formes, mais que les mêmes espèces y paraissent représentées [1] : il ajoute que des déterminations spécifiques de Foraminifères, d'après le seul examen de plaques minces, n'offrent guère de garanties.

Les différences signalées entre les faunes des deux niveaux pourraient s'expliquer aussi, à mon avis, soit par une différence d'âge, les Schistes rouges et le Calcaire de Seewen, crétacés tous les deux, pouvant ne pas appartenir exactement au même horizon, soit par des différences dans les conditions de dépôt, deux faunes contemporaines de Foraminifères devant varier avec les circonstances du milieu : profondeur et température des eaux, etc.

En tout cas, les fossiles tels que les Inocérames, Micrasters, Stegasters, signalés par divers savants dans les Couches rouges, ne laissent aucun doute sur leur âge supracrétacé : aucune confusion n'est possible avec des fossiles jurassiques.

D'un autre côté, les relations stratigraphiques avec les couches infracrétacées et jurassiques confirment cette conclusion; bien que M. Quereau argue de la complexité des conditions de gisement pour rejeter les conséquences déduites de cet ordre de considérations, on ne peut cependant tenir en suspicion toute une série d'observations concordantes émanant des nombreux géologues qui ont étudié dans ces derniers temps la région des Préalpes, et refuser d'admettre, par exemple, que les Couches rouges sont intercalées

[1] M. Lugeon a signalé la présence de *Pulvinulina* (?) *tricarinata*, Quereau, dans le Calcaire de Seewen (1896, *La région de la Brèche du Chablais*, p. 94).

entre l'Infracrétacé et le Flysch, qu'à leur contact avec le calcaire néocomien elles pénètrent dans des anfractuosités de ce dernier, tous faits qui démontrent d'une manière incontestable l'âge supracrétacé des Schistes rouges des Préalpes.

Bien que cette conclusion ne puisse, à mon avis, être mise en doute, à cause des arguments tant stratigraphiques que paléontologiques précédemment invoqués, comme les fossiles macroscopiques font défaut presque partout, il m'a paru utile d'examiner la faune microscopique. M. l'Inspecteur général des Mines Aguillon, M. M. Bertrand et M. Hans Schardt ont eu l'amabilité de me procurer une série d'échantillons provenant de diverses localités : je leur renouvelle ici mes remerciements. J'ai soumis à M. Cayeux ces matériaux, et le résultat de ses recherches est résumé dans la note suivante :

1. COUCHES ROUGES DU MÔLE.

Les préparations des couches rouges du Môle [1], étudiées par M. Marcel Bertrand, en 1892, ont pour caractères communs une très notable pauvreté en matériaux détritiques et une grande richesse en dépouilles de Rhizopodes calcaires. Ceux-ci forment au moins les trois quarts du dépôt et, en de nombreux points, leurs coquilles sont contiguës. La plupart des Foraminifères sont de grande taille et pourvus d'un test beaucoup plus épais que dans la craie blanche sénonienne du bassin de Paris. Les échantillons étudiés diffèrent au point de vue de la proportion des différents genres de Foraminifères qu'ils renferment.

Couches rouges du sommet Ouest du Môle. — Les *Textularia* viennent en première ligne; ils sont suivis d'assez près par des *Rotalia* et des *Pulvinulina* (?) *tricarinata*, Quereau, qui sont très répandues. Les Globigérines sont rares.

Couches rouges de Bovère. — Les *Textularia* l'emportent davantage; les *Rotalia* ont la même fréquence; les *Pulvinulina* (?) *tricarinata*, Quereau, sont clairsemées et les Globigérines un peu moins rares.

Couches rouges de l'éboulis de Poponaz (Saint-Jeoire). — Leur composition est celle des couches rouges de Bovère avec cette différence que les sections de *Pulvinulina* (?) *tricarinata*, Quereau, sont rares.

Couches rouges de la Tour. — Elles sont essentiellement caractérisées par le genre *Globigerina* qui compte beaucoup plus d'individus à lui seul que tous les autres genres réunis. *Textularia* et *Rotalia* sont extrêmement rares. *Pulvinulina* (?) *tricarinata*, Quereau, fait défaut.

[1] Marcel Bertrand, *Le Môle et les collines de Faucigny* (*Haute-Savoie*). [*Bull. des Serv. de la Carte géol. de la France*, vol. IV (1892-1893), p. 345 à 393.]

2. ROGNON FERRUGINEUX DANS LES COUCHES ROUGES DE TREVENENSAZ.

Ce rognon est à la fois ferrugineux et silicifié. Il est extrêmement riche en restes de Foraminifères, mais la silicification a morcelé presque toutes les coquilles, de sorte que leur détermination est devenue impossible. J'ai reconnu une *Globigerina* et un volumineux *Textularidæ* de fond. La composition minérale et organique se modifie sur les bords de la préparation : le quartz clastique y est abondant et les fragments de prismes d'Inocérames y pullulent.

3. COUCHES ROUGES À 10 MÈTRES AU-DESSOUS DU COL DE LA CROIX (CHABLAIS).

La roche est traversée en tous sens par des veinules de calcite de toutes dimensions. Il reste beaucoup de vestiges de Foraminifères, mais leur conservation est très défectueuse et il est impossible de déterminer un seul genre. Il en est qui ont été déformés par les actions mécaniques qui ont crevassé la roche.

4. LE BIOT (SAVOIE-CHABLAIS).

Roche rappelant les craies pour ainsi dire réduites à leur ciment, comme j'en ai souvent rencontré dans le bassin de Paris au niveau du Campanien. Pas un seul Foraminifère entier; j'ai reconnu deux *Textularidæ*.

5. AUX CULLAGES, PRÈS DE MOULINS-SOUS-CHÂTEAU-D'OEX (ALPES VAUDOISES).

Minéraux. — Rares petits quartz clastiques; quelques éléments de glauconie indépendante des organismes.

Organismes. — Très rares bâtonnets calcaires, dont l'un a conservé la trace d'un canal; ce sont probablement des morceaux de spicules siliceux calcifiés. Foraminifères occupant à peine le sixième de la surface des préparations; ils sont remplis de calcite grenue qui empiète souvent sur l'emplacement du test qui est détruit. Beaucoup de Foraminifères ne sont plus représentés que par une masse de calcite grenue qui en reproduit la forme. Les exemplaires plus ou moins conservés se font remarquer par de grandes différences d'épaisseur de test. J'ai reconnu de très rares *Rotalina* et *Textularidæ;* il est certain que ces formes tiennent très peu de place dans la faune. L'état de conservation des Foraminifères rend impossible la détermination de la plupart des individus observés, mais l'étude d'autres calcaires rouges me porte à croire que les *Globigerina* étaient prédominantes. Des sections elliptiques sont probablement à rapporter à des Radiolaires calcifiés du sous-ordre des *Discoïdea.*

Ciment. — Calcite finement cristalline chargée d'un peu de matière argileuse.

6. SUR LE GRIEZ, PRÈS LE CHÂTEAU D'ŒX (ALPES VAUDOISES).

La roche est criblée de Foraminifères à test très mince; elle est essentiellement caractérisée par des *Textularidæ*. Rares *Rotalia* et *Globigerina*. Quelques coupes de *Pulvinulina* (?) *tricarinata*, Quereau. Le ciment représente à peu près la moitié du dépôt.

7. ROCHER DE LA RAYE.

Minéraux. — Quelques petites particules de quartz clastique.

Organismes. — Les Foraminifères ont été nombreux, mais ils présentent l'état de fossilisation signalé plus loin dans le n° 10; l'emplacement de beaucoup d'individus est à peine distinct du ciment. La destruction des coquilles s'est faite sur place et par dissolution. J'ai reconnu plusieurs Globigérines. Ce genre me paraît avoir été très répandu à ce niveau.

Il existe plusieurs Radiolaires entièrement calcifiés relevant du sous-ordre des *Discoïdea*.

Ciment. — Il est calcaire très fin et chargé d'un peu d'argile.

8. LEYSINS.

Minéraux. — Très rares grains de quartz.

Organismes. — Sauf quelques spicules calcifiés, tous les vestiges organiques de ce calcaire sont à rapporter aux Rhizopodes. Ils forment un peu moins de la moitié du dépôt. Les *Globigérines* prédominent de beaucoup. Les *Textularia* et *Rotalia* sont d'une grande rareté. Tous les Foraminifères sont de grande taille et pourvus d'un test épais. J'ai observé plusieurs Radiolaires à test calcifié dont les pores sont bien conservés; tous appartiennent aux *Discoïdea*, qui sont les formes prédominantes et caractéristiques du Campanien siliceux de Belgique [1]. En réalité, les *Discoïdea* ont été relativement nombreux à ce niveau, mais la très grande majorité n'ont rien conservé de leur structure originelle et leur forme seule permet d'en faire le diagnostic.

Ciment. — Essentiellement formé de calcite, plus grenue que dans la craie, tachée d'oxyde de fer et imprégnée de matière argileuse. Cet échantillon est un excellent exemple de plus à mentionner en témoignage de l'enrichissement du ciment au détriment des coquilles de Foraminifères.

9. CALCAIRE ROUGE DU SOMMET DES MYTHES.

La préparation est formée, au moins pour les trois quarts, de volumineux morceaux de test d'Inocérames et de prismes séparés. Les plages réservées aux Rhizopodes montrent

[1] L. Cayeux, *op. cit.*, p. 205.

des *Textularia* prédominants, des *Globigerina* et *Rotalia* rares, des *Orbulina* et surtout des *Fissurina* assez répandues. Les représentants de *Pulvinulina* (?) *tricarinata*, Quereau, sont relativement fréquents. J'ai observé un seul individu de *Textularidæ* de grande taille à test arénacé.

Dans les plages à Foraminifères, le ciment forme un peu moins de la moitié de la roche.

10. KLIPPE DANS LE FLYSCH.

COL ENTRE LA VALLÉE D'HABKERN ET CELLE DE SAINTE-MARIE (UNTERWALD).

Minéraux. — Non représentés dans la préparation.

Organismes. — Leurs dépouilles sont nombreuses : prismes d'Inocérames accessoires et très nombreux Foraminifères. Beaucoup de *Rotalia* et *Textularia* à coquille très mince; quelques Globigérines. Nombreuses sections de *Pulvinulina* (?) *tricarinata*, Quereau.

Ciment. — Très fin, un peu imprégné d'argile.

CONCLUSIONS.

L'analyse micrographique des Calcaires rouges des Préalpes permet de les répartir en deux catégories bien tranchées. Les uns sont issus d'une *boue à Globigérines* chargée de dépouilles de Radiolaires (n°s 5, 7 et 8); les autres dérivent d'une *boue à Textulaires* dont la faune de Rhizopodes, beaucoup plus variée, est caractérisée par l'association aux *Textularia* très prédominants, de fréquentes *Rotalia*, de rares *Globigerina* et de *Pulvinulina* (?) *tricarinata*, Quereau, accessoires ou rares. Malgré leur faune un peu spéciale, les calcaires 4 et 9 se rattachent à ce dernier groupe. Dans l'état de nos connaissances, il est impossible de dire si ces deux compositions organiques correspondent à deux niveaux distincts des calcaires rouges, et s'observent dans tous les gisements de ces derniers, ou si elles constituent deux facies d'un même dépôt développés en des points différents. La faune des calcaires rouges à Globigérines m'est inconnue tant dans le Sénonien du bassin de Paris que dans le Campanien du Nord de Chambéry et des environs de Grenoble; toute comparaison avec le Crétacé de ces régions ne révèle que des différences radicales. Il en est tout autrement pour les calcaires à Textulaires, dont les affinités avec les calcaires des environs de Grenoble sont manifestes, grâce aux *Pulvinulina* (?) *tricarinata*, Quereau. Le calcaire n° 4 rappelle à s'y méprendre les craies à Bélemnitelles du Bray et de la Champagne. Les calcaires à Textulaires prédominants sont sénoniens.

Si les calcaires rouges à Globigérines sont bien du même âge que les calcaires à Textulaires, il en résulte une importante notion toute nouvelle, c'est l'existence d'une boue à *Globigérines* nettement caractérisée, contemporaine de la boue crayeuse sénonienne du bassin de Paris. En l'état de nos connaissances, ce serait donc dans la région des Préalpes que la mer crétacée européenne aurait laissé les dépôts les plus voisins des boues à Globigérines actuelles. Les raisons que j'ai invoquées pour attribuer une très faible profondeur à cette mer n'en conservent pas moins toute leur valeur.

Le calcaire rouge du sommet des Mythes doit être rapporté au Crétacé. Sa composition organique, si on laisse de côté les formes à sections bicarénées, qui me sont inconnues dans les craies du bassin parisien, me rappelle beaucoup celle de nos craies sénoniennes inférieures [1].

Des recherches de M. Cayeux on peut hardiment conclure, je crois, que l'ensemble des Couches rouges des Préalpes appartient, sinon à la même zone, tout au moins à la même assise. Dans une région aussi restreinte que le Môle, nous avons rencontré les deux types définis par M. Cayeux, les calcaires à Globigérines et les calcaires à Textulaires : d'après les conditions de gisement, les uns comme les autres, sans être probablement rigoureusement synchroniques, dans le sens attaché à cette expression en géologie, ne peuvent cependant être d'un âge bien différent; tous d'ailleurs renferment le Foraminifère caractéristique de la région alpine, *Pulvinulina* (?) *tricarinata*, Quereau.

Plus tard, en poursuivant les études précédentes sur des échantillons dont les niveaux relatifs seront exactement connus, on pourra se rendre compte si les deux facies signalés représentent deux horizons différents, ou se remplacent latéralement.

Quoi qu'il en soit, nous sommes autorisés, dès maintenant, par l'ensemble des considérations précédentes, à les considérer tous deux comme supracrétacés, et, en raison de l'analogie des calcaires à Textulaires avec les Lauzes du Dauphiné, nous sommes conduits à les classer dans le Campanien.

L'analogie de ce terrain avec celui qui lui fait suite au Sud de l'Arve et se continue de là jusque dans le Dévoluy, prouve que les Couches rouges ne constituent pas dans la série sédimentaire des Préalpes un élément étranger, mais qu'elles sont le prolongement des couches campaniennes du Dauphiné et de la Savoie. Nous verrons plus loin qu'elles se relient également aux Calcaires de Seewen, que nous rencontrerons à l'Est de l'Aar et qui ont une faune microscopique très analogue.

(1) Communication de M. Cayeux.

On est naturellement conduit à rattacher à ce même ensemble les calcaires rouges situés à l'Est de l'Aar et jusqu'ici considérés comme exotiques; tels, pour ne citer que les exemples étudiés précédemment, le bloc de calcaire rouge provenant du Flysch de la vallée d'Habkern et les calcaires rouges du sommet des Mythes, rapportés au Tithonique par Stutz et M. Quereau. Or, ces derniers sont incontestablement crétacés, comme l'a démontré M. Cayeux; dès lors, la coupe des Mythes donnée par Stutz[1], dans laquelle les calcaires rouges sont superposés à des calcaires blancs avec fossiles tithoniques, rappelle complètement celles que l'on peut observer en nombre de points de la région médiane des Préalpes où les Couches rouges reposent sur le Malm.

Les dépôts crétacés, très épais dans les Préalpes, sont fort réduits sur la bordure méridionale de ce massif, c'est-à-dire dans les Hautes-Chaînes calcaires de la Dent du Midi, des Diablerets et de la Dent de Morcles.

Leur composition n'est pas tout à fait la même sur les deux rives du Rhône.

Sur les chaînes de la rive gauche, au-dessus des grès du Gault qui, d'après les citations de quelques auteurs, renfermeraient déjà des fossiles cénomaniens, on trouve une faible épaisseur de marnes grises, puis une zone calcaire gris clair, épaisse de 6 à 8 mètres. MM. E. Favre et Hans Schardt considèrent que la marne tient probablement lieu du Cénomanien, tandis que le calcaire gris représente le Sénonien ou Calcaire de Seewen auquel il ressemble.

Sur l'autre rive du Rhône, M. Renevier a indiqué, au-dessus des grès albiens, des calcaires compacts épais de 2 mètres environ, chargés de grains noirâtres qui paraissent être constitués par de la glauconie; ils passent par places à un sable calcaire glauconieux renfermant la faune vraconienne.

En un point seulement, à Cheville, les couches vraconiennes sont surmontées par 2 m. 50 de calcaire compact, blanc grisâtre, assez dur, avec fossiles cénomaniens : *Am. rhotomagensis*, *Am. Mantelli*, *Am. varians* et *Holaster subglobosus*, ce dernier très commun.

[1] 1890. Stutz, *Das Keuperbecken am Vierwaldstätter See*, p. 118 et 125. (*Neues Jahrbuch f. Min. Geol. u. Pal.* 1890, II, *Abhandlungen*, p. 99.)

II

CHAÎNES ENTRE L'AAR ET LE RHIN.

A l'Est de l'Aar[1], on peut distinguer, en partant de la région de la mollasse, 1° une chaîne crétacée externe comprenant le Pilate, le Köpfenstock et le Sentis; 2° une bande de Flysch; 3° une chaîne crétacée interne, Rothhorn, Arni, Murtschenstock, Churfirsten; 4° une chaîne jurassique, Windgällen, Glärnisch; 5° une bande nummulitique, et enfin 6° le massif du Tödi.

Dans ces différentes chaînes, la composition de l'Infracrétacé présente de grandes analogies; toutefois on constate que, si on les recoupe dans le sens transversal, en allant du Nord au Sud, les couches offrent des caractères de plus en plus littoraux à mesure que l'on approche de l'axe du massif des Alpes : les Céphalopodes deviennent plus rares et finissent même par disparaître, tandis que les Lamellibranches arrivent à prédominer.

Dans les deux chaînes crétacées, la partie inférieure de l'Infracrétacé comprend des couches à facies jurassien avec intercalations de couches à facies alpin, ces dernières étant de plus en plus réduites au voisinage de la chaîne jurassique et disparaissant même dans les massifs du Murtschenstock et du Glärnisch. Dans ces derniers, au Valanginien représenté par des calcaires

[1] Ouvrages consultés :

1867. F.-J. Kaufmann, *Geologische Beschreibung des Pilatus.* (*Beitr. z. geol. Karte der Schweiz*, Lief. V.)

1872. F.-J. Kaufmann, *Gebiete der Kantone Bern, Luzern, Schwyz und Zug enthalten auf Blatt VIII.* (*Beitr. z. geol. Karte der Schweiz*, Lief. XI.)

1877. F.-J. Kaufmann, *Kalkstein und Schiefergebirge der Kantone Schwyz und Zug und Burgenstockes bei Stanz.* (*Beitr. z. geol. Karte der Schweiz*, Lief. XIV.)

1878. A. Escher v. d. Linth, *Geologische Beschreibung der Sentis-Gruppe.* (*Beitr. z. geol. Karte der Schweiz*, Lief. XIII.)

1881. C. Mœsch, *Geologische Beschreibung der Kalkstein- und Schiefergebilde der Kantone Appenzell, St Gallen, Glarus und Schwitz.* (*Beitr. z. geol. Karte der Schweiz*, Lief. XIV.)

1886. F.-J. Kaufmann, *Centralgebiet der Schweiz.* (*Beitr. z. geol. Karte der Schweiz*, Lief. XXIV.)

1891. A. Heim, *Geologie der Hochalpen zwischen Reuss und Rhein.* (*Beitr. z. geol. Karte der Schweiz*, Lief. XXV.)

1893. Ed. C. Quereau, *Die Klippenregion von Iberg.* (*Beitr. z. geol. Karte der Schweiz*, Lief. XXXIII.)

siliceux à *Pygurus rostratus* succèdent l'Hauterivien et le Barrémien, sous forme de calcaires plus ou moins noduleux et plus ou moins marneux, avec *Ostrea Couloni* et *Toxaster cordiformis*, qui se terminent au-dessous des calcaires urgoniens par une assise, très constante dans toute cette région, les *Grenzschichten*, caractérisée par *Serpula pilatana* et dénommée aussi pour cette raison *Serpulaschichten*.

Il convient de mentionner dans le massif du Glärnisch, au-dessous des couches de Berrias à faune franchement alpine, l'existence de calcaires d'apparence oolithique, les *Balfriesschiefer*, qui se retrouvent dans le massif des Churfirsten : en réalité, ces calcaires renferment peu de véritables oolithes et leur aspect est dû à la présence de petits fossiles.

Le Valanginien des chaînons situés plus au Nord possède toujours le facies jurassien et est également représenté par des calcaires siliceux, *Kieselkalk*, à *Pygurus rostratus*; au-dessus, la nature des couches paraît assez variable d'un massif à un autre, mais on peut en général y distinguer deux assises principales : à la base, des calcaires siliceux (*Kieselkalk*), et au sommet, des calcaires noduleux (*Knollenkalk*).

Dans les calcaires siliceux, la silice n'est pas apparente d'ordinaire et est seulement mise en évidence lorsque l'on traite la roche par un acide; on obtient alors comme résidu un squelette siliceux. Parfois la silice s'isole cependant en rognons (*cherts*) qui, sur les bords, se fondent dans la masse environnante.

On rencontre assez souvent, intercalé au milieu de ces calcaires siliceux, un horizon à fossiles roulés parmi lesquels beaucoup de débris d'Échinides : c'est l'*Echinodermenbreccie*, désignée encore sous le nom de *Vitznauerkalk*.

L'assise des calcaires siliceux renferme aussi de riches gisements fossilifères désignés sous le nom de *Crioceras schichten* : Escher von der Linth, Kaufmann et C. Mœsch ont donné de longues listes des fossiles qui s'y trouvent, parmi lesquels beaucoup appartiennent au facies alpin et, entre autres, comme Céphalopodes, des *Lytoceras*, des *Phylloceras*, etc. : on y voit associées des espèces hauteriviennes, valanginiennes, barrémiennes et même aptiennes. Ce mélange de fossiles occupant partout ailleurs des horizons bien distincts peut être attribué, en partie, à des déterminations qui auraient besoin d'être revisées, en partie aussi à ce que les gisements fossilifères, les Criocerasschichten, n'occupent probablement pas toujours le même niveau.

A la partie supérieure du Kieselkalk, les géologues suisses ont distingué une petite assise de calcaires siliceux glauconieux, à laquelle on a donné le nom d'*Altmannschichten* en raison de sa richesse fossilifère dans la région de l'Altmann où elle renferme de nombreux Céphalopodes du facies alpin : M. Sayn[1] a montré qu'ils étaient exclusivement barrémiens.

Les *Altmannschichten* ne possèdent pas partout la même faune que dans le massif de l'Altmann et, dans de nombreuses chaînes, ils contiennent seulement des Bélemnites et des radioles de Cidaris.

Il en résulte donc que le Kieselkalk des chaînes de la Suisse centrale et de la Suisse orientale, en y comprenant les Criocerasschichten et les Altmannschichten, représente à la fois le Valanginien et le Barrémien, tout au moins la partie inférieure de ce dernier étage.

Au-dessus du Kieselkalk apparaissent des couches à *Ostrea Couloni*, *Toxaster cordiformis* et *T. Collegnoi*, désignées sous divers noms : *Coulonischichten*, *Knollenkalk*, *Drusbergschichten*; d'après leur position, elles représentent le Barrémien supérieur sous le facies à Spatangues : on y trouve parfois des rognons siliceux et même, dans certaines régions, des cristaux de quartz bipyramidé ayant jusqu'à 2 centimètres de longueur. A la partie supérieure, quelques couches ont été réunies sous le nom de *Trigoniaschichten*, à cause de l'abondance de la *Trigonia caudata* ou sous celui de *Pinnaschichten*, en raison de la présence de *Pinna Robineaui*.

Dans le massif du Righi, l'assise précédente offre quelques Céphalopodes, parmi lesquels je remarque, d'après les citations faites, *Am. Tethys*.

Partout elle se termine par une petite épaisseur de calcaires à *Serpula pilatana*, dits *Serpulaschichten* ou *Grenzschichten*, qui forment la limite supérieure au-dessous des calcaires urgoniens.

Ces derniers constituent un terme très constant des chaînes crétacées du Centre et de l'Est de la Suisse : ils sont tantôt massifs, tantôt lités, rarement oolithiques; leur puissance atteint et parfois dépasse 300 mètres.

Dans cette masse calcaire on a distingué une subdivision inférieure qui serait caractérisée par *Radiolites neocomiensis*, *Requienia ammonia*, et une subdivision supérieure avec *Requienia Lonsdalii*, *Heteraster oblongus*; entre les deux s'intercalent des niveaux marneux à Orbitolines.

A la partie supérieure des calcaires urgoniens, on a, en certains points,

[1] 1894. G. Sayn, *Observations sur quelques gisements néocomiens des Alpes suisses et du Tyrol.*

constaté l'existence de couches peu puissantes, d'un facies différent, qui peuvent encore être rattachées à l'Aptien : tels sont, par exemple, les calcaires spathiques et les grès siliceux de la chaîne de l'Arni caractérisés par *Terebrirostra Escheri*.

L'Albien est, en général, assez nettement défini sous forme de calcaires siliceux et de grès verdâtres avec fossiles phosphatés. La faune de ce niveau, très riche et comprenant de nombreux Céphalopodes, rappelle tout à fait celle du Gault du Dauphiné.

M. Heim a montré que les couches infracrétacées diminuent considérablement d'épaisseur au Sud de la bande éocène.

Ainsi, dans le massif du Tödi, au Bifertenstock, le système ne possède guère que le tiers de l'épaisseur normale qu'il a dans les deux chaînes crétacées situées plus au Nord, et, comme on se trouve là dans un synclinal, cette diminution ne peut être expliquée par un étirement des couches.

Au Kistenpass, la série est encore bien plus réduite ; sur le calcaire tithonique (*Hochgebirgskalk*) étiré et marmorisé, on observe seulement 4 à 6 mètres de marnes à *Ostrea Couloni*, 6 à 10 mètres de calcaires urgoniens à l'état de marbre blanc comme le Jurassique supérieur, et enfin 1 à 3 mètres de Gault avec ses caractères habituels. Bien que l'Infracrétacé ne soit pas connu au Sud du Rhin antérieur, M. Heim pense néanmoins que, dans le voisinage de la région du Tödi, les rivages de la mer de cette époque devaient se trouver au Sud de la vallée du Rhin.

Le Crétacé se présente, dans toutes les chaînes de la Suisse centrale et orientale, avec des caractères qui paraissent très uniformes d'après les descriptions des géologues suisses. A la base, les couches de Seewen (*Seewenschichten*) [(1)], dont l'épaisseur peut atteindre 100 à 120 mètres, et au-dessus les couches de Wang (*Wangschichten*) [(2)], souvent puissantes de plus de 300 mètres.

Kaufmann avait même cru reconnaître une subdivision supérieure, les couches d'Iberg (*Ibergschichten*), mais M. Quereau a montré que, sous ce nom, ce géologue avait groupé les masses de recouvrement qui couronnent

[(1)] Et aussi *Seewenerschichten* ou même *Seewerschichten* : ainsi nommées de la localité de Seewen, à l'Ouest et près de Schwytz, au voisinage de laquelle les calcaires de la partie inférieure sont exploités dans de nombreuses carrières, comme pierres de taille et moellons et aussi pour la fabrication de la chaux.

[(2)] Celles-ci ont reçu leur nom du Wangfluh, escarpement au Sud d'Iberg.

les montagnes du voisinage d'Iberg et se composent de toute une série de roches d'âges divers.

Dans les Couches de Seewen, désignées aussi par Escher sous le nom de couches du Sentis (*Santischichten*) en raison de leur développement dans ce dernier massif, on peut distinguer à la base une zone calcaire (*Seewenerkalk*) et au sommet une zone marneuse (*Seewenermergel*).

Le Calcaire de Seewen compact, à cassure conchoïdale, grisâtre, blanchit extérieurement sous l'action des agents atmosphériques. Parfois il est coloré en rouge et offre alors tout à fait, dit Escher, l'aspect des roches tithoniques de Roveredo.

Il se présente généralement en bancs minces : les surfaces de séparation sont ondulées, bosselées, souvent couvertes d'un enduit brillant et parfois d'une croûte d'asphalte (Escher).

Il forme des plateaux sur lesquels on rencontre quelquefois des lapiez (*Karrenfelder*) comme sur les plateaux urgoniens.

Entre les bancs calcaires s'intercalent des lits marneux qui, à mesure que l'on s'élève, prennent de plus en plus d'importance, de sorte que la masse calcaire se transforme graduellement en une roche marneuse : celle-ci, presque toujours en bancs très minces, possède une structure schisteuse qui lui a aussi fait donner le nom de Schistes de Seewen (*Seewenschiefer*). Escher l'a encore appelée *Körnschenschiefer* et *Foraminiferenschiefer*, à cause des saillies que les Foraminifères forment à la surface des bancs marneux.

Quoique, à part les Foraminifères, les fossiles soient excessivement rares dans les deux subdivisions établies par Escher, cependant ce savant a cru reconnaître que chacune d'elles était caractérisée par une faune spéciale.

Des Calcaires de Seewen, il cite : *Holaster lævis*, *H. subglobosus*, *H. suborbicularis*, *Discoïdes cylindricus*, *Am. Mantelli*, *Am. rhotomagensis*, *Am. varians*, *Turrilites costatus*.

Et des Marnes : *Echinocorys vulgaris*, *Holaster subglobosus*, *H. lævis*, *Cardiaster subtrigonatus*, *Micraster breviporus*, *Ter. carnea*, *Inoceramus striatus*, *In. Cuvieri* (?), *In. Brongniarti* (?).

Moesch signale encore de ce niveau des dents de *Ptychodus*, *Otodus appendiculatus*, *Lamna plena* et des Bélemnites auxquels il donne les noms peu vraisemblables de *B. ultimus*, *B. pistilliformis*, *B. verus*.

Si ces déterminations étaient exactes, les listes précédentes renfermeraient de singulières associations de fossiles : néanmoins on a cru pouvoir en déduire que les calcaires de Seewen devaient être rapportés au Cénomanien et les marnes au Turonien.

C'est, en effet, la conclusion d'Escher et cette manière de voir a été adoptée par tous les géologues suisses, bien que la plupart s'accordent à reconnaître l'extrême pauvreté en fossiles des Couches de Seewen et à déclarer qu'ils n'en ont récolté aucun par eux-mêmes : le plus souvent ils se bornent à reproduire d'anciennes listes.

C'est toujours ainsi que les erreurs se perpétuent.

Ces mélanges de faunes peuvent donc légitimement susciter notre défiance sur l'exactitude des déterminations et sur la valeur des conclusions qu'on en a tirées.

J'ai prié M. de Loriol de vouloir bien m'édifier pour ce qui concerne les Échinides, et mon éminent confrère, avec son amabilité habituelle, m'a fait la réponse suivante : « Lorsque j'ai étudié les Échinides crétacés de la Suisse, en 1873, tous les musées et les collections particulières de la Suisse m'ont envoyé ce qu'ils possédaient en fait d'Échinides. Le Calcaire de Seewen (*Seewerkalk*) ne m'a fourni que trois espèces :

Echinocorys vulgaris, Br.;
Micraster breviporus, Ag.;
Cardiaster subtrigonatus[1], Catullo.

« Ces deux derniers ont été figurés dans mon ouvrage. »

Or, voilà trois espèces qui n'ont aucun caractère cénomanien et qui indiqueraient plutôt un âge sénonien ou tout au moins turonien supérieur.

Il y aurait donc probablement une lacune à la base des Couches de Seewen et le Cénomanien ferait défaut au-dessus des couches infracrétacées.

La stratigraphie semble, au moins pour certaines régions, confirmer cette opinion, comme le montrent les observations de M. Douvillé au bord du lac de Thoune.

Entre Interlaken et Saint-Beatenberg il a relevé la coupe suivante :

Au-dessus des calcaires urgoniens, remplis de Rudistes par places, il n'a pas retrouvé la couche, avec fossiles du Gault, signalée sur la rive gauche par de Tribolet : il a observé un calcaire gréseux, noir (couche noire), peu épais

[1] M. Douvillé me fait remarquer que cet Échinide est probablement le *Cardiaster italicus*, Agas., de la Scaglia.

(2 m. environ) avec nodules de pyrite, surmonté par un calcaire de couleur foncée, très glauconieux, avec parties plus claires qui lui donnent une apparence poudinguiforme. Ce dernier renferme des fragments de grosses Bélemnites, malheureusement indéterminables, et paraît passer à un calcaire glanduleux, c'est-à-dire à stratification irrégulière, en lits d'épaisseur très variable, gris, à cassure conchoïde, qui constitue ce que les géologues suisses appellent le Calcaire de Seewen. Dès sa base il renferme des fragments de test épais de grands Inocérames qui, par conséquent, appartiennent au groupe d'*In. Mantelli*, de Mercey (*Catillus*)[1].

Or, ces Inocérames sont seulement connus à partir du Turonien : voilà donc un nouvel argument en faveur de l'opinion que j'émettais précédemment.

L'étude microscopique, faite par M. Cayeux, des roches des différentes couches observées par M. Douvillé vient encore à l'appui de cette thèse. Mon savant confrère expose ainsi le résultat de ses recherches dans la note qu'il a bien voulu me remettre.

CALCAIRE IMMÉDIATEMENT AU-DESSOUS DE LA *COUCHE NOIRE*.

1. *Minéraux*. — Très rares éléments de phosphate de chaux.

2. *Organismes*. — Cette roche est extrêmement remarquable au point de vue organique : 95 p. 100 environ de sa masse sont formés de Foraminifères auxquels il faut ajouter quelques prismes d'Inocérames (quatre ou cinq par préparation). A l'exception d'un petit nombre d'individus, les Foraminifères sont monoloculaires (*Fissurina* très prédominante et *Orbulina*); les coquilles pluriloculaires sont de rares *Globigerina*, des *Textularidæ* représentés par quelques individus par section (l'un d'eux est une forme de grande taille à test arénacé) et des *Rotalina*. A ces genres il faut ajouter *Pulvinulina* (?) *tricarinata*, Quereau, dont il existe une dizaine de sections dans chaque préparation.

3. *Ciment*. — Il est calcaire, très fin et grisâtre.

COUCHE NOIRE.

1. *Minéraux*. — Ils constituent environ les neuf dixièmes de la roche. Le quartz occupe le premier rang sous forme d'éléments anguleux, mesurant en moyenne 1/10 de millimètre et dont les plus volumineux ont un diamètre de 0mm 15; puis vient la glauconie, qui offre ici un très grand intérêt. Elle affecte quatre manières d'être :

a. Elle constitue de nombreux grains sans relation avec les particules clastiques;

b. Elle moule une foule de quartz;

[1] Communication de M. Douvillé.

c. Elle enveloppe plusieurs gros rhomboèdres de calcite secondaire;

d. Elle sert de ciment à la roche en un grand nombre de points; dans ce cas, la glauconie remplit complètement l'espace libre entre plusieurs et parfois de nombreux grains de quartz.

C'est le premier exemple de cette manière d'être que j'observe. Nulle autre roche ne peut mieux prouver la genèse de la glauconie indépendamment des organismes, ainsi que l'existence de glauconie secondaire.

Le phosphate de chaux est représenté par de rarissimes éléments.

3. *Ciment.* — Il est formé en majeure partie de calcite et accessoirement de glauconie.

L'échantillon de la couche noire que j'ai étudié est un grès glauconieux à ciment calcaire.

GRÈS ET CALCAIRE À GROSSES BÉLEMNITES.

La nature de la roche varie suivant les échantillons étudiés et même avec les différents points d'un même spécimen. C'est tantôt un *grès calcarifère* et tantôt un *calcaire quartzifère.* Ces grandes variations de composition minérale se traduisent à l'œil nu par l'absence d'homogénéité remarquée par M. Douvillé.

1. *Minéraux.* — Le quartz revêt les mêmes caractères qu'au niveau précédent : le volume et la forme de ses grains n'ont pas changé.

Dans les plages très riches en minéraux, la glauconie est presque aussi répandue que dans la *couche noire;* elle moule encore les grains de quartz, mais les espaces qui séparent ces derniers sont trop grands pour qu'elle puisse jouer le rôle de ciment.

Le phosphate de chaux est un élément très répandu partout où le quartz et la glauconie l'emportent. Il est pur ou chargé de calcaire, ou exceptionnellement verdi par un peu de glauconie; ce minéral moule le quartz, mais il est partiellement antérieur à la glauconie, qui épouse généralement les contours de ses éléments.

Un des échantillons étudiés est très remarquable par l'état de conservation de ses minéraux. La plupart des quartz, un très grand nombre de grains de glauconie et quelques particules de phosphate de chaux sont partagés en deux morceaux et parfois davantage. Les solutions de continuité des minéraux sont invariablement parallèles dans toute la préparation. Les fragments d'un même grain, généralement peu écartés, ont été déplacés latéralement; ils sont soudés par de la calcite dessinant des veinules très apparentes qui, le plus souvent, ne se poursuivent pas dans le ciment. La même préparation renferme une étroite bande très riche en minéraux dont un très grand nombre se touchent; on y observe des grains de glauconie fortement étirés perpendiculairement à l'unique direction de rupture des minéraux. Il est évident que la roche a subi une pression énergique et que le dépôt était complètement consolidé quand il a été comprimé, sinon les minéraux auraient pu jouer dans le ciment et échapper à l'écrasement.

Un second échantillon montre les mêmes faits, mais moins généralisés.

2. *Organismes.* — L'état souvent très cristallin du ciment a beaucoup nui à la conservation des Foraminifères, qui sont les seuls organismes microscopiques rencontrés à ce niveau. La faune de Rhizopodes revêt ici un caractère spécial. Toutes les coquilles, sans exception, sont organisées pour vivre dans des eaux très peu profondes et agitées; elles sont pourvues d'un test remarquablement épais. Il existe par places d'assez nombreux Foraminifères de fond, parmi lesquels j'ai reconnu divers *Textularidæ* de grande taille à test épais et arénacé. Malgré l'adaptation de la faune à un milieu spécial, elle est formée en majeure partie des genres de Foraminifères qui tiennent une place si considérable dans le calcaire inférieur à la *couche noire;* ce sont des *Fissurina* et *Orbulina,* tous deux très répandus. Des Foraminifères pluriloculaires, n'appartenant certainement pas à la famille des *Textularidæ,* sont représentés par des coquilles incomplètes, indéterminables. *Pulvinulina* (?) *tricarinata,* Quereau, manque d'une façon absolue.

Un nombre considérable de Foraminifères sont incomplets par suite de la cristallisation souvent très large du ciment; les grands éléments de calcite ont empiété sur les coquilles et leur ont donné un aspect fragmentaire. La métamorphose du ciment calcaire d'une roche peut donc figurer dans certains cas parmi les causes d'appauvrissement en Foraminifères [1].

3. *Ciment.* — Il est calcaire et formé d'un mélange en proportion variable de la boue calcaire originelle plus ou moins modifiée et de calcite largement cristallisée.

CALCAIRE À *INOCERAMUS* CF. *MANTELLI.*

1. Minéraux.

A. *Minéraux clastiques.* — Quartz rare en petits grains, anguleux en section, mesurant tous moins de 1/10 de millimètre de diamètre.

B. *Minéraux secondaires.* — Pyrite, phosphate de chaux (plusieurs éléments dans chaque préparation, toujours indépendants des organismes). Pas de glauconie.

2. Organismes.

Ils représentent une fraction de la roche qui est sensiblement de 19/20. Ce sont :

Bryozoaires. — Un seul petit débris par préparation.

Mollusques. — Prismes d'Inocérames séparés, peu répandus, bien que les fragments de test soient fréquents dans la roche. Ils sont exceptionnellement accolés au nombre de deux, ou même d'une dizaine.

[1] Voir L. Cayeux, *Contribution à l'étude micrographique des terrains sédimentaires.* (*Mém. Soc. géol. du Nord,* IV, *Mém.,* II, p. 472 et suiv.) Ce phénomène de destruction des coquilles de Rhizopodes est très capricieux. J'ai observé un élément de calcite mesurant à peu près un demi-centimètre de long, d'une seule orientation optique, clivé et très maclé, renfermant plusieurs Foraminifères dont quelques-uns sont absolument intacts.

Échinodermes. — Quelques plaques de grande taille en calcite largement cristallisée, clivée et maclée.

Foraminifères. — Ce calcaire est une des roches les plus riches en Foraminifères que j'aie étudiées; il en renferme une proportion de 9/10 environ. Les formes monoloculaires (*Fissurina* très prédominante et *Orbulina*) viennent de beaucoup en première ligne. Les *Textularia* ne jouent qu'un rôle très accessoire par rapport aux précédents, mais ils comptent cependant un grand nombre de représentants. On rencontre ensuite par ordre d'importance la famille des *Rotalidæ*, puis *Globigerina*, dont chaque préparation renferme au moins une vingtaine d'exemplaires déterminables.

Une catégorie de coquilles ayant à peu près la fréquence des *Textularia* donne aux préparations une physionomie très particulière. Ce sont les *Pulvinulina* (?) *tricarinata*, Quereau, de grande taille, à test épais, signalés plus haut dans le calcaire inférieur à la *couche noire*.

Les Foraminifères monoloculaires sont pourvus d'un test épais. La coquille des individus pluriloculaires est d'épaisseur très variable, mais il y a prédominance très marquée des formes épaisses. Beaucoup de Foraminifères sont en voie de destruction sur place, par dissolution; seul, l'état fragmentaire de plusieurs coquilles de grande taille est peut-être d'origine mécanique.

Toutes les loges de Foraminifères sont remplies de calcaire; c'est tantôt la matière du ciment qui les oblitère, tantôt de la calcite largement cristallisée.

Les débris organiques ne sont pas distribués uniformément dans le calcaire. A côté de grandes plages où les Foraminifères monothalamiens existent presque seuls, il s'en trouve d'autres, en forme de nids ou d'alignements, où sont réunis en grand nombre les individus de grande taille et les prismes d'Inocérames moins rares que dans le reste de la roche. J'attribue cette répartition inégale à un triage mécanique.

3. Ciment.

Son importance est tout à fait accessoire en raison même de l'abondance des éléments organiques. Il est très fin, d'aspect gris sale. Le calcaire y prédomine; il est impossible d'en fixer la composition minérale et organique par suite de la dureté de la roche qui ne permet pas d'en dissocier les particules constituantes. Il renferme de très rares rhomboèdres de calcite.

CONCLUSIONS.

L'âge des couches étudiées n'étant indiqué que d'une façon très vague par les vestiges de fossiles macroscopiques qu'elles ont fournis, il serait intéressant de le déduire des faunes de Rhizopodes que j'ai signalées plus haut. Tant qu'on n'aura pas multiplié les éléments de comparaisons choisis en dehors du bassin anglo-parisien, l'étude micrographique de dépôts d'âge indéterminé sera impuissante dans la plupart des cas à trancher les questions de cette nature.

Cette réserve faite, je crois utile de mettre en relief les points suivants :

1° La *couche noire* me paraît inséparable des calcaires et grès à Bélemnites qui la surmontent; elle s'y rattache intimement par ses minéraux (glauconie et phosphate de chaux).

2° Les faunes de Foraminifères des calcaires sont très remarquables au point de vue de leur composition et de leur richesse en individus. Dans le bassin de Paris, c'est dans le Turonien que les Foraminifères monothalamiens existent presque seuls et il est rare qu'ils soient très prédominants dans le Sénonien inférieur. Je citerai en particulier les craies turoniennes de la région de Rouen et du Bray, chez lesquelles la fréquence des Rhizopodes monoloculaires rappelle à peu près celle des calcaires crétacés d'Interlaken. Une faune, comme celle du calcaire inférieur à la *couche noire*, caractérisée par la présence presque exclusive de *Fissurina* très prédominante, et *Orbulina*, serait franchement turonienne dans le bassin de Paris, celle des calcaires à Inocérames serait turonienne ou ne relèverait que très exceptionnellement du Sénonien le plus inférieur.

Les *Pulvinulina* (?) *tricarinata*, Quereau, qui sont associées à ces Rhizopodes monoloculaires, principalement dans le calcaire à Inocérames, et que je n'ai jamais observées dans le bassin de Paris, se retrouvent en très petit nombre dans les calcaires campaniens du Diois, du Dévoluy, des environs de Grenoble et du nord de Chambéry; elles sont parfois très répandues dans les calcaires rouges à Textulaires des Préalpes et ne manquent dans aucun d'eux : je les ai retrouvées dans la craie à *I. Cripsii* de la Brianza. On peut être tenté de voir dans ces circonstances une raison pour ranger dans le Sénonien supérieur le calcaire à Inocérames d'Interlaken, mais les analogies que j'ai signalées plus haut avec le Turonien et exceptionnellement avec le Sénonien inférieur du Bassin de Paris sont tellement grandes, qu'il me paraît impossible, en l'état de nos connaissances, de faire un choix rationnel entre les deux solutions.

3° La composition organique des calcaires d'Interlaken est très différente de celle des calcaires rouges des Préalpes, à l'exception de celui du sommet des Mythes, qui renferme des Foraminifères monoloculaires nombreux et quelques *Pulvinulina* (?) *tricarinata*, Quereau, associées à des Textulaires prédominants. Elle diffère également beaucoup de celles de la craie à *In. Cripsii* de la Brianza [(1)].

M. Ch. Mayer-Eymar a eu l'amabilité de me donner des échantillons des calcaires de Seewen provenant des environs d'Iberg et de Seewen même.

Leur examen par M. Cayeux a montré leur analogie très grande et parfois poussée jusqu'à l'identité absolue avec le calcaire à Inocérames d'Interlaken. Les représentants de *Pulvinulina* (?) *tricarinata*, Quereau, sont moins nombreux (dans trois préparations sur quatre) et la proportion de Foraminifères se tient un peu au-dessous de celle du calcaire d'Interlaken précédemment étudié; mais ces différences de détail n'ont aucun intérêt.

(1) Communication de M. L. Cayeux.

Le calcaire de Seewen est parfois coloré en rouge sans qu'il en résulte de modifications essentielles dans sa faune microscopique.

CALCAIRE ROUGE DE SEEWEN DE GLAERNISCH (GLARIS).

1. *Minéraux.* — Aucune particule clastique dans l'unique préparation étudiée.

2. *Organismes* (50-60 p. o/o de la roche). — Quelques prismes d'Inocérames isolés et morceaux de test visibles à l'œil nu. Très rares spicules de Spongiaires calcifiés. Foraminifères monoloculaires très prépondérants, accompagnés d'une proportion très notable d'individus pluriloculaires parmi lesquels *Textularia* et *Rotalia* figurent par ordre de fréquence; l'existence de *Globigerina* est incertaine; plusieurs *Pulvinulina* (?) *tricarinata,* Quereau. Les Foraminifères ont dû être aussi répandus à l'origine dans ce calcaire rouge que dans les autres échantillons de Seeven; un grand nombre d'entre eux ont été détruits sur place, ainsi que l'établit un examen attentif; dans quelques plages restées intactes, les coquilles sont presque contiguës.

3. *Ciment.* — Le ciment est calcaire, fin, d'aspect gris sale et imprégné d'une très petite quantité d'oxyde de fer.

La comparaison du calcaire rouge de Seewen et des calcaires gris de Seewen et des environs d'Iberg révèle chez le premier un appauvrissement numérique de la faune de Rhizopodes, ainsi qu'une plus grande fréquence des individus pluriloculaires; mais ces différences s'effacent devant la grande analogie de composition organique résultant de la présence d'innombrables Foraminifères monoloculaires dans tous les spécimens considérés.

La région des Alpes suisses située à l'Est de l'Aar renferme en outre des calcaires rouges d'âge supracrétacé. Tels sont en particulier ceux de la région des Mythes décrits par Stutz [1]. Puissants d'une centaine de mètres, ils recouvrent à la Grande Mythe et au Rothe Fluh des calcaires blancs rapportés au Weisser Jura par Stutz qui y a signalé des Brachiopodes (*Ter. immanis*), des Échinides (*Cidaris Blumenbachi*) et des Polypiers; au-dessous affleurent des couches classées dans le Brauner Jura. Stutz avait considéré ces calcaires rouges comme jurassiques, mais un échantillon qui nous a été remis par M. Hans Schardt, lequel le tenait lui-même de Kaufmann, examiné par M. Cayeux a montré une faune microscopique nettement supracrétacée et probablement turonienne ou sénonienne (voir p. 573). Un autre échantillon de cette même région, indiqué comme provenant de la Grande Mythe, présente des caractères moins nets.

[1] Stutz, *Das Keuperbecken am Vierwaldstätter See.* (*Neues Jahrbuch für Miner. Geol. und Paleont.*, II, p. 99.)

Après l'avoir examiné en plaques minces, M. Cayeux a formulé de la manière suivante son appréciation :

CALCAIRE ROUGE DE LA GRANDE MYTHE.

Roche d'apparence bréchoïde formée d'éléments rougeâtres ou gris clair; la préparation étudiée renferme ces deux catégories d'éléments.

a. Les portions claires correspondent à un calcaire très pur et très fin dépourvu de matériaux de transport. J'y ai observé quelques fragments de colonies de Bryozoaires, des débris de coquilles largement cristallisées en calcite et indéterminables, deux sections de Foraminifères de grande taille et des Radiolaires appartenant tous au groupe des *Cyrtoidea.*

Ce calcaire a de grandes affinités avec le calcaire blanc tithonique du Sud de l'Ardèche [1]; on trouve de part et d'autre les mêmes genres de Radiolaires, toujours calcifiés, mais ils sont beaucoup plus nombreux dans le Tithonique de l'Ardèche que dans le calcaire gris de la Grande Mythe.

b. Le calcaire rougeâtre est très différent du précédent; il renferme quelques petits grains de glauconie et une très riche faune de Foraminifères à coquille très épaisse. Ces Rhizopodes sont remplis de calcite grenue pareille à celle du ciment; et comme leur test se décompose presque toujours en petites particules de calcite mal séparées de la gangue, il en résulte que le dessin des coquilles est difficile à saisir et que leur détermination est presque toujours impossible; j'ai reconnu plusieurs *Globigerina* et une *Rotalia.* Le ciment est formé d'une trame ferrugineuse enveloppant de petits éléments de calcite.

L'étude attentive du calcaire rouge met en évidence l'existence de nombreux petits morceaux de calcaire gris à Radiolaires de volume et de forme variables jouant le rôle d'éléments clastiques.

En résumé, la roche se décompose en calcaire à Radiolaires calcifiés et en calcaire à Foraminifères : le premier est tithonique; j'attribue le second avec réserve au Crétacé supérieur [2].

Dans la région que nous considérons, il existe en divers points des calcaires rouges considérés comme exotiques : il résulte des recherches de M. Cayeux (voir p. 576) que certains d'entre eux doivent être rapprochés des calcaires rouges des Préalpes et classés dans le Supracrétacé.

Ainsi dans les parties centrale et orientale des Alpes suisses, celui-ci est représenté soit par le Calcaire de Seewen, soit par des calcaires rouges analogues à ceux des Préalpes.

[1] 1896. L. Cayeux, *De l'existence de nombreux Radiolaires dans le Tithonique supérieur de l'Ardèche.* (*Comptes rendus de l'Académie des sciences,* CXXII, p. 342-343.)

[2] Communication de M. Cayeux.

Toutes ces observations tendent à montrer que les premiers dépôts supracrétacés de cette région, c'est-à-dire la partie inférieure des Seewenschichten, ne peuvent être classés plus bas que le Turonien. La présence d'un niveau de grosses Bélemnites, découvert par M. Douvillé, semble même indiquer que l'on est déjà là dans l'assise à Bélemnitelles, probablement dans la zone à *B. mucronata*, puisque *Act. quadratus* n'a jamais été signalé dans la région alpine.

En tout cas, l'existence d'une lacune à la base de la série supracrétacée me semble définitivement prouvée.

La comparaison avec les dépôts crétacés situés sur le revers méridional des Alpes suisses fortifie encore cette conclusion : je suis ainsi amené à en parler incidemment et je vais le faire aussi brièvement que possible.

Dans la Brianza, au-dessus des calcaires blancs à Aptychus et à Ammonites (*Biancone*), surmontés de calcaires marneux rougeâtres bariolés et de calcaires cendrés à Fucoïdes, on trouve le Poudingue à Hippurites de Sirone, avec grès subordonnés, recouvert par un calcaire marneux blanchâtre avec Inocérames, Ammonites, Scaphites, Hamites et *Bel. mucronata*. Les Ammonites de ce niveau avaient été rapportées à des espèces cénomaniennes, mais M. Douvillé, qui a vu les échantillons conservés au musée de Milan, les considère comme se rattachant à des types campaniens.

L'existence d'un niveau à Hippurites sous les calcaires à Ammonites aurait dû suffire pour empêcher de classer ceux-ci dans le Cénomanien, car on ne connaît pas d'Hippurites au-dessous du Turonien. En fait, les Rudistes du Poudingue de Sirone ont été récemment déterminés par M. Douvillé[1], comme *H. inæquicostatus* et *H. sulcatus;* nous verrons plus loin que ces espèces sont du Santonien supérieur.

Le calcaire à Inocérames et à Ammonites, qui vient au-dessus, ne peut donc être que campanien et la présence de *B. mucronata* indique qu'il appartient aux zones supérieures de cet étage.

Or, il est digne de remarque que ce calcaire n'est pas sans analogies, au point de vue de la faune microscopique, avec les calcaires supracrétacés du versant suisse. M. Cayeux a bien voulu me communiquer une note donnant le résultat de l'analyse microscopique d'un échantillon de ce calcaire.

[1] 1897. Douvillé, *Études sur les Rudistes*, 6ᵉ livraison. (*Mém. Soc. géol. de France, Paléontologie*, VII.)

CALCAIRE À *INOCERAMUS CRIPSII* DE BRENO (BRIANZA).

1. *Minéraux.* — Très petits quartz assez fréquents et lamelles de mica très clairsemées; quelques éléments de phosphate de chaux et de glauconie.

2. *Organismes.* — Ils comprennent environ le sixième du dépôt. Tous sont à rapporter aux Foraminifères, sauf quelques tronçons de prismes d'Inocérames. Les *Textularia* et *Rotalia* viennent en première ligne et sont à peu près également répandus. La faune de Rhizopodes est complétée par quelques *Globigerina, Pulvinulina* (?) *tricarinata,* Quereau, maintes fois signalée dans les dépôts précédemment étudiés, et un Foraminifère indéterminé, très volumineux, pourvu d'un test épais et arénacé. L'épaisseur du test et la taille des coquilles des Foraminifères sont sujettes à de grandes variations; leur distribution est parfois très irrégulière; beaucoup d'entre eux sont en voie de destruction; les petits morceaux de test abondent.

3. Ciment très fin, gris, chargé de matière argileuse; il renferme de nombreux petits organismes indéterminés, identiques à ceux de la craie sénonienne du Bassin de Paris.

CONCLUSIONS.

Ce dépôt présente de grandes analogies avec les craies sénoniennes supérieures du Bassin de Paris; sa faune de Rhizopodes le place tout près des Calcaires rouges des Préalpes, qui sont caractérisés par la prédominance du genre *Textularia* [1].

Nous voyons donc que toutes les roches examinées, à part les calcaires gréseux de la partie inférieure des Couches de Seeven, sont caractérisées par le petit nombre et les faibles dimensions des grains de quartz clastique qui entrent dans leur composition. On peut en déduire que ces sédiments ont dû se déposer à une assez grande distance de terres émergées.

La région actuellement occupée par le massif des Alpes suisses était donc, à ce moment, sous les eaux, sauf quelques parties isolées, faisant saillie çà et là. Ainsi s'expliquent les analogies de la constitution minéralogique et de la faune microscopique de ces dépôts sur les deux versants des Alpes. Ainsi s'explique également la présence de *Bel. mucronata* dans les calcaires campaniens de la Brianza : elle n'a pu parvenir dans ce pays, des contrées plus septentrionales qui constituaient son habitat normal, qu'en franchissant la région alpine; elle a donc dû traverser la Suisse et, dès lors, il n'y aurait rien

[1] Communication de M. Cayeux.

d'étonnant à ce que les Bélemnites du calcaire d'Interlaken soient des Bélemnitelles.

Au-dessus des Couches de Seewen, Escher avait signalé[1], en 1868, une assise, dont la puissance atteint et dépasse même 300 mètres, formée de calcaires schisteux gris noirâtre renfermant divers débris fossiles indéterminables et notamment de grandes valves d'Inocérames. Ce sont les *Couches de Wang* (*Wangschichten*), dont la limite inférieure est confuse, dit Escher : il semble croire à un passage graduel des Marnes de Seewen aux Couches de Wang.

D'après Kaufmann, ces dernières auraient un facies éocène bien caractérisé et contiendraient des Nummulites et des Lithothamniums : depuis lors, M. Quereau a fait voir que ce géologue avait été induit en erreur par des glissements de véritables couches éocènes sur les pentes du Stokfluh, à la suite desquels les calcaires à Nummulites semblent intercalés au milieu des Couches de Wang.

Kaufmann, qui a particulièrement étudié ces dernières, a reconnu qu'elles renferment des grains microscopiques de glauconie, de petites paillettes de mica et des cristaux microscopiques de dolomie et de feldspath : comme fossiles, il cite des Foraminifères, des Inocérames et des Bélemnites.

D'après lui, elles seraient parfois en contact avec les Couches de Seewen et se relieraient alors intimement avec elles, mais le plus souvent elles reposeraient directement sur l'Infracrétacé.

M. Heim indique que dans la chaîne du Frohnalp le Calcaire de Seewen supporte directement les Couches de Wang, puissantes de 200 mètres, les Marnes de Seewen manqueraient et la séparation entre les deux assises serait très nette.

Il semble que le Supracrétacé s'étend encore aujourd'hui beaucoup plus loin vers le centre de la chaîne qu'on ne le pense généralement; je dois à l'obligeance de M. Hans Schardt un fragment de calcaire rouge des Grisons, rapporté par les géologues locaux au Calcaire d'Adneth; examiné par M. Cayeux, il a fourni les résultats suivants, qui évidemment ne permettent de formuler une conclusion qu'avec de très grandes réserves.

Calcaire d'aspect bréchoïde, formé de parties grises et rouges. La préparation a été prélevée en un point où les éléments gris prédominent. Au microscope, elle se décompose

[1] 1868. Escher in *Verhandl. d. Schweiz. Naturforscher Gesellschaft in Einsiedeln*, p. 61.

en fragments irréguliers de calcaire gris, dépourvu de fossiles, montrant par places une structure pseudo-oolithique [1] et réunis par un ciment calcaréo-ferrugineux.

Le ciment renferme une assez grande quantité de grains de quartz, non calibrés, et plusieurs Foraminifères dont un représentant de *Pulvinulina* (?) *tricarinata*, Quereau.

Les éléments calcaires et le ciment se comportent comme s'ils étaient d'âge différent. La pauvreté de la faune observée dans le ciment ne permet pas d'en fixer l'âge avec certitude; toutefois l'existence de *Pulvinulina* (?) *tricarinata*, Quereau, est, dans l'état de nos connaissances, un argument pour le rattacher au Crétacé supérieur [2].

Cette simple exposition montre combien de points obscurs restent encore à élucider pour arriver à une connaissance un peu exacte de la stratigraphie des couches crétacées de la Suisse.

Toutefois, une conclusion semble bien se dégager : c'est que, dans toute la Suisse, il existe au milieu du Crétacé une lacune comparable à celle qui, depuis longtemps, a été reconnue par Ch. Lory dans le Dauphiné et à celle récemment observée par M. P. Lory dans le Diois et le Dévoluy. Elle est bien nette dans les Préalpes, au-dessous des Schistes rouges.

Dans la Suisse centrale et orientale, si l'on admettait les interprétations des géologues suisses, les couches inférieures du Supracrétacé succéderaient en concordance et en continuité complète aux couches infracrétacées. Dans cette hypothèse, les conditions stratigraphiques seraient les mêmes que dans les Hautes-Alpes calcaires de la Dent du Midi et des Diablerets, où le Cénomanien repose régulièrement sur le Gault. La lacune et la discordance seraient plus haut, puisque, d'après certains géologues, les Couches de Wang seraient discordantes avec les couches de Seewen, reposant tantôt sur les marnes, tantôt sur le calcaire et même sur l'Infracrétacé. On pourrait alors assimiler les Couches de Wang aux Schistes rouges des Préalpes.

Mais nous avons vu que l'opinion des géologues suisses sur l'âge des Couches de Seewen semble fort discutable et que des faits bien précis tendent, au contraire, à prouver leur âge sénonien ou tout au moins turonien supérieur : elles pourraient donc correspondre aux Couches rouges des Préalpes

(1) 1896. L. Cayeux, *Structure bréchoïde du Tithonique supérieur du Sud de l'Ardèche, etc.* (*Comptes rendus de l'Académie des sciences*, CXXII, p. 1560-1562.)

1897. L. Cayeux, *Contribution à l'étude micrographique des terrains sédimentaires*, p. 403. (*Structure* pseudo-oolithique *et* fausses oolithes *des calcaires turoniens et sénoniens du Sud-Ouest du bassin de Paris.* (*Mém. Soc. géol. du Nord*, IV, Mém. II.)

(2) Communication de M. Cayeux.

avec lesquelles elles paraissent avoir certaines analogies. Que deviendraient alors les Couches de Wang? peut-être ne doivent-elles pas être distinguées des précédentes et ne sont-elles qu'un facies des Couches de Seewen.

En résumé, nous pouvons énoncer les conclusions suivantes :

1° Une lacune, dont l'importance reste à définir, existe à la base de la série supracrétacée de la Suisse;

2° Les sédiments supracrétacés des diverses parties de ce pays présentent entre eux assez de traits de ressemblance pour qu'il ne soit pas nécessaire de supposer qu'une partie soit d'origine exotique;

3° D'après leur composition, on est conduit à admettre qu'ils ont dû se déposer à de grandes distances des rivages et que, par conséquent, le massif des Alpes suisses était, au moins en partie, sous les eaux vers les derniers temps de l'ère supracrétacée, ce qui explique les analogies des faunes microscopiques sur les deux versants, la présence de fossiles communs tels que *Cardiaster subtrigonatus* (= *C. italicus*) et *Pulvinulina* (?) *tricarinata*, Quereau, et enfin l'existence de *Bel. mucronata* dans le Campanien italien.

Ainsi du Dévoluy jusqu'au Rhin, l'histoire du sol aurait été à peu près la même pendant les temps supracrétacés : d'abord une émersion vers la fin de l'ère infracrétacée, puis un retour de la mer qui, peut-être, n'a pas eu lieu partout à la même époque. Pour mon compte personnel cependant, je serais assez tenté de croire, en raison de l'analogie des dépôts que nous rencontrons sur ce territoire, que cette nouvelle invasion marine s'est produite sur toute son étendue au cours de la deuxième partie de la période campanienne.

TABLEAU DU CRÉTACÉ DE LA SUISSE.

<table>
<tr><th rowspan="3"></th><th colspan="6">ENTRE L'ARVE ET L'AAR.</th><th rowspan="3">ENTRE L'AAR ET LE RHIN.</th></tr>
<tr><th colspan="2">HAUTES CHAÎNES CALCAIRES.</th><th rowspan="2">PRÉALPES INTERNES.</th><th rowspan="2">PRÉALPES EXTERNES.</th><th rowspan="2" colspan="2">MONSALVENS et NIREMONT.</th></tr>
<tr><th>Dents du Midi.</th><th>Diablerets.</th></tr>
<tr><td>SUPRACRÉTACÉ.</td><td>Calcaire sans fossiles.</td><td>Calcaire compact de Cheville avec Am. rhotomagensis, Am. Mantelli.</td><td colspan="2">Schistes rouges en bancs minces irréguliers (200 mètres) : peu de fossiles macroscopiques. Débris de très grands Inocérames (In. Brunneri, Ooster), Stegaster (?), Carcharodon.
Faune microscopique abondante dans laquelle prédominent tantôt Globigerina avec débris de Radiolaires, tantôt Textularia : à signaler en particulier dans ces dernières Pulvinulina (?) tricarinata, Quereau.
(Lacune.)</td><td colspan="2">Calcaires marneux, schisteux, tendres, grisâtres, avec Inoceramus, M. breviporus (?) Stegaster Gillieroni.
(Lacune.)</td><td>Couches de Wang.
Marnes de Seewen.
Calcaire de Seewen.
La faune macroscopique est peu riche : débris d'Inocérames, de Bélemnites, Echinocorys vulgaris, Micraster breviporus, Stegaster subtrigonatus.
Faune microscopique abondante : Foraminifères monoloculaires prédominants. En outre, Pulvinulina (?) tricarinata, Quereau.
(Lacune.)</td></tr>
<tr><td>INFRACRÉTACÉ.</td><td>Grès à fossiles albiens.
Grès compacts sans fossiles.
Calcaires urgoniens.
Calcaires marneux à Toxaster complanatus.
Calcaires gris avec débris de Crinoïdes.
Schistes marneux à O. Couloni.</td><td>Calcaires noirs et grès tendres avec fossiles albiens.
Calcaire grossier avec Bivalves.
Calcaires urgoniens. Calcaires compacts et marnes schisteuses à Toxaster complanatus. Schistes noirs. | Calcaires bleuâtres et schistes marneux avec faune alpine.</td><td>(Lacune.)</td><td>Calcaires gris, en bancs peu épais, avec rognons siliceux et fossiles alpins.</td><td colspan="2">Alternance de calcaires et marnes schisteuses présentant, tantôt le facies alpin, tantôt le facies jurassien (type mixte).</td><td>Grès à fossiles albiens.
Calcaire urgonien (Schrattenkalk).
Serpulaschichten ou Grenzschichten.
Drusbergschichten : couches à Toxaster Collegnoi et O. Couloni.
Altmannschichten.
Calcaires siliceux (Kieselkalk) à Toxaster complanatus et O. Couloni, avec intercalations locales de couches à Crioceras et à faune alpine.
Calcaires siliceux à Pygurus rostratus.</td></tr>
</table>

CHAPITRE XV.

LA CRAIE DANS LES ALPES ORIENTALES ENTRE LE RHIN ET LE DANUBE.

A l'Est du Rhin, la formation crétacée est encore bien développée dans les massifs montagneux du Vorarlberg, de l'Algau et du Brengenzerwald; au Nord, une bande de Flysch la sépare de la plaine miocène; au Sud, une autre lui sert de limite avec les Alpes calcaires.

Ce territoire crétacé constitue, dans son ensemble, comme un vaste anticlinal émergeant au milieu du Flysch et renversé vers le Nord.

Sur les bords immédiats de la vallée du Rhin, il possède une largeur considérable qui diminue peu à peu vers l'Est, de sorte qu'il se termine en pointe aux environs d'Oberstdorf sur les bords de l'Iller. Au delà de ce cours d'eau, le Crétacé ne forme plus de masses aussi importantes et aussi continues que précédemment et se présente en petits gisements isolés, disséminés non seulement au milieu de la zone du Flysch, mais encore dans les Alpes calcaires où l'on n'en rencontrait auparavant aucune trace. En même temps, des changements importants se produisent dans la nature des couches. Le facies du Vorarlberg, qui est la continuation de celui de la Suisse orientale, disparait à l'Est de la Loch et fait place à une formation d'une nature absolument différente qui se développe dans les Alpes bavaroises et autrichiennes.

Dans le Vorarlberg et le Brengenzerwald, la série crétacée succède sans interruption à la série jurassique : nulle part la limite des deux systèmes n'est indiquée par une lacune ni par une modification brusque dans la nature des dépôts.

Le Jurassique supérieur est constitué par le calcaire d'Au, l'*Auerkalk*, équivalent de l'*Hochgebirgskalk* de la Suisse, et appartient comme lui à l'étage

Tithonique. L'horizon marneux de sa partie supérieure est formé par des couches à Aptychus, à l'état de schistes calcaires, auxquelles succèdent plus de 100 mètres de marnes schisteuses d'un gris foncé, dont la partie supérieure, de nature plus calcaire que la base [1], constitue les *Couches de Rossfeld* (expression de v. Hauer reprise par v. Richthofen), nom qui ne s'applique pas à un horizon bien déterminé, mais qui, d'après M. Vacek, doit plutôt être entendu comme désignant le Néocomien à facies alpin.

Sur ces marnes repose en concordance un calcaire siliceux tout à fait analogue au Kieselkalk de la Suisse orientale; un nouveau système marneux le surmonte. Ce dernier, très puissant et dépassant au Canisfluh une épaisseur de 300 mètres, est formé de bancs minces de calcaires marneux de couleur foncée et de marnes schisteuses presque noires : dans la partie supérieure, des calcaires spathiques ou oolithiques s'y intercalent.

Un banc calcaire glauconieux situé vers le sommet de l'assise renferme une faune analogue à celle du Barrémien du Salève et du Jura.

Au-dessus vient le calcaire urgonien, le *Schrattenkalk* qui, ici comme dans les Alpes suisses, joue un rôle important dans l'orographie des montagnes. La constitution et la nature de ce massif calcaire varient sur la hauteur : vers la base, la roche ne renferme pas de Rudistes, mais des Bryozoaires, des Brachiopodes, de petits Lamellibranches et des Gastropodes [1]; c'est-à-dire une faune qui rappelle celle de l'Urgonien inférieur du Jura : on y rencontre quelques intercalations marneuses plus ou moins fossilifères. Plus haut apparaît le calcaire à Réquiénies (*R. ammonia*, *R. gryphoïdes*), surmonté lui-même par des calcaires avec intercalations marneuses ou sableuses à *Orbitolina lenticularis*.

Au-dessus de ce massif calcaire, quelques mètres de calcaires à débris ou de calcaires sableux représentent l'Aptien supérieur auquel succède le grès du Gault.

Le calcaire urgonien n'existe pas d'une manière constante dans tout le Vorarlberg : on le voit diminuer d'épaisseur vers l'Est et vers le Sud. Puissant d'une cinquantaine de mètres aux environs de Feldkirch, il est très réduit au Hohe Freschen et fait absolument défaut au Hochglockner et au Sud du Canisfluh, où s'observe seulement un système marneux très puissant recouvert directement par le grès du Gault. De l'absence des calcaires urgoniens

[1] 1879. Vacek, *Ueber Vorarlberger Kreide.* (*Jahrbuch der k. k. geol. Reichsanstalt*, *p. 659.*)

dans cette région, on n'est pas en droit, comme l'a très bien fait remarquer M. Vacek, de conclure à l'existence d'une lacune; la série sédimentaire est complète au Hochglockner et le niveau calcaire du Nord est représenté latéralement par des couches marneuses.

Dans le Vorarlberg et l'Algau, le Gault est plus ou moins sableux : sa constitution est d'ailleurs assez variable d'un point à un autre. Le plus souvent, vers la base, c'est un grès de couleur grise, très siliceux et très solide, formant des escarpements au-dessus de ceux du Schrattenkalk : pour cette raison, il a été dénommé *Riffsandstein* par Gümbel. Puis vient le grès vert à ciment calcaire (*Galtgrünsandstein*), parfois assez dur pour être exploité comme pavés (Hohenems) et contenant les fossiles caractéristiques de cet étage. Au Klienerberg, le Gault est constitué, d'après M. Vacek, à la partie inférieure par 2 mètres de marne sableuse, glauconieuse, renfermant d'assez abondants fossiles vers la base, puis par 15 mètres de grès calcaire, de couleur foncée, avec *Inoceramus concentricus*, au-dessus duquel une roche meuble, épaisse seulement de 1 mètre, est remplie de fossiles.

Parmi les autres gisements du Gault dans cette région, on peut encore citer le Bezauerberg.

Le Gault est recouvert par les Couches de Seewen, dans lesquelles M. Gümbel établit, de bas en haut, les subdivisions suivantes :

1° *Sentisschichten*, marnes sableuses, glauconieuses (Hüttenalp, Orlikopf, Wannehütte), avec *Turrilites costatus* (Sentis) et *T. tuberculatus* (Alpli);

2° *Seewenkalk*, niveau calcaire formé de bancs minces avec *In. striatus* (Sentisgipfel, Grünten), *Holaster subglobosus* (Brülltobel), *H. carinatus* (Sentis, Neueneck);

3° *Hohenemser Schichten* avec *Scaphites Geinitzi* (Gehrertobel près Hohenems) et *In. Brongniarti* (Sentis);

4° *Seewenmergel*, marnes argileuses, gris noirâtre, souvent tachetées de rouge, dans lesquelles viennent s'intercaler de gros bancs calcaires.

M. Vacek, qui distingue seulement dans les couches de Seewen une subdivision inférieure calcaire et une supérieure argileuse, considère la première comme cénomanienne et la seconde comme sénonienne, en raison des fossiles trouvés dans la région du Sentis. Nous avons vu précédemment qu'il n'y avait pas lieu d'avoir grande confiance dans les listes de fossiles données par les géologues pour cette assise, et qu'une division rationnelle des couches crétacées, comprises sous le nom de Seewenschichten, reste encore à établir pour la Suisse.

Il convient d'ailleurs de remarquer que la stratigraphie du Crétacé supérieur du Vorarlberg et du Bregenzerwald est loin d'être complètement connue. Ainsi, dans cette région, où les couches de ce niveau sont considérées comme excessivement pauvres en fossiles, M. Zittel a découvert un gisement qui lui a fourni un certain nombre d'espèces intéressantes : il se trouve aux environs d'Oberstdorf, sur la rive gauche de la Stillach, un peu en amont de sa jonction avec la Breitach. Là existe une petite colline, Burgbühl, constituée par un grès qui est rapporté sur la carte de M. Gümbel au Seewenmergel; M. Zittel y a recueilli *Ostrea* cf. *lateralis*, *Terebratulina chrysalis*, *Echinocorys vulgaris* et des dents de *Pycnodus* et d'*Otodus*. Quelques géologues ont émis l'opinion qu'on avait, dans ce grès, l'équivalent des couches de Wang de la Suisse orientale.

A partir de l'Iller, les conditions de gisement se modifient : entre cette vallée et la Lech, le Crétacé ne forme plus qu'un mince liséré en bordure au Nord de la zone occupée par le Flysch : le Schrattenkalk s'amincit peu à peu et disparaît complètement en Algau, dans le massif du Grünten, avant d'atteindre la Lech.

Au delà de cette dernière vallée, nous allons constater des modifications importantes aussi bien dans la disposition des affleurements crétacés que dans la composition des diverses couches et leurs relations stratigraphiques.

D'abord, au Nord, dans la zone du Flysch, une série d'affleurements discontinus dessinent deux minces rubans, dont l'un est situé sur la bordure Nord et l'autre sur la bordure Sud.

En même temps apparaissent, dans les Alpes calcaires, d'autres affleurements crétacés, alors qu'aucune trace n'en a encore été signalée plus à l'Ouest.

Les affleurements du bord septentrional de la zone du Flysch commencent à se montrer en minces lambeaux au voisinage de la vallée de la Loizach, près d'Ohlstatt et Murnau, émergeant en forme d'îlots au milieu de la tourbe de l'Eschenloher-Moose : ce sont des grès verts riches en Inocérames, exploités pour pavés et rapportés par Gümbel au Gault.

Puis, aux environs de Tölz, on trouve des grès exploités comme pierres à aiguiser entre Enzenau et Stellenau; ils renferment des Inocérames, des Huîtres, des Bélemnites, des Échinides. Gümbel les considère comme l'équivalent des Seewenmergel.

Entre l'Isar et l'Inn, les affleurements, un peu plus continus, comprendraient le grès vert du Gault et le calcaire de Seewen.

Dans la vallée de la Leitzach, un ravin du Gschwenderberg, le Kalterwasser, montre de beaux gisements de grès verts, de calcaire de Seewen et de marnes à Inocérames en superposition régulière; au-dessous on apercevrait des affleurements de Néocomien servant de base à toute la série.

Enfin dans la vallée de la Jenbach, en face et à l'Ouest de Neubeuern, on retrouverait des marnes grises à Inocérames recouvrant le calcaire de Seewen, lequel reposerait lui-même sur le grès vert du Gault.

Les affleurements crétacés du bord méridional de la zone du Flysch forment une bande discontinue qui passe au Sonnenberg, puis près d'Ettal, au Laberberg (rive droite de l'Ammer), au Röthelstein et à l'Illingstein près Ohlstatt; à partir de là, on rencontre une série de petits lambeaux jusqu'à Grassau et Ruhpolding dans la vallée de la Traun blanche, où, d'après Gümbel, les couches supracrétacées reposent en discordance sur les marnes néocomiennes Criocères, le Jurassique et les calcaires triasiques. A cette même bande peuvent être rattachés les gisements du massif du Laubenstein situés à l'Est de l'Inn.

Tous ces affleurements se composent principalement de brèches calcaires, de calcaires et de marnes plus ou moins sableuses renfermant de nombreuses Orbitolines; ce sont les couches à Orbitolites de Gümbel (*Orbituliten-Schichten*) qu'il ne faut pas confondre avec celles du sommet de la série crétacée désignées par le même nom, car pour ces dernières ce ne sont plus des Orbitolines mais des Orbitoïdes qui les peuplent.

L'existence de l'*Orbitolina concava* dans ces gisements a d'ailleurs été expressément indiquée par Gümbel, qui avait fait remarquer que ce Foraminifère existe seul dans la partie occidentale des Alpes : et il considérait qu'il est remplacé dans la région orientale par des Rudistes. Ce savant classait d'ailleurs tous ces divers gisements dans un même système, l'assise de Gosau, et pensait qu'on devait les regarder comme des équivalents latéraux les uns des autres.

Gümbel citait (p. 569) l'*Orbitolina concava* de diverses localités : entre la Lech et la Loizach (Vallée de Vils, Wassergraben et Sonnenberg près Oberammergau, Graswangthal, Brunnenkopf, Laberwald, Geigersteinssattel, Etaller-Mandel [Nebelalp]); puis d'Ohlstatt; d'Hingstein et Röthelstein entre la Loizach et le Kolchelsee; de Kochel; du Rosstein près Tölz; du Regenaueralp et de l'Hofalp, près d'Aschau; du Riesenalp, du Tellalp dans l'Heuberg, de

Brand et d'Urschelau près Ruhpolding, dans le bassin de la Traun, et enfin de la vallée de la Nieren près Hallthurm.

La présence de ce fossile dans ces gisements suffisait pour démontrer leur âge cénomanien; depuis lors, de récentes études de détail sont venues apporter un supplément de preuves en faisant connaître l'existence de toute une faune de fossiles cénomaniens et parmi eux d'un certain nombre de Céphalopodes absolument caractéristiques, tels que *Am. Mantelli, Am. falcatus, Am. subplanulatus*, etc.[1].

Nous devons à M. Rothpletz[2] des renseignements très intéressants sur les couches crétacées des environs de Vils. Il y distingue :

1° Des marnes néocomiennes très analogues aux marnes à Aptychus du Jurassique et d'ailleurs peu développées; elles sont caractérisées par *Am. Astieri, Am. cryptoceras, Aptychus Didayi, Bel. dilatatus, Bel. bipartitus;*

2° Les marnes du Gault, finement schisteuses et très argileuses, avec *Am. varicosus, Am. Bouchardi, Am. Mayori, Ancyloceras alpinum, Inoceramus striatus;*

3° Puis le Cénomanien avec un facies conglomératique très développé, composé de brèches grossières et de conglomérats de blocs roulés de la Hauptdolomit et des calcaires jurassiques. Dans cette formation s'intercalent quelques bancs calcaires avec éléments clastiques fins. Ils sont assez fossilifères et renferment : *Terebratula phaseolina, Ostrea* cf. *diluviana, O.* cf. *hippopodium, Pecten quinquecostatus, Arca* cf. *Galliennei, Orbitolina concava.*

Ce qui ressort de particulièrement intéressant du travail de M. Rothpletz, c'est l'indépendance complète des trois assises précédentes : les marnes du Néocomien n'occupent pas la même région que le Gault; le Cénomanien n'est en contact ni avec l'un ni avec l'autre et repose directement sur la dolomie triasique.

Les gisements du massif du Laber ont été étudiés récemment par M. Söhle[3].

[1] 1897. Ulrich Söhle, *Geologische Aufnahme des Labergebirges bei Oberammergau mit besonderer Berücksichtigung des Cenomans in den bayerischen Alpen.* (*Geognotische Jahreshefte des Königlich bayerischen Staates*, IX.)

[2] 1886-1887. A. Rothpletz, *Geologisch palæontologische Monographie der Vilser Alpen.* (Palcontographica.)

[3] 1897. Ulrich Söhle, *Geologische Aufnahme des Labergebirges bei Oberammergau mit besonderer Berücksichtigung des Cenomans in den bayerischen Alpen.* (*Geognotische Jahreshefte des Königlich bayerischen Staates*, IX.)

Dans ce massif, le Cénomanien est le seul étage crétacé représenté et il repose soit sur le Jurassique, soit sur le Trias. Il est constitué à la base par des calcaires gris noir, très durs, siliceux, contenant seulement des Orbitolines, et au-dessus par des brèches et des conglomérats alternant avec des marnes et renfermant en général des fossiles assez mal conservés. Ces brèches et ces conglomérats sont surtout formés d'éléments empruntés à l'Hauptdolomit.

M. Söhle s'est attaché dans son étude à nous donner un aperçu de la faune cénomanienne des Alpes bavaroises; un des gisements les plus riches paraît être le Lichtenstättgraben près Ettal (massif du Laber); parmi les fossiles signalés de ce gisement, je crois devoir citer en particulier *Aspidiscus cristatus*, Lamk., Polypier qui a encore été rencontré à Urschelau près Ruhpolding et qui n'était connu jusqu'à ce jour que de l'Algérie.

Enfin sur le prolongement de cette même bande, on doit signaler le petit massif du Laubenstein, entre la rive droite de l'Inn et le torrent de Prien (Priener-Ache) qui se jette dans le lac de Chiem (Chiemsee); là, on trouve encore le Cénomanien sous forme de marnes tendres avec débris végétaux charbonneux, de calcaires sableux durs à *Orbitolina concava*, accompagnés de conglomérats et de brèches où l'on reconnaît des débris de l'Hauptdolomit et du Plattenkalk.

Au Sud de cette bande crétacée, nous arrivons dans la région des Alpes calcaires : l'Infracrétacé et le Supracrétacé se montrent en gisements absolument distincts, indépendants et discordants.

Les affleurements de l'Infracrétacé constituent un mince ruban formé par un système de couches pincées dans un pli synclinal du Jurassique et du Trias orienté de l'Ouest à l'Est.

Cette bande commence à l'Est de la Loizach, dans le massif du Wetterstein, au pied Nord du Zugspitz, reprend à l'Est de l'Isar et se continue jusqu'au voisinage la vallée de l'Inn, près de Kufstein.

Aux environs de cette ville, au Hechenberg près Niederndorf, Gümbel a indiqué des couches tertiaires nummulitiques[1] avec *Gr. Brongniarti*. M. Schlosser a reconnu que ces Ostracées étaient en réalité des *O. columba*, avec lesquelles il a trouvé *Pecten æquicostatus* et *Caprina adversa*. Les Nummulites coniques citées par Gümbel pourraient bien être des *Orbitolina concava*.

[1] 1893. M. Schlosser, *Notizen aus den bayrischen Alpenvorlande und den Innthale.* (*Verh. d. k. k. geol. Reichsanstalt.*)

De l'autre côté de l'Inn, on retrouve encore des lambeaux infracrétacés dans la vallée de l'Achen et dans celle de la Traun (bassin de Ruhpolding).

Dans tous ces affleurements, les couches infracrétacées succèdent en concordance et graduellement aux couches jurassiques : M. Sayn[1] a montré que, près de Kufstein, la série néocomienne est analogue à celle des Alpes françaises et que la succession des faunes de Céphalopodes est identique des deux côtés. Notamment le Barrémien est très typique à Hinterthiersee, près de Kufstein, et M. Sayn cite de ce gisement : *Phylloceras Tethys, Lytoceras crebrisulcatum, Costidiscus recticostatus, Silesites Seranonis, Desmoceras difficile, Ptychoceras Puzosi.*

A l'Est de l'Untersberg, sur la rive gauche de la vallée de la Salzach, entre Berchtesgaden et Hallein, les couches infracrétacées reposent en concordance sur le Jurassique ; à la base, ce sont les *Schrambachschichten* de Lill, constitués par des schistes marneux et des calcaires en plaquettes de couleur claire, avec Aptychus du groupe de l'*Aptychus Didayi*, puis des schistes marneux gris noirâtre et enfin les *Rossfeldschichten.*

A l'Est de cette vallée, les affleurements des couches infracrétacées manquent presque complètement ou tout au moins sont encore peu connus dans les Alpes autrichiennes.

Jusque dans ces derniers temps le gisement le plus oriental de la série infracrétacée paraissait être celui des environs d'Altenmarkt, dans la vallée de l'Enns, où l'on avait trouvé des calcaires à *Aptychus Didayi* et des Céphalopodes déroulés du groupe de *Macroscaphites Yvani*[2].

Des découvertes relativement récentes semblent montrer que vers l'extrémité orientale des Alpes ces couches sont plus développées qu'on ne le pensait et s'y présentent parfois avec un facies inattendu.

Ainsi récemment, M. Bittner a signalé aux environs de Lilienfeld, des marnes et des schistes néocomiens.

M. Bittner pense que l'Infracrétacé à facies urgonien est représenté dans la région de Salzbourg par des calcaires renfermant des coquilles contournées

(1) 1894. G. Sayn, *Observations sur quelques gisements néocomiens des Alpes suisses et du Tyrol.*

(2) 1854. Peters, *Die Aptychen der Oesterreich-Neocomien und oberen Jura Schichten.* (*Jahrbuch der k. k. geologischen Reichsanstalt*, p. 439.)

1871. Stur, *Geologie der Steiermark*, p. 482.

qu'il rapporte à des Réquiénies, et plus à l'Est encore, à Schwarzau, il a constaté l'existence des calcaires urgoniens à Caprotines[1].

Les calcaires infracrétacés à facies urgonien, qui avaient disparu à l'Est de la vallée de la Lech, se retrouvent donc entre la Salzach et Vienne, dans les Alpes calcaires autrichiennes.

D'après M. Uhlig, le Gault serait aussi représenté dans cette région, et il rapporte à cet étage des schistes argileux qu'il a observés à l'entrée du Stiedelsbach, près Losenstein[2].

En 1882, Toula[3] a signalé aux environs de Vienne, dans la Brühl, près Mödling, un bloc errant renfermant des échantillons d'*Orbitolina concava;* plus récemment, M. Bittner[4] a trouvé en place ce fossile dans une roche formée de brèches dolomitiques et de calcaires sableux sur le versant gauche de la vallée de la Traisen, à Markt, près Lilienfeld. Il a constaté d'ailleurs qu'il ne paraissait y avoir aucune connexité entre ces couches cénomaniennes et les couches crétacées plus récentes connues depuis longtemps dans cette région, fait déjà signalé précédemment plus à l'Ouest dans la région des Alpes calcaires.

Les gisements crétacés dont nous venons de parler ne sont pas les seuls qui existent dans les Alpes calcaires; on y rencontre encore de nombreux lambeaux de couches plus récentes que le Cénomanien et absolument indépendantes des affleurements connus de cet étage.

Les roches qui composent cette nouvelle formation sont excessivement variables non seulement d'un point à un autre, mais encore dans la même localité : ce sont tantôt des conglomérats à galets de roches cristallines et de calcaires triasiques (calcaires alpins) fréquemment colorés en rouge très vif par suite de la présence d'une forte proportion d'oxyde de fer; des grès quelquefois grossiers, souvent à grain très fin, de couleur grise ou gris jaunâtre; des marnes plus ou moins sableuses, chargées de mica, gris jaune clair, ou rougeâtres, ou même d'un rouge très vif, et enfin des calcaires

(1) Bittner, *Aus dem Schwarza und dem Hallbachtale.* (*Verh. der k. k. geologischen Reichsanstalt*, p. 320.)

(2) 1882. V. Uhlig, *Ueber die Cephalopoden der Rossfeldschichten.* (*Jahrbuch der k. k. geologischen Reichsanstalt*, XXXII, p. 378.)

(3) 1882. Toula (*Verhandl. der k. k. geologischen Reichsanstalt*, p. 194).

(4) 1897. Bittner, *Ueber ein Vorkommen cretacischer Ablagerungen mit* Orbitulina concava, *Lam.*, *bei Lilienfeld in Niederoesterreich.* (*Verh. der k. k. geologischen Reichsanstalt*, p. 216.)

sableux et des calcaires avec Rudistes. Nous y trouvons donc la même variété de roches que dans le Crétacé des Corbières et il est bien à supposer que ces deux terrains se sont formés dans les mêmes circonstances. L'analogie de leurs caractères extérieurs est encore complétée par la ressemblance des faunes qui peuplent leurs assises, et souvent les conditions de fossilisation paraissent avoir été les mêmes, car des deux côtés on trouve des gisements de fossiles à test blanchâtre, à *test calciné*, comme disent les géologues autrichiens.

Ce facies, très développé à Gosau, a reçu pour cette raison le nom de Couches de Gosau (*Gosauschichten*) et cette expression a été étendue plus tard à tous les facies analogues, caractérisés essentiellement par des conglomérats et des calcaires à Rudistes, de sorte que l'on a des Gosauschichten non seulement à Gosau, mais dans toutes les Alpes orientales, dans les Carpathes, dans le Bakonyer-Wald, etc.

Le plus occidental des lambeaux des couches de Gosau dans les Alpes orientales est celui qui se trouve sur la rive gauche de l'Inn, aux environs d'Imst, sur le sommet du Muttekopf, reposant, à l'altitude de 2,776 mètres environ, sur l'Hauptdolomit : il est constitué par des couches dolomitiques, des marnes schisteuses, des grès et des conglomérats grossiers; on y trouve des traces charbonneuses de végétaux et des empreintes de Fucoïdes.

Plus à l'Est, mais encore sur la rive gauche de l'Inn, viennent les gisements situés le long de la vallée du Brandenberger Ache; d'abord au Nord, le lambeau du Breitenbach formé de calcaires à Hippurites reposant sur la dolomie triasique et recouverts par des marnes à Polypiers et des calcaires à Nérinées; puis sur le revers septentrional du Brandenberg et au Sonnenwendjoch, des lambeaux de conglomérats, de brèches siliceuses et de marnes renfermant des filets charbonneux avec des empreintes de plantes et des fossiles d'eau douce (*Tanalia Pichleri, Melania granulatocostata, Chemnitzia Beyrichi*, etc.), des Actéonelles, des Turritelles, etc.

De cette région, M. Douvillé cite : *Hip. Chalmasi, Hip. inæquicostatus, Hip. sulcatus.*

Dans la vallée de la Salzach, nous trouvons près de Salzbourg le célèbre gisement de Rudistes de l'Untersberg et les couches d'Aygen, ces dernières étudiées récemment par MM. Fugger et Kastner.

Un peu plus à l'Est, c'est le gisement classique de Gosau situé à une faible distance d'Ischl. D'ailleurs dans toute cette région les lambeaux de ces couches sont nombreux.

Les dépôts de Gosau se rattachent vers le Nord à ceux de Zlambach et Saint-Gilgen près Ischl et à ceux de Strobl-Weissenbach près Sankt-Wolfgang (gisements du Schmolnaueralp, du Hofergraben, du Leineralp et de l'Ofenwand) : on a signalé de ce côté, au-dessus de marnes avec Ammonites, des couches à Hippurites : *Hip. præsulcatus*, *Hip. sulcatus* et *Hip. inæquicostatus;* plus au Nord encore, on en trouve d'autres à Eisenau, sur les bords du lac de Gmunden et dans le massif du Traunstein.

Près d'Aussee et au Sud du Grundelsee se trouve le lambeau de Weissenbach. Il est constitué par des conglomérats, des grès avec indices charbonneux et des calcaires à Hippurites et à Actéonelles. Ce gisement offre des cailloux roulés de roches diverses, à surfaces polies et brillantes, nommés *Augensteine* par les habitants du pays. M. Suess [1] les considérait comme subordonnés au conglomérat crétacé et comme le résultat de phénomènes éruptifs qui auraient eu lieu pendant l'ère crétacée.

On arrive ainsi aux gisements de la vallée de l'Enns que l'on rencontre autour de Lietzen et jusque vers Admont et qui se poursuivent d'une manière presque continue jusqu'aux lambeaux plus développés des environs de Windischgarten (Saint-Gallen) et d'Altenmarkt (Hinterlaussa).

Du ravin de Waag, près Hieflau, avec *Hip. Boehmi*, *Hip. Chalmasi* et *Hip. colliciatus*, quelques ilots indiquent une liaison avec les gisements de Gams au Nord-Est d'Hieflau; puis ceux du Wildalp les relient à ceux de Mariazell, que les couches du Tonion Alp rattachent au gisement bien connu du Krampen près Neuberg dans la vallée de la Murz.

Ce dernier est en connexion, par les ilots du Gamsbauer, au Nord de Gloggnitz, et ceux des environs de Saint-Johann, avec les gisements bien connus du Neue-Welt près Wiener-Neustadt.

Plus au Nord on remarque une autre ligne de gisements Buchberg, Schwarzau, s'échelonnant entre Mariazell et Mödling, presque aux portes de Vienne, par Lilienfeld, Kleinzell, Altenmarkt, Alland et Ramsau.

Sur le versant méridional de la chaîne, quelques lambeaux crétacés existent aussi, reposant sur les terrains cristallins de la zone centrale.

Ce sont d'abord les gisements du bassin de Kainach où les fossiles paraissent en général assez rares : dans une carrière entre Bärenbach et Kainach, des

[1] 1860. E. Suess, *Ueber die Spuren eigenthümlicher Eruptienserscheinungen am Dachsteingebirge.* (*Sitzungsber. der k. Akademie d. Wissenschaften*, XL, p. 428.)

schistes avec empreintes de plantes ont fourni *Am. Milleri*, v. Hauer, espèce qui me paraît devoir être rattachée, à titre de variété, à *Placenticeras syrtale*. Au Nord de Piber, des grès, également avec empreintes végétales, ont donné *Hip. sulcatus*, espèce qui ici doit probablement être identifiée à *H. Boehmi*. Les grès de Kreutzeck près Saint-Bartholomä renferment *Hippurites exaratus*, Zitt., qui n'est autre que *H. colliciatus*, *Sphærulites angeïodes* et *Biradiolites Mortoni*.

Enfin les gisements d'Altenmarkt près Windischgraz, où se montrent des calcaires à Hippurites, semblent établir une liaison avec les calcaires à Hippurites du Karst.

Je vais maintenant donner la description de quelques-uns des gisements les plus célèbres et les plus classiques.

Le premier sera celui de l'Untersberg, au Sud de Salzbourg; outre la description qui en a été donnée par Gümbel dans son ouvrage sur les Alpes bavaroises, de nouveaux détails nous ont été fournis plus récemment par MM. Eberhard Fugger et Carl Kastner dans divers ouvrages[1]. M. E. Fugger a bien voulu, de la manière la plus aimable, les compléter par une série de communications manuscrites pour lesquelles je tiens à lui adresser ici mes plus vifs remerciements.

A Salzbourg même, le terrain crétacé est représenté aux portes de la ville par les gisements tout à fait semblables du Rainberg et du Mönschberg. Ce dernier a été reconnu par des galeries qui ont recoupé des marnes et des conglomérats avec indices charbonneux et ont donné la coupe suivante de bas en haut :

1° Un conglomérat assez grossier formé de blocs peu roulés;

2° Une formation argilo-marneuse avec couches sableuses renfermant quelques lits charbonneux (Pechkohl), dont l'un épais de 0 m. 50 a été l'objet de travaux de recherches; on y trouve *Cardium Ottoi* très fréquent, accompagné de *Dejanira Goldfussi*, Kefrst., *Cerithium Münsteri*, Kefrst., de Nérinées, Turritelles, etc., et d'empreintes de *Phyllites Geinitzi*, Göpp., et *Sequoia Reichen-*

[1] 1880. E. Fugger, *Der Untersberg* (*Zeitschrift des Deutschen und Oesterreichischen Alpenvereines*) *mit Karte*.

1882. E. Fugger und C. Kastner, *Die geologischen Verhältnisse aus Nordhabhange des Untersbergs.* (*Verh. der k. k. geologischen Reichsanstalt.*)

1885. E. Fugger und C. Kastner, *Naturwissenschaftliche Studien und Beobachtungen aus und über Salzburg.*

E. Fugger und C. Kastner, *Von Nordabhange des Untersbergs.*

bachi, Gein., sp.; puis des conglomérats, des marnes, des argiles avec indices charbonneux renfermant la même faune que précédemment, *Cardium Ottoi* toujours très fréquent et, en outre, entre autres espèces, *O. vesicularis*, Lam. *Trochactæon giganteus*, Sow., *Natica lyrata*, Sow., *Nerinea Buchi*, Kefrst., *Turritella rigida*, Sow., des empreintes de Plantes; vers le sommet, des marnes riches en Polypiers, *Thamnastrea meandrinoïdes*, Reuss, etc., avec des *Plagyoptychus*, *Pecten quadricostatus*, *Spondylus striatus*, des débris d'Inocérames et une Ammonite en mauvais état ressemblant assez à *M. texanum*, Rœmer.

Enfin tout à fait au sommet, une formation calcaréo-marneuse ayant une grande analogie avec les Nierenthalschichten que nous allons voir plus au Sud.

Sur la rive droite de la Salzach se développe, un peu en amont de Salzbourg, une formation conglomératique, *Aiguer Conglomerat*, constituée par un conglomérat grossier, à ciment, tantôt argileux, tantôt calcaire, et souvent coloré en rouge; les galets sont formés de calcaires triasiques.

On y trouve intercalés des grès et des marnes avec couches charbonneuses de 4 à 10 centimètres, renfermant *Unio cretaceus*, Zittel, avec d'autres fossiles d'eau douce décrits par Tausch[1] : *Helix aiguensis*, Tausch, *Bulimus Fuggeri*, Tausch, *B. juvaviensis*, Tausch, *Megalostoma juvaviense*, Tausch, *M. Fuggeri*, Tausch, et quelques autres coquilles indéterminables. Des empreintes de Plantes s'y observent aussi. On voit dans le ravin de Gersbach le conglomérat reposer directement sur les couches rhétiennes du Gaisberg. (Hauptdolomit et Calcaire de Kössen.)

On y voit aussi des calcaires marneux semblables à ceux de Glaneck, avec fossiles indéterminables, recouverts par des couches assimilables aux Nierenthalschichten et composées à la base de grès (assise inférieure), puis de schistes marneux et de marnes argileuses rouges ou grises (assise supérieure).

L'Untersberg est une montagne située au Sud de Salzbourg et à l'Ouest d'Hallein et comprise entre la Saalach et le Berchtesgadenerach qui se jette dans la Salzach, à mi-distance entre Hallein et Salzbourg.

Les couches crétacées situées sur les versants Nord et Ouest de l'Untersberg sont complètement indépendantes des couches infracrétacées qui, à l'Est, du côté de la vallée de Berchtesgaden, composent le Rossfeld.

[1] 1886. *Abh. d. k. k. geol. Reichsanstalt.*

Les géologues autrichiens considèrent que l'on peut y distinguer de haut en bas les assises suivantes :

Nierenthalschichten.
Glaneckerschichten.
Gosauformation.

Sur le revers septentrional de l'Untersberg, la formation de Gosau repose sur le calcaire tithonique et débute par un calcaire dolomitique et une brèche siliceuse (Hornsteinbreccie) avec Orbitolines.

Au-dessus vient le calcaire à Rudistes qui donne le marbre de l'Untersberg : c'est un marbre gris clair, jaunâtre et rougeâtre, avec taches blanches, jaunes, rouges ou noirâtres; on le rencontre jusqu'à l'altitude de 700 à 800 mètres au-dessus du niveau de la mer, alors que le pied de l'Untersberg, n'est qu'à 450 mètres environ. Ce marbre, exploité dans les carrières de Hochbruch, Neubruch et Weiltbruch, fournit de superbes matériaux de construction qui ont été employés dans les palais construits par le roi Louis de Bavière. Dans la carrière dite Weiltbruch, le marbre repose directement sur le Tithonique. Dans toutes ces carrières, les fossiles sont nombreux : Radiolites, Hippurites, Ostracées, etc.; à divers niveaux s'intercalent des marnes à Orbitolites (?).

Au pied Nord de l'Untersberg, on voit, en avant des calcaires à Hippurites, des couches marneuses qui, d'après la plongée des couches, paraissent occuper un niveau supérieur. Elles forment de petites collines, dont la plus importante, isolée au milieu des prairies, constitue un monticule sur lequel est bâti le château de Glaneck. Ces assises marneuses, grises, dures, très calcarifères, sont remplies par places de fossiles et ont été désignées sous le nom de *Glaneckerschichten*.

Elles ont offert une riche moisson au Dr Oscar Schneider et au Dr Carl Aberle : leurs récoltes ont été déterminées ou décrites par Gümbel et Redtenbacher[1]. Je citerai comme fossiles les plus abondants :

Cyclolites nummulus, Reuss.
— *undulata*, Blainv.
Corbula angustata, Sow.
Pholadomya granulosa, Zitt.

[1] 1873. Redtenbacher, *Cephalopoden der Gosauschichten*. (*Abh. der k. k. geolog. Reichsanstalt*, V. n° 5.)

1866. Gümbel, *Sitzungsber. der k. Akad. der Wissenchaften in München*.

Psammobia impar, Zitt.
Tapes Martini, Math.
Cardium productum, d'Orb.
Trigonia limbata, d'Orb.
Cucullæa chimiensis, Gümbel.

diverses espèces d'Inocérames et, en particulier, *I. Cripsii*, Mant., puis *Ostrea vesicularis;* très peu de Gastropodes; les Céphalopodes sont rares.

Je compléterai cette liste par l'indication de quelques-uns des fossiles dont l'existence à ce niveau mérite d'être signalée :

Ammonites texanus, Rœmer.
— *Aberlei*, Redtenbacher.
— *Margoe*, Schlüter.
— *serrato-marginatus*, Redtenbacher.
— *gosavicus*, Redtenbacher.
— *Moureti*, de Grossouvre.
— *glaneckensis*, Redtenbacher.
— cf. *Sacya*, Forbes.
Scaphites Potieri, de Grossouvre.
Ostrea Matheroni, d'Orb.
Lima marticensis, Math.
Pecten quadricostatus, Sow.
— *substriatocostatus*, d'Orb.
Limopsis calvus, Sow.
Turritella rigida, Sow.
Natica lyrata, Sow.
Trochactæon giganteus, Sow.
Belemnites, sp.

Certains lits renferment quelques indices charbonneux avec débris de fossiles d'eau douce.

Une autre colline (Montforster ou Morzger Hügel), située au Nord-Est de Glaneck et au Sud de Salzbourg, à peu de distance de la Saalzach, est aussi constituée par les mêmes couches marneuses.

Dans la vallée du Kühlbach, sur la rive droite et surtout sur la rive gauche, se développe une nouvelle assise qui forme, au Nord du ruisseau et à l'Ouest du Glan, les collines de Meinzigberg, Kritzersberg et Kleingmeinberg; la base de ces deux dernières est constituée par un calcaire riche en Foraminifères; cette nouvelle assise appartient à la craie la plus supérieure et nous la retrouverons bien caractérisée plus au Sud-Ouest, où elle a été désignée par Gümbel sous le nom de *Nierenthalschichten*.

Elle débute par des bancs siliceux à ciment très calcaire qui paraissent passer vers la partie inférieure aux calcaires marneux de l'assise de Glaneck. Au-dessus viennent des schistes marneux, puis des marnes argileuses.

C'est sur le revers occidental de l'Untersberg, vis-à-vis le village de Grossgemein et à l'Est du petit ruisseau Augustinerbach qui, réuni à plusieurs autres, va se jeter plus au Sud dans la Saalach, que se trouve le célèbre gisement dit du Nagelwand. Il est relativement éloigné de l'escarpement qui porte ce nom et est situé derrière une métairie, dite Wolfschwang; là on rencontre le rocher des Radiolites (Radiolitenfels), escarpement calcaire pétri de Radiolites, une cinquantaine de pas plus haut le rocher des Hippurites (Hippuritenfels) qui renferme de superbes Hippurites. En continuant à monter, se montrent successivement sur le sol des Radiolites, puis des Hippurites, de grosses Actéonelles, de petits Gastropodes et enfin des Polypiers, comme si ces divers fossiles avaient vécu autrefois en groupes distincts. Le gisement de Gantschl se présente dans les mêmes conditions.

Au-dessus des couches à Rudistes on voit affleurer par places, sur le chemin qui conduit au Nierenthal, des calcaires grenus ou bréchoïdes riches en Foraminifères et en Orbitolites (?).

Plus au Sud, sur le côté Est du chemin de Reichenhall à Berchtesgaden, après avoir franchi le col qui sépare la vallée de la Saalach de celle de Berchtesgaden, on trouve le Nierenthal dont un des ravins, le Mausloch, donne la coupe bien connue relevée par Gümbel (p. 559) : sur la Dolomie principale (Hauptdolomit) repose un calcaire dolomitique avec Orbitolites (?), puis un marbre blanc et rougeâtre, comme celui de l'Untersberg, et plein de Rudistes, recouvert par un calcaire bréchoïde à Foraminifères. Ces calcaires constituent l'assise dite de Gosau (Gosauschichten) : ils sont recouverts par l'assise de Nierenthal qui débute par des grès verts et gris, en bancs minces, avec rognons d'argile rouge, des particules de pyrite, des paillettes de mica et des débris de Plantes transformées en charbon.

Au-dessus viennent des marnes très schistoïdes, grises, tachetées souvent de rouge brique : de ces couches, Gümbel cite *M. coranguinum*, *B. mucronata*, *O. vesicularis* et des Inocérames, *I. Cripsii*.

Le sommet de la série est constitué par une marne argileuse en gros bancs alternant vers la base avec les schistes marneux de la partie moyenne de l'assise.

On voit d'après cela la diversité des conditions de gisement des couches crétacées dans une région aussi restreinte que celle que nous venons de parcourir : à l'Untersberg, rien de semblable aux conglomérats d'Aigen; sur le versant septentrional de l'Untersberg, entre les calcaires à Hippurites et les couches du Nierenthal, s'intercaleraient des marnes que les géologues autrichiens identifient aux couches de Glaneck; plus à l'Ouest, ces dernières manquent ou semblent manquer et les deux autres assises sont sinon en superposition directe, tout au moins en contact immédiat.

Y a-t-il lacune, discordance ou transgression? les couches à Rudistes du Weiltbruch sont-elles les mêmes que celles du Nagelwand ou celles du Mausloch? Pour résoudre cette question, il faudrait reprendre sur place l'étude des divers gisements et de leurs faunes.

MM. E. Fugger et C. Kastner citent des environs de Salzbourg (*Naturwiss. Studien und Beobachtungen*, p. 109) :

Hippurites cornuvaccinum (Hochbruch, Nagelwand et Leitenwand près du Nierenthal).

H. sulcatus (Veiltbruch, Nagelwand et Leitenwand);

H. Toucasi (Nagelwand);

H. exaratus (Veiltbruch);

H. organisans (Nagelwand et Leitenwand).

Il est probable que, les déterminations ayant été faites d'après l'ouvrage de M. Zittel, on doit entendre par *H. sulcatus, l'H. Boehmi*, Douvillé; par *H. Toucasi, l'H. alpinus*, Douvillé; par *H. exaratus*, l'*H. colliciatus*, P. S. Woodward, et par *H. organisans*, le *Batolites tirolicus;* toutes ces espèces sont santoniennes : à Gosau nous les trouverons au-dessus des couches à *Am. texanus* du Nefgraben, et même en Asie Mineure *H. colliciatus* est associé à des faunes généralement campaniennes. Il en résulterait donc que les couches à Hippurites de l'Untersberg seraient supérieures aux couches de Glaneck qui renferment une faune d'Ammonites coniaciennes et santoniennes, ou tout au moins seraient l'équivalent de la partie supérieure de cette assise. Par conséquent, les relations stratigraphiques et tectoniques entre ces diverses couches seraient assez différentes de ce qui est admis jusqu'à ce jour.

Toutefois, je dois faire remarquer que M. Douvillé m'a déclaré n'avoir eu communication, en fait d'échantillons des environs de Salzbourg, que de deux espèces seulement : *H. cornuvaccinum* et *H. sulcatus;* la présence des autres aurait donc besoin de confirmation.

Passons au célèbre gisement de Gosau, déjà signalé en 1782 par Bohadsch.

Les couches crétacées de cette région s'étendent dans la vallée de Gosau et dans celle du Russbach : la première prend naissance au pied du

Dachstein et va se terminer à l'extrémité Nord-Ouest du lac de Hallstadt; la seconde coule dans une direction opposée et jette ses eaux dans la Salzach au-dessus de Gölling.

Dès le premier abord on est frappé par le contraste qui existe entre le relief du sol constitué par les couches crétacées et les grands escarpements verticaux des massifs calcaires qui délimitent de toute part le bassin occupé par les premières. Celles-ci forment des croupes arrondies partout recouvertes par une abondante végétation : de grandes forêts de pins, des prairies, le plus souvent tourbeuses et marécageuses, masquent le sous-sol géologique. Celui-ci n'est visible que dans les ravins formés par les eaux pluviales : les argiles et les marnes se sont laissé facilement entamer par l'érosion, et, dans les grands fossés ainsi creusés, les calcaires et les conglomérats s'accusent par des corniches donnant naissance à de véritables cascades.

Les couches les plus anciennes peuvent s'observer sur le bord septentrional du bassin, sur les pentes du Russberg et des Hohe Platten, où de nombreux ravins sillonnent le terrain. Ce sont, en partant de l'Est, le Bärengraben, le Göhrafgraben, le Ripelgraben, le Ferbergraben, le Kreuzgraben, l'Edelbachgraben, le Brennergraben, le Wegscheidgraben, appelé aussi Klausgraben ou Kritgereitergraben, auxquels se réunissent le Grabenbach, venant du Pass-Gschütt, et le Tiefergraben situé au sud du Calvarienberg.

Le Bärengraben paraît être creusé à la limite des couches crétacées et du calcaire de Dachstein.

Le Kreuzgraben, qui monte jusqu'au Hohe Grugeck, est un des plus longs et des plus profonds : il entame des bancs de conglomérats très épais, alternant avec de puissantes couches de galets intercalés dans une argile rouge ou même avec des marnes tendres rougeâtres. Ces conglomérats passent, à leur partie supérieure, à des grès calcaires et à des marnes bleuâtres, souvent sableuses et assez pauvres en fossiles.

Dans l'Edelbachgraben, qui du Rosenkogel descend à la vallée de Gosau, on ne trouve plus de conglomérats mais seulement des marnes gris bleuâtre, tendres, très développées et très fossilifères, qui alternent avec des bancs plus ou moins puissants d'un calcaire à grain fin, gris cendré clair.

Les marnes sont riches en Foraminifères et les Entomostracées sont rares; avec ces fossiles on trouve beaucoup de Gastropodes (*Ampullina bulbiformis*, Sow., *Turbo decoratus*, Zek., *Cerithium reticosum*, Sow., etc.), assez de

Bivalves (*Pecten quadricostatus*, Sow., *Cardium productum*, Sow., etc.) et des Polypiers.

Au sommet du ravin, en arrivant à la terrasse qui est au pied du Rosen-

Fig. 28.

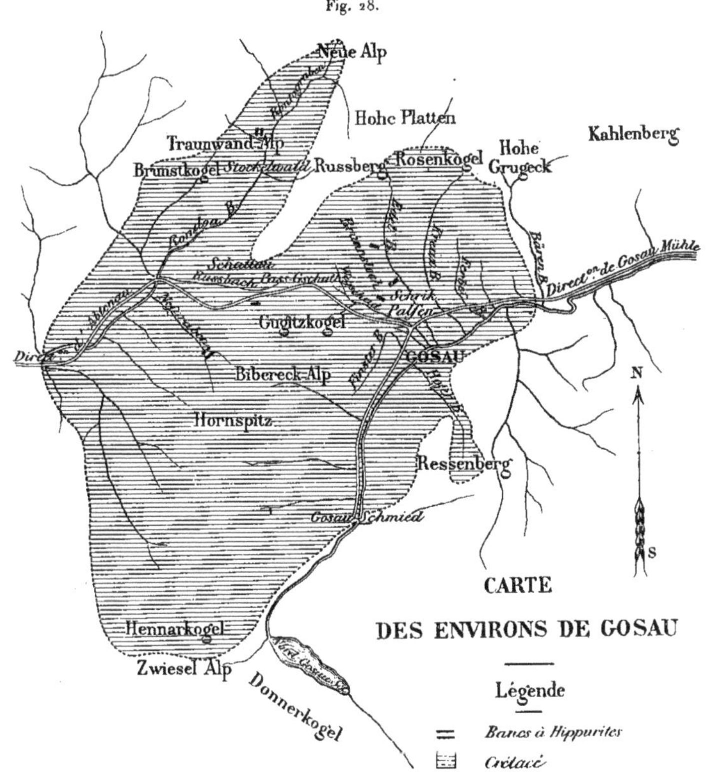

kogel, on trouve des conglomérats à ciment calcaire : restant sur les affleurements de ces derniers et se dirigeant vers l'Ouest, on peut en descendant atteindre un petit monticule, le Schrickpalfen, où affleure, intercalé dans les marnes, un banc calcaire à Hippurites. Reuss cite de ce gisement *Hippurites cornuvaccinum* et *Hipp. organisans*, espèces qui correspondent à celles qui ont été étudiées et citées de ce même point par M. Douvillé : *Hip. gosaviensis* et *Hipp. præsulcatus.*

Ce banc calcaire, intercalé entre des marnes très fossilifères, se montre aussi dans l'escarpement du Brunnsloch, sur le versant Sud du monticule précédent.

On arrive ainsi au Wegscheidgraben, qui est aussi un des ravins importants et dans lequel existe également, au milieu d'un système marneux très développé, un banc calcaire à Hippurites : Reuss y indique *Hip. cornuvaccinum, Hip. organisans* et *Radiolites angeïodes.* M. Douvillé a reconnu dans les Rudistes qui lui ont été communiqués *H. gosaviensis, H. præsulcatus* et une autre espèce, *H. alpinus,* voisine d'*H. Archiaci.*

Le Tiefergraben, tributaire du précédent, met au jour des marnes gris bleuâtre à Inocérames (*In. Cuvieri, In. Cripsii, In. impressus,* d'après Reuss).

Le col, *Pass Gschütt,* est assis sur un conglomérat formé de galets dont la grosseur varie de celle d'une noix à celle de la tête. Ce conglomérat, à ciment calcaire assez fréquemment rouge, paraît supérieur aux marnes précédentes.

De l'autre côté du Pass Gschütt est un terrain boisé et même tourbeux par places, le Schattau, par lequel on arrive dans la vallée du Russbach; au Nord de celle-ci, un ruisseau, le Rondoabach, a creusé le Rontograben, qui offre une succession analogue à celle que nous venons de trouver dans les ravins situés au Nord de Gosau.

Près des cabanes du Traunwand on voit affleurer des calcaires riches en Actéonelles, desquels Reuss cite *Hip. cornuvaccinum* et *Hip. sulcatus,* tandis que M. Douvillé indique *Hip. Oppeli* et *Hip. Boehmi.* Ils plongent sous une succession, visible dans le Stockelwaldgraben, de couches marneuses, gréseuses et conglomératiques qui alternent et renferment de nombreux fossiles. On descend ainsi jusqu'au ravin du Ronto, qui entame des marnes gréseuses à Actéonelles et des bancs calcaires à Nérinées, à la partie supérieure desquels s'intercale au Neue-Alp une formation de schistes bitumineux et de petites couches de charbon, renfermant un mélange de coquilles marines et de coquilles d'eau douce. La faune de ce gisement a été étudiée par Stoliczka [1] qui cite : *Cerithium sociale,* Zek., *C. formosum,* Zek., *C. Simonyi,* Zek., *Trochac-*

[1] 1860. F. Stoliczka, *Ueber eine der Kreideformation angehörige Süsswasserbildung in den östlichen Alpen.* (*Sitzungsber. d. k. Akademie der Wissenschaften,* XXXVIII, p. 482.)

tœon obliquestriatus, Stol., *Tanalia Pichleri*, Hörnes, *Melania granulatocincta*, Stol., *Melanopsis lævis*, Stol., *M. dubia*, Stol., *Nerita*, sp., *Dejanira bicarinata*, Stol., *D. Hörnesi*, Stol., *Roysia Reussi*, Stol.

Traversons maintenant la vallée du Russbach, pour arriver au Nefgraben qui va nous donner une coupe fort intéressante. Ce ravin, creusé sur la pente Nord-Ouest du Hornspitz, est certainement le plus long et le plus profond de ceux qui entament le terrain crétacé de Gosau : il offre des parois hautes de près de 100 mètres et permet d'observer de haut en bas la série suivante :

1° Des marnes tendres grises et jaunes;

2° Des calcaires à Hippurites très riches en Rudistes. Reuss signale de ce niveau *Hipp. cornuvaccinum*, en échantillons souvent longs de 12 pouces, *Hip. sulcatus*, *H. bioculatus*, *H. dilatatus*, *H. Toucasi*, et de nombreux Polypiers;

3° Des marnes grises avec fossiles;

4° Des calcaires marneux à Hippurites avec la même faune que 2°;

5° Un système puissant de 250 à 270 mètres de marnes excessivement fossilifères dans lesquelles l'on a recueilli *Mort. texanum* avec *Inoceramus Cripsii*;

6° A la base des conglomérats grossiers.

Les échantillons d'Hippurites provenant des calcaires précédents (n°s 2 et 4), communiqués à M. Douvillé, appartiennent aux deux espèces suivantes : *Hippurites Boehmi*, Douvillé, et *Hip. Oppeli*, Douvillé, auxquelles est associé *Biradiolites Mortoni*[1], Woodw.

[1] *Biradiolites Mortoni* a été décrit et figuré par Woodward en 1855 (*Q. J. G. S.*, vol. XI, p. 59, pl. V, fig. 1, 2); dans la description de cet auteur, il y a eu certainement confusion partielle avec *Radiolites Mantelli* (*Sauvagesia*) de la craie inférieure et de l'Upper Green Sand, mais seulement dans la citation des localités. L'échantillon figuré, qui doit être pris comme type de l'espèce, présente des caractères incontestables et provient de la craie supérieure de Kent; la localité est indiquée avec assez de précision pour qu'on puisse retrouver le niveau exact de ce fossile.

L'auteur ajoute que cette espèce est probablement identique avec le *Radiolites austinensis*, Roemer, du Texas. La chose est en effet très probable, mais comme l'espèce du Texas a été établie sur un échantillon très incomplet et ne montrant qu'une partie de ses caractères, il est préférable de ne pas donner la priorité à la dénomination de Roemer et de rejeter celle-ci comme insuffisamment décrite.

Un des caractères à signaler dans la coupe figurée par Woodward, c'est la minceur du test en

Il est probable que ces mêmes bancs ont fourni :

Hippurites sulcatus, Defrance,
— *Lapeirousei*, var. *crassa*,

adressés à M. Douvillé comme provenant de Gosau, mais sans aucune indication précise de gisement.

Les ravins de l'autre revers de la montagne, c'est-à-dire ceux du flanc occidental de la vallée de Gosau, montrent à la base des marnes grises souvent micacées, en plaquettes minces et avec nombreux fossiles, alternant par places avec des conglomérats ou des calcaires sableux; au Hornspitz on ne trouve plus que des grès en bancs tantôt épais, tantôt minces.

Sur le flanc oriental de la vallée on peut observer des couches marneuses, riches en fossiles dans le Hofergraben, ravin qui descend du Ressenberg, hauteur dont le sommet est occupé par des grès exploités comme pierre à aiguiser.

Reuss classe les couches de Gosau de la manière suivante :

DIVISION SUPÉRIEURE.

4. Grès calcaires à grain fin avec marnes micacées grises, sans fossiles.
3. Marnes grises et rouges, sans fossiles, alternant avec des grès et des conglomérats.

DIVISION INFÉRIEURE.

2. Marnes fossilifères gris bleuâtre, avec intercalations de calcaires à Hippurites, Actéonelles, Nérinées et Polypiers; grès et conglomérats.
1. Conglomérats de la base.

regard des bandes externes et principalement de la deuxième bande E, toujours beaucoup plus large que la première S. Ce caractère se retrouve sur presque tous les échantillons de cette espèce.

M. Blayac en a recueilli un bon échantillon dans le Sénonien de la province de Constantine, avec *Hemiaster Vatonnei;* la collection de l'École des mines en possède d'autres provenant de Boghar et des environs d'Aumale. La même espèce paraît assez commune dans le Sénonien supérieur de la Tunisie; elle a été recueillie en Égypte dans la région des Pyramides (sous le nom d'*Hippurites*); enfin M. de Morgan en a rapporté des fragments de la craie supérieure de la Perse. Cette forme a donc une très grande extension; mais nous ne pensons pas qu'elle puisse définir un horizon limité. Elle représente une simple mutation du *Bir. cornupastoris* et par conséquent a très probablement apparu dès la base du Sénonien; d'autre part, les échantillons de Perse appartiennent au Maestrichtien; le *Bir. Mortoni*, tel qu'il peut être défini aujourd'hui, aurait donc vécu pendant tout le Sénonien (*sensu lato*). Il est du reste possible que plus tard on arrive à distinguer plusieurs espèces dans ces échantillons de niveaux différents. (Communication directe de M. Douvillé.)

D'après M. Zittel, la coupe générale de Gosau s'établirait ainsi :

4. Marnes grises et rouges sans fossiles alternant avec des grès et des conglomérats, grès siliceux à grain fin et marnes grises micacées.
3. Marnes grises avec Polypiers, Bivalves, Gastropodes, Hippurites (*H. organisans*) et *Caprina*.
2. Couches d'eau douce du Neue-Alp avec schistes argileux et minces couches de charbon.
1. Calcaires à Nérinées.
   Calcaires à Actéonelles avec Gastropodes.
   Conglomérats et calcaires à Hippurites (presque exclusivement *H. cornuvaccinum*).

Enfin M. Kynasten adopte la classification suivante :

5. Marnes sableuses grises, rouges, etc., alternant par places, surtout vers la partie supérieure, avec des grès et des conglomérats (Hornspitz, Hennarkogel et Zwiesel-Alp).
4. Grès siliceux et schistes sableux avec débris de Plantes, traces d'Annélides et ripple-marks. (Sommet du Ressenberg et sous le Bibereck-Alp.)
3. Marnes gris bleuâtre avec couches calcaires très fossilifères : *Hippurites organisans*, Polypiers constructeurs, *Throcosmilia*, *Cyclolites*, *Panopæa*, *Cypricardia*, *Janira*, *Cardium*, *Cucullæa*, *Crassatella*, etc., *Ampullina bulbiformis*, *Cerithium*, *Apporhaïs*, *Fusus*, *Nerinæa*, etc.
2. Couches d'estuaire du Neue-Alp.
1. *d.* Calcaires à Nérinées (Traunwand, Neue-Alp).
   c. Calcaires à *Actæonella conica* (Traunwand, etc.).
   b. Calcaires à *Hip. cornuvaccinum* (Traunwand, etc.).
   a. Conglomérats grossiers, alternant avec des graviers, des grès et des marnes (Ferbergraben, etc.).

Il n'est pas facile de discuter la géologie d'une région que l'on n'a pas étudiée sur place, cependant je ne puis m'empêcher de signaler la ressemblance des couches de Gosau avec celles des Corbières au point de vue de la nature des sédiments et de la composition des faunes. Je suis donc tout disposé à penser que les conditions de sédimentation étaient les mêmes et que, des deux côtés, l'allure des dépôts est identique. Je suis persuadé qu'à Gosau les couches n'ont aucune continuité et qu'un même horizon peut être représenté par des conglomérats, des grès, des marnes ou des calcaires. Tout ce qui a été écrit sur ce célèbre gisement me confirme dans cette manière de voir.

Ainsi les calcaires à Rudistes avec *H. gosaviensis* et *H. præsulcatus*, intercalés dans les marnes du Schrikpalfen, du Brunnsloch et du Wegscheidgraben, que tous les géologues s'accordent pour reconnaître comme supérieurs aux conglomérats du Ferbergraben et du Kreuzgraben, sont certainement inférieurs aux conglomérats du Traunwand et du Brunstkogel, car à ceux-ci sont subordonnés des calcaires avec *H. Boehmi* et *H. Oppeli*, espèces d'un niveau bien supérieur que l'on retrouve dans le Nefgraben, au-dessus des marnes à *Am. texanus*.

Cependant tous les géologues, se basant uniquement sur le facies des dépôts, ont assimilé les conglomérats et calcaires à Hippurites du Traunwand aux conglomérats situés à l'Est du Pass Gschütt et les ont placés bien au-dessous des calcaires à Hippurites du Nefgraben : en réalité, leur faune montre qu'ils sont sur le même niveau que ces derniers.

D'autre part, d'après la disposition des couches, les dépôts d'eau douce du du Neue-Alp sont supérieurs aux calcaires à Hippurites et à Nérinées du Traunwand et du Stockelwaldgraben et par conséquent supérieurs aussi au niveau à *Am. texanus* du Nefgraben.

Il en résulte que ces dépôts, au lieu d'être inférieurs aux marnes à *Am. texanus* et aux calcaires à Hippurites du Nefgraben, comme on l'a toujours dit, leur sont en réalité supérieurs, et ainsi se trouve confirmée la conclusion à laquelle j'étais déjà arrivé dès 1894 en me laissant guider uniquement par des considérations théoriques.

Les gisements de Rudistes de Gosau ne paraissent pas avoir plus de continuité que ceux des Corbières : alors que sur le versant occidental du Hornspitz on observe deux niveaux calcaires à Hippurites dans le Nefgraben, on n'en trouve aucun dans les ravins du versant oriental.

D'après ce qui précède, je crois que la coupe générale de Gosau peut être interprétée de la manière suivante :

Marnes sableuses, grès siliceux, grès grossiers et conglomérats (Hornspitz, Zwieselalp, Hennarkogel, Ressenberg).

Couches d'estuaire du Neue-Alp avec lits de charbon.

Calcaires à Nérinées et à Actéonelles.

Conglomérats du Traunwand avec calcaires à Hippurites (*H. Boehmi*, *H. Oppeli*) ayant comme équivalent latéral les marnes du Nefgraben, avec calcaires à Hippurites intercalés (*H. Boehmi*, *H. Oppeli*).

Marnes à *Am. texanus*.

Marnes du Wegscheidgraben, du Brunnsloch et du Schrickpalfen avec calcaires à Hippurites intercalés (*H. gosaviensis, H. præsulcatus*).

Conglomérats du Ferbergraben et du Kreuzgraben.

Cette coupe générale présente la plus grande analogie avec celle des Corbières, et la subdivision supérieure rappelle par ses caractères le grès d'Alet, dont elle occupe presque exactement le niveau.

Les couches du Traunwand et du Nefgraben, santoniennes comme les couches gréseuses et marneuses de Sougraignes, comme les couches gréseuses et conglomératiques du ravin de la Fajolle et celles de la Bastide, présentent une composition tout à fait semblable à celle de ces dernières.

Quant à l'âge des couches les plus inférieures, il semble être turonien supérieur par analogie avec ce que nous savons des Corbières, où *Hip. gosaviensis* se trouve immédiatement sous le Coniacien : *Hip. præsulcatus* serait donc seulement une variété d'*Hip. Grossouvrei.*

Il y aurait ainsi à Gosau une lacune correspondant à tout l'étage Coniacien, tout au moins une lacune paléontologique.

A moins qu'*Hip. gosaviensis* de Gosau, qui n'est pas identique à celui des Corbières, n'occupe un niveau un peu plus élevé que ce dernier, et qu'*Hip. præsulcatus* ne soit une mutation et non une variété d'*Hip. Grossouvrei* [1].

En somme, il existe à Gosau au moins deux niveaux d'Hippurites :

L'un inférieur avec *H. gosaviensis* et *H. præsulcatus*, espèces auxquelles il faudrait peut-être ajouter *H. alpinus*, signalé seulement du Wegscheidgraben où se rencontrent déjà les deux espèces précédentes, et peut-être aussi *Batolites tirolicus* cité par M. Douvillé du Schrickpalfen, c'est-à-dire d'un gisement contenant les deux premiers Hippurites précédemment cités.

Un autre supérieur comprenant *H. Boehmi, H. Oppeli, Batolites tirolicus*, auxquels il convient probablement de joindre *H. sulcatus* et *H. Lapeirousei*, var. *crassa*, dont le gisement n'est pas précisé.

Transportons-nous maintenant à l'extrémité des Alpes orientales : au voisinage et à l'Ouest de Wiener-Neustadt, nous trouvons, au pied de la haute muraille calcaire du Hohe Wand, le bassin du Neue-Welt qui se relie à celui

[1] M. Douvillé pense que *H. gosaviensis* de Gosau est plutôt turonien que coniacien, parce que cette forme est bien plus voisine de *H. inferus* que des formes coniaciennes ou santoniennes, soit *H. Jeani* ou *H. Zürcheri* avec ligament, soit *H. giganteus* sans ligament. (Communication de M. Douvillé.)

de Grünbach : il n'est pas seulement remarquable par sa richesse en fossiles, mais il a aussi une certaine importance technique par les couches de charbon, qui, intercalées au milieu des sédiments crétacés, donnent lieu à une exploitation assez active.

Les principales localités fossilifères de ce bassin sont Mutthmannsdorf, Lauzing, Piesting, Meiersdorf, Stollhof, Emmersberg, Ratzenberg, Grünbach, Dreistätten, Strelzhof près Netting, Scharergraben près Piesting.

Le mémoire de M. le docteur K. Zittel sur les Bivalves de la formation de Gosau renferme une description détaillée du bassin du Neue-Welt : je me borne à lui emprunter la coupe schématique qui résume la succession des couches.

DIVISION SUPÉRIEURE.

4. { Marnes à Inocérames, peu fossilifères, renfermant à Grünbach des Ammonites.
Grès à Orbitolites (= Orbitoïdes).

DIVISION INFÉRIEURE.

3. Marnes fossilifères à Polypiers, Gastropodes, Bivalves et *Hip. cornuvaccinum, H. dilatatus, Caprina Aguilloni* (Scharergraben, Dreistätten, Mutthmannsdorf).

2. Schistes argileux avec grès, schistes charbonneux et couches de charbon : débris végétaux; coquilles d'eau douce et fossiles marins dans quelques bancs (*Omphalia, Astarte, Circe, Turbo*).

1. { Banc à Nérinées.
Calcaire à Rudistes avec *Hip. cornuvaccinum*.
Banc à Actéonelles.
Conglomérats ou brèches avec récifs de Rudistes, *H. cornuvaccinum, H. sulcatus, Caprina Aguilloni, Sphærulites angeiodes*, Brachiopodes, Polypiers et Échinides.

Les Céphalopodes des marnes de la division supérieure sont :

Pachydiscus neubergicus, v. Hauer, sp.	*Scaphites constrictus*, Sow., sp.
— *colligatus*, v. Binkhorst, sp.	— *pulcherrimus*, Rœmer.
— *Brandti*, Redtenbacher, sp.	*Hamites cylindraceus*, Defrance.
— *Sturi*, Redtenbacher, sp.	

De ce gisement, M. Douvillé a déterminé *Hip. gosaviensis* et *Hip. præsulcatus* du Wandmühle et de Grünbach, et *Hip. Oppeli* du Scharergraben près Piesting.

La coupe précédente de M. Zittel est complètement analogue à celle que l'éminent professeur de Munich a donnée pour la région de Gosau. J'ai montré que cette dernière ne correspondait pas aux faits observés et aux indications paléontologiques fournies par une étude plus précise de la faune; je suis porté à penser qu'on est aussi en droit d'émettre quelques doutes sur l'exactitude du schéma donné pour les couches de Wiener-Neustadt.

En effet, à Grünbach, dans la région où sont exploitées les couches de charbon, la coupe montre, à la base, des conglomérats durs et rougeâtres; au-dessus, des calcaires à Hippurites, desquels M. le docteur K. Zittel cite *Hip. cornuvaccinum* et *Hip. sulcatus :* ce sont évidemment les espèces de ce gisement étudiées par M. Douvillé et déterminées par lui comme *H. gosaviensis* et *H. præsulcatus;* puis une masse épaisse de conglomérats grossiers surmontés par des grès avec débris végétaux et de minces couches de schistes marneux et bitumineux, des calcaires à Actéonelles et enfin un calcaire à Hippurites, rempli, dit M. K. Zittel, de gros exemplaires d'*Hip. cornuvaccinum :* s'agit-il encore ici de l'*H. gosaviensis?* La formation charbonneuse se développe au-dessus et se termine par des grès remplis de *Cyclas gregaria, Roisya Reussi, Unio cretaceus, Chemnitzia Beyrichi, Melanopsis dubia,* que surmontent des grès à Orbitoïdes et des marnes avec Ammonites.

Ainsi, dans la coupe de Grünbach, la formation charbonneuse est directement recouverte par les grès à Orbitoïdes sans intercalation d'un nouveau niveau à Hippurites.

Dans la coupe de Piesting, on voit bien des marnes avec couches de charbon recouvertes par les calcaires à Polypiers et à Hippurites du Scharergraben qui ont fourni *Hip. Oppeli* (*H. dilatatus* in Zittel) avec lequel se trouve une autre espèce désignée par ce savant comme *H. cornuvaccinum* (serait-ce *H. Boehmi?*); ces calcaires sont surmontés par des grès avec rares fossiles, dans lesquels on n'a pas signalé d'Orbitoïdes.

Les marnes charbonneuses de Piesting représentent-elles les couches de charbon de Grünbach? cela n'est pas démontré.

La coupe de Piesting n'est pas d'ailleurs bien nette et il semble que les strates ont subi dans cette région des dérangements qui peuvent laisser des doutes sur leur véritable ordre de succession.

En tout cas, nous ne voyons ni dans l'une ni dans l'autre des coupes données par M. K. Zittel, les calcaires à Hippurites recouverts directement par les grès à Orbitoïdes. Peut-être cette superposition a-t-elle été constatée sur d'autres points? Tout ce que l'on pourrait en déduire alors, c'est que les couches de charbon de Grünbach ont pour facies latéral les couches à *H. Oppeli* de Piesting. Elles seraient ainsi à peu près du même âge que les couches du Neue-Alp à Gosau.

J'ajouterai que, d'après Schlönbach, les marnes à Inocérames renferment des Céphalopodes seulement au voisinage du contact avec les grès à Orbitoïdes, qu'elles présentent vers leur partie moyenne une barre de quelques pieds d'épaisseur remplie de grands Foraminifères et en particulier d'*Haplophragmium grande*, Reuss, qui atteint la grosseur d'un pois, de sorte que la couche ressemble, dit Schlönbach, à un *grobkorniger Rogenstein* : plus haut, les marnes sont riches en Inocérames et elles se terminent par des couches excessivement peu fossilifères.

Il est un autre gisement intéressant sur lequel je veux dire aussi quelques mots en raison de sa notoriété et de l'importance de la faune de Céphalopodes qu'il renferme : il est constitué par les deux lambeaux de la vallée de la Murz situés, l'un au voisinage de Neuberg, l'autre dans le ravin du Krampen, presque sur la bordure méridionale de la zone calcaire des Alpes, au voisinage des massifs cristallins de la chaîne centrale.

En dehors des renseignements donnés par F. von Hauer et Stur, je trouve des détails intéressants dans un mémoire récent de M. le docteur Georg Geyer [1].

La série crétacée débute par des conglomérats reposant sur les schistes de Werfen, la Dolomie inférieure ou le Calcaire d'Hallstatt : au-dessus viennent des calcaires à Orbitolites (Orbitoïdes très probablement) qui souvent reposent directement sur les roches anciennes et renferment, à la partie inférieure, des éléments clastiques (quartz, schistes de Werfen, roches paléozoïques), puis des marnes sableuses et des grès argileux avec paillettes de mica où l'on rencontre, d'après F. von Hauer :

Nautilus Sowerbyi.
— *neubergicus.*
Ammonites, cf. *peramplus.*
— *neubergicus.*
Scaphites multinodosus.
Scaphites æqualis.
Hamites cylindraceus.
Avec *Omphalia Kefersteini*, *Nerinæa nobilis*, etc.

[1] 1889. Georg Geyer, *Beiträge zur Geologie der Mürzthaler Kalkalpen und des Wiener Schneeberges.* (*Jahrbuch der k. k. geol. Reichsanstalt*, XXXIX, p. 497.)

En outre, M. le docteur Geyer dit avoir reçu de la carrière de Krampen un grand échantillon d'Ammonite qu'il qualifie de *Desmoceras*, n. sp., à côtes plus fines que *D. mite*, v. Hauer. Pour ce qui concerne ce dernier fossile, je ferai remarquer qu'*Am. mitis* n'est pas un *Desmoceras*, mais appartient à la famille des Lytocératidés et à ce groupe particulier de formes que j'ai proposé de nommer *Gaudryceras*.

La liste de F. von Hauer donne lieu aux observations suivantes.

L'Ammonite citée sous le nom d'*Am.* cf. *peramplus* doit être évidemment bien différente de cette dernière espèce; si l'on réfléchit que l'on trouve dans la craie supérieure du Cotentin et des Pyrénées des formes de grande taille qui, au premier coup d'œil, peuvent présenter une certaine ressemblance avec *Am. peramplus* et qui, parfois, ont été également citées sous ce nom, il y a de fortes présomptions pour que l'espèce de Neuberg leur soit analogue. Ces formes se rattachent les unes à l'espèce de petite taille figurée par F. von Hauer sous le nom d'*Am. neubergicus* et pour laquelle, à la suite de MM. E. Favre et Schüter, je propose de conserver ce nom; il est donc très vraisemblable que l'exemplaire mentionné sous le nom d'*Am.* cf. *peramplus* est l'adulte de cette espèce. L'échantillon de plus grande taille figuré par von Hauer comme *Am. neubergicus*, n'est pas l'adulte du petit, mais se rattache en réalité à une espèce de Neuberg décrite plus tard par Redtenbacher sous le nom d'*Am. epiplectus* et déjà figurée par von Binkhorst parmi divers types de la craie de Maestricht, sous le nom d'*Am. colligatus*.

Quant au *Scaphites multinodosus*, von Hauer, de Neuberg, ce n'est autre chose que le *Sc. constrictus* de Sowerby : j'ignore quelle est réellement l'espèce des Alpes autrichiennes désignée par von Hauer comme *Sc. æqualis*.

La liste des Céphalopodes de Neuberg doit donc être rectifiée ainsi :

Pachydiscus neubergicus, v. Hauer, sp., emend.
Pachydiscus colligatus, v. Binkhorst, sp., emend.
Gaudryceras sp. aff. *G. mite*[1].
Scaphites constrictus, Sow. sp.
Hamites cylindraceus, Defrance, sp.

Récemment, M. le Dr Kossmat[2] a fait connaître qu'il existe au musée de l'Université de Vienne un échantillon provenant du Krampen, se rappro-

[1] Ce pourrait être encore le *Pseudophyllites Indra*.

[2] 1897. Dr F. Kossmat, *Untersuchungen über die Südindische Kreideformation*. (*Beiträge zur Palæontologie Oesterreich. Ungarns und des Orients*, XI.)

chant beaucoup du *Pachydiscus Menu*, Forbes, des Valudayoorbeds de Pondichéry.

La beauté et l'abondance des fossiles qui peuplent les couches dites de Gosau ont suscité de nombreux travaux de paléontologie. Tausch en a décrit les fossiles d'eau douce; Zekeli et Stoliczka ont fait connaître les Gastropodes; Reuss, les Polypiers et les Foraminifères; Bunzen et Seeley ont étudié les Reptiles; les Céphalopodes ont été publiés dans les monographies de F. von Hauer et de Redtenbacher. Les Bivalves ont été l'objet d'un beau mémoire de M. le docteur Zittel et enfin, tout récemment, M. Douvillé a débrouillé la faune hippuritique de ces couches.

On connaît aujourd'hui environ cinq cents espèces fossiles des couches de Gosau, parmi lesquelles on estime qu'il n'y en a guère que cent vingt existant dans d'autres régions : proportion très faible et qui ne doit pas correspondre à la réalité, car les gisements de la Provence et des Corbières renferment certainement beaucoup d'espèces des Alpes Orientales dont la présence n'a pas encore été mise en évidence : j'ai eu précédemment l'occasion d'en citer un certain nombre qui n'avaient jamais été signalées.

Redtenbacher a fait remarquer que dans l'étude des fossiles de Gosau on ne s'est pas assez préoccupé de rechercher leur gisement précis et qu'il eût été utile de les recueillir en notant avec soin la couche qui les renfermait.

Contrairement à cette manière de voir, Reuss (1854) avait considéré la formation de Gosau comme un système unique et inséparable (*ein einziger zusammengehörige Schichten Complex*), et, plus récemment, M. le docteur Zittel a exprimé la même manière de voir : pour lui, le dépôt tout entier doit être considéré comme une formation indivisible (*eine zusammengehörige Bildung*). M. E. von Mojsisovics pense, au contraire, qu'il n'est pas encore démontré que le terrain de Gosau ne corresponde pas à plusieurs zones paléontologiques.

Il est certainement malaisé, sinon impossible, en raison des difficultés spéciales d'observation, de suivre les couches sur le terrain et de rattacher exactement les unes aux autres celles que l'on rencontre dans les divers ravins. Bien plus, on peut, je crois, affirmer *a priori* que ce résultat est impossible à atteindre, car les divers conglomérats, les bancs à Hippurites, les couches à Actéonelles et à Nérinées n'ont certainement aucune continuité et doivent seulement former des lentilles juxtaposées sans aucun ordre et intercalées à divers niveaux, de sorte qu'un horizon représenté en un point par un conglomérat est constitué ailleurs par des couches gréseuses ou marneuses, ou remplacé par un banc d'Hippurites.

La distribution des fossiles, surtout des Bivalves, des Gastropodes et des Polypiers, ne peut donc présenter aucune régularité et dépend plutôt des conditions de dépôt que des différences d'âge. Par places, certaines espèces constituent à elles seules des bancs entiers : par exemple, dans la région du Neue-Welt, les assises du toit et du mur des couches charbonneuses renferment en abondance *Omphalia ventricosa;* dans le même bassin, à Meiersdorf, on trouve des couches charbonneuses remplies de *Trochactæon Renauxi*, des couches marneuses pétries, les unes de *Cerithium Münsteri*, d'autres de *Cer. Höninghausi*, d'autres encore de *Cer. simplex*. A Dreistätten et à Grünbach, des marnes sableuses rougeâtres renferment en abondance *Trochactæon glandiformis*, tandis que d'autres lits contiennent seulement *Trochactæon lævis; Nerinea Buchi* forme des bancs entiers dans la plupart des gisements; *Nerinea turbinata* remplit des couches à Gams, et *N. flexuosa* à Gosau. *Trochactæon conicus* est très abondant au Traunwand (Gosau) dans des bancs qui forment escarpement; *Trochactæon volutus* est commun à Gams, tandis qu'*Oligoptycha decurtata*, que j'ai signalée précédemment dans les Corbières, est rare et existe seulement dans un des ravins (Edelbachgraben) de Gosau. Je me borne à ces quelques détails sans insister davantage et je reviens à la description des couches crétacées des Alpes Orientales.

J'ai essayé de donner une idée des gisements disséminés dans les montagnes calcaires situées au Nord de la chaîne, mais, en bordure de ces montagnes, se trouve une autre zone, à relief moins accentué, formée essentiellement de roches marneuses et gréseuses qui constituent l'assise désignée par les géologues autrichiens sous le nom de Grès de Vienne (*Wiener Sandstein*).

Pendant longtemps, ce terrain, fort analogue au Flysch de la Suisse, lui a été assimilé et a été classé comme lui dans le groupe éocène. Plus tard, la découverte d'Inocérames de très grande taille, ayant communément 30 à 40 centimètres de diamètre et atteignant jusqu'à 70 centimètres, a conduit à la conclusion qu'une partie au moins de cette assise était crétacée. Finalement, on a constaté que des fossiles de cet âge s'y trouvent sur toute la hauteur, de sorte que le Wiener Sandstein doit être tout entier placé au sommet du Crétacé.

Il est fort probable qu'une bonne partie du Flysch des Alpes bavaroises, à l'Ouest de la Salzach, est de même âge. Ainsi M. Schlosser a constaté qu'à Neubeuern, des marnes, classées par Gümbel dans le Flysch, contenaient *In. Cripsii* et étaient crétacées par conséquent. Au voisinage de la vallée de l'Inn, le Flysch ne forme qu'une mince bordure en avant des Alpes calcaires : il est constitué essentiellement par des marnes à ciment avec quelques lits sableux intercalés; parfois on y rencontre des grès susceptibles de fournir des pierres à aiguiser. Avec les Algues habituelles, ce Flysch renferme des Inocérames à test mince et de grande taille : M. Schlosser y a même recueilli une grosse Ammonite aplatie qu'il rapporte au genre *Desmoceras* (1).

Parmi les localités dans lesquelles des fossiles ont été trouvés, je signalerai encore les carrières de calcaire hydraulique exploitées sur les bords du Danube, au Kahlenberg près Vienne (2). Une autre carrière ouverte dans les grès du Leopoldsberg, près Vienne, a fourni *Inoceramus Cripsii, Ostrea semiplana* et une Ammonite (2) et (3).

H. Keller a également trouvé des Inocérames dans une carrière de grès près Pressbaum (4).

Un autre gisement plus intéressant encore a été découvert dans ces dernières années par MM. E. Fugger et C. Kastner aux environs de Salzbourg (5) : une grande carrière exploitée au Nord de cette ville, à Muntigl, dans la zone dite autrefois du Flysch, est ouverte dans des couches alternantes de grès, de marnes et de calcaires marneux; elle a fourni à ces deux savants des empreintes de Chondrites et d'Helminthoïdes, des débris charbonneux de végétaux et deux espèces de grands Inocérames. Ils ont appelé l'un, dont la taille atteint 45 centimètres sur 68, *Inoceramus salisburgensis*, et l'autre *In. Monticuli* : plus récemment, des Céphalopodes déroulés ont été trouvés dans cette car-

(1) 1893. M. Schlosser, *Notizen aus dem bayrischen Alpenvorlande und dem Innthale.* (*Verh. d. k. k. geol. Reichsanstalt.*)

(2) 1872. Stur, *Inoceramus aus dem Wiener Sandstein des Kahlenberges.* (*Verhandl. d. k. k. geol. Reichsanstalt*, p. 82.)

1872. Stur, *Inoceramus aus dem Wiener Sandstein des Leopoldberges bei Wien.* (*Verhandl. d. k. k. geol. Reichsanstalt*, p. 295.)

1875. Zugmayer, *Ueber Petrefactenfunde aus dem Wiener Sandstein des Leopoldberges bei Wien.* (*Verhandl. d. k. k. geol. Reichsanstalt*, p. 292.)

(3) 1886. Toula, *Neuer Inoceramenfund im Wiener Sandstein des Leopoldberges bei Wien.* (*Verhandl. d. k. k. geol. Reichsanstalt*, p. 368.)

(4) 1883. Keller, *Inoceramen in Wiener Sandstein von Pressbaum.* (*Verhandl. d. k. k. geol. Reichsanstalt*, p. 191.)

(5) 1885. E. Fugger und C. Kastner, *Studien und Beobachtungen.*

rière, et enfin M. E. Fugger m'a fait savoir dernièrement qu'on venait de recueillir *Pachydiscus neubergicus* dans le Flysch de Bergheim, qui renferme les mêmes Inocérames que celui de Muntigl.

Sur divers points de la zone dite du Flysch on a rencontré *Belemnitella mucronata* : M. E. von Mojsisovics signale comme localités où la présence de ce fossile a été constatée, Kressenberg, Mattsee, Gmunden et Leitzendorf près Korneuburg. Sur les bords du Trummersee, au Nord de Salzbourg, on recueille des fragments de Bélemnitelles. Près de Gmunden, dans le Salzkammergut, un ravin, le Gschliefgraben, montre dans des marnes avec des Inocérames, des Échinocorys cités sous le nom d'*E. ovata* et un Céphalopode désigné par F. von Hauer comme *Scaphites multinodosus*, mais qui, en réalité, est le *Sc. pulcherrimus*.

Un gisement de Flysch crétacé a été étudié, d'abord par M. Gümbel, puis par M. J. Böhm : il est situé à Siegsdorf, au Nord-Ouest de Salzbourg et à peu de distance au Sud-Est de Traunstein.

Gümbel, dans son ouvrage sur les Alpes bavaroises, a donné la liste des fossiles qui y avaient été recueillis et qu'il avait eu l'occasion d'examiner; je me bornerai à signaler les suivants :

Ostrea vesicularis.
— *larva.*
— *curvirostris.*

Scaphites multinodosus (c'est-à-dire *constrictus*).

La présence d'*O. larva* (= *ungulata*) et *Scaphites constrictus* suffit pour déterminer l'âge de ces couches et montrer qu'elles appartiennent au Campanien supérieur.

Au mémoire plus récent de M. J. Böhm [1] est jointe une carte géologique détaillée des environs de Siegsdorf qui met en évidence l'allure troublée de cette région : le sol y est divisé par une série de failles en compartiments plus ou moins réguliers, disposés les uns à côté des autres sans qu'il soit possible de remarquer aucun ordre ni aucune loi dans leur arrangement. La tectonique de cette région reste donc encore fort obscure et demandera pour être débrouillée de nouvelles recherches.

[1] Johannes Böhm, *Die Kreidebildungen des Fürbergs und Sulzbergs bei Siegsdorf in Oberbayern.*

M. J. Böhm distingue dans la série crétacée la succession suivante de bas en haut :

1° Marnes micacées gris noirâtre avec Foraminifères et, en particulier, *Haplophragmium irregulare*, Reuss; les fossiles ont leur test : de la liste donnée par M. J. Böhm, je citerai seulement :

Scaphites constrictus, Sow. sp.
Pachydiscus neubergicus, v. Hauer, sp.
Baculites valognensis, J. Böhm (qui ne me paraît guère différent du *B. anceps*).
Ostrea ungulata.
Ostrea curvirostris.
— *vesicularis.*
Echinocorys vulgaris, var. *ovata.*
Cardiaster granulosus.

2° Les *Pattenauer Mergel*, marnes gris-cendré foncé, rencontrées dans les galeries ouvertes à Pattenau. J'extrais de la liste de M. J. Böhm les noms suivants :

Belemnitella mucronata, Schlotheim.
Scaphites Rœmeri, d'Orbigny.
— *constrictus*, Sowerby, sp.
Desmoceras Gardeni, (Baily) Favre.
Hamites cylindraceus, Defrance.
Baculites Knorri, Desm.
— *valognensis*, J. Böhm.
Nautilus neubergicus, Redtenbacher.
Nautilus depressus, Binkhorst.
Inoceramus Cripsii.
— *salisburgensis.*
Ostrea vesicularis.
Micraster, cf. *glyphus.*
Echinocorys vulgaris, var. *ovata.*
Cidaris serrata.
Terebratula carnea.

3° Enfin, au-dessus, des marnes rouges et gris verdâtre de couleur claire qu'il identifie avec les Nierenthalmergel. Elles avaient été jusqu'alors rapportées au Flysch. Elles sont riches en Foraminifères et renferment en outre :

Belemnitella mucronata, Schlotheim.
Inoceramus salisburgensis, Fugger et Kastner.
— sp.
Terebratulina gracilis.
? *Micraster gibbus.*
Echinocorys vulgaris, var. *ovata.*
— — var. *gibba.*
Austinocrinus, sp.

Puis, au sommet, le Flysch proprement dit, qui comprend trois horizons :

1° Des marnes gris bleuâtre avec Chondrites et Helminthoïdes;

2° Des grès micacés gris avec particules charbonneuses et intercalations de schistes marneux gris foncé;

5° Des schistes argileux colorés par rayures en gris verdâtre clair, en bleu noirâtre, en brun rougeâtre ou en noir charbonneux, avec intercalations siliceuses.

M. J. Böhm rapporte cette assise au niveau qui, à Bergheim et Muntigl, a fourni les *Inoceramus salisburgensis* et *In. Monticuli* et dans lequel M. Fugger m'a indiqué récemment la présence d'*Am. neubergicus*.

Il est bien difficile de dire, dans l'état actuel de nos connaissances, si les divers horizons ainsi distingués ont une grande extension ou si, en réalité, ce ne sont pas des facies locaux et accidentels d'une seule et même assise constituant, dans les Alpes Orientales, le Flysch des anciens auteurs : en tout cas, ils n'ont aucune valeur paléontologique, car ils appartiennent tous à la zone supérieure du Campanien.

Il me reste à rechercher l'âge exact des couches de Gosau (*Gosauschichten*), question sur laquelle les opinions les plus variées ont été émises : après avoir pendant bien des années préoccupé les géologues, elle a été délaissée sans avoir été tranchée d'une manière définitive et, aujourd'hui même, les écarts qui existent à ce sujet ne sont pas sans importance, car ce terrain, tout d'abord, ballotté entre le Trias et la Mollasse tertiaire, est encore rattaché par les uns au Turonien, tandis que d'autres le rapportent au Sénonien.

Les couches de Gosau ont été signalées dès la fin du siècle dernier par Bohadsch (1782), mais c'est seulement vers 1822 qu'elles ont commencé à attirer l'attention des géologues.

A cette époque, Ami Boué étudie les gisements de Grünbach (Neue-Welt) et les classe dans le Jurassique; en 1824, il modifie son opinion et les assimile au grès vert et aux grès du Lias : il y indique la présence d'une Bélemnite.

En 1825, Partsch fait connaître un certain nombre de gisements analogues dans les Alpes Orientales.

En 1827, Keferstein visite la région : il assimile ces couches au grès de Vienne (Wienersandstein) et place le tout dans le Flysch, c'est-à-dire dans le Tertiaire, bien que Munster, après examen des fossiles recueillis, ait déclaré y reconnaître des formes incontestablement crétacées. Ce dernier suppose qu'on est en présence de couches crétacées et tertiaires superposées et difficiles à distinguer, fait qui se produit d'ailleurs, dit-il, à Maestricht, en Suède, etc.

Deux géologues anglais, Sedgwick et Murchison, viennent à leur tour explorer ce terrain : en 1829, ils le regardent comme tertiaire, mais l'année suivante ils modifient leur manière de voir : ils parallélisent les calcaires à Hippurites de l'Untersberg avec ceux de la Provence et les marnes rouges superposées avec la Scaglia, tandis qu'ils rapportent à la Mollasse les conglomérats, les marnes et les schistes argileux dont les fossiles leur paraissent présenter de grandes affinités avec ceux du Tertiaire et dont quelques-uns appartiennent à des genres connus exclusivement de ce dernier.

Un peu plus tard (1832), Boué étudie de nouveau une série de gisements des Alpes Orientales et les place dans le grès vert. Je crois qu'il n'est pas sans intérêt de citer le passage relatif au Neue-Welt ou il a trouvé des Échinides (*Ananchytes*) et de très beaux Inocérames : « J'ai aussi cru y voir une Bélemnite, mais ce fait m'a été tellement contesté que je ne le cite plus que pour l'offrir à la vérification des géologues qui visiteront cette localité. »

En réalité, Boué avait raison contre ceux qui se refusaient à croire à l'authenticité de sa découverte, en se basant sur les théories plus ou moins plausibles qu'ils avaient édifiées. La Bélemnite qu'il signalait a été retrouvée depuis (1842) par Haidinger aux environs de Dreistätten. Aujourd'hui, la présence de la *Belemnitella mucronata* à Grünbach ne fait plus aucun doute : les échantillons recueillis dans cette localité ont été considérés par Schlönbach comme une espèce distincte qu'il a décrite sous le nom de *Bel. Höferi*.

Ce même fossile avait d'ailleurs été indiqué aussi par Murchison en 1829 dans des couches situées près de Salzbourg, au bas de l'Untersberg : puis, en 1851, Emmerich citait des Bélemnites dans les marnes bigarrées que l'on trouve au pied de cette montagne, évidemment dans les Nierenthalschichten étudiés plus récemment par Gümbel.

En 1832, Bronn regarde les couches de Gosau comme tertiaires et Goldfuss les désigne comme intermédiaires entre le Crétacé et le Tertiaire.

A partir de 1833, leur âge crétacé ne fait plus de doute pour aucun géologue, mais le niveau qu'on leur assigne est encore sujet à bien des oscillations.

D'Orbigny[1] classe les Hippurites de Gosau dans sa troisième zone de Rudistes.

Morlot (1847) les met dans le Néocomien.

[1] 1842. D'Orbigny (*Bul. Soc. géol. de France*, XII, p. 148).

Ewald les range dans le Turonien et les parallélise avec le Pläner de l'Allemagne du Nord.

En 1850, F. von Hauer les place dans la craie supérieure : dans la 2e édition de la *Géologie de l'Autriche* (1878), il maintient[1] cette conclusion, « contrairement à l'opinion, alors généralement admise, qu'elles sont turoniennes et même qu'elles appartiennent à un niveau bien déterminé, à la zone de l'*Hippurites cornuvaccinum* ».

Zekeli, dans son mémoire sur les Gastropodes des couches de Gosau (1852), conclut de son étude que cette faune, composée de 190 espèces, dont 23 seulement se retrouvent en dehors des Alpes, appartient au Crétacé moyen et supérieur (Turonien et Sénonien).

Reuss (1853), au contraire, après avoir établi que l'ensemble de la faune comprend environ 443 espèces, dont un quart seulement connu d'autres régions, arrive à la conclusion que les couches de Gosau constituent un système homogène et indivisible (*ein einziger zusammengehörige Schichten-Complex*) qui doit être placé de préférence dans le Turonien et tout au plus à la base du Sénonien.

M. le docteur K. Zittel, dans son beau mémoire sur les Bivalves de la formation de Gosau (1866), après avoir rappelé les opinions précédentes, développe cette thèse que les couches de Gosau appartiennent uniquement à la zone de l'*Hippurites cornuvaccinum*, c'est-à-dire au Provencien de Coquand, et que, par leur richesse en fossiles, elles représentent le plus beau développement de cet étage.

Dans son grand ouvrage sur les Alpes de Bavière, Gümbel considère les couches de Gosau comme constituant la subdivision inférieure de la craie supérieure et il les classe dans le Turonien : il rapporte seulement au Sénonien la subdivision supérieure, les marnes de Nierenthal à Inocérames et à Ammonites.

D'après Redtenbacher, la craie des Alpes Orientales renfermerait seulement sept Céphalopodes connus d'autres régions :

1° *Nautilus sublævigatus*, d'Orb., espèce signalée depuis le Cénomanien jusque dans les couches à *Bel. mucronata*.

[1] « *Während sie (die Gosau-Schichten) nach den älteren und, wie ich gesehen muss, mit einem noch wahrscheinlicheren Ansichten die Obere Kreide überhaupt vertreten würden.* »

2° *Am. neubergicus*, v. Hauer, retrouvé dans les couches à *Bel. mucronata* de Westphalie et de Galicie.

3° *Am. Margæ*, Schlüter, caractéristique des marnes grises de Stoppenberg en Westphalie.

4° *Scaphites constrictus*, Sow., de la craie supérieure.

5° *Baculites Faujasi*, Lam.

6° *Baculites anceps*, Lam.

7° *Hamites cylindraceus*, Defrance.

Ces trois derniers également du Sénonien.

En outre, dit-il, trois autres espèces se retrouvent probablement encore en dehors des Alpes: 1° *Am. Ewaldi* qui, d'après Schlönbach, existerait dans le Coniacien de Coquand; 2° *Am. Haberfellneri* (ou peut-être *Am. Päon*) qui, d'après Schlönbach encore, se retrouverait en France depuis le Carentonien jusque dans le Campanien; et enfin 3° *Am. quinquenodosus* auquel se rattachent peut-être quelques-unes des formes rapportées jusqu'à ce jour à *Am. texanus*, Rœmer; cette espèce se rencontrerait alors en Westphalie dans les marnes de Stoppenberg, en France probablement dans le Coniacien et en Bohême dans les Priesener-Schichten.

Quoi qu'il en soit de ces dernières, dit Redtenbacher, les sept espèces incontestées qui se retrouvent en dehors des Alpes existent en France presque exclusivement dans le Campanien, en Westphalie dans la craie à *Bel. mucronata*, à l'exception d'*Am. Margæ* qui est le fossile le plus caractéristique des marnes grises de Stoppenberg, en Bohême dans les Priesener-Schichten, en Galicie dans la craie de Nagorzany à *Bel. mucronata*, et encore dans les couches les plus élevées de la craie de Maëstricht, du Limbourg, de Rügen, etc.

Le grand nombre des espèces spéciales aux couches de Gosau montre que dans cette région la mer de la craie supérieure était dans des conditions particulières au point de vue du développement des organismes et confirme la supposition que les couches de Gosau ne sont qu'un facies de la craie supérieure.

Redtenbacher conclut des considérations précédentes que les couches de Gosau doivent définitivement être rapportées au Sénonien, sans qu'il soit encore possible de dire si elles appartiennent à la zone de la *Bel. quadrata* ou à celle de la *Bel. mucronata*.

Il fait d'ailleurs remarquer que les faunes de Gastropodes, de Lamellibranches, de Polypiers... ne sont pas susceptibles de fournir d'indications précises, parce qu'elles se trouvent distribuées sur toute la hauteur du système et qu'on n'a jamais cherché à observer leur répartition verticale.

Ce savant s'était donc bien rendu compte de la méthode qui devait être suivie, mais, à l'époque où il écrivait, la faune de Céphalopodes du Sénonien des régions extra-alpines était encore peu connue; ses conclusions manquaient donc d'une base suffisante et elles ne peuvent être acceptées intégralement : je montrerai plus loin comment elles doivent être modifiées.

M. le Dr Schlüter (1876) considère que « les couches de la formation de Gosau qui reposent sur les bancs à Hippurites et à *Orbituliten* et sont recouvertes par les marnes à Inocérames caractérisées par la présence d'*In. Cripsii*, renferment un grand nombre de Céphalopodes que Redtenbacher nous a fait connaître : on y trouve un certain nombre de types identiques à ceux de l'Emscher ou dérivés de ceux-ci : avec *Am. Margæ* existent des formes bien voisines d'*Am. tricarinatus, Am. westphalicus, Am. texanus* et *Am. alstadenensis.* »

Pour M. Schlüter, l'étage Emschérien correspond à l'étage Coniacien de Coquand et il ajoute que, si la place assignée aux couches à Céphalopodes de Gosau est bien exacte et si cette assise ne présente pas de lacunes, l'hiatus supposé par Hébert dans la craie du Nord de la France, de l'Angleterre et de l'Allemagne n'existe pas, car les couches à *Hippurites cornuvaccinum* des Alpes et de l'Europe méridionale, supposées sans équivalent dans la craie septentrionale, correspondent au contraire au Pläner supérieur, c'est-à-dire aux Cuvieri-Schichten et aux Scaphiten-Schichten; à l'appui de cette manière de voir, il cite les couches à Hippurites des Corbières recouvertes par la zone à *Micraster cortestudinarium.*

En réalité, la question est beaucoup plus complexe et dans les Corbières les couches à Hippurites constituent plusieurs niveaux dont les uns sont inférieurs aux couches à Micrasters et les autres supérieurs. Le Micraster des Corbières n'est pas d'ailleurs celui que l'on appelait *M. cortestudinarium.* La conclusion précédente doit donc être revisée.

M. E. von Mojsisovics (1879), dans le magistral résumé qu'il a consacré à l'histoire des couches mésozoïques des Alpes Orientales, considère qu'il n'est pas démontré, comme le pensent beaucoup de géologues, que les couches de Gosau correspondent à une seule zone paléontologique : il croit qu'elles ont commencé à se déposer vers la fin de l'époque turonienne, mais que la détermination exacte et précise de leur âge est rendue fort difficile par la multiplicité des termes hétéropiques qui les composent, ainsi que par la prédominance dans leur faune de formes particulières, spéciales à cette région. On a bien là une série continue, mais elle comprend des couches hétéropiques dans lesquelles il est difficile de dire s'il existe une ou plusieurs zones paléontologiques. Celles de la base, conglomérats de rivage, lits charbonneux, formations d'eau douce, alternant avec des calcaires à Hippurites, ont un certain nombre d'espèces communes avec les couches isopiques du Turonien supérieur de la Provence (calcaires à *Hippurites cornuvaccinum*) et il est probable qu'elles sont d'un âge très voisin. L'étude faite par Redtenbacher des Céphalopodes qui peuplent les couches supérieures a montré qu'avec un grand nombre de formes spéciales il existait sept espèces caractéristiques de la craie sénonienne de la province de l'Europe centrale.

On voit quelle diversité d'opinions existe au sujet de l'âge des couches de Gosau; conformément aux principes que j'ai posés au commencement de ce travail, je crois que l'étude des Ammonites peut seule conduire à un résultat exact et précis. En suivant cette voie, Redtenbacher et M. le Dr Schlüter ont été amenés aux conclusions que j'ai indiquées précédemment. J'ai repris tout récemment ces recherches[1] et exposé brièvement les résultats auxquels j'étais moi-même arrivé en m'appuyant sur les caractères de la faune d'Ammonites des couches de Gosau qui renferment en réalité un nombre d'espèces communes avec d'autres régions beaucoup plus considérable qu'on ne le pensait.

Je vais classer ces espèces par étages en indiquant en même temps leur distribution géographique[2].

ÉTAGE CONIACIEN.

Tissotia Robini, Thiol. sp. emend.: d'après les indications de Redtenbacher, cette espèce se trouve dans les ravins Schmolnauer-Alp et Hofergraben près Strobl-Weissenbach, aux environs de Sankt-Wolfgang.

Tissotia Ewaldi, de Buch, sp. : cité des mêmes gisements.

[1] A. de Grossouvre, *Sur l'âge des couches de Gosau*. (*Bull. Soc. géol. de France*, 3e série, XXII, *Compte rendu des séances*, p. XIX.)

[2] Pour la distribution de ces espèces dans les régions extra-alpines, voir la 2e partie de ce mémoire.

Tissotia haplophylla, Redtenbacher, sp. : cité du Schmolnauer-Alp (environs de Sankt-Wolfgang).

Barroisiceras Haberfellneri, Redtenbacher, sp., Gams et Strobl-Weissenbach près Sankt-Wolfgang.

Gauthiericeras bajuvaricum, Redtenbacher, sp., de plusieurs localités des environs de Sankt-Wolfgang.

Gauthiericeras Margæ, Schlüter, sp.; M. E. Fugger m'a communiqué le moulage d'un échantillon provenant de Glaneck.

Peroniceras Czörnigi, Redtenbacher, sp. : Schmolnauer-Alp, près Strobl-Weissenbach, aux environs de Sankt-Wolfgang.

Scaphites Potieri, de Grossouvre; M. E. Fugger m'a communiqué le moulage d'un échantillon provenant de Glaneck.

Scaphites Lamberti, de Grossouvre; espèce rapportée à tort par Redtenbacher au *Sc. constrictus*.

ÉTAGE SANTONIEN.

Mortoniceras serrato-marginatum [1], Redtenbacher, sp., cité de Glaneck.

Mortoniceras texanum, Römer, sp. : Glaneck; Gosau (Nefgraben); Sankt-Wolfgang (Strobl-Weissenbach) et Weissenbach près Aussee.

Pachydiscus isculensis, Redtenbacher, sp. : Gosau.

Gaudryceras mite, Redtenbacher, sp. : Strobl-Weissenbach près Sankt-Wolfgang.

Il est assez remarquable qu'on n'ait jamais signalé dans les Alpes Orientales aucune espèce du groupe du *Placenticeras syrtale*, si largement représenté dans les Corbières, l'Aquitaine, la Touraine et l'Allemagne du Nord. Cependant, il me semble bien que l'*Am. Milleri*, décrit par F. von Hauer d'après un échantillon provenant d'un gisement entre Bärenbach et Kainach (Styrie), n'est qu'une variété du *Pl. syrtale*, type [2].

En outre, M. le docteur F. Kossmat m'a fait connaître qu'il existait au

[1] Voir précédemment pages 338 et 375.

[2] Voir 2e partie, page 133.

musée géologique de l'Université de Vienne un échantillon de marne du Grabenbach, qui renferme un exemplaire fortement comprimé d'un *Placenticeras* du groupe de *P. syrtale.*

Quoi qu'il en soit, il n'est pas moins intéressant de constater l'extrême rareté des espèces du Santonien supérieur.

CAMPANIEN INFÉRIEUR ET MOYEN.

Aucune espèce de ces niveaux n'a encore été signalée dans les Alpes Orientales, au moins parmi les formes connues de l'Europe occidentale et centrale.

CAMPANIEN SUPÉRIEUR.

Pachydiscus neubergicus, v. Hauer, sp.: Neuberg, environs de Gloggnitz, Siegsdorf et Flysch de Bergheim.

Pachydiscus colligatus, v. Binkhorst, sp. : Neue-Welt et Neuberg.

Pachydiscus Brandti, Redtenbacher, sp. : Neue-Welt.

Pachydiscus Sturi, Redtenbacher, sp. : Neue-Welt.

Scaphites constrictus, Sow. sp. : Neue-Welt, Neuberg et Siegsdord.

Scaphites pulcherrimus, Römer : Gmnuden.

Hamites cylindraceus, Defrance : Neue-Welt et Siegsdorf.

Baculites anceps, Lamarck : Siegsdorf.

Belemnitella mucronata, Schlotheim, sp. : Neue-Welt (*Bel Höferi,* Schlönbach); Nierenthal; Siegsdorf, Mattsee, Gmunden, Trummersee.

Je citerai, parmi les espèces spéciales à la région alpine :

Schlönbachia Aberlei et *Schl. propoetidum* du ravin Schmolnauer Alp, près Strobl-Weissenbach, où elles sont accompagnées de formes coniaciennes et santoniennes.

Hauericeras lagarum, du même gisement.

Desmoceras Schlüteri, Redtenbacher, sp. : du même gisement.

Gaudryceras anaspastum, Redtenbacher, sp. : de Neuberg, et, par conséquent, espèce du Campanien supérieur.

Gaudryceras postremum, Redtenbacher, sp. : de Gams, où l'on connaît seulement des Ammonites coniaciennes.

Gaudryceras glaneckense, Redtenbacher, sp. : de Glaneck, où existent des espèces du Coniacien et du Santonien.

Muniericeras gosavicum, v. Hauer, sp. : de Gosau où l'on a cité seulement *Mortoniceras texanum*. Cette espèce appartient donc probablement au Santonien inférieur : nous avons vu que, dans les Corbières, les *Muniericeras* sont strictement cantonnés dans cette subdivision.

Pachydiscus Draschei, Redtenbacher, sp. : du Nefgraben, c'est-à-dire très probablement du même niveau que *Mortoniceras texanum*. Cette espèce rappelle certaines formes du Santonien des Corbières.

En résumé, les Céphalopodes connus des Alpes Orientales appartiennent uniquement aux subdivisions suivantes :

Coniacien,
Santonien inférieur,
Campanien supérieur,

et sont, sauf celles du Campanien supérieur, réparties dans un petit nombre de localités.

Glaneck (Coniacien et Santonien inférieur);
Sankt-Wolfgang (Coniacien et Santonien inférieur);
Gams (Coniacien);
Gosau (Santonien inférieur).

Les marnes à Inocérames et à Ammonites du Campanien supérieur existent au Neue-Welt, à Neuberg, Nierenthal, Siegsdorf, et sont représentées en divers points de la région du Flysch.

Les travaux récents de M. Douvillé [1] sur les Rudistes nous permettent d'étudier également la distribution verticale des Hippurites; malheureusement, il reste toujours un peu de vague et d'incertitude dans les conclusions qu'on peut en déduire, en raison des indications trop peu précises fournies à mon savant

[1] 1897. Douvillé, *Études sur les Rudistes*, 6ᵉ livraison. (*Mém. Soc. géol. de France, Paléontologie*, VII.)

confrère et ami sur les gisements des échantillons qui lui ont été communiqués.

M. Douvillé considère que l'on peut distinguer dans la région des Alpes trois niveaux :

Le plus inférieur, caractérisé par *H. gosaviensis* et *H. præsulcatus*, ne paraît n'avoir qu'une très faible extension géographique : jusqu'à présent, il n'est connu que de Gosau et du Neue-Welt (Wandmühle et Grünbach, près Wiener Neustadt). M. Douvillé regarde ce niveau comme turonien, mais il me semble qu'il pourrait aussi être attribué au Coniacien, car si, dans les Corbières, nous trouvons au sommet du Turonien une forme bien voisine d'*H. gosaviensis* de Gosau, elle ne lui est pas absolument identique; de même *H. præsulcatus*, fort analogue à *H. Grossouvrei* du Turonien des Corbières, en est cependant un peu différent.

Un second niveau à Hippurites renferme *H. cornuvaccinum* et *H. sulcatus* : il est connu uniquement de l'Untersberg aux environs de Salzbourg, où il est représenté par les calcaires à Hippurites, les marbres, exploités sur le versant Nord de cette montagne. La présence de l'*H. sulcatus*, l'analogie de l'*H. cornuvaccinum* avec *H. Gaudryi*, espèce qui, dans la Grèce (Caprena), est associée à *H. Maestrei*, semblent indiquer qu'il faut classer ce niveau dans le Santonien.

Le troisième niveau a une extension bien plus considérable que les précédents, et c'est lui qui constitue la plupart des gisements d'Hippurites des Alpes Orientales, à part les trois exceptions précédemment signalées. On le trouve au Brandenberg, à Sankt-Wolfgang, à Gosau, où il est particulièrement bien développé, au Traunwand et dans le Nefgraben, à Gams-Hieflau et au Neue-Welt. Il renferme : *H. Oppeli*, *H. inæquicostatus*, *H. Bœhmi*, *H. sulcatus*, *H. Chalmasi*, *H. Lapeirousei*, var. *crassa*, *Batolites tirolicus*. M. Douvillé considère ce niveau comme campanien. Parmi les espèces qui le composent, quelques-unes sont, en effet, nettement campaniennes et vont même jusque dans les niveaux les plus élevés du Sénonien : tels sont, en effet, *H. colliciatus* et *H. Lapeirousei*, que nous trouvons ailleurs associés dans des calcaires à Orbitoïdes.

Par contre, *Hip. sulcatus*, dans la région pyrénéenne, ne paraît pas dépasser le Santonien.

Je me demande donc s'il n'y aurait pas lieu de distinguer deux niveaux au lieu d'un seul : l'un comprendrait *H. sulcatus*, *H. Oppeli*, *H. inæquicostatus* et probablement aussi *H. Chalmasi*; et l'autre, *H. Boehmi*, *H. Lapeirousei*, *H. colliciatus*.

Ce qui m'amène à exprimer cette opinion, c'est que les espèces précédentes n'ont été trouvées ensemble que dans le Nefgraben où affleurent, au-dessus des marnes à *Am. texanus*, deux niveaux de calcaires à Hippurites, tandis que dans les autres gisements la même association ne se présente pas. Ainsi du Brandenberg, M. Douvillé signale seulement, *H. sulcatus, H. inæquicostatus* et *H. Chalmasi;* de Sankt-Wolfgang, *H. inæquicostatus* et *H. sulcatus*, tandis qu'à Gams-Hieflau on rencontre à la fois *H. Boehmi, H. Chalmasi* et *H. colliciatus.*

Sur le versant Sud des Alpes, en Italie, les poudingues de la Brianza ne renferment que *H. inæquicostatus* et *H. sulcatus.*

On est ainsi conduit à supposer que les Hippurites du Nefgraben et du Traunwand proviennent de deux horizons distincts représentés par les deux niveaux de calcaires du Nefgraben.

Ce sont évidemment là de simples inductions, car il est impossible de déchiffrer à distance la stratigraphie d'une région pour laquelle manquent des observations précises et détaillées; mais ce qui paraît certain, c'est qu'il y a trois, sinon quatre, niveaux d'Hippurites dans les couches de Gosau.

Cherchons maintenant leurs relations avec les horizons définis par des faunes d'Ammonites.

A la base de la série se trouvent d'abord les conglomérats de Gosau et du Neue-Welt avec les calcaires à *Hip. gosaviensis* et *H. præsulcatus*, qui sont vraisemblablement turoniens. S'ils devaient prendre place dans le Coniacien, ils seraient alors un facies latéral de l'assise suivante.

Celle-ci est constituée par des marnes à Ammonites : les marnes de Glaneck, de Sankt-Wolfgang et de Gosau, caractérisées par des espèces du Coniacien et du Santonien inférieur.

A Gosau, ces marnes ne renferment que des espèces santoniennes, et les ammonites coniaciennes y font défaut; on peut donc admettre, soit que les marnes coniaciennes ne sont pas fossilifères, soit qu'elles manquent, et, dans cette dernière hypothèse, on pourrait supposer qu'elles sont représentées par les conglomérats et les calcaires à *H. gosaviensis.*

Les marnes de Glaneck sont généralement considérées comme supérieures aux calcaires à Hippurites de l'Untersberg, parce que, en certains points, on voit ceux-ci surmontés par des couches marneuses qui leur sont fort analogues; mais je n'ai pas connaissance que dans ce nouvel horizon on ait trouvé les Ammonites signalées à Glaneck, et dès lors la relation admise semble pouvoir être mise en doute avec d'autant plus de raison que la faune d'Hippurites de l'Untersberg paraît avoir un caractère santonien bien accusé. Il est donc beaucoup plus vraisemblable que les calcaires qui la renferment sont stratigraphiquement supérieurs aux marnes de Glaneck; tout au plus peuvent-ils constituer un facies latéral de leur partie supérieure.

Il est assez remarquable d'ailleurs que les Hippurites de l'Untersberg sont seulement connus de cette localité et manquent dans tous les autres gisements; comme dans ceux-ci on rencontre des marnes à *Am. texanus*, il y a là une nouvelle indication en faveur de l'hypothèse que les calcaires de l'Untersberg sont un facies latéral de celles-ci.

Ces calcaires, d'après Gümbel, sont associés à des couches renfermant des Foraminifères désignés par les géologues allemands comme *Orbituliten;* il est bien certain qu'il ne s'agit là ni des Orbitolines qui ne sont pas connues au-dessus du Cénomanien, ni des Orbitoïdes dont la première apparition date du Campanien supérieur : ce sont probablement d'autres Foraminifères d'apparence extérieure semblable.

Au-dessus se place la troisième faune d'Hippurites, soit qu'elle constitue un horizon unique, soit qu'elle puisse être dédoublée, comme je le suppose, en deux niveaux dont l'un serait santonien supérieur et l'autre campanien.

Ces couches à Hippurites sont surmontées au Neue-Welt par des couches à Orbitoïdes : celles-ci existent également à Neuberg[1]. Les gisements de ces Foraminifères étant situés vers l'extrémité des Alpes orientales, M. Douvillé pense que ces Rhizopodes sont arrivés sur le versant septentrional de la chaîne par la trouée de Vienne.

Enfin, la série crétacée se termine par des couches à Inocérames et à Ammonites qui ont une très grande extension et sont signalées en de nombreux points; sur la bordure de la chaîne, elles sont représentées par la zone du Flysch, par le Grès de Vienne.

Certains gisements particulièrement fossilifères montrent que la faune de cet horizon supérieur a un caractère septentrional très accusé, car, avec les Ammonites, on y trouve *Bel. mucronata,* des Echinocorys et des Micrasters.

Nous avons vu que le niveau à lignites du Neue-Alp, dans le bassin de Gosau, était supérieur aux couches à *Hip. Boehmi,* etc., c'est-à-dire était

(1) M. A. Bittner me fait savoir que les couches à Orbitoïdes sont bien développées dans les Alpes calcaires de la haute Styrie, au Sud-Est de Mariazell.

TABLEAU SCHÉMATIQUE DES COUCHES DE GOSAU DANS LES ALPES ORIENTALES.

<table>
<tr><td>CAMPANIEN.</td><td colspan="2">Flysch de Neubeuern, de Bergheim et de Muntigl, à grands Inocérames et à Pachydiscus neubergicus; calcaires du Kahlenberg et du Leopolsberg, près Vienne; couches de Siegsdorf à Pachydiscus neubergicus, Scaphites constrictus, Bel. mucronata, Micraster, Echinocorys, etc. Couches de Nierenthal à Micraster et Bel. mucronata. Marnes à Inocérames et à Ammonites (Pachydiscus neubergicus, colligatus, etc.) du Neue-Welt et de Neuberg.
Grès à Orbitoïdes (Neue-Welt, Neuberg et [?] environs de Salzbourg).
Couches d'eau douce du Neue-Alp, avec bancs de charbon, et, au même niveau probablement, couches de charbon de Grünbach (Neue-Welt).</td></tr>
<tr><td rowspan="2">SANTONIEN.</td><td>Marnes et bancs calcaires à Hip. Boehmi, Hip. Oppeli, Hip. sulcatus du Nefgraben (Gosau) et de Piesting (Neue-Welt).</td><td>Marnes à Actéonelles et calcaires à Nérinées. Conglomérats et bancs calcaires à Hip. Oppeli et Hip. Boehmi du Traunwand (Gosau).</td></tr>
<tr><td>Marnes supérieures de Glaneck; marnes du Nefgraben (Gosau); marnes supérieures de Sankt-Wolfgang : Mortoniceras texanum, M. serrato-marginatum, Pachydiscus isculensis, Gaudryceras mite, Muniericeras gosavicum.</td><td>Ce niveau est représenté probablement par les calcaires de l'Untersberg à Hip. cornuvaccinum et H. sulcatus.</td></tr>
<tr><td>CONIACIEN.</td><td>Marnes inférieures de Sankt-Wolfgang et marnes inférieures de Glaneck à Tissotia Robini, T. Ewaldi, T. haplophylla, Barroisiceras Haberfellneri, Gauthiericeras Margæ, G. bajuvaricum, Peroniceras Czörnigi.</td><td></td></tr>
<tr><td>TURONIEN.</td><td colspan="2">Marnes et calcaires à Hip. gosaviensis et Hip. præsulcatus dans les ravins du Russberg et du Rosenkogel (Gosau) et à Grünbach (Neue-Welt).
Conglomérats.
Lacune et discordance.
(Calcaires triasiques ou jurassiques.)</td></tr>
</table>

certainement campanien. J'ai montré que les lignites du bassin de Wiener-Neustadt étaient probablement superposés aux couches supérieures à Hippurites ou bien devaient être considérés comme un équivalent latéral de celles-ci. Ils seraient donc aussi campaniens. Les principaux niveaux à lignites des couches crétacées des Alpes orientales seraient ainsi sensiblement du même âge que les lignites de la Provence. Toutefois, il ne faut pas oublier que les bancs à Hippurites sont souvent associés à des dépôts charbonneux et que des débris végétaux se rencontrent à divers niveaux dans les couches marneuses des Alpes orientales.

Les considérations précédentes peuvent se résumer dans le tableau ci-joint.

Je termine ce chapitre en donnant une bibliographie aussi complète qu'il m'a été possible de la dresser de tous les ouvrages et mémoires ayant trait aux couches dites de Gosau dans les Alpes orientales.

1782. Bohadsch, *Bericht ueber eine auf allerhöchstes Befehl 1763 unternommne Reise...*

1820. Keferstein, *Deutschland*, Band V, Heft III.

1822. A. Boué, *Journal de physique*, mai 1822, p. 52.

1824. A. Boué, *Mémoire géologique sur l'Allemagne. Journal de physique.*

1824. A. Boué, *Mémoire sur les terrains secondaires du versant Nord des Alpes* (*Annales des mines*, IX, p. 508).

1826. Partsch, *Anmerkung ueber den Bau der östichen Alpen*, p. 52-(Gosau, p. 54).

1827. Keferstein, *Beobachtungen und Ansichten ueber die geogn. Verhältn. der nördlichen Kalkalpenkette in Oesterreich und Bayern aus dem Sommer* 1827.

1828. v. Kleinschrod, *Ueber die Hippuriten der Nagelwand* (*Zeitschrift für Mineralogie*, p. 707, et Keferstein, *Deutschland*, Band V, p. 505).

1829. L. v. Buch, *Hippuriten und Zoophyten des Untersberges* (*Jahrb. f. Min.*, p. 376).

1829. A. Boué, *Geognotische Gemälder von Deutschland mit Rücksicht auf die Gebirgsbeschaffenheit nachbachlicher Staaten* (C. C. Leonhard, p. 282).

1829. Segdwick et Murchison, *Proc. geol. Soc. Lond.*, n° 13, p. 145-455.

1830. A. Boué, *Pied septentrional du Untersberg* (*Mém. géol. et paléont.*, I, p. 210).

1820. Lill. v. Lilienbach, *Durchschnitt der Gebirge Salzburgs von Werfen bis Teisendorf* (*Leonhard und Bronn's Jahrbuch von 1830*, p. 192).

1831. A. Boué, *Description de divers gisements intéressants de fossiles dans les Alpes autrichiennes* (*Bul. Soc. géol. de France*, II, p. 128).

1831. Segdwick et Murchison, *Leonhard und Bronn's Jahrbuch*, p. IV.

1832. Segdwick et Murchison, *On the structure of the eastern Alps.* (*Trans. geol. Soc.*)

1832. A. Boué, *Notes recueillies dans son dernier voyage* (*Bul. Soc. géol. de France*, III, p. 87).

1832. A. Boué, *Sur les environs d'Hieflau et de Gams* (*Mém. géol. et paléont.*, p. 224).

1832. A. Boué, *Notice sur les environs d'Hinterlaussa, près Altenmarkt* (*Mém. géol. et paléont.*, p. 382).

1837. J. A. Seethaler, *Die Hippuriten am Untersberge bei Salzburg* (*Oesterr. Zeitschrift für Geschichte und Staatskun.*).

1842. A. Boué, *Difficultés que présente l'étude des Alpes* (*Bull. Soc. géol. de France*, XIII, p. 136).

1843. Dr A. von Klipstein, *Beiträge zur geologischen Kenntniss der östlichen Alpen*, p. 23.

1846. W. Haidinger, *Zur Geognosie der Steiermark* (*Leonhard und Bronn's Jahrbuch für Mineralogie, Geologie und Palæontologie*, p. 45).

1846. W. Haidinger, *Geologische Beobachtungen in den östlichen Alpen* (*Haidinger's Berichte*, III, p. 347).

1847. F. v. Hauer, *Hamites hampeanus in Neuberg* (*Haidingers Berichte*, p. 75).

1848. A. v. Morlot, *Fundorte von Gosaufossilien bei Oberburg* (*Sitz. Ber. d. k. Akad. d. W.*, I, 4, p. 5-7).

1848. W. Haidinger, *Hippuriten-Kalkklippen in der Nähe des Bauerngutes Weiss in Sonnberg* (*Haidinger's Berichte*, p. 362).

1849. Murchison, *On the geological structure of the Alps, Appennines and Carpathians* (*Quart. Journ. geol. Soc.*, V, p. 157).

1850. F. v. Hauer, *Ueber die geognotischen Verhältnisse des Nordabhanges der nordöstlichen Alpen zwischen Wien und Salzburg* (*Jahrb. d. k. k. geol. Reichsanstalt*, I, p. 17-60).

1851. A. Emmerich, *Geognotische Beobachtungen aus den östlichen baierischen und den angrenzenden oesterreichischen Alpen* (*Jahrb. d. k. k. geol. Reichsanstalt*, II, p. 1).

1851. H. Prinzinger, *Ueber Kreidemergel von Fürstenbrunn und Glaneck* (*Jahrb. d. k. k. geol. Reichsanstalt*, II, Heft *b*, p. 170).

1851. M. v. Lipold, *Ueber fünf geologische Durchschnitte in den Salzburger Alpen* (*Jahrb. d. k. k. geol, Reichsanstalt*, II, Heft *c*, p. 170).

1851. J. Cžjžek, *Die Kohle in der Kreide Ablagerungen bei Grünbach* (*Jahrb. d. k. k. geol. Reichsanstalt*, II, p. 144).

1851. F. v. Hauer und Reuss, *Geologischen Untersuchungen in Gosauthal* (*Jahrb. d. k. k. geol. Reichsanstalt*, II, p. 150).

1852. C. Peters, *Beitrag zur Kenntniss der Lagerungsverhältnisse der oberen Kreideschichten an einigen Localitäten der östlichen Alpen* (*Abhandl. d. k. k. geol. Reichsanstalt*, I).

1852. F. Zekeli, *Die Gasteropoden der Gosaugebilde* (*Abhandl. d. k. k. geol. Reichsanstalt*, I, part. II).

1853. A. E. Reuss, *Kritische Bemerkungen ueber die von Herrn Zekeli beschriebenen Gasteropoden der Gosaugebilde in den Ostalpen* (*Sitz. Ber. d. k. Akad. d. Wissen. Wien.*, I, p. 882).

1853. A. E. Reuss, *Ueber zwei neue Rudisten Species aus den alpinen Kreideschichten der Gosau* (*Sitz. Ber. d. k. Akad. d. Wissen. Wien.*, XI, p. 923).

1854. A. E. Reuss, *Beiträge zur Charakteristik der Kreideschichten in den Ostalpen* (*Denkschrift. d. k. Akad. d. Wissen. Wien.*, VII, p. 1).

1854. Fr. Rolle, *Fossilien von der Kainach* (*Jahrb. d. k. k. geol. Reichsanstalt*, V, p. 885).

1856. Pichler, *Zur Geognosie der nordöstlichen Kalkalpen Tirols* (*Jahrb. d. k. k. geol. Reichsanstalt*, VII, p. 735).

1857. Fr. Rolle, *Kreideformation des Bachers* (*Jahrb. d. k. k. geol. Reichsanstalt*, VIII, p. 281).

1857. Fr. Rolle, *Gosau und Kreidebildungen* (*Jahrb. d. k. k. geol. Reichsanstalt*, VIII, p. 442).

1857. C. W. Gümbel, *Untersuchungen in den baierischen Alpen zwischen Isar und Salzach* (*Jahrb. d. k. k. geol. Reichsanstalt*, VIII, p. 149).

1858. F. v. Hauer, *Ueber die Cephalopoden der Gosauschichten* (*Beiträge zur Palæontologie v. Oesterreich*, I, p. 7).

1859. v. Zollikofer, *Die geologischen Verhältnissen des Drannthales in Unter-Steiermark* (*Jahrb. d. k. k. geol. Reichsanstalt*, X, p. 212).

1860. F. Stoliczka, *Ueber eine der Kreideformation angehörige Süsswasserbildung in den nordöstlichen Alpen* (*Sitz. Ber. d. k. Akad. d. Wissen. Wien.*, XXXVIII, p. 482).

1861. C. W. Gümbel, *Geognotische Beschreibung d. bayerischen Alpengebirges*, I.

1862. F. v. Hauer, *Ueber die Petrefacten der Kreideformation des Bakonyer-Waldes* (*Sitz. Ber. d. k. Akad. d. Wissen. Wien.*, XLIV).

1865. F. Stoliczka, *Eine Revision der Gastropoden der Gosauschichten in den Ostalpen* (*Sitz. Ber. d. k. Akad. d. Wissen. Wien.*, LII).

1865-1866. A. v. Zittel, *Die Bivalven der Gosaugebilde in den nordöstlichen Alpen* (*Denkschrift. d. k. Akad. d. Wissen. Wien.*, XXIV et XXV).

1866. F. v. Hauer, *Neue Cephalopoden aus den Gosaugebilden der Alpen* (*Sitz. Ber. d. k. Akad. d. Wissen. Wien.*, LIII, p. 300).

1866. Gümbel, *Ueber neue Fundstellen von Gosauschichten und Vilser Kalk bei Reichenhall* (*Sitzungsber. d. k. Akad. d. Wissen. in München*).

1866. O. Schneider, *Untersberger Marmor* (*Sitzungsber. der Isis*).

1867. F. v. Hauer, *Die Lagerungsverhältnisse der Gosauschichten bei Grünbach.* (*Verhandl. d. k. k. geol. Reichsanstalt*, p. 148).

1867. U. Schlönbach, *Kleine palæontologiche Mittheilungen, I. Ueber einen Belemniten aus der alpinen Kreide von Grünbach bei Wiener Neustadt.*

1871. Stur, *Geologie der Steiermark.*

1873. A. Redtenbacher, *Die Cephalopoden der Gosauschichten in den nordöstlichen Alpen* (*Abhandl. der k. k. geol. Reichsanstalt*, V).

1874. A. Redtenbacher, *Ueber die Lagerungsverhältnisse der Gosaugebilde in der Gams bei Hieflau.* (*Jahrb. d. k. k. geol. Reichsanstalt*, XXIV, p. 1).

1880. E. Fugger, *Der Untersberg* (*Zeitschrift des Deutschen und Oesterreichischen Alpenvereines*) *mit Karte.*

1881. Seeley, *The reptile Fauna of the Fossils at Neue Welt west of Wiener Neustadt* (*Quart. Journ. geol. Soc.*, XXXVII, p. 620).

1882. E. Fugger und C. Kastner, *Die geologischen Verhältnisse aus Nordhabange des Untersbergs* (*Verh. der k. k. geologischen Reichsanstalt*).

1885. E. Fugger und C. Kastner, *Naturwissenschaftliche Studien und Beobachtungen aus und über Salzburg.*

1894. H. Kynasten, *On the stratigraphical, lithological and paleontological Features of the Gosau district in the Austrian Salzkammergut* (*Quart. Journ. geol. Soc.*, L, p. 120).

1894. A. de Grossouvre, *Sur l'âge des couches de Gosau* (*Bull. Soc. géol. de France*, 3ᵉ série, XXII, *Compte rendu des séances*, p. XIX).

1897. Douvillé, *Études sur les Rudistes*. Ch. II. *Les Hippurites de la province orientale* (*Mém. Soc. géol. de France, Paléontologie*, VII).

CHAPITRE XVI.

LA CRAIE DE LA BAVIÈRE.

Après avoir essayé de donner une idée de la constitution des couches crétacées dans la chaîne alpine, revenons aux régions situées en avant des Alpes, dans la zone des massifs anciens.

Nous allons y rencontrer tout d'abord des lambeaux plus ou moins étendus, restes d'une immense couverture disloquée par les mouvements de date tertiaire et en grande partie dispersée par l'érosion. Plus au Nord, le Crétacé disparaît sous les terrains diluviens qui forment le sol des plaines de l'Allemagne du Nord.

Le premier lambeau que nous étudierons est le territoire crétacé situé en Bavière, sur la rive gauche du Danube et sur le revers occidental du Bayerischerwald, massif qui flanque à l'Ouest le Böhmerwald dont il est séparé par la vallée du Regen noir.

Les couches crétacées, bien développées sur les bords du fleuve aux environs de Ratisbonne (Regensburg), s'étendent vers le Nord jusqu'au delà d'Amberg : elles se montrent au jour dans les vallées du Regen, de la Naab et de leurs affluents. Au voisinage du Danube, souvent masquées par des dépôts plus récents, elles occupent tout l'espace compris entre Ratisbonne et Kelheim.

Le cours du fleuve semble, à première vue, former à peu près exactement la limite méridionale des affleurements, bien qu'entre Ratisbonne et Thalmässing ceux-ci se montrent encore dans quelques collines, formant saillie au milieu de la plaine du Danube. En réalité, les couches crétacées disparaissent sous les graviers de la vallée, car on les aperçoit en quelques points plus au Sud, là où l'érosion a creusé des sillons assez profonds pour percer le manteau superficiel des terrains quaternaires et tertiaires qui les dérobent à la vue. Tels sont, par exemple, les affleurements visibles près d'Eggmühl, assez loin de la rive droite du Danube.

En remontant son cours on en observe d'autres près Pfaffenmünster, près Straubing et près Flinsbach, non loin d'Hengersberg, mais les plus intéressants sont ceux qui existent entre Passau, Ortenbourg et Vilshofen.

Les couches crétacées s'abaissent doucement du Nord vers le Sud dans la direction de la vallée et disparaissent assez brusquement en profondeur à son voisinage : leur chute paraît avoir été produite par une série de failles en gradins dirigées à peu près parallèlement au cours du fleuve.

Ces couches reposent en général sur les calcaires jurassiques, mais on les voit aussi superposées au Trias, et même à Roding, Falkenstein et Nittenau, elles pénètrent en forme de golfe au milieu du massif primitif, sur lequel elles s'appuient directement, sans intercalation d'aucuns autres sédiments.

Les premiers dépôts de nature très variable par lesquels débute le Crétacé, ou le Procène (*Procän*), comme disait Gümbel [1], remplissent des crevasses, des poches ou des dépressions des calcaires jurassiques. Ce sont des sables ou des grès, généralement à grain assez grossier, alternant avec des argiles blanchâtres ou grises et mêmes noires par places, en raison des débris végétaux dont elles sont parfois chargées; on y trouve des plantes terrestres comme en Bohême, à Perutz. Cette formation est particulièrement développée au voisinage du Danube en amont de l'embouchure de la Naab, vis-à-vis Sinzing, et surtout dans les carrières de Schutzfels près Dechbetten, non loin de Ratisbonne; pour cette raison, Gümbel a proposé de donner à cette zone inférieure le nom de *Schutzfelsschichten.* A Schutzfels, les sables sont blancs et renferment à leur partie inférieure des galets perforés et revêtus d'une patine verte glauconieuse; ils sont surmontés par un grès vert avec débris de coquilles et de Bryozoaires.

Ailleurs cette première zone est plutôt conglomératique, mélangée de grains glauconieux et tantôt meuble, tantôt solidement agglomérée par un ciment calcaire ou ferrugineux. Parfois l'élément ferrugineux se concentre en grains noirs arrondis ayant l'apparence de pisolithes. Dans les gisements où

[1] 1868. C. W. Gümbel, *Geognotische Beschreibung des ostbayerischen Grenzgebirges oder des bayerischen und oberpfälzer Waldgebirges.*

les couches reposent sur le terrain primitif, on trouve des débris de feldspath et d'autres roches agglomérés par un ciment ferrugineux assez abondant pour donner naissance à un véritable minerai de fer.

Ces premiers sédiments ne sont pas exclusivement renfermés dans des poches ou dans des crevasses; ils reposent parfois sur une surface plane du calcaire jurassique, comme à Neukelheim; celui-ci, recouvert par une croûte ferrugineuse ou un enduit verdâtre et gras au toucher, est alors perforé de trous ayant environ 2 centimètres de diamètre et 4 centimètres de profondeur, remplis de sable jaunâtre ou de sable grossier avec Bryozoaires et débris de coquilles.

Gümbel penche à rattacher à cet horizon les minerais de fer assez riches si bien développés autour d'Amberg.

Cette première zone, dont l'épaisseur peut atteindre une trentaine de pieds, se relie intimement à la suivante.

Celle-ci est constituée essentiellement par un grès chargé de grains de glauconie qui lui donnent une couleur verdâtre, et est exploitée aux environs de Ratisbonne, de Kelheim et d'Amberg, où elle fournit de bons matériaux de construction; Gümbel a proposé de la désigner sous le nom de grès vert de Ratisbonne (*Regensburger Grünsandstein*).

A ces grès sont subordonnées des intercalations sableuses ou calcaréeuses.

Les fossiles sont assez abondants et renferment bon nombre d'espèces partout caractéristiques du Cénomanien, mais les Ammonites et les Échinides y font presque complètement défaut. Je citerai seulement, d'après Gümbel, *O. carinata, O. conica, O. diluviana, O. vesiculosa, O. columba, Chlamps asper, Pecten æquicostatus, Inoceramus striatus, Am. navicularis, Am. rhotomagensis.* Il convient de signaler encore une Bélemnitelle désignée sous le nom d'*Act. lanceolatus.* J'ignore à quel niveau elle se trouve exactement et si en Bavière elle appartient au Cénomanien ou au Turonien.

Ce système gréseux, puissant de 30 à 50 pieds, est recouvert par un horizon marneux assez constant, peu épais (3 à 5 pieds), peu fossilifère et renfermant seulement quelques petites huîtres: *O. vesiculosa, O. vesicularis* (?). M. Gümbel le désigne comme *Eybrunner-Mergel;* il forme le sommet de l'étage inférieur de son Procän, qui constitue pour lui l'*Unterpläner,* correspondant au Cénomanien de d'Orbigny.

Au-dessus commence l'étage moyen, le *Mittelpläner,* équivalent du Turonien, dans lequel il distingue trois assises.

A la base, les *Reinhausenerschichten,* ainsi nommés parce que ces couches sont bien caractérisées au Galgenberg près Reinhausen : c'est une roche micacée, stratifiée en lits minces, assez compacte, de nature calcaréo-siliceuse et argileuse. En certains points, elle semble analogue à la Gaize (*Amberger Tripel*) et parfois la silice s'isole en nodules.

Sa faune comprend *Inoceramus labiatus,* ce qui justifie son classement dans le Turonien, avec un *Chlamys* assez fréquent du groupe de *Chl. notabilis,* très voisin de *Chl. cometa* et de *Chl. longicauda; O. columba* (var. *minor*); *O. lateralis.*

Au-dessus de cette première zone, dont la puissance varie de 30 à 60 pieds et qui est surtout bien développée au Nord-Est, viennent les *Winzerbergschichten,* formés de sables et de grès noduleux, à ciment tantôt calcaire, tantôt siliceux, et d'une épaisseur variant de 10 à 50 pieds. Parmi les fossiles de ce niveau, je citerai, d'après Gümbel : *Inoceramus labiatus, In. Brongniarti, O. columba* (de grande et de petite taille), *O. auricularis* (probablement la petite huître du Turonien voisine d'*O. plicifera* que j'ai désignée, d'après d'Archiac, sous le nom d'*O. turonensis*) et *Rh. Cuvieri.*

A ce système sableux succède la dernière zone classée par Gümbel dans le Turonien, les *Kagerhöhschichten,* ainsi nommés parce que leurs affleurements peuvent s'étudier facilement sur les flancs du Kagerberg près Ratisbonne.

Il y distingue trois subdivisions :

La première débute par une couche siliceuse très consistante, épaisse seulement de quelques pieds, surmontée par des calcaires compacts, parfois glauconieux, ou des couches noduleuses et argilo-siliceuses, et se termine par des marnes glauconieuses, noduleuses et sableuses. Toutes ces couches sont assez fossilifères, notamment les marnes glauconieuses qui affleurent sur le versant Nord du Galgenberg au lieu dit Eisbuckel, d'où le nom d'*Eisbuckelschichten* pour cette première subdivision puissante de 10 à 15 pieds.

Les fossiles sont généralement à l'état de moules, d'ordinaire assez fortement phosphatés (ils contiennent jusqu'à 16 p. 100 d'acide phosphorique) : *O. columba* (var. *gigas*), *In. Brongniarti, Magas Geinitzi, Am. peramplus* et *Am. Woolgari*[1] (in Gümbel), etc.

[1] Il est probable que les échantillons désignés sous ce nom ne sont pas conformes au type figuré par Sharpe : Gümbel les rapproche de ceux trouvés en Bohême dans les Malnitzer-Schichten, or tous ces derniers sont différents d'*Am. Woolgari* (voir plus loin p. 659).

Aux environs de Ratisbonne, au-dessus de ces couches glauconieuses se montre une nouvelle série assez puissante (20 à 50 pieds) de couches marno-siliceuses, blanc jaunâtre, bien litées et ressemblant beaucoup aux Reinhausenerschichten. Elles se voient bien au voisinage du Pulverthurm, sur le Galgenberg, au Sud de Ratisbonne[1], et ont été désignées sous le nom de *Pulverthumschichten*. Les fossiles y sont peu abondants; Gümbel y cite des Ostracées: *O. vesicularis*, *O. lateralis*, *O. semiplana*, *O. Matheroni* (probablement *turonensis*), *O. columba*, avec beaucoup de Lamellibranches et en particulier *In. Brongniarti* et *In.* cf. *Cuvieri;* des Brachiopodes: *Magas Geinitzi*, *Terebratulina striatula*, *Terebratulina rigida*, *Terebratula semiglobosa;* un Micraster dénommé *M. cortestudinarium*, *Klytia Leachi*, et enfin *Scaphites Geinitzi*.

La *Callianassa antiqua* se trouve sur toute la hauteur de cette subdivision, mais elle est particulièrement abondante dans les bancs calcaires qui la surmontent et que Gümbel désigne comme *Callianassaschichten :* ceux-ci sont recouverts à leur tour par des calcaires glauconieux remplis de grains de quartz avec fossiles à l'état de moules : *Trigonia limbata*, *Crassatella arcacea*, *Arcopagia striata* et autres Lamellibranches.

Gümbel signale un gisement intéressant qui paraît devoir être rapporté à ce même horizon et qui se trouve à Betzenstein près Pegnitz, où il est isolé au milieu du jurassique, sur lequel il repose directement sans aucune trace des couches plus anciennes. C'est une roche calcaréo-marneuse, glauconieuse, remplie de Bryozoaires avec *Callianassa antiqua*, *Pholadomya caudata*, *Trigonia limbata*, etc. Si ces conditions de gisement sont bien exactes, on aurait là une preuve de la transgression des couches turoniennes supérieures.

Au Kagerberg, près Thalmässing, et près Roding on observe une nouvelle série de couches constituant pour Gümbel son étage supérieur, son *Oberpläner* équivalent du Sénonien. Ce sont des marnes glauconieuses qui paraissent être l'équivalent des gisements signalés au Materberg, au Nord d'Ortenbourg et non loin des bords du Danube, et qui, pour cette raison, ont été appelées *Materbergschichten*.

Des environs de Ratisbonne, Gümbel signale *Ostrea vesicularis* (grande et typique); *O. semiplana*, *O. santonensis*, *O. frons* avec *Baculites anceps*, Lamk[2]; *Hamites attenuatus*, Sow.; *Hamites Rœmeri*, Geinitz; *Scaphites Cottai*, Rœm.,

[1] Qui ne doit pas être confondu avec le Galgenberg de Reinhausen.

[2] Très probablement *Baculites bohemicus*, Fr. et Schl.

sp.[1]; *Am.* cf. *peramplus; Aptychus cretaceus.* Gümbel y cite aussi *Micraster coranguinum,* qui est plus probablement *M. cortestudinarium,* Goldf.

Les gisements des environs de Passau ont été spécialement étudiés par Carl Gerster[2] au point de vue de la faune et il y signale une série de fossiles parmi lesquels quelques espèces turoniennes telles que *Baculites bohemicus,* Fr. et Schl.; *Scaphites Cottai* (=*Geinitzi*) et d'autres sénoniennes, telles que *Am. subtricarinatus* et une Ammonite désignée sous le nom d'*Am. Neptuni,* mais qui doit en être différente et se rapporter à *Am. Haberfellneri,* car Gerster la rapproche de l'*Am. Neptuni* des Priesener-Schichten de Bohême (Fr. et Schl. *Cephal. der böhm. Kreide,* pl. XIV, fig. 3), qui n'est en réalité qu'un *Am. Haberfellneri* (voir 2e partie, p. 58).

Enfin, près de Ratisbonne, au Kagerberg et au Grossberg, la série crétacée se termine par des grès jaunâtres, grossiers, à ciment calcaire, se brisant en plaquettes; ils renferment beaucoup de Bryozoaires et de nombreux fossiles d'ordinaire indéterminables en raison de leur mauvais état de conservation: *O. vesicularis* (typique), *O. laciniata, Lima ornata, Pecten quadricostatus.*

Gümbel considère ce système gréseux, *Grossbergschichten* ou *Grossbergsandstein* comme l'équivalent de la craie à Bélemnitelles du bassin anglo-parisien, mais la faune ne donne aucune preuve à l'appui de cette manière de voir, qui supposerait une grande lacune entre cette assise et la précédente. La continuité de la sédimentation ne permet pas de la placer plus haut que le Coniacien.

(1) =*Scaphites Geinitzi.*

(2) 1881. Carl. Gerster, *Die Plänerbildungen von Ortenburg bei Passau* (*Nova Acta d. k. Leop.-Carol. Deutschen Akademie der Naturforscher,* XLII, N. 1).

TABLEAU DE LA CRAIE DE LA BAVIÈRE D'APRÈS M. GUMBEL.

ÉTAGES.	ASSISES.	DESCRIPTION DES DIVERSES ZONES.
ÉTAGE SUPÉRIEUR. OBERPLÄNER.	Grossberg-schichten.	*Grossbergschichten.* — Couches gréseuses remplies de Bryozoaires avec *Ostrea vesicularis*, *Ostrea laciniata*, etc. (50 à 60 pieds).
	Materberg-schichten.	*Marterbergschichten.* — Marnes glauconieuses avec *Am. subtricarinatus*, *Am. Haberfellneri*, etc. (20 à 30 pieds).
ÉTAGE MOYEN. MITTELPLÄNER.	Kagerhöhleschichten.	*Callianassenschichten.* — Couches calcaires remplies de *Callianassa antiqua* avec *Trigonia limbata*, *Pholadomya caudata*, etc.
		Pulverthumschichten. — Marnes siliceuses, blanc jaunâtre, bien litées, avec *Inoceramus Brongniarti*, *Terebratulina striatula*, *Tr. rigida*, *Klytia Leachi*, *Scaphites Geinitzi* (20 à 56 pieds).
		Eisbuckelschichten. — Marnes glauconieuses, calcaires compacts ou marnes argilo-siliceuses et, à la base, couche siliceuse : *Inoceramus Brongniarti*, *Ostrea columba*, var. *gigas*, *Ammonites Woolgari* (?) [10 à 15 pieds].
	Win-zerberg-schichten.	*Winzerbergschichten.* — Sables et grès noduleux à ciment calcaire ou siliceux : *In. Brongniarti*, *In. labiatus*, *Rh. Cuvieri* (10 à 50 pieds).
	Rein-hausener-schichten.	*Reinhausenerschichten.* — Calcaires siliceux et gaize micacée en lits minces avec *Inoceramus labiatus* et *Chlamys notabilis* (30 à 60 pieds).
ÉTAGE INFÉRIEUR. UNTERPLÄNER.	Regensburgerschichten.	*Eybrunner Mergel.* — Marnes à Ostracées : *Ostrea vesiculosa*, *O. lateralis* (2 à 5 pieds).
		Regensburger Grundsandstein. — Grès vert à *Ostrea columba*, *Chlamys asper*, *Pecten æquicostatus*, *Inoceramus striatus*, *Ammonites navicularis*.
		Schutzfelsschichten. — Sables, grès et conglomérats plus ou moins ferrugineux d'origine marine ou sables avec argiles à débris de végétaux terrestres (0 à 30 pieds).

CHAPITRE XVII.

LA CRAIE DE LA BOHÊME.

Au Nord-Est du Böhmerwald, le terrain crétacé se montre de nouveau, sur une assez large superficie, dans la partie septentrionale du quadrilatère de la Bohême : il est borné d'un côté au Nord-Ouest par l'Erzgebirge; de l'autre côté, au Nord-Est par le Lausitzergebirge et le Riesengebirge et il se prolonge au pied des Sudètes jusque dans la Moravie occidentale.

Au Sud, il ne dépasse pas la ligne de hauteurs de Neustraschitz, Prague, Kuttenberg, Chrudim et Policka.

Vers le Nord, on le retrouve, au delà de ces limites, sur le territoire de la Saxe, où il se poursuit jusqu'aux environs de Dresde, pour disparaître ensuite sous les terrains diluviens.

Au Nord-Est, quelques lambeaux se montrent dans la Silésie prussienne : le plus important est celui de Kieslingswalde, dans le comté de Glatz.

Le Crétacé de la Bohême a donné lieu à un grand nombre de travaux, mais beaucoup écrits en langue tchèque me sont restés inaccessibles. J'ai dû me borner à emprunter le résumé qui suit, principalement aux monographies de M. Fritsch et à divers mémoires de M. J. Jahn et de M. Zahálka parus dans les publications de l'Institut géologique de Vienne [1]. Je ne dois pas dissimuler que

[1] Ouvrages consultés :

1849. B. Geinitz, *Das Quadersansteingebirge oder Kreidegebirge in Deutschland.*

1868. U. Schlönbach, *Kleine palæontologische Mittheilungen*, III; *Die Brachiopoden der böhmischen Kreide* (*Jahrbuch d. k. k. geol. Reichsanstalt*, XVIII, Heft I, p. 139).

1869. J. Krejci, *Studien im Gebiete der böhmischen Kreideformation*, I; *Allgemeine und orographische Verhältnisse sowie Gliederung der böhmischen Kreideformation* (*Arbeiten der geologischen Section für Landesdurchforschung von Böhmen*).

1869. Dr Anton Frič, *Studien im Gebiete der böhmischen Kreideformation*, II; *Palæontologischen*

des désaccords importants existent entre les divers savants qui se sont occupés de l'étude de ce terrain : composé de sédiments de nature très variable, de calcaires, de marnes, d'argiles et de grès distribués irrégulièrement sur la hauteur, il offre à des niveaux fort différents des faunes souvent très semblables; comme la variabilité des sédiments dans le sens horizontal ne semble pas moindre que dans le sens vertical, il en résulte que des dépôts synchroniques peuvent posséder des faunes très dissemblables et inversement des dépôts d'âge différent des faunes analogues ou même identiques. D'après les descriptions dont j'ai pu prendre connaissance, il m'a semblé qu'il était fort difficile de suivre un même horizon sur de grandes distances et par conséquent de rac-

Untersuchungen der Einzelnenschichten in der böhmischen Kreideformation (*Perucerschichten-Korycanerschichten*); (*Arbeiten der geologischen Section für Landedurchforschung von Böhmen*).

1872. Dr U. Schlönbach und Dr Anton Fritsch, *Cephalopoden der böhmischen Kreideformation.*

1878. Dr Anton Frič, *Studien im Gebiete der böhmischen Kreideformation; Die Weissenberger und Malnitzerschichten* (*Archiv. der natur. Landesdurchforschung von Böhmen*, IV Band, n° 1).

1883. Dr Anton Frič, *Studien im Gebiete der böhmischen Kreideformation. Palæontologische Untersuchungen der Einzelnenschichten*, III; *Die Iserschichten* (*Archiv. der natur. Landesdurchforschung von Böhmen*, V Band, n° 2).

1887. Laube und Bruder, *Ammoniten der böhmischen Kreide* (*Palæontographica*, XXXIII).

1889. Dr Anton Frič, *Studien im Gebiete..... Palæontologische Untersuchungen.....*, IV; *Die Teplitzerschichten* (*Archiv. der natur.....*, VII Band, n° 2).

1884-1892. Čeňka Zahálky, *Geologická, palæontogická a pedologická studia v podřipsku.*

1893. Dr J. J. Jahn, *Bericht über die Aufnahmsarbeiten im Gebiete von Hohenmauth Leitomischl* (*Verh. der k. k. geol. Reichsanstalt*, n° 12).

1893. Dr Anton Frič, *Studien im Gebiete..... Palæontologische Untersuchungen......*, V; *Priesenerschichten* (*Archiv. der natur.....*, IX Band, n° 1).

1895. Čeněk Zahálka, *Die stratigraphische Bedeutung der Bischitzer Uebergangsschichten in Böhmen* (*Jahrbuch d. k. k. geol. Reichsanstalt*, XLV, p. 85).

1895. Dr J. J. Jahn, *Bericht über die Aufnahsmarbeiten im Gebiete der oberen Kreide in Ostböhmen* (*Verh. d. k. k. geol. Reichsanstalt*, n° 6).

1895. Dr J. J. Jahn, *Einige Beiträge zur Kenntniss der böhmischen Kreideformation* (*Jahrbuch d. k. k. geol. Reichanstalt*, LXV, Heft 1, p. 125).

1893-1896. Čeněk Zahálka, *Geologie křídového útvaru v okol Řipu.*

1897. Dr Anton Frič, *Studien im Gebiete..... Palæontologische Untersuchungen.....*, VI; *Die Chlomekerschichten* (*Archiv. der natur.....*, Band X, n° 4).

1897. Čeněk Zahálka, *Pásmo I, Pásmo II, Pásmo III, Pásmo IV.* (*Věstnik král. české společnosti náuk.*)

1898. Čeněk Zahálka, *Pásmo V, Pásmo VIII.* (*Věstnik král české společnosti náuk.*)

1899. Čeněk Zahálka, *Pásmo IX, Pásmo X.* (*Vestnik král české společnosti náuk.*)

1899. Čeněk Zahálka, *Bericht über die Resultate der stratigraphischen Arbeiten in der westböhmischen Kreideformation* (*Jahrbuch d. k. k. geol. Reichanstalt*, XLIX, p. 569.)

corder les coupes relevées en différents points : de là des divergences dans leur interprétation.

Les couches crétacées de la Bohême sont en général assez fossilifères et renferment de nombreux Lamellibranches, Gastropodes et Brachiopodes qui n'ont guère de valeur pour une classification méthodique : mon but étant avant tout de rechercher l'ordre de succession des faunes de Céphalopodes, je n'entrerai dans aucun détail sur les autres fossiles et me bornerai à montrer qu'il est possible de retrouver en Bohême les mêmes associations d'Ammonites que dans les autres régions.

Les sédiments crétacés les plus anciens sont d'origine continentale et forment d'ordinaire le remplissage de crevasses ou de dépressions des terrains paléozoïques ou cristallins; ils sont formés de sables, de grès à grain d'ordinaire très fin et de consistance variable, avec intercalations de schistes argileux et de quelques veinules charbonneuses. Les empreintes de Plantes y sont fréquentes et comprennent quelques Dicotylédones (*Credneria*), des Palmiers, et des Conifères (*Cunninghamites, Araucarites,* etc.).

Les seuls fossiles qu'on y ait rencontrés sont d'eau douce : *Unio peruciensis,* Fritsch; *Unio regularis,* Fritsch; *Unio scrobicularoïdes,* Fritsch, et enfin *Tanalia Pichleri,* Hörnes, ce dernier connu des couches d'eau douce intercalées dans le Crétacé de Gosau.

On a donné à cette première zone le nom de *Perutzerschichten* parce qu'on la trouve bien typique à Perutz (aux environs de Schlan et au Nord-Ouest de Prague) : on la désigne aussi sous le nom de *Pflanzenquader* ou de *Quadersanstein*[1] inférieur.

Au-dessus viennent les *Korycanerschichten* ainsi appelés de Korycan, à l'Est de Weltrus et au Nord de Prague : cette nouvelle zone, de formation marine, repose tantôt sur les couches à Plantes de Perutz, tantôt directement sur les terrains plus anciens, dont elle comble des dépressions. Elle correspond à la zone à *Trigonia sulcataria* et *Catopygus carinatus* de Schlönbach.

Sa nature varie beaucoup d'un gisement à un autre : elle peut être à l'état de conglomérat calcaire avec galets de roches variées, de conglomérat avec Rudistes, appelé improprement *Hippuritenconglomerat,* de grès grossiers souvent ferrugineux, de grès à grain fin, de grès glauconieux, de calcaire

[1] Le nom de *Quader* vient de la division naturelle des bancs gréseux en blocs prismatiques par deux systèmes de cassures sensiblement rectangulaires.

sableux, de calcaire formé de débris de coquilles ou enfin de marno-calcaires à Ostracées et à Échinides.

La faune de cet horizon est très abondante et comprend entre autres : *Protocardium hillanum, Pecten æquicostatus, Inoceramus striatus, Ostrea columba, O. diluviana, O. carinata*, etc.

Comme Céphalopodes, on y trouve des *Acanthoceras* du groupe d'*Ac. rhotomagense* ainsi que le prouvent les figures de la planche V de l'ouvrage de Fritsch et Schlönbach : MM. Laube et Bruder indiquent à tort, avec doute, il est vrai, que les échantillons correspondant aux figures 2 et 5 de cette planche doivent être rapportés à *Am. Mantelli*, car ce qui distingue cette dernière espèce, c'est précisément l'absence d'une rangée de tubercules sur le milieu du bord siphonal, tubercules existant sur les échantillons figurés. Quant à celui de grande taille (fig. 1), il est peut-être plus difficile de dire s'il doit être rapporté à *Am. cenomanensis* ou à toute autre des formes si nombreuses que l'on peut distinguer dans le groupe de l'*Am. rhotomagensis*.

Puzosia, sp.; Fritsch et Schlönbach ont figuré (pl. XI, fig. 1) sous le nom d'*Am. planulatus*, Sow., un échantillon des environs de Vodolka qui par sa forme et le dessin de ses cloisons (pl. XV, fig. 5) se rattache bien à ce genre, mais l'absence d'ornementation empêche de dire à quelle espèce il doit être rapporté.

Scaphites æqualis, Sowerby;
— *Rochati*, d'Orbigny;
Baculites baculoïdes, d'Orbigny.

Enfin Fritsch et Schlönbach citent *Actinocamax lanceolatus* trouvé en assez grande quantité dans une série de gisements (*loc. cit.*, p. 18) qui paraissent bien appartenir au Cénomanien.

La faune de Rudistes de cette zone a été décrite en 1889 par Pocta (en tchèque, avec court résumé en allemand) : l'ensemble diffère assez notablement de ce que l'on rencontre en France au même niveau. Les Monopleuridés sont très abondants et à test épais; les Caprines présentent le même caractère; en outre, une forme particulière a conservé des canaux multiples à la valve supérieure, en dehors de la lame myophore supérieure. Ces différences tiennent probablement à ce que le bassin de la Bohême communiquait directement vers le Sud avec la mer crétacée de la Vénétie et de la Sicile[1].

[1] Communication de M. Douvillé.

Il est d'ailleurs fort probable que tous les gisements désignés en raison de leurs facies sous le nom général de Couches de Korycan ne sont pas exactement du même âge, et nous verrons plus loin une remarque de M. Douvillé, complétant une observation de M. Fritsch, qui démontre qu'il y a lieu de faire des distinctions dans cet ensemble.

Le Turonien débute, d'après M. Fritsch, par les *Weissenbergerschichten*, ainsi nommés de la Montagne Blanche (Weisse Berg) près Prague, où ils sont bien développés et où les calcaires grossiers de ce niveau sont exploités dans de nombreuses carrières qui fournissent des matériaux de construction pour cette ville (pierre jaunâtre connue en Bohême sous le nom d'*Opuka*).

Plus au Nord, dans la Suisse saxonne, cette zone est représentée par des couches sableuses, Quadersandstein, dont l'âge turonien est indiqué par la présence de l'*In. labiatus*.

Au-dessus viennent les couches dites *Malnitzerschichten* (de Malnitz, sur l'Eger, non loin de Laun) dont la faune de Céphalopodes ne diffère pas de celle de la zone inférieure. Il serait donc possible que cette nouvelle zone fût seulement un facies particulier des couches inférieures, car M. Fritsch donne [1] un profil entre Benatek et Böhmischbrod dans lequel on voit les Weissenbergerschichten recouverts directement par les Iserschichten. L'absence des couches intermédiaires ne peut s'expliquer que de trois manières : ou il y a lacune, ce qui est peu vraisemblable, ou les Malnitzerschichten sont représentés dans cette coupe, soit par la partie supérieure des Weissenbergerschichten, soit par les couches rapportées aux Iserschichten. Nous verrons plus loin que cette dernière hypothèse a été soutenue pour les couches de certaines parties de la Bohême classées dans cette subdivision par Krejci.

Nous relevons dans les diverses coupes données par M. Fritsch une autre particularité intéressante : aux environs de Chabry (*loc. cit.*, p. 27, fig. 2), on voit les Weissenbergerschichten reposant directement sur le Silurien. On a donc en ce point une preuve de la transgressivité des couches turoniennes, par rapport au Cénomanien.

M. Fritsch a donné comme type de la composition des couches du Weisse

(1) 1878. Dr Anton Frič, *Studien im Gebiete der böhmischen Kreideformation. Palæontologische Untersuchungen der Einzelnenschichten*, II; *Die Weissenberger und Malnitzerschichten*, fig. 5, p. 33.

IMPRIMERIE NATIONALE.

Berg et de Malnitz un profil résultant de la combinaison de coupes relevées entre Drinow [1] et Wehlowitz [2] :

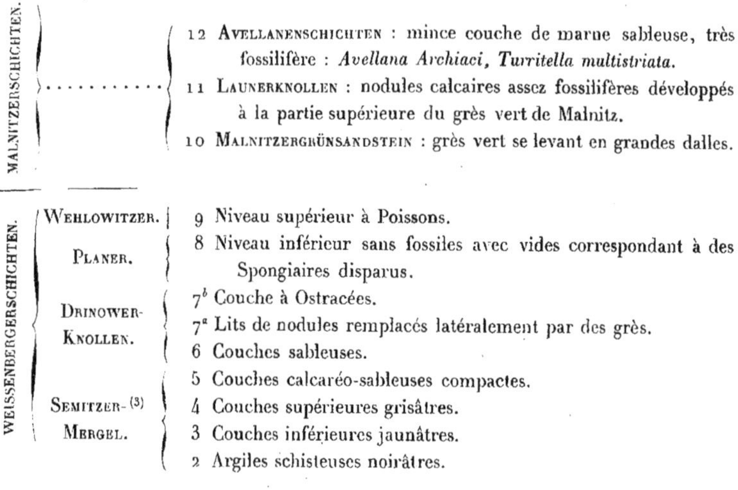

Les Semitzermergel, dont les lits les plus inférieurs sont propres à la fabrication des tuiles et exploitées pour cet objet en un grand nombre de points, sont imperméables et retiennent les eaux qui filtrent à travers les couches supérieures : elles donnent naissance à un niveau de sources et leurs affleurements sont nettement dessinés par la richesse de la végétation qui s'y développe.

Leurs fossiles rappellent ceux des Argiles à Baculites de la zone bien plus élevée des Priesenerschichten et ils sont parfois pyriteux.

Les Céphalopodes de ce niveau sont petits et mal conservés : M. Fritsch cite *Am. Bravaisi, Am. Woolgari, Am. Austeni, Am. peramplus, Scaphites Geinitzi*, etc. Parmi ceux-ci, il s'en trouve dont il ne faut évidemment admettre l'existence que sous réserves : par exemple, la présence du premier, toujours confiné ailleurs dans le Turonien supérieur, me paraît douteuse. M. Fritsch signale encore ces espèces dans les divers horizons des couches du Weisse

(1) Drinow sur la Moldau, non loin de Weltrus.
(2) Wehlowitz, près Melnik.
(3) Semitz, village dans la vallée de l'Elbe, vis-à-vis de Lisa.

Berg et de Malnitz; je suis fort disposé à croire qu'il s'agit seulement de formes voisines qui pourraient être distinguées, si l'on avait de bons échantillons.

La faune de ces deux zones se compose principalement de Lamellibranches, parmi lesquels *In. labiatus* et *In. Brongniarti* qui, d'après M. Fritsch, apparaissent tous les deux dès la base, de sorte qu'il est impossible de distinguer en Bohême, comme on l'a fait dans l'Allemagne du Nord, une zone à *In. labiatus* et une autre à *In. Brongniarti.*

Ostrea conica a été signalée dans le Turonien de la Bohême par M. Fritsch, mais la figure qu'il en donne pour les échantillons du Wehlowitzerpläner (*Die Weissenberger und Malnitzerschichten*, p. 139, fig. 134) est insuffisante pour reconnaître cette espèce. Par contre, l'échantillon de grande taille (*Die Iserschichten*, p. 118, fig. 4) des couches à Trigonies de Chorousek est certainement *Ostrea columba* var. *gigas* et non *O. conica*, car la valve supérieure de cette dernière a toujours une face abrupte comme *O. flabellata*, *O. Matheroni*, etc.

Les seuls Brachiopodes sont *Terebratulina chrysalis*, *Magas Geinitzi* et *Rhynchonella bohemica*, Schlönbach.

Dans la partie supérieure du Wehlowitzer Pläner, les restes de Poissons sont assez fréquents ainsi que les empreintes de Plantes : des *Credneria*, deux *Ficus* et des Conifères.

La faune de Céphalopodes comprend, comme formes bien caractérisées :

Mammites nodosoïdes, (Schloth.) Schlüter, sp. du grès vert de Michelob, près Saatz (Malnitzer Grünsand).

Mammites Tischeri, Laube et Bruder, du même gisement.

Mammites michelobensis, Laube et Bruder, (= *Am. Woolgari*, var. *lupulina* [pars], Fritsch et Schlönb.), du même gisement.

Je ne vois aucun des échantillons de la Bohême, figurés sous le nom d'*Am. Woolgari*, qui puisse être rapporté au type de Mantell, tel que nous l'a fait connaître Sharpe (*Moll. of the Chalk*, Pl. XI, fig. 1 et 2).

MM. Laube et Bruder conservent le nom d'*Am. Woolgari* à un échantillon de Laun figuré par M. Schlüter (*Cephal. d. oberen deutschen Kreide*, pl. IX, fig. 1, 2, 3); mais cette forme me paraît différer par bien des caractères du type décrit par Sharpe. Les côtes sont droites, presque normales au tour; les tubercules siphonaux et ceux des deux rangées adjacentes sont plus développés que chez *Am. Woolgari*, etc. Cet échantillon constitue pour moi une nouvelle espèce pour laquelle je propose le nom de ***Prionotropis launensis***.

L'échantillon du calcaire du Weisse Berg, près Prague, figuré par Fritsch et Schlönbach (*loc. cit.*, Pl. III, fig. 1) est aussi bien différent de l'*Am. Woolgari*, mais la figure donnée, qui le représente vu seulement à plat, est insuffisante pour le définir complètement.

MM. Laube et Bruder ont donné le nom d'*Acanthoceras Schlüteri* à un échantillon du calcaire grossier du Weisse Berg (Pl. XXIX, fig. 2 et 3) qui est un *Prionotropis*, et rattachent à cette espèce une forme du grès vert des environs de Malnitz, figurée par M. Schlüter (*loc. cit.*, Pl. XII, fig. 5 et 6), bien qu'on puisse encore relever quelques différences : ils rapportent encore à cette même espèce l'individu du Weisse Berg figuré par MM. Fritsch et Schlönbach (Pl. IV, fig. 1 et 2).

Ils créent une nouvelle espèce pour d'autres exemplaires du Weisse Berg (*loc. cit.*, Pl. XXVII, fig. 3 et 4) auxquels ils donnent le nom d'*Acanthoceras papaliforme*.

Ils nomment *Acanthoceras Carolinum*, d'Orbigny, un échantillon du Weisse Berg (*loc. cit.*, Pl. XXVII, fig. 1) qui a conservé jusqu'au diamètre de 109 millimètres l'ornementation caractérisant les jeunes de l'*Am. Woolgari*. M. Schlüter pense que l'espèce décrite par d'Orbigny sous le nom d'*Am. Carolinus* ne correspond pas aux jeunes de l'*Am. Woolgari* et que c'est un type bien distinct : les jeunes du *Woolgari* n'auraient que 15 côtes par tour, tandis qu'il y en aurait une trentaine chez *Carolinus*. Cependant, je possède un échantillon d'*Am. Woolgari* bien typique dont le dernier tour détaché laisse voir la partie interne correspondant à la forme désignée sous le nom de *Carolinus* : or, sur celle-ci on compte 25 côtes par tour au diamètre de 8 centimètres.

L'échantillon figuré par MM. Laube et Bruder conserve l'ornementation de l'*Am. Carolinus* à une taille à laquelle les jeunes de l'*Am. Woolgari* l'ont déjà perdue ; il diffère, en outre, du type de d'Orbigny par la concavité de la courbure des côtes qui est dirigée en avant. Il me paraît donc constituer une nouvelle espèce à laquelle je donne le nom de *Prionotropis bohemicus*.

Prionotropis Neptuni, Geinitz (Fritsch et Schlönbach, *loc. cit.*, Pl. III, fig. 4), se rapporte assez bien au type figuré par Geinitz : l'échantillon provient des Launerknollen[1] (Malnitzer Schichten) près de Laun.

Fritsch et Schlönbach ont figuré du calcaire grossier du Weisse Berg un

[1] D'après M. Zahálka, les Launerknollen ne correspondraient pas à un horizon unique.

échantillon qu'ils rapportent à *Am. Deveriai*, d'Orb.; il en diffère parce qu'il possède sur chaque flanc 11 rangées de tubercules au lieu de 9 : il se rapproche ainsi de l'espèce que j'ai distinguée sous le nom d'*Am. Deverioides* et que M. Kossmat a montré être identique à *Acanthoceras ornatissimum*, Stoliczka, sp., du Crétacé de l'Inde, mais il me paraît encore plus voisin d'une autre forme du même groupe qui se rencontre aux environs de Saumur, à la base du Turonien.

Quant à la présence des *Acanthoceras rhotomagense*, Brong., sp., et *Ac. hippocastanum*, Sow., sp., dans le grès de Michelob, je dois avouer qu'elle m'étonne beaucoup et que je la considère comme fort douteuse, car nulle part, en Europe, ces Ammonites n'ont été rencontrées en dehors du Cénomanien : il serait fort possible que l'échantillon figuré comme *Ac. rhotomagense* soit seulement l'adulte d'*Ac. cf. ornatissimum;* celui figuré comme *Ac. hippocastanum* n'est qu'un fragment insuffisant pour une détermination précise.

MM. Laube et Bruder citent aussi *Ac. naviculare*, Mantell, sp., dans les calcaires de Laun (zone du Weisse Berg); jusqu'à plus ample confirmation, je préfère laisser aussi cette espèce de côté, car sa présence au milieu d'une faune nettement turonienne a tout lieu de surprendre : peut-être s'agit-il d'une mutation qu'il serait possible de distinguer[1]?

M. Schlüter a figuré, dans son mémoire sur les Céphalopodes crétacés, une Ammonite provenant d'un gisement de grès vert entre Laun et Malnitz : MM. Laube et Bruder citent cette même espèce du grès vert de Michelob et du calcaire du Weisse Berg. Elle a été rapportée à *Am. Fleuriausi*, d'Orbigny, mais elle diffère de ce type par ses côtes moins larges, plus nombreuses, ses tubercules moins saillants, etc. Elle présente, au contraire, une certaine analogie avec *Prionocyclus* (?) *Macombi*, Meek, sp., de l'étage du Colorado de l'Amérique du Nord.

Neoptychites peramplus, Mantell, sp., existe sur toute la hauteur des deux zones et notamment dans les calcaires du Weisse Berg et dans le grès vert de Laun et de Malnitz.

Neoptychites lewesiensis, Mantell, sp. : mêmes gisements que le précédent.

Neoptychites juvencus, Laube et Bruder; espèce nouvelle du calcaire du Weisse Berg.

Placenticeras memoria-Schlönbachi, Laube et Bruder : espèce du groupe

[1] Plus probablement encore, c'est l'adulte d'*Ac. cf. ornatissimum.*

du *Pl. placenta* à tubercules sur le bord immédiat de l'ombilic et à bord externe nettement tronqué et non pas limité par deux lignes de crénelures.

Fritsch et Schlönbach ont décrit, sous le nom d'*Am. Austeni*, une espèce bien différente du type de Sharpe par ses côtes moins sinueuses et des côtes principales plus nombreuses et moins marquées. L'échantillon figuré vient du calcaire du Weisse Berg : je propose de lui donner le nom de *Puzosia Laubei*.

Du même gisement, MM. Laube et Bruder ont décrit une autre espèce de *Puzosia* sous le nom de *Desmoceras Montis-Albi*.

Nous avons vu qu'en Bohême des *Actinocamax* ont été trouvés dans des couches qui paraissent bien cénomaniennes. En Silésie, Drescher [1] a signalé des Bélemnitelles sous le nom d'*Act. lanceolatus* (il s'agit évidemment ici d'*Act. plenus*) dans des couches calcaréo-argileuses renfermant *In. mytiloïdes* (= *labiatus*).

En résumé, au point de vue des Céphalopodes, les faunes des deux zones du Weisse Berg et de Malnitz ne présentent aucune différence essentielle et coïncident dans leur ensemble avec celle que nous trouvons partout à la base du Turonien.

Au-dessus de ces zones, M. Fritsch place les Iser Schichten, subdivision au sujet de laquelle existent de nombreux désaccords. Des descriptions de ce savant, il résulte déjà que là où les Iser Schichten sont bien développés, les Teplitzer Schichten, qui constituent la zone immédiatement supérieure, font défaut ou sont mal caractérisés et inversement. Ce fait conduit naturellement à considérer ces deux zones comme deux facies d'un même niveau. A cette manière de voir, M. Fristch objecte la différence radicale de leurs faunes, mais on peut répondre qu'elle est due à des conditions spéciales de dépôt.

Quelques géologues sont même allés plus loin et ont nié l'individualité de cette subdivision. M. Zahálka [2], dans un mémoire sur le Crétacé des environs de Raudnitz, est arrivé à cette conclusion que le niveau inférieur distingué par M. Fritsch à la base des Iserschichten sous le nom de *Byschitzer Uebergangschichten* est, à Byschitz même, l'équivalent des Drinowerknollen et qu'ailleurs il correspond à divers autres horizons; il est difficile de se pro-

[1] 1863. Drescher, *Ueber die Kreidebildungen der Gegend von Löwenberg* (*Zeitschrift d. deutsch, geol. Gesellschaft*, XV, p. 291).

[2] 1895. Zahálka, *Die Stratigraphische Bedeutung der Bischitzer Uebergangschichten* (*Jahrb. d. k. k. geol. Reichsanstalt*, XLV, p. 85).

noncer à distance sur une question aussi délicate et qui divise des géologues si compétents, mais je dois avouer que je ne vois, dans les coupes données par M. Fritsch, ni dans ses listes de fossiles, rien qui s'oppose à cette manière de voir déjà soutenue par Schlönbach.

M. Zahálka est d'ailleurs arrivé, en ce qui concerne les couches crétacées de l'Ouest de la Bohême, à une classification qui s'éloigne beaucoup de celle de M. Fritsch : ce savant a étudié avec un soin tout particulier les environs de Raudnitz et il a divisé les couches crétacées de cette région en dix zones qu'il a numérotées de I à X. Les deux inférieures, I et II, ne diffèrent pas des deux premières subdivisions de MM. Krejci et Fritsch, les Perutzerschichten et les Korycanerschichten. La zone III correspond aux Semitzer-Mergel qui, d'après M. Zahálka, passeraient latéralement au calcaire du Weisse Berg : ce dernier ne se placerait donc pas sur le niveau du Wehlowitzer Pläner.

La zone IV de Raudnitz se parallélise avec les Drinower Knollen; elle devient sableuse dans la vallée de l'Eger et sa partie supérieure, glauconieuse, passe à Malnitz, aux couches auxquelles Reuss et MM. Krejci et Fritsch ont donné le nom de Malnitzer Grünsand. A Malnitz, la coupe de cette zone serait donc :

Grünsandstein.
Exogyrensandstein.
Magasschichte.
Callianassensandstein.

Ce dernier niveau ne doit pas d'ailleurs être confondu avec les couches à *Callianassa* de l'Est de la Bohême.

La zone V, formée à Raudnitz par des marnes tendres, devient sableuse vers l'Est : dans la vallée de l'Eger, elle est puissante d'une vingtaine de mètres, sauf sa base qui est sableuse et est représentée près de Laun par les Avellanenschichten.

La zone VI est l'équivalent du Wehlowitzer Pläner et la zone VII correspond à Wehlowitz aux couches rapportées par M. Fritsch à l'horizon du Malnitzergrünsand.

La zone VIII est à l'état de quadersandstein à Dauba; près de Raudnitz, elle est constituée par un complexe de marnes sableuses et de bancs de grès calcaires; vers Melnik, sa partie inférieure est un sable marneux au-dessus duquel vient l'horizon appelé Erster Kokoriner Quader.

D'après ce qui précède, les zones III et IV possèdent la même faune d'Ammonites; j'en ai indiqué les éléments, pages 659 et suivantes.

Dans la zone V on trouverait *Am. Woolgari, Am. Bravaisi, Am. Neptuni, Am. peramplus, Scaphites Gémitzi* : si ces déterminations sont bien exactes, on aurait là la faune du Turonien supérieur, et même parmi les espèces précédentes il en est qui, comme *Am. Bravaisi*, ne se rencontrent d'ordinaire qu'au sommet de l'étage.

M. Zahálka a encore distingué aux environs de Raudnitz les zones IX et X qu'il parallélise, la première avec les Priesener Schichten, tels que M. Fritsch les a définis pour les environs de Laun, et la seconde avec les Teplitzer Schichten : il considère que l'ensemble des zones III à X appartient au Turonien.

Il m'est difficile d'adhérer à cette dernière conclusion, car les Teplitzer Schichten renferment une faune d'Ammonites purement turonienne, alors que dans les Priesener Schichten se montrent des formes partout exclusivement sénoniennes; les couches supérieures de cette assise doivent donc être classées dans le Sénonien, c'est-à-dire au-dessus des Teplitzer Schichten.

Les Teplitzer Schichten, surtout bien caractérisés dans la partie occidentale de la Bohême et, en particulier, aux environs de Teplitz, d'où leur nom, sont de nature essentiellement marneuse et calcaire et correspondent à l'*Oberer Pläner Kalk* de Reuss : ils rappellent par leur aspect, dit M. Fritsch, le Wehlowitzerpläner et, comme lui, sont formés d'alternances de couches marneuses et de couches calcaires plus dures. A la partie inférieure, les marnes prédominent et offrent la plus grande analogie avec les marnes de Semitz ou avec les argiles à Baculites de la zone de Priesen. La partie moyenne est essentiellement calcaire; au-dessus, les bancs calcaires deviennent plus rares, alternent avec des marnes et passent peu à peu à de minces dalles sonores qui occupent le sommet de cette zone.

La partie inférieure des Couches de Teplitz, distinguée sous le nom d'horizon de Kystra (Pläner Mergel von Kystra), est formée par des marnes grises très peu fossilifères, surmontées par l'horizon des plaquettes de Koschtitz, constitué par de minces plaquettes dont la surface est couverte d'une multitude de petits fossiles et qui, par cet aspect, rappellent les plaques du Silurien de Dudley.

Plus haut vient le calcaire de Hundorf, l'Oberer Pläner Kalk proprement dit : c'est le niveau vraiment fossilifère de cette zone avec grandes Ammonites, Inocérames, *Spondylus spinosus, Micraster breviporus*, Agas., *M. cortestudinarium*,

Goldf., *Holaster planus*, Mant., et un Échinide, désigné sous le nom d'*Offaster corculum*, qui semblerait, en effet, d'après le dessin donné par M. Fritsch, bien analogue à cette espèce.

Dans l'Ouest de la Bohême, aux environs de Bilin, au Trippelberg près Kutschlin, les Couches de Teplitz reposent directement sur le Gneiss; dans les dépressions de celui-ci sont logés des conglomérats à Rudistes, considérés comme cénomaniens et assimilés aux Korycanerschichten. *A priori* il paraît plus probable cependant que l'époque du remplissage de ces dépressions ait précédé immédiatement le dépôt des couches supérieures et que, par conséquent, le conglomérat est plutôt d'âge turonien que cénomanien.

M. Douvillé a bien voulu me communiquer quelques observations sur cette faune de Rudistes, observations qui confirment cette manière de voir. Il s'agit d'un gisement signalé par Ewald[1], décrit ensuite par Teller[2], puis par Pocta[3] : il est formé par des sables et conglomérats porphyriques, plus ou moins silicifiés, qui remplissent des poches et des fentes sur le versant Nord du massif porphyrique de Teplitz, à l'Ouest des Thermes de ce nom. On y trouve *Plagioptychus Haueri*, Teller, sp. (sub. *Caprina*) et *Sphærulites bohemicus*, Teller. Le premier est très voisin de *Pl. Arnaudi* et de *Pl. Toucasi*. Comme le fait remarquer M. Douvillé, puisque nous ne connaissons pas de *Plagioptychus* cénomaniens, il est vraisemblable que ce dépôt représente un facies littoral du Turonien[4].

Les Céphalopodes des Teplitzerschichten sont :

Neoptychites peramplus, Mantell, sp., partout abondant et en échantillons de grandes dimensions dans les calcaires de cette zone.

Un exemplaire d'une Ammonite de 34 centimètres de diamètre provenant d'anciennes carrières entre Wibitan et Keblitz, près Lobositz, a été rapporté par MM. Fritsch et Schlönbach à *Am. subtricarinatus*, d'Orbigny (*Cephal.*, p. 26, Pl. I, fig. 1, 2, 3) : il m'est difficile d'admettre cette assimilation, car l'échantillon figuré diffère, à beaucoup d'égards, du type de d'Orbigny, bien qu'il appartienne au même groupe, au genre *Peroniceras;* d'abord, caractère peut-être un peu secondaire, toutes les côtes sont simples; puis, ce qui est

(1) 1872. Ewald, *Acad. Berlin.*

(2) 1877. Teller, *Ueber neue Rudisten aus der bömische Kreideformation.* (*Sitz. d. Akad. Wiss. Wien*, LXXV.)

(3) 1889. Pocta, *K. böhm. Gesell. d. Wiss. Prague.*

(4) Communication de M. Douvillé.

plus important, elles ne possèdent pas les deux tubercules si bien caractérisés qui ornent les côtes de l'*Am. subtricarinatus* à leurs extrémités, sur le bord de l'ombilic et sur le bord externe. Je propose de donner à cette espèce le nom de *Peroniceras inferum*.

M. Fritsch signale aussi de ce niveau un *Puzosia* sous le nom d'*Am. Austeni*, mais si, d'après la figure donnée[1], qui est à une bien petite échelle (1/5 de grandeur naturelle), on peut dire que cet échantillon n'appartient pas à l'espèce de Sharpe, il est plus difficile d'affirmer qu'il est différent de celles déjà signalées précédemment en Bohême.

Avec ces Ammonites on trouve *Scaphites Geinitzi*, *Turrilites saxonicus*, Schlüter, et *Actinocamax strehlensis*, Fritsch et Schlönbach, sp.

Dans cette zone, Schlönbach cite comme Brachiopodes : *Terebratulina rigida*, *T. chrysalis*, *Terebratula subrotunda*, *Kingena lima*, *Magas Geinitzi*, *Rhynchonella Cuvieri*, *Rh. plicatilis*, *Crania ignabergensis*, *Cr.* sp. (=*spinulosa*, Reuss).

La zone des Priesener Schichten est formée par des marnes grises ou jaunâtres qui, à la partie supérieure, deviennent de plus en plus argileuses et plastiques : parfois alors elles renferment des concrétions de Sphérodésite qui tantôt contiennent des fossiles, tantôt en sont dépourvues; elles sont aussi connues sous le nom d'Argiles à Baculites.

Comme type de la constitution de cette zone, M. Fritsch donne une coupe relevée entre Postelberg et Laun qui comprend de haut en bas la succession suivante :

5. Krabbenschichte.
4. Sphærosideriteschichte.
3. Gastropodenschichten.
2. Radiolarenschichten.
1. Geodiaschichten.
0. Nuculaschichte.

L'horizon le plus inférieur, la couche à Nucules (Nuculaschichte), renferme des fossiles à test blanc, ce qui l'a fait assimiler au Gault. Comme Céphalopodes, elle renferme un *Placenticeras* rapporté à l'espèce de Geinitz

(1) 1899. Ant. Fric, *Studien im Gebiete der böhmischen Kreideformation; Palæontologische Untersuchungen der einzelnen Schichten*, IV. *Die Teplitzer Schichten*, p. 70, fig. 42 et p. 71.

décrite sous le nom d'*Am. Orbignyanus.* Le type de cet auteur vient des grès de Kieslingswalde (comté de Glatz) et se rapproche beaucoup, autant qu'on peut en juger par la description et les figures, de l'espèce de la Touraine que j'ai décrite sous le nom de *Pl. Fritschi.* Les cloisons présentent bien exactement les caractères qui distinguent celle-ci de *Pl. syrtale* : on retrouve les mêmes différences dans les cloisons données plus tard par Drescher[1] pour les échantillons des environs de Löwenberg (Pl. VIII, fig. 2). Par contre, M. Schlüter[2] a figuré un échantillon de Kœningswalde, bien différent du type de Geinitz et se rattachant, au contraire, à *Pl. syrtale.* M. Fritsch a représenté (Pl. X, fig. 4^{ab}, 5^{a}) deux échantillons dont l'un est lisse et dont l'autre montre des côtes en forme d'S, c'est-à-dire avec une allure assez différente de celles de *Pl. Fritschi.* Les cloisons (Pl. X, fig. 5^{b}) ne se rapportent ni à celles de *Pl. Fritschi*, ni à celles d'*Am. Orbignyanus* données plus tard (1893) dans l'ouvrage sur les Couches de Priesen (p. 75, fig. 53^{c}).

Il résulte de ce qui précède que l'*Am. Orbignyanus* est une forme encore bien insuffisamment définie : il est donc fort difficile de dire si les *Placenticeras* de la Bohême appartiennent tous à la même espèce et s'il en est qui se rattachent au type de la Touraine. Afin d'éviter une fausse assimilation, je continuerai à les désigner sous le nom de *Pl. Orbignyi.*

La couche à *Geodia* est chargée de glauconie et ne paraît posséder aucun fossile macroscopique.

Les couches à Radiolaires, formées de bancs durs, compacts et glauconieux, sont très peu fossilifères : comme Céphalopode, on y trouve *Turrilites Reussi.*

Les couches à Gastropodes renferment de nombreux fossiles; elles sont riches en individus et en espèces : d'après M. Fritsch on y rencontre plus de 143 espèces, dont 45 Foraminifères, 43 Gastropodes et 11 Céphalopodes; de ces derniers, je citerai, en laissant de côté les Nautiles et la plupart des Céphalopodes déroulés : *Peroniceras subtricarinatum*, d'Orb., bien typique, comme il résulte de la figure donnée par M. Fritsch (*Priesenerschichten* : p. 74, fig. 40); *Barroisiceras Haberfellneri*, v. Hauer sp. (cité sous les noms d'*Am. dentatocarinatus* et *Am. Neptuni*); *Gaudryceras Alexandri;* Fritsch, sp., *Sca-*

(1) 1863. R. Drescher, *Ueber die Kreidebildungen der Gegend von Löwenberg*, p 330 (*Zeitschrift deutsch. geol. Gesellschaft*, XV, p. 291).

(2) 1872. Schlüter, *Cephalopoden der oberen deutschen Kreide.*

phites Lamberti, de Gross.; *Scaphites Meslei*, de Grossouvre (cité sous le nom de *Sc. Geinitzi*, var. *binodosus*) et *Turrilites Reussi*.

A la partie supérieure des couches à Gastropodes, on observe un lit peu épais de nodules ronds ou aplatis, de grosseur variant de celle d'une noix à celle de la tête et atteignant parfois jusqu'à o m. 50 de longueur : ces nodules sont formés de Sphérosidérite, intacte à l'intérieur, plus ou moins oxydée dans la région superficielle. On y trouve assez fréquemment des fossiles parmi lesquels je signalerai : *Placenticeras Orbignyi*, *Peroniceras subtricarinatum*, *Barroisiceras Haberfellneri*, *Turrilites Reussi*, *Scaphites Lamberti*.

Enfin la série se termine par des couches grisâtres, assez plastiques, riches en débris de Crustacés et renfermant encore *Barroisiceras Haberfellneri*.

M. Fritsch cite encore d'autres espèces d'Ammonites dans la zone de Priesen, mais sans préciser leur niveau; comme une partie des espèces qui composent la faune de cette zone sont turoniennes et que d'autres sont sénoniennes, il serait intéressant de connaître exactement les diverses associations.

Dans son ouvrage sur les Couches de Priesen, M. Fritsch indique, comme recueillies au pied du Mont Rannai, aux environs de Leneschitz, les espèces suivantes : *Prionocyclus Germari*, Reuss, sp., *Placenticeras Orbignyi*, *Phylloceras bizonatum*, Fritsch, sp., *Neoptychites peramplus*, *Baculites bohemicus*; il est donc fort probable qu'il y a là seulement des formes turoniennes, puisque celles dont le niveau est connu sont partout ailleurs strictement cantonnées dans le Turonien.

Par contre, à Vrsovic, près Laun, M. Fritsch a recueilli ensemble *Prionocyclus Germari*, *Barroisiceras Haberfellneri* et une forme assez singulière qu'il rapporte au genre *Cosmoceras*, *Am. Schlönbachi*, et qui, malheureusement, est représentée seulement vue à plat; il est donc possible que dans ce gisement on ait un mélange d'espèces turoniennes et sénoniennes. A Wunic, par contre, tous les Céphalopodes sont sénoniens : *Barroisiceras Haberfellneri*, *Pl. Orbignyi*, *Scaphites Lamberti*.

Il résulte de ce qui précède que la base des Couches de Priesen doit être classée dans le Turonien et le sommet dans le Sénonien, conclusion déjà formulée par M. J. Jahn, mais, contrairement à l'opinion de ce savant, je crois que, dans la coupe des environs de Laun et de Priesen, il faut rattacher au Sénonien franc les couches à Gastropodes dans lesquelles la seule forme turonienne paraît être *Turrilites Reussi*.

TABLEAU DE LA CRAIE DE BOHÊME.

ÉTAGES DE D'ORBIGNY.	SUBDIVISIONS de COQUAND.	de SCHLÖNBACH.	de FRITSCH.	de ZAHALKA.	CARACTÈRES DES DIVERSES SUBDIVISIONS.
SÉNONIEN.	CONIACIEN.	Zone du *Micraster coranguinum* et du *Belemnites Mercyi.*	Chlomeker-Schichten.		Grès à *Pl. Orbignyi, Pachydiscus tannenbergicus, Peroniceras subtricarinatum, P. westphalicum, Gauthiericeras bajuvaricum, Scaphites Meslei, Sc. Lamberti, Baculites incurvatus.*
			Priesener-Schichten.	Zone IX.	Argiles à nodules de sphérosidérite avec *Pl. Orbignyi, Barroisiceras Haberfellneri, Peroniceras subtricarinatum, Gauthiericeras bajuvaricum, Scaphites Lamberti.*
TURONIEN.	ANGOUMIEN.	Zone de l'*In. Cuvieri* et du *Micraster cortestudinarium.*			Marnes à *Pl. Orbignyi, Neoptychites peramplus, Prionocylus Germari, Prionotropis Neptuni, Baculites bohemicus, Turrilites Reussi.*
		Zone du *Scaphites Geinitzi* et du *Spondylus spinosus.*	Teplitzer-Schichten.	Zone X.	Marnes et calcaires avec *M. breviporus, M. cortestudinarium, Neoptychites peramplus, Peroniceras inferum, Scaphites Geinitzi, Turrilites saxonicus, Actinocamax strehlensis.*
			Iser-Schichten.		Cette zone paraît composée de couches qui appartiennent à diverses autres zones.
	LIGÉRIEN.	Zone de l'*Am. Woolgari* et de l'*In. Brongniarti.*	Malnitzer-Schichten.	Zones VIII à III.	Grès, calcaires gréseux, calcaires, marnes et argiles. { Empreintes de Poissons et de Plantes. *In. labiatus, In. Brongniarti, O. columba, Neoptychites peramplus, N. lewesiensis, Placenticeras memoria-Schlönbachi, Puzosia Laubei, P. Montis albi, Prionotropis Schlüteri, P. launensis, Mammites nodosoïdes, M. Tischeri, M. michelobensis, Acanthoceras* cf. *ornatissimum.*
		Zone de l'*In. labiatus.*	Weissenberger-Schichten.		
CÉNOMANIEN.		Zone de la *Trigonia sulcataria* et du *Catopygus obtusus.*	Korycauer-Schichten.	Zone II.	Conglomérats, grès, calcaires avec *Ac.* cf. *rhotomagense, O. columba, Puzosia* sp., *Scaphites æqualis, Baculites baculoïdes, Actinocamax lanceolatus, O. diluviana*, etc., Rudistes.
			Perutzer-Schichten.	Zone I.	Grès avec empreintes de Plantes et schistes argileux avec lits charbonneux.

RÉPARTITION VERTICALE DES CÉPHALOPODES DANS LA CRAIE DE LA BOHÊME.

DÉSIGNATION DES ESPÈCES.	PERUTZER-SCHICHTEN.	KORYCANER-SCHICHTEN.	WEISSENBERGER-SCHICHTEN.	MALNITZER-SCHICHTEN.	TEPLITZER-SCHICHTEN.	PRIESENER-SCHICHTEN. Partie inférieure.	PRIESENER-SCHICHTEN. Partie supérieure.	CHLOMEKER-SCHICHTEN.
Acanthoceras cf. *rhotomagense*		●						
— cf. *ornatissimum*				●				
Barroisiceras Haberfellneri, v. Hauer, sp.							●	
Peroniceras inferum, nov. sp.					●			
— *subtricarinatum*, d'Orb., sp.							●	●
— *westphalicum*, Schlüter, sp.								●
Gauthiericeras bajuvaricum, Redtenbacher, sp.							●	●
Mammites nodosoïdes (Schlüth.), Schluter, sp.				●				
— *Tischeri*, Laube et Bruder				●				
— *michelobensis*, Laube et Bruder				●				
— *conciliatus*, Stoliczka, sp.					●			
Prionotropis launensis, nov. sp.			●					
— *Schluteri*, Laube et Bruder, sp.			●					
— *papaliformis*, Laube et Bruder, sp.			●					
— *bohemicus*, nov. sp.			●					
— *Neptuni*, Geinitz, sp.				●		●		
Prionocyclus (?) cf. *Macombi*, Meck., sp.			●					
— *Germari*, Reuss, sp.						●		
Neoptychites peramplus, Mantell, sp.			●	●	●	●		
— *lewesiensis*, Mantell, sp.			●	●				
— *juvencus*, Laube et Bruder, sp.			●					
Pachydiscus tannenbergicus, Fritsch								●
Placenticeras memoria Schlönbachi, Laube et Bruder			●					
— *Orbignyi*, Geinitz, sp.						●	●	●
Puzosia Laubei, nov. sp.			●					
— *montis albi*, Laube et Bruder, sp.			●					
— sp.		●						
Gaudryceras Alexandri, Fritsch, sp.						●		
Phylloceras bizonatum, Fritsch, sp.						●		
Ammonites Schlönbachi, Fritsch						?	?	
Hamites trinodosus, Geinitz								●
Turrilites saxonicus, Schlüter					●			
— *Reussi*, d'Orbigny						●	●	
Scaphites aequalis, Sowerby		●						
— *Rochati*, d'Orbigny		●						
— *Geinitzi*, d'Orbigny					●			
— *Lamberti*, de Grossouvre							●	●
— *Meslei*, de Grossouvre							●	●
Baculites baculoïdes, d'Orbigny		●						
— *bohemicus*, Fritsch et Schlönbach						●		
— *incurvatus*, Dujardin								●
Actinocamax plenus, Blainville		●	●					
— *strehlensis*, Fritsch et Schlönbach					●			
— sp. (indéterm.)								●

M. J. Jahn a fait connaître comme autres Céphalopodes des couches de Priesen, *Prionotropis Neptuni*, trouvé aux environs de Pardubitz avec *Prionocyclus Germari*, et *Gauthiericeras bajuvaricum*, recueilli à Priesen : le premier est turonien et le second sénonien.

Fritsch et Schlönbach ont encore cité des Couches de Priesen *Am. polyopsis* d'après un petit fragment indéterminable, qui ne paraît pas se rattacher au type de Dujardin, et *Am. texanus* d'après un autre fragment qui n'appartient certainement pas à cette espèce et semble plutôt se rapporter à *Am. Bourgeoisi* ou à *Am. Emscheris*.

Les *Chlomeker Schichten*, qui terminent la série des couches crétacées de la Bohême, sont ainsi nommés de la montagne de Chlomek, au Sud de Jungbunzlau. Cette dernière zone est constituée essentiellement par des grès, renfermant un assez grand nombre de fossiles, Gastropodes et Lamellibranches, et des empreintes de Plantes. Comme Céphalopodes je citerai *Peroniceras subtricarinatum*, *Gauthiericeras bajuvaricum*[1], *Placenticeras Orbignyi*, *Pachydiscus tannenbergicus*, *Scaphites Lamberti* (cité sous le nom de *Sc. Geinitzi*, var. *binodosus*) et *Baculites incurvatus*. L'échantillon de Kieslingswalde figuré par M. Fritsch sous le nom de *Scaphites binodosus*, me paraît se rapporter à *Sc. Meslei*, espèce de la Touraine que j'ai fait figurer dans mon mémoire, pl. XXXII, fig. 7.

Enfin Geinitz a décrit, des couches de Kieslingswalde, un Céphalopode déroulé, *Hamites trinodosus*, qui est identique à l'espèce de la Touraine que j'ai décrite sous le nom d'*Ancyloceras* (?) *Douvilléi*, et Drescher a figuré, des environs de Löwenberg, un *Am. subtricarinatus* (p. 331, pl. VIII, fig. 2-4) qui est plutôt un *westphalicus*.

Il convient, en outre, de rappeler qu'un fragment de Bélemnitelle a été trouvé à Chlomek : il s'agit probablement d'*Act. westphalicus*, mais l'échantillon était trop incomplet pour être susceptible de détermination.

Par l'ensemble de la faune de Céphalopodes qui habite les couches les plus élevées du Crétacé de la Bohême, nous voyons que celui-ci ne monte pas plus haut que le Coniacien; si le *Placenticeras* figuré par M. Schlüter provient bien des environs de Königswalde, il en résulterait que le Santonien serait aussi représenté dans la région; mais comme il s'agit d'un échantillon unique, cette conclusion ne peut être formulée qu'avec de grandes réserves.

[1] C'est l'échantillon figuré par Fritsch et Schlönbach, pl. X, fig. 2, sous le nom d'*Am. subtricarinatus* (*Cephal. der böhmischen Kreide*).

NOTE.

Le nom de *Pläner,* donné généralement en Allemagne à certaines assises du terrain crétacé, serait tiré, d'après certains auteurs, de la localité de Plauen, près Dresde, où est exploité le calcaire turonien inférieur. Geinitz (1849, *Das Quadersandsteingebirge,* p. 49) pense, au contraire, qu'il dérive de la propriété que possède cette pierre de se diviser facilement en dalles : « Wegen der Absonderung des unteren Pläners in dünnen Platen, welche als zwischenlagen zwischen Quadersandsteinblöcken bei den Bauten in Dresden vielfache anwendung finden, hat ihm der Werkmann den Namen *Pläner* gegeben, welches Wort, als von *planus* abstammend, gewiss auch bezeichnende ist. »

CHAPITRE XVIII.

LA CRAIE DANS L'ALLEMAGNE DU NORD.

I

WESTPHALIE.

Le terrain crétacé de la Westphalie nous est connu[1] par les travaux de Strombeck et surtout par ceux de M. le docteur Schlüter, à qui nous devons

[1] Ouvrages consultés :

1849. B. Geinitz, *Das Quadersandsteingebirge oder Kreidegebilde in Deutschland.*

1854. Rœmer, *Die Kreidebildungen Westphaliens.* (*Zeitschrift d. deutsch. geol. Gesellschaft*, VI, p. 99.)

1859. A. von Strombeck, *Beitrag zur Kenntniss des Pläners über die westphalischen Steinkohlenformation.* (*Zeitschrift d. deutsch. geol. Gesellschaft*, XI, p. 31.)

1864. A. Rœmer, *Die Spongitarien der norddeutschen Kreidegebilder.* (*Palæontographica.*)

1865. Schlüter, *Erlauterung seiner geolog. Karte den zwischen Rhein und Weser sich erstreckenden Kreidebild.* (*Sitz. Ber. d. niederrhein. Gesellschaft.*)

1866. Schlüter, *Die Schichten des Teutoburger Waldes bei Altenbeken.* (*Zeitschrift d. deutsch. geol. Gesellschaft*, XVIII, p. 35.)

1866. U. Schlönbach, *Beiträge z. Palæont. d. Jura-und Kreide-Formation in nordwestlichen Deutschland*, II ; *Kritische Studien über Kreidebrachiopoden.* (*Palæontographica.*)

1867. Schlüter, *Beitrag zur Kenntniss der jungsten Ammoneen Norddeutschlands.*

1867. U. Schlönbach, *Uber die Brachiopoden der norddeutschen Cenomanbildungen.*

1868. U. Schlönbach, *Die Galeritenschichten d. nordd. Pläners und ihre Brachiop.* (*Sitz. Ber. d. Wiener Akad.*, LVII.)

1869. U. Schlönbach, *Beitr. zur Alters Bestimmung des Gründsandes von Rothenfelde unweit Osnabrück.* (*N. Jahrbuch f. Min. Pal.*)

1869. Schlüter, *Fossile Echinodermen des nördlichen Deutschlands.* (*Verh. d. naturw. Ver. d. Rheinl. u. Westphaliens*, XXVI.)

1870. Schlüter, *Neue fossile Echiniden.* (*Sitz. Ber. d. niederrhein. Gesellsch.*)

1871-1876. Schlüter, *Cephalopoden der oberen deutschen Kreide.* (*Palæontographica.*)

1872. Schlüter, *Ueber die Spongitarien-Baenke der oberen Quadraten undunteren Mukronaten-Schichten des Münsterlandes.*

1874. Schlüter, *Der Emscher Mergel.* (*Verhandlungen des naturwissenschaftlichen Vereins*

une belle monographie des Céphalopodes qui peuplent assez abondamment les couches supracrétacées de l'Allemagne du Nord. Grâce à ce travail, nous pouvons maintenant étudier les diverses associations d'espèces qui se sont succédé dans le temps et établir utilement des comparaisons avec les faunes des autres régions. Je puiserai principalement dans le mémoire de M. Schlüter le résumé qui suit, en portant plus spécialement mon attention sur les diverses Ammonites que nous rencontrerons dans les zones successives.

Je dois tout d'abord adresser mes plus vifs remerciements à M. le docteur Schlüter, qui a bien voulu parcourir mon manuscrit avant l'impression, me signaler diverses erreurs que j'avais commises et m'indiquer quelques additions à introduire.

Le Crétacé de la Westphalie constitue un bassin assez étendu, le bassin de Munster, compris entre la formation houillère de la Ruhr, au Sud, et le Teutoburger Wald, à l'Est et au Nord-Est. De ce dernier côté, des plissements et des dislocations, d'âge relativement récent, ont interrompu la continuité des couches crétacées et séparé les dépôts de la Westphalie de ceux du Nord de l'Allemagne.

L'Infracrétacé ne se montre pas sur la bordure méridionale du bassin de Westphalie et les couches les plus anciennes qui y affleurent appartiennent au Cénomanien.

Au contraire, à l'extrémité orientale de la bordure du bassin et le long de sa limite septentrionale, on voit apparaître les termes inférieurs de la série.

M. le docteur Schlüter a bien voulu me donner le résumé suivant concernant les couches infracrétacées.

Dans le Hils du Teutoburger Wald, il n'a trouvé, et seulement dans les couches inférieures, que *Bel. subquadratus :* cette zone est surtout connue par des travaux de mines; dans les couches plus élevées, il a rencontré *Bel.* cf.

d. pr. Rheinl. u. Westph., Jahrgang XXXI, p. 59, et *Zeitschrift d. deutsch. geol. Gesellschaft,* XXVI, p. 775.)

1877. Schlüter, *Kreide-Bivalven.*

1884. Schlüter, *Die regulären Echiniden der norddeutschen Kreide,* I.

1892. Schlüter, *Die regulären Echiniden der norddeutschen Kreide,* II.

1894. Schlüter, *Zur Kenntniss der Pläner Belemniten.* (*Verh. naturh. Ver. Rheinl. in Westf.*)

1898. Schlüter, *Ueber einige Spongien der Kreide Westphaliens.* (*Zeitschr. d. deutsch. geol. Gesellschaft.*)

pistilliformis, peut-être l'espèce désignée par M. Pavlow comme *Bel. jaculum*, et, en outre, comme autres fossiles : *Cidaris punctata, Exogyra Couloni, Inoceramus Schlüteri, Avicula macroptera, Perna Mulleti, Ammonites bidichotomus*, etc. Les gisements sont Ibourg, Borghalrhausen, Bielefeld, Owlinghausen, Horn, etc.

Les couches supérieures à *Bel. brunsvicensis* sont principalement connues dans le Nord de la Westphalie et notamment à Ochtrup.

Au-dessus, vient l'Aptien à *Bel. Ewaldi*, dont un beau gisement existe au Sud-Ouest d'Ahaus avec *Am. Martini, Am. furcatus* (= *Am. Dufrenoyi*), et probablement aussi *Am. Deshayesi, Am. Nisus, Am. Velledæ, Ancyloceras Bowerbanki, Anc. gigas, Anc. Hilsii, Inoceramus Ewaldi, Plicatula radiola, Terebratula Moutoni, Zeilleria tamarindus, Terebratella Astieri, Rhynchonella Gibbsi*, etc.

L'Aptien est surmonté par le Gault avec *Am. tardefurcatus, Am. Milleti, Am. Raulini*, etc. Comme gisements on peut citer : Rheine, Altenbeken, etc.

Le Gault supérieur renferme : *Am. auritus, Am. lautus, Am. splendens, Am. inflatus, Hamites rotundus, Bel. minimus, Inoceramus concentricus, Cardiaster Caroli magni*, Schlüter, *Holaster latissimus*, etc.

Les principaux gisements sont ceux de Neuenheesse, Altenbeken, Grotenburg, Rheine, Ochtrup, etc.

En dehors des affleurements plus ou moins continus, dont l'ensemble constitue le bassin crétacé de la Westphalie, on voit dans le Nord-Ouest surgir quelques lambeaux infracrétacés au milieu des plaines diluviales. Ainsi, la coupure de l'Ems, en aval de Rheine, montre des couches marines incontestablement néocomiennes (*Bel. subquadratus, Am. amblygonius*) intercalées au milieu de sédiments wealdiens[1] et un banc de grès vert renfermant *Am. Milleti* et *Am. interruptus*, puis des marnes argileuses avec *Am. lautus*. Plus à l'Ouest, près de Bentheim, affleurent des grès calcaires à *Crioceras Duvali*, sous lesquels se rencontrent les argiles wealdiennes.

Les argiles du Gault affleurent encore en une série de points entre Rheine et Wesecke; plus au Sud elles disparaissent, masquées par les dépôts cénomaniens qui les recouvrent, mais existent toujours en profondeur, s'étendant transgressivement sur la tranche des couches du Houiller fortement plissé.

[1] 1895. G. Muller, *Die untere Kreide im Emsbett nördlich Rheine*. (*Jahrbuch der k. preuss. geol. Landesanstalt*, p. 60-71.)

IMPRIMERIE NATIONALE.

La surface qui sert de base au Crétacé paraît être, dans son ensemble, sensiblement plane avec une pente de quelques degrés vers le Nord. Les premiers sédiments ont comblé les dépressions qui existaient, de sorte que l'épaisseur du Cénomanien est assez variable d'un point à un autre; il peut même disparaître complètement et alors les couches turoniennes reposent directement sur les grès et schistes houillers.

Dans le Cénomanien, M. le Dr Schlüter distingue trois zones avec des faunes de Céphalopodes bien peu différentes : si les autres fossiles qui les peuplent ne sont pas les mêmes sur toute la hauteur, il est probable qu'on doit en rechercher la cause dans les variations des conditions de dépôt.

La première zone est celle du *Pecten asper* et du *Catopygus carinatus*, désignée généralement sous le nom de Tourtia et autrefois, par A. von Strombeck, sous celui d'*Unterer Grünsand mit Thoneisenstein Körnen.*

Elle est surtout bien caractérisée aux environs d'Essen, centre de la région houillère de la Westphalie, et a aussi, pour ce motif, été appelée sable vert d'Essen. Elle se compose de sable siliceux fin, mélangé de glauconie et faiblement agglutiné par un ciment calcaréo-argileux : à la surface, la roche est d'un brun jaunâtre et, en profondeur, grise ou d'un vert assez intense.

A la base on rencontre parfois des galets de grès houiller atteignant jusqu'à la grosseur de la tête : elle contient, en outre, une plus ou moins grande quantité de nodules d'argile ferrugineuse dont la grosseur varie de celle d'une noisette à celle d'une noix.

Dans la région houillère, ce niveau est fort riche en fossiles, mais à mesure qu'on s'éloigne vers l'Est, la nature de la roche se modifie, les fossiles deviennent plus rares et, sur la bordure Nord du bassin, dans les affleurements mis au jour par le plissement du Teutoburger-Wald, la zone est représentée par une assez puissante formation de Pläner marneux très pauvre en fossiles.

Parmi ceux de ce niveau, je signalerai :

Micrabatia coronula, Goldf, sp.
Cidaris essenensis, Schlüter.
— *coronoglobus*, Schlüter.
— *vesiculosa*, Goldf.
— *velifera*, Bronn., sp.
Peltastes clathratus, Agas., sp.
Goniophorus lunulatus, Agas., sp.
Salenia petalifera, Agas., sp.
Codiopsis doma, Desm.
Goniopygus cf. Bronni, Agas.
Echinocyphus difficilis, Agas., sp.
Pseudodiadema tenue, Agas., sp.
Cyphosoma Goldfussi, Schlüter.
— *cenomanense*, Cotteau.

Catopygus carinatus, Agas.
Discoïdes subbuculus, Klein.
Holaster nodulosus, Goldf.
Kingena lima, Defrance.
Thecidea digitata, Sow.
Terebratulina chrysalis, Schlot.
Ostrea carinata, Lamk.
— *diluviana*, Goldf.
— *conica*, Sow., sp.

Les Céphalopodes de cette zone sont :

Mammites bochumensis, Schlüter, sp. : forme voisine de l'*Am. Renevieri*, Sharpe, mais cette dernière est moins épaisse et a un nombre moindre de tubercules ombilicaux. Le dessin des cloisons, la forme de la coquille et son ornementation montrent que cette espèce appartient au genre *Mammites*.
Mammites essendiensis, Schlüter, sp.
— *inconstans*, Schlüter, sp.
Acanthoceras laticlavium, Sharpe, sp. L'espèce de Westphalie paraît différer assez sensiblement du type de Sharpe, qui a les côtes plus serrées, les tubercules mieux marqués, un ombilic plus étroit et des tours croissant plus rapidement en hauteur.
Acanthoceras Mantelli, Sow, sp.
Acanthoceras cf. *rhotomagense*, Brongniart, sp. M. Schlüter pense que les échantillons de ce niveau constituent une nouvelle espèce.
Schlönbachia varians, Sowerby, sp.
— *Coupei*, Brongniart, sp.
Puzosia subplanulata, Schlüter, sp.
Hoplites falcatus, Mantell, sp.
Turrilites Scheuchzeri, Bosc.
— *essenensis*, Geinitz.
— *costatus*, Lamk. (un seul exemplaire du Tourtia d'Essen).
— *Mantelli*, Sharpe.
Nautilus Fleuriausi, d'Orb.
— *tourtiæ*, Schlüter.
— *Sharpei*, Schlüter.
— *cenomanensis*, Schlüter.
— *Deslongchampsi*, d'Orb.

La seconde zone de M. le docteur Schlüter, dite à *Ammonites varians* et *Hemiaster Griepenkerli*, est constituée dans la région houillère par un grès vert qui renferme seulement en très faible quantité de petits grains ferrugineux. C'est l'*Unterer Grünsand ohne Thoneisenstein Körnen* de Strombeck.

Vers l'Est, ce facies passe graduellement à un Pläner calcaire renfermant quelques nodules de silex, puis à des marnes et à des calcaires en bancs épais.

Parmi les fossiles de cette seconde zone je signalerai :

Hemiaster Griepenkerli, Desor.
Holaster nodulosus, Goldf.
Rhynchonella Grasi, d'Orb.
— *Martini*, Mantell.
Kingena lima, Defrance, sp.
Terebratula biplicata, Sow.
Inoceramus virgatus, Schlüter.
— *orbicularis*, Munst.

Les Céphalopodes qui y ont été trouvés sont :

Schlönbachia varians, Sowerby, sp.
— *Coupei*, Brongniart, sp.
— *falcato-carinata*, Schlüter, sp.
Hoplites falcatus, Mantell, sp.
Puzosia subplanulata, Schlüter, sp.
Acanthoceras cf. *laticlavium*, Sharpe, sp.
— *rhotomagense*, Brongniart (rare).
Scaphites æqualis, Sow.
Turrilites Scheuchzeri, Bosc.
— *acutus*, Passy.
Turrilites Mantelli, Sharpe.
— *tuberculatus*, Bosc.
— *Morrisi*, Sharpe (un seul exemplaire).
— *cenomanensis*, Schlüter.
Baculites baculoïdes, Mant.
Nautilus elegans, d'Orb.
— *Deslongchampsi*, d'Orb.
— *tenuicostatus*, Schl. (un seul exemplaire du Teutoburgerwald).

Et probablement, en outre :

Belemnites ultimus, d'Orb.
Mammites bochumensis, Schlüter, sp.
— *essendiensis*, Schlüter, sp.

Dans la région houillère, les grès verts à *Am. varians* se poursuivent jusqu'à la base du Turonien, tandis que, dans le reste du bassin, un autre facies se spécialise à leur partie supérieure constituant la troisième zone de M. Schlüter, dite à *Ammonites rhotomagensis* et *Holaster subglobosus* : elle est formée en partie de calcaires solides, en partie de bancs marneux dans lesquels la glauconie fait absolument défaut.

Elle est riche en Échinides et en Bivalves, parmi lesquels :

Discoides cylindricus, Lamk.
Holaster subglobosus, Leske.
Inoceramus virgatus, Schlüter.
— *orbicularis*, Müns.

Comme Céphalopodes, elle renferme :

Schlönbachia varians, Brongniart, sp.
Puzosia subplanulata, Schlüter, sp.
Acanthoceras Mantelli, Sowerby, sp.
— *rhotomagense*, Brongniart, sp., très commun; M. Schlüter m'écrit que les exemplaires de cette zone possèdent bien sur les premiers tours une ligne de tubercules siphonaux.
Scaphites æqualis, Sow.
Anisoceras plicatile, Sow., sp. (un seul exemplaire de Lichtenau).
Turrilites Scheuchzeri, Bosc.
— *acutus*, Passy.
— *cenomanensis*, Schlüter.
Nautilus tenuicostatus, Schlüter.
— *expansus*, Sow (de Lichtenau).

Le Turonien débute dans la région houillère par une marne argilo-calcaire, tendre, quelque peu glauconieuse et se délitant rapidement à l'air. Les fossiles y sont rares et M. Schlüter signale seulement :

Actinocamax plenus, Blainv., sp.
Galerites (= *Echinoconus*) *subsphæroïdalis*, d'Arch.
Serpula amphisbæna, Goldf.

Et peut-être :

Neoptychites lewesiensis, Mantell, sp.

Cette zone a été reconnue partout, dans la Westphalie méridionale surtout.

Puis vient le Mytiloïdes Pläner ou zone à *Inoceramus labiatus* et *Ammonites nodosoïdes* : dans le Sud de la Westphalie, elle est constituée par des marnes calcaires (Pläner Mergel) gris clair, s'effritant rapidement à l'air et renfermant en abondance l'*In. labiatus;* mais comme la roche est très friable, il est néanmoins fort difficile d'obtenir ce fossile en bon état. Sur le bord oriental du bassin et dans le Teutoburger-Wald, cette zone est représentée par des calcaires marneux rouges, assez durs, alternant parfois avec des marnes grises.

La faune de cet horizon est assez pauvre, je citerai seulement.

Inoceramus labiatus, Schloth.
Rhynchonella Cuvieri, d'Orb.
Terebratula semiglobosa, Sow.
Discoïdes inferus, Desor.
Discoïdes cf. *minimus*, Agas.
Echinoconus subrotundus (s. *Galerites*), Mantell.
Salenia granulata, Forbes.

Les seuls Céphalopodes trouvés en Westphalie, sont :

Neoptychites lewesiensis, Mantell, sp.
Mammites nodosoïdes, Schlüter, sp.

Au-dessus vient la zone à *Inoceramus Brongniarti* et *Ammonites Woolgari* ou *Brongniarti-Pläner*. Elle est constituée soit par des marnes tendres blanches, gris blanchâtre ou blanc jaunâtre, soit par des calcaires marneux, assez compacts et solides, à cassure conchoïde, soit par une craie traçante : elle se présente sous deux facies différents au point de vue paléontologique, les *Brongniarti-Schichten* et les *Galeriten-Schichten;* ces derniers, connus seulement des environs d'Ahaus, sur la bordure Nord-Ouest du bassin, sont moins fossilifères et renferment, avec *Echinoconus subconicus*, une partie des fossiles de l'autre facies et en particulier *Micraster breviporus* et *Echinocorys*, sp.

En plus de ces derniers, je signalerai dans les *Brongniarti-Schichten* :

Holaster planus, Mant.
Inoceramus Brongniarti, Mant.
Rhynchonella Cuvieri, d'Orb.
— *ventriplanata*, Schlönbach.
Terebratula Becksi, Ad. Rœm.
Terebratula subrotunda, Sow.
Kingena lima, Defrance.
Terebratulina chrysalis, Defrance.
— *defluxa*, Schüter.

Les Céphalopodes de ce niveau sont :

Neoptychites lewesiensis, Mantell, sp.
— *peramplus*, Mantell, sp., très rare : un seul exemplaire de Büren.
Prionocyclus Germari, Reuss, sp.
Prionotropis cf. *launensis*, nov. sp. L'échantillon de Westphalie figuré par M. Schlüter (pl. IX, fig. 4 et 5) me paraît bien se rapporter au même type que celui des environs de Laun (pl. IX, fig. 1, 2 et 3) pour lequel j'ai proposé le nom de *P. launensis*, p. 659.
Scaphites Geinitzi, d'Orbigny (rare).
Baculites cf. *bohemicus*, Fritsch et Schlönbach (rare).

Au Brongniarti-Pläner succède le Scaphiten-Pläner ou zone de l'*Heteroceras Reussi* et du *Spondylus spinosus*, ainsi appelée à cause de l'abondance de ces deux derniers fossiles; plusieurs facies correspondent à cet horizon.

D'abord le Scaphiten-Pläner typique bien représenté dans le Teutoburger-Wald par des roches de même nature que celles du Brongniarti-Pläner et caractérisé par une faune assez abondante de laquelle je citerai :

Infulaster excentricus, Forbes.
Micraster breviporus, Agassiz.
Echinocorys scutata, Leske.
Holaster planus, Mantell.
Inoceramus undulatus, Goldf.
Spondylus spinosus, Sow.

Comme Céphalopodes on y connaît :

Neoptychites peramplus, Mantell, sp., qui a ici son gisement principal.
Prionotropis Neptuni, Geinitz, sp.
Scaphites Geinitzi, d'Orb.
— *auritus*, Schlüter.
Crioceras ellipticum, Mantell, sp.
Turrilites Reussi, d'Orbigny.
— *saxonicus*, Schlüter.
Baculites cf. *bohemicus*, Fritsch et Schlönbach.

Dans le Sud-Est du Teutoburger-Wald, les caractères de la roche se modifient; elle se charge peu à peu de glauconie, perd ses fossiles et passe graduellement au sable vert de Sœst (Oberer-Grünsand) qui se développe sur la bordure méridionale du bassin par Bodeken, Steinhaus, Anröchte, Sœst, Werl, Unna jusqu'à Dortmund et Bochum, où il disparaît sous les alluvions. Près de Sœst, il a été exploité pour les constructions et a fourni les matériaux de la belle église de cette ville. La faune de ce facies est assez pauvre en espèces, mais chacune y est en général représentée par de nombreux individus. Je signalerai seulement :

Micraster, sp.
Échinocorys, sp.
Terebratula semiglobosa, Sowerby.
Rhynchonella plicatilis, Sowerby.
Spondylus spinosus, Sowerby.

Les seuls Céphalopodes rencontrés sont :

Puzosia Mobergi, de Grossouvre, sp. L'échantillon des sables verts de Soest figuré par M. Schlüter (pl. IX, fig. 1) sous le nom d'*Am. Austeni*, Sharpe, diffère du type de Sharpe par l'allure de ses côtes qui ne sont pas flexueuses, mais simplement infléchies en avant vers les 2/3 de la hauteur des flancs. Le nombre des grosses côtes est aussi bien moins grand.
Neoptychites peramplus, Mantell, sp., un seul exemplaire provenant du sommet de la zone.

Au Nord-Ouest des affleurements typiques du Scaphiten-Pläner du Teutoburger-Wald, on trouve, dans la région de Bielefeld, un sable vert, dit Grünsand de Timmeregge, souvent conglomératique, dont l'âge a été l'objet de nombreuses discussions auxquelles ont pris part Reuss, Geinitz, Rœmer et Credner; il a été classé tantôt dans le Cénomanien, tantôt dans le Turonien, parfois même dans le Sénonien. Schlönbach a démontré qu'il devait être rapporté au Scaphiten-Pläner, et sa conclusion se trouve confirmée par ce fait que dans le lambeau de Rothenfeld on trouve sous le Cuvieri-Pläner un sable vert qui paraît représenter le prolongement du grès vert de Timmeregge.

La faune de ce niveau ne renferme aucun Céphalopode, mais comprend d'assez nombreux Échinides, des Brachiopodes et des Lamellibranches :

Cidaris cf. *subvesiculosa*, d'Orb.
— *sceptrifera*, Mant. (?)
Hemiaster Toucasi, d'Orb.
Micraster breviporus, Agas.
— *cortestudinarium*, Goldf.
Echinocorys scutata, Leske.
Rhynchonella Cuvieri, d'Orbigny.
— *plicatilis*, Sow.
Kingena lima, Defrance, sp.
Terebratulina rigida, Sowerby.
Ostrea lateralis, Nilss.
Spondylus spinosus Sow., etc.

L'étage Turonien se termine par le Cuvieri-Pläner, ou zone de l'*Inoceramus Cuvieri* et de l'*Epiaster brevis*, ainsi appelé par M. Schlüter en raison des deux fossiles qui, par leur abondance, le caractérisent partout en Westphalie. Il est constitué par des calcaires grisâtres en bancs minces.

On y trouve comme Céphalopodes :

Neoptychites peramplus, Mantell, sp. (rare).
Scaphites Geinitzi, d'Orb.
Ancyloceras paderbornense, Schlüter.
Toxoceras turoniense, Schlüter (Rothenfeld).
Baculites cf. *bohemicus*, Fritsch et Schlönbach (très rare).

Tout récemment, M. Schlüter y a signalé la présence d'une Bélemnitelle (environs de Paderborn) qu'il a proposé de nommer, mais sans la figurer, *Act. paderbornensis*.

Enfin, M. Schlüter a trouvé dans cette zone deux échantillons de *Peroniceras* qu'il rapporte à *Am. subtricarinatus*, d'Orb. (= *Am. tricarinatus* in Schlüter). J'avoue que la présence de cette espèce dans le Turonien me surprend beaucoup, étant donné que, jusqu'ici, le véritable *Am. subtricarinatus* a été exclusivement rencontré dans le Coniacien, c'est-à-dire à un niveau plus élevé. J'ai montré précédemment (p. 665) que le *Peroniceras* cité dans le Turonien de la Bohême (Couches de Teplitz) constituait une espèce distincte que j'ai proposé de nommer *Per. inferum;* les échantillons du Cuvieri-Pläner appartiennent peut-être à ce même type.

Le Cuvieri-Pläner est surmonté par une puissante formation marneuse qui lui avait été rattachée par A. von Strombeck; mais M. Schlüter a fait voir qu'elle s'en distinguait essentiellement par sa faune et qu'elle s'intercalait entre le Turonien proprement dit et les couches considérées par les géologues allemands comme base du Sénonien. Il a créé (1876) pour cette assise un nouvel étage auquel il a donné le nom d'Emschérien (en allemand, *Emscher*) à cause de son développement dans la vallée de l'Emscher.

En raison de la nature peu consistante des marnes, les affleurements de l'Emschérien sont assez rares et ne se montrent que dans un petit nombre de points du Sud de la Westphalie, dans les collines des environs de Berbeck, Stoppenberg et Castrop. Presque partout ils sont cachés par les épaisses alluvions de la vallée de l'Emscher. Cependant ces couches ont pu être étudiées assez complètement, grâce aux nombreux puits creusés pour l'exploitation de la houille : on a ainsi reconnu leur énorme épaisseur qui va en croissant notablement des affleurements (160 mètres) vers le centre du bassin, où elle dépasse 500 mètres. Cet étage possède donc une puissance bien supérieure à celle du Turonien tout entier.

Les marnes emschériennes, tendres, de couleur gris bleuâtre, sont plus ou moins chargées de calcaire ou d'argile, plus ou moins glauconieuses, et, par l'introduction de sable siliceux, se transforment même en une sorte de grès vert.

Leur faune paraît assez pauvre.

Parmi les Spongiaires très rares, *Aliso Almæ*, Schlüt., est fort remarquable.

Aucuns Polypiers; des Foraminifères, décrits par Reuss; quelques Échinides mal conservés du genre *Micraster;* dans les couches les plus supérieures, quelques traces de *Bourgueticrinus* et d'*Asterias;* pas de Brachiopodes; un certain nombre de moules de Gastropodes; beaucoup de Lamellibranches : *Ostrea*, *Cucullæa*, *Leda*, *Lima* et surtout des Inocérames remarquables par la multiplicité de leurs formes et la grandeur de leur taille : *Inoceramus digitatus*, Sow.; *I. undulatoplicatus*, F. Rœmer; *I. subcardissoïdes*, Schlüter; *I. involutus*, d'Orb. Vers la base, on y rencontre encore *In. Cuvieri* et dans les couches supérieures, on voit apparaître : *In. subquadratus*, Schlüter; *In. radians*, Schlüter; *In. umbonatus*, Meek; *In. exogyroïdes*, Meek; *In. gibbosus*, Schlüter[1].

Mais ce qui caractérise l'étage Emschérien de la manière la plus nette au point de vue paléontologique, c'est sa faune de Céphalopodes si bien étudiée par M. le docteur Schlüter. Elle comprend :

Mortoniceras Emscheris, Schlüter, sp.
— *pseudo-texanum*, de Grossouvre (= *Am. texanus*, in Schlüter, non *Am. texanus*, F. Rœmer).
Peroniceras subtricarinatum, d'Orbigny, sp.
— *tridorsatum*, Schlüter, sp.
— *Moureti*, de Grossouvre (= *Am.* cf. *tridorsatus*, Schlüter).
— *westphalicum*, Schlüter, sp.
Gauthiericeras Margæ, Schlüter, sp.
Barroisiceras Haberfellneri, Redtenbacher, sp. (= *Am. alstadenensis*, Schlüter).
Schlönbachia (?) *mengedensis*, Schlüter, sp.
— (?) *stoppenbergensis*, Schl., sp.
Placenticeras cf. *placenta*, Morton, sp.
Pachydiscus (?) *hernensis*, Schlüter, sp.
Scaphites, sp.
Hamites trinodosus, Geinitz (= *Ancyloceras Douvilléi*, de Grossouvre, = *Hamites* cf. *angustus* in Schlüter).
Turrilites tridens, Schlüter.
— *plicatus*, d'Orbigny.
— *varians*, Schlüter.
— *undosus*, Schlüter.
Baculites brevicosta, Schlüter.
— *incurvatus*, Dujardin.
Nautilus leïotropis, Schlüter.
— cf. *neubergicus*, Redtenbacher.
Actinocamax westphalicus, Schlüter.
— *verus*, Miller (rare).

[1] Communication de M. Schlüter.

IMPRIMERIE NATIONALE.

Au-dessus des marnes de l'Emschérien, un changement important se produit dans la nature des couches et c'est en ce point que les géologues allemands ont placé la limite inférieure du Sénonien, classant dans le Turonien tous les dépôts antérieurs et englobant même dans le Cuvieri-Pläner, comme l'avait fait A. von Strombeck, les marnes grises de la vallée de l'Emscher.

M. Schlüter a divisé le Sénonien en deux étages : l'un inférieur (Unter-Senon) qu'il a désigné sous le nom de Craie à *Inoceramus lingua* et *Exogyra laciniata* ou encore de Craie inférieure à *quadratus* (*Untere quadratenkreide*), bien que les Bélemnitelles y soient très rares et que les fragments d'*Actinocamax* qu'on y recueille ne se rapportent probablement pas à *Act. quadratus*. M. E. Stolley cite en effet *Act. granulatus* de ce niveau en Westphalie d'après un échantillon de Bochum qui se trouve au musée de Berlin. Le sous-étage supérieur (Ober-Senon) a été aussi nommé Craie à *Cœloptychium* (*Cœloptychienkreide*) en raison de l'abondance en Allemagne de ce genre de Spongiaires dans cette subdivision.

Le Sénonien inférieur comprend trois zones. La plus inférieure, Marnes sableuses de Recklinghausen à *Marsupites ornatus*, se montre au Nord de la dépression de l'Emscher, dans les collines de Recklinghausen, au pied du Haard. Elle est formée par des marnes jaunes, sableuses avec grains verts de silicate de fer et lits de nodules plats de concrétions calcaréo-sableuses. Son épaisseur est d'environ une cinquantaine de mètres.

Comme fossiles, elle renferme :

Baculites incurvatus, Duj.
Ostrea semiplana, Sow.
Chlamys virgatus, Nils.
Inoceramus cardissoïdes, Goldf.
Bourgueticrinus ellipticus, Mill.
Uintacrinus westphalicus, Schlüter.
Marsupites ornatus, Sowerby.
Holaster, sp.
Hemiaster recklingkhausensis, Schlüter.

La zone suivante, puissante de 70 mètres environ, constitue les massifs du Haard et du Hohe-Mark, séparés par l'étroite vallée de la Lippe, dans laquelle s'élève la ville de Haltern. M. Schlüter lui a donné le nom de Pierres quartzeuses de Haltern à *Pecten muricatus* (Quarzige Gesteine von Haltern mit *Pecten muricatus*) : ce sont des sables siliceux avec lits de rognons siliceux, quelques couches de grès grossiers et des rognons tabulaires de grès brun ferrugineux.

Les fossiles les plus abondants de cet horizon sont : *Chlamys muricatus*, Goldf.; *P. quadricostatus*, Sow., et *Pinna quadrangularis*, Goldf.; parmi les autres, je signalerai seulement : *Pholadomya nodulifera*, *Inoceramus cancellatus*, Goldf.; *In. Cripsii*, Mant.; *Cardiaster jugatus*, Schlüter; *Pygurus rostratus*, A. Rœmer, et *Credneria*, sp.

On arrive à la zone suivante en partant de Haltern vers le Nord-Est de manière à se diriger vers le centre du bassin; on rencontre alors aux environs de Dülmen, après une interruption d'affleurements due à un manteau diluvien, des couches calcaréo-sableuses (Kalkig sandige Gestein von Dülmem mit *Scaphites binodosus*) qui s'étendent vers le Sud-Est et vers le Nord et affleurent encore aux environs de Heck, entre Ahaus et Nienborg.

Comme fossiles, on peut citer entre autres :

Pecten quadricostatus, Sow.
Ostrea laciniata, Nilss.
Inoceramus Cripsii, Mant.
Inoceramus lingua, Goldf.
Trigonia sp. n. aff. *limbata*, d'Orb.
Pholadomya caudata, A. Rœmer.
Catopygus cf. *obtusus*, Desor.
Hemiaster ligeriensis, d'Orb.
— cf. *sublacunosus*, Gein.
Cardiaster cf. *granulosus*, Goldf.

Les Céphalopodes comprennent les espèces suivantes :

Placenticeras bidorsatum, Ad. Rœmer, sp.
Pachydiscus dülmensis, Schlüter, sp.
— (?) *obscurus*, Schlüter, sp.
Hauericeras pseudo-Gardeni, Schlüter, sp.
Scaphites inflatus, Ad. Rœmer.
Scaphites binodosus, Ad. Rœmer.
Crioceras (?) *cingulatum*, Schlüter.
Nautilus westphalicus, Schlüter.
— cf. *neubergicus*, Redtenbacher.

et des fragments d'*Actinocamax* trop mauvais pour pouvoir être déterminés exactement.

M. Schlüter place au-dessus de cette zone la base du Sénonien supérieur, s'appuyant sur la disparition complète d'un certain nombre de formes très répandues dans les couches inférieures : tel, le groupe des Inocérames auquel appartiennent *In. cancellatus*, *In. lobatus* et *In. lingua;* puis encore *Ostrea laciniata*, les grandes Trigonies et d'autres Lamellibranches : *Pecten quadricostatus*, *Pholadomya caudata*, *Goniomya designata :* considérations qui n'ont évidemment qu'une valeur purement locale, puisque, dans bien d'autres contrées, beaucoup de ces espèces se poursuivent jusqu'au sommet du Sénonien. Le nouvel ensemble de couches est caractérisé par le développement du genre *Cœloptychium*, ce qui a conduit à donner à ce sous-étage supérieur le nom de Craie à *Cœloptychium*.

La première zone est formée par une assise marneuse qui succède aux sédiments sableux du Sénonien inférieur et qui peut s'observer à Lette, Cœsfeld, Holtwick et Legden. Les environs de Cœsfeld sont surtout réputés pour leur richesse en fossiles. L'*Actinocamax quadratus* typique y abonde en général, de sorte que cette zone peut aussi être désignée sous le nom de Craie à *Act. quadratus* : c'est l'*Obere Quadratenkreide* de M. Schlüter, mais la division inférieure étant caractérisée, dans l'Allemagne du Nord, par *Act. granulatus*, l'épithète de *supérieure* pour cette zone n'a plus raison d'être.

Cette zone renferme un grand nombre de Spongiaires :

Cœloptychium agaricoides, Goldfuss.
— *lobatum*, Goldfuss.
— *incisum*, A. Rœmer.
— *sulciferum*, A. Rœmer.
Camospongia cf. *monostoma*, A. Rœmer;
— *eximia*, Schlüter;
Camospongia megastoma, A. Rœmer.
Becksia Soekelandi, Schlüter.
Crisbospongia Decheni, Goldfuss.
— *Murchisoni*, Goldfuss.
Pleurostoma expansum, A. Rœmer.

On y trouve divers Lamellibranches (*Inoceramus Cripsii*, *Lima semisulcata*...), quelques Brachiopodes et un certain nombre d'Échinides, parmi lesquels je signalerai en particulier :

Echinocorys ovata, Leske (Holtwick).
Offaster pilula, Lamk.
Corculum corculum, Goldf.
Caratomus truncatus, d'Orb.
Micraster, sp.
Salenia Héberti, Cotteau.

Les Céphalopodes de cette zone sont :

Pachydiscus lettensis, Schlüter, sp.
— (?) *obscurus*, Schlüter, sp.
Ancyloceras retrorsum, Schlüter.
Scaphites hippocrepis, Dekay. (= *Scaphites Cuvieri*, Morton in Schlüter).
Actinocamax quadratus, Blainv., sp.

La zone suivante dite de l'*Ammonites cœsfeldiensis*, du *Micraster glyphus* et du *Lepidospongia rugosa*, ou Craie inférieure à *mucronata*, est formée par des marnes calcaires et des grès marneux; les principaux gisements sont : Cœsfeld, Rorup, Nottuln et Darup.

M. Schlüter a donné une longue liste des fossiles de ce niveau, de laquelle j'extrais seulement les noms suivants :

Cœloptychium agaricoides, Goldfuss.
— *incisum*, A. Rœmer.
— *sulciferum*, A. Rœmer.
— *lobatum*, Goldfuss.
Camerospongia fungiformis, Goldfuss.
— *megastoma*, A. Rœmer.
Lepidospongia rugosa, Schlüter.
Cribospongia micromurata, A. Rœmer.
— *longiporata*, Pusch.
Coscinopora infundibuliformis, Goldfuss.
Retispongia Oeynhausi, Goldfuss.
Cupulospongia Mantelli, Goldfuss.
Echinocorys ovata, Leske (Cœsfeld).
— *vulgaris*, forme typique, variété déprimée.
Corculum corculum, Goldfuss, sp.
Micraster glyphus, Schlüter.
— *gibbus*, Lamk.
Crania parisiensis, Defr.
Terebratula obesa, Sow.
Ostrea vesicularis, Lamk.

La faune de Céphalopodes se compose de :

Hoplites cœsfeldiensis[(1)], Schlüter, sp.
— *Vari*, Schlüter, sp.
— *aurito-costatus*, Schlüter, sp.
— *dolbergensis*, Schlüter, sp.
— *costulosus*, Schlüter, sp.
Puzosia (?) *patagiosa*, Schlüter, sp.
Pachydiscus Stobæi (Nilsson), Schlüter, sp.
— *icenicus*, Sharpe.
Scaphites gibbus, Schlüter.
Scaphites spiniger, Schlüter.
Ancyloceras retrorsum, Schlüter.
— *pseudo-armatum*, Schlüter (deux exemplaires de Darup).
Hamites Berkelis, Schlüter.
— *rectecostatus*, Schlüter.
Nautilus darupensis, Schlüter.
Belemnitella mucronata, Schloth.

Quelques-unes des espèces précédentes : *Hoplites dolbergensis*, *Hop. Vari*, *Hop. aurito-costatus*, *Scaphites spiniger* et *Ancyloceras pseudo-armatum* se trouvent exclusivement dans les couches les plus élevées; celles-ci, à part *Hop. dolbergensis* et *Ancyloceras pseudoarmatum*, passent dans la zone supérieure.

La zone par laquelle se termine la série crétacée de la Westphalie affleure dans le centre du bassin, dans les Baumberge, entre Billerbeck, Havixbeck et Schapdetten : c'est la zone de l'*Heteroceras polyplocum*, de l'*Ammonites Wittekindi* et du *Scaphites pulcherrimus* de M. Schlüter. Elle est surtout caractérisée par le premier de ces fossiles. Sa faune est assez riche en Gastropodes et Lamellibranches, mais la plupart des espèces n'en ont pas été décrites. Je me

(1) Cette espèce atteint d'énormes dimensions : on en a trouvé à Seppenrade un échantillon, ne possédant pas sa dernière loge, qui avait 1 m. 50 de diamètre et pesait 1,250 kilogrammes (1888, *Zeitschr. d. deutsch. geol. Gesel.* XXXIX, p. 612).

bornerai à citer, outre *Cœloptychium princeps*, Ad. Rœmer, et *C. Seebachi*, Zittel, les Céphalopodes qu'on y trouve en plus de ceux déjà nommés :

> *Scaphites spiniger*, Schlüter;
> *Turrilites polyplocus*, Rœmer, sp.;
> *Belemnitella mucronata*, Schloth, sp.

II

ENTRE LE HARZ ET LE LITTORAL.

Au Nord du Teutoburger Wald et du massif du Harz, les couches crétacées reparaissent, dans les collines subhercyniennes, plissées, fortement redressées et même parfois renversées.

Le Wealdien n'est bien développé qu'à l'Ouest de la vallée du Leine, mais, de ce côté, les affleurements des couches crétacées marines ne dépassent pas la vallée du Weser, et à Petershagen, sur les deux rives, se montrent pour la dernière fois vers l'Ouest, des affleurements de couches infracrétacées (Gault).

Entre le Weser et l'Oker, si on fait abstraction du Wealdien, les couches crétacées ne forment guère qu'un mince liséré. Plus au Nord, elles disparaissent rapidement sous un épais manteau de dépôts tertiaires et diluviens, au milieu desquels des affleurements d'une étendue restreinte se montrent çà et là au milieu de la plaine, à Gehrden, aux environs de Hanovre, et plus nombreux entre cette dernière ville, Brunswick et Fallersleben.

A l'Est de l'Oker, les affleurements crétacés occupent au pied du Harz une bien plus grande largeur entre Brunswick, Goslar, Halberstadt et Quedlinbourg; mais ce territoire crétacé est interrompu par de longues bandes de couches jurassiques et triasiques, dirigées parallèlement à la chaîne hercynienne. Nous sommes là dans une région affectée par de nombreux plis, grâce auxquels le Crétacé se maintient au voisinage de la surface jusqu'à une grande distance de la bordure du Harz, de telle sorte que l'on voit reparaître symétriquement dans les synclinaux les divers termes de la série.

Au Nord du relèvement de l'Elm, formé de couches jurassiques et surtout triasiques, on rencontre encore les petits lambeaux de Broitzem et de Königslutter-Lauingen.

Dans le Nord du Hanovre, le Sleswig-Holstein, le Mecklembourg et la Poméranie, de rares lambeaux crétacés, comme celui de Lunebourg ou ceux

CRÉTACÉ DE LA WESTPHALIE.

ÉTAGES de D'ORBIGNY.	ÉTAGES de COQUAND.	ÉTAGES ET ZONES DE M. SCHLÜTER.		PRINCIPAUX CARACTÈRES.	FOSSILES.
SÉNONIEN.	CAMPANIEN.	Ober-Senon. Cœloptychien-Kreide.	Zone de l'*Heteroceras polyplocum*, de l'*Am. Wittekindi* et du *Scaphites pulcherrimus* ou Craie supérieure à *mucronata*.	Marnes, calcaires marneux parfois glauconieux.	*Hoplites Vari*, *Hoplites lemfordensis*, *Pachydiscus haldemensis*, *P. Wittekindi*, *P. auritocostatus*, *Sc. pulcherrimus*, *Sc. spiniger*, etc., *Bel. mucronata*.
			Zone de l'*Am. cœsfeldiensis*, du *Micraster glyphus* et du *Lepidospongia rugosa* ou Craie inférieure à *mucronata*.	Marnes, calcaires et grés marneux.	Nombreux Spongiaires : *Ech. ovata*, *M. glyphus*, *M. gibbus*, *Hoplites cœsfeldiensis*, *H. Vari*, etc., *Pachydiscus Stobæi*, *Sc. gibbus*, *Sc. spiniger*, etc., *Bel. mucronata*.
			Zone à *Becksia Sœkelandi* ou Craie supérieure à *quadratus*.	Marnes de Lette, Coesfeld, Holtwick, Legden, etc.	*Cœloptychium*, nombreuses espèces; *Becksia Sœkelandi*, *Offaster pilula*, *Coreulum corculum*, *Pachydiscus lettensis*, *Sc. hippocrepis*, *Act. quadratus*.
		Unter-Senon.	Calcaires sableux de Dülmen à *Scaphites binodosus*.	Couches calcaires sableuses de Dülmen.	*O. laciniata*, *In. Cripsii*, *In. lingua*, *Placenticeras bidorsatum*, *Pach. dülmensis*, *HaueriAfter pseudo-Gardeni*, *Sc. inflatus*, *Sc. binodosus*.
	SANTONIEN.		Pierres quartzeuses de Haltern à *Pecten muricatus*.	Sables siliceux avec lits de rognons siliceux et grès grossiers.	*In. cancellatus*, *In. Cripsii*, *Chlamys muricatus*, *Pecten quadricostatus*, *Pinna quadrangularis*.
			Marnes sableuses de Recklinghausen à *Marsupites ornatus*.	Marnes jaunes sableuses avec concrétions calcaréo-sableuses.	*In. cardissoïdes*, *Bourgueticrinus ellipticus*, *Marsupites ornatus*, *Uintacrinus westphalicus*.
	CONIACIEN.	Emscher.	Zone de l'*Am. Margæ*.	Marnes grises plus ou moins glauconieuses, plus ou moins chargées de sable.	*Mort. Emscheris*, *Per. subtricarinatum*, *Per. tridorsatum*, *Per. Moureti*, *Per. westphalicum*, *Gauthiericeras Margæ*, *Barroisiceras Haberfellneri*, *Act. verus*, *Act. westphalicus*, *In. involutus*, *In. digitatus*, etc.
TURONIEN.	ANGOUMIEN.	Turon.	Cuvieri-Pläner ou zone de l'*Inoceramus Cuvieri* et de l'*Epiaster brevis*.	Calcaires grisâtres en bancs minces.	*Neoptychites peramplus*, *Peroniceras*, sp., *Scaphites Genitzi*, *In. Cuvieri*, *M. brevis*.
			Scaphiten-Pläner ou zone de l'*Heteroceras Reussi* et du *Spondylus spinosus*.	Calcaires marneux : dans le Sud, sable vert de Soest; dans le N. O., sable vert de Timmeregge.	*Infulaster excentricus*, *Hol. planus*. *M. breviporus*, *Ech. scutata*, *Neop. peramplus*, *Prionotropis Neptuni*, *Sc. Geinitzi*, *Tur. Reussi*, *Tur. saxonicus*.
	LIGÉRIEN.		Brongniarti-Pläner ou zone de l'*In. Brongniarti* et de l'*Am. Woolgari*.	Marnes tendres et calcaires marneux ou craie traçante (Brongniarti-Schichten et Galeriten-Schichten).	*Holaster planus*, *Echinoconus subconicus*, *M. breviporus*, *Echinocorys*, *Neopt. peramplus*, *N. lewesiensis*, *Prionotropis* cf. *luneensis*, *Sc. Geinitzi*.
			Mytiloïdes-Pläner ou zone de l'*In. labiatus* et de l'*Am. nodosoïdes*.	Marnes calcaires gris clair dans le Sud, calcaires marneux rouges dans le Teutoburger-Wald.	*In. labiatus*, *Rh. Cuvieri*, *Discoïdes inferus*, *Echinoconus subrotundus*, *Neopt. lewesiensis*, *Mammites nodosoïdes*, *Act. plenus*.
			Zone de l'*Act. plenus*.	Marne argilo-calcaire tendre un peu glauconieuse.	*Act. plenus*, *Echinoconus subsphæroïdalis*, *Serpula amphisbæna?* *Neopt. peramplus*.
CÉNOMANIEN.	CÉNOMANIEN.	Cenoman.	Zone de l'*Am. rhotomagensis* et de l'*Holaster subglobosus*.	Calcaires solides et bancs marneux.	Nombreux Echinides et Bivalves : *Schl. varians*, *Ac. Mantelli*, *Ac. rhotomagense*, *Sc. æqualis*.
			Zone de l'*Am. varians* et de l'*Hemiaster Griepenkerli*.	Grès vert, sans grains ferrugineux, passant à l'Est à un Pläner avec nodules de silex et à des marnes et calcaires.	*Hemiaster Griepenkerli*, *Holaster nodulosus*, *In. virgatus*, *Schl. varians*, *Ac. rhotomagense*, *Sc. æqualis*.
			Tourtia d'Essen ou zone du *Pecten asper* et du *Catopygus carinatus*.	Sable et grès vert glauconieux avec nodules d'argile ferrugineuse et à la base galets de grès houiller.	*O. carinata*, *O. diluviana*, *O. conica*; nombreux Échinides : *Mam. bochumensis*, *Ac. Mantelli*, *Sch. varians*, *Puzosia subplanulata*.

du littoral, apparaissent au milieu de la plaine tertiaire et diluvienne. Le Crétacé se retrouve ensuite dans l'île de Rügen et au voisinage de celle d'Helgoland. A quelques kilomètres de cette dernière, il se montre dans des récifs sous-marins visibles à marée basse; l'Infracrétacé y est représenté et, par suite, il est fort probable que ce système existe encore en profondeur, au-dessous d'une partie de la Baltique et de la mer du Nord, mais il ne doit pas s'étendre bien loin dans cette direction, car, à Bornholm et en Scanie, on voit le Sénonien reposer directement sur le Trias et les roches primitives. La transgression crétacée est donc ici plus prononcée encore que sur les terrains primaires de la région rhénane.

L'étude du Crétacé de l'Allemagne du Nord [1] présente de nombreuses difficultés en raison du grand nombre de failles qui ont disloqué les couches; il

[1] Ouvrages consultés :

1849. Beyrich, *Ueber die Zusammensetzung und Lagerung der Kreideformation in der Gegend zwischen Alberstadt, Blankenburg und Quedlinburg.* (*Zeitschr. d. deutsch. geol. Gesell.*, I, p. 288.)

1854. H. Karsten, *Die Plänerformation in Mecklenburg.* (*Zeitschr. d. deutsch. geol. Gesell.*, VI, p. 527.)

1855. Reuss, *Ein Beitrag zur genaueren Kenntniss der Kreidegebilde Mecklenburgs.* (*Zeitschr. d. deutsch. geol. Gesell.*, VII, p. 261.)

1855. A. von Strombeck, *Ueber das geologische Alter von* Belemnitella mucronata *und* Belemnitella quadrata. (*Zeitschr. d. deutsch. geol. Gesell.*, VI, p. 502.)

1857. A. von Strombeck, *Gliederung des Pläners in nord-westlichen Deutschland nächst dem Harze.* (*Zeitschr. d. deutsch. geol. Gesell.*, IX, p. 415.)

1857. A. von Strombeck, *Ueber die Eisensteins-Ablagerung bei Peine.* (*Zeitschr. d. deutsch. geol. Gesell.*, IX, p. 313.)

1863. A. von Strombeck, *Ueber die Kreide am Zeltberg bei Lüneburg.* (*Zeitschr. d. deutsch. geol. Gesell.*, XV, p. 97.)

1865. A. Rœmer, *Die Quadraten Kreide des Sudmerberges.* (*Palaeontographica*, XIII.)

1867. U. Schlönbach, *Ueber die Brachiopoden der norddeutschen Cenoman Bildungen.*

1867. C. Schlüter, *Beitrag zur Kenntniss der jungsten Ammoneen Norddeutschlands.*

1869. C. Schlüter, *Fossile Echinodermen des nördlichen Deutschlands.* (*Verh. d. naturw. Ver. d. Rheinl. u. Westphalens*, XXVI.)

1871-1876. C. Schlüter, *Cephalopoden der oberen deutschen Kreide.*

1873. D. Brauns, *Die obere Kreide von Ilsede.* (*Verh. der naturw. Verein der preuss. Rheinl. u. Westph.*, XXXI.)

1876. D. Brauns, *Die senonen Mergel des Salzberges bei Quedlinburg.* (*Zeitschr. f. d. gesam. Naturwissenschaften*, XLVI, p. 325.)

1887. G. Müller, *Beitrag zur Kenntniss der oberen Kreide in nördlichen Harzrande.* (*Jahrb. d. k. preuss. geol. Landesanstalt.*)

1887. Frech, *Versteinerungen der unter-senonen Thonlager zwischen Suderode und Quedlinburg.*

1889. Denckmann, *Ueber zwei Tiefseefacies in der oberen Kreide von Hannover und Peine und*

est donc fort malaisé d'établir les relations stratigraphiques existant entre les divers lambeaux isolés au milieu des terrains plus récents. L'étude du Crétacé, délaissée pendant un assez long temps, a été reprise depuis quelques années et bien des points obscurs ne tarderont probablement pas à être éclaircis.

Les couches de ce système succèdent en concordance de stratification au Wealdien, au Purbeckien et aux couches jurassiques; au Nord du Harz, le Néocomien, incomplet à sa partie inférieure, repose tantôt sur le Jurassique, tantôt sur le Trias et en contient des galets.

Les couches du Hils correspondent en réalité à presque tout l'Infracrétacé : le Hils-Thon de Rœmer comprend le Néocomien, le Barrémien, l'Aptien et parfois même une partie du Gault; les argiles de cette assise sont très développées, notamment au Nord de Hanovre, où elles sont exploitées dans de nombreuses tuileries.

Le Hils-Sandstein correspond à la même série et n'en est qu'un facies latéral [1].

L'Albien est représenté à Querum, près Brunswick, et à Wöhrum, près Peine, par des couches argileuses, avec minerai de fer géodique, dans lesquelles on distingue à la base un horizon à *Am. Milleti* et au-dessus un niveau à nodules phosphatés avec *Am. tardefurcatus*. Puis viennent des argiles gris verdâtre

eine zwischen ihnen bestehende Transgression. (*Jahrbuch der königlichen Preuss. geolog. Landesanstalt.*)

1890. G. Müller, *Die Rudisten der oberen Kreide am nördlichen Harzrande.* (*Jahrb. d. k. preuss. geol. Landesanstalt.*)

1891. Von Strombeck, *Ueber das Vorkommen von* Act. quadratus *et* Bel. mucronata. (*Zeitschr. d. deutsch. geol. Gesell.*, XLIII.)

1892. E. Stolley, *Die Kreide Schleswig-Holsteins.* (*Mitth. a. d. mineral. Institut der Universität Kiel.*)

1893. W. Dames, *Ueber die Gliederung der Flötzformation Helgolands.* (*Sitzungsber. d. k. Preuss. Akad. d. Wissen.*, Berlin, XLIX.)

1895. G. Müller, *Beitrag zur Kenntnis der unteren Kreide in Herzogthum Braunschweig.* (*Jahrb. d. k. Preuss. geol. Landesanstalt.*)

1896. E. Stolley, *Einige Bemerkungen ueber die obere Kreide insbesondere von Lüneburg und Lägerdorf.* (*Archiv. für Anthrop. u. Geol. Schleswig-Holsteins*, I.)

1897. E. Stolley, *Ueber die Gliederung des norddeutschen und baltischen Senon.* (*Archiv. für Anthrop. u. Geol. Schleswig-Holsteins*, II.)

1898. G. Müller, *Die Molluskenfauna des Untersenon von Braunschweig und Ilsede, I, Lamellibranchiaten und Glossophoren.* (*Abhandl. d. k. Preuss. geol. Landesanstalt*, XXV.)

[1] Communication de M. le docteur A. von Kœnen à qui j'exprime ici toute ma gratitude pour l'aimable accueil qu'ont trouvé près de lui les demandes de renseignements que je lui ai adressées.

(Eilum près Schöppenstedt) à *Bel. minimus* et *Am. interruptus*, et enfin les Marnes flambées (*Flammenmergel*), ainsi dénommées à cause de taches de couleur sombre, contournées en forme de flammes; elles correspondent à l'Albien supérieur et sont caractérisées par *Am. inflatus*, *Am. Mayori*, *Am. lautus*, *Am. tuberculatus* : ces marnes passent latéralement à des grès siliceux, plus ou moins chargés de glauconie.

Au-dessus vient le Cénomanien. La première zone signalée dans cet étage a été assimilée au sable vert inférieur d'Essen, au Tourtia; elle est caractérisée par la faune suivante de Céphalopodes :

Schlönbachia falcato-carinata, Schlüter, connu par un seul échantillon des environs de Salzgitter.
Schlönbachia varians, Sow.
Acanthoceras Mantelli, Sow.
Turrilites tuberculatus, Bosc.
— *Scheuchzeri*, Bosc.

Elle est surmontée par une zone riche en *Am. Mantelli*, *Holaster carinatus* et *Hemiaster Griepenkerli*.

Des calcaires plus ou moins marneux succèdent, constituant le Pläner cénomanien, dans lequel A. von Strombeck a distingué, comme en Westphalie, un niveau inférieur à *Schlönbachia varians*, *Hoplites falcatus*, *Scaphites æqualis*, *Baculites baculoïdes*, *Holaster carinatus*, *Hol. subglobosus*, *Discoïdes subcylindricus* et un niveau supérieur à *Acanthoceras rhotomagense*, avec *Schlönbachia varians*, *Puzosia subplanulata*, *Holaster carinatus*, *Holaster subglobosus*, *Discoïdes subbuculus*.

Au Nord de cette région, le Cénomanien est aussi connu des environs de Lunebourg.

La première zone du Turonien, le *Mytiloïdes-Pläner*, est représentée sur le bord du Harz par des calcaires marneux, roses, assez compacts, en bancs d'un à deux pieds, ayant souvent une cassure conchoïde et résistant assez bien aux intempéries atmosphériques. On la connaît encore des environs de Lunebourg avec les mêmes caractères. Sa faune est assez pauvre et, comme Céphalopodes, on ne peut guère y citer qu'*Actinocamax plenus* (rare) et *Neoptychites peramplus*, trouvé aux environs de Salzgitter.

La zone suivante, le *Brongniarti-Pläner*, est à l'état de calcaires blancs ou gris blanchâtre, soit compacts et à cassure conchoïde, soit tendres et crayeux. Au point de vue paléontologique, il se présente comme en Westphalie sous deux facies : le Brongniarti-Pläner proprement dit, bien développé dans les

IMPRIMERIE NATIONALE.

environs de Salzgitter, au Heimberg sur l'Oder, au Harlyberg près Wienenbourg, au Petersberg près Goslar, et au Zeltberg près Lunebourg; et les *Galeritenschichten* ou couches à *Echinoconus* signalées au Fleischer Kamp, près Salzgitter, et dans une carrière entre Weddingen et Beuchte.

La faune de Céphalopodes de ce niveau est excessivement pauvre, et je ne vois guère cité de la région subhercynienne que le *Scaphites Geinitzi.*

Le *Scaphiten-Pläner* a la même composition que la zone précédente : il affleure aux environs de Salzgitter (Ringelberg, Fuchselberg, Windmühlenberg), à Heiningen, près Börsum, à Neu-Walmoden, à Langelsheim, Langenholzungen et Nienstadt, près Quedlinbourg.

Le Céphalopode le plus caractéristique et le plus répandu dans la région hercynienne est le *Prionotropis Neptuni; Neoptychites peramplus* a aussi son gisement principal à ce niveau. On y trouve encore : *Scaphites auritus* (environs de Salzgitter); *Crioceras ellipticum*, Schlüter; *Turrilites Reussi,* d'Orb.; *T. saxonicus,* Schlüter; *Helicoceras flexuosum*, Schlüter; *H. spiniger,* Schlüter.

Le *Cuvieri-Pläner* est constitué par des calcaires marneux, alternant avec des marnes tendres friables qui affleurent à peu près dans toutes les localités où se montre le Scaphiten-Pläner : en quelques points, par exemple au Harlyberg, près Wienenbourg, la roche devient glauconieuse. L'*Inoceramus Cuvieri* est le fossile le plus abondant de cette zone, et il est accompagné par le *M. cortestudinarium* et le *M. brevis.* On y trouve encore *Neoptychites peramplus,* mais cette espèce est rare à ce niveau, *Am.* cf. *Goupili* avec *Ancyloceras Cuvieri,* Schlüter, et *Helicoceras flexuosum,* Schlüter.

Au Zeltberg, près Lunebourg, cette zone est représentée par un calcaire avec silex renfermant *In. Cuvieri, Micraster cortestudinarium, Echinocorys vulgaris,* var. *gibba.*

Les couches de l'Emschérien ont été longtemps méconnues dans la région subhercynienne : elles paraissent du reste moins bien caractérisées que dans la Westphalie et les Céphalopodes y sont plus rares.

Près de Salzgitter, l'Emschérien est représenté par des argiles marneuses exploitées pour tuileries (Lobmachtersen et Neuenkirchen), qui renferment *Actinocamax westphalicus* et *Ostrea semiplana,* reposant sur les calcaires en gros bancs, gris blanchâtre, à cassure conchoïde, du Cuvieri-Pläner. Cette modification dans la nature des dépôts paraît correspondre évidemment à des changements dans les conditions de la sédimentation et annonce une diminution de profondeur des eaux, ainsi que l'a fait remarquer M. A. Denckmann.

Aux environs de Goslar et d'Ocker, cette zone est représentée, dans le Paradies-Grund, au pied du Petersberg, par une épaisseur assez considérable (30 m. environ) de marnes calcaires grises qui recouvrent le *Cuvieri-Pläner* et qui à leur partie supérieure renferment des lits sableux et glauconieux. Les Foraminifères y sont abondants, mais le reste de la faune est très pauvre; on y a signalé seulement un Micraster indéterminable avec des débris d'Ostracées et d'Inocérames. Dans la tranchée du chemin de fer, on voit succéder à ces marnes des grès marneux, glauconieux, à la partie supérieure desquels se trouvent de nombreux Spongiaires. La faune de ces marnes est très riche et Rœmer a donné une assez longue liste des fossiles qu'il y a rencontrés, liste qui évidemment aurait besoin d'être revisée. Je me bornerai à citer de ce niveau :

Actinocamax verus.
— *westphalicus.*
Mortoniceras texanum (ou plus probablement *pseudotexanum*).

Et de nombreux Inocérames : *I. involutus, I. digitatus, I. subcardissoïdes, I. percostatus, I. undulatoplicatus.*

Vers le sommet, dans les marnes à Spongiaires, les Bélemnitelles du type du *westphalicus* commencent à passer à *granulatus;* c'est donc là qu'on peut placer la limite supérieure de l'Emschérien.

Aux environs de Zilly (16 kil. O. N. O. d'Halberstadt), les marnes du Cuvieri-Pläner sont recouvertes par des marnes grises, sableuses, avec lits de nodules de phosphorite; à leur partie supérieure existent des sables glauconieux et un conglomérat fossilifère dans lequel M. le docteur G. Müller a signalé *Mortoniceras texanum* (probablement *pseudotexanum*, de Grossouvre), *M. Emscheris, Gauthiericeras Margæ, Inoceramus involutus, In. Cripsii, Rhynchonella vespertilio*, etc.

Ces conglomérats sont surmontés par des argiles marneuses, gris foncé, avec *Actinocamax granulatus* (d'après M. E. Stolley), qui passent peu à peu à des marnes à *Muniericeras clypeale;* ces dernières couches doivent être rattachées à l'Unter-Senon des géologues allemands.

Dans les environs de Quedlinbourg, on observe une série analogue : le Cuvieri-Pl ner est recouvert par des marnes grises qui deviennent sableuses à leur partie supérieure et renferment des nodules calcaires avec fossiles (*Turrilites varians, Inoceramus percostatus, Rhynchonella vespertilio*).

Au Löhofsberg, près Quedlinbourg, on voit au-dessus de ces sables un grès assez solide, puis des sables glauconieux avec nodules phosphatés qui correspondent probablement aux conglomérats et sables de Zilly.

C'est dans la colline du Salzberg, appartenant à l'aile septentrionale du synclinal de Quedlinbourg, que l'on peut le mieux étudier les couches qui succèdent aux grès et sables, bien qu'elles affleurent aussi au Teufelsmauer, sur le versant Sud; mais elles y sont beaucoup plus redressées et, par conséquent, leurs affleurements s'y prêtent moins à l'observation.

Les couches du Salzberg, *Salzberggestein* ou *Salzbergmergel*, si réputées pour leur richesse en fossiles, sont formées de marnes tendres, un peu glauconieuses, sableuses vers la partie inférieure; elles alternent avec des bancs plus solides de calcaire marneux renfermant souvent de vrais conglomérats de coquilles. Brauns a donné une longue liste des fossiles recueillis dans cet horizon. Je me bornerai à citer parmi les Céphalopodes: *Peroniceras subtricarinatum, Placenticeras syrtale, Muniericeras clypeale;* la première de ces espèces est caractéristique de l'Emschérien, les deux autres du sous-étage supérieur. Il en résulte donc que la limite supérieure de l'Emschérien doit être tracée au milieu de l'assise marneuse des Salzbergmergel. Cette conclusion, conforme à celle qu'a déjà émise M. le docteur E. Stolley, se trouve encore confirmée par la présence de l'*In. involutus*, cité par M. Dames, et de l'*Actinocamax westphalicus*, fossiles également caractéristiques de l'Emschérien, tandis que l'existence d'*Actinocamax* intermédiaires entre le *westphalicus* et le *granulatus* et celle de l'*Inoceramus cardissoïdes* indiquent un horizon supérieur, celui de l'Unter-Senon.

Aux environs de Hanovre et de Brunswick, l'étage Emschérien est représenté par des couches dont les conditions de gisement offrent le plus grand intérêt. Là on observe, au-dessous des couches emschériennes, une lacune plus ou moins étendue qui mérite d'arrêter notre attention.

Ainsi au Suerserberg et au Bargberg, près Gehrden, au Lindenerberg, près Hanovre, l'Emschérien repose sur les argiles du Gault. Près de Sarstedt, les couches argileuses emschériennes surmontent les Galeritenchsichten. A Misbourg et à Kronsberg, c'est le Turonien moyen ou même l'inférieur qui sert de base à l'Emschérien. Entre Hohenggelsen et Adenstedt, à Adenstedt, à Gross-Bültum, à Gross-Ilsede, la lacune descend jusqu'aux argiles à *Bel. minimus* du Gault. A Bodenstedt et à Lengede, près Peine, c'est le Brongniarti-Pläner, ou même le Pläner rosé à *Inoceramus labiatus*, qui supporte l'Emschérien.

Parmi les couches emschériennes de cette région, quelques-unes sont remarquables par la nature particulière des sédiments qui les composent : elles sont constituées par des calcaires marneux, en général peu solides, qui empâtent en plus ou moins grande abondance des nodules ferrugineux ou phosphatés, sphéroïdaux ou allongés, variant de la grosseur d'une noix à celle de la tête : la roche est un véritable conglomérat. Les nodules n'ont pas la texture concrétionnée et présentent plutôt l'apparence de galets. Certains d'entre eux proviennent sans aucun doute de couches plus anciennes, car ils en contiennent des fossiles. Ainsi à Adenstedt, des rognons de phosphate ellipsoïdaux, bien arrondis, montrent, quand on les casse, *Ammonites Milleti, Am. tardefurcatus, Am. interruptus* et autres fossiles du Gault. A Bodenstedt, où les couches conglomératiques reposent sur le Pläner, elles renferment de nombreux galets de ce dernier, imprégnés de phosphate et souvent perforés par des Lithodomes, c'est-à-dire ayant l'aspect des nodules que l'on observe dans la craie de la Belgique à la base de certaines assises.

La teneur en fer de ces couches est assez élevée pour qu'on ait installé des hauts fourneaux pour leur traitement.

Ces couches conglomératiques s'étendent entre Peine et Bodenstedt (Brunswick). M. Stolley cite de ces gisements *Act. westphalicus*, ce qui montre qu'ils appartiennent, en partie tout au moins, à l'Emschérien, car la présence de certains des autres fossiles cités semble indiquer la subdivision supérieure : tel est, en particulier, *In. lobatus*.

Plus à l'Ouest, l'Emschérien est représenté à Gehrden par des marnes sableuses, avec gros graviers, renfermant *Act. westphalicus*.

Dans les carrières du Zeltberg près Lunebourg, M. E. Stolley a montré que les relations stratigraphiques des diverses couches sont troublées par de nombreuses failles. On ne peut observer la superposition au Turonien des couches emschériennes, mais celles-ci, constituées par des marnes calcaires, tendres, en bancs peu épais, renferment *Inoceramus involutus, In. digitatus*, Sow., *In. subcardissoïdes, Actinocamax westphalicus, Echinoconus conicus, Micraster coranguinum, Echinocorys* cf. *gibba* [forme plus haute que celle du Turonien (Stolley)], *Act. westphalicus* (quelques-uns petits, sans alvéole, à surface non granulée ; d'autres à surface granulée), *Act. verus*.

L'Emschérien est représenté au voisinage de l'île d'Helgoland, où, d'après Goetsche, on a trouvé *In.* cf. *digitatus*, et d'après M. E. Stolley, *In. involutus*.

Au-dessus de l'Emschérien viennent les couches du Sénonien inférieur de M. Schlüter (Unter-Senon) ; dans cet étage on peut distinguer deux zones, l'une inférieure avec *Placenticeras syrtale* et *Muniericeras*, l'autre au sommet avec *Placenticeras bidorsatum*, *Scaphites binodosus; Actinocamax verus* et *Act. granulatus* se rencontrent dans les deux.

Près de Goslar, nous avons vu que la partie supérieure des marnes à Spongiaires et à Bryozoaires devait être rattachée à l'Unter-Senon; au-dessus, le Sudmerberger-Conglomérat avec *Placenticeras syrtale* et *In. cardissoïdes* appartient encore à la zone inférieure de cet étage.

Plus à l'Est, l'Unter-Senon est représenté par un système de marnes plus ou moins sableuses, au milieu desquelles se développe une assise sableuse ou gréseuse qui acquiert une puissance de plus en plus considérable à mesure que l'on s'avance vers l'Est. C'est le *Quader-Senon* des géologues allemands. Je suis tout à fait d'accord avec M. E. Stolley pour admettre que cet accident sableux a pu, suivant les localités, apparaître plus ou moins tôt et que, par conséquent, il ne représente pas un horizon stratigraphique bien défini.

Sur les bords de la Radau, près Harzbourg, des marnes à *Placenticeras syrtale, Act. verus* et *Act. granulatus* sont surmontées par des bancs durs de conglomérats affleurant sur la crête du Butterberg et renfermant une nombreuse faune de laquelle je citerai *Placenticeras syrtale*, *Muniericeras clypeale*, *Baculites incurvatus*, *Act. granulatus*, *Inoceramus Cripsii;* on y rencontre des *Credneria.* Cet ensemble appartient donc à la zone inférieure de l'Unter-Senon.

C'est à peu près au même niveau que doivent être classées, aux environs de Derenbourg, les marnes de l'Aniserberg et le Quader du Teichberg avec *In. Cripsii*, *Placenticeras syrtale, Muniericeras* cf. *clypeale*, *Baculites incurvatus*, ainsi que les marnes du Schwanzenberg, près Heudeber, avec *Mun. clypeale*, *Scaphites aquisgranensis*, *Sc. hippocrepis*, *Baculites incurvatus*, *Act. verus*, *Act. granulatus*, qui, cependant, pourraient peut-être représenter la base de la zone supérieure.

Les marnes de Heimbourg (*Heimburg-Mergel*), ainsi dénommées par Beyrich, sont regardées comme un type de cette dernière; elles renferment *Inoceramus lobatus*, *Act. verus*, *Act. granulatus*, *Hauericeras pseudo-Gardeni*, *Pachydiscus dülmensis*, *Plac. bidorsatum*, *Scaphites binodosus;* mais il serait possible que leur base appartînt encore à la zone inférieure.

Près et au Nord-Ouest de Blankenbourg, les marnes du Plattenberg (Plattenberggestein) avec Marsupites, *Act. granulatus* et *Act. verus* font également partie de la zone inférieure de l'Unter-Senon, qui, près de Quedlinbourg, est représentée par la partie supérieure des Salzberg-Mergel.

Le Quader des environs de Blankenbourg et Quedlinbourg est très développé : il renferme souvent des particules charbonneuses. M. Frech a décrit, de cette région, des intercalations argileuses avec fossiles admirablement conservés (*Apporrhais*, *Turritella*, etc.); elles présentent à leur base un niveau saumâtre avec *Pyrgulifera*, *Cerithium*, *Glauconia*, *Cyrena*, *Corbicula*. Dans le voisinage même de Quedlinbourg, des couches de minerai de fer argileux renferment des fossiles d'eau douce (*Paludina*).

Les grès contiennent aussi quelques empreintes de Plantes : *Geinitzia formosa*, Heer; *Cedroxylon* cf. *aquisgranense*, Göpp.; *Credneria*, sp.

Dans le Hanovre, la partie supérieure des marnes sableuses de Gehrden a donné des Marsupites avec *Act. granulatus*, dont certains exemplaires montrent une tendance à se rapprocher d'*Act. mamillatus*. A Linden, près Hanovre, on a aussi cité *Marsupites*.

Entre Hanovre et Brunswick, la partie supérieure de la craie conglomératique à minerai de fer renferme *Act. granulatus*, *In. lobatus*, et par conséquent doit être classée à la base de l'Unter-Senon, ainsi que les marnes sableuses d'Adenstedt-Bulten.

Près de Brunswick et notamment à Broitzem, des argiles bleues riches en Foraminifères, quelquefois marneuses ou sableuses, renferment *Pl. syrtale*, *Act. verus*, *Act. granulatus*, *Act. Grossouvrei* (= *Act. depressus*, Andreæ), *Act. Toucasi* (=*Act. depressus*, var. *fusiformis*) et une forme bien voisine de *B. mucronata*, appelée par M. E. Stolley, *Belemnitella præcursor*[1], et *Marsupites ornatus*. La présence de ces divers fossiles indique la zone inférieure, tandis que *Scaphites binodosus*, *Scaphites hippocrepis Hauericeras pseudo-Gardeni*, *Pl. bidorsatum* caractérisent la zone supérieure. Ces argiles ont en outre fourni *In. Cripsii*, *In. lobatus* et *In. lingua*.

Au Zeltberg près Lunebourg, les marnes emschériennes passent peu à peu à des calcaires durs, jaune clair, en gros bancs, sans silex dans la partie inférieure et en renfermant seulement quelques rognons vers le sommet. C'est le gisement bien connu, mais aujourd'hui perdu, des Marsupites en échantillons possédant leur calice complet; la faune est d'ailleurs assez pauvre, et avec *Act. granulatus* on trouve seulement des Inocérames du groupe du *lobatus*.

Le niveau de l'Unter-Senon existe dans l'île d'Helgoland où on a trouvé *Inoceramus lobatus* et d'où M. E. Stolley cite *Act. granulatus*.

[1] D'après un échantillon unique : il serait à désirer que cette observation pût être confirmée par la découverte de nouveaux échantillons.

A Reval, en Basse-Poméranie, cet étage paraît également représenté, car on y observe des argiles de couleur gris clair ou gris foncé, riches en Foraminifères et présentant la plus grande analogie avec les argiles à *Act. granulatus* des environs de Brunswick. Il est probable que l'on doit également rattacher à ce même horizon les sédiments analogues observés à Nienhagen, près Teterow, dans le Mecklembourg, mais ils renferment seulement quelques débris d'Inocérames et leur âge ne peut être déterminé qu'en se basant sur la similitude offerte par leur faune de Foraminifères avec celle des gisements précédents.

Au pied du Harz, la craie à *Act. quadratus* est représentée par les marnes grises d'Ilsenbourg avec *Cœloptychium*, *Becksia Sœkelandi*, *Corculum corculum*, *Micraster Gottschei* et *Act. quadratus*. A la tuilerie de Blankenbourg, on trouve, avec des formes de passage entre *Act. granulatus* et *Act. quadratus*, de vrais *quadratus* : on a donc là l'équivalent des marnes d'Ilsenbourg, ou du moins de leur partie inférieure.

Aux environs de Hanovre et de Brunswick, la craie à *Act. quadratus* se montre sous forme de marnes que l'on peut observer à Linden, Vordorf, Anderten, Rosenthal, Woltorf, Hämelerwald, Wöhrum, Schwiechelt... ; les fossiles les plus caractéristiques sont *Corculum corculum*, *Echinocorys scutata* (forme de transition à *E. hemisphærica*), *E. ovata*, Leske, *E. conica* (identique aux échantillons de la craie d'Obourg et de Nouvelles) et *Act. quadratus*. Dans les marnes de Vordorf, M. Stolley a recueilli une variété de l'*Act. propinquus*, Moberg, caractérisée par un alvéole triangulaire, qu'il désigne comme *Act. propinquus* mut. ant.

De l'autre côté du relèvement de l'Elm, aux environs de Königslutter, ce niveau a été étudié par le docteur Griepenkerl. Il repose sur le Keuper ou le Rhétien et est représenté par des argiles gris noirâtre, mélangées de grains verts de silicate de fer et de petits nodules de calcaire blanc qui donnent à l'ensemble un aspect bigarré; vers la partie supérieure, les Spongiaires prédominent.

De la liste de fossiles donnée pour cette zone, je citerai seulement : *Becksia Sœkelandi*, Schlüter; *Cœloptychium agaricoides*, Gdf., *C. lobatum*, Gdf.; *C. incisum*, Rœmer; *Echinoconus globosus*, Rœmer; *Corculum corculum*, Gdf., *Crania ignabergensis*, var. *paucicostata*, Bosquet; *Scaphites hippocrepis*, Dekay; *Ancyloceras retrorsum*, Schlüter, et une Ammonite déterminée par Griepenkerl comme *Am. galicianus*, mais qui n'est certainement pas cette espèce.

D'après Griepenkerl, les Bélemnitelles sont relativement peu abondantes dans ces argiles : *Act. quadratus* s'y trouve sur toute la hauteur et *B. mucronata* apparaît vers le sommet de la zone, mais elle y est rare.

Dans un travail récent, M. von Strombeck[1] dit qu'il a exploré les gisements des environs de Königslutter, qu'une partie de ceux étudiés par Griepenkerl étaient inaccessibles, mais que, dans les marnes de Boimstorf, il a pu reconnaitre que les deux Bélemnitelles ne se trouvaient pas associées, ainsi que l'avait indiqué Griepenkerl. Depuis lors, M. E. Stolley a constaté, par ses propres observations sur ce même gisement, qu'en des points où aucun remaniement ne pouvait exister, *Act. quadratus* et *Bel. mucronata* se trouvent dans la même couche. Je suis d'autant mieux porté à accepter cette observation qu'en France ces deux Bélemnitelles sont associées dans de nombreux gisements où il est impossible de supposer aucun dérangement postérieur ayant pu produire un mélange de faunes.

Au Zeltberg, près Lunebourg, la zone à *quadratus* est constituée par une craie traçante contenant de nombreux silex. Comme fossiles, je citerai : *Offaster pilula*, *Corculum corculum*, *Micraster Gottschei*, *Echinocorys conica; Actinocamax quadratus* est assez abondant et *Belemnitella mucronata* semble se montrer vers le sommet de l'assise, où elle accompagne *Act. quadratus*. Près de l'île d'Helgoland, *Act. quadratus* et *Offaster pilula* se trouvent dans une craie traçante; *Act. mamillatus* a été aussi recueilli, mais sans que l'on sache bien s'il existe en place ou remanié dans les dépôts diluviens.

Le Schleswig oriental montre un gisement de ce même horizon aux environs de Lägerdorf, où la craie à *Act. quadratus* est exploitée dans de grandes carrières. Sa faune a été l'objet d'une étude spéciale de M. E. Stolley, mais, parmi les nombreux fossiles qu'il en donne, je me bornerai à citer : *Ostrea vesicularis*, *Crania ignabergensis*, *Rh. plicatilis*, *Rh. octoplicata*, *Rh. limbata*, *Terebratulina chrysalis*, *Ter. rigida*, *Kingena lima*, diverses espèces d'*Austinocrinus*, *Micraster glyphus*, Cotteau (= *pseudo-glyphus*, de Grossouvre), *M. Gottschei*, Stolley, *M. gibbus*, Des., *Offaster pilula*, *Corculum corculum*, *Echinocorys subconica*[2] et des débris de grands Inocérames du groupe *lobatus-lingua*. Vers la partie supérieure, M. E. Stolley a constaté la présence d'*Act. mamillatus* et de *Bel. mucronata* associés à *Act. quadratus*.

[1] 1891. V. Strombeck, *Ueber das Vorkommen von* Act. quadratus und Bel. mucronata. (*Zeitsrift d. deutschen geol. Gesellschaft*, XLIII.)

[2] D'après des échantillons que je dois à l'obligeance de M. E. Stolley.

IMPRIMERIE NATIONALE.

Sur le littoral de la Baltique, *Act. quadratus* existe dans l'île de Gristow, au milieu de calcaires riches en Spongiaires. Dans la Basse-Poméranie, *Act. quadratus* et *Bel. mucronata* ont été trouvés ensemble à Wusterwitz et Bresow; à Königsberg, un sondage a ramené *Act. mamillatus*.

Sur la bordure du Harz, on ne connaît pas de craie à *B. mucronata* et il faut aller plus au Nord à Merdorf, Ahlten, Boimstorf et Lauingen pour la rencontrer, mais il est souvent difficile d'y reconnaître les diverses zones distinguées ailleurs dans cette assise.

Aux environs de Königslutter, Griepenkerl a décrit deux niveaux.

L'un, inférieur, puissant d'une centaine de mètres, formé par des marnes dures, calcaréo-siliceuses, devenant argileuses et plus tendres vers leur partie inférieure. Les Spongiaires, si abondants au sommet de la zone précédente, ont disparu, et les Échinides sont rares. On y trouve quelques Lamellibranches et des Gastropodes. Je citerai *Ostrea vesicularis*, *Pholadomya caudata Magas pumilus* (abondant), *Baculites anceps*, *Scaphites gibbus*, Schlüter, *Scaphites spiniger*, Schlüter, et *Pachydiscus Stobæi*, Nilsson (in Schlüter). *Bel. mucronata* y est relativement rare.

Les argiles de la partie supérieure de cette zone se chargent peu à peu de sables qui finissent par prédominer complètement dans la zone supérieure de la craie à *Bel. mucronata*. Ce dernier fossile est très beau et très abondant à ce niveau et y est accompagné d'*O. frons*, *O. ungulata* (=*larva*), *O. curvirostris*, *O. cornuarietis*, *Inoceramus Cripsii*, *Magas pumilus* (rare), *Echinocorys conica*, *Pachydiscus Wittekindi*, Schlüter, *Pach. Portlocki*, Sharpe, *Scaphites Reussi*, d'Orb., *Turrilites polyplocus*.

En ce qui concerne *Am. Portlocki*, je dois faire remarquer que l'échantillon figuré par Griepenkerl ne me paraît pas pouvoir être assimilé en toute sécurité à l'espèce de Sharpe, pas plus qu'à l'*Am. auritocostatus* de M. Schlüter. J'ai consulté à ce propos le savant professeur de l'Université de Bonn, qui m'a fait connaître que cette identification lui avait toujours paru douteuse.

Tout à fait à l'extrémité occidentale du Hanovre et plutôt en relation avec le district crétacé de la Westphalie qu'avec l'ensemble des affleurements situés sur le revers septentrional du Harz, on rencontre les collines de Lemförde et Haldem, constituées par un calcaire grenu, tendre, riche en fossiles et dans lequel on trouve comme Céphalopodes *Hoplites cœsfeldiensis*, *Hop. Vari*, *Hop. lemfordensis*, *Pachydiscus haldemensis*, *Pach. galicianus* (in Schlüter, non Favre),

Pach. Wittekindi, Pach. aurito-costatus, Scaphites pulcherrimus, Sc. Rœmeri, Turrilites polyplocus, Baculites anceps, B. Knorri, Bel. mucronata.

Plus au Nord, dans la colline du Zeltberg, près Lunebourg, la craie à *B. mucronata* débute par une craie tendre, traçante, un peu argileuse, qui renferme *Scaphites Rœmeri, S. gibbus*, probablement aussi *S. tridens* et *Micraster gibbus;* au-dessus vient une craie argileuse, bleuâtre, très fossilifère, avec *Turrilites polyplocus, Scaphites Rœmeri, Sc. spiniger, Pachydiscus galicianus* (in Schlüter), *P. neubergicus, P. Stobæi* et encore *Micraster gibbus;* enfin, au sommet, on rencontre une craie très blanche, traçante, avec *Scaphites constrictus* et *Trigonosemus pulchellus.*

Dans le Nord du Hanovre, à Hemmoor, apparaît au milieu de la plaine une craie blanche, traçante, avec *Bel. mucronata, Echinocorys parisiensis*[1], *Ter. obesa, Ter. carnea, Magas pumilus.* Il en est de même près de l'île d'Helgoland, où l'on cite une craie blanche à *B. mucronata* avec *Ostrea vesicularis, Micraster gibbus, Echinoconus vulgaris, Echinocorys ovata.*

Dans le Holstein oriental affleure, entre Itzehoë et Lägerdorf, une craie blanche, traçante, avec rognons de silex, présentant un pendage de 14 à 15° vers le Nord-Est; elle est exploitée dans d'immenses carrières pour la fabrication de la chaux et du ciment.

Parmi les fossiles étudiés par M. Stolley, je me bornerai à indiquer *B. mucronata, Ostrea vesicularis, Crania ignabergensis, Terebratulina rigida, Echinoconus vulgaris, Echinocorys vulgaris :* l'ensemble de la faune ne permet pas de préciser à quelle zone on a affaire.

C'est également à la craie à *B. mucronata* qu'appartient la roche crayeuse, imprégnée de pétrole, qui a été le siège d'exploitations pétrolifères entre Heide et Hemmingstedt. Un sondage fait dans cette région a atteint la craie à 34 m. 50, a rencontré à 77 m. 37 des échantillons de *Bel. mucronata* et est resté jusqu'à 330 mètres de profondeur dans la craie blanche. Un autre n'a rencontré celle-ci qu'à 155 m. 50, mais l'a suivie jusqu'à 376 mètres.

On trouve encore dans le Holstein, à Neudorf, Heiligenhafen, Sielbecker, Itzehoe, une sorte de grès vert qui appartient également à la craie à *B. mucronata.* C'est une roche siliceuse, plus ou moins calcaire ou argileuse, qui se brise en fragments anguleux : là où l'on peut observer la stratification, on voit que les couches sont fortement inclinées et même redressées jusqu'à la verticale.

[1] D'après des échantillons qui m'ont été donnés par M. E. Stolley.

Les Foraminifères y sont abondants et M. Stolley a en outre trouvé dans ce grès *Trigonosemus pulchellus* et *Terebratulina rigida*, qui pour lui indiquent la zone la plus élevée de l'assise à *B. mucronata.*

Dans le Mecklembourg, à Basdorf, Brunshaupten et Karenz affleure un grès vert avec nodules phosphatés qui présente la plus grande ressemblance avec le grès vert du Holstein. Comme fossiles, il ne renferme que quelques Bivalves n'ayant aucune valeur pour la détermination de l'âge; en outre, des fragments d'Inocérames dont la présence suffit pour montrer qu'il n'est pas possible de comparer le grès vert du Mecklembourg aux sables verts de Lellinge, d'âge danien, qui ne renferment aucun Inocérame; et, enfin, une faune assez nombreuse de Foraminifères dans laquelle on retrouve les espèces spéciales au grès du Holstein: M. Stolley signale l'analogie de cette faune avec celle des sables de New-Jersey.

Quoique le grès du Mecklembourg ait été classé par Geinitz dans le Turonien, les observations précédentes tendent, au contraire, à le rattacher au Crétacé supérieur, et cette conclusion trouve encore une confirmation dans ce fait qu'en Russie, un niveau phosphaté existe dans la zone à *B. mucronata* à l'état soit de craie, soit de grès vert.

A Kœnigsberg et dans diverses localités de la Prusse, on a rencontré des nodules phosphatés à la limite du Crétacé et du Tertiaire. On a été ainsi amené à regarder comme provenant de la craie, les nodules phosphatés disséminés dans le Diluvium ou le Tertiaire, où souvent ils sont accompagnés de galets de grès vert; la roche sous-jacente étant toujours (Poméranie, Prusse orientale et occidentale) la craie dure à *B. mucronata*, il en résulte que ces nodules proviennent de couches crétacées autrefois supérieures à celle-ci.

Dans l'Est de la Prusse, le calcaire à *Bel. mucronata* (*Toter Kalk*) a été rencontré en sous-sol par des fouilles ou des sondages.

A Rügen, la craie à *mucronata* se présente sous forme de craie traçante assez fossilifère, qui renferme comme Céphalopodes : *Scaphites constrictus*, *Hamites* cf. *cylindraceus*, *Ammonites nodifer*, Hagenow, qui est vraisemblablement un Scaphite, et une très riche faune d'Échinides. Ce même facies de craie traçante se retrouve en Danemark avec *Gaudryceras luneburgense* et *Lytoceras*, sp. (Schlüter, p. 161, pl. XLII, fig. 6 et 7), cités par M. Schlüter de Freiler, près Aalberg (Jutland).

TABLEAU DU SÉNONIEN DE L'ALLEMAGNE DU NORD

AU NORD DU HARZ

ÉTAGES DE COQUAND.	ASSISES DE M. E. STOLLEY.	RÉGION SUBHERCYNIENNE. BLANKENBOURG ET QUEDLINBOURG.	RÉGION SUBHERCYNIENNE. GOSLAR.	BRUNSWICK.	KOENIGSLUTTER-LAUING
CAMPANIEN.	Assise à *Bel. mucronata.*				Sables et argiles sableu: *Turrilites polyplocus*, *phites Rœmeri*, *Ostrea v* *lata.* Marnes dures à *B. mucron* *Sc. gibbus*, *Sc. spiniger*, *gas pumilus.*
CAMPANIEN.	Assise à *Act. quadratus.*	Marnes d'Ilsenbourg avec *Cœloptychium*, *Becksia Sœkelandi*, *Corculum corculum*, *Act. quadratus.* Argiles de Blankenbourg à *Act. quadratus.*		Marnes à *Act. quadratus.*	Argiles noires grisâtres *Cœloptychium*, *Becksia S* *landi*, *Corculum corcu* *Scaphites hippocrepis*, *quadratus* et au son *Bel. mucronata.* (Lacune.) (Keuper et Rhétien.)
CAMPANIEN. / SANTONIEN.	Assise à *Act. granulatus.*	Marnes de Heimbourg à *Act. granulatus*, *Hauericeras pseudo-Gardeni*, *Pachydiscus dülmensis.* Senon-Quader. Marnes du Plattenberg à *Marsupites*, *Act. granulatus.* Partie supérieure du Salzbergmergel à *Placenticeras syrtale* et *Muniericeras clypeale.*	Marnes à *Act. granulatus.* Senon-Quader. Sudmerberger Conglomerat à *Placenticeras syrtale* et *In. cardissoïdes.* Sommet des marnes gréseuses à Spongiaires avec *Act. granulatus.*	Argiles bleues de Broitzem riches en Foraminifères, avec *In. Cripsii*, *In. lingua*, *In. lobatus*, *Act. verus*, *Act. granulatus*, *Act. Grossouvrei*, *Act. Toucasi*, *Bel. præcursor*, *Hauericeras pseudo-Gardeni*, *Placenticeras bidorsatum*, *Pl. syrtale*, *Scaphites binodosus*, *Sc. hippocrepis*, *Marsupites ornatus.*	
CONIACIEN.	Emscher ou assise à *Act. westphalicus.*	Partie inférieure du Salzbergmergel à *Peroniceras subtricarinatum* et *In. involutus.* Sables glauconieux de Löbofsberg à nodules phosphatés. Marnes grises, sableuses à leur partie supérieure, avec *In. percostatus*, *Turrilites varians.* (Cuvieri-Pläner.)	Marnes gréseuses à Spongiaires avec *Act. verus*, *Act. westphalicus.* Marnes du Paradies Grund. (Cuvieri Pläner.)	Marnes sableuses à Spongiaires de Querum avec *Act. westphalicus.*	

PEINE.	LUNEBOURG.	HELGOLAND.	HOLSTEIN, MECKLEMBOURG, POMÉRANIE.
Marnes de Meerdorf à *Bel. mucronata.*	Craie blanche traçante à *Sc. constrictus* et *Trigonosemus pulchellus.* Craie argileuse bleuâtre à *Turrilites polyplocus* et *Pach. neubergicus.* Craie traçante à *Sc. Rœmeri* et *Sc. gibbus.*	Craie blanche à *Bel. mucronata.*	Craie traçante de Rügen à *Sc. constrictus* et Échinides. Toterkalk de l'Est de la Prusse. Grès vert à *Bel. mucronata* du Holstein et du Mecklembourg. Craie pétrolifère d'Hemmingtedt. Craie blanche d'Itzehoe à *Bel. mucronata.*
Marnes de Vordorf, Wöhrum, etc., à *Act. quadratus*, *Offaster pilula.*	Craie traçante avec silex à *Act. quadratus*, *Offaster pilula*, *Corculum corculum*, *Echinocorys conica.*	Craie traçante à *Act. quadratus* et *Offaster pilula.*	Craie de Lägerdorf avec *Act. quadratus*, *Act. mamillatus*, *Bel. mucronata.* Calcaire à Spongiaires de l'île de Gristow à *Act. quadratus.* Couches de Wusterwitz et de Bresow à *Act. quadratus* et *Bel. mucronata.* Couches à *Act. mamillatus* du sondage de Kœnigsberg.
Marnes sableuses d'Adenstedt-Bülten à *Act. granulatus* et *In. lingua.* Marnes à minerai de fer avec *Act. granulatus.*	Calcaires durs, jaune clair, du Zeltberg à *Marsupites*, *In.* cf. *lobatus* et *Act. granulatus.*	Couches à *In. lobatus* et *Act. granulatus.*	Argiles gris clair à Foraminifères de Revel (Poméranie). (?) Argiles de Nienhagen près Teterow dans le Mecklembourg.
Marnes à minerai de fer avec *Act. westphalicus.* (Lacune.) (Brongniarti-Pläner et même Albien à *Bel. minimus.*)	Marnes calcaires du Zeltberg à *In. involutus*, *In. digitatus*, *Act. westphalicus.* (Cuvieri-Pläner.)	Couches à *In. involutus* et *In.* cf. *digitatus.*	?

RÉPARTITION VERTICALE DES CÉPHALOPODES

DANS LA CRAIE DE L'ALLEMAGNE DU NORD.

NOMS DES ESPÈCES.	CENOMAN.	TURON. Lit à *Act. plenus.*	TURON. Mytiloides-Pläner.	TURON. Brongniarti-Pläner.	TURON. Scaphiten-Pläner.	TURON. Cuvieri-Pläner.	EMSCHER.	UNTER-SENON. Z. à *Am. syrtalis.*	UNTER-SENON. Z. à *Am. bidorsatus* et *Scaphites binodosus.*	OBER-SENON (CŒLOPTYCHIEN-KREIDE.) Z. à *Becksia Sœkelandi* (Quadraten Kreide).	OBER-SENON (CŒLOPTYCHIEN-KREIDE.) Z. à *Am. cœsfeldiensis.*	OBER-SENON (CŒLOPTYCHIEN-KREIDE.) Z. à *Turrilites polyplocus.*	OBER-SENON (CŒLOPTYCHIEN-KREIDE.) Z. à *Scaphites constrictus.*
Mammites bochnmensis, Schlüter, sp.	●												
— *essendiensis*, Schlüter, sp.	●												
— *inconstans*, Schlüter, sp.	●												
— *nodosoïdes* (Schloth), Schlüter, sp.			●										
Acanthoceras rhotomagense, Defrance, sp.	●												
— *cenomanense*, d'Archiac, sp.	●												
— *cf. laticlavium*, Sharpe, sp.	●												
— *Mantelli*, Sowerby, sp.	●												
Prionotropis cf. *launensis*, de Grossouvre				●									
— *Neptuni*, Geinitz, sp.					●								
Prionocyclus Germari, Reuss, sp.					●								
Mortoniceras Emscheris, Schlüter, sp.							●						
— *pseudo-texanum*, de Grossouvre							●						
Gauthiericeras Margæ, Schlüter, sp.							●						
Peroniceras subtricarinatum, d'Orbigny, sp.							●						
— *westphalicum*, Strombeck, sp.							●						
— *tridorsatum*, Schlüter, sp.							●						
— *Moureti*, de Grossouvre							●						
— sp. (af. *subtricarinatum*)						●							
Barroisiceras Haberfellneri, v. Hauer, sp.							●						
Schlönbachia varians, Sowerby, sp.	●												
— *Coupéi*, Brongniart, sp.	●												
— *falcato-carinata*, Schlüter, sp.	●												
— (?) *mengedensis*, Schlüter, sp.							●						
— (?) *stoppenbergensis*, Schlüter, sp.							●						
Muniericeras clypeale, Schlüter, sp.								●					
Neoptychites (?) *peramplus*, Mantell, sp.				●	●	●							
— *lewesiensis*, Mantell, sp.		(?)	●	●									
Placenticeras, sp.							●						
— *syrtale*, Morton, sp.								●					
— *bidorsatum*, Rœmer, sp.									●				
Hoplites falcatus, Mantell, sp.	●												
— *cœsfeldiensis*, Schlüter, sp.											●	●	
— *Vari*, Schlüter, sp.											●	●	
— *costulosus*, Schlüter, sp.											●	●	
— *lemfordensis*, Schlüter, sp.											●	●	
— *dolbergensis*, Schlüter, sp.											●		
Puzosia subplanulata, Schlüter, sp.	●												
— *Mobergi*, de Grossouvre					●								
— *Mülleri*, de Grossouvre						●							
Desmoceras (?) *patagiosum*, Schlüter, sp.											●		
— *obscurum*, Schlüter, sp.									●	●			
Haueriiceras pseudo-Gardeni, Schlüter, sp.									●				
Pachydiscus dülmensis, Schlüter, sp.									●				
— *lettensis*, Schlüter, sp.										●			
— *Stobæi*, Nilsson, sp.										●	●		
— (?) *icenicus*, Sharpe, sp.											●		
— *Kœneni*, de Grossouvre												●	
— (?) *Wittekindi*, Schlüter, sp.												●	

NOMS DES ESPÈCES.	CENOMAN.	TURON.					EMSCHER.	UNTER-SENON.		OBER-SENON (CŒLOPTYCHIEN-KREIDE.)			
		Lit à *Act. plenus.*	Mytiloides-Pläner.	Brongniarti-Pläner.	Scaphiten-Pläner.	Cuvieri-Pläner.		Z. à *Am. syrtalis.*	Z. à *Am. bidorsatus* et *Scaphites binodosus.*	Z. à *Becksia Sœkelandi* (Quadraten Kreide).	Z. à *Am. cœsfeldiensis.*	Z. à *Turrilites polyplocus.*	Z. à *Scaphites constrictus.*
Pachydiscus auritocostatus, Schlüter, sp.												●	
— *haldemensis*, Schlüter, sp.												●	
— *neubergicus*, v. Hauer, sp.													●
Gaudryceras luneburgense, Schlüter, sp.													●
Lytoceras, sp.													●
Phylloceras velledæformis, Schlüter, sp.													●
Scaphites æqualis, Sowerby, sp.	●												
— *Geinitzi*, d'Orbigny					●								
— *auritus*, Schlüter					●								
— *aquisgranensis*, Schlüter									●				
— *inflatus*, Rœmer									●				
— *binodosus*, Rœmer									●				
— *hippocrepis*, Dekay, sp.									●	●			
— *gibbus*, Schlüter											●		
— *spiniger*, Schlüter											●	●	
— *Rœmeri*, d'Orbigny												●	
— *ornatus*, Rœmer												●	
— *pulcherrimus*, Rœmer												●	
— *monasteriensis*, Schlüter												?	
— *constrictus*, Sowerby, sp.													●
— *tridens*, Kner													●
— (?) *nodifer*, Hagenow, sp.													●
Ancyloceras paderbornense, Schlüter							●						
— *Cuvieri*, Schlüter							●						
— *retrorsum*, Schlüter										●	●		
— *pseudo-armatum*, Schlüter											●		
— *bipunctatum*, Schlüter					●							?	
Crioceras ellipticum, Mantell									●				
— *cingulatum*, Schlüter													
Toxoceras turoniense, Schlüter								●					
Hamites Berkelis, Schlüter						●					●		
— *recticostatus*, Schlüter											●		
— *interruptus*, Schlüter												?	
— cf. *cylindraceus*, Defrance													●
Helicoceras spiniger, Schlüter					●								
— cf. *Conradi*, Morton					●								
— *flexuosum*, Schlüter						●							
— *reflexum*, Quenstedt						●							
Turrilites essenensis, Geinitz	●												
— *Scheuchzeri*, Bosc	●												
— *costatus*, Lamark	●												
— *Mantelli*, Sharpe	●												
— *acutus*, Passy	●												
— *tuberculatus*, Bosc	●												
— *Morrisi*, Sharpe	●												
— *cenomanensis*, Schlüter	●												
— *Puzosi*, d'Orbigny	●												
— *aumalensis*, Coquand	●												
— *börssumensis*, Schlüter	●												

NOMS DES ESPÈCES.	CENOMAN.	TURON. Lit. à *Act. plenus*.	TURON. Mytiloides-Pläner.	TURON. Brongniarti-Pläner.	TURON. Scaphiten-Pläner.	TURON. Cuvieri-Pläner.	EMSCHER.	UNTER-SENON. Z. à *Am. syrtalis*.	UNTER-SENON. Z. à *Am. bidorsatus* et *Scaphites binodosus*.	OBER-SENON. (CŒLOPTYCHIEN-KREIDE.) Z. à *Becksia Sœkelandi* (Quadraten Kreide).	OBER-SENON. Z. à *Am. cœsfeldiensis*.	OBER-SENON. Z. à *Turrilites polyplocus*.	OBER-SENON. Z. à *Scaphites constrictus*.
Turrilites alternans, Schlüter	●												
— *Reussi*, d'Orbigny													
— *saxonicus*, Schlüter					●								
— *tridens*, Schlüter							●						
— *plicatus*, d'Orbigny							●						
— *varians*, Schlüter							●						
— *undosus*, Schlüter							●						
— *polyplocus*, Rœmer												●	●
Baculites baculoïdes, Mantell	●												
— cf. *bohemicus*, Fritsch et Schlönbach					●								
— *brevicosta*, Schlüter							●						
— *incurvatus*, Dujardin							●	●	●				
— *vertebralis*, Lamark											?	?	
— *anceps*, Lamark												●	
— *Knorri*, Desor												?	●
Nautilus Fleuriausi, d'Orbigny	●												
— *tourtiæ*, Schlüter	●												
— *Sharpei*, Schlüter	●												
— *cenomanensis*, Schlüter	●												
— *elegans*, d'Orbigny	●												
— *Deslongchampsi*, d'Orbigny	●												
— *Fittoni*, Sharpe	●												
— *anguliferus*, Schlüter	●												
— *expansus*, Sowerby	●												
— *tenuicostatus*, Schlüter	●												
— cf. *rugatus*, Fritsch et Schlönbach					●								
— cf. *neubergicus*, Redtenbacher							●		?				
— *leiotropis*, Schlüter							●						
— *westphalicus*, Schlüter									●				
— *darupensis*, Schlüter											●		
— *ahltenensis*, Schlüter												●	
— *loricatus*, Schlüter												●	
— *patens*, Kner													●
— *vaelsiensis*, v. Binkhorst													●
— cf. *Héberti*, v. Binkhorst													●
— cf. *depressus*, v. Binkhorst													●
Belemnites ultimus, d'Orbigny	●												
Actinocamax plenus, Blainville		●											
— *paderbornensis*, Schlüter						●							
— *verus*, Miller							●	●	●				
— *westphalicus*, Schlüter							●						
— *granulatus* (Blainville), Schlüter								●	●				
— *Grossouvrei*, Janet								●	●				
— *Toucasi*, Janet								●	●				
— *mamillatus*, Nilsson										●			
— *quadratus*, Blainville										●			
Belemnitella mucronata, Schlotheim									?	●	●	●	●

CHAPITRE XIX.

LA CRAIE DE LA SCANDINAVIE.

Le terrain crétacé affleure dans les îles danoises et à l'extrémité méridionale de la Suède [1]. Primitivement, il s'étendait beaucoup plus loin vers le Nord que nel 'indiquent les affleurements actuels, et de nombreux débris disséminés à la surface du sol attestent qu'il couvrait dans cette direction de vastes surfaces. Son extension devait être encore bien plus considérable qu'on ne peut le supposer d'après ces témoins, car des dragages faits dans la mer du Nord ont ramené des roches crétacées jusque vers le 78ᵉ degré de latitude.

Aujourd'hui la Scanie et les parties voisines du Blekinge et de Halland sont les seules régions de la Suède où ce terrain se rencontre : il y occupe plusieurs territoires dont le plus important et le plus méridional est dit bassin [2] de Malmö; celui d'Ystad se relie au précédent par une mince bande d'affleurements situés sur le littoral de la Baltique, tandis que plus au Nord se trouve le bassin de Christianstad, complètement séparé des précédents. Un lambeau relativement restreint existe à une latitude plus septentrionale, sur la côte occidentale, aux environs de Ö. Karup.

[1] Principaux ouvrages consultés :

1884. Moberg, *Cephalopoderna i sveriges Kritsystem. I. Sveriges Kritsystem systematiskt framstäldt.*

1888. Lundgren, *Öfversigt af sveriges mesozoïska bildningar.*

Et les ouvrages cités pages suivantes.

[2] J'emploie ici cette expression dans le sens un peu détourné qui lui est souvent attribué : c'est ainsi que l'on dit le Bassin de Paris. Les sédiments crétacés des bassins de Malmö, Ystad et Christianstad se sont évidemment déposés dans une même mer.

On constate des variations considérables dans le facies des couches lorsque l'on se dirige du Sud vers le Nord : dans les îles danoises et dans le Sud-Ouest de la Scanie, on ne rencontre que des calcaires purs; dans le bassin d'Ystad, les sédiments se composent principalement de sables siliceux assez fins et plus ou moins consolidés par un ciment calcaire, tandis que dans celui de Christianstad ce sont des calcaires grenus formés presque exclusivement de débris d'organismes.

Le Crétacé de la Scandinavie nous offre ainsi un nouvel exemple de la transgression qui s'est produite vers la fin des temps secondaires, car les couches qui reposent ici sur les terrains cristallins et primaires appartiennent au Sénonien et à des zones de plus en plus récentes à mesure que l'on avance vers le Nord.

Les dépôts de cette région renferment peu d'Ammonites : pour classer les couches, il convient donc de se baser sur la succession des diverses formes de Bélemnitelles et j'adopterai, à ce sujet, la manière de voir exposée par M. E. Stolley dans son mémoire sur la craie de la Baltique.

Les dépôts crétacés les plus anciens connus dans la Scanie sont ceux d'Ericksdal et de Rödmölla dans le bassin d'Ystad : ce sont les seuls qui jusqu'à ce jour aient fourni de véritables *Actinocamax westphalicus;* avec cette espèce, ils renferment aussi des formes de passage à *Act. granulatus.* Ces gisements appartiennent donc à la partie supérieure de l'étage Emschérien. A Eriksdal, M. Moberg a trouvé une Bélemnitelle qu'il a décrite sous le nom d'*Act. propinquus* [1] et qui semblerait pouvoir être considérée comme le point de départ d'une série aboutissant à *Bel. mucronata.*

Une autre forme d'Eriksdal décrite par M. Moberg sous le nom d'*Act. propinquus* (1884, pl. VI, fig. 22) a été ensuite rapprochée par lui [2] de *Bel. mucronata*, et désignée par M. E. Stolley (*loc. cit.*, p. 296) sous le nom de *Belem. mucronata*, mut. ant.

La craie à *Act. westphalicus* est représentée dans l'île de Bornholm par un sable vert renfermant des nodules phosphatés dont la grosseur moyenne est celle d'une noix. *Act. westphalicus* s'y rencontre en échantillons de petite taille légèrement lancéolés et analogues à ceux de l'Emschérien de la Westphalie et de Lunebourg. On serait donc là à un niveau un peu inférieur à celui des gise-

[1] 1884. Moberg, *Cephalopoderna i sveriges Kritsystem*, p. 53, pl. V, fig. 25.

[2] 1894. Moberg, *Ueber schwedische Kreidebelemniten.* (*N. Jahrbuch f. Miner*, etc., II, p. 77.)

ments d'Eriksdal et de Rödmölla. M. Stolley y a recueilli une Bélemnitelle fort voisine de l'*Act. propinquus*, Moberg, d'Eriksdal et différant seulement de celui-ci par son alvéole moins profond [1].

Le sable vert de Bornholm est principalement caractérisé par l'abondance de *Rhynchonella cordiformis*, Posselt. On y a signalé aussi des Scaphites, déterminés comme *Scaphites inflatus* et *Sc. binodosus;* ces espèces se trouveraient ici beaucoup plus bas qu'on ne les rencontre partout ailleurs et notamment dans l'Allemagne du Nord.

La zone suivante est représentée en Scanie par la partie supérieure des calcaires marneux d'Eriksdal à la base desquels a déjà été signalé *Act. westphalicus :* cette partie supérieure est caractérisée par *Act. granulatus* et *Inoceramus lingua.* A cette même zone appartiennent aussi les calcaires marneux de Kullemölla et de Lyckäs ; M. E. Stolley a montré que dans ceux-ci on ne rencontre aucun *Act. westphalicus,* mais uniquement des *Act. granulatus* accompagnés sur toute la hauteur de la zone par *Act. verus.* M. Moberg a trouvé à ce niveau, à Kullemölla, *Act. depressus,* Andreæ, c'est-à-dire *Act. Grossouvrei,* Janet, déjà signalé dans la craie de Lunebourg, dans la craie à Marsupites du bassin de Paris et dans les couches à *Am. syrtalis* des Corbières; ce gisement lui a encore donné une autre Bélemnitelle qu'il a désignée sous le nom d'*Act. mamillatus* var. *ornata,* mais ce n'est, en réalité, qu'une variété de la précédente, à surface granulée.

A Kullemölla et à Lyckäs, M. Moberg a aussi rencontré la Bélemnitelle précédemment signalée à Eriksdal comme une mutation antérieure de *B. mucronata.* M. E. Stolley indique qu'il en a recueilli à Kullemölla un exemplaire muni de son phragmocône et que ce dernier ne paraît différer en rien de ceux des *B. mucronata* typiques du Sénonien supérieur.

Ces divers gisements possèdent une faune assez riche : outre les Spongiaires et divers Mollusques, on y observe quelques Céphalopodes : *Am.* cf. *pseudo-Gardeni* et *Scaphites binodosus.*

M. Hennig a fait connaître récemment (in Schlüter [2]) qu'il avait trouvé *Marsupites* dans les marnes de Lyckäs : découverte fort intéressante, car elle montre que ce genre, si caractéristique de l'Unter-Senon ou craie à *Act.*

[1] 1897. E. Stolley, *Ueber die Gliederung der Norddeutschen und Baltischen Senon*, p. 295, pl. III, fig. 23 (*Archiv. für Anthropologie und Geologie Schleswig-Holsteins*, II, Heft 2).

[2] 1897. Schlüter, *Ueber einige exocyclische Echiniden der baltischen Kreide und deren Bett.* (*Zeitschrift. d. deutsch. geol. Gesellschaft*, p. 47.)

granulatus de l'Allemagne du Nord, a vécu en Suède exactement au même niveau.

Dans l'île de Bornholm, au-dessus des sables à *Act. westphalicus* vient le calcaire siliceux de Mulebyaa, caractérisé par une Bélemnitelle spéciale à laquelle M. E. Stolley a donné le nom d'*Act. Lundgreni;* c'est une espèce à rostre non granulé, de grosseur moyenne, lancéolé, avec alvéole subtriangulaire et méplats dorsoventraux. Elle paraît former une transition entre *Act. westphalicus* et *Act. mamillatus;* elle rappelle aussi certaines Bélemnitelles de la craie de Brunswick, de la région subhercynienne et de Lunebourg, intermédiaires entre *Act. westphalicus* et *Act. granulatus.* Celles-ci ont également un alvéole subtriangulaire et leur surface est généralement granulée; quelques échantillons l'ont exceptionnellement lisse ou striée. En raison de ces caractères et des affinités de l'*Act. Lundgreni* avec les Bélemnitelles de la base de l'assise à *Act. granulatus* de l'Allemagne du Nord, M. E. Stolley considère que les couches de Mulebyaa appartiennent au même horizon.

Elles sont surmontées par le calcaire d'Arnag à *Inoceramus lingua* et *Act. bornholmensis,* Stolley; cette dernière Bélemnitelle est intermédiaire entre *Act. Lundgreni* et *Act. mamillatus,* ce qui a conduit M. E. Stolley à classer le calcaire d'Arnag dans l'assise à *Act. granulatus,* opinion que tend d'ailleurs à confirmer la présence d'*In. lingua.*

L'assise à *Act. mamillatus* succède à la précédente et est bien représentée en Scanie, à Halland et à Blekinge; d'après les observations faites par M. E. Stolley sur la craie à *Act. quadratus* de Lägerdorf, on peut admettre avec lui que celle-ci a pour équivalent plus au Nord la craie à *Act. mamillatus,* car *Act. quadratus* est fort rare en Suède et n'a été jusqu'à ce jour rencontré qu'à la base de la zone à *Act. mamillatus* à Ifö, Tosterup et Rödmölla.

Les localités typiques pour la craie à *Act. mamillatus* sont Ignaberga, V. Olinge, Balsberg, Oppmanna, Ifö, Barnakälla et Karlshamn, dans le territoire de Christianstad.

A Balsberg, la roche grenue et friable repose sur le terrain primitif dont la surface est couverte de Spondyles, de Bryozoaires, de Serpules, de Cranies, etc.

La faune de ce niveau est très riche et je citerai d'après Lundgren[1] et

[1] 1894. Lundgren, *Jämförelse mellan molluskfaunan i mamillatus och mucronata zonerna i nordöstra Skane.* (*Kongl. Svenska Vestenskaps. Akademiens Handlingar,* XXVI, n° 6.)

M. Hennig [1] entre autres : *Ostrea haliotidea*, Sow. (= *auricularis*, Wahl.); *O. semiplana*, Sow.; *O. cornuarietis*, Nilss. [Hennig] (= *laciniata*, Nilss.); *O. incurva*, Nilss. [Hennig] (= *acutirostris*, Nilss.); *O. vesicularis*, Lamk.; *O. santonensis* (= *O. diluviana*); *Chlamys subaratus*, Nilss.; *Chlamys pulchellus*, Nilss.; *Radiolites suecicus*, Lundgr.; *Crania ignabergensis*, Retz.; *Crania craniolaris*, Lundgr.; *Magas spathulatus*, Wahl.; *M. costatus*, Wahl.; *Terebratulina striata*, Wahl.; *Lichenopora suecica*, Hennig.; *Ceriopora uva*, Hennig.

Dans le bassin d'Ystad, cette même zone est constituée à Tosterup par un conglomérat formé de débris de quartz, de granite, de gneiss, etc., dans lequel *Act. mamillatus* est très abondant et *Bel. mucronata* rare : la faune est assez différente de celle d'Ignaberga, mais cette circonstance s'explique facilement par les conditions différentes de dépôt : *O. vesicularis*, *O. semiplana*, *O. santonensis*, *In. Cripsii*, *Cardium productum*, etc.

A Köpinge, ce niveau est représenté par la base d'un système gréseux dont la partie supérieure appartient à l'assise à *Bel. mucronata*.

Cette dernière est bien développée dans les trois bassins et, en plusieurs localités, on la voit reposer sur la craie à *Act. mamillatus*.

Dans le bassin le plus septentrional, les principaux affleurements sont ceux de Hanaskog, Kjuge et Mörby.

Dans le bassin d'Ystad, elle est à l'état de grès vert; et, comme gisement typique, on peut citer celui de Köpinge constitué par une marne friable, grise, sableuse, à grain très fin et présentant une teinte verdâtre par suite de la présence de la glauconie : on y a recueilli quelques Céphalopodes, *Am. Stobæi*, *Am. Oldhami*, *Scaphites Rœmeri*, *Scaphites spiniger* [2].

Dans le bassin de Malmö, la craie blanche à *B. mucronata*, que l'on peut directement observer, est en blocs immenses isolés au milieu du terrain morainique, à Qvarnby, Tullstrop, Jordborga et Ulricelund. C'est une craie traçante avec nombreux rognons de silex. Les principaux fossiles qu'elle renferme sont :

Terebratula carnea, *Magas pumilus*, *Echinocorys ovata* [3], Leske, *O. semiplana*, *O. vesicularis*, *O. lateralis*, *Scaphites constrictus*, *Belemnitella mucronata*,

(1) 1897. Anders Hennig, *Revision af Lamellibranchiaterna i Nilssons « Petrificata suecana formationis cretaceæ »*. (*Kongl. fysiogr. sällskapetsi Lund Handlingar ny Föld*. VIII.)

(2) 1898. Anders Hennig, *Om skrifkritan i Skane*, p. 63. (*Geol. Fören. i Stockholm Förhandl.*, XX, p. 79.)

(3) D'après les échantillons communiqués par M. Hennig.

Lytoceras, sp. nov. (= *Am.* sp. nov. Schlüter, *Cephalop. d. oberen Kreide*, p. 161, pl. XLII, fig. 6-7), cité de la craie traçante de Freiler près Aalborg (Jutland) et *Gaudryceras luneburgense* (même gisement).

Les Échinides de ce niveau sont, d'après M. Schlüter :

Pseudocidaris (?) *baltica*, Schlüt. (Stevnsklint).
Tylocidaris vexilifera, Schlüter (Stevnsklint).
Echinocorys ovata, Lamk. in Schlüt. (Köpinge et craie blanche de la Scanie).
Cardiaster subrotundus, Schlüt., qui serait le même que *Holaster scanensis*, Cotteau (Köpinge).
Micraster glyphus, Schlüt. (Köpinge).
Brissopsis cretacea, Schlüt., considéré par M. Schlüter comme étant le *Micraster Idæ*, Cotteau, p. p. (Köpinge).
Hemiaster, aff. *Regulusi*, d'Orb. (Köpinge).

Toutefois il convient de maintenir dans cette liste *M. Idæ*, Cotteau, car M. Lambert a pu étudier dans la collection de l'École des Mines, à Paris, le type de cette espèce, provenant de la collection Cotteau (qui fut donné à notre regretté confrère par Mlle Ida Nilsson), et constater que cet échantillon est bien un véritable *Micraster*.

L'épaisseur totale de la série crétacée de la Scandinavie paraît être considérable. A Köpinge un sondage a traversé 1,500 pieds sans quitter les sables verts, et dans le bassin de Christianstad la puissance totale dépasse 500 pieds.

Au-dessus des couches précédentes, on trouve dans le Sud-Ouest de la Scanie et dans les îles danoises une nouvelle série caractérisée par l'absence complète d'Ammonites et de Bélemnitelles : elle constitue la craie récente, *Yngre Krita* des géologues suédois, et c'est à cette assise que Desor a proposé en 1846 [1] de donner le nom d'étage Danien.

Elle a été tout récemment l'objet d'une monographie détaillée [2] publiée par M. le Dr Anders Hennig : elle se présente à l'état soit de calcaire à Bryozoaires (Limsten), soit de calcaires à Polypiers (Calcaire de Faxe), soit de calcaire à Coccolithes (Calcaire de Saltholm); ce dernier constitue le facies normal au milieu duquel se développent çà et là des calcaires à Bryozoaires ou à Polypiers.

[1] 1846. Desor, *Sur le terrain Danien, nouvel étage de la craie.* (*Bul. Soc. géol. de France*, 2e série, IV, p. 181, séance du 16 novembre 1846.)

[2] 1899. Anders Hennig, *Studier öfver den baltisca Yngre Kritans bildningshistoria.* (*Geol. Fören. i Stockholm Förhandl.*, XXI, p. 19.)

La faune a été également l'objet de travaux intéressants du même auteur[1], qui a montré qu'elle renfermait beaucoup plus d'espèces qu'on ne le pensait jusqu'alors. D'après Lundgren[2], elle n'en aurait compris que soixante-neuf dont une dizaine seulement communes avec le Crétacé sous-jacent; tandis que d'après M. Hennig, elle serait beaucoup plus riche et composée d'au moins cent cinquante, dont près de la moitié se retrouveraient dans le Sénonien : il cite en particulier *Scaphites* et *Baculites*, tout en constatant l'absence complète des Ammonites et des Bélemnites.

Dans les falaises de Stevns Klint (Danemark), au-dessus de la craie traçante à *B. mucronata*, on observe un lit d'argile remplie d'écailles de poissons (*Fisklera*) recouvert par le calcaire dit de Faxe : celui-ci est rempli de Polypiers le plus souvent réduits en petits fragments, mais parfois constituant des récifs en place. Il renferme *Dromia rugosa*, Schl.; *Nautilus danicus*, Schl., *N. Bellerophon*, Lundgr.; *Cypræa bullaria*, Schl.; *Mytilus ungulatus*, Schl.; *Modiola Cottæ*, Rœm.; *Rhynchonella flustracea*, Schl.; *Temnocidaris danica*, Desor, etc. Il est recouvert par le calcaire à Bryozoaires, *Limsten*, qui souvent alterne avec lui et représente une formation équivalente, mais de facies différent.

Dans les îles danoises, le Calcaire de Faxe est recouvert par le Calcaire de Saltholm, roche ordinairement très dure avec lits de silex, et alors presque sans fossiles ou marneuse et fossilifère; *Echinocorys sulcata*[3] en est le fossile le plus caractéristique. Ce calcaire peut être remplacé latéralement par le Calcaire de Saltholm; à la partie supérieure, il renferme des intercalations de calcaire sableux.

[1] 1898. Anders Hennig, *Faunan i skanes Yngre Krita. I. Echiniderna.* (*Bihang till k. svenska vet. Akad. Handlingar*, XXIV.)

1899. Anders Hennig, *Faunan i skanes Yngre Krita. II. Lamellibranchiaterna.* (*Bihang till k. svenska vet. akad. Handlingar*, XXIV.)

1899. Anders Hennig, *Faunan i skanes Yngre Krita. III. Korallerna.* (*Bihang till k. svenska vet. akad. Handlingar*, XXIV.)

[2] 1888. Lundgren, *List of the fossil faunas of Sweden. III. Mesozoic.*

[3] L'Echinocorys du Danien de la Baltique s'écarte assez sensiblement de la plupart des autres Echinocorys par ses plaques plus élevées et plus irrégulières; il paraît bien différent du type de Goldfuss (pl. 45, fig. 1abc non 1de) qui vient des environs de Maestricht et duquel se rapproche un Echinocorys non décrit de Tercis. Il se rapporterait plutôt à *Ech. semiglobus*, Lamark, mais non à l'espèce du Garumnien de Tuco que Cotteau a décrite à tort sous ce nom. (Communication de M. J. Lambert.)

Les calcaires de Faxe et de Saltholm et le *Limsten* renferment comme Échinides :

Temnocidaris danica, Desor, sp. (qui, d'après M. Hennig [1], comprend l'espèce ordinairement dénommée *Cidaris Forchammeri*).
Holaster faxensis, Hennig.
Echinocorys sulcata [1], Goldf.
Brissopneustes danicus, Schlüter.
— *suecicus*, Schlüter.
Pyrina Freucheni, Desor.

Les Coralliaires sont *Isis vertebralis*, Hennig; *Moltkia Isis*, Steenstr; *Dendrophyllia candelabrum*, Hennig; *Lobopsammia faxensis*, Beck, sp.; *Ceratrotrochus supracretaceus*, Hennig; *Parasmilia scanica*, Hennig; *Par. Lindströmi*, Hennig.

Le calcaire de Saltholm est recouvert par le grès vert de Lellinge, qui, par ses fossiles et plus particulièrement par ses Foraminifères, se relie intimement au Paléocène de l'usine à gaz de Copenhague.

(1) Voir la dernière note de la page précédente.

Tableau XXX.

CRÉTACÉ ET TERTIAIRE INFÉRIEUR DE LA SCANDINAVIE.

SUBDIVISIONS.	BASSIN DE MALMÖ et ÎLES DANOISES.	BASSIN D'YSTAD.	BASSIN DE CHRISTIANSTAD.	ÎLE DE BORNHOLM.
Paléocène	Paléocène de Copenhague. Grès vert de Lellinge.			
Danien. Yngre-Krita	Calcaire de Saltholm. Calcaire de Faxe à *Dromia rugosa* et Limsten : *Nautilus danicus*, *Echinocorys sulcata*, *Temnocidaris danica*.			
Assise à *Bel. mucronata*.	Craie blanche traçante, à silex, avec *B. mucronata*, *Echinocorys ovata*, *Terebratula carnea*, *Magas pumilus*, *Scaphites constrictus*.	Marne sableuse de Köpinge avec *B. mucronata*, *Am. Stobæi*, *Am. Oldhami*, *Scaphites Rœmeri*, *S. spiniger*, *In. Cripsii*.	Calcaire d'Hanaskog, avec *B. mucronata*, *O. cornuarietis*, *Rh. alata*.	
Assise à *Act. mamillatus*.	?	Conglomérat de Tosterup à *Act. mamillatus*, *O. santonensis*, *Cardium productum*, etc. Conglomérat à *Act. quadratus* de Tosterup. Marne à *Act. quadratus* de Rödmölla.	Calcaires grenus et friables de Baisberg et Ignaberga à *Act. mamillatus*, *Magas spathulatus*, etc. Calcaire à *Act. quadratus* d'Ifö.	
Assise à *Act. granulatus*.	?	Calcaires marneux d'Eriksdal, de Kullemölla et de Lyckäs à *Act. granulatus*, *Act. verus*, *Act. Grossouvrei*, *B. mucronata* (mut. ant.). *Am.* cf. *pseudo-Gardeni*, *Scaphites binodosus*.	(Terrain primitif.)	Calcaire d'Arnag à *Act. bornholmensis* et *In. lingua*. Calcaire siliceux de Mulbyaa à *Act. Lundgreni*.
Assise à *Act. westphalicus*.	?	Marnes de Rödmölla et d'Eriksdal à *Act. westphalicus*, *Act. propinquus*.		Sables verts à *Act. westphalicus* et *Act. propinquus*.

DISTRIBUTION DES CÉPHALOPODES DANS LA CRAIE DE LA SUÈDE.

NOMS DES ESPÈCES.	ZONES			
	à *Act. westphalicus.*	à *Act. granulatus.*	à *Act. mamillatus.*	à *Bel. mucronata.*
Pachydiscus Stobæi, Nilsson, sp.			●	●
— *Oldhami*, Sharpe, sp.				●
Gaudryceras cf. *luneburgense*, Schlüter, sp.				●
Scaphites cf. *aquisgranensis*, Schlüter.		●		
— *constrictus*, Sowerby, sp.				●
— *spiniger*, Schlüter.			●	
— *Rœmeri*, d'Orbigny.			●	
Baculites incurvatus, Dujardin.		●		
— *brevicosta*, Schlüter (?).		●		
— *anceps*, Lamark.			●	
— *vertebralis*, Lamark.			●	
— *Schlüteri*, Moberg.				●
— *angustus*, Moberg.				●
Aptychus rugosus, Sharpe.				●
— *flexus*, Moberg.			●	●
Nautilus obscurus, Nilsson.		●		
— cf. *Héberti*, Binkhorst.		●		
Actinocamax westphalicus, Schlüter.	●			
— *granulatus*, Blainville (Schlüter).		●		
— *quadratus*, Blainville.			●	
— *Lundgreni*, Stolley.		●		
— *mamillatus*, Nilsson.			●	
— *bornholmensis*, Stolley.		●		
— *Grossouvrei*, Janet.		●		
— — var. *ornata*, Moberg.		●		
— *verus*, Miller.	●	●		
— *propinquus*, Moberg.	●			
Belemnitella mucronata, Schlotheim.			●	●
— — mut. ant.	●	●		

CHAPITRE XX.

LA CRAIE DE L'INDE.

Je n'étudierai ici que les dépôts de la côte orientale, si remarquables par la richesse de leur faune : pour leur description, je me reporterai principalement au chapitre qui leur est consacré dans la description géologique de l'Inde publiée par le *Geological Survey of India* et au récent mémoire de M. Kossmat[1].

Le terrain crétacé constitue, au voisinage de la côte du Coromandel, trois lambeaux distincts, séparés par les vallées du Penner et du Vellar.

Le plus méridional et le plus étendu en même temps, celui des environs de Trichinopoly, s'étend entre le Coléroon et le Vellar. Au Nord de cette dernière rivière, se trouvent d'abord le lambeau de Viruddhachalam, puis celui de Pondichéry.

Les couches crétacées reposent d'ordinaire directement sur le Gneiss et,

[1] Ouvrages consultés :

1845-1848. E. Forbes, *Cretaceous fossils of Southern India.* (*Transactions of the geol. Society of London*, 2. Ser. VII, p. 165.)

1862. H.-F. Blanford, *On the cretaceous and other rocks of the South Arcot and Trichinopoly districts.* (*Mem. of the geol. Survey of India*, IV, pl. I.)

1865-1873. F. Stoliczka, *Cretaceous fauna of Southern India.* (*Palæontologia indica.*)

1893. R.-D. Oldham, *A manual of the Geology of India.* Second edition.

1894. F. Kossmat, *Die Bedeutung der südindische Kreideformation für die Beurtheilung der geographischen Verhältnisse während der späteren Kreidezeit.* (*Jahrb. d. k. k. geol. Reichsanstalt*, XLIV.)

1895. H. Warth, *The cretaceous formation of Pondicherry.* (*Records of the geol. Survey of India.*)

1895-1897. F. Kossmat, *Untersuchungen über die südindische Kreideformation.* (*Beiträge zur Paläontologie und Geologie Osterreich-Ungarns und des Orients*, IX et XI.)

1897. F. Kossmat, *The cretaceous deposits of Pondicherry.* (*Records of the geol. Survey of India*, XXX.)

en quelques points, sur des couches appartenant à la partie supérieure de la série de Gondwana.

On a distingué dans leur ensemble trois subdivisions ou groupes : à la base, le groupe d'Ootatoor; dans la partie moyenne, celui de Trichinopoly et au sommet, celui d'Ariyaloor.

Le groupe d'Ootatoor a reçu son nom d'Ootatoor, village important à 20 milles au N. N. E. de Trichinopoly : des argiles brun rougeâtre avec nodules de phosphate, des schistes calcaires et des sables argileux, souvent concrétionnés et plus ou moins colorés par de l'oxyde de fer, prédominent dans ce groupe et même le constituent exclusivement dans toute la partie méridionale. Au Nord du parallèle d'Ootatoor, dans les affleurements occidentaux, des bancs calcaires assez fossilifères s'intercalent à la partie inférieure, alors que, dans la région orientale, des sables, des grès et des conglomérats presque sans fossiles constituent la partie supérieure.

A la base de ce groupe s'observent, en beaucoup de points, des masses importantes de calcaires à Polypiers qui reposent directement sur le Gneiss ou sur les couches de Gondwana et même sont parfois intercalées dans les lits inférieurs de la série crétacée.

Ces calcaires ont été dénudés et leurs débris se retrouvent dans les couches du groupe d'Ootatoor : leurs affleurements peuvent s'observer plus ou moins discontinus sur la bordure méridionale et occidentale du massif crétacé; près du village de Caligudi (20 milles au N. E. de Trichinopoly), ils supportent directement et en discordance le second groupe, celui de Trichinopoly.

La puissance totale du groupe d'Ootatoor serait d'environ 1,000 pieds; d'après Oldham, sa richesse en fossiles est très grande et il renfermerait environ 297 espèces d'Invertébrés, dont 109 Céphalopodes, 43 Gastropodes, 79 Lamellibranches, 9 Brachiopodes, 10 Échinides, 42 Polypiers répartis en 23 genres, 1 Spongiaire et 1 Annélide.

Le groupe de Trichinopoly est seulement représenté dans le lambeau le plus méridional. Au Sud, il est formé par des sables et des argiles irrégulièrement stratifiés avec quelques lits calcaires et quelques conglomérats. Au Nord du parallèle d'Ootatoor, des lits réguliers de schistes calcaires sont intercalés vers la base, et dans les affleurements les plus septentrionaux, tout le groupe est composé d'alternances bien stratifiées de sables, d'argiles sableuses et de schistes avec lits calcaires.

Une particularité distingue les sédiments des groupes de Trichinopoly et d'Ariyaloor de ceux du groupe inférieur : c'est la présence d'une grande abondance de graviers granitiques dans les sables et conglomérats de ces deux assises, et leur absence complète dans les couches plus inférieures, où les éléments des graviers et des conglomérats dérivent soit des calcaires à Polypiers, soit du Gneiss.

Le calcaire de Garudamangalam, à l'Est d'Ootatoor, avec sa faune de Gastropodes et de Lamellibranches, si nombreuse et si bien conservée, est connu sous le nom de marbre de Trichinopoly : il renferme des fragments de bois fossiles et des graviers granitiques, ce qui suffit pour le distinguer, quand il n'est pas fossilifère, du calcaire d'Ootatoor.

Le groupe de Trichinopoly est discordant sur celui d'Ootatoor qui a été dérangé et dénudé antérieurement à son dépôt : il repose parfois sur le calcaire à Polypiers, base du groupe d'Ootatoor et même sur le Gneiss.

La puissance de ce groupe peut être estimée à 1 millier de pieds : sa faune comprend 186 espèces d'Invertébrés, dont 23 Céphalopodes, 86 Gastropodes, 66 Lamellibranches, 5 Brachiopodes et 6 Polypiers.

Le nom du groupe supérieur vient de la ville d'Ariyaloor autour de laquelle ses sédiments sont très développés dans le lambeau de Trichinopoly. Ce groupe est plus sableux que les deux autres et plus uniformément lité en bancs homogènes. Il comprend des sables blancs sans fossiles, des sables argileux, gris, avec moules de petits fossiles. Des lits de calcaires grenus et de schistes calcaires noduleux sont intercalés à la partie inférieure : vers le sommet, d'autres lits calcaires constituent aussi une zone très fossilifère séparée des précédentes par une épaisseur considérable de sédiments à peu près sans fossiles et dans lesquels ont été seulement trouvés des débris de *Megalosaurus*.

Les couches d'Ariyaloor débordent celles de Trichinopoly et viennent reposer directement sur le groupe inférieur ou même sur le Gneiss.

Les travaux récents de M. Kossmat ont montré que dans le lambeau le plus septentrional, celui de Pondichéry, toutes les couches appartiennent uniquement au groupe d'Ariyaloor.

La puissance de ce groupe peut être évaluée à 1,000 pieds : il renferme 365 espèces, dont 36 Céphalopodes, 138 Gastropodes, 117 Lamellibranches, 12 Brachiopodes, 23 Bryozoaires, 26 Échinides, 10 Anthozoaires, 1 Foraminifère et 2 Annélides.

La faune du terrain crétacé de l'Inde a été l'objet d'importantes monographies publiées par Stoliczka : il y donne la distribution des fossiles dans chaque groupe, mais peut-être ne faut-il pas attacher une trop grande valeur à ses indications, car il est fort possible que des erreurs aient été commises dans cette répartition. Si l'on s'en rapporte, en effet, aux descriptions des géologues qui ont écrit sur le Crétacé de l'Inde, il semble que l'on soit en droit de penser que les couches ne possèdent ni beaucoup de régularité, ni une bien grande continuité, que les mêmes facies se répètent à des niveaux différents et que, par conséquent, il ne doit pas toujours être facile de reconnaître exactement l'horizon de chaque gisement fossilifère. Oldham fait observer, par exemple, que le groupe de Trichinopoly semble, en certains points, passer à celui d'Ariyaloor; il a donc pu arriver que des fossiles supposés provenir du premier appartiennent réellement au second et *vice versa*.

De même, on a pendant longtemps rattaché au groupe d'Ootatoor les couches crétacées les plus inférieures du lambeau de Pondichéry, opinion dont M. Kossmat a montré tout récemment la fausseté.

Quelques-unes des singularités que nous relèverons plus loin dans la distribution des fossiles peuvent donc s'expliquer de cette manière.

Stoliczka attribuait le groupe d'Ootatoor au Cénomanien, celui de Trichinopoly au Turonien et celui d'Ariyaloor au Sénonien.

M. Kossmat a repris récemment cette question et a montré que ces synchronismes n'étaient pas exacts. Je vais examiner les considérations développées à la fin de l'important mémoire du savant Autrichien et montrer dans quel sens ses conclusions me paraissent devoir être modifiées.

DISTRICT DE TRICHINOPOLY.

Le groupe d'Ootatoor est remarquable par la richesse de sa faune et surtout par l'abondance des Ammonites; cette famille de fossiles offre à ce niveau un développement remarquable et y est représentée par un nombre considérable d'individus appartenant à une grande variété de genres et d'espèces : *Phylloceras*, *Lytoceras* [*Gaudryceras*, *Tetragonites* et formes du groupe des *Fimbriati* (1 seul exemplaire de ce dernier)], *Mortoniceras* du groupe de l'*inflatum* et *Acanthoceras* du groupe du *rhotomagense* et du *Mantelli*, *Puzosia*, *Neoptychites*, *Placenticeras*, *Forbesiceras* et une série de formes que M. Kossmat rapporte au genre *Holcodiscus* : elles appartiennent au groupe distingué par lui sous le nom de groupe de l'*Holcodiscus Cliveanus*, qui rappelle, dit-il, des formes infra-crétacées et en particulier *H. Perezi*, d'Orb. sp.

Toutes celles de la subdivision d'Ootatoor présentent bien quelques analogies avec les *Holcodiscus* infracrétacés, mais toutefois il convient de faire quelques réserves sur cette assimilation qui ne me paraît pas complètement démontrée.

On trouve encore dans cette subdivision une forme très singulière rappelant à s'y méprendre *Am. coronatus* du Callovien ; M. Kossmat l'a classée dans les *Holcostephanus*, mais ses cloisons sont bien différentes de celles de ce genre et je considère qu'elle appartient plutôt à la famille des *Acanthocératidés*.

M. Kossmat a cherché à se rendre compte s'il n'était pas possible de distinguer dans ce groupe plusieurs zones.

Les gisements les plus fossilifères, appartenant à la base, se trouvent au Nord du Murdayoor, affluent du Coleroon, aux environs de Maravatoor, Odium et Cunum.

En réunissant les espèces de ces gisements décrites par Stoliczka, M. Kossmat a établi la liste suivante, dans laquelle je me borne à modifier quelques attributions génériques :

Mortoniceras inflatum, Sow. sp.
— *corruptum*, Stol. sp.
Acanthoceras Mantelli, Sow. sp.
Stoliczkaia dispar, Stol. sp.
— *argaunotiformis*, Stol. sp.
— *crotaloïdes*, Stol. sp.
Placenticeras Warthi, Kossm. (= *Orbignyi*, Stol. non Geinitz).
Puzosia Bhima, Stol.
— *Stoliczkai*, Kossm. (= *Beudanti*, Stol. non d'Orb.).
— *compressa*, Kossm. (= *Durga*, Stol. non Forb.).
Desmoceras latidorsatum, Michelin.
Phylloceras ellipticum, Kossm. (= *subalpinum*, Stol. non d'Orb.).
Gaudryceras vertebratum, Kossm. (= *Kayei*, Stol. non Forb.).
— *Sacya*, Forbes sp.
— *Mahadeva*, Stol. sp.
Holcodiscus (?) *Cliveanus*, Stol. sp.
— *moraviatoorensis*, Stol. sp.
— *papillatus*, Stol. sp.
Hamites armatus, Sow.
— *Oldhami*, Stol.
Turrilites circumtæniatus, Kossm. (= *Gresslyi*, Stol. non Pictet).
— *Bergeri*, Brong.
— *spinosus*, Kossm. (= *brazoensis*, Stol. non Rœmer).
Ptychoceras Forbesi, Stol.

Comme le fait remarquer M. Kossmat, l'examen de cette liste montre que l'on a seulement là des formes de la zone de transition entre le Gault et le Cénomanien qui constitue l'étage désigné par M. Renevier sous le nom de

Vraconnien : aucune des espèces du Cénomanien proprement dit ne s'y trouve, à l'exception pourtant d'*Am. Mantelli.*

Aux environs d'Odium et surtout à l'Ouest de cette localité, les couches inférieures du groupe d'Ootatoor sont représentées également par des calcaires jaunes argileux intercalés dans des argiles rouges gypsifères. M. Kossmat a eu entre les mains de ce gisement : *Mortoniceras inflatum, Hamites armatus, Turrilites circumtæniatus, T. tuberculatus, Baculites Gaudini, Gaudryceras Sacya, Tetragonites Timothei, Stoliczkaia Stoliczkai, Puzosia Bhima, Holcodiscus* (?) *papillatus.*

C'est probablement à ce niveau ou à celui immédiatement supérieur, qu'appartiennent *Bel. fibula*, très voisin de *Bel. ultimus* de l'Europe, *Bel. stillus* qui rappelle *Bel. minimus* et *Bel. seclusus.*

La partie moyenne du groupe d'Ootatoor paraît formée dans les environs d'Odium par des couches de sables grossiers, parfois même de conglomérats. Dans les grès, assez durs et de couleur brune, les Ammonites sont à l'état de moules : c'est de ce niveau que proviennent toute une série de formes variées d'*Acanthoceras; Turrilites costatus* paraît y être assez abondant, *Desmoceras latidorsatum* et *Acanthoceras Mantelli*, déjà signalés dans la division inférieure, montent à ce niveau dans lequel on ne trouve plus aucune des autres formes caractéristiques, telles que *Mortoniceras inflatum, Stoliczkaia dispar*, etc.

A l'Est d'Odium, près Cunum et Monglepady, il résulte des observations de Blanford que les formes du groupe de l'*Am. rhotomagensis* deviennent plus rares. Les échantillons de ces gisements sont faciles à reconnaître parce que leur test est admirablement conservé : leur gangue est formée par un grès assez dur ou par un calcaire argileux brun quand ils proviennent des concrétions de cet horizon.

De ce niveau on peut citer *Nautilus Huxleyi*, Blanford, et la plupart des échantillons de *Puzosia planulata*. Stoliczka indique en outre *Acanthoceras crassitesta, Ac. colerunense, Ac. harpax, Ac. Newboldi*, Kossmat (= *rhotomagense*, Stol.), *Ac. naviculare, Ac. Mantelli, Neoptychites Xetra*[1] : de ce même gisement, dit M. Kossmat, doivent également provenir, en raison de leur état de conservation, *Ac. discoïdale*, Kossmat, et *Ac. vicinale*, Stol.

On a là un mélange de formes du Cénomanien et du Turonien, car à ce dernier étage appartiennent *Ac. ornatissimum, Mammites conciliatus*, Stol.,

[1] Cette espèce est citée par Stoliczka de la zone à *Mort. inflatum* à l'Ouest d'Odium.

Neoptychites Telinga, Ac. (?) *superstes*, signalés comme accompagnant les précédents.

M. Kossmat pense que dans cette subdivision supérieure il existe réellement une association des espèces cénomaniennes et turoniennes, et, à l'appui de cette manière de voir, il cite ce qui se passe en Bohême où MM. Laube et Bruder ont trouvé ***Am.*** *rhotomagensis* avec ***Am.*** *peramplus* et ***Am.*** *nodosoïdes* dans les Malnitzer-Schichten.

C'est le seul exemple où l'on ait, en Europe, indiqué un pareil mélange : il se produirait, d'ailleurs, non à la limite même des deux étages, mais à une assez grande hauteur au-dessus de la base du Turonien. Je crois donc qu'on est en droit de ne pas admettre sans réserves cette association : la figure donnée pour l'échantillon rapporté à *Am. rhotomagensis* n'est pas de nature à dissiper le doute, car c'est un fragment représenté seulement par son bord siphonal : il n'est donc pas possible de discuter ses affinités et je considère la présence de l'*Am. rhotomagensis* dans la faune turonienne de la Bohême comme plus que douteuse.

Les observations précédentes de M. Kossmat tendraient seulement à prouver que, dans le district de Trichinopoly, et en particulier aux environs de Cunum et Monglepady, le Cénomanien est représenté avec un facies semblable à celui du Turonien : on ne pourra se rendre compte exactement de la distribution réelle des différentes espèces que par une étude sur les lieux mêmes.

En résumé, nous trouvons à la base des couches d'Ootatoor un horizon très fossilifère possédant une faune presque absolument identique à celle du Gault supérieur de la France, de l'étage Vraconnien de M. Renevier. Les *Mortoniceras* du groupe de l'*inflatum* y sont nombreux et on y a distingué une série de variétés que l'on retrouve presque toutes en Europe dans les gisements où cette espèce est abondante : *Mort. inflatum*, Sow. sp., *M. gracillimum*, Kossm., *M. propinquum*, Stol. sp., *M. celaturense, M. corruptum*. Les *Stoliczkaia* y sont également représentés par des formes variées. On y rencontre aussi plusieurs types, rapportés au genre *Holcodiscus*, absolument inconnus ailleurs dans les couches de même âge. Un *Phylloceras* et des *Lytoceras* donnent à cette faune le cachet alpin.

Le Cénomanien est constitué par les couches moyennes de cette subdivision : sa faune comprend cette grande variété d'*Acanthoceras* et de *Puzosia* décrits par Stoliczka et M. Kossmat.

Quant au Turonien, son existence au sommet du groupe d'Ootatoor est indiquée non seulement par la présence d'*In. problematicus*, mais aussi par celle d'un certain nombre d'Ammonites.

Neoptychites Telinga; j'ai montré[1] que cette espèce est identique à celle du Turonien inférieur des environs de Saumur, décrite en 1867 par Courtiller (Pl. I et II), sous le nom d'*Am. cephalotus :* elle existe aussi dans les Charentes, à la base du Turonien, dans les couches cataloguées par M. Arnaud sous la lettre D[1] (voir précédemment page 371).

Avec la forme typique on trouve à Saumur des échantillons plus renflés qui ne me paraissent pas pouvoir être distingués de l'*Am. Xetra :* cependant, Stoliczka cite ce dernier avec *Am. inflatus* dans des calcaires argileux à l'Ouest d'Odium, mais il l'indique également au N. E. d'Odium (environs de Cunum), d'une région où l'on signale aussi *Neopt. Telinga* et divers autres types cénomaniens ou turoniens, mais aucun représentant du Gault.

La première indication donnée par Stoliczka, concernant l'association de *Neopt. Xetra* et de *M. inflatum* résulte-t-elle d'une erreur de gisement? Je serais porté à le croire, car, pour moi, *Neopt. Xetra* est seulement la variété renflée de *Neopt. Telinga.*

Acanthoceras (?) *superstes*, Kosm., sp., n'est certainement pas un *Holcostephanus;* je ne puis le considérer non plus comme une récurrence du groupe de l'*Am. coronatus.* Je crois que c'est un *Acanthocératidé,* dont les caractères sont exagérés par suite du renflement des tours, de telle sorte que ses affinités véritables se trouvent dissimulées. Dans le Jurassique, par exemple, on connaît toutes les transitions entre l'*Am. coronatus,* forme très renflée, et l'*Am. Ajax,* à tours beaucoup moins épais, à ombilic plus large, et cependant celui-ci, à première vue, ne paraît présenter aucune analogie avec l'*Am. coronatus.*

Je crois que les mêmes rapports existent entre l'*Am. superstes* et la forme beaucoup plus plate que lui a rapportée avec raison M. Choffat[2] (p. 69, Pl. X, fig. 4) : je possède de cette dernière un très bon échantillon provenant de Saint-Georges (Charente-Inférieure), d'un niveau où l'on trouve d'ailleurs *Ac.* (?) *superstes* typique.

(1) 1896. A. de Grossouvre, *Sur le genre* Neoptychites. (*Bull. Soc. géol. de France,* 3e série, XXIV, p. 86.)

(2) 1898. P. Choffat, *Les Ammonées du Bellasien, des couches à* Neolobites Vibreyanus, *du Turonien et du Sénonien.* (*Recueil d'études paléontologiques sur la faune crétacique du Portugal,* I, 2e série.)

Acanthoceras ornatissimum, Stol., sp., trouvé dans des grès affleurant à l'Est d'Odium, serait, d'après M. Kossmat, identique à l'espèce du Turonien supérieur de la Touraine que j'ai distinguée sous le nom d'*Am. deverioïdes*, var. *armata*. Il existe d'ailleurs des formes du même groupe dans le Turonien inférieur et dans le moyen.

Acanthoceras Medlicotti me paraît être la forme adulte de l'*Ac. Deveriai* du Turonien supérieur : j'ai recueilli dans les couches les plus élevées du Turonien de la Touraine, en compagnie d'*Am. Requieni*, des échantillons de grande taille que je ne peux distinguer du type de Stoliczka.

L'Ammonite des environs de Padern, que j'ai décrite sous le nom de *Pachydiscus Linderi*, ne me semble pas différer de l'adulte de *Puzosia Denisionana*, Stol., sp., tel que l'a représenté M. Kossmat (*loc. cit.*, Pl. XXI, fig. 5). J'avais indiqué cette espèce comme provenant du Sénonien, mais M. Roussel, à qui je dois l'échantillon figuré, a reconnu depuis que son gisement appartenait au Turonien.

En résumé, le Groupe d'Ootatoor nous montre des représentants de tous les horizons du Turonien; je ne puis donc adhérer à l'opinion de M. Kossmat que les couches les plus élevées de ce groupe correspondent seulement à la base de cet étage : je crois qu'il y est représenté tout entier.

Le Groupe de Trichinopoly a une faune bien moins riche que celle de la subdivision inférieure, et les Céphalopodes surtout y sont en nombre relativement restreint.

M. Kossmat est d'avis que l'on peut y distinguer deux niveaux.

L'un, inférieur, serait représenté par les lumachelles de Garudamangalam, qui renferment de magnifiques Gastropodes et Bivalves et n'ont fourni à M. Kossmat que deux Céphalopodes : *Baculites* cf. *bohemicus*, Fritsch et Schlönbach, et *Scaphites* n. sp. aff. *Geinitzi* : Stoliczka signale de ces mêmes couches *Am. serratocarinatus* et *Am. Vaju*.

Ce dernier est encore cité par Stoliczka des environs d'Anapady, où il serait accompagné par une forme désignée sous le nom d'*Am. peramplus*, mais qui en est différente et a été distinguée par M. Kossmat sous le nom de *Pachydiscus anapadensis*.

M. Kossmat considère que l'affinité de ces formes de l'Inde avec des espèces du Turonien d'Europe indique que cet étage est représenté par les couches inférieures du Groupe de Trichinopoly. Cette conclusion me paraît moins certaine qu'à M. Kossmat, car si l'*Am. serratocarinatus* est un *Prionocyclus* et appartient, par conséquent, à un groupe de formes presque toutes confinées dans le Turonien, je ne puis cependant m'empêcher de remarquer qu'il est aussi fort analogue, comme le constate d'ailleurs M. Kossmat, à *Am. Germari*, Reuss, espèce qui, en Bohême, se trouve dans les *Priesener-Schichten*, tout à fait au sommet du Turonien et en contact avec des espèces sénoniennes. D'ailleurs, *Pr. serratocarinatus* n'a été rencontré, d'après Stoliczka, qu'en un seul exemplaire à Garudamangalam, dans les couches de la base du Groupe de Trichinopoly : or, je ne crois pas que les études stratigraphiques sur le terrain crétacé de l'Inde soient assez précises pour que l'on soit en mesure de placer partout très exactement la limite des diverses subdivisions, surtout au milieu de couches de facies si variables. Il est donc fort possible que les couches qui contiennent cette espèce avec *Baculites* cf. *bohemicus* et *Scaphites* n. sp. aff. *Geinitzi* fassent, en réalité, partie du Groupe d'Ootatoor.

Quant à l'Ammonite de Garudamangalam, citée sous le nom d'*Am. Vaju*, il n'est pas absolument démontré que ce soit la même espèce que celle signalée par Stoliczka dans d'autres gisements.

Je viens, en effet, de faire voir que toutes les subdivisions du Turonien étaient représentées dans le Groupe d'Ootatoor et, par conséquent, il est peu probable que cet étage se poursuive encore dans le Groupe de Trichinopoly, d'autant plus que les Couches d'Ootatoor ont été érodées après leur dépôt et que leurs débris remaniés entrent dans la composition des sédiments des Couches de Trichinopoly.

Ce qui a surtout contribué à faire admettre l'opinion que la base du Groupe de Trichinopoly appartient au Turonien, c'est la présence d'un certain nombre de formes rapprochées à tort de l'*Am. peramplus*, et constituant ce que M. Kossmat a appelé le groupe du *Pachydiscus peramplus : Am. Vaju*, Stol., *Am. anapadensis*, Kossm. (= *peramplus* Stol. non Mant.); *Am. rotalinus*, Stol., *Am. Jimboi*, Kossm. Ces diverses espèces présentent bien, en effet, une certaine ressemblance dans leur forme extérieure avec les jeunes de l'*Am. peramplus*, mais elles en diffèrent par des cloisons très dissemblables [1]. Par certains caractères elles rappellent les *Puzosia;* par leurs cloisons elles se rattachent aux *Pachydiscus :* elles me paraissent avoir des affinités très grandes avec les formes réunies par M. Kossmat, sous le nom de groupe de l'*Holcodiscus Theobaldi* qui,

[1] 1899. A. de Grossouvre, *Sur l'Ammonites peramplus et quelques autres fossiles turoniens.* (*Bull. Soc. géol. de France*, 3e série, XXVII, p. 328.)

presque toutes, appartiennent aux Couches de Trichinopoly. Je propose pour ces espèces, qui me semblent former un ensemble assez homogène, le nom de *Kossmaticeras*. On doit, à mon avis, y rattacher *Am. hernensis*, Schlüter, des marnes emschériennes de Herne en Westphalie, très probablement aussi les espèces du Santonien des Corbières que j'ai décrites sous le nom de *Pachydiscus Cayeuxi* et *P. Carezi*. Certaines formes du groupe de Trichinopoly rappellent jusqu'à l'identité des échantillons du Santonien des Corbières que j'ai sous les yeux : tels, en particulier, *Am. Vaju* et *Am. pachystoma*.

La partie supérieure du groupe de Trichinopoly renferme en outre *Gaudryceras varagurense*, Kossmat, forme bien semblable sinon identique à *G. mite* du Santonien de Gosau et des Corbières.

Toutes ces espèces se trouvent principalement à la partie supérieure du Groupe de Trichinopoly composée d'argiles tendres, glauconieuses, rougeâtres ou brunes. C'est là que gisent la majeure partie des Ammonites de cette subdivision.

Puzosia Gaudama, Forbes, a été rapproché par Kossmat de l'espèce de Westphalie, du Cuvieri Plæner, rapportée à tort à *Am. hernensis* et que j'ai proposé de nommer *Puzosia Mülleri*. Malgré la ressemblance qui peut exister entre ces deux formes, je ne crois pas qu'on puisse en tirer une conclusion relativement à l'âge des couches de l'Inde, car il y a si peu de différences entre les divers *Puzosia* qu'il me paraît bien hasardé de se baser sur les espèces de ce groupe pour définir un niveau géologique : je possède, d'ailleurs, des couches santoniennes des Corbières, un *Puzosia* bien voisin de *P. Gaudama*.

Quant à *Placenticeras tamulicum*, Blanf., que M. Kossmat rapproche de *Pl. syrtale*, je considère, au contraire, que ces deux formes appartiennent à deux séries différentes : *Pl. tamulicum* se rattache à la série *Pl. memoria-Schlönbachi*, *Pl. Fritschi*, *Pl. placenta*, dans laquelle les tubercules internes sont situés sur le bord même de l'ombilic, tandis que dans la série *Pl. syrtale*, *Pl. Guadaloupæ*, etc., les tubercules internes se trouvent à une assez grande distance de ce bord.

La présence de l'espèce précédente ne peut donc nous donner aucune indication sur le niveau de la couche qui la renferme.

Dans le Groupe de Trichinopoly existe un *Peroniceras* que Stoliczka avait décrit sous le nom d'*Am. subtricarinatus* et que M. Kossmat décrit et figure de nouveau sous le nom de *Schlönbachia dravidica* : il ne me paraît pas pouvoir être séparé de *Peroniceras westphalicum* qui, au fond, n'est qu'une variété de *Per. subtricarinatum*. Cette espèce est signalée par Stoliczka de plusieurs localités où elle serait d'ailleurs rare : Kurribiem, Kolakonutton, Seeranutom, Est de Puthur et Karapady. Tous ces gisements appartiendraient au groupe de Trichinopoly d'après Stoliczka, mais M. Kossmat pense que le gisement de Karapady doit être rattaché au Groupe d'Ariyaloor. Cette manière de voir me paraît soulever bien des difficultés; car, à part cette espèce, toutes celles du Groupe de Trichinopoly, ayant des analogues en Europe, se rapportent à des types habitant l'étage Santonien : je serais donc fort étonné que le *Per. dravidicum* se trouvât réellement au sommet de ce Groupe et encore plus qu'il persistât jusqu'à la base du suivant.

Une autre considération me confirme encore dans cette opinion; Stoliczka a signalé dans ce dernier des échantillons de Marsupites : *M. Milleri*, Mantell, d'un calcaire blanchâtre des environs d'Ariyaloor, et *M.* cf. *ornatus*, Miller, d'une roche jaunâtre, sableuse et ferrugineuse des environs d'Olapaudy; or, ces fossiles, partout où on les connaît, sont strictement cantonnés dans le Santonien. Il est fort probable qu'il doit en être de même dans l'Inde et, comme dans le Groupe d'Ariyaloor les espèces connues ailleurs de niveaux bien déterminés appartiennent toutes au Campanien et même au Campanien supérieur, il est peu vraisemblable que les Marsupites montent aussi haut. On est ainsi conduit à penser que leur véritable gisement a été méconnu et qu'ils se trouvent en réalité dans le groupe de Trichinopoly, où ils doivent être associés aux Ammonites santoniennes précédemment signalées, lesquelles ne peuvent être situées au-dessous du *Peroniceras westphalicum*, fossile partout confiné dans le Coniacien.

Stoliczka cite une série d'espèces qui seraient communes au Groupe de Trichinopoly et à celui d'Ariyaloor : *Am. sugata*, *Am. Gardeni*, *Am. Bhavani*, *Am. Theobaldi*.

Je dois avouer que je considère ce fait comme assez peu probable, malgré le passage graduel, signalé par Blanford et Oldham, entre les couches des deux groupes.

Peut-être y a-t-il eu confusion sur le gisement réel de ces fossiles? Oldham a déjà fait remarquer que cette erreur avait pu se produire facilement.

Peut-être aussi ce passage de fossiles d'un groupe dans l'autre n'est-il qu'apparent et dû à des déterminations trop larges de formes dont les mutations sont difficiles à distinguer?

Am. sugata est une espèce assez singulière, à ornementation peu accentuée, et avec quille sur le bord externe : M. Kossmat la classe dans les *Desmoceras*, groupe composé d'espèces dont les variations dans le temps sont bien peu caractérisées. *Am. sugata* rappelle un échantillon de la craie de Westphalie décrit et figuré par M. Schlüter sous le nom d'*Am. obscurus*.

Am. Gardeni est aussi une forme assez indifférente au point de vue stratigraphique : les échantillons figurés par Stoliczka et M. Kossmat me paraissent différer du type de Baily par l'allure des sillons transversaux. Peut-être existe-t-il dans les deux groupes des représentants de cette espèce, se différenciant peu les uns des autres?

Le Groupe d'Ariyaloor débute par une formation sableuse presque sans fossiles et à la partie supérieure de laquelle se montrent des bancs calcaires très fossilifères qui renferment la faune d'Ammonites de cet horizon : ils sont recouverts par de nouveaux sables sans fossiles, où l'on a seulement trouvé des débris de *Megalosaurus*.

La faune de cet horizon ne renferme aucun *Phylloceras* et comprend un *Gaudryceras* (*G. subtilineatum*, Kossm.); un *Schlœnbachia* (*S. Blanfordi*, Stol.); une série de formes rattachées aux *Holcodiscus* par M. Kossmat et qui me paraissent plutôt appartenir au genre *Brahmaïtes* créé par ce savant pour les *Am. Brahma*, Forbes, et *Am. Vishnu*, Forbes : il est, en effet, bien difficile de séparer de ces espèces, au point de vue générique, les suivantes : *Am. karapadensis*, *Am. buddhaïcus* et probablement aussi *Am. pacificus*, Stol.

Toutes appartiennent au Groupe d'Ariyaloor. En France, nous rencontrons des formes analogues au sommet du Campanien, dans les calcaires à Stegasters des Pyrénées. M. Kossmat a montré qu'*Am. Haugi* décrit de ce niveau par M. Seunes, dont les tours internes sont lisses, appartient à ce genre, et dernièrement j'ai recueilli aux environs de Pau un échantillon qui se rapproche encore plus des *Am. Brahma* et *Am. Vishnu* et possède comme eux des tubercules sur les flancs.

Avec ces espèces en existent encore d'autres qui s'y rattachent par leurs affinités; ce sont : *Am. Aemilianus*, *Am. Kandi*, *Am. Kalika*, *Am. madrasinus*, formes d'ailleurs très voisines.

Deux *Desmoceras* habitent les couches d'Ariyaloor : *D. diphylloides*, Forbes, *D. phyllimorphum*, Kossmat.

Les vrais *Pachydiscus* sont abondamment représentés.

D'abord *P. Egertoni*, Forbes, sp., qui paraît bien se rattacher à *P. neubergicus*, comme l'a montré M. Kossmat.

P. otacodensis, Stol., sp., espèce spéciale à l'Inde et qui rappelle seulement de bien loin *P. colligatus*, Binkh. sp. emend. de Gros, et *P. epiplectus*, Redt.

P. Grossouvrei, Kossmat, voisin de *P. perfidus*, de Gross. des calcaires de Tercis.

P. ariyaloorensis, Stol.; l'échantillon P. LXIII, fig. 3, de Stoliczka, rappelle *Am. colligatus*.

P. Menu, Forbes, sp. : M. Kossmat lui assimile un échantillon du Krampen, près Neuberg, horizon qui appartient au niveau le plus supérieur du Campanien.

Au-dessus des sables à *Megalosaurus* vient un nouvel horizon calcaire dont la faune diffère complètement de celle des couches inférieures. Les *Inoceramus*, *Radiolites*, *Trigonia*, *Trigonoarca* et *Leptomaria*, abondamment représentés dans les couches les plus inférieures, font défaut, et le seul Céphalopode qu'on y trouve est *Nautilus danicus*. Les affleurements de ces couches se montrent au Nord-Est d'Ariyaloor, à Ninniyoor, Sainthoray, etc.

La série des couches précédentes est recouverte en discordance par les grès tertiaires de Cuddalore qui renferment seulement quelques mauvais débris de Plantes et surtout des bois silicifiés.

DISTRICT DE PONDICHÉRY.

Les couches crétacées des environs de Pondichéry ont été étudiées par Blanford, Warth, Forbes, d'Orbigny, Stoliczka, et plus récemment par M. Kossmat.

Les opinions les plus variées ont été émises sur leur âge : Forbes les rattachait au Néocomien, tandis que d'Orbigny les classait dans la craie supérieure et que Stoliczka penchait à considérer leur base comme l'équivalent du Groupe d'Ootatoor.

Dans son mémoire, M. Kossmat a montré que les erreurs commises sur cette question étaient dues aux difficultés de détermination qui existent pour certains groupes d'Ammonites, tels que *Phylloceras*, *Lytoceras*, etc., abondamment représentés dans ces couches, de telle sorte qu'on avait confondu des formes habitant des niveaux bien différents.

Dans le terrain crétacé de Pondichéry, M. Kossmat distingue de haut en bas :

Les couches à Nérinées ou Horizon F de Warth.

Les couches à *Trigonoarca* ou Horizons D et E de Warth.

Les couches de Valudayoor ou couches à *Anisoceras* de Blanford : Horizons B et C de Warth.

Les couches de Valudayoor sont formées par un grès schisteux calcaire, à grain fin, bleuâtre ou brunâtre, présentant une assez grande ressemblance avec la lumachelle de Garudamangalam (ou marbre de Trichinopoly) : elles renferment de nombreux fossiles, Ammonites, Lamellibranches et Gastropodes dans un très bel état de conservation.

Parmi les Ammonites, ce sont les *Phylloceras* et les *Lytoceras* qui sont le plus abondamment représentés et, avec eux, les formes déroulées *Anisoceras* et *Baculites*.

La faune comprend quatre *Phylloceras*, trois *Gaudryceras*, un *Tetragonites*, un *Pseudophyllites*, un *Sphenodiscus*, deux *Brahmaïtes*, une série de *Pachydiscus*, un *Hauericeras*, deux *Desmoceras* et deux *Baculites*.

Un certain nombre, parmi ces diverses espèces, existent dans les Couches d'Ariyaloor; tels sont, en particulier, *Brahmaïtes Brahma* et *Pachydiscus Egertoni*, Forbes.

D'autres sont connues de l'Europe : ainsi *Gaudryceras Colloti*, des calcaires à Stegasters de Pau, est identique à *Pseudophyllites Indra*, Forbes, sp., comme j'ai pu le vérifier d'après une série d'échantillons que j'ai recueillis dernièrement. *Pachydiscus ganesa*, Forbes, sp., ne diffère pas des jeunes de *P. neubergicus; P. Crishna*, Forbes, est bien voisin de *P. gollevillensis*.

Les couches à *Trigonoarca* caractérisées par la fréquence de *Tr. galdrina*, d'Orb., se distinguent facilement des précédentes par leurs caractères pétrographiques : ce sont des sables incohérents et des argiles de couleur jaunâtre renfermant souvent des nodules phosphatés.

Beaucoup de Gastropodes et de Lamellibranches sont communs avec la subdivision inférieure : les seuls Céphalopodes qu'on y rencontre sont deux espèces de Nautiles, puis *Pachydiscus gollevillensis*, d'Orb., *Brahmaïtes Brahma*, Forbes, et *Baculites vagina*, Forbes.

Par cette faune on voit que cette subdivision appartient à la même zone paléontologique que la précédente : leur ensemble correspond aux Couches d'Ariyaloor du district de Trichinopoly.

Parmi les autres fossiles de cet horizon, je signalerai encore *Ostrea ungulata* (= *O. larva*), *Ostrea ostracina* et des *Pugnellus*.

Les couches à Nérinées qui terminent la série, constituées par un grès dur, jaunâtre, se parallélisent avec les couches de Niniyoor à *N. danicus* : on n'y rencontre plus comme Céphalopodes que des Nautiles : *N. danicus*, *N. serpentinus*, Blanford, *N. sphæricus*, Forbes, *N. tamulicus*, Kossmat, et *N.* (*Aturia*) *delphinus*, Forbes. Les Foraminifères y sont abondants et particulièrement les Orbitoïdes.

En résumé, en prenant comme point de départ les espèces du Crétacé de l'Inde connues d'autres régions et plus particulièrement de l'Europe, nous voyons qu'on peut distinguer dans ce terrain les faunes suivantes :

1° Une série d'espèces appartenant au Gault supérieur;

2° Une autre série constituée par des espèces franchement cénomaniennes et notamment de nombreux *Acanthoceras* du groupe du *rhotomagense* et de celui du *Mantelli;*

3° Plusieurs espèces caractérisant les divers horizons du Turonien.

Tout cet ensemble a été rencontré dans le Groupe d'Ootatoor : il est possible que l'on doive y rattacher quelques autres espèces considérées comme appartenant à la base du Groupe de Trichinopoly, telles que *Baculites* cf. *bohemicus* et *Prionocyclus serratocarinatus ;*

4° Une seule espèce coniacienne *Per. dravidicum*, Kossmat, sp., qui ne me paraît pas différer de *Per. westphalicum*, d'ailleurs rare dans les gisements où Soliczka la signale;

5° Une série d'espèces du groupe de Trichinopoly identiques ou semblables à des types santoniens de l'Europe : je considère comme probable que les Marsupites signalés dans le Crétacé de l'Inde doivent appartenir à cet horizon;

6° Enfin un assez grand nombre d'espèces du Groupe d'Ariyaloor, des couches de Valudayoor et des couches à *Trigonoarca* identiques à des espèces d'Europe, toutes confinées dans le Campanien le plus supérieur.

Nous ne rencontrons donc pas dans l'Inde d'espèces connues du Campanien inférieur et moyen de l'Europe, ce qui nous conduit à penser que ces horizons doivent manquer ou être représentés par des couches non fossilifères ou du moins ne renfermant aucune Ammonite. Cette observation montre que le passage graduel signalé entre les couches de Trichinopoly et celles d'Ariyaloor ne doit être qu'apparent.

CRÉTACÉ DE L'HINDOUSTAN.

	Groupe	DISTRICT DE TRICHINOPOLY.	DISTRICT DE PONDICHÉRY.	
DANIEN.	GROUPE D'ARYALOOR.	Calcaires très fossilifères à *Nautilus danicus*, de Niniyoor, Sainthoray, etc.	Couches à Nérinées = Horizon F de Warth.	avec *Nautilus danicus*.
CAMPANIEN.	GROUPE D'ARYALOOR.	Sables à Megalosaurus.	Couches à Trigonoarca = Horizons E et D de Warth.	Sables incohérents et argiles à nodules phosphatés avec Gastropodes, Lamellibranches, *Pachydiscus gollevillensis*, *Brahmaites Brahma*, *Baculites vagina*, *Ostrea ungulata*, *O. ostracina*.
CAMPANIEN.	GROUPE D'ARYALOOR.	Calcaires fossilifères, intercalés dans des sables, avec *Brahmaites Brahma*, *B. Vishnu*, *B. karapadensis*, *Pachydiscus otacodensis*, *P. ariyalooensis*, etc. (Transgressivité.)	Couches de Valudayoor ou couches à *Anisoceras* (Blanford). = Horizons C et B de Warth.	Grès schisteux calcaire avec nombreux fossiles, Gastropodes, Lamellibranches : *Anisoceras*, *Baculites*, *Pseudophyllites Indra*, *Pachydiscus Ganesa*, *P. Crishna*.
SANTONIEN.	GROUPE DE TRICHINOPOLY.	Calcaire d'Ariyaloor à *Marsupites Milleri*, *M.* cf. *ornatus* (Olapaudy). Argiles tendres glauconieuses rougeâtres ou brunes à *Gaudryceras varagurense*, *Kossmaticeras Vaja*, *K. pachystoma*, *K. anapadense*, *Puzosia Gaudama*.		
CONIACIEN.	GROUPE DE TRICHINOPOLY.	Couches à *Peroniceras westphalicum* (*dravidicum*, Kossm.) de Kurribiem, Karapady, etc.		
TURONIEN.	GROUPE DE TRICHINOPOLY.	Marbre de Trichinopoly ou Lumachelle de Garudamangalam avec nombreux Gastropodes et Lamellibranches, *Bacul.* cf. *bohemicus*, *Prionocyclus serratocarinatus*. (Mouvements du sol, érosions, discordance et transgressivité sur les couches d'Ootatoor, les calcaires à Polypiers et même sur les gneiss.)[1]		
TURONIEN.	GROUPE D'OOTATOOR.	Couches de Cunum et Monglepady à *Mammites conciliatus*, *Ac.* (?) *superstes*, *Neoptychites Telinga*, *In. labiatus*.		
CÉNOMANIEN.	GROUPE D'OOTATOOR.	Sables grossiers et conglomérats d'Odium, grès et calcaires de Cunum et Monglepady à *Acanthoceras* du groupe du *rhotomagense*.		
ALBIEN.	GROUPE D'OOTATOOR.	Couches de Maravatoor, Odium et Cunum (calcaires jaunes argileux intercalés dans des argiles rouges gypsifères), à *Mortoniceras inflatum*, *Stoliczkaia dispar*, *Desmoceras latidorsatum*, *Phylloceras ellipticum*, *Gaudryceras vertebratum*, *G. Sacya*, *G. Mahadeva*.		
ALBIEN.	GROUPE D'OOTATOOR.	Calcaires à Polypiers.		
		(Gneiss ou Couches supérieures de Gondmana.)		

[1] Si l'étage Turonien doit comprendre le marbre de Trichinopoly, la discordance se trouve probablement au-dessus.

RÉPARTITION DES CÉPHALOPODES

DANS LA CRAIE DE L'INDE.

NOMS DES ESPÈCES.	OOTATOOR GROUP.	TRICHINO-POLY GROUP.	ARIYALOOR GROUP.	VALU-DAYOOR BEDS.	TRIGONO-ARCA BEDS.
Phylloceras ellipticum, Kossm.	●				
— *Velledæ*, Mich.	●				
— *improvisum*, Stol.	●				
— *Nera*, Forb.				●	
— *decipiens*, Kossm.				●	
— *Surya*, Forb.				●	
— *Forbesi*, Forb.				●	
— *Whiteavesi*, Kossm.	●				
Lytoceras Mahadeva, Stol.	●				
Gaudryceras Sacya, Forb.	●				
— *multiplexum*, Kossm.	●				
— *varagurense*, Kossm.		●			
— *subtililineatum*, Kossm.			●		
— *Kayei*, Forb.				●	
— *vertebratum*, Kossm.	●				
— *valudayoorense*, Kossm.				●	
— *madraspatanum*, Stol.	●				
— *involvulum*, Stol.	●				
— *revelatum*, Stol.	●				
— *politissimum*, Kossm.		●			
— *odiense*, Kossm.	●				
— *Varuna*, Forb.				●	
— *Marut*, Stol.	●				
Tetragonites Timothei, Mayor	●				
— *epigonum*, Kossm.		●			
— *Cala*, Forb.				●	
— *Kingi*, Kossm.	●				
Pseudophyllites Indra, Forb.				●	●
Neoptychites Telinga, Stol.	●				
— *Xetra*, Stol.	●				
Pachydiscus Vaju, Stol.		●			
— *anapadensis*, Stol.		●			
— *rotalinus*, Stol.	●				
— *Jimboi*, Kossm.		●			
— *Egertoni*, Forb.			●	●	
— *Ganesa*, Forb.				●	
— *gollevillensis*, d'Orb.					●
— sp. cf. *gollevillensis*, d'Orb.				●	
— *otacodensis*, Stol.			●		
— *Crishna*, Forb.				●	
— *Grossouvrei*, Kossm.			●		
— *Tweeni*, Stol.			●		
— *deccanensis*, Stol.			●		
— *ariyaloorensis*, Stol.			●		
— *koluturensis*, Stol.		●			
— *Menu*, Forb.				●	
— *Cricki*, Kossm.		●			
Holcodiscus (?) *cliveanus*, Stol.	●				
— *moraviatoorensis*, Stol.	●				
— *papillatus*, Stol.	●				
— *Paravati*, Stol.		●			
— *pacificus*, Stol.			●		
— *indicus*, Forb.					
Kossmaticeras Theobaldi, Stol.		●	●	●	
— *recurrens*, Kossm.		●			
— *Bhavani*, Stol.		●	●		

NOMS DES ESPÈCES.	OOTATOOR GROUP.	TRICHINOPOLY GROUP.	ARIYALOOR GROUP.	VALUDAYOOR BEDS.	TRIGONOARCA BEDS.
Kossmaticeras sparsicostatum, Kossm		●			
— *pachystoma*, Kossm		●			
— *pondicherryanum*, Kossm				●	
Brahmaïtes Aemili, Stol			●		
— *Kandi*, Stol			●		
— *Kalika*, Stol			●		
— *madrasinus*, Stol			●		
— *karapadensis*, Kossm			●		
— *buddhaïcus*, Kossm		●			
— *Brahma*, Forb				●	●
— *Vishnu*, Forb				●	
Desmoceras latidorsatum, Mich	●				
— *inane*, Stol	●				
— n. sp. aff. *inane*, Stol	●				
— *diphylloïdes*, Forb			●		
— *phyllimorphum*, Kossm			●		
— *sugata*, Forb		●	●		
Puzosia planulata, Sow. var.	●				
— *Gaudama*, Forb		●			
— *crebrisulcata*, Kossm	●				
— *indopacifica*, Kossm		●			
— *compressa*, Kossm	●				
— *Stoliczkai*, Kossm	●				
— *insculpta*, Kossm	●				
— *Bhima*, Stol	●				
— *aliena*, Stol	●				
— *Denisioni*, Stol	●				
Hauericeras Rembda, Forb				●	
— *Gardeni*, Baily		● ?	●		
Sphenodiscus Siva, Forb				●	
Placenticeras tamulicum, Blanf		●			
— *Warthi*, Kossm	●				
Forbesiceras Largillierti, d'Orb	●				
— *subotectum*, Stol	●				
Schlönbachia obesa, Stol	●				
— *Blanfordi*, Stol			●		
Acanthoceras Turneri, White	●				
— *Newboldi*, Kossm. typique	●				
— — var. *spinosa*	●				
— — var. *planecostata*	●				
— *Hunteri*, Kossm	●				
— *cenomanense*, d'Arch	●				
— *naviculare*, Mant	●				
— *Choffati*, Kossm	●				
— *gothicum*, Kossm	●				
— *harpax*, Stol	●				
— *pentagonum*, J. Browne et Hill	●				
— *tropicum*, Stol	●				
— *Medlicotti*, Stol	●				
— *ornatissimum*, Stol	●				
— *Cunningtoni*, Sharpe, n. var. *cornuta*	●				
— *meridionale*, Stol	●				
— *aberrans*, Kossm	●				
— *colerunense*, Stol	●				
— *Footei*, Stol	●				

NOMS DES ESPÈCES.	OOTATOOR GROUP.	TRICHINO-POLY. GROUP.	ARIYALOOR GROUP.	VALU-DAYOOR BEDS.	TRIGONO-ARCA BEDS.
Acanthoceras conciliatum, Stol.	•				
— *crassitesta*, Stol	•				
— *Mantelli*, Sow.	•				
— *laticlavium* Sharpe, n. var. *indica*.	•				
— *Ushas*, Stol.	•				
— *Morpheus*, Stol.	•				
— *vicinale*, Stol	•				
— *discoidale*, Kossm	•				
— (?) *superstes*, n. sp.	•				
— (?) *Rudra*, Stol.	•				
Mortoniceras inflatum, Sow. typique	•				
— — var. *orientalis*	•				
— — var. *æquatorialis*.	•				
— *gracillimum*, Kossm	•				
— *propinquum*, Stol.	•				
— *ootatoorense*, Stol	•				
— *corruptum*, Stol.	•				
Peroniceras dravidicum, Kossm.		•			
Prionotropis serratocarinatus, Stol.		•			
Stoliczkaia dispar, d'Orb.	•				
— *tetragona*, Neum	•				
— *crotaloïdes*, Stol.	•				
— *argonautiformis*, Stol	•				
Turrilites Bergeri, Brong.	•				
— *tuberculatus*, Bosc.	•				
— *circumtaeniatus*, Kossm.	•				
— *costatus*, Lam.	•				
— *Cunliffeanus*, Stol	•				
— *spinosus*, Kossm.	•				
— (*Heteroceras*) *indicus*, Stol		•			
Hamites (*Anisoceras*) *indicus*, Forb.	?			•	
— — *subcompressus*, Forb.	?			•	
— — *rugatus*, Forb				•	
— — *largesulcatus*, Forb.				•	
— — *tenuisulcatus*, Forb			?	•	
— — *undulatus*, Forb.				•	
— — sp				•	
— — *Nereis*, Forb				•	
— — *Oldhami*, Stol	•				
— — *armatus*, Sow	•				
— — *angulatus*, Stol	•				
— — *problematicus*, Stol	•				
— — sp. aff. *Meyrati*, Ooster.	•				
— (*Hamulina*) *sublaevis*, Stol.	•				
— (*Diptychoceras*) *Forbesi*, Stol	•				
— (*Ptychoceras*) *sipho*, Forb.				•	
— — *tropicus*, Kossm	•				
— — *glaber*, Whikaves	•				
Baculites Gaudini, Pictet.	•				
— sp. (?)	•				
— cf. *baculoides*, Lam.	•				
— aff. *bohemicus*, Fritsch.		•			
— *teres*, Forbes				•	
— *vagina*, Forbes, typique				•	•
— — var. *simplex*, Kossm.			•		
— — var. *otacodensis*, Stol			•	•	

CHAPITRE XXI.

LA CRAIE DES ÉTATS-UNIS.

Les affleurements crétacés de l'Amérique du Nord s'étendent sur plusieurs aires distinctes.

Une première, à l'Est, se trouve à proximité du littoral atlantique, aux environs de New-Jersey, où les couches, masquées le plus souvent par des dépôts plus récents, ne se montrent au jour que sur une surface relativement faible. Au voisinage du golfe du Mexique, un autre territoire crétacé s'étend sur les États de l'Alabama et du Mississipi : puis un peu plus à l'Ouest, les couches reparaissent dans le Texas et se développent sur de larges surfaces, se prolongeant à l'intérieur du continent sur les deux versants des Montagnes Rocheuses; vers le Nord, elles se continuent dans le Dominion du Canada et arrivent presque vis-à-vis des affleurements crétacés récemment découverts sur la côte occidentale du Groënland. Au Sud, elles se relient à celles du Mexique, dont la composition et l'extension sont encore peu connues.

Sur la côte du Pacifique, le Crétacé se montre le long du rivage, dans la Californie, l'Orégon et l'État de Washington, se poursuit dans la Colombie britannique, a été reconnu dans les îles du littoral, dans l'île de Vancouver et dans celle de la Reine Charlotte, et de là arrive probablement jusque sur le territoire d'Alaska.

Entre ces derniers dépôts et ceux qui ont été énumérés en premier lieu, il existe des différences bien tranchées.

D'abord la série infracrétacée y est représentée à l'état de dépôts marins et paraît y succéder régulièrement au Jurassique, tandis que sur les autres parties du continent américain l'Infracrétacé marin manque presque partout et occupe seulement une surface relativement restreinte au voisinage du golfe du Mexique, où d'ailleurs il n'est représenté que par ses niveaux les plus élevés. En outre, ces deux groupes se séparent encore par leurs caractères paléontologiques : des *Lytoceras* et des *Phylloceras* se montrent dans les couches du versant pacifique et font complètement défaut dans les autres.

Nous sommes donc en présence de deux types de dépôts nettement différenciés, auxquels on peut donner respectivement les noms de *pacifique* et d'*atlantique;* ils paraissent avoir appartenu à deux provinces marines bien différentes et séparées par une terre émergée dont l'emplacement correspondait à peu près à celle de la chaîne des Sierras : à l'appui de cette manière de voir, on peut encore invoquer cette circonstance que, à partir des Montagnes Rocheuses, les formations lagunaires et lignitifères jouent vers l'Ouest un rôle de plus en plus prépondérant dans la constitution du Crétacé atlantique.

L'isolement apparent des divers territoires crétacés du type atlantique doit être attribué, en partie à des dénudations postérieures au dépôt des couches, en partie à ce que leurs affleurements sont aujourd'hui cachés, dans les régions voisines du littoral, par des couches tertiaires : il est probable, bien que l'on n'en ait pas de preuves directes, je crois, que les dépôts de New-Jersey se relient à ceux de l'Alabama et du Mississipi et que ceux-ci se rattachent par le Texas à la grande aire crétacée qui occupe le centre du continent américain.

Je m'occuperai uniquement dans ce chapitre de la série crétacée du type atlantique située sur le territoire des États-Unis : elle a été l'objet de nombreux mémoires où la stratigraphie des couches, leurs faunes et leurs flores ont été étudiées en détail; mais quand on se représente l'énorme superficie sur laquelle ce terrain se développe, on comprend combien il reste encore à faire pour arriver à une connaissance complète de ce vaste ensemble. Les monographies de nos confrères d'Amérique se rapportent le plus souvent à des surfaces relativement restreintes si on les compare à l'immense étendue occupée par le Crétacé, et cependant hors de proportion avec les régions sur lesquelles les géologues d'Europe ont l'habitude de concentrer leurs recherches. Les subdivisions établies dans chacune de ces monographies sont basées d'ordinaire sur des caractères variables d'une contrée à une autre; dans chaque pays elles ont reçu des noms empruntés aux localités où elles se présentent avec leur développement le plus typique. En présence de cette série de noms régionaux, attribués à certains groupes de couches réunies en raison de la similitude de leurs caractères pétrographiques ou paléontologiques, on conçoit les difficultés que présente un travail de coordination et les désaccords qui peuvent se produire sur les questions de synchronisme.

Pour rapprocher et comparer les niveaux de régions différentes, il ne faut pas s'appuyer avec trop de confiance sur les données fournies par les flores, ni sur les caractères résultant de l'ensemble des faunes. En ce qui concerne les premières, on peut dire qu'elles sont encore insuffisamment étudiées au point de vue de leur évolution dans le temps; quant aux faunes, elles sont liées d'une manière trop intime aux conditions de dépôt pour que l'on puisse les utiliser en toute sécurité. Il convient, comme je l'ai fait jusqu'ici, de chercher à établir la chronologie des sédiments en se basant uniquement sur la succession des faunes de Céphalopodes et particulièrement d'Ammonites; dans cette voie, nous trouverons des renseignements d'autant plus précieux qu'ils pourront nous servir de termes de comparaison avec les subdivisions établies en Europe.

L'invasion marine qui, pendant la période crétacée, a recouvert une partie du continent américain venait du Sud, et c'est au voisinage du golfe du Mexique, dans l'État du New-Mexico et dans le Texas que nous observons les dépôts marins les plus anciens : à une époque beaucoup plus récente seulement, la mer s'est avancée jusque sur la côte atlantique et y a formé les marnes de New-Jersey.

Presque partout, au-dessous des premières couches marines on rencontre des formations saumâtres, de lagunes ou de deltas, ou même purement lacustres, dans lesquelles les Mollusques font à peu près complètement défaut ou sont seulement représentés par des types sans aucune utilité pour la détermination de l'âge des couches qui les renferment. Souvent les débris de Plantes y sont abondants et parfois même donnent naissance à des couches de charbon.

Le dépôt d'origine non marine considéré comme le plus ancien se trouve sur la côte atlantique, dans le Maryland et les districts de la Colombie et la Virginie : il repose sur les roches cristallines et est recouvert en discordance par le Crétacé supérieur. Mc Gee lui a donné le nom *Potomac Formation :* sa puissance s'élève à 500 ou 600 pieds, d'après Mc Gee, et à 1175 pieds d'après J. Ward.

Il se compose d'argiles, de sables, de graviers et de galets avec lits de lignite et un niveau rempli de nombreux rognons de minerai de fer : les parties arénacées sont assez fréquemment meubles et le plus souvent consolidées en grès. Elles prédominent à la partie inférieure, tandis que les dépôts argileux sont plus abondants vers le sommet. D'ailleurs la nature des couches paraît être aussi variable dans le sens horizontal que verticalement.

Les travaux de Fontaine ont révélé l'existence de Dicotylédones dans ce terrain tout d'abord considéré comme néocomien. Le professeur F. Ward s'est occupé, dans ces dernières années, de ce groupe dans lequel il comprend les dépôts nommés *Raritan Formation,* qui s'étendent du Maryland par Delaware et New-Jersey aux îles de la côte Sud de la Nouvelle-Angleterre.

« Il y distingue [1], de bas en haut, la succession suivante : série de James River, série de Rappahannock, série du Mont Vernon, série d'Aquia Creek, série des minerais de fer, non fossilifère, et série Albirupéenne, dont les quatre premières formeraient le Potomac inférieur, les deux dernières le Potomac supérieur. Les deux termes les plus anciens sont pauvres en Dicotylédones, et une forte proportion des espèces qu'ils possèdent, soit en propre pour chacun d'eux, soit en commun, ne se retrouvent pas plus haut. La flore du Mont Vernon, qui vient ensuite, renferme une série d'espèces des niveaux inférieurs qui ne s'élèveront pas au-dessus, en même temps qu'un bon nombre d'espèces des niveaux supérieurs non encore observées plus bas; elle affecte ainsi un caractère de transition bien accentué..... Dans la série d'Aquia Creek, séparée de la précédente par une importante érosion, la flore se montre pour la première fois riche en Dicotylédones, visiblement alliées aux types actuels, tout en renfermant encore des types des séries inférieures, Fougères et Conifères surtout, notamment du genre *Nageiopsis,* lequel ne dépasse pas cette limite vers le haut; les caractères de cette flore conduiraient à désigner la série d'Aquia Creek comme Potomac moyen, les Fougères et les Cycadées demeurant prédominantes dans les séries inférieures, et les Dicotylédones, au contraire, occupant la première place dans le Potomac supérieur, dans la série Albirupéenne. Cette dernière comprend deux groupes, un groupe inférieur et un groupe supérieur que l'on avait, jusqu'à présent, classé comme cénomanien, en assimilant sa flore à celle d'Atané au Groënland, et du Dakota aux États-Unis; ce groupe supérieur, que M. Lester Ward désigne comme groupe de Raritan, comprenant les argiles d'Amboy et, à sa partie la plus élevée, les couches à plantes des îles de Long Island, Staten Island, Marthas Vineyard et autres, formerait le couronnement de l'Infracrétacé, l'assimilation qui en avait

[1] 1898. R. Zeiller, *Revue des travaux de Paléontologie végétale publiés dans le cours des années 1893-1896,* p. 62. (*Revue générale de botanique*, IX [1897], p. 324, et X [1898], p. 26.)

été faite au Cénomanien reposant sur des identifications spécifiques un peu hâtives, qu'un examen plus approfondi a conduit à rectifier; on aurait affaire là à une flore un peu plus ancienne que celle d'Atané, laquelle serait sans doute elle-même légèrement antérieure à la flore du Dakota.

« La flore du système du Potomac présente, d'ailleurs, de nombreux traits de ressemblance avec la flore infracrétacée européenne : c'est ainsi, en particulier, que, de même que de nombreux troncs de Cycadinées ont été rencontrés dans les couches wealdiennes d'Angleterre, de même on en a trouvé à diverses reprises dans la portion inférieure de la *Potomac Formation*, en grand nombre surtout, en 1893, dans les Black Hills du Dakota méridional d'une part, et dans le Maryland d'autre part[1]; mais c'est principalement avec la flore portugaise que la comparaison est intéressante, à raison de la présence des Dicotylédones dans celle-ci comme dans celle des États-Unis. M. Lester Ward rapproche notamment les *Dicotylophyllum* de Cercal de certaines feuilles de *Proteæphyllum* de la série du Mont Vernon ou de *Populophyllum* de la série d'Aquia Creek; il indique à cette occasion les *Protorhipis* comme lui paraissant, ainsi que je l'ai dit plus haut, même ceux de l'Infralias et du Lias, représenter des formes ancestrales de Dicotylédones, interprétation que les observations faites sur les échantillons du Lias inférieur de Steierdorf comme sur ceux de Bornholm ne me permettent pas d'accepter. En revanche, les autres rapprochements indiqués par M. Lester Ward paraissent absolument justifiés, tels que ceux du *Cissites obtusolibus* de Buarcos et du *Vitiphyllum multifidum* de la série d'Aquia Creek, du *Chondrophyton laceratum* du Cénomanien de Padrao et du *Liriodendropsis simplex* des argiles d'Amboy; l'identité, au moins générique, ne semble pas discutable. Si l'on entre dans le détail, la comparaison, étage par étage, de l'une et de l'autre flore, montre même assez d'analogies de composition pour qu'on puisse, avec quelque vraisemblance, paralléliser la flore la plus inférieure du Portugal avec celle des deux séries les plus anciennes du Potomac, la flore urgonienne de Cercal avec celle du Mont Vernon, la flore aptienne d'Almargem avec celle d'Aquia Creek, la flore albienne de Buargos avec celle des argiles d'Amboy, et la flore vraconienne de Nazareth avec celle de la série des Iles. Il ressort de là

[1] 1894. Lester F. Ward, *Fossil Cycadean trunks of North America, with a revision of the genus Cycadeoidea Buckland.* (*Proc. biol., Soc. Washington*, IX, p. 75, 88; 1894.) — *Recent discoveries of Cycadean trunks in the Potomac Formation of Maryland.* (*Bull. Torrey bot. Club.*, XXI, p. 291-299; 1894.)

que l'ensemble de la flore a été, au moins à bien peu près, le même de part et d'autre, et a suivi la même marche dans son évolution graduelle. »

Les Mollusques sont rares dans le Groupe de Potomac, seulement des *Unio*, et, dans la Raritan Formation, *Astarte*, *Corbicula*, *Gnathodon* et *Ambonicardia* (gen. nov.) [voir Stanton, p. 589 [1]].

Des débris de Vertébrés ont été trouvés à la partie inférieure du Potomac, et Marsh, se basant sur ce que les genres rencontrés *Allosaurus* et *Cœlurus* existent dans les couches à *Atlantosaurus* des Montagnes Rocheuses, en a déduit que probablement le Potomac est d'âge jurassique. (Voir Stanton, *loc. cit.*, p. 590.)

Dans un travail plus récent, MM. Clark et Arthur Bibbins ont fait connaître que les bancs qui ont fourni des Dicotylédones sont situés au-dessus de ceux qui ont donné les restes de Vertébrés examinés par Marsh et que même il existe une discordance entre les deux séries de dépôts. En conséquence, ils divisent le groupe de Potomac de la manière suivante :

		CLARK ET BIBBINS.		LESTER WARD.
Potomac Group.	Infracrétacé.	Raritan Formation		Albirupean Serie.
		(Discordance.)		
		Patapsco Formation		Iron ore Serie.
		(Discordance.)		
	Jurassique supérieur?	Arundel Formation.	.....	Aquia Creek Serie.
			.....	Mont Vernon Serie.
		Patuxent Formation.	.....	Rappahannock Serie.
			.....	James River Serie.

Les restes de Vertébrés proviendraient de la série d'Arundel, et la flore de Potomac serait contenue dans la série de Patapsco, séparée de la précédente par une discordance.

Les couches inférieures seraient provisoirement, sur l'autorité de Marsh, rapportées au Jurassique supérieur, mais des doutes peuvent être émis sur cette attribution, car parmi les Vertébrés se trouve un jeune *Pleurocœlus* connu du Wealdien d'Angleterre.

(1) 1897. T. W. Stanton, *A comparative study of the lower cretaceous formations and faunas of the United States.* (*The Journal of Geology*, V., n° 6.)

Une autre assise analogue au groupe de Potomac, avec lequel elle est probablement en relation de continuité sous le manteau tertiaire qui les sépare, est constituée par la *Tuscaloosa Formation,* principalement développée dans l'Alabama, mais s'étendant à l'Est dans la Géorgie et à l'Ouest dans le Missisipi. Elle comprend, à la partie inférieure, des argiles grises, rouges, plus ou moins bien stratifiées et contenant en abondance des débris végétaux; au sommet, des sables de couleur variée, blancs, jaunes, gris, roses et rouges, ordinairement micacés.

A l'Est, elle repose sur les roches cristallines et ailleurs sur le Paléozoïque : sa puissance serait d'un millier de pieds.

On l'a rapprochée du Potomac. D'après sa flore, contenant 35 espèces, M. L. Ward la parallélise avec les Amboy et les Raritan Clays, tout en admettant la possibilité que des horizons plus anciens du Potomac puissent y être représentés.

On n'y a trouvé aucun reste de Vertébrés.

Je laisse de côté, pour y revenir un peu plus loin, la flore de la Trinity Division, qui se trouve à la base de la série marine de Comanche, et j'arrive à un gisement beaucoup plus septentrional, celui de Kootanie, découvert par le Dr Geo. M. Dawson dans les Montagnes Rocheuses du Canada, entre 49° et 51°30′ de latitude Nord, dans la partie occidentale de l'État d'Alberta. L'épaisseur totale de ce terrain est d'environ 7,000 pieds; il se compose d'argiles et de grès d'apparence très variable, avec couches charbonneuses. On n'y a trouvé aucun débris animal, sauf un mauvais spécimen de *Goniobasis* indiquant un dépôt d'eau douce.

La flore comprend 27 espèces identiques ou alliées à des espèces du Potomac, mais aucune Dicotylédone, ce qui semblerait indiquer que les horizons inférieurs du Potomac sont seuls représentés.

Dans l'État de Montana (États-Unis), le bassin charbonneux des Great Falls, ou Cascade Coal Basin, occupe un synclinal renversé sous le calcaire carbonifère. On y trouve des couches de combustible de bonne qualité : il a été rapporté au niveau du Kootanie et est composé de grès, alternant avec des schistes argileux, et de quelques minces lits de calcaire impur. Le sommet de ce terrain n'est pas nettement défini, mais sa puissance est certainement de plusieurs centaines de mètres. 38 espèces de plantes fossiles ont été décrites par MM. Newbery et Fontaine. Ce dernier auteur, dans son travail, annonce « qu'il a observé avec diverses espèces de Fougères et de Cycadées, dont quelques-unes rappellent certaines formes de l'Infracrétacé du Groënland, des types caractéristiques de la flore inférieure du Potomac qui le conduisent à le paralléliser avec cette dernière, bien qu'il n'y ait pas rencontré d'Angiospermes[1] ».

Je reviens maintenant à la flore de la *Trinity Division*, assise inférieure de la Série de Comanche : des Plantes ont été trouvées dans la zone dite *Glen Rose limestone and clays* et ont été étudiées récemment par M. le professeur Fontaine. Il y a reconnu 23 formes distinctes, consistant principalement en Cycadées et en Conifères avec une Fougère, un Equisetum et quelques formes d'affinités incertaines; 7 espèces sont identiques et 6 semblables à des espèces du Potomac; 4 se rencontrent dans le Wealdien, 2 dans l'Urgonien. Aucun Angiosperme n'a été rencontré. M. Fontaine conclut, d'après les affinités avec la flore du Potomac inférieur, qu'elle est un peu plus ancienne que celle-ci et appartient probablement tout à fait à la base de l'Infracrétacé.

Cette conclusion est fort différente de celle à laquelle M. Douvillé a été conduit par l'étude de la faune marine : il pense que la *Trinity Division* ne peut être placée plus bas que l'Aptien et appartient probablement à l'Albien[2]. Je dois avouer que j'attache plus d'importance aux caractères positifs fournis par l'étude de l'évolution de certaines formes animales bien étudiées, comme le sont aujourd'hui les Rudistes depuis les remarquables travaux de M. Douvillé, qu'aux données fournies par l'ensemble de la flore : je suis tout à fait incompétent pour traiter la question à ce dernier point de vue, mais il me semble que, en se guidant uniquement sur le nombre des espèces communes à plusieurs gisements, alors qu'on néglige de mettre hors de cause les types indifférents qui traversent une grande hauteur de couches sans varier, on retombe dans l'erreur si souvent commise autrefois quand on recherchait les affinités des faunes d'après la proportion de formes communes qu'elles renfermaient; on partait de là pour établir leur âge relatif et on arrivait, par cette méthode, à des conclusions reconnues, depuis lors, comme fort éloignées de la vérité.

Je suis donc tout disposé à croire que les idées émises sur l'âge des couches à Plantes, par lesquelles débute, en différentes régions, la série crétacée de l'Amérique du Nord, ne sont pas encore définitives.

[1] Zeiller, *loc. c.*, p. 64.

[2] 1898. Douvillé, *Sur les couches à Rudistes du Texas.* (*Bull. Soc. géol. de France*, 3e série, XXVI, p. 387.)

Ainsi, on peut considérer comme acquis, grâce aux documents fournis par la faune marine des couches de Trinity que celles-ci ne peuvent être inférieures à l'Aptien, et cependant la considération de la flore tendrait à les placer à la base de l'Infracrétacé.

En outre, comme la flore des couches de Trinity offre de grandes analogies avec celle du Potomac et même celle du Potomac inférieur, je crois qu'il faut attribuer à ces dernières un âge plus récent qu'on ne le fait généralement. Malgré la discordance signalée entre les Raritan Clay et la formation marine qui leur succède, il me semble assez vraisemblable que les couches d'origine saumâtre doivent marquer le prélude de la transgression marine qui a permis le dépôt des Marnes de New-Jersey. Or, comme ces dernières sont d'âge Campanien, je doute fort que les autres soient beaucoup plus vieilles. L'ancienne opinion, d'après laquelle leur flore rappellerait celle d'Aix-la-Chapelle, se rapprocherait ainsi beaucoup plus de la vérité que celle qui les fait classer aujourd'hui dans l'Infracrétacé.

Le Crétacé marin le plus ancien des États-Unis, du type Atlantique, se trouve au voisinage du golfe du Mexique et est bien développé dans le Texas. Il est connu sous le nom de *Comanche Serie.* Aujourd'hui, on y rattache un système de couches qui, primitivement, avaient été groupées séparément sous le nom de Trinity Formation ou Sables à Dinosauriens (Dinosaur-Sands, Hill-White, 1887).

La série de Comanche s'étend sur le Texas, dans le Sud-Ouest de l'Arkansas, sur les Territoires indiens, couvre de larges surfaces dans l'État de New-Mexico et se prolonge jusque dans l'Arizona; des lambeaux de ce terrain existent aussi dans le Sud du Kansas.

Sa composition paraît varier assez notablement sur les diverses parties de ce territoire : les dépôts calcaires y entrent généralement pour une forte proportion; des sables souvent grossiers s'y développent localement, surtout à la base, tandis que vers la partie supérieure on y voit des lits d'argiles et de sables.

Vers l'Ouest, les sables prédominent : à El Paso [1], le calcaire représente seulement une petite partie de la puissance totale; dans les environs de Tucumcari (New-Mexico) et dans le Sud du Kansas, on n'observe plus que des

[1] 1896. T. W. Stanton and E. W. Vaughan, *Section of the Cretaceous at El Paso, Texas.* (*American Journal of Science, I.*)

grès et des schistes argileux. Dans cette dernière région, l'épaisseur est réduite à 200 pieds, et probablement la subdivision supérieure (Washita) y est seule représentée.

La puissance de la série est de 1,500 pieds au Texas, augmente au Sud-Ouest, atteint 4,000 pieds dans le Nord de Chihuahua, d'après le docteur C.-A. White, et encore davantage plus au Sud.

M. Hill a établi dans la série de Comanche les subdivisions suivantes :

Washita	Shoal Creek limestone. Denison beds. Fort Worth limestone. Preston beds.
Fredericksbourg	Caprina limestone. Comanche Peak limestone. Walnut clays.
Trinity	Paluxy sands. Glen Rose limestone and clays. Trinity sands.

Les Trinity sands sont des sables incohérents renfermant des bois silicifiés, du lignite et des fragments d'ossements de grandes dimensions que l'on croit appartenir à des Vertébrés, d'où le nom de sables à Dinosauriens donné à cette zone.

Les Glen Rose beds, bien développés dans le Texas et l'Arkansas, n'ont pas été observés sur les Territoires indiens. Ils sont formés de couches plus ou moins dures de calcaire impur, souvent dolomitique, surtout à la partie supérieure, et alternant parfois avec des argiles feuilletées.

On a trouvé dans les Glen Rose beds, à 250 pieds au-dessus de la base de la série, une certaine quantité de Plantes qui, comme nous l'avons vu précédemment, ont été étudiées par le professeur Fontaine. Ce savant a conclu de ses recherches qu'autant qu'on peut en juger par une flore aussi peu nombreuse (23 espèces), elle a beaucoup d'analogie avec la flore de la partie inférieure du Potomac, avec cette différence qu'aucune trace d'Angiospermes n'y a été trouvée : pour lui la flore du Trinity serait problablement plus ancienne que le Potomac le plus inférieur.

Cette conclusion n'est pas d'accord avec celle qui résulte de l'examen de la faune marine assez abondante renfermée dans ces mêmes couches et dont la liste a été donnée récemment par M. Hill (*Trigonia, Natica, Tylostoma, Glauconia, Nerinea*). Deux Ammonites y figurent sous les noms de *Neumayria? Walcotti*, Hill, et *Stoliczkaia Justinæ*, Hill; mais les échantillons sont en trop mauvais état pour être susceptibles d'une définition précise et pouvoir être rapprochés avec quelque sécurité de formes analogues. La présence de ces deux Céphalopodes ne peut donc donner aucune indication sur l'âge des couches qui les renferment.

Les fossiles constituent souvent, au milieu de l'assise, des agglomérations locales : ainsi l'*Orbitulites Chalk* est un calcaire blanc renfermant une grande quantité d'*Orbitolina* (*Patellina*) *texana*, Rœmer; le *Requienia limestone* est un véritable agglomérat de coquilles de Rudistes, à la partie supérieure des Glen Rose beds; ailleurs, on trouve le *Nerinea Flags*.

M. Douvillé a pu s'assurer que les *Toucasia* de cette division se rapprochent par la position de leurs lames myophores de *T. Seunesi*, ce qui indique que ces couches ne sont pas inférieures à l'Aptien [1].

Vers la base de la division de Fredericksbourg, on retrouve quelques fossiles des couches précédentes et notamment des *Natica* et des *Tylostoma*. Des Ostracées et de nombreux Échinides, représentés par les genres *Enallaster*, *Hemiaster*, *Epiaster*, *Holaster*, *Holectypus*, *Pseudodiadema* et *Cidaris*. A signaler trois espèces importantes d'Ammonites : *Engonoceras pedernale*, v. Buch (J. Böhm), *Schlönbachia acutocarinata*, Shumard, et *Schl. trinitensis*, Gabb.

Schl. acutocarinata, Shumard, n'est autre chose que l'*Ammonites Roissyi* du Gault supérieur.

Le Caprina limestone renferme de nombreux Rudistes, des Nérinées et autres Gastropodes, des Polypiers, etc.

A Preston, le Goodland limestone est l'équivalent de la zone précédente, mais on n'y trouve pas les Rudistes si nombreux plus au Sud. Il renferme *Engonoceras Rœmeri*, Cragin.

Dans la division de Washita, on retrouve beaucoup des espèces de celle de Fredericksbourg; en particulier, *Exogyra texana*, *Turitella seriatim-granulata* et *Schl. acutocarinata*.

Sur la rivière Rouge, à Denison, le Goodland limestone est recouvert par des argiles marneuses de couleur foncée, souvent presque noires, les Kiamitia clays, qui, avec les calcaires de Duck-Creek, constituent les Preston beds.

(1) 1898. Douvillé, *loc. cit.*

Ces couches renferment des Ostracées du groupe de *Gryphæa Pitcheri* (= *G. forniculata*, White), des Oursins (*Epiaster, Holaster*) et des Ammonites, *Am. peruvianus*, v. Buch, qui n'est autre que *Am. Roissyi*, *Am. vespertinus*, Morton, qui, d'après M. Stanton[1], est fort analogue, sinon identique, à *Am. inflatus*, *Am. acutocarinatus*, Shumard, *Am. Gibbonianus*, Lea, *Am. Bellknapi*, Marcou, *Am. brazoensis*, Shumard.

Le calcaire de Fort Worth renferme une faune nombreuse, d'Échinides (*Epiaster, Holectypus, Leiocidaris, Cidaris, Pyrina, Macraster*), *Schlönbachia leonensis*, Shumard (=*Am. Roissyi*), *Gryph. Pitcheri*, Morton, *Ostrea carinata*.

Au-dessus, près d'Austin, les Denison beds, débutant par une assise argileuse (*Exogyra arietina beds*) et se terminant à la partie supérieure par un horizon caractérisé par *Kingena wacoensis*, sont surmontés par le Shoal Creek limestone avec *O. diluviana* et *Hoplites* sp.

A Denison, les Denison beds débutent par des argiles (Marietta beds) avec *O. carinata*, *G. Pitcheri* et autres Lamellibranches, surmontées par des sables et argiles (Paw-Paw) avec *Corbula*, *Tellina*, ... et *Am. emarginatus*, Cragin; au-dessus, les calcaires Main Street avec *Kingena wacoensis*, Rœmer, *Hoplites texanus*, Conrad, et *Turrilites brazoensis*, Rœmer.

La collection de l'École des Mines renferme de la Série de Comanche plusieurs Ammonites sur lesquelles M. Douvillé a bien voulu me donner la note suivante :

« 1° *Mortoniceras Shumardi*, Marcou; localité : Environs de Gabriel, comté de Williamson, Texas. Côtes rayonnantes simples, bifurquées à l'ombilic ou intercalées; les côtes principales ont un tubercule ombilical peu saillant. Deux tubercules transverses sur la région externe de chaque côté de la carène. L'ensemble rappelle l'*Am. Delaruei* de l'Albien, mais les côtes sont plus larges et les tubercules ventraux plus rapprochés l'un de l'autre.

« 2° Autre forme sans nom, de la même localité. Tours à section ogivale; côtes falciformes inégales; les grandes arrivent jusqu'à l'ombilic, où elles se surélèvent en forme de tubercules allongés; une ou deux côtes plus courtes, sans tubercule ombilical, intercalées entre les côtes principales. Cette forme rappelle *Am. Roissyi*, qui, dans certains échantillons, présente également des côtes inégales ou des bifurcations à l'ombilic; mais, dans cette cette dernière espèce, les tubercules ombilicaux sont à peine marqués; en outre, les côtes

[1] Communication directe de M. T. W. Stauton.

sont plus larges, plus épaisses et à section carrée, tandis qu'elles sont toujours triangulaires dans l'espèce américaine. Celle-ci nous paraît avoir été rapprochée à tort d'*Am. peruvianus*, de Buch (= *Am. Roissyi*); cette dernière espèce existe sur la frontière du Texas et du Mexique (Rio Bravo del Norte), à Guadelupe (Chi-hua-hua), un peu au Sud de El Paso. »

« 3° Autre échantillon, sans nom, de Fort Bellknap : espèce voisine d'*Am. Candollei* (variété de l'*inflatus*) de la Perte du Rhône[1]. »

Il résulte de ce qui précède que la faune des subdivisions de Fredericksbourg et de Washita appartient à l'Albien supérieur : dès lors, il est fort vraisemblable que celle de Trinity doit être rapportée plutôt à l'Albien inférieur qu'à l'Aptien.

Dans le Sud du Kansas, des grès appelés Cheyenne sandstone se trouvent à la base de la série crétacée qui probablement débute là par la subdivision de Washita. Le docteur Knowlton y a constaté la présence de sept espèces de Plantes, dont cinq Cotylédones et deux Conifères; elles se retrouvent toutes dans le Groupe du Dakota que nous verrons plus loin appartenir au Cénomanien.

Au-dessus de la subdivision de Washita viennent les Timber Creek beds : ce sont des grès grossiers, ferrugineux, avec quelques lits de calcaire impur ou d'argile, dont l'épaisseur a été évaluée à 250 pieds; ils ne sont guère connus qu'entre le Rio Brazo et le Rio Rouge. On y trouve des *Acanthoceras* et d'autres formes qui montrent que ces couches correspondent au Cénomanien d'Europe.

Ils renferment aussi un certain nombre de fossiles marins identiques à ceux que l'on rencontre parfois dans le Groupe du Dakota, terrain très développé au centre du continent américain. Celui-ci consiste généralement en grès grossiers qui, à l'Ouest, dans la région des montagnes Rocheuses, contiennent de nombreux débris de Plantes; plus à l'Est, on y a trouvé, dans le Sud-Est du Nebraska, des débris de Mollusques d'eaux douces et saumâtres et, dans le centre du Kansas, de véritables coquilles marines dont la plupart ont été identifiées à des espèces des Timber Creek beds.

Dans les montagnes Rocheuses et d'Uinta, le Dakota repose sur le Jurassique, sur le Carbonifère ou d'autres roches paléozoïques; plus au Nord, on rencontre à sa base les couches de Kootanie.

[1] Communication directe de M. Douvillé.

Les Timber Creek beds sont surmontés, dans le Texas, par les couches d'Eagle Ford, consistant en schistes argileux bleuâtres et sables jaunâtres, avec quelques intercalations de couches calcaires ou de lits gréseux (300 pieds d'épaisseur). A l'Est de Hills County, ils semblent disparaître ou se confondre avec le calcaire d'Austin; à Bexas et dans les comtés voisins, des couches paraissant se rattacher au calcaire d'Austin reposent directement sur la Série de Comanche.

Les argiles d'Eagle Ford renferment de nombreux débris de Poissons et, en outre : *In. problematicus, Ostrea congesta, Am. Meeki, Am. graysonensis, Am. percarinatus,* fossiles qui indiquent l'équivalent du Colorado Group, si bien développé plus au Nord : on y rencontre encore *Engonoceras Dumblei*, Cragin, sp.

Le Haut Missouri a fourni le type des étages supérieurs : la coupe donnée en 1850 par Hall et Meek pour le Crétacé de cette région et publiée de nouveau en 1861 par Meek et Hayden, puis en 1876 par Meek, a été considérée par la plupart des géologues comme l'échelle stratigraphique à laquelle on a cherché à rapporter les subdivisions des autres contrées. Elle est fondée surtout sur les variations lithologiques observées dans la succession des sédiments.

Le n° 1 de cette coupe a reçu plus tard le nom de Groupe du Dakota.

Le n° 2, appelé Fort Benton Group, et le n° 3 Niobrara Division, ont été ensuite réunis sous le nom de Colorado Formation.

Une monographie de cette dernière subdivision a été publiée récemment par M. T. W. Stanton; je lui emprunte les renseignements qui suivent.

Dans le Nebraska, la coupe des assises composant l'étage du Colorado est la suivante de haut en bas :

Niobrara Division (200 pieds) : Marnes calcaires grises passant, à la partie supérieure, à des calcaires blanchâtres ou jaunâtres. Beaucoup de grandes écailles et autres débris de Poissons. Nombreuses coquilles d'*Ostrea congesta* fixées sur des valves d'Inocérames : divers *Textularia*. Dans les parties plus calcaires, nombreux *In. problematicus, In. pseudo-mytiloides, In. aviculoides, O. congesta*, etc.

Fort Benton Group (800 pieds) : argile gris foncé alternant à la partie supérieure avec des lits et des couches de calcaire. *In. problematicus, In. tenuicostatus, O. congesta, Am. (Scaphites) Mullananus, Am. Woolgari, Mortoniceras shoshonense, Scaphites Wareni, S. larvæformis, S. ventricosus, S. vermiformis*, etc.

L'étage du Colorado a été reconnu avec ses fossiles caractéristiques dans les États d'Iowa, Minnesota, Dakota, Nebraska, Kansas, Colorado, Wyoming, Montana, Utah, Arizona et New-Mexico.

Dans l'Iowa et le Minnesota, ce ne sont que des lambeaux échappés à l'érosion. Dans ce dernier État, le Crétacé repose sur des roches cristallines ou paléozoïques, et la Division de Fort Benton paraît seule représentée par des argiles et schistes lignitifères avec *In. problematicus* et *Am. percarinatus* (= *Woolgari*).

Dans l'Ouest de l'État d'Iowa, on relève la coupe suivante donnée par M. Withe :

3 — Inoceramus beds, calcaire impur à *In. labiatus* et *O. congesta.*

2 — Grès et schistes de Woodbury avec *In. labiatus* et moules de Lamellibranches. Feuilles de *Salix Meeki* et *Sassafras cretaceum.*

1 — Grès de Nishnabotany, assez grossiers, ferrugineux avec quelques lits d'argiles : empreintes de feuilles d'Angiospermes.

Dans le Kansas, au-dessus de 500 pieds de grès avec Plantes abondantes appartenant au Dakota, on trouve 460 pieds de calcaires et de schistes, représentant le Colorado, avec *In. labiatus, O. congesta, Am. Woolgari* et un grand nombre de débris de Vertébrés.

Dans les Black Hills, au-dessus du Dakota, représenté par 250 à 400 pieds de grès grossiers jaunes ou rouges, la subdivision de Fort Benton (200 à 300 pieds) est composée d'argiles plastiques renfermant à la partie supérieure de minces couches de grès calcaire très fossilifères, et celle de Niobrara (100 à 200 pieds) par des marnes et schistes calcaires avec nombreux *In. labiatus* et *O. congesta.*

Dans le Montana, Fort Benton est bien développé et a fourni beaucoup de types des espèces caractéristiques; il atteint 800 pieds aux environs de Fort Benton : *In. fragilis, In. umbonatus, In. exogyroïdes, In. tenuirostratus, In. undabundus,* . . . . .

A la Montagne de Cinnabar, au-dessus de 526 pieds de grès, conglomérats, et schistes, avec quelques lits calcaires renfermant des fossiles d'eau douce, on trouve 2,850 pieds de grès et de schistes qui représentent tout le Crétacé et sont recouverts par des couches rapportées au Laramie.

Vers la base, on observe des schistes sableux avec *Ostrea anomioïdes,* renfermant quelques autres fossiles : *Trigonia, Inoceramus, Scaphites ventricosus,* mais au-dessus rien n'indique à quelle hauteur il convient de placer la limite supérieure du Groupe du Colorado.

Dans la région centrale de l'État du Colorado, aux environs de Denver, au-dessus de 300 pieds de grès riches en Plantes, viennent 4 à 500 pieds de schistes avec intercalations de bancs calcaires fossilifères renfermant assez abondamment *In. labiatus, Am. Woolgari*..... rapportés à la Division de Fort Benton et, plus haut, 40 pieds de calcaire à *In. deformis, I. labiatus, O. congesta,* recouverts par 260 pieds d'argiles et de schistes calcaréo-siliceux avec *O. congesta* et nombreuses écailles de Poissons qui constituent la Division de Niobrara : le Groupe du Colorado a donc ici 7 à 800 pieds d'épaisseur.

Un peu plus au Sud, la coupe de la vallée de l'Arkansas est semblable à la précédente, sauf des variations dans la puissance des couches et quelques modifications dans la succession des diverses natures de sédiments.

Dans l'Ouest du Colorado et dans l'Utah, les couches ont aussi le caractère arénacé et détritique, parfois conglomératique, mais il est également assez difficile d'y tracer les limites des diverses subdivisions, car les horizons fossilifères sont très clairsemés sur la hauteur. A Coalville, les couches gréseuses à *In. labiatus* renferment un lit de charbon.

La faune de l'horizon du Colorado a été étudiée récemment par M. T. W. Stanton [1].

Parmi les Ostracés, il convient de remarquer *Gryphæa Newberryi,* Stanton, précédemment appelée *Gr. Pitcheri,* comme l'Huître de la Série de Comanche : elle ressemble beaucoup à certaines formes que l'on trouve vers le sommet du Cénomanien de la Sarthe, de la Touraine et du Berry et qui ont été souvent désignées sous le nom d'*O. Baylei,* Coquand, ou celui d'*O. pseudo-vesiculosa;* elle est principalement abondante dans la partie occidentale du bassin crétacé, c'est-à-dire dans la région voisine de l'ancien littoral, dans l'Utah, le Colorado, l'Arizona et le New-Mexico, où elle est accompagnée par *In. labiatus* et *In. fragilis,* à la base de la série crétacée.

Exogyra suborbiculata, Lamk, sp. Cette espèce par ses dimensions ne diffère pas de ce que l'on appelle d'ordinaire *O. columba* var. *gigas,* caractéristique en France de tout l'étage Turonien.

[1] 1893. T. W. Stanton, *The Colorado formation and its invertebrate fauna.* (*Bull. of the United States Geological Survey,* n° 106.)

Ex. columbella, Meek (État de New-Mexico), variété de *columba* plissée au voisinage du crochet (= *O. Reaumuri*, Coq.); existe encore dans les Lower Cross Timber sands et dans les Eagle Ford shales du Texas.

Exogyra læviuscula : peut-être *Ex. conica*.

Inoceramus labiatus, très fréquent sur la plupart des points et cité même de la subdivision du Niobrara.

Inoceramus umbonatus rappelle beaucoup *In. involutus*, mais vient du Groupe de Fort Benton dans la région du Haut-Missouri, c'est-à-dire se trouve, si la détermination de niveau est bien exacte, dans la zone de l'*In. labiatus*, où l'accompagne une autre forme, très voisine également de l'*In. involutus*, *In. exogyroïdes*.

Parmi les Céphalopodes, il convient de signaler :

Buchiceras Swallovi, Shumard : d'après sa forme et le dessin de ses cloisons est un *Acanthoceras* bien voisin d'*Ac. vicinale*, Stol., comme l'a fait remarquer M. Kossmat, et aussi d'*Acant. Couloni*, d'Orb., c'est-à-dire de la variété plate d'*Ac. Mantelli*. Se trouve dans l'Utah, le Colorado, le Texas; aurait été aussi rencontré dans les calcaires de Niobrara, ce qui est un niveau bien élevé pour un *Acanthoceras* dont les affinités cénomaniennes sont si marquées.

Placenticeras placenta (Dekay) sp.? : *Placenticeras* du groupe du *Pl. placenta*, et du *Pl. memoriæ-Schlönbachi*, à tubercules placés immédiatement sur le bord de l'ombilic et à bord externe plan ou légèrement concave. M. T. W. Stanton me fait connaître que cette espèce, reconnue comme différente du *placenta*, a été dénommée par M. Hyatt *Pl. Stantoni*.

Prionocyclus wyomingensis, Meek, rappelle un peu le *P. Bravaisi*, qui est du même groupe; appartient au Niobrara.

Prionocyclus (?) *Macombi* ressemble beaucoup à une forme du Turonien de la Westphalie décrite par M. Schlüter comme *Am. Fleuriausi*, mais qui me paraît différente du type de d'Orbigny.

Prionotropis Woolgari me paraît semblable aux échantillons de la Touraine : Dakota, New-Mexico, Colorado du Fort Benton; aussi des Eagle Ford shales du Texas.

Prionotropis Hyatti, sp. (voisin de *Meekianus*, Shumard, et *graysonensis*, Shumard), abondant dans les grès à *Pugnellus* du Colorado (sommet du Fort Benton); forme rappelant *Am. wyomingensis* par son ornementation.

Prionotropis (?) *lævianus*, White, probablement du Fort Benton : rappelle certaines variétés de l'*Am. Woolgari* à petit ombilic.

Mortoniceras shoshonense, Meek (Fort Benton), et *Mortoniceras vermilionense*, M. et H. (Fort Benton) : je ne vois rien d'analogue en Europe, sauf peut-être *M. salmuriense*.

Acanthoceras (?) *kanabense*, T. W. Stanton, me paraît plutôt être un *Schlönbachia*.

Enfin les *Scaphites Warreni* et *larvæformis* rappellent *Sc. æqualis*.

Parmi toutes ces formes nous voyons qu'il y en a seulement un petit nombre analogues à des formes cénomaniennes d'Europe, qu'un nombre assez considérable se rapporte à des espèces turoniennes et enfin que deux Inocérames sont fort voisins d'espèces du Coniacien : *I. umbonatus* et *In. exogyroïdes* : il ne faut pas oublier cependant qu'ils sont indiqués comme trouvés dans des couches appartenant à un niveau très inférieur du Colorado, c'est-à-dire fort au-dessous d'autres couches encore franchement turoniennes; par conséquent, à moins de supposer une erreur dans les éléments d'appréciation de la coupe, ces fossiles doivent bien certainement être turoniens. De ce qui précède on doit conclure que les couches du Colorado ne s'élèvent pas jusqu'au Coniacien.

Peut-être, vers la base, y a-t-il, dans certaines régions, une zone devant être rattachée au Cénomanien, comme semblerait l'indiquer la présence de quelques fossiles et en particulier celle d'*Am. Swallovi*, et encore convient-il de remarquer que cette espèce ne paraît pas avoir été rencontrée dans la partie inférieure des couches du Colorado.

Cependant, on ne peut guère s'imaginer que, sur tout le vaste territoire occupé par les couches du Dakota, la limite supérieure des dépôts d'origine lacustre ou saumâtre soit partout la même et que partout la sédimentation marine ait commencé au même moment. Il semble plus vraisemblable qu'au début, en certains points, des sédiments marins ont dû se déposer alors qu'ailleurs continuaient à se former des couches lacustres.

Quoi qu'il en soit, nous sommes autorisés, il me semble, à regarder l'assise du Colorado comme correspondant dans son ensemble au Turonien, avec peut-être, en certaines régions, quelques couches cénomaniennes à la base.

Les argiles et schistes d'Eagle Ford, qui constituent dans le Texas l'étage Turonien, se chargent de plus en plus de calcaire à leur partie supérieure et passent peu à peu au Calcaire d'Austin. Ce nouveau terrain, *Austin limestone*, ainsi nommé par Shumard (1860) parce qu'il est bien développé dans les environs d'Austin, et par M. Hill, Calcaire d'Austin et de Dallas (1890), a été reconnu dans le Sud-Ouest de l'Arkansas, dans le Sud des Territoires indiens et à l'Ouest d'une ligne allant du Lamor County au Bexas County.

Dans les environs d'Austin, cette zone repose directement sur les calcaires supérieurs de l'assise de Washita, dont elle est séparée par une ligne de discordance.

Sa partie inférieure paraît être dans cette région un facies latéral des argiles d'Eagle Ford : c'est ce que semblent indiquer les listes de fossiles données par M. R. T. Hill, qui cite *I. labiatus*, *I. exogyroïdes*, *I. umbonatus*, *O. ponderosa*, *O. congesta*, *Ex.columbella*, *Nautilus elegans*, *Mortoniceras shoshonense*, fossiles caractéristiques du Groupe du Colorado.

Mais en même temps ces listes de fossiles contiennent *In. involutus*, fossile du Coniacien; il est vrai que le Groupe du Colorado renferme des Inocérames bien voisins de cette espèce, de sorte que sa présence ne fournit pas un argument décisif en faveur de l'existence de l'étage Coniacien.

On sait, d'après les travaux de Rœmer, que ce calcaire renferme aussi *Am. texanus*, *Am. syrtalis*, *Am. Guadaloupæ* (que je considère comme une variété du *syrtalis* plutôt qu'une espèce distincte), fossiles caractéristiques du Santonien. On y rencontre aussi *Biradiolites austinensis*, qui ne paraît pas être différent de *Bir. Mortoni*.

Ainsi le calcaire d'Austin renferme des couches nettement santoniennes dont aucune trace n'a encore été découverte dans la région centrale de l'Amérique du Nord.

Ce calcaire, ou du moins sa partie supérieure, semble avoir comme équivalent latéral les sables de Tombigbee de la région de l'Alabama et du Missisipi ou existent, d'après M. Stanton[1], *Am. syrtalis* (Guerne County, Alabama); une forme voisine d'*Am. texanus* et *Am. delawarensis*, Morton.

Cette dernière espèce, *Am. delawarensis*, Morton (1834, *American Journ. of sciences*, vol. XVII, Pl. II, fig. 3 et 4, et *Synopsis of the organic remains of the ferrugineous sandformation of the United States*, p. 37, Pl. II, fig. 5), est l'adulte de l'*Am. Vanuxemi*, Morton (1834, *American Journal of sciences*, vol. XVII, Pl. III, fig. 3 et 4, et *Synopsis of the organic*... Pl. II, fig. 3 et 4); elle ne me paraît pas différer de l'espèce de la France que j'ai décrite sous le nom de *Mortoniceras campaniense* et qui habite la partie inférieure de l'étage Campanien. Chez *Am. delawarensis*, presque toutes les côtes sont simples, peu

[1] Communication directe de M. T. W. Stanton.

sont bifurquées, tandis qu'en France elles sont ordinairement bifurquées, mais sous ce rapport les échantillons que j'ai eu l'occasion d'examiner sont assez variables et la proportion des côtes simples aux bifurquées change d'un exemplaire à un autre. Je ne doute donc pas de l'identité des deux espèces.

Les sables de Tombigbee par lesquels débute la série marine de l'Alabama et du Mississipi sont donc d'âge santonien et campanien inférieur.

Il ne semble pas exister de représentants de l'étage Santonien plus au Nord, dans le centre du continent américain, car au-dessus des couches du Colorado se développe une nouvelle série qui, dans la coupe primitive de Meek et Hayden, est groupée sous les deux numéros 4 et 5, désignés depuis comme Groupes du Fort Pierre et de Fox Hills et, plus tard, réunis sous le nom de Système de Montana; celui-ci correspond, comme je le montrerai plus loin, à l'étage Campanien.

A peu près du même âge est la formation marneuse qui, sur le bord Atlantique, repose sur les Raritan clay et est connue sous le nom de Marnes de New-Jersey.

J'emprunte à un travail récent le résumé qui suit [1] :

On a distingué, au-dessous de l'Éocène, représenté par la Stark River Formation les assises et zones suivantes :

Manasquan Formation.	
Rancoas Formation.........	Vincentown lime-sands. Sewell marls.
Monmouth Formation......	Redbank sands. Navesink marls. Mount Laurel sands.
Matawan Formation........	Harlet sands. Grosswicks clays.

La Matawan Formation, ainsi nommée de Matawan Creek (Monmouth County, New-Jersey), est constituée par des sédiments de nature très variable parmi lesquels les sables et les argiles prédominent. La faune comprend beaucoup de Lamellibranches et de Gastropodes et seulement quelques Céphalo-

[1] 1897. William Bullock Clark, with the collaboration of R. M. Bagg and George B. Shattuck, *Upper Cretaceous formations of New-Jersey, Delaware and Maryland. Bul. of the geol. Soc. of America*, VIII.)

podes : *Ostrea ungulata* (= *larva*). *Ostrea vesicularis*. *Hemiaster parastatus*, Morton.

Les Céphalopodes sont :

Placenticeras placenta, Dekay, sp.

Mortoniceras delawarense, Morton, sp., qui est la même espèce que *Mort. Vanuxemi*, Morton, et me paraît identique à *Mort. campaniense*, de Gross., du Campanien inférieur de la France.

Scaphites hippocrepis, Dekay, sp. (1830, *Annals New-York Lyceum Nat. Hist.*, II, p. 5, fig. 5). Cette espèce a ensuite été décrite par Morton sous le nom de *Sc. Cuvieri* (voir 2e partie, Paléontologie, les Ammonites de la craie supérieure, p. 244). M. Schlüter a fait connaître sous ce dernier nom des échantillons de la craie à *Act. quadratus* de Westphalie et des environs de Vienenbourg. M. le docteur Hofzapfel a repris le nom de *Scaphites hippocrepis* pour des échantillons provenant des sables glauconieux à *Act. quadratus* d'Aix-la-Chapelle. J'ai moi-même signalé cette espèce dans les couches placées vers la limite des assises P^1 et P^2 (Arnaud) du Campanien de l'Aquitaine où elle est accompagnée par *Mortoniceras campaniense*. Je l'ai citée de la craie grise phosphatée des environs de Beauval d'après un échantillon recueilli par M. Lasne. J'en ai sous les yeux une série provenant des argiles à *Act. granulatus* de Broitzem près Brunswick qui renferment encore comme autres fossiles *Placenticeras bidorsatum* et *Hauericeras pseudo-Gardeni* : je ne puis voir aucune différence entre eux, les figures données par les auteurs cités ci-dessus et les exemplaires de la Matawan Formation figurés récemment par M. R. P. Whitfield[1].

Scaphites nodosus, Owen.
Baculites ovatus, Say.

D'après cette faune la ubdivision précédente correspond donc assez exactement à la partie supérieure de notre Campanien inférieur.

La Monmouth Formation est, comme la précédente, composée de sédiments très variables, mais les sables y prédominent, généralement ferrugineux, glauconieux et souvent consolidés par de l'oxyde de fer ou du calcaire.

(1) 1891. R. P. Whitfield, *Gasteropoda and Cephalopoda of the Raritan clays and greensand marls of New-Jersey*. (*Monographs of the United States geological Survey*, XVIII.)

Parmi les fossiles de cette assise, je citerai :

Ostrea ungulata (*larva*).
— *vesicularis*.
Catopygus pusillus, Clark.
Cassidulus florealis, Morton.

Les Céphalopodes sont :

Nautilus Dekayi, Morton.
Baculites ovatus, Morton.
Belemnitella americana, Morton : espèce qui ne paraît pas différente de notre *Bel. mucronata* [1]; très abondante à Marboro, Frechild, Creamridge, Mullica-Hill, etc. Beaucoup d'échantillons sont en mauvais état et paraissent avoir été remaniés.

La Rancoas Formation, ainsi nommée de Rancoas Creek (Burlington County, New-Jersey), comprend des marnes sableuses vertes, parfois crayeuses. Elle renferme une faune d'Échinides assez variés :

Pentacrinus Bryani, Galb.
Goniaster mamillata, Gabb.
Cidaris splendens, Morton.
Salenia tamidula, Clark.
— *bellula*, Clark.
Pseudodiadema diatretum, Morton.
Coptosoma speciosum, Clark.
Trematopygus crucifer, Morton.
Catopygus oviformis, Conrad.
Ananchytes ovalis, Clark.
Cardiaster cinctus, Morton.
Hemiaster parastatus, Morton.
— *stella*, Morton.
— *ungula*, Morton.

Et comme Céphalopodes :

Nautilus Dekayi, Morton.
— *Bryani*, Gabb.
Spenodiscus lenticularis, Owen; mais d'après M. J. Bohm, cette espèce serait différente du type d'Owen et il propose de lui donner le nom de *Sphenodiscus Whitfieldi*.

La Manasquan Formation, qui tire son nom de la Manasquan River (Monmouth County), est formée par des grès verts glauconieux renfermant seulement des Lamellibranches et un Brachiopode.

Dans l'Alabama et le Mississipi, au-dessus des Tombigbe sands, qui renferment, comme je l'ai indiqué, *Mort. delawarense*, forme typique des couches de la Matawan Formation, vient le calcaire pourri (*Rotten limestone*), dont la faune est peu connue, mais ne paraît pas différer sensiblement de celle de la Ripley Formation qui le surmonte.

[1] *Bel. americanus*, Morton. (*Journ. Ac. Nat. Sc. Phil. VI*, p. 190. Pl. VIII, fig. 13, pl. V, fig. 7; *Am. Journ. Sc. XVIII*, 1re série, p. 249. Pl. I, fig. 1-3; vol. XVII, p. 281; *Synopsis*, p. 34. Pl. I, fig. 1-3.)
Belemnitella americana, Whitfield, (*Gasteropoda and Cephalopoda...*) Pl. XLVII, fig. 1 11.

D'après les indications qu'a bien voulu me donner M. T. W. Stanton, on y trouve comme Céphalopodes :

Placenticeras placenta, Dekay.
Sphenodiscus lobatus, Twomey.
Scaphites Conradi, Morton.
Baculites ovatus, Say.
— *anceps,* Lamk.
Turrilites alternatus, Twomey.
— *splendidus,* Shumard.
Nostoceras helicimom (Shumard), Hyatt.
Ptychoceras texanum, Shumard.

Des couches équivalentes au Rotten limestone et à la Ripley Formation se rencontrent dans le Texas au sommet du Calcaire d'Austin : M. R.-T. Hill a donné le nom de Ponderosa Marls aux couches inférieures, de Glauconitic Division (sables glauconieux) à la partie moyenne, au-dessus de laquelle se développe une zone absolument analogue par ses caractères et sa faune à la Ripley Formation de l'Alabama.

Dans l'Ouest du Texas, ces couches ont, comme équivalent latéral, une formation lignitifère bien développée dans la vallée du Rio Grande, aux environs d'Eagle Pass, et, pour cette raison, nommée Eagle Pass beds par M. White : elles sont recouvertes par les couches de Laramie.

On y trouve *Nautilus Dakayi, Mortoniceras delawarense*[1] et *Sphenodiscus pleurisepta,* Conrad; la présence de l'*Am. delawarensis* indique que l'on a aussi là l'équivalent des Tombigbee Sands et de la Matawan Formation.

Dans l'intérieur du continent américain, dans la grande plaine centrale et dans les Montagnes Rocheuses, sur le territoire des États de Kansas et Nebraska à l'Est, Utah, Wyoming et Montana à l'Ouest, l'étage de Montana, comprenant les groupes de Fort-Pierre et de Fox Hills, repose directement sur les couches de l'étage du Colorado qui représente le Turonien.

D'après la coupe-type de Morton pour le Crétacé du Nebraska, l'étage de Montana est représenté de la manière suivante :

Fox Hills Group. — Grès gris ferrugineux et jaunâtres et argiles arénacées avec *Belemnitella bulbosa, Nautilus Dekayi, Placenticeras placenta, Sphenodiscus lenticularis, Scaphites Conradi, Sc. Nicolleti, Baculites grandis,* avec nombreux Gastropodes, Lamellibranches et ossements de *Mosasaurus missouriensis.*

Fort Pierre Group. — Argiles plastiques grisâtres et bleuâtres avec *Nautilus Dekayi, Placenticeras placenta, Baculites ovatus, Bac. compressus, Scaphites nodosus,* nombreux Inocérames, ossements de *Mosasaurus missouriensis.*

Zone moyenne presque sans fossiles.

(1) 1895. Dumble, *Cretaceous of western Texas.* (*Bul. geol. Soc. Amer.*)

Zone inférieure fossilifère avec *Pachydiscus complexus*, *Baculites ovatus*, *B. compressus*, *Heteroceras*, *Ptychoceras*, etc., et ossements de *Mosasaurus missouriensis*.

Lit d'argile onctueuse, très fine, renfermant beaucoup de particules charbonneuses, veines de gypse, nodules de pyrite et nombreuses écailles de poissons : par places, descend dans des dépressions des couches sous-jacentes.

Il résulte donc de cette coupe que l'étage de Montana est séparé par une discordance et une lacune de celui du Colorado, ce qui ne peut nous étonner, puisque ce dernier représente le Turonien et l'autre le Campanien et même vraisemblablement le Campanien supérieur.

Dans les Black Hills, la zone de Fort-Pierre a 150 à 250 pieds et est formée d'argiles plastiques bleues et gris noir, renfermant beaucoup de concrétions calcaires fossilifères vers la partie supérieure, et celle de Fox Hills est constituée par des grès ferrugineux de 100 pieds environ de puissance.

Dans le Montana, à Cinnabar Mountain, l'étage de Montana, composé de grès et d'argiles, ne peut être délimité exactement de l'étage du Colorado.

Dans le Colorado central, Fort-Pierre, puissant de 7,700 pieds, est constitué par des argiles schisteuses avec concrétions très fossilifères et parfois avec quelques bancs de grès : *In. Cripsii*, *Baculites ovatus*, *Bac. compressus*, *Placenticeras placenta*, *Sphenodiscus lenticularis*, *Scaphites nodosus;* et Fox Hills est composé d'argiles sableuses recouvertes par une couche de grès fossilifère (800 à 1,000 pieds). Au-dessus vient une formation de grès et argiles avec couches de charbon, Plantes et Mollusques d'eaux douces et saumâtres, épaisse de 1,200 pieds.

Dans le Wyoming, on voit la série de Montana prendre peu à peu le facies de dépôt côtier : des lits de charbon alternent avec les couches marines, et on arrive ainsi progressivement à l'assise de Laramie qui se rattache par de nombreux éléments fauniques aux couches marines sous-jacentes.

Dans le comté de Converse, au-dessus de Fox Hills, les couches à *Ceratops* sont recouvertes par l'horizon de Laramie, avec coquilles lacustres et flore crétacée, que surmontent les couches de Fort-Union dont les Plantes sont bien différentes.

Nous voyons, d'après ce qui précède, que les subdivisions de Fort-Pierre et de Fox Hills sont basées uniquement sur des facies et ne correspondent, en réalité, qu'à une même zone paléontologique. Les Céphalopodes que l'on y rencontre sont les mêmes sur toute la hauteur et, si l'on met à part les espèces déroulées, *Scaphites*, *Baculites*, *Heteroceras*, *Ancyloceras*, etc., la faune d'Ammonites est assez pauvre et comprend seulement :

Placenticeras Meeki, J. Böhm; assez commun dans les couches de Fort-Pierre et décrit par Meek comme *Pl. placenta;* mais le type de cette dernière espèce a été pris par Dekay dans les couches de New-Jersey et est différent (voir Whitfield, *l. c.*, p. 255, Pl. XL, fig. 1, et Pl. XLI, fig. 1 et 2).

Sphenodiscus lenticularis, Owen.

Pachydiscus complexus, forme souvent assez commune et qui rappelle un peu *P. neubergicus*.

Phylloceras (?) *Halli*, connu seulement par un mauvais échantillon.

Enfin, il convient de signaler *Belemnitella bulbosa*, Meek et Hayden (p. 504, pl. XXXIII, fig. 2, a, b, c, d, e), forme rare et de petite taille trouvée seulement près Moreau, Dakota, et qui doit être rapportée à *Bel. mucronata*.

Il semble résulter de cette faune que l'étage de Montana correspond au Campanien et même seulement au Campanien supérieur.

Dans les Montagnes Rocheuses, on voit des couches saumâtres et lacustres se développer de plus en plus vers l'Ouest, aux dépens de la formation marine; ce sont les Couches de Laramie proprement dites, avec une flore crétacée bien caractérisée.

Elles sont recouvertes par des couches de facies analogue dites *de Fort-Union*, qui en ont été séparées pour être rattachées à l'Éocène : la flore que renferment ces dernières est nettement distincte de celle des couches de Laramie, bien que certains types voisins de ceux de la craie paraissent encore y subsister.

En résumé, en mettant de côté les terrains caractérisés uniquement par leur flore et dont les relations avec les dépôts marins restent incertaines, on peut conclure de ce qui précède que :

1° La série de Comanche, sauf l'assise de Trinity, appartient très probablement tout entière à l'Albien et n'existe qu'au voisinage du golfe du Mexique;

2° Le Cénomanien marin, représenté uniquement dans la région du

Texas, par les couches dites Timber Creek beds, paraît avoir comme équivalent latéral l'étage du Dakota;

3° L'étage du Colorado correspond très probablement tout entier au Turonien, sauf, localement peut-être, quelques couches de la base qui pourraient être cénomaniennes; il a comme équivalent dans le Texas occidental les couches d'Eagle Ford et dans le Texas oriental la partie inférieure du calcaire d'Austin;

4° Le Coniacien est absent ou mal représenté paléontologiquement;

5° Les Sables de Tombigbee (moins la partie supérieure) et une partie du Calcaire d'Austin-Dallas sont d'âge santonien. Ce niveau n'existe d'ailleurs qu'au voisinage du golfe du Mexique et paraît manquer complètement dans le centre, l'Est et le Nord de l'Amérique et sur le littoral atlantique;

6° Au-dessus il y a une importante lacune dans une grande partie du continent américain, car l'étage de Montana correspond, d'après sa faune, à la partie supérieure de l'étage Campanien et repose directement sur l'étage du Colorado, c'est-à-dire sur le Turonien. Le terrain de Laramie est un facies lacustre ou saumâtre de la partie terminale de cet étage;

7° C'est seulement sur le littoral atlantique et au voisinage du golfe du Mexique qu'existent des couches correspondant au Campanien inférieur, à la zone à *Act. quadratus* : base des Sables et marnes de New-Jersey (Matawan Formation), Rotten limestone, assise de Ripley et partie supérieure des Sables de Tombigbee.

CRAIE DES ÉTATS-UNIS.

		NEW-JERSEY.	ALABAMA-MISSISSIPI.	TEXAS ORIENTAL.	TEXAS OCCIDENTAL.	TEXAS NORD.	TERRITOIRES INDIENS. ARKANSAS, RED RIVER.	NEBRASKA et BLACK HILLS.	COLORADO et MONTANA.
CAMPANIEN.	SUPÉRIEUR.	Sables et Marnes de New-Jersey. { Rancoas Formation. Monmouth Formation.	Ripley Formation. Rotten limestone.	Laramie Ponderosa marls.	Eagle Pass beds.	Couches de Navarro à *Ex. ponderosa.*	Glauconitic Division.	MONTANA { Fox Hills. Fort Pierre.	Laramie Fox Hills Fort Pierre.
	INFÉRIEUR.	Matawan Formation.	Tombigbee sands (p. s.).			″	″	″	″
SANTONIEN.		Raritan clays.	Tombigbee sands (p. i.) et Eutaw Group (p. s.).	Calcaire d'Austin, à *Mort. texanum* et *Pl. syrtale.*		Grès de Dallas, à *Birad. austinensis.*		″	″
CONIACIEN.		Potomac Formation.	Eutaw Group (p. i.) et Tuscaloosa Formation.	?				″	″
TURONIEN.				Eagle Ford shales.				Colorado.... { Niobrara. Fort Benton.	
CÉNOMANIEN.				Lower Cross Timber.		Timber Creek Group.	Eastern Cross Timber.	Dakota.	
ALBIEN APTIEN SUP (?)				Série de Comanche.. { Washita Division. Fredericksburg Division. Trinity Division.				Kootanie Formation.	

CHAPITRE XXII.

CLASSIFICATION DES COUCHES SUPRACRÉTACÉES.

Lorsqu'un écrivain se propose de nous raconter une suite de faits historiques, il cherche, pour la clarté de son exposition, à les grouper autour de quelques-uns des événements les plus importants arrivés au cours de la période dont il s'occupe. Cette méthode, déjà utile quand il s'agit simplement de la biographie d'un souverain, d'un diplomate ou d'un général, s'impose comme une nécessité absolue si l'auteur embrasse dans son travail un nombre considérable d'années et s'il veut, par exemple, nous faire connaître la vie d'une nation et son développement à travers les siècles.

Il lui faut alors partager cette longue durée en subdivisions généralement déterminées par un certain nombre de dates mémorables : en d'autres termes, l'historien doit établir une sorte de classification des faits, ou plutôt de classement, qui n'a aucun rapport, aucune analogie, avec la classification à laquelle on a donné le nom de *taxonomie* et qui a pour objet de placer les uns à côté des autres des objets ou des êtres, en les rangeant d'après leur degré d'affinité.

Dans ce dernier cas, on peut parler d'une classification naturelle et d'une autre artificielle, bien que les savants soient encore loin d'être d'accord sur les conditions essentielles que doit remplir la première.

Il n'en est pas de même dans la méthode historique, dont l'objet est tout différent : la classification est alors purement conventionnelle; elle a pour objet de dresser un inventaire des faits, un véritable répertoire destiné à suppléer à la faiblesse de notre esprit. C'est un procédé de décomposition qui nous facilite la connaissance d'un ensemble que nous serions impuissants à saisir d'un seul coup d'œil.

Je ne veux pas dire cependant que la classification en histoire puisse être complètement arbitraire, car pour remplir son but elle doit être méthodique et raisonnée. Les événements qui constituent les étapes successives du récit doivent être convenablement choisis pour faciliter à l'auteur l'exposition des faits et au lecteur leur compréhension.

Néanmoins, il est bien évident que ces subdivisions du temps ne sont soumises à aucune règle absolue et générale et qu'elles peuvent varier selon l'objet que l'on a en vue : même, pour un peuple particulier, elles changeront suivant que l'on se proposera d'exposer le développement littéraire, scientifique ou artistique, l'évolution politique ou économique, l'histoire des relations extérieures, etc.

Les observations précédentes s'appliquent également quand il s'agit de décrire la série des transformations subies par notre planète.

La classification en géologie, c'est-à-dire la décomposition des temps géologiques en une suite de périodes plus ou moins étendues, ne peut donc avoir la prétention d'être naturelle : les coupures à y introduire n'auront pas, par elles-mêmes, une valeur qui les fasse nécessairement accepter par tous ceux qui se proposent d'étudier les diverses phases que la terre a traversées.

Une telle conception était permise à l'époque où régnait la doctrine des cataclysmes, événements dont le retentissement s'était fait sentir, croyait-on, sur toute la surface du globe et grâce auxquels on expliquait la disparition subite des faunes et leur renouvellement intégral et en quelque sorte instantané. On était alors autorisé à penser qu'il était possible de créer des subdivisions bien nettes, bien tranchées, applicables à toutes les régions et s'imposant à tous les géologues. Aujourd'hui, le développement des observations nous ayant conduits à une conception différente, nous ne pouvons plus prétendre à poser les bases d'une classification générale et absolue.

De même que dans l'histoire des peuples il est possible de considérer des périodes successives qui ne se correspondent pas d'une nation à une autre, de même les subdivisions naturelles des temps géologiques établies pour un pays donné, en se basant sur les changements survenus dans la nature des sédiments ou dans la composition des faunes, n'ont jamais qu'une valeur purement régionale. C'est une vérité devenue banale à force d'être répétée que des coupures nettes et précises dans un pays s'effacent et disparaissent quand on passe dans un autre; cependant nous voyons à chaque instant s'affirmer des opinions qui, au fond, ne sont qu'un écho de la thèse contraire; abandonnée par tous en théorie, celle-ci reparaît dans l'application et, pour cette raison, il me semble utile d'insister un peu sur ce point.

Prenons, entre beaucoup d'autres, un exemple dans l'histoire des temps secondaires : nous y voyons, vers la fin de la période jurassique, se produire un mouvement d'émersion qui a mis fin à la sédimentation marine sur une grande partie de l'Europe; puis, après une assez longue interruption, la mer est revenue occuper plus ou moins complètement le domaine précédemment abandonné et c'est alors que se sont formées les couches rapportées au système crétacé.

Grâce à cette lacune, nous avons une limite très nette entre le Jurassique et le Crétacé : en Angleterre et dans le Nord de la France, aucune hésitation n'est possible pour le classement des couches marines.

Il n'en est pas de même dans la région alpine où pendant cette même phase la mer n'a cessé d'accumuler ses sédiments : aussi, de ce côté, les géologues ne sont plus d'accord sur la place que doit occuper la ligne de séparation entre les deux systèmes. Il faut bien d'ailleurs reconnaître que, dans les discussions qui ont eu lieu à cette occasion, aucun argument décisif n'a pu être produit en faveur d'une opinion plutôt que d'une autre.

En 1872, Hébert, présidant la réunion extraordinaire de la Société géologique de France, à Digne, s'exprimait ainsi : « Nos excursions nous amèneront à nous prononcer sur un point capital : on a dit et répété, dans un pays voisin, à propos des couches qui vont être l'objet de vos explorations, que les lois de la géologie eussent été tout autres, si on les eût établies dans les Alpes au lieu de l'avoir fait d'après le sol du Nord-Ouest : nous verrons s'il y a quelque chose de fondé dans une pareille assertion. »

Depuis lors, la question a été définitivement tranchée : comme le montrait M. Munier-Chalmas, il y a dans les Alpes, dans les Cévennes, aux îles Baléares, etc., continuité absolue au point de vue stratigraphique entre les couches jurassiques et crétacées, et simultanément un passage insensible au point de vue paléontologique. Il en résulte qu'il est impossible de trouver une limite nette qui marque le dernier terme de la série jurassique et le début du Néocomien. Par contre, dans ces mêmes régions, il existe une lacune et une transgressivité entre le Tithonique et les couches jurassiques plus anciennes, entraînant un changement accentué dans les faunes, de sorte que si la ligne de séparation entre les deux systèmes avait été établie primitivement dans la région alpine, elle ne coïnciderait certainement pas avec celle qui s'est imposée dans le Nord de l'Europe.

C'est cette transgressivité des couches de la région alpine qui, trompant Hébert, l'avait conduit à placer le Tithonique à la base du système crétacé.

Nous voyons donc qu'une coupure, naturelle dans une région où elle donne des limites précises et tranchées, cesse de présenter ces avantages lorsqu'on veut la transporter ailleurs.

Sur quelle base devrons-nous donc établir une classification des temps géologiques? Faut-il s'appuyer sur les modifications des organismes qui ont peuplé successivement la terre, ou, au contraire, sur les changements survenus dans la géographie de sa surface?

L'opposition entre les deux doctrines n'est pas nouvelle et, il y a un demi-siècle, la question se posait déjà. Alors on ne parlait guère de transgressions, mais les discordances étaient à la mode et, en 1854, Barrande écrivait : « Dès qu'il est admis que les discordances sont locales, il est clair que l'étude des discordances ne peut à elle seule nous conduire à la solution du grand problème que se propose la géologie et qui consiste à établir la série verticale des terrains et étages sur toute l'étendue du globe. Il faut donc recourir à un autre ordre ou nature d'observations et d'études pour résoudre ce grand et difficile problème. Or, cet autre ordre d'observations, c'est la paléontologie. »

Aujourd'hui, à la notion des dislocations et des discordances on cherche à opposer celle des transgressions et c'est sur leur étude qu'on veut établir une classification naturelle : un étage débuterait par une transgression et se terminerait par une régression; comme ces mouvements n'ont évidemment pas tous la même intensité, les plus importants serviraient à déterminer les limites des groupes et des systèmes.

A cette opinion on peut opposer, je crois, des considérations de même ordre que celles développées par Barrande en 1854.

Les transgressions et les régressions sont en effet impuissantes pour définir et préciser à elles seules les subdivisions géologiques.

Revenons à l'exemple déjà examiné de la limite entre le Jurassique et le Crétacé. Si telle qu'elle a été définie pour le Nord-Ouest de l'Europe, elle est d'une application facile de ce côté, elle ne donne plus aucune indication dans les pays où le régime marin a persisté d'une manière continue. La position de la coupure pourra donc osciller sur une hauteur correspondant à l'importance de la lacune créée par la régression et la transgression qui l'a suivie. A ce point de vue, il est permis théoriquement de discuter sur la place à donner aux couches de Berrias, car, *a priori*, il n'y a aucune raison déterminante pour les mettre plutôt à la base du Crétacé qu'au sommet du Jurassique.

On a fait valoir, il est vrai, que la valeur des transgressions au point de vue de la classification s'affirmait encore par ce fait que les arrivées brusques (!) de la mer coïncidaient toujours avec des immigrations de faunes nouvelles, et qu'ainsi le début d'un étage est marqué à la fois par une transgression et un changement dans la faune.

Rien de plus naturel au fond, puisque une transgression implique nécessairement dans le phénomène de la sédimentation une lacune correspondant à une certaine durée de temps, pendant laquelle les faunes se sont modifiées. Même dans les régions où la persistance du régime marin amène la continuité paléontologique, les caractères de la faune changent graduellement, non seulement par la transformation des types préexistants, mais aussi par l'arrivée successive et discontinue de formes nouvelles qui apparaissent subitement, sans que le plus souvent on puisse déterminer leur origine. Je ne veux point d'ailleurs nier l'influence des changements de niveau de la mer sur ces immigrations et suis tout disposé à reconnaître que les invasions marines, correspondant à une élévation relative du niveau des eaux, ont pu faciliter les communications entre les diverses provinces, en ouvrir de nouvelles et occasionner ainsi des échanges. D'ailleurs, comme les mouvements de la croûte terrestre ne sont certainement pas brusques, il faut, je crois, quand on envisage la question à ce point de vue, ne pas attribuer une trop grande influence aux débuts des transgressions, et c'est plutôt au moment où celles-ci sont suffisamment prononcées que les déplacements de faunes peuvent réellement se produire. Comme exemple à l'appui de cette observation, je ferai remarquer que, dans la série continue de l'Infracrétacé alpin, c'est seulement à l'époque barrémienne que se montrent pour la première fois et en grande quantité toute une série d'espèces et même de genres inconnus dans les couches inférieures.

Les raisons que l'on a fait valoir en faveur des transgressions et des régressions ne sont donc pas aussi décisives qu'elles peuvent le paraître au premier abord, et, comme Barrande, je suis porté à donner la préférence à la méthode paléontologique, sans pour cela rejeter complètement les considérations d'ordre stratigraphique, mais en les mettant tout à fait au second rang.

L'emploi des données paléontologiques auxquelles on doit, à mon avis, donner la préférence, n'est d'ailleurs pas entendu de la même manière par tous les géologues. Faut-il se baser sur l'extinction de certaines espèces, de certains genres, de certaines familles? Faut-il, au contraire, s'appuyer sur l'apparition brusque de types nouveaux?

Ceux qui sont disposés à voir dans les étages l'expression des mouvements de la surface des mers, doivent évidemment considérer cette dernière marche comme beaucoup plus logique, puisque pour eux les apparitions de types nouveaux coïncident précisément avec des transgressions brusques.

Tout d'abord il y aurait lieu d'examiner si les transgressions sont bien des phénomènes brusques ou si, au contraire, l'invasion marine ne se produit pas d'une manière lente et progressive. D'un autre côté, l'apparition de nouvelles espèces est loin d'être absolument simultanée, même sur des surfaces relativement restreintes. Ainsi on a fait remarquer que dans le Silurien certains groupes de Trilobites ne commencent pas à se montrer au même moment, dans l'Amérique du Nord, en Angleterre et en Scandinavie. On pourrait multiplier les citations d'exemples semblables.

C'est pourquoi je n'ai jamais bien compris une des objections faites à ma proposition de placer la limite entre le Crétacé et le Tertiaire à l'instant où ont disparu les Ammonitidés. On a dit qu'il fallait, au contraire, attribuer une importance prépondérante à l'*apparition* des types tertiaires et, comme le Nummulitique constitue le type marin le plus caractéristique de l'Éocène, on en a conclu que cette série doit débuter avec leur première apparition dans les mers de l'Europe. Or, celle-ci ayant eu lieu dans les Pyrénées et le Vicentin, à la fin du Garumnien supérieur, dans les couches à *Operculina Héberti*, il en résulterait qu'il faut sans hésitation considérer ce niveau comme la couche tertiaire la plus ancienne.

Au point de vue purement théorique, cette argumentation est loin de me convaincre, car, je le répète, c'est un fait bien établi que la présence d'un fossile dans une couche ne dépend pas seulement de l'âge de celle-ci, mais aussi de tout un ensemble de circonstances que l'on qualifie, d'une manière plus ou moins précise, par le nom de *facies*.

Vouloir faire débuter le Tertiaire avec l'apparition des Nummulites, c'est comme si l'on voulait faire commencer le Rauracien avec l'apparition des Diceras. Nous savons bien que ces derniers fossiles sont extrêmement abondants dans les couches de cet étage, surtout lorsqu'elles sont à l'état de calcaires oolithiques. Il est vrai aussi qu'ils ont été rarement signalés au-dessous et je suis peut-être le premier à les avoir cités de couches franchement oxfordiennes lorsque je les ai indiqués (1885) des calcaires à chailles des environs du Blanc.

Depuis lors, en 1895, M. Munier-Chalmas et moi en avons recueilli des exemplaires dans le département des Ardennes, au milieu de calcaires renfermant des Ammonites du groupe du *Cardioceras cordatum* et certainement situés tout au plus au niveau de l'*Am. Martelli,* par conséquent dans des couches nettement oxfordiennes. D'ailleurs, si l'on ne veut pas admettre que les Diceras ont fait *subitement* leur apparition dans le monde organique, il faut bien se résoudre à supposer qu'ils ont dû être précédés dans le temps par des formes semblables dont ils dérivaient. La même chose évidemment a dû se produire pour les Nummulites.

En même temps que nous voyons la date d'apparition d'un type nouveau varier d'un gisement à un autre, nous ne devons pas oublier non plus que, dans la théorie de l'évolution, la disparition définitive des représentants d'une espèce, d'un genre ou d'une famille, constitue seule un fait positif bien précis. Si nous repoussons la doctrine des créations successives, il est évident que tout type nouveau ne l'est qu'en apparence : il a eu quelque part des précurseurs, des ancêtres dont il ne différait guère, et si nous ne les connaissons pas encore, nous arriverons probablement un jour ou l'autre à les retrouver. Dès lors, l'apparition d'un type nouveau est un simple épisode auquel il ne faut pas attacher une trop grande importance lorsqu'il s'agit d'une classification générale.

Supposons que nous puissions un jour arriver à connaître, pour chaque instant de l'histoire de la terre, tous les organismes qui ont peuplé sa surface ou vécu au sein des mers. Quels seraient les faits importants qui nous frapperaient si nous faisions dérouler devant nous le tableau des faunes successives? Nous verrions les divers types évoluer, se transformer, donner naissance à des séries qui, s'éloignant de plus en plus, seraient représentées au même moment par des êtres de plus en plus différents. Toutes ces transformations seraient successives et ménagées : à aucun moment l'apparition d'une forme nouvelle, étrange, ne solliciterait notre étonnement, car nous aurions été préparés à sa venue par une suite de précurseurs. Tout au contraire, en apportant quelque attention à ce spectacle, nous serions frappés par l'extinction de certains groupes d'abord très florissants et, fait remarquable, nous pourrions constater que leur disparition s'est parfois produite, non après une période de dégénérescence, mais au moment même où le groupe semblait avoir atteint son apogée.

Dans l'histoire de la terre, la disparition des espèces, des genres et des familles est donc susceptible de nous donner des dates précises, d'une valeur générale et absolue, alors que l'apparition subite de formes nouvelles, de types cryptogènes, malgré son importance apparente, ne constitue en réalité qu'un phénomène secondaire.

Il est bien évident que l'application de la méthode que je préconise se heurte à ces difficultés, résultant surtout de la variabilité des facies, que j'ai déjà signalées au commencement de ce mémoire. Il peut se trouver des gisements dans lesquels l'absence de certains groupes est due, non à leur extinction réelle, mais aux circonstances qui ont autrefois accompagné le dépôt des sédiments, de sorte qu'en réalité, au même instant, ils continuaient à se montrer dans d'autres régions. Ces difficultés pratiques n'infirment en rien la valeur du principe.

Recherchons comment nous devrons l'utiliser pour l'établissement d'une classification méthodique.

Si nous possédions, comme je le supposais précédemment, le tableau exact du développement successif du monde organique, nous pourrions établir nos coupures d'après les dates importantes fournies par l'extinction de certains groupes de formes; malheureusement il nous est interdit, pour toutes sortes de motifs, d'aspirer à une pareille connaissance. Nous ne pouvons, en raison des conditions de fossilisation, étudier que d'une manière très imparfaite la plupart des fossiles : il en est même un nombre énorme que nous ne verrons jamais qu'à l'état de moules plus ou moins médiocres, tels surtout bien des Lamellibranches et des Gastropodes.

Cependant, il n'y a pas longtemps encore, on recherchait les bases de la classification des couches dans l'étude complète de leur faune; on mesurait les affinités de deux niveaux en comptant les fossiles communs, et je pourrais citer, sans remonter fort loin en arrière, de nombreux exemples de cette méthode statistique, si fort à la mode autrefois et trompeuse comme la plupart des statistiques.

C'est en l'appliquant qu'on a commis tant d'erreurs dans l'étude des couches à facies corallien, à facies hippuritique, etc.

Nous sommes ainsi amenés, non à étendre nos recherches à l'ensemble de la faune, mais à nous restreindre à certains groupes bien connus, et c'est en partant de ce principe que j'ai présenté en 1888 un premier essai sur le synchronisme des couches supracrétacées dont les conclusions, après avoir été tout d'abord vivement combattues, sont aujourd'hui acceptées par la plupart des géologues. J'ai cherché à montrer et j'ai développé plus particulièrement ce point de vue dans le premier chapitre de ce mémoire, que le chronomètre paléontologique à utiliser pour les couches supracrétacées devait, aussi bien que pour les couches jurassiques, être basé sur la marche de l'évolution des faunes d'Ammonites.

Mais pour obtenir de la méthode paléontologique ainsi conçue toute la précision qu'elle comporte, il faut strictement s'y conformer. En particulier, on ne doit pas chercher à utiliser les données fournies tantôt par l'évolution d'un groupe et tantôt par celle d'un autre. Je ne dis pas cependant qu'après avoir établi son chronomètre avec l'aide des Ammonites, il faille écarter absolument tous les autres fossiles et refuser systématiquement d'en tenir compte, mais je prétends qu'il y a là une question de subordination qui ne doit jamais être perdue de vue. Les Ammonites nous fourniront les divisions de notre étalon et c'est par rapport à celles-ci que nous repérerons ensuite la distribution verticale des autres formes.

Si, dans une classification méthodique, il est essentiel de ne pas s'adresser à divers groupes de fossiles, c'est que la marche de l'évolution ne paraît pas être la même pour tous et c'est aussi là, remarquons-le en passant, une des raisons pour lesquelles nos classifications ne peuvent avoir de valeur absolue.

A l'appui de cette manière de voir, de nombreux exemples peuvent être fournis.

Ainsi, par ses fossiles marins, la série crétacée se rattache au groupe secondaire, tandis que par sa flore elle appartient à l'ère néophytique : celle-ci a donc commencé beaucoup plus tôt que l'ère néozoïque.

M. Suess a aussi fait cette remarque que les transformations éprouvées par les êtres marins sont loin de coïncider comme dates avec celles que subissent les êtres habitant la terre ferme; il cite en particulier le bassin de Vienne, où ce défaut de concordance s'affirme de la manière la plus évidente pour les diverses subdivisions de la série tertiaire.

Le Crétacé peut nous offrir d'autres exemples non moins topiques.

Tel le Cénomanien, placé par la plupart des géologues à la base de la série supracrétacée : il possède une faune de Rudistes qui le rattacherait plutôt à la série infracrétacée, et, avec le Turonien seulement, débute une nouvelle faune dont le développement se poursuit ensuite jusqu'à la fin des temps secondaires.

Prenons encore comme exemple le Santonien de Coquand : j'ai montré que cet étage correspond à l'aire d'extension verticale du *Placenticeras syrtale* et que le Campanien inférieur est caractérisé par *Placenticeras bivorsatum*. De la sorte, toutes les fois que nous rencontrons la première espèce dans une couche, nous pouvons en toute sûreté la considérer comme santonienne; si c'est au contraire la seconde, nous reconnaissons immédiatement que nous sommes dans le Campanien.

Mais dans un certain nombre de régions, dans l'Aquitaine, dans les Corbières, en Provence, aux Ammonites sont associés des Hippurites; et si nous étudions la distribution verticale de ces derniers, nous observons immédiatement le fait suivant : sur la plus grande partie de l'étage, à partir de la base, se montre la même faune d'Hippurites, mais, vers le sommet, apparaissent de nouveaux types : dans l'Aquitaine, c'est l'*Hippurites Arnaudi;* dans les Corbières, ce sont les *Hip. sulcatus, Hip. striatus,* etc. Or, ceux-ci ne sont pas exclusivement confinés dans les couches supérieures du Santonien tel que je viens de le définir. *Hip. Arnaudi* se retrouve dans le Campanien inférieur; les *H. sulcatus* et *H. striatus* sont tellement voisins de certaines formes campaniennes, que la distinction n'est pas toujours possible. Si nous nous basions sur l'évolution des Hippurites, assurément nous mettrions la limite de l'étage Santonien au-dessous des couches qui renferment *Hip. Arnaudi,* comme au-dessous de celles qu'habitent *Hip. sulcatus* et *Hip. striatus,* c'est-à-dire à un niveau inférieur à celui indiqué par l'évolution des faunes d'Ammonites.

Cette série d'exemples nous montre bien que, pour établir une classification logique, précise et méthodique, il faut éviter de faire appel tantôt à un groupe de fossiles, tantôt à un autre, et qu'il faut s'appuyer uniquement sur un ensemble aussi restreint que possible.

Conformément à cet ordre d'idées, j'avais proposé de faire coïncider la limite supérieure du système crétacé avec la disparition des Ammonitidés, puisque, seuls, ces fossiles ont été utilisés pour la classification des couches mésozoïques. Alors que celles-ci ont été divisées en zones basées sur la succession des faunes d'Ammonites, il serait vraiment bien illogique de maintenir au sommet de la série secondaire une petite assise caractérisée précisément par leur absence.

En vain m'objectera-t-on que je ne tiens pas compte de ce fait que les premières couches ainsi placées à la base du Tertiaire renferment encore des Micrasters et des Echinocorys, genres éminemment caractéristiques de la craie : je répondrai qu'ayant posé les bases de ma classification en dehors de ces fossiles, je veux continuer à les ignorer jusqu'à la fin. Si l'on établissait une classification générale fondée sur l'évolution de ces Échinides, chose évidemment possible, on serait alors conduit à retenir dans le Crétacé les couches qui en renfermeraient encore des représentants; on arriverait ainsi à une classification absolument différente de la première. Je ne puis d'ailleurs m'empêcher d'affirmer qu'elle serait certainement d'une précision inférieure et de rappeler combien son application pratique présenterait de difficultés. Il ne faut pas oublier en effet que longtemps on a méconnu les diverses espèces de ces genres et qu'il a fallu déterminer exactement leurs niveaux relatifs pour arriver à percevoir des caractères distinctifs qui, jusque-là, avaient échappé aux savants les plus compétents.

Je conclurai donc en disant que les coupures à introduire dans la succession des temps géologiques n'ont rien d'absolu et que les limites des étages et même celles des systèmes pourraient être déplacées plus ou moins sans cesser d'être acceptables.

Elles sont essentiellement variables suivant le point de vue auquel on se place : rien ne s'opposerait, par exemple, à ce que l'on réunît ensemble le Tithonique et le Néocomien pour en faire un groupe spécial; de même, au lieu de subdiviser le système crétacé en deux séries, il serait possible d'en distinguer trois, et de bonnes raisons ont été invoquées en faveur de cette dernière classification.

Le mieux est donc d'accepter les subdivisions actuellement en usage et universellement adoptées. En conséquence, je prendrai comme coupures de premier ordre les étages de d'Orbigny, et je chercherai à quelles divisions de mon chronomètre paléontologique elles correspondent de manière à leur donner une précision plus grande. Pour cela, je partirai de la définition donnée par ce savant, auquel la géologie est redevable de si grands progrès; j'écarterai les applications plus ou moins inexactes qu'il a pu en faire, car les fautes ainsi commises proviennent, non de définitions mauvaises ou incomplètes, mais d'idées inexactes sur les synchronismes. C'est pour ce motif que d'Orbigny a mis dans le Turonien toutes les couches à Hippurites, erreur fort excusable puisqu'elle a été longtemps partagée par la plupart de géologues et que la position des divers horizons d'Hippurites est restée douteuse pendant bien des années. Il suffit, pour s'en convaincre, de se reporter aux difficultés soulevées par la détermination de leurs niveaux respectifs et aux nombreuses discussions qui ont eu lieu à cette occasion; nous n'avons été fixés définitivement à cet égard que tout récemment et grâce aux travaux de MM. Arnaud, Douvillé, Peron, Toucas, etc.

De même, j'adopterai, pour les coupures de second ordre, les sous-étages de Coquand dont les définitions peuvent également être précisées par la méthode que je préconise : j'ai montré précédemment, dans le chapitre consacré à la craie de l'Aquitaine, qu'ils correspondent à une série de zones bien nettes, caractérisées chacune par des changements dans les associations d'Ammonites.

Je crois donc devoir, à mon grand regret, écarter les nouveaux termes proposés par MM. Munier-Chalmas et de Lapparent dans leur remarquable travail sur la nomenclature des terrains sédimentaires. En réalité, leurs coupures pour le Supracrétacé correspondent exactement à celles de Coquand. Je ne vois pas, d'ailleurs, la nécessité de réunir en une seule subdivision le Coniacien et le Santonien, d'autant plus que le nom d'Emschérien, proposé pour cet ensemble, a été déjà employé précédemment dans un autre sens par M. Schlüter (1876), pour une assise qui est exactement l'équivalent du Coniacien de Coquand. Si l'on tient au groupement proposé, le nom de Corbiérien me paraîtrait tout indiqué, puisque dans les Corbières cette série de couches est fort bien représentée, avec une faune abondante renfermant à la fois des Ammonites et des Hippurites.

L'Aturien correspond identiquement au Campanien de Coquand, et la région d'où a été tirée cette dénomination, la vallée de l'Adour, ne renferme, nettement caractérisés, que les termes les plus élevés de la série, ceux qui précisément constituent ce que l'on a appelé le Maestrichtien. Je crois d'ailleurs, et je reviendrai plus loin sur ce point, que cette dernière subdivision comme celle créée par Coquand sous le nom de Dordonien doivent être supprimées, car elles correspondent seulement à des couches possédant des facies spéciaux caractérisés par des *Hemipneustes* ou des Hippurites, et qui, partout où ces facies ne sont pas développés, ont été classées dans le Campanien.

Il me semble donc inutile de surcharger la nomenclature de nouveaux termes, sans prétendre d'ailleurs que la classification que j'adopte soit exempte de tous reproches. Il est certain, par exemple, que si l'on mesure la durée des temps géologiques d'après la marche de l'évolution des organismes marins, les diverses subdivisions de d'Orbigny et de Coquand sont loin d'avoir toutes, à ce point de vue, la même valeur. Je suis disposé à croire que la classification actuelle pourrait être améliorée, mais les modifications à introduire ne seraient que d'ordre secondaire et, pour réaliser une réforme qui ne paraît ni indispensable ni urgente, il me paraît préférable d'attendre que la stratigraphie générale du Crétacé soit connue mieux qu'elle ne l'est aujourd'hui.

ÉTAGE CÉNOMANIEN.

La série supracrétacée débute par l'étage Cénomanien. Une première question se pose immédiatement : quelle est exactement la limite inférieure de celui-ci? et, par conséquent, à quelle hauteur de la succession des sédiments doit-on tracer la ligne qui séparera les couches infracrétacées des supracrétacées? question souvent débattue et qui récemment encore a été le sujet d'une polémique entre deux éminents géologues, MM. Jukes Browne et G. Dollfus.

Je rappellerai qu'à mon avis il est impossible de trouver une base inattaquable pour la définition des limites d'étages.

Veut-on s'appuyer sur la stratigraphie et rechercher dans les phénomènes de la transgression l'indication du moment précis des débuts de l'époque cénomanienne? On se heurte alors à ce fait que les déplacements des lignes de rivage n'ont pas été instantanés, mais lents et progressifs, et qu'ils ne se sont pas produits partout au même moment ; ils ne peuvent donc fournir à cet égard des données absolues et indiscutables. En particulier, la transgression cénomanienne dont on parle tant a été préparée par une invasion marine qui a commencé dès l'aurore de l'ère infracrétacée. On a dit, il est vrai, qu'à l'époque de l'*Am. inflatus* ce phénomène a été si nettement marqué, qu'aucune hésitation n'est possible. Rien ne confirme cette manière de voir, car si, en certains points des socles continentaux, le Crétacé débute avec la zone à *Am. inflatus,* non moins nombreuses sont les régions où celle-ci fait complètement défaut au-dessous des couches cénomaniennes. N'est-elle pas absente au Mans, dans la localité même où d'Orbigny a pris le type de son étage? Il faut aller assez loin au Nord-Est de cette ville, en dehors des limites du département de la Sarthe, pour rencontrer l'*Am. inflatus* à Ceton (Orne), où il est accompagné, non de types cénomaniens, mais d'une espèce franchement albienne, *Am. auritus*. Dans le bassin de l'Aquitaine, il n'a jamais été constaté la moindre trace de l'horizon à *Am. inflatus* à la partie inférieure des couches cénomaniennes. En Westphalie, sur les tranches des bancs houillers, la série crétacée transgressive débute à Essen par des assises où cette zone fait également défaut, et il faut se porter un peu plus au Nord pour la voir apparaître à son tour. De même, en Saxe et en Bohême et, plus à l'Est, sur d'immenses surfaces de la plate-forme russe, le Supracrétacé repose directement sur le Paléozoïque, le Trias ou le Jurassique, sans intercalation de couches à *Am. inflatus*.

Par conséquent, si nous voulons déterminer la limite inférieure de l'étage Cénomanien par la considération des phénomènes de transgression, nous avons certainement au moins autant de motifs pour la placer au-dessus qu'au-dessous des couches à *Am. inflatus*.

Nous appuierons-nous sur l'argument paléontologique? De ce côté, la solution reste également douteuse, car si quelques-uns affirment l'association, accidentelle d'ailleurs, de l'*Am. inflatus* à des Céphalopodes cénomaniens, d'autres avancent qu'ils n'ont jamais pu vérifier ce fait. M. Douvillé a toujours soutenu que, dans le bassin de Paris, jamais l'*Am. inflatus* n'a été rencontré en compagnie de l'*Am. varians*, et aucune observation bien établie n'a pu infirmer son opinion. Dans la gaize du Havre, dont les fossiles sont si faciles à reconnaître, comme dans la gaize de l'Argonne, cette espèce est accompagnée non de l'*Am. varians*, mais de toute une série d'espèces albiennes, telles qu'*Am. auritus* et *Am. splendens*. M. Douvillé me fait d'ailleurs remarquer que l'Ammonite de la gaize de l'Argonne, citée sous le nom d'*Am. falcatus*, n'est pas cette espèce, mais l'*Am. valbonnensis*, dont le type vient du Gault supérieur de la vallée du Rhône.

M. Kilian considère que dans le Sud-Est de la France les couches caractérisées par *Am. inflatus* peuvent se décomposer en deux niveaux, dont l'inférieur ne renferme pas de formes franchement cénomaniennes et appartient, par conséquent, à l'Albien, tandis que le plus élevé fournit des Céphalopodes d'un type plus récent (*Am. falcatus*, *Am. varians*) et peut être rattaché au Cénomanien : tel le gisement bien connu de la Fauge (Isère).

L'observation de M. Kilian prouverait qu'il existe, dans le Sud-Est de la France, une zone de transition entre l'Albien et le Cénomanien : il n'y a là rien qui puisse surprendre et il paraît tout naturel que, dans les régions où la sédimentation a été continue, la transformation des faunes ait eu lieu d'une manière progressive. L'absence de cette zone intermédiaire dans le Bassin de Paris n'en est que plus remarquable.

Là où se rencontrent ces couches avec faunes à caractères mixtes, une hésitation est donc admissible; mais il n'en est point ainsi dans le Nord de la France, et si, dans la classification chronologique des couches, on prend uniquement comme base la succession des faunes de Céphalopodes, en laissant de côté tous les autres fossiles, on doit nécessairement exclure du Cénomanien la gaize du Havre et celle de l'Argonne.

D'ailleurs, l'étage Cénomanien, si on veut le conserver dans la classification, doit nécessairement être entendu dans le sens de son créateur : or, A. d'Orbigny en a pris le type au Mans, et il s'exprime ainsi[1] : « Nous donnons aux couches inférieures le nom d'étage cénomanien, la ville du Mans (Cenomanum) étant fondée immédiatement sur le type le mieux caractérisé et le plus complet de l'étage qui nous occupe, sans qu'on puisse le confondre avec les autres. » Plus loin, p. 635, il cite toute une série de points : Touvois (Loire-Inférieure), Tourtenay, environs de Thouars, Oiron, Ballon, Beaumont, Le Mans. . . . . où cet étage repose directement sur des couches plus anciennes, sans interposition de l'Albien. Ce qui prouve, dit-il, « qu'une discordance[2] profonde sépare aussi bien l'étage cénomanien de l'étage albien que tous les caractères paléontologiques. Si, d'un côté, la superposition nous donne la succession régulière des deux étages, les discordances d'isolement viennent limiter les deux âges; car, sur des centaines de kilomètres d'extension, l'on ne trouve que l'un ou l'autre isolé, contenant des faunes distinctes. »

A propos des caractères paléontologiques, il cite seulement, comme appartenant au Cénomanien, les Ammonites suivantes : *Am. varians, Am. falcatus, Am. rhotomagensis, Am. Mantelli.*

Il résulte donc bien nettement de là que jamais d'Orbigny n'a eu la pensée de réunir à cet étage les couches à *Am. inflatus :* je sais bien qu'en certains points il les y a cependant englobées, et je me garderai d'objecter qu'il a expliqué (p. 626) la présence de l'espèce précédente dans son Cénomanien en disant qu'elle y a été transportée à l'état frais ou à l'état fossile. Ce n'est pas en invoquant un remaniement que je rétorquerai l'argument précédent, car je

[1] 1852. A. d'Orbigny, *Cours élémentaire de paléontologie et de géologie stratigraphiques*, p. 631.

[2] Il est bien évident que d'Orbigny ne parle pas ici d'une discordance angulaire, comme l'explique d'ailleurs la suite du passage.

pense que, si d'Orbigny a cru, en certains points, rencontrer l'*Am. inflatus* dans le Cénomanien, c'est parce qu'il a considéré à tort comme synchroniques des couches du Mans des strates qui, en réalité, leur étaient inférieures. J'ai déjà traité une question analogue à propos des étages de Coquand et je suis amené à répéter ce que j'ai déjà dit, à savoir que, pour bien entendre un étage, il faut se reporter à la définition même de l'auteur et non aux applications plus ou moins justes qu'il a pu en faire.

Conformément à la définition de d'Orbigny, je place donc la limite inférieure de l'étage Cénomanien au-dessus des couches à *Am. inflatus*, et il ne me semble pas qu'on puisse formuler contre cette manière de voir aucune objection sérieuse fondée sur la stratigraphie ou la paléontologie.

Quant à la limite supérieure, elle est presque partout très nettement indiquée par la disparition des *Acanthoceras* du groupe du *rhotomagense*, leur remplacement par ceux du groupe de l'*ornatissimum* et l'apparition de l'*Am. peramplus :* généralement la fréquence de l'*In. labiatus* (=*problematicus*) caractérise la base de l'étage Turonien.

Cette limite peut toutefois prêter à discussion dans le Sud-Ouest du Bassin de Paris et dans les Charentes.

Dans la Sarthe, on rencontre au-dessus soit des Marnes à ostracées, soit, lorsque celles-ci font défaut, au-dessus des Sables du Perche à *Rhynchonella compressa*, une zone sableuse dite Sables à *Catopygus obtusus*, qui est particulièrement bien caractérisée à Bousse, non loin de La Flèche. Elle est surmontée par une craie glauconieuse à *Terebratella carentonensis*, au-dessus de laquelle vient une craie blanche renfermant d'ordinaire une assez grande abondance d'empreintes d'*Inoceramus labiatus*.

C'est seulement avec cette dernière, je crois, que doit commencer l'étage Turonien : cependant la plupart des géologues sont d'accord pour englober dans celui-ci les deux zones précédentes, parce que parmi les fossiles qu'elles renferment, Lamellibranches, Brachiopodes et Échinides, les types turoniens paraissent prédominer.

Cette considération ne me paraît pas de nature, comme je l'ai expliqué maintes fois précédemment, à entraîner la conclusion qu'on veut en déduire, car la classification des couches doit être fondée uniquement sur l'évolution des faunes d'Ammonites, et toutes les autres classes de fossiles doivent être systématiquement mises de côté, si on ne veut pas aboutir à une confusion complète.

Or, dans la Charente, nous avons un équivalent exact des sables à *Catopygus obtusus* et de la craie à *Terebratella carentonensis* : c'est la zone D[1] de M. Arnaud, qui constitue la base du Ligérien de Coquand; elle renferme les fossiles caractéristiques des deux zones de la Sarthe, mais avec eux on rencontre quelques Ammonites qui, toutes, appartiennent au Cénomanien : ce sont des formes du groupe de l'*Acanthoceras rhotomagense*, du *Neolobites Vibrayei*, etc.

Par conséquent, les couches précédentes doivent être rattachées au Cénomanien et non au Turonien.

Coquand (1856) avait cru pouvoir distinguer dans le Cénomanien trois sous-étages : le Rhotomagien, correspondant à la craie chloritée de Rouen; le Gardonien, formé par des argiles lignitifères, et le Carentonien, créé pour les couches de la Charente : il pensait que les couches de Rouen, caractérisées par *Am. varians* et *Am. rhotomagensis*, faisaient défaut dans l'Aquitaine et il assimilait aux lignites de Saint-Paulet les argiles lignitifères situées au-dessous du Carentonien qui, pour lui, était supérieur au niveau de Rouen.

Si, à l'époque où écrivait Coquand, on ne savait pas reconnaître dans la Charente l'équivalent des couches de Rouen parce que l'on était en présence d'un terrain possédant un facies particulier dû à la prédominance des Rudistes, on a depuis lors établi le niveau exact de ce dernier sur des bases indiscutables : non seulement on a retrouvé près du Mans quelques-unes des espèces qui semblaient spéciales à la Charente, mais les recherches persévérantes de M. Arnaud ont prouvé l'existence dans cette dernière région d'un certain nombre de Céphalopodes cénomaniens : *Am. varians, Am. rhotomagensis, Am.* cf. *laticlavius, Turrilites costatus.*

Par conséquent, le Carentonien n'est pas un étage distinct, mais un facies particulier, composé par un ensemble de couches caractérisées par des Rudistes. Le Gardonien, créé, comme le Paulétien d'Émilien Dumas, pour les couches lignitifères de Saint-Paulet, correspond à un facies lacustre ou saumâtre d'une partie des couches cénomaniennes : les expressions précédentes doivent donc être écartées de la nomenclature comme noms d'étages; tout au plus peut-on parler de facies carentonien ou de facies gardonien, de même que l'on dit facies corallien, facies urgonien, facies hippuritique, etc.

La même faune d'Ammonites paraît caractériser l'étage Cénomanien sur toute sa hauteur : depuis la base jusqu'au sommet, les mêmes espèces semblent se poursuivre et si, en certaines régions, quelques-unes paraissent plus spécialement localisées dans certains horizons déterminés, ailleurs on les voit franchir ces limites et arriver jusque vers la base ou jusqu'au sommet de l'étage. Peut-être cependant existe-il quelques différences entre les formes de la partie inférieure et celles du sommet? Peut-être dans la nombreuse série d'*Acanthoceras* si variés peuplant cet étage serait-il possible d'en distinguer qui seraient spéciaux à des niveaux successifs? Il faut remarquer d'ailleurs que presque partout les couches inférieures du Cénomanien sont excessivement peu fossilifères. Cependant, en général, l'*Am. Mantelli* les caractérise de préférence et il y a lieu de croire qu'il ne s'élève pas jusqu'au sommet de l'étage. On le cite assez souvent, il est vrai, dans les niveaux les plus élevés, mais il semble que c'est à tort. Ainsi, M. Douvillé affirme qu'il n'a jamais été rencontré dans la couche fossilifère de la Côte Sainte-Catherine, près Rouen, et que si on l'a signalé dans ce gisement, c'est par suite d'une confusion avec certaines variétés d'*Acanthoceras rhotomagense* chez lesquelles la disparition des tubercules siphonaux se produit de bonne heure[1].

L'étage Cénomanien est caractérisé par une grande abondance de formes d'*Acanthoceras* se rattachant de plus ou moins près à l'*Am. rhotomagensis.* Sharpe, d'Archiac, Stoliczka et M. Kossmat en ont déjà distingué un certain nombre sous des noms spécifiques différents et on pourrait certainement en ajouter encore d'autres. Je considère comme probable que l'on se

[1] Il est fort possible que la présence des tubercules siphonaux ne soit qu'un caractère secondaire susceptible de varier beaucoup d'un individu à un autre. Ainsi, M. Arnaud m'a communiqué, du Cénomanien des environs de Pons, un bel exemplaire d'Ammonite qui ne diffère absolument de l'*Am. laticlavius* que par la présence de tubercules siphonaux aussi accentués que ceux des flancs.

Grâce à l'obligeance de MM. Bizet et Jukes Browne, j'ai pu examiner un bon nombre d'exemplaires d'*Am. Mantelli* provenant des niveaux inférieurs du Cénomanien du Perche, du Devonshire, du Wiltshire et de l'île de Wight : ils se rapportent tous au type figuré par Sharpe (pl. XVIII, fig. 4, 6 et 7) et par d'Orbigny (pl. CIV, fig. 2 et 12). La forme la plus abondante paraît être la variété plate, correspondant à la planche de d'Orbigny et à la figure 4 de Sharpe, à laquelle d'Orbigny a donné le nom d'*Am. Couloni.* J'ai pu vérifier que les cloisons sont bien du type des *Acanthoceras* et non des *Douvilléiceras*, comme on serait porté à le supposer d'après l'apparence extérieure. En examinant les tours internes, j'ai constaté que chez quelques-uns on voit apparaître des tubercules siphonaux, tandis que d'autres à un diamètre d'un centimètre environ n'en présentent encore aucune trace.

La collection de l'École des Mines possède aussi une belle série d'*Ac. Mantelli*, provenant de Fécamp, Le Havre, Sommery (Seine-Inférieure), Le Blanc-Nez, Montgaudy, Saint-Florentin, Auxon (Aube), Le Patis près Vailly (Cher) et Duramus (Alpes-Maritimes).

trouve, en réalité, en face de termes appartenant tous à une seule et même espèce et constituant des variétés ou des races plus ou moins fixées. Les couches du groupe d'Ootatoor, dans l'Inde, renferment, en particulier, de nombreux types dont beaucoup se retrouvent dans le Cénomanien de l'Europe : ainsi *Am. Newboldi* a été signalé en divers points et M. Kossmat a constaté récemment sa présence dans la Provence. Je possède des échantillons d'*Am. Hunteri*, Kossmat, des environs de Castellane et de Vitry-le-François.

Je me borne à donner la liste des diverses formes actuellement séparées :

Ac. rhotomagense, Brongniart, sp.
— *Turneri*, White.
— *Newboldi*, Kossmat, type, var. *spinosa* et var. *planecostata*.
— *Hunteri*, Kossmat.
— *cenomanense*, d'Archiac, sp.
— *naviculare*, Mantell, sp.
— *Gentoni*, Brongniart, sp.
— *Choffati*, Kossmat.
— *gothicum*, Kossmat.
— *harpax*, Stoliczka, sp.
— *pentagonum*, Jukes Browne et Hill.
Ac. tropicum, Stoliczka, sp.
— *sussexiense*, Sharpe, sp.
— *Cunningtoni*, Sharpe, sp.
— *meridionale*, Stoliczka, sp.
— *aberrans*, Kossmat.
— *laticlavium*, Sharpe, sp.
— cf. *laticlavium*, nov. sp.
— *vicinale*, Stoliczka, sp.
— *discoïdale*, Kossmat.
— *Mantelli*, Sowerby, sp.
— *Couloni*, d'Orbigny, sp.
— *sarthacense*, Bayle.

A côté des *Acanthoceras*, se montrent de véritables *Mammites* bien caractérisés par leur mode d'ornementation comme par les détails du dessin de leurs lobes :

Mammites Renevieri, Sharpe, sp.
— *bochumensis*, Schlüter, sp.
Mammites essendiensis, Schlüter, sp.
— *inconstans*, Schlüter, sp.

Près de ceux-ci et semblant comme eux dériver directement des *Pulchellia* se placent :

Neolobites Vibrayei, d'Orbigny, sp.
— (?) *Geslini*, d'Orbigny, sp.

Comme *Hoplites* je signalerai :

Hoplites falcatus, Mantell, sp.

IMPRIMERIE NATIONALE.

Les *Placenticeras*, déjà représentés dans le Gault supérieur par *Pl. Uhligi*, Choffat, sont continués par :

Placenticeras Beaumonti, d'Orbigny, sp.
— *complanatum*, Mantell, sp.

pour lequel M. Kossmat a établi le genre *Forbesiceras*; la dernière espèce est d'ailleurs la même que l'*Am. Largillierti*, d'Orb.

Comme *Schlönbachia*, on rencontre :

Schlönbachia varians, Sowerby, sp.
— — var. *Coupéi*, Brongniart.
Schlönbachia Goupili, d'Orbigny, sp.
— *falcato-carinata*, Schlüter, sp.

et comme *Puzosia :*

Puzosia subplanulata, Schlüter.
— *Austeni*, Sharpe.
— *octo-sulcata*, Sharpe.

avec probablement le plus grand nombre des formes de l'Inde récemment distinguées par M. Kossmat, mais dont quelques-unes cependant pourraient provenir des couches les plus inférieures du Groupe d'Ootatoor, c'est-à-dire de l'Albien supérieur.

Puzosia crebrisulcata, Kossmat.
— *compressa*, Kossmat.
— *Stoliczkai*, Kossmat.
Puzosia insculpta, Kossmat.
— *Bhima*, Stoliczka, sp.
— *aliena*, Stoliczka, sp.

Sphenodiscus est représenté par une forme de Sainte-Croix, près le Mans, dont j'ai donné le dessin des cloisons (2e partie, p. 140, fig. 58) : elle a son bord externe tranchant comme *Sph. Requieni* et comme *Sph. pedernalis* (in Rœmer) et non tronqué comme l'*Am. pedernalis* tel que l'interprète M. le Dr J. Böhm; la même espèce a été trouvée par M. Arnaud dans les sables à Orbitolines formant la base du Cénomanien de Fouras.

Il est digne de remarque que presque partout les *Lytoceras* et les *Phylloceras* font à peu près complètement défaut dans le Cénomanien, excepté probablement dans les dépôts des environs de Madras, sur la côte orientale de l'Inde, car il est possible que quelques-uns des *Lytoceras* et *Phylloceras* signalés dans le Groupe d'Ootatoor appartiennent à cet étage. Il ne serait d'ailleurs pas absolument exact de dire que les *Lytoceras* sont partout absents dans les gisements cénomaniens de l'Europe, car Sharpe a décrit d'Angleterre *Gaudryceras leptonema* et j'ai eu l'occasion de signaler la présence de représentants de ce genre à Rouen et dans les Basses-Alpes[1]. L'extrême rareté de ces formes à ce niveau n'en mérite pas moins d'attirer l'attention en raison de sa généralité.

Parmi les formes déroulées, je citerai :

Scaphites æqualis, Sowerby.
— *obliquus*, Sowerby.
— *Rochati*, d'Orbigny.
Turrilites tuberculatus, Bosc.
Turrilites costatus, Lamark.
— *Desnoyeri*, d'Orbigny.
— *Scheuchzeri*, Bosc.

Enfin, c'est dans le Cénomanien que se montre la dernière Bélemnite, *Bel. ultimus*, à laquelle doit vraisemblablement être rapportée la forme de l'Inde désignée sous le nom de *Bel. fibula*.

On y voit apparaître les premières Bélemnitelles : en Angleterre, on a signalé dans les couches moyennes de cet étage, sous le nom d'*Actinocamax lanceolatus*, Sowerby, une petite forme mince et élancée qu'il ne faut pas confondre avec *Bel. lanceolatus*, Schlotheim, qui se rapporte au type de la *Belemnitella mucronata*.

Il est probable que c'est la même espèce qui a été citée du Cénomanien de la Bavière, de la Bohême et de la Silésie et que M. J. Lambert a trouvée dans les couches à *Asteroseris coronula* de l'Argonne : c'est, m'écrit-il, une forme plus petite et plus effilée que l'*Act. plenus*, caractères bien concordants avec ceux de la Bélemnitelle rencontrée en Angleterre.

On pourrait donc, dans une certaine mesure, considérer le Cénomanien comme constituant l'assise à *Actinocamax lanceolatus*, Sowerby.

Cependant, au sommet de cet étage apparaît *Act. plenus*, qui continue à se montrer dans le Turonien inférieur. On a longtemps discuté sur la position des couches à *Act. plenus*, que les uns rattachaient au Cénomanien tandis que d'autres les classaient dans le Turonien : il paraît établi aujourd'hui qu'en bon nombre de points, cette espèce appartient à ce dernier étage, mais il est non moins certain qu'on la trouve déjà au sommet du précé-

[1] 1893. A. de Grossouvre, *Les Ammonites de la craie supérieure*, p. 236.

dent, comme le montrent, par exemple, les travaux de M. Jukes Browne pour l'Angleterre.

Les faunes de Rudistes permettent de distinguer deux provinces : l'une comprend la France, l'autre est spéciale à la Sicile et à l'Italie.

La première est composée des espèces suivantes, dont quelques-unes se retrouvent dans le Bassin de Paris, en Belgique et jusqu'en Angleterre :

Sauvagesia Sharpei, Bayle.
— *Mantelli*, Woodward (Le Havre, Angleterre).
Sphærulites foliaceus, Lamark.
— *Fleuriausi*, d'Orbigny.
— *triangularis*, d'Orbigny.
Caprotina striata, d'Orbigny.
— *costata*, d'Orbigny.
— *quadripartita*, d'Orbigny.
Apricardia carinata, d'Orbigny.
— *carentonensis*, d'Orbigny.
— *lævigata*, d'Orbigny.
Caprina adversa, d'Orbigny.
Gyropleura navis, d'Orbigny.
— *cenomanensis*, d'Orbigny.
Ichthyosarcolithes triangularis, Desmarets.
Polyconites operculatus, Roulau.

Il est à remarquer que dans les Corbières et la région pyrénéenne il y a mélange des deux faunes : ainsi j'ai recueilli à Cubières dans l'assise cénomanienne renversée, caractérisée par des Orbitolines, un Rudiste que M. Douvillé considère comme un *Schiosia*, en raison de la forme de ses lames polyfurquées; il est d'ailleurs accompagné de nombreux Ichthyosarcolithes. M. Stuart Mentheath a communiqué à M. Douvillé une forme analogue provenant des Eaux-Bonnes et, de la même région, M. Seunes a donné un fragment de Rudiste qui paraît être un *Sphærucaprina*. Il est à noter en outre que *Caprinula Roissyi*, d'Orbigny, paraît confiné dans les Corbières. J'en ai cependant recueilli un fragment dans les calcaires de Morenci (Ariège).

En Sicile, M. G. di Stefano a donné, pour la coupe des Termini Imerese, la succession suivante de haut en bas :

1. Calcaires à *Caprina* et *Sphærulites*.
2. Calcaires à *Caprotina*.
3. Calcaires à *Polyconites Verneuili* et à *Orbitolina*.
4. Calcaires à *Toucasia* et *Requienia*.

M. Douvillé place les calcaires à Caprines au niveau du Cénomanien inférieur en raison de l'ensemble de leur faune; malgré la présence de *C. striata*, les couches à Caprotines dans l'Albien et les calcaires à Polyconites et à Orbitolines dans l'Aptien supérieur et dans l'Albien inférieur.

Dans le niveau supérieur la faune comprend :

Caprina communis, Gemmellaro.
Sphærulites nebrodensis, Gemmellaro.
Sphærucaprina Woodwardi, Gemmellaro.
Schiosia caput equi, Gemmellaro.
— *gigantea*, Gemmellaro.
Schiosia (?) *Baylei*, Gemmellaro.
— (?) *Sharpei*, Gemmellaro.
Ichthyosarcolithes bicarinatus, Gemmellaro.

Les calcaires à Caprotines renferment :

Caprotina cf. *striata*, d'Orbigny.
Sellaea sicula, di Stefano.
— *cespitosa*, di Stefano.
— *Zitteli*, di Stefano.
Himeraelites vultur, di Stefano.
Sphærulites cf. *Sauvagesi*, d'Hombres Firmas.
— *Spallenzanii*, Gemmellaro.

L'horizon à Polyconites et Orbitolines, correspondant à l'Albien inférieur ou à l'Aptien supérieur, est caractérisé par :

Polyconites Verneuili, Bayle.
— *Gemmellaroi*, di Stefano.
Polyconites Douvilléi, di Stefano.
— *Bœhmi*, di Stefano.

La faune du col dei Schiosi, près Bellune, a été décrite par M. G. Bœhm; on y trouve :

Apricardia Pironai, G. Bœhm.
Caprina schiosensis, G. Bœhm.
Sphærucaprina forojuliensis, G. Bœhm.
Schiosia schiosensis, G. Bœhm.
— *carinata*, G. Bœhm.

Elle paraît occuper la partie supérieure du Cénomanien, *Caprina schiosensis* étant alors une forme représentative de *C. adversa*.

La faune de Rudistes cénomaniens de la Bohême étudiée par M. Pocta (*Caprotina*, *Himeraelites*, *Petalodontia*) semble aussi, d'après M. Douvillé, se rattacher par ses affinités à celle de la Sicile.

Signalons maintenant rapidement les divers facies sous lesquels le Cénomanien se présente.

Souvent il est à l'état de marnes et de calcaires marneux caractérisés d'ordinaire par une certaine abondance de Céphalopodes et la présence presque constante d'Holasters; c'est ainsi qu'il se présente en Angleterre, en Normandie, dans l'Orne et la Sarthe, le Cher, l'Yonne, le Boulonnais, dans la partie orientale de la région rhodanienne, sur le bord des Alpes occidentales (Basses-Alpes, Alpes-Maritimes) et en Westphalie.

En Angleterre, au-dessus de l'Upper Green Sand, équivalent du Gault supérieur, le Cénomanien est représenté par une marne glauconieuse, *chloritic marl*, à laquelle succède une craie marneuse, *chalk marl*, que couronne le *grey chalk* ou craie grise.

En Normandie, cet étage est formé par une craie piquée de grains de glauconie, d'où les noms de *craie chloritée* ou *craie glauconieuse*, souvent usités autrefois pour désigner le Cénomanien. On y a distingué de bas en haut trois zones, à *Holaster suborbicularis*, à *H. nodulosus* (= *H. carinatus*) et à *H. subglobosus*, qui n'ont d'ailleurs qu'une valeur purement relative, car dans bien des gisements on observe l'association de ces trois Échinides. Le Cénomanien a été souvent aussi désigné sous le nom de Craie de Rouen, en raison du gisement fossilifère bien connu de la côte Sainte-Catherine, aux environs de cette ville, gisement qui occupe d'ailleurs un niveau élevé dans la série cénomanienne.

Au Sud-Ouest, les caractères de cet étage se modifient peu à peu : à la partie supérieure apparaît d'abord une masse sableuse (Sables du Perche), puis plus loin une autre (Sables du Maine) s'intercale encore dans le massif calcaire qui persiste à la base. Le développement des sables amène la disparition complète de l'élément calcaire, de sorte que des sables et des grès constituent à eux seuls la totalité de l'étage aux environs du Mans.

Dans cette région intermédiaire se développe vers la partie supérieure un banc de marne ou de sables rempli d'Ostracées.

En continuant à suivre les affleurements cénomaniens qui dessinent une des zones concentriques du Bassin de Paris, on voit reparaître l'élément calcaire dans le département de l'Indre, vers le sommet de l'étage : il se développe ensuite progressivement vers l'Est et finit par se substituer complètement aux sables avant d'arriver à la vallée de la Loire, aux environs de Sancerre et de Cosne.

De là, dans la Nièvre et dans l'Yonne, l'étage est constitué par une craie blanchâtre, glauconieuse seulement à la partie inférieure, et atteignant une assez grande épaisseur dans l'Aube.

Puis, de nouveau, l'élément calcaire diminue en remontant vers le Nord-Est et, dans la région ardennaise, se mélange d'argile pour donner naissance à des marnes glauconieuses dans lesquelles s'intercalent des sables.

Dans le Boulonnais, le Cénomanien est encore à l'état de marne crayeuse, argileuse vers la base et caractérisée par une faune d'Ammonites.

Cet étage reparaît dans la boutonnière du Pays de Bray sous forme de craie marneuse et de craie grise avec silex.

Dans le Gard, il est constitué par des calcaires marneux ou compacts, avec Trigonies, Epiasters et Orbitolines, tandis qu'à l'Est de la vallée du Rhône, aux environs de Nyons et Dieulefit, puis dans les Basses-Alpes et les Alpes-Maritimes, on voit prédominer un facies marneux à Céphalopodes et à Holasters, qui rappelle tout à fait celui de la Normandie.

C'est également à l'état de sables glauconieux, de marnes glauconieuses, de marnes et de calcaires plus ou moins compacts, avec Céphalopodes, que le Cénomanien existe en Westphalie, en Bavière et en Bohême (*Pläner*) et qu'il se poursuit sur la plate-forme russe et de là en Crimée et au Caucase.

Remarquons que dans les régions où le Cénomanien est représenté par des marnes glauconieuses, si celles-ci sont un peu argileuses les fossiles sont fréquemment imprégnés de phosphate de chaux.

Au facies marneux se rattachent également les couches à Ostracées, qui se rencontrent plus spécialement dans l'Ouest et le Sud du Bassin de Paris, entre le Maine et la vallée de la Loire (aux environs de Cosne), et que l'on retrouve en Aquitaine, en Provence et dans les Alpes-Maritimes ; elles correspondent à des dépôts formés sous une faible profondeur d'eau.

Le facies sableux à Échinides et à Lamellibranches (Trigonies principalement) est bien développé dans l'Ouest et le Sud du Bassin de Paris : au Mans, il constitue l'étage tout entier, tandis que, plus au Nord-Est, il alterne avec le facies marneux, formant les horizons connus sous les noms de Sables du Perche et Sables du Maine. Nous le retrouvons dans l'Aquitaine, dans les Pyrénées, dans la région rhodanienne à l'Ouest du Rhône, en Provence, en Bavière, en Bohême et en Westphalie; de ce dernier côté, l'étage est à l'état de sable vert dans la région houillère.

Le facies conglomératique s'observe plus ou moins développé sur presque toute la longueur de la chaîne pyrénéenne : les conglomérats de Camarade en sont un type classique depuis les travaux de Magnan. Dans les Alpes de Bavière et d'Autriche, le Cénomanien est fréquemment à l'état de roches conglomératiques riches en Orbitolines. En divers points des Carpathes et des Balkans, on a aussi signalé des conglomérats d'âge cénomanien. Plus au Nord, la série crétacée transgressive débute par des conglomérats cénomaniens, en Belgique (Tourtias d'Assevent, de Montignies-sur-Roc, de Tournai et de Mons), en Westphalie (Tourtia d'Essen) et en Bohême.

Le facies à Orbitolines est associé à des formations calcaires, marneuses, gréseuses ou conglomératiques : les principaux types sont les conglomérats du Cotentin, les grès de Ballon (Sarthe), les sables et calcaires gréseux à Orbitolines des Charentes, surtout développés dans la région Nord-Ouest, les conglomérats, grès, sables et calcaires à Orbitolines des Pyrénées, les calcaires gréseux de la région rhodanienne, de la Provence et de la Montagne de Lure. Ces Foraminifères sont également abondants dans les Alpes bavaroises et autrichiennes, dans les Carpathes et se rencontrent jusqu'en Perse.

Le facies à Rudistes est bien développé dans l'Aquitaine, sous forme de calcaires à Ichthyosarcolithes et à Caprines, qui passent latéralement à des calcaires à Foraminifères ou à des calcaires à débris de coquilles roulées. On le trouve en bordure de la chaîne pyrénéenne, constituant soit des couches plus ou moins continues, soit des lentilles au milieu de formations sableuses et conglomératiques; dans l'un de ces gisements, dans les couches renversées de Cubières (Corbières), j'ai trouvé des Rudistes, que M. Douvillé a reconnu être des *Schiosia,* associés à des Ichthyosarcolithes. En Provence, des calcaires à Caprines et à Ichthyosarcolithes existent également; les Ichthyosarcolithes se retrouvent un peu plus au Nord, à la Montagne de Lure.

Le facies à Rudistes de la Sicile est bien connu par les travaux de M. Di Stefano. J'ai donné précédemment la coupe du gisement des Termini Imerese.

Les gisements crétacés du littoral oriental de l'île de Sardaigne sont formés par des couches à Caprines qui vraisemblablement sont analogues aux couches de Sicile.

Autour du massif d'Aspromonte, en Calabre, on a trouvé des couches à Rudistes et à Nérinées qui renferment des *Schiosia* et doivent être rattachées au Cénomanien.

A ce même niveau appartiennent encore les couches signalées par M. C. F. Parona, dans l'Italie centrale, près d'Aquila, et les couches typiques à *Schiosia* du Col dei Schiosi, au Nord de Bellune, dont la curieuse faune a été décrite par M. G. Bœhm.

Le Cénomanien de la Bohême renferme une série de formes, dont un certain nombre rappellent celles de la Sicile.

Enfin, il ne faut pas oublier la présence de Rudistes plus ou moins isolés dans les couches cénomaniennes de la Touraine et jusqu'en Belgique.

Il est bon d'ajouter que les Rudistes et les Orbitolines s'accompagnent le plus souvent.

Le Cénomanien se présente à l'état de dépôt d'estuaires ou voisins d'estuaires, avec couches charbonneuses, dans les argiles lignitifères de la base de l'étage dans les Charentes et, vers son sommet, dans les couches exploitables de lignites du Sarladais avec fossiles saumâtres, Gastropodes d'eau douce, empreintes de Plantes et ossements de Reptiles et de Chéloniens. Dans la région de Fontfroide (environs de Narbonne, Aude), le Cénomanien renferme à sa partie supérieure des grès charbonneux avec *Cassiope*. Au même étage appartiennent les couches de lignites exploitées dans le Gard. Dans la Basse-Provence, à Turben, au Revest et à Tourris, près de la Valette (environs de Toulon), le Cénomanien renferme des couches avec fossiles saumâtres et débris végétaux. Dans les Alpes orientales, cet étage comprend également des couches plus ou moins chargées de matières charbonneuses.

Les couches à Orbitolines et celles à Rudistes sont fréquemment associées à ces dépôts lignitifères : ainsi à Port-des-Barques (Charente-Inférieure) on voit des sables à Orbitolines avec Rudistes passer à leur partie supérieure à des argiles noires lignitifères au milieu desquelles s'intercale un banc calcaire à Rudistes; aux environs de Simeyrols (Dordogne), des couches à Ichthyosarcolithes reposent directement sur les lignites de la base du Cénomanien.

En beaucoup de points du Sarladais, le Cénomanien transgressif débute par des calcaires à Ichthyosarcolithes immédiatement superposés aux calcaires jurassiques.

Tous ces faits démontrent donc que les couches à Orbitolines et à Rudistes appartiennent à des zones de très faible profondeur.

Par contre, on peut considérer les calcaires à Céphalopodes et à Holasters comme déposés au large et sous une profondeur d'eau beaucoup plus considérable.

TURONIEN.

D'après la définition donnée par d'Orbigny pour la base de l'étage Sénonien, le Turonien comprend l'ensemble des couches comprises entre le Cénomanien, tel que je viens de le préciser, et la Craie de Villedieu, dont la partie inférieure est constituée par la zone à *Peroniceras subtricarinatum* et *Barroisiceras Haberfellneri*.

Les limites de l'étage étant ainsi nettement fixées, étudions l'ordre de succession des Ammonites dans les couches qui le constituent et recherchons quelles zones il est possible d'y reconnaître.

Cette question a encore été peu étudiée et, d'ailleurs, la faune d'Ammonites du Turonien est assez mal connue.

Prenons entre autres les résultats donnés par M. Schlüter dans l'exposition stratigraphique qui termine son mémoire sur les Ammonites du Supracrétacé de l'Allemagne du Nord. Du tableau où il indique la répartition des espèces dans les diverses zones qu'il a distinguées, j'extrais textuellement ce qui a rapport au Turonien.

DÉSIGNATION DES ESPÈCES.	ZONE				
	de l'*Act. plenus.*	de l'*In. labiatus.*	de l'*In. Brongniarti.*	de l'*Hel. Reussi.*	de l'*In. Cuvieri.*
Ammonites nodosoïdes, Schlüter		•			
— *lewesiensis*, Mantell	?	•	•		
— *Woolgari*, Mantell			•		
— *carolinus*, d'Orbigny			•		
— *Fleuriausi*, d'Orbigny			•		
— *bladenensis*, Schlüter				•	
— *peramplus*, Mantell			r	•	r
— *Neptuni*, Geinitz				•	
— cf. *Goupilianus*, d'Orbigny				•	
— *Austeni*, Sharpe				•	
— *Germari*, Reuss			?	•	?
— *hernensis*, Schlüter					?
— *tricarinatus*, d'Orbigny					r

J'ai déjà dit précédemment que l'*Am. Woolgari* de la Westphalie ne se rapporte pas au type de Mantell et j'ai proposé de lui donner le nom de *Prionotropis* cf. *launensis;* l'*Am. Austeni* n'est pas non plus conforme au type de Sharpe et je l'ai appelé *Puzosia Mobergi;* l'*Am. hernensis* est différent de l'espèce précédemment décrite des marnes de Herne, et je lui ai donné le nom de *Puzosia Mülleri :* je ne crois pas, malgré la ressemblance, qu'il y ait lieu de l'identifier à *Am. Gaudama,* Forbes, du Crétacé de l'Inde, comme le propose M. Kossmat; enfin, l'*Am. Fleuriausi,* signalé dans les couches à *In. Brongniarti,* ne se rapporte pas au type de d'Orbigny et se rapproche au contraire beaucoup de *Prinocyclus* (?) *Macombi*, Meek, du Crétacé des États-Unis.

Le Turonien de l'Allemagne du Nord renfermerait donc les zones suivantes :

Une inférieure avec *Am. nodosoïdes* et *Am. lewesiensis;*

Une seconde avec *Am. lewesiensis, Am.* cf. *launensis, Am.* cf. *Macombi, Am. peramplus;*

Une troisième avec *Am. peramplus, Am. Neptuni, Am.* cf. *Goupili, Am. Mobergi, Am. Germari.*

Enfin, tout à fait au sommet, il existerait peut-être une quatrième zone où *Am. peramplus* se retrouverait encore et où apparaîtrait une forme du groupe de l'*Am. subtricarinatus.*

Mais, il faut bien le remarquer, les zones ainsi établies d'après la succession des diverses espèces d'Ammonites dans l'Allemagne du Nord ne paraissent pas pouvoir être retrouvées partout, car on constate ailleurs des variations dans l'aire d'extension verticale de certaines espèces. Par exemple, dans la plupart des régions *Am. peramplus* existe de la base au sommet du Turonien, alors qu'en Westphalie il n'apparaît que dans la seconde zone. La séparation des deux zones inférieures ne peut du reste être maintenue, car nous avons vu, par exemple, qu'*Am. nodosoïdes,* qui caractérise la première, se retrouve en Bohême à la base du Turonien, dans le calcaire grossier du Weisse Berg, près Prague, et dans le grès vert de Michelob, avec la plupart des espèces de la seconde.

Donc, en définitive, il n'y a, dans le Turonien de l'Allemagne du Nord, que deux zones bien caractérisées, avec indication de l'existence probable, au sommet, d'une troisième correspondant à la zone dite de l'*In. Cuvieri* ou *Cuvieri-Pläner.*

Je ne puis parler de la succession des faunes d'Ammonites dans le Turonien de la Bohême en raison des désaccords qui existent, entre les géologues de ce pays, sur le parallélisme des assises dans les diverses coupes : si on se reporte au tableau XXVI, page 358, on verra seulement qu'il est peut-être possible d'y trouver trois zones possédant chacune une faune différente.

Dans la Touraine, j'ai pu distinguer un plus grand nombre d'horizons.

Le premier correspond au tuffeau exploité dans la région de Saumur. Courtiller a donné une description des principaux types qu'il renferme. Grâce à l'obligeance de M. Valotaire, professeur au collège de Saumur, j'ai pu les étudier, soit dans sa propre collection, soit dans celle du musée de la ville.

Elle se compose des espèces suivantes :

Neoptychites peramplus, Mantell, sp.	*Prionotropis Schlüteri*, Laube et Bruder.
— *Telinga*[1], Stoliczka, sp.	— *Fleuriausi*, d'Orbigny, sp.
— *Xetra*, Stoliczka, sp.	*Mortoniceras salmuriense*, Courtiller, sp.
Mammites Revelierei, Courtiller, sp.	

Et un *Acanthoceras*, sp. nov., du groupe de l'*Am. ornatissimus*, Stoliczka, mais bien différent du type que j'ai figuré sous le nom d'*Am. deverioïdes* et que M. Kossmat identifie à l'espèce de l'Inde.

Un second niveau correspond à la faune du tuffeau de la vallée du Cher. On y trouve :

Neoptychites peramplus, Mantell, sp.
Prionotropis papalis, d'Orbigny, sp.
Acanthoceras Bizeti, nov. sp.[2].

Une troisième faune serait celle du tuffeau exploité dans la vallée du Loir, aux environs de Poncé, et comprenant :

Neoptychites (?) *peramplus*, Mantell, sp.	*Pseudotissotia Galliennei*, d'Orbigny, sp.
Prionotropis Woolgari, Mantell, sp. typique.	*Acanthoceras ornatissimum*, Stoliczka, sp.

[1] Les variétés renflées de l'*Am. Telinga* ne me paraissent pas pouvoir être distinguées de l'*Am. Xetra*, tel que l'a défini Stoliczka, bien que cette espèce semble, d'après les indications de ce savant, appartenir à la zone de l'*Am. inflatus*.

[2] Forme du groupe de l'*Am. ornatissimus*; je l'avais distinguée comme variété *inermis* de l'*Am. deverioïdes*. Cette forme est constamment associée à l'*Am. papalis*, tandis que l'*Am. ornatissimus* (= *deverioïdes*, var. *armata*) est toujours accompagné par *Am. Woolgari* et n'a jamais été rencontré en Touraine avec *Am. papalis*. Elle a d'ailleurs été très bien figurée par Pictet (1863, *Mélanges paléontologiques*, pl. VII), et quoique, dans la description, ce savant dise que chaque tour possède seulement neuf rangées de tubercules, les figures montrent nettement qu'il y en a onze au total. L'échantillon de Pictet est indiqué comme trouvé aux environs de Montrichard; ceux que j'ai recueillis auprès de cette ville, à Bourré, proviennent évidemment du même gisement et s'y rapportent parfaitement. La coquille adulte n'acquiert pas de bien grandes dimensions et elle possède dans les derniers tours une ornementation analogue à celle des *Am. Gentoni* et *Am. sarthacensis*, de grande taille.

Je dédie cette espèce au regretté collaborateur de la carte géologique de France, récemment décédé. Je tiens à rendre ici hommage à ce savant distingué qui avait consacré sa vie à l'étude des terrains de la Sarthe : ses confrères l'ont toujours trouvé empressé à mettre à leur service ses connaissances et ses collections.

Cette dernière espèce acquiert une taille assez forte, et son dernier tour est alors orné de tubercules très développés formant de véritables épines.

Je n'ai pas observé directement la superposition de ce niveau au précédent, mais je suis amené à penser que cette faune est plus récente parce que l'*Am. Bizeti* de la vallée du Cher se rapproche plus de l'Ammonite du même groupe de Saumur que de l'*Am. ornatissimus*, et qu'en outre j'ai trouvé cette dernière espèce vers le sommet du Turonien, dans les couches à *Terebratulina Bourgeoisi*.

Enfin, en Touraine, c'est seulement au sommet de l'étage, presque immédiatement sous la craie de Villedieu, que j'ai rencontré *Sphenodiscus Requieni* et *Acanthoceras Deveriai*, d'Orbigny, typique : il me semble difficile, comme je l'ai dit précédemment, de séparer ce dernier d'*Am. Medlicotti*, Stoliczka.

Ainsi, en Touraine, on peut séparer quatre zones successives caractérisées par des faunes distinctes d'Ammonites.

Je ne suis pas en mesure de retrouver partout ce même ordre de succession, car la stratigraphie du Turonien a été encore peu étudiée jusqu'à ce jour et les déterminations des Ammonites, citées dans les descriptions régionales, peuvent laisser parfois quelques doutes sur leur exactitude.

Dans le bassin d'Uchaux, la zone supérieure paraît bien indiquée : on y trouve ensemble *Am. Requieni* et *Am. Deveriai*, et on cite de ce même niveau *Am. Bravaisi* qui, probablement, comme me le montrait M. Douvillé d'après un échantillon de grande taille d'Uchaux, ne doit pas être séparé d'*Am. Neptuni*. Cette espèce appartiendrait donc à la quatrième zone et descendrait peut-être dans la troisième, d'après ce que nous avons vu en Bohême et en Westphalie.

La première zone est nettement caractérisée presque partout. Dans les Charentes, nous la voyons occupant la base du Turonien et constituée par toutes les espèces déjà indiquées à Saumur[1]. Il importe de rappeler que j'y ai trouvé *Acanthoceras* (?) *superstes*, espèce signalée en Tunisie et dans l'Inde et remarquable par sa ressemblance trompeuse avec *Stephanoceras coronatum*. Dans le Nord de l'Europe, dans le Bassin de Paris, la Westphalie et la Bohême, elle est caractérisée par *Mammites nodosoïdes*.

[1] Le *Prionotropis Woolgari*, cité dans la zone E (p. 371 et tableau XVI, p. 384), n'est pas le *Woolgari* typique et me paraît se rapprocher de *P. Schlüteri*. J'ai aussi constaté la présence dans la collection de M. Arnaud de plusieurs *Acanthoceras*, nov. sp., identiques à ceux de Saumur et spéciaux aux couches inférieures de l'étage.

Les Bélemnitelles sont représentées dans le Turonien par *Actinocamax plenus,* qui se trouve toujours à la base de l'étage et d'ordinaire dans un lit spécial où il est parfois assez abondant, de sorte que, dans nombre de régions, on peut distinguer un niveau inférieur nettement individualisé à *Act. plenus.* Néanmoins, de l'absence de cette Bélemnitelle dans les couches supérieures, on n'est pas en droit de conclure à son extinction complète, car on a signalé en Bohême, dans les parties moyennes de l'étage Turonien, une Bélemnitelle bien peu différente de l'*Act. plenus,* à laquelle a été donné le nom d'*Act. strehlensis,* Fritsch et Schlönbach; plus récemment, M. Schlüter a trouvé aux environs de Paderborn, vers le sommet du Turonien, une autre forme voisine qu'il a nommée, sans la décrire ni la figurer, *Act. paderbornensis.* Au point de vue de la distribution verticale des Bélemnitelles, on pourrait donc définir le Turonien comme formé par l'assise de l'*Act. plenus.*

Il résulte de ces observations que j'ai eu tort de dire dans un chapitre précédent que le Turonien renfermait seulement deux zones caractérisées par des faunes distinctes d'Ammonites : on voit qu'il est possible d'en trouver un plus grand nombre, bien que, dans l'état actuel de nos connaissances sur la stratigraphie des couches turoniennes, nous ne soyons pas encore en état d'établir leur généralité.

Néanmoins, je crois devoir persister à n'admettre pour le Turonien que deux sous-étages, et cela précisément parce que, s'il est presque partout facile de reconnaître la subdivision inférieure, il est au contraire fort malaisé, sinon absolument impossible, d'établir dans le système supérieur des divisions concordantes d'une région à l'autre.

La subdivision inférieure, nommée *Étage Ligérien* par Coquand, a été établie par ce savant pour les Charentes, et, d'après ce que nous avons vu, elle correspond exactement à notre première zone d'Ammonites, à celle qui caractérise le tuffeau de Saumur : c'est donc à tort que MM. Munier-Chalmas et de Lapparent veulent y englober encore les couches à *Am. deverioïdes* et *Am. Galliennei,* qui sont certainement angoumiennes, et y ajoutent même à la base les couches à *Sphenodiscus* cf. *pedernalis,* car cette dernière espèce appartient dans la Charente aux sables inférieurs à Orbitolines et est incontestablement cénomanienne.

Le nom de Ligérien a donné lieu à de fréquentes confusions, car bien des auteurs ont considéré qu'il s'appliquait à tout le Turonien de la vallée de la Loire, au Turonien de la Touraine : cette opinion a eu surtout cours à une époque où l'on croyait que l'Angoumien et le Provencien n'y étaient pas représentés; peut-être était-ce même la pensée de Coquand, bien que je ne croie pas qu'il l'ait explicitement formulée. Ce nom ne peut, du reste, être conservé, car c'est en 1857 que Coquand l'a proposé et déjà en 1853 M. de Rouville[1] l'avait employé pour désigner une subdivision du Tertiaire : je propose, en conséquence, de le remplacer par celui de *Saumurien*, le tuffeau de Saumur étant un des meilleurs types de cette zone et possédant une faune bien caractéristique dont les éléments sont aujourd'hui parfaitement définis grâce aux travaux de Courtiller.

Coquand, trompé par les variations de facies qu'un même niveau peut éprouver, avait créé en 1862 un nouvel étage qu'il plaçait entre l'Angoumien et le Provencien. Il lui avait donné le nom de Mornasien, prenant pour type les grès d'Uchaux qu'il identifiait, à tort, aux sables et grès de Mornas. Comme les grès d'Uchaux sont caractérisés par *Am. Deveriai* et *Am. Requieni* qu'il n'avait pas rencontrés dans la Charente où son Provencien succède directement à l'Angoumien, et comme, en Provence, il attribuait au Provencien des couches à Hippurites appartenant en réalité au Sénonien, il avait été conduit à penser que son Mornasien faisait défaut dans l'Ouest de la France et qu'aux environs du Beausset il était représenté par les grès et sables à Micrasters, inférieurs aux couches à Hippurites considérées par lui comme provenciennes. Cette erreur a persisté longtemps parmi les géologues du Midi, et dans bien des travaux récents on voit encore attribuer au Mornasien des couches qui, en réalité, sont coniaciennes.

L'étage Mornasien doit donc être absolument rejeté parce qu'il fait double emploi avec l'Angoumien et le Provencien et que sa création résulte d'une erreur.

En résumé, je ne crois pas que, dans l'état actuel de nos connaissances, il soit possible de maintenir dans le Turonien plus de deux sous-étages, le Saumurien et l'Angoumien.

Il me paraît difficile d'établir, en se basant sur les faunes d'Hippurites, des zones bien nettes dans le Turonien.

Dans l'Aquitaine, *Hippurites inferus, H. resectus* et *H. Requieni* sont communs à l'Angoumien et au Provencien et se trouvent sur toute la hauteur; seul, *Hip. petrocoriensis* paraît limité au Provencien et *Hip. Rousseli* au sommet de cette subdivision.

[1] 1853. De Rouville, *Géologie de Montpellier*, p. 180.

Par contre, d'après M. Toucas, *Hip. Rousseli* ainsi qu'*Am. petrocoriensis* descendraient ailleurs dans la division inférieure, tandis que *Hip. Requieni* y serait confiné et ne monterait pas plus haut.

Ceci nous montre encore une fois combien la répartition verticale des Hippurites est variable d'une région à une autre.

Si la limite supérieure du Turonien se trouve nettement marquée toutes les fois qu'il s'agit de dépôts caractérisés par des faunes d'Ammonites, il n'en est plus de même quand on est en présence du facies crayeux, tel qu'on l'observe dans le Bassin anglo-parisien. Là, les Ammonites font généralement défaut et les fossiles les plus habituels sont des Micrasters. Aussi, pendant longtemps les opinions les plus variées ont été émises sur la place que devait occuper, dans la succession des couches de ce bassin, la séparation entre le Sénonien et le Turonien. En 1889, j'ai cherché la solution de cette question en partant de l'étude des couches crétacées de la Touraine, et je suis arrivé à démontrer que la limite supérieure du Turonien devait être placée beaucoup plus haut qu'on ne l'avait indiqué : les conclusions que j'ai formulées alors ont été complètement confirmées par mes recherches ultérieures, et le faisceau de preuves que je puis aujourd'hui apporter à l'appui de mon opinion ne laisse plus aucun doute.

Ainsi, dans la craie de l'Yonne, la zone supérieure de l'assise à *M. decipiens,* celle qui a été cataloguée par M. Lambert sous la lettre H, renferme avec *Holaster placenta, Inoceramus involutus* et *Peroniceras Moureti,* fossiles caractéristiques du Coniacien inférieur.

Aux environs de Lille, c'est dans la craie blanche, supérieure à la craie grise à *M. decipiens,* à un niveau où avec cet Échinide commencent à apparaître des formes du groupe du *coranguinum,* que se montrent divers Céphalopodes, *Peroniceras subtricarinatum, Peroniceras Moureti,* caractéristiques du Coniacien.

En Westphalie et en Bohême, on constate la présence dans le Turonien supérieur d'un Échinide, *Micraster brevis,* Desor, auquel se rattache comme variété le *M. icaunensis,* Lambert, caractéristique dans l'Yonne de la zone inférieure de l'assise à *M. decipiens :* c'est également d'ailleurs le gisement du vrai *M. cortestudinarium,* Goldfuss.

Toutes ces observations établissent que la limite supérieure du Turonien doit être placée au milieu de l'assise à *M. decipiens.*

La région de Dieulefit nous en fournit une preuve non moins nette, car là, nous avons trouvé fort au-dessus de couches caractérisées par *M. decipiens,* bien typique et conforme aux exemplaires du Bassin de Paris, comme l'ont reconnu MM. Gauthier et Lambert, un niveau gréseux avec Céphalopodes du Coniacien inférieur : *Barroisiceras Haberfellneri, Tissotia Ewaldi, T. Robini, Peroniceras Moureti, P. Czörnigi, Gauthiericeras bajuvaricum.* Cette superposition avait conduit Hébert à placer les Grès verdâtres de Dieulefit au niveau de l'assise à *M. coranguinum,* conclusion qui ne s'écarte pas beaucoup de celle que j'ai formulée moi-même, puisque je les considère comme se parallélisant avec les couches immédiatement inférieures, c'est-à-dire avec le sommet de l'assise à *M. decipiens;* les observations faites dans l'Yonne et les environs de Lille ont en effet montré la présence de Céphalopodes coniaciens dans cet horizon, où commencent d'ailleurs à apparaître les formes du groupe du *M. coranguinum.*

Il est assez remarquable que le Turonien inférieur se trouve presque partout caractérisé par la présence, on peut même dire l'abondance, de l'*Inoceramus labiatus* que nous rencontrons non seulement dans le Bassin de Paris, mais aussi dans l'Aquitaine, dans la région rhodanienne, dans les Alpes occidentales, en Bavière, en Bohême, en Saxe, dans toute l'Allemagne du Nord, en Amérique et même dans les Couches d'Ootatoor de la péninsule de l'Hindoustan.

Le Turonien inférieur, le Saumurien, est bien typique à l'état de craie à *Inoceramus labiatus* avec *Neoptychites peramplus, N. lewesiensis, Mammites nodosoides, M. rusticus, Rh. Cuvieri, Echinoconus subrotondus,* en Angleterre, dans le Nord, l'Ouest et le Sud-Est du Bassin de Paris; souvent vers la base on peut distinguer un lit à *Actinocamax plenus,* tel, par exemple, le lit noduleux de la côte Sainte-Catherine, près Rouen.

Dans l'Est du Bassin de Paris, de la vallée de la Marne à la Flandre, il est représenté par des marnes argileuses, le plus souvent appelées *dièves* ou encore *potiers* ou *potasses,* c'est-à-dire terres à poteries, et caractérisées par *Magas Geinitzi.* Ce sont aussi les bleus ou faux bleus des mineurs de Douai. Près de Lille, elles ont reçu le nom de *tourtia* et reposent directement sur le terrain primaire; ce tourtia ne doit pas être confondu avec celui qui désigne les conglomérats d'âge cénomanien et est de nature toute différente.

A Tournai, au-dessus du tourtia cénomanien, on observe une couche de coprolithes renfermant avec des fossiles roulés du Paléozoïque, *Act. plenus, Neoptychites peramplus, Prionotropis* cf. *papalis*. . .

En Belgique, le Saumurien est en général à l'état de marnes glauconieuses, de dièves, comme dans le Nord de la France.

Dans la vallée du Cher, il est constitué par une craie blanche à *In. labiatus,* c'est-à-dire possède un facies analogue à celui du Bassin de Paris, tandis qu'à Saumur c'est un tuffeau micacé, jaunâtre, renfermant une faune d'Ammonites que nous retrouvons identique dans l'Aquitaine; dans cette dernière région, ce sous-étage doit être réduit aux zones D² et E de M. Arnaud, la première caractérisée en général par de grandes *Ostrea columba,* var. *gigas,* et la seconde par la faune d'Ammonites signalée à Saumur.

Dans la région pyrénéenne, le Turonien est le plus souvent fort mal caractérisé : l'existence du Saumurien est indiquée près de Padern par la présence de *Mammites Revelierei* trouvé par M. Roussel.

Dans la région rhodanienne, le Saumurien est aux environs de Bagnols et de Pont-Saint-Esprit, à l'état de calcaires et de grès à *Inoceramus labiatus*, et à Uchaux de grès à Epiasters, mais il est très mal caractérisé plus au Nord et à l'Est, aux environs de Dieulefit et de Nyons. Aux Martigues, il est peut-être représenté par la base des calcaires à *Biradiolites cornupastoris* (v. p. 505); près de la Bédoule, il est constitué par des marnes très fossilifères avec Céphalopodes : *Mammites nodosoïdes, Mam.* sp. nov., *Mammites conciliatus,* Stoliczka, sp.; *Pseudotissotia Douvilléi,* Peron.

Le Saumurien est indiqué dans la région alpine par la présence d'*Inoceramus labiatus,* aux environs de Menton et dans les Basses-Alpes.

Par contre, il est douteux dans le Dévoluy et, à partir de là, fait défaut dans le Dauphiné, probablement dans les Alpes centrales et certainement dans les Alpes orientales, à partir de la vallée de l'Inn.

Nous le retrouvons plus au Nord, en Bavière, où il comprend les Reinhausenerschichten et les Winzerbergschichten (Gümbel); en Westphalie, on doit lui rattacher la marne à *Actinocamax plenus,* le *Mytiloïdes-Pläner* et probablement aussi le *Brongniarti-Pläner.*

En Bohême, le Saumurien correspond aux Weissenberger-Schichten et aux Malnitzer-Schichten, aux zones III à VIII de M. Zahalka, et est représenté en particulier par le Calcaire grossier du Weisse-Berg, près Prague, et les grès de Malnitz. Dans ces gisements, les géologues de la Bohême nous ont fait connaître une riche faune d'Ammonites : *Neoptychites peramplus, N. lewesiensis, N. juvencus, Placenticeras memoria-Schlönbachi, Puzosia Laubei, P. Montis albi, Prionotropis Schlüteri, P. launensis, Mammites nodosoïdes, M. Tischeri, M. michelobensis, Acanthoceras* cf. *ornatissimum, Actinocamax plenus.*

Le Turonien supérieur ou Angoumien comprend l'ensemble des couches turoniennes situées au-dessus de la zone à *In. labiatus*, *Mammites nodosoïdes* et *M. Revelierei* : nous avons vu que peut-être il serait possible de distinguer dans ce sous-étage trois zones successives d'Ammonites, mais les observations que nous possédons à cet égard ne sont ni assez nombreuses, ni assez concordantes pour nous fixer à cet égard et nous permettre d'étendre nos conclusions à toutes les régions.

Ainsi, tandis qu'en Touraine nous rencontrons des formes de la série du *Prionotropis Woolgari* depuis la base du Turonien jusque vers le sommet, au contraire, dans l'Allemagne du Nord et en Bohême nous les voyons disparaître à peu près vers le niveau où nous mettons la limite entre le Saumurien et l'Angoumien : il est vrai que, dans ces régions, il ne semble pas qu'on rencontre le *P. Woolgari* typique, mais en Angleterre celui-ci est signalé dans la craie à *Terebratulina gracilis*, immédiatement au-dessus de la zone à *In. labiatus*. De plus, beaucoup de listes de fossiles données à l'occasion de coupes locales auraient certainement besoin d'être revisées, au moins en ce qui concerne les Céphalopodes : on y voit, par exemple, fréquemment cités l'*Am. Woolgari* et l'*Am. Deveriai*, et il est bien à supposer que, sous ces noms, on n'a pas toujours désigné les formes typiques, mais quelques-unes des mutations qui s'y rattachent. Il faut donc se résoudre à avouer que nous manquons encore de données suffisantes pour une classification détaillée et générale du Turonien supérieur.

Il n'est pas sans intérêt de remarquer, bien que ce puisse être une simple coïncidence, que, dans la craie du Bassin anglo-parisien, le Turonien supérieur comprend trois zones différentes : la craie à *Terebratulina gracilis*, la craie à *Micraster breviporus* et *Holaster planus* (Chalk rock) et la base de la craie à *M. decipiens*, base qui correspond au moins en partie à la Craie de Béon, à la Craie de Vervins et à la Craie phosphatée du Cambrésis.

Ces diverses zones peuvent se distinguer assez facilement dans le Bassin anglo-parisien, partout où prédomine le facies purement calcaire qui succède par transitions insensibles aux marnes saumuriennes et qui, à son tour, passe, vers la partie supérieure de l'Angoumien, à une véritable craie blanche et traçante, dans laquelle souvent s'observent des rognons de silex.

Ce facies calcaire, bien développé dans les falaises de la Manche, en Normandie et dans l'Yonne, s'atténue dans le Nord-Est du bassin de Paris où, à partir de la Marne, en remontant vers le Nord, apparaissent vers la base des marnes argileuses dites Dièves à *Terebratulina gracilis*, qui paraissent appartenir à la base de l'Angoumien. Mais, au-dessus, l'élément calcaire prédomine peu à peu et donne naissance à une craie souvent noduleuse à *M. breviporus* et *Holaster planus*, que surmonte la Craie de Vervins à *M. icaunensis* (= *Epiaster brevis*, Barrois, non Schlüter).

Aux environs de Lille, l'Angoumien comprend une craie marneuse ou Marlette à *Terebratulina gracilis*, une craie grise à silex cornus avec *Micraster breviporus* et enfin une craie grise avec trois bancs de nodules phosphatés ou *tuns* qui correspondent à la zone à *M. icaunensis;* au-dessus vient la craie blanche à bâtir de Lezennes avec Ammonites du Coniacien.

En Belgique, ce sous-étage est représenté de bas en haut par des marnes grises et bleues, parfois glauconieuses, à concrétions siliceuses (Fortes toises), des marnes grises avec silex en bancs ou en gros rognons (Rabots de Saint-Denis et silex verts à têtes de chat), et enfin par la Craie de Maizières : cet ensemble est désigné par les géologues belges et le Service de la Carte géologique de Belgique sous le nom de *Nervien;* mais représente-t-il bien l'Angoumien tout entier ?

Dans le Sud-Est de la France, dans la Forêt de Saou, aux environs de Clansayes, de Nyons, de Dieulefit et de Rosans, le Turonien est à l'état de calcaires blancs avec silex, mais il paraît difficile d'y distinguer des zones et, jusqu'à présent, les géologues locaux n'ont pas cherché à le faire. Il ne semble même pas que l'on puisse préciser à quelle hauteur doit être placée la limite du Saumurien et de l'Angoumien. Dans la partie supérieure de cette masse calcaire, généralement très peu fossilifère, se montre fréquemment un horizon assez riche en Echinocorys et en Micrasters (*M. decipiens*) qu'accompagne une faune rappelant beaucoup celle de certains gisements de craie blanche du Nord de la France. Comme les Ammonites du Coniacien inférieur se trouvent seulement dans les grès qui la surmontent, il est tout naturel de la rattacher au Turonien, bien que tous les géologues qui s'en sont occupés en fassent du Sénonien. J'ai exposé précédemment toutes les raisons qui militent en faveur de la première opinion [1].

Il est probable que l'Angoumien est représenté, dans les Alpes occidentales, par des calcaires plus ou moins crayeux, mais nous manquons encore de renseignements précis à cet égard : en de rares points seulement on a pu vérifier avec certitude l'existence du Turonien; toutefois il est bien probable

[1] Voir p. 4 et 494 et aussi dernier chapitre.

que les calcaires à *M. decipiens* indiqués par M. de Riaz dans les Alpes-Maritimes, au voisinage de Nice, appartiennent à cet étage.

En Touraine, l'Angoumien est à l'état de calcaires à Bryozoaires ou à celui de tuffeau micacé; sa composition est d'ailleurs excessivement variable dans le sens horizontal comme dans le sens vertical. Le tuffeau est souvent propre à fournir de la pierre de taille, mais, d'une localité à une autre, le niveau des exploitations varie.

Le Turonien supérieur se présente également à l'état calcaire en Bohême, et il est alors désigné sous le nom de *Pläner;* mais en raison de la variabilité du facies des couches dans ce pays, les divers Pläners sont loin de se correspondre et ont probablement comme équivalents latéraux des couches marneuses ou sableuses. Vers le sommet de l'étage, on peut citer le Pläner de Hundorf, où l'on rencontre des Ammonites en échantillons de grandes dimensions.

Dans l'Allemagne du Nord le Turonien supérieur, généralement calcaire, comprend le Scaphiten-Pläner, où commencent à apparaître des Echinocorys du groupe du *scutatus,* et le Cuvieri-Pläner. Le Turonien supérieur y est caractérisé en particulier par *M. cortestudinarium* et *M. brevis,* formes représentatives des *M. icaunensis* et *M. Renati.*

Le facies sableux se développe à la partie supérieure de l'Angoumien dans le Sud-Ouest de la Touraine, notamment aux environs de Sainte-Maure, de Chinon, etc. Il constitue l'étage tout entier dans le Gard (grès à Trigonies de Bagnols) et à Uchaux. Les Grès de la Mède appartiennent au même niveau et possèdent une faune bien voisine de celle des Grès d'Uchaux. Au Val d'Aren, des grès grossiers avec grains de quartz, ayant parfois la grosseur d'une noix, reposent sur les calcaires cénomaniens et sont surmontés par des calcaires gréseux à Hippurites angoumiens.

Dans le Turonien supérieur de la Bohême, le facies sableux (*Quader*) est très développé à divers niveaux; mais, dans l'Allemagne du Nord, il se montre seulement sur la bordure méridionale de la Westphalie, au niveau du Scaphiten-Pläner, constituant le sable vert de Soest.

Dans les Corbières, les dernières couches du Turonien renferment de nombreux galets de roches variées et se transforment même, en certains points, en de véritables conglomérats. En Provence, M. Marcel Bertrand a montré que le poudingue de la Ciotat, constitué par des galets atteignant un volume de plusieurs décimètres cubes, passe latéralement à des grès grossiers et à des calcaires gréseux dans lesquels s'intercalent des lentilles d'Hippurites. Il est possible aussi que les conglomérats inférieurs de la formation des Gas (P. Lory) dans le Diois et le Dévoluy appartiennent au Turonien, mais c'est surtout dans les Alpes orientales, à Gosau et au Neue-Welt, que le Turonien supérieur se présente à l'état conglomératique avec calcaires à Hippurites subordonnés.

Le facies à Rudistes du Turonien supérieur est bien développé dans toute l'Aquitaine; on en connaît des lambeaux à l'extrémité occidentale des Pyrénées, à Saint-Sever et à Tercis, mais de là il faut aller jusque dans les Corbières pour retrouver cet étage bien caractérisé à l'état de calcaires à Rudistes avec bancs riches en Hippurites.

Les Grès d'Uchaux ont fourni quelques Rudistes mais ne peuvent pas être considérés comme un facies spécial caractérisé par ces fossiles; c'est seulement aux Martigues et dans la Basse-Province que l'on retrouve des bancs calcaires avec nombreux Hippurites. Un lambeau de calcaires à Hippurites (*H. Rousseli*), appartenant à l'Angoumien, existe sur le versant oriental des Alpes, non loin du col de l'Argentière. Il est certain aussi que le Turonien est représenté dans les calcaires à Rudistes du littoral de l'Adriatique, sans que cependant sa place ait pu être nettement définie.

Enfin il convient de signaler l'extension du facies à Rudistes jusqu'en Bohême, où certains *Hippuriten-Conglomerat*, rapportés aux couches de Korycan et classés dans le Cénomanien, appartiennent en réalité au Turonien, comme M. Douvillé me l'a indiqué en particulier pour les conglomérats des environs de Teplitz logés dans des dépressions des gneiss.

Le Turonien supérieur est connu à l'état de couches saumâtres, aux Martigues, où elles surmontent les Grès de la Mède, et, dans la Basse-Provence, où tantôt elles recouvrent des calcaires à *Biradiolites cornupastoris* (Allauch), tantôt reposent directement sur la bauxite superposée aux calcaires à Requiénies, parfois même sur les calcaires jurassiques (Plan d'Aups).

Peut-être quelques-uns des horizons saumâtres ou lignitifères de la base de la série des couches de Gosau doivent-ils être rattachés au Turonien, mais la stratigraphie de ces divers niveaux n'est pas encore assez connue pour permettre de rien préciser à cet égard.

SÉNONIEN.

Le Sénonien comprend, selon moi, toutes les couches crétacées supérieures au Turonien, car je suis d'avis de reporter dans le groupe tertiaire la série classée par Desor dans le Danien, question que j'ai déjà traitée incidemment dans les pages précédentes et sur laquelle je me propose de revenir plus loin.

Le Sénonien a été partagé par Coquand en sous-étages : Coniacien, Santonien, Campanien et Dordonien. Ce dernier n'est qu'un facies particulier des couches supérieures du Campanien, de sorte qu'il doit être supprimé de la nomenclature. Il reste donc seulement trois subdivisions dont j'ai donné précédemment, dans le chapitre relatif à la craie de l'Aquitaine, les limites exactes et précises en partant des définitions même de Coquand.

CONIACIEN.

Le Coniacien est formé par l'ensemble des couches supérieures au Turonien et inférieures à la zone caractérisée par *Mortoniceras texanum* et *Placenticeras syrtale*.

Les types les plus complets de cet étage se trouvent en Touraine, en Aquitaine et en Westphalie; dans ce dernier pays, il correspond identiquement à l'étage Emschérien de M. Schlüter, de sorte que Coniacien et Emschérien sont des termes exactement synonymes, mais le premier doit seul être employé par raison de priorité.

M. Schlüter a, il est vrai, indiqué et décrit une des Ammonites de son Emschérien sous le nom d'*Ammonites texanus*. Il semble en résulter que la présence de cette espèce serait en désaccord avec la définition que je rappelais pour le Coniacien; mais il m'a paru que la forme de la Westphalie s'écartait quelque peu du type de Rœmer, tel qu'il a été décrit et tel que nous le rencontrons dans le Santonien, et j'ai été ainsi conduit à la considérer comme une mutation antérieure, à laquelle j'ai proposé de donner le nom de *Mortoniceras pseudo-texanum*.

L'étage Coniacien est caractérisé d'une manière générale par le développement qu'y prennent les espèces de la famille des Acanthocératidés, et surtout celles des genres *Mortoniceras*, *Peroniceras*, *Gauthiericeras*, *Tissotia* et *Barroisiceras;* presque partout, leurs représentants sont prédominants et donnent à la faune un cachet particulier.

On pourrait aussi considérer cet étage comme constitué par l'assise de l'*Actinocamax westphalicus*, car cette Bélemnitelle semble y être strictement cantonnée; généralement, sa taille est plus faible dans les couches inférieures que dans celles du sommet, et la cavité antérieure du rostre est alors de plus petite profondeur ou même complètement absente.

Actinocamax verus s'y trouve aussi, mais paraît y être beaucoup plus rare que dans le Santonien.

J'avais cherché, dans la seconde partie de ce mémoire, à subdiviser cet étage en trois zones; celle du milieu ne pouvant être partout définie bien nettement, je crois qu'il est préférable de maintenir seulement deux de ces subdivisions.

La première est caractérisée par la présence des *Barroisiceras* et des *Tissotia* qui semblent ne pas monter dans la zone supérieure. Sa faune de Céphalopodes comprend :

Tissotia Robini, Thiollière, sp.
— *Ewaldi*, de Buch, sp.
— *Redtenbacheri*, de Grossouvre.
— *haplophylla*, Redtenbacher, sp.
— *Slizewiczi*, Fallot, sp.
Barroisiceras Haberfellneri, v. Hauer, sp.
— *Nicklèsi*, de Grossouvre.
— *sequens*, de Grossouvre.
— *Boissellieri*, de Grossouvre.
Mortoniceras Zeilleri, de Grossouvre.
Gauthiericeras bajuvaricum, Redtenbacher, sp.
— *Margæ*, Schlüter, sp.
Peroniceras subtricarinatum, d'Orbigny, sp.
— *tridorsatum*, Schlüter, sp.
— *westphalicum*, Schlüter, sp.
Peroniceras Moureti, de Grossouvre.
— *Rousseauxi*, de Grossouvre.
— *Czörnigi*, Redtenbacher, sp.
— *L'Epéei*, Fallot, sp.
Schlönbachia Nanclasi, de Grossouvre.
— *Boreaui*, de Grossouvre.
— *Fournieri*, de Grossouvre.
Placenticeras Fritschi, de Grossouvre.
Sonneratia Janeti, de Grossouvre.
Desmoceras ponsianum, de Grossouvre.
Puzosia Le Marchandi, de Grossouvre.
Scaphites Meslei, de Grossouvre.
— *Lamberti*, de Grossouvre.
— *Potieri*, de Grossouvre.
Actinocamax westphalicus, Schlüter.
— *verus*, Miller, sp.

La faune du Coniacien supérieur est composée par les espèces suivantes :

Mortoniceras Emscheris, Schlüter, sp.
— *Bourgeoisi*, d'Orbigny, sp.
— *Bontanti*, de Grossouvre.
— *Desmondi*, de Grossouvre.
— *pseudo-texanum*, de Grossouvre.
Gauthiericeras Margæ, Schlüter, sp.
Pachydiscus (?) *Canali*, de Grossouvre.
Hamites (ou *Ancyloceras*) *trinodosus*, Geinitz, sp.

Les couches coniaciennes ne renferment qu'un bien petit nombre d'espèces d'Hippurites :

Hippurites Moulinsi, d'Hombres-Firmas.	*Hippurites giganteus*, d'Hombres-Firmas.
— *Requieni*, Matheron.	— *resectus*, Defrance.

c'est-à-dire une série de formes existant déjà dans le Turonien. Ainsi, au point de vue de la faune hippuritique, le Coniacien ne se différencie pas sensiblement de l'étage précédent.

Il nous reste à examiner quelles sont les zones de la craie blanche du Bassin anglo-parisien qui correspondent au Coniacien défini, comme je viens de le faire, par sa faune d'Ammonites.

Les coupes de l'Yonne, des environs de Lille et de Dieulefit, que j'ai rappelées à propos de la limite supérieure du Turonien, nous montrent que le sommet de la zone à *M. decipiens* appartient seul au Coniacien.

D'un autre côté, le *Micraster turonensis* n'est pas spécial à la Touraine et à l'Aquitaine : je l'ai retrouvé à Saint-Prest, près Chartres, au-dessous de couches caractérisées par *Micraster coranguinum* et *Marsupites;* certains des échantillons déterminés par Bucaille, comme *M. intermedius*, doivent être rapportés au *M. turonensis*, tandis que d'autres se rattachent au *M. coranguinum;* comme la première espèce (*M. turonensis*) existe déjà dans le Coniacien supérieur, il en résulte que celui-ci comprend, dans la craie blanche du Bassin anglo-parisien, la base de l'assise du *M. coranguinum;* il est difficile de préciser davantage et de dire exactement à quelle hauteur la limite doit être placée. Du reste, sauf pour la coupe de l'Yonne, dans laquelle la succession des couches a été bien précisée par les recherches de M. Lambert, on n'a pas cherché ailleurs à subdiviser l'assise à *M. coranguinum* en plus de deux zones, dont la supérieure, définie par la présence des Marsupites, appartient nettement au Santonien.

Comme facies calcaire du Coniacien, nous pouvons donc citer la partie supérieure de la craie blanche à *Micraster decipiens* et la base de la craie à *M. coranguinum* du Bassin anglo-parisien, dont les types les mieux caractérisés sont la craie de Maillot, près Sens; la craie à Inocérames du Nord de la France et de Cukmare (Angleterre), la craie de Dieppe à silex noirs, la craie de Longstock, la craie à Bryozoaires et à silex zonés de Dieppe, d'Elbeuf et du Hampshire, la craie de Broadstairs, de Saint-Margaret et de Ramsgate; les calcaires à Bryozoaires de la partie inférieure de la Craie de Villedieu, les calcaires à Bryozoaires du Coniacien de l'Aquitaine, les calcaires durs à *Cyphosoma Archiaci* et la partie inférieure des calcaires et marnes à *Micraster corbaricus* des Corbières.

Le facies calcaire existe aussi dans les Alpes occidentales, où l'on a signalé des calcaires blancs à *Am. subtricarinatus* et *Am. bajuvaricus.*

Le facies marneux se rencontre dans le Coniacien des Corbières et de la Provence: il est représenté dans les Alpes orientales par la partie inférieure des Marnes de Glaneck et de Sankt Wolfgang; en Bavière, par les marnes glauconieuses dites *Materbergschichten;* en Westphalie, par les marnes souvent sableuses de l'Emscher; dans la région subhercynienne, par les marnes du Paradies Grund, près Goslar; en Hanovre, par les marnes de Lunebourg à *Act. westphalicus* et *Inoceramus involutus*, et, plus au Nord, par les marnes de Rödmölla et d'Eriksdal (Scanie) à *Act. westphalicus.*

Le facies sableux du Coniacien est très développé dans la région rhodanienne, où il est particulièrement caractérisé dans les Grès de Mornas et les Grès verdâtres de Dieulefit; on le retrouve dans la Basse-Provence, constitué par les sables et grès à Micrasters, classés à tort par les géologues locaux dans l'étage Mornasien de Coquand; dans les Alpes-Maritimes, il est représenté par les grès à *Ostrea plicifera* de Toudon et de Roque-Estéron. En Bavière, on doit y rattacher les Grossbergschichten et, en Bohême, les Chlomekerschichten. En Westphalie, les marnes emschériennes passent fréquemment à des couches sableuses ou gréseuses, mais ce facies est particulièrement développé au Nord du Harz : sables glauconieux du Löhofsberg à nodules phosphatés, partie inférieure des marnes sableuses à Spongiaires de Goslar et de Querum; parfois même, le facies conglomératique tend à s'y développer comme dans les marnes à galets de phosphorite et de minerai de fer des environs de Peine. Enfin, dans l'île de Bornholm, le Coniacien est représenté par des sables verts à *Act. westphalicus* et *Act. propinquus.*

Le facies à Rudistes du Coniacien paraît avoir très peu d'extension : on peut seulement lui rattacher, d'une part, les couches à Hippurites intercalées dans le système gréseux qui termine la série crétacée marine de la région rhodanienne et, de l'autre, la partie inférieure des calcaires à Hippurites des Martigues caractérisée par *Hip. Moulinsi*, *Hip. Requieni*, *Hip. giganteus* et *Hip. resectus.* Quelques lentilles à *Hippurites giganteus* (Le Revest) apparaissent au sommet des couches coniaciennes de la Basse-Provence.

Le facies saumâtre lagunaire est bien développé à l'Ouest de la vallée du

Rhône, aux environs d'Uzès et de Vallon, où il est représenté par des sables grossiers de couleur variée, rouge, violette, blanche, avec argiles réfractaires, minerai de fer et lignites qui constituent l'étage Ucétien d'E. Dumas. La présence d'*Ostrea mornasiensis* semble bien indiquer que ces couches doivent être rapportées au Coniacien.

Enfin il est probable qu'à ce même étage appartiennent non seulement les couches à lignites de Piolenc et de Nyons, mais encore celles d'Aygaliers, de Bézut, de Vénéjean, et les sables supracrétacés lignitifères de Dieulefit et de la forêt de Saou.

SANTONIEN.

Le Santonien comprend les couches situées au-dessus du Coniacien et inférieures à la zone à *Placenticeras bidorsatum* par laquelle débute le Campanien; comme *Pl. syrtale* existe sur toute la hauteur de cet étage, on pourrait encore le définir comme constituant l'assise du *Pl. syrtale*.

Presque partout, le Santonien est fort pauvre en Céphalopodes, aussi bien dans l'Allemagne du Nord qu'en Touraine ou en Aquitaine; c'est seulement dans les Corbières qu'il est largement développé et, au milieu de ses couches renfermant de nombreuses Ammonites, s'intercalent des bancs à Hippurites, de sorte que l'on trouve là un beau type de cet étage dans lequel nous pouvons vérifier les relations des faunes d'Ammonites avec celles d'Hippurites.

On peut y distinguer, au point de vue des faunes d'Ammonites, deux zones : l'inférieure est caractérisée par la présence du *Mortoniceras texanum*, qui y est cantonné et ne monte pas plus haut. Encore faut-il remarquer que cette subdivision paraît assez difficile à reconnaître dans l'Allemagne du Nord, où le *Mortoniceras texanum* typique n'a pas été rencontré dans les couches à *Pl. syrtale*.

La partie inférieure de l'étage, ai-je dit, est caractérisée par la présence de *Mortoniceras texanum;* mais, tandis que, dans l'Aquitaine, le *Pl. syrtale* y est presque aussi fréquent que dans la subdivision supérieure, au contraire, dans les Corbières, il y est excessivement rare.

La faune comprend :

Mortoniceras texanum, F. Rœmer, sp.
— *serratomarginatum*, Redtenbacher, sp.
Placenticeras syrtale et ses variétés.
(?) *Hoplites Gosseleti*, de Grossouvre.
Sonneratia Savini, de Grossouvre.

Muniericeras Lapparenti, de Grossouvre.	*Desmoceras pyrenaïcum*, de Grossouvre.
— *inconstans*, de Grossouvre.	*Puzosia corbarica*, v. Hauer.
— *rennense*, de Grossouvre.	— sp. nov. (*aff. Gaudama*).
— *gosavicum*, v. Hauer.	*Gaudryceras mite*, v. Hauer.
— sp. nov. (plusieurs).	*Pachydiscus Carezi*, de Grossouvre.

Le Santonien supérieur est caractérisé par :

Placenticeras syrtale, Morton.	*Gaudryceras Rouvillei*, de Grossouvre.
Sonneratia Daubréei, de Grossouvre.	*Turrilites Sicardi*, de Grossouvre.
Schlönbachia Bertrandi, de Grossouvre.	— nov. sp.
Hoplites Gosseleti, de Grossouvre (niveau douteux).	*Scaphites cf. hippocrepis*, Dekay.
Pachydiscus (?) *isculensis*, Redtenbacher, sp.	— *cf. aquisgranensis*, Schlüter.
— (?) *Jeani*, de Grossouvre.	*Actinocamax granulatus*, Blainville (Schlüter).
— (?) *Cayeuxi*, de Grossouvre.	— *verus*, Miller, sp.
— *leptophyllus*, Sharpe, sp.	— *Grossouvrei*, Janet.
Schlüteria Rousseli, de Grossouvre.	— *Toucasi*, Janet.

L'*Actinocamax granulatus* débute avec cet étage, mais dépasse sa limite supérieure et monte dans les couches inférieures du Campanien, où il est encore accompagné d'*Act. verus* et d'*Act. Grossouvrei*.

A ce niveau se rencontrent, dans les Corbières, un certain nombre de formes d'Ammonites qui rappellent de plus ou moins loin l'*Am. peramplus*, mais qui, en réalité, en sont bien différentes et se distinguent à la fois du groupe du *peramplus* et de celui du *colligatus* : j'ai proposé pour elles le genre *Kossmaticeras*. Les échantillons des Corbières paraissent identiques à *Am. Vaju* et *Am. pachystoma* du Groupe de Trichinopoly dans le Crétacé de l'Hindoustan.

La distribution verticale des Hippurites du Santonien me paraît encore bien incertaine, malgré les travaux de MM. Douvillé et Toucas. L'aire d'extension de chaque espèce varie beaucoup d'une région à une autre ; ainsi, tandis que, dans les Corbières, *Hip. galloprovincialis*, *Hip. dentatus* et *Hip. latus* semblent se succéder dans le temps, il en serait autrement en Provence, où M. Toucas indique la présence d'*Hip. dentatus* et *Hip. latus* dans la zone à *Mortoniceras texanum*, c'est-à-dire dans le Santonien inférieur, au niveau même où existe *Hip. galloprovincialis*, dans les Corbières. Je pourrais multiplier ces exemples : dans les Corbières, *Hip. Maestrei* ne se trouve qu'au-dessus d'*Hip. Jeani*, tandis qu'en Espagne ces deux espèces s'accompagnent.

Je ne crois donc pas qu'il soit possible de généraliser les successions observées soit en Provence, soit dans les Corbières, soit en Espagne, et il est encore prudent, à mon avis, de se borner à dire que le Santonien possède sur toute sa hauteur une faune unique d'Hippurites, en ajoutant que tout à fait vers le sommet de l'étage apparaissent déjà des espèces qui se continueront dans le Campanien. Il n'y a donc pas, comme je l'ai fait remarquer précédemment, concordance entre l'évolution des faunes d'Ammonites et d'Hippurites : suivant que l'on se basera sur les unes ou sur les autres, la limite de l'étage pourra être placée plus ou moins haut dans la série sédimentaire. Comme la classification chronologique adoptée est fondée exclusivement sur la succession des formes du premier groupe, je dois rattacher au Santonien les dernières couches à Hippurites des Corbières, dans lesquelles M. Toucas a recueilli *Placenticeras syrtale,* ainsi que le sommet de la série marine de la Provence, où, en 1879, M. Toucas avait signalé cette même espèce sous le nom d'*Am. polyopsis.*

La faune inférieure d'Hippurites du Santonien, c'est-à-dire celle que l'on rencontre à peu près sur toute la hauteur de l'étage, comprend :

Hippurites galloprovincialis, Matheron.
— *dentatus,* Matheron.
— *latus,* Matheron.
— *Toucasi,* d'Orbigny.
— *socialis,* Douvillé.
— *Zürcheri,* Douvillé.
— *Jeani,* Douvillé.
— *Moulinsi,* d'Hombres-Firmas.
— *canaliculatus,* Rolland du Roquan.
— *crassicostatus,* Douvillé.

Hippurites Matheroni, Douvillé.
— *Peroni,* Douvillé.
— *turgidus,* Rolland du Roquan.
— *Carezi,* Douvillé.
— *cristatus,* Douvillé.
— *sublœvis,* Matheron.
— *prœcessor,* Douvillé.
— *rennensis,* Douvillé.
— *bioculatus,* Lamarck.
— *organisans,* Montfort.

Il est certain que, parmi ces espèces, toutes n'ont pas la même extension verticale : ainsi, bien qu'*Hip. galloprovinciales, Hip. dentatus* et *Hip. latus* se trouvent ensemble dans les couches inférieures du Santonien, la première disparaît plus tôt que les deux autres, et la dernière persiste seule plus longtemps, prolongeant son existence jusque dans le Campanien inférieur.

Tout à fait vers le sommet du Santonien se montre une nouvelle faune dont les représentants persistent dans les couches inférieures du Campanien : tel est, par exemple, *Hip. Arnaudi,* dans l'Aquitaine; tels *Hip. striatus et sulcatus,* dans les Corbières; avec ces précurseurs ont continué à vivre un certain nombre des types santoniens, de sorte que la faune de ce niveau supérieur comprend :

Hippurites latus, Matheron.
— *sulcatissimus*, Douvillé.
— *sulcatoïdes*, Douvillé.
— *turgidus*, Rolland du Roquan.
— *bioculatus*, Lamarck.
— *rennensis*, Douvillé.

Hippurites Arnaudi, Coquand.
— *canaliculatus*, Rolland du Roquan.
— *crassicostatus*, Douvillé.
— *sulcatus*, Defrance.
— *striatus*, Defrance.

A ce même niveau appartiennent probablement les espèces suivantes que l'on trouve en divers points des Alpes orientales :

Hippurites sulcatus, Defrance.
— *Oppeli*, Douvillé.
— *inæquicostatus*, Munster.

et probablement aussi :

Hippurites Chalmasi, Douvillé.

Au Santonien de la province orientale doit également être attribué :

Hip. cornuvaccinum, Bronn.

associé à *Hip. sulcatus* dans le gisement de l'Untersberg, près Salzbourg. Cette espèce, d'ailleurs, est fort voisine d'*Hip. Gaudryi*, Munier-Chalmas, lequel, à Antinitza, accompagne *Hip. Mastrei*. Elle se rencontre aussi avec *Hip. Chalmasi*, à Sessana, près Trieste, et avec *Hip. Oppeli*, dans le gisement du lac Santa-Croce, à l'Est de Bellune.

Enfin sont vraisemblablement santoniennes deux autres formes très voisines d'*Hip. cornuvaccinum* et d'*Hip. Gaudryi :*

Hippurites Chaperi, Douvillé.
— *Taburnii*, Guiscardi.

C'est également au Santonien qu'appartient un Rudiste très répandu, *Biradiolites Mortoni*, qui n'est probablement pas différent de *Bir. austinensis* et possède ainsi une très grande extension géographique (voir p. 617).

Recherchons maintenant la place de cet étage tel qu'il a été défini précédemment dans la craie blanche du Bassin anglo-parisien : j'ai déjà montré que la partie supérieure des couches à *M. coranguinum* devait lui être attribuée sans pouvoir préciser la position de la limite inférieure; tout ce qu'il est possible de dire, c'est que la craie à Marsupites est santonienne, comme l'indique la présence d'un certain nombre de fossiles de la zone à *Spondylus truncatus* (partie supérieure de la Craie de Villedieu), dans les couches à Marsupites des environs de Chartres. Ces Crinoïdes se montrent d'ailleurs d'une manière constante dans les couches de l'Allemagne du Nord caractérisées par *Placenticeras syrtale*.

Il nous reste donc à examiner jusqu'où s'étend cet étage vers le haut.

Dans l'Allemagne du Nord, les Marsupites se trouvent exclusivement dans les couches à *Pl. syrtale* avec *Act. granulatus*, *Act. Grossouvrei*, *Act. Janeti*, mais au-dessus on a encore des couches à *Act. granulatus* dans lesquelles *Pl. syrtale* a cédé la place à *Pl. bidorsatum* et où n'existent plus les Marsupites. Dans ce nouvel horizon, l'*Act. granulatus* se rapproche de plus en plus de l'*Act. quadratus;* toutefois celui-ci n'apparaît vraiment typique que dans les couches qui succèdent à la zone à *Pl. bidorsatum*.

Il en résulte donc que la limite supérieure du Santonien doit être placée immédiatement au-dessus des couches caractérisées par les Marsupites.

Le facies crayeux du Santonien est par conséquent constitué par la Craie à Marsupites, dont les meilleurs types sont, en France, la partie supérieure de la craie de Sens, la craie de Paron et de Gron, la craie de Dieppe à silex cariés et la craie d'Étaples; en Angleterre, la craie de Margate, celle de Brighton et celle de Gravesend. Ce sous-étage est encore représenté par les calcaires blancs à silex avec Marsupites et *Act. verus* d'Irlande; les calcaires d'un jaune clair du Zeltberg, près Lunebourg (Hanovre), avec Marsupites, *In.* cf. *lobatus* et *Act. granulatus;* les marnes (avec Marsupites) de Lyckås et la partie inférieure des calcaires marneux de Kullemölla et d'Eriksdal, en Scanie; le calcaire d'Arnag dans l'île de Bornholm; les calcaires à *Am. texanus* des environs de Digne et ceux du col de l'Escarène dans les Alpes-Maritimes.

Au facies argileux appartiennent les marnes argileuses du Moulin Tiffou et de Sougraignes avec petits Gastropodes et Lamellibranches et les marnes argileuses à Ostracées de l'Aquitaine.

Le facies calcaire et marneux, souvent caractérisé par l'abondance de la *Lima marticensis* [1] (qui d'ailleurs n'est pas limitée à cet horizon), est encore

[1] D'ordinaire désignée, mais à tort, sous le nom de *Lima ovata*.

bien développé dans les Corbières et en Provence; dans les couches de Gosau, il correspond à la partie supérieure des marnes de Glaneck et de Sankt-Wolfgang et aux marnes à *Am. texanus* du Nefgraben, près Gosau.

Au facies sableux on peut rattacher les calcaires gréseux et les grès de Sougraigne, de Saint-Louis et des environs de Camps dans les Corbières, où alternent les couches à Ammonites et à Hippurites; les sables du Santonien inférieur du Sud de l'Aquitaine, l'horizon sableux à Rudistes du sommet du Santonien de la même région, les marnes sableuses à *Platycyathus Terquemi* de la Provence, les marnes sableuses à Marsupites de Recklinghausen et les grès d'Haltern en Westphalie, la partie inférieure du Senon-Quader de la région subhercynienne et les marnes sableuses de Gehrsden, de Linden et d'Adenstedt-Bülten, près Peine (Hanovre).

Parfois même, le facies devient conglomératique, notamment dans les Corbières où l'on peut signaler en particulier les conglomérats de Parahou, près Saint-Louis, et dans la région subhercynienne avec le Sudmerberger-Conglomerat.

Le facies à Rudistes est très développé dans l'étage Santonien : quelques Hippurites se trouvent à divers niveaux dans l'Aquitaine, mais c'est seulement vers le sommet que se développe un horizon arénacé riche en Sphérulites et Radiolites. Les niveaux de Rudistes et d'Hippurites sont surtout très fréquents dans les Corbières, la Provence et en Espagne, dans les provinces de Lérida et de Barcelone. Au Santonien appartiennent, dans les Alpes orientales, probablement les calcaires de l'Untersberg à *Hip. sulcatus* et *Hip. cornuvaccinum*, et probablement aussi les couches *Hip. Oppeli* et *Hip. sulcatus* de Gosau, Sankt-Wolfgang, Brandenberg et Wiener-Neustadt; les calcaires à *Hip. Gaudryi* de Sessana (Istrie), du lac Santa-Croce, à l'Est de Bellune, et de Caprena (Grèce); le poudingue de Sirone, au Nord de Milan, et enfin les couches à *Hip. Taburnii* de Campanie, mais ces derniers gisements pourraient peut-être aussi se rattacher au Campanien inférieur.

Le facies saumâtre ou lagunaire est représenté par les couches à *Ostrea galloprovincialis* [1] et *Glauconia Coquandi*, qui terminent la série crétacée de la Provence; les couches saumâtres intercalées dans le Senon-Quader de la région subhercynienne appartiennent vraisemblablement soit au sommet du Santonien, soit à la base du Campanien.

[1] Désignée habituellement, par erreur, sous le nom d'*O. acutirostris*.

CAMPANIEN.

Le Campanien débute avec les couches à *Pl. bidorsatum*; dans cet étage, nous pouvons distinguer plusieurs zones qui sont de haut en bas :

1. Zone à *Pachydiscus neubergicus*, v. Hauer, sp.
2. Zone à *Hoplites Vari*, Schlüter, sp.
3. Zone à *Mortoniceras delawarense*, Morton.
4. Zone à *Pl. bidorsatum*, Rœmer, sp.

Je dois faire remarquer que, dans mon mémoire de 1893, j'ai commis, relativement à la distribution des Céphalopodes, quelques erreurs déjà rectifiées, au moins en partie, dans les chapitres précédents.

La zone à *Placenticeras bidorsatum* renferme :

Placenticeras bidorsatum, Rœmer, sp.
Pachydiscus dulmensis, Schlüter, sp.
— *Launayi*, de Grossouvre.
— *cf. isculensis*, Redtenbacher, sp.
Hauericeras pseudo-Gardeni, Schlüter, sp.
Scaphites aquisgranensis, Schlüter.
Scaphites binodosus, Rœmer.
— *hippocrepis*, Dekay, sp.
Actinocamax granulatus (Blainville), Schlüter.
— *verus*, Miller.
— *Grossouvrei*, Janet.
— *Toucasi*, Janet.

Dans les Charentes, les *Scaphites aquisgranensis* et *Scaphites hippocrepis* apparaissent seulement vers le sommet des couches à *Pl. bidorsatum*, mais rien ne justifierait la distinction de deux zones, car l'absence des Scaphites précédents dans les niveaux inférieurs du Campanien de l'Aquitaine est évidemment due à des circonstances locales, puisque, dans les Corbières, nous trouvons ces formes, ou tout au moins d'autres très voisines et à peine distinctes, dans les couches à *Pl. syrtale* et que, dans l'Allemagne du Nord, cette même association paraît exister.

Au-dessus de l'horizon précédent, on peut distinguer une zone à *Mortoniceras delawarense* (= *campaniense*, de Grossouvre), ainsi que je l'indiquais p. 379. Cette zone comprend :

Mortoniceras delawarense, Morton.
Pachydiscus Levyi, de Grossouvre.
Pachydiscus (?) *lettensis*, Schlüter, sp.
— (?) *obscurus*, Schlüter, sp.

IMPRIMERIE NATIONALE

La zone à *Am. Vari* est très peu fossilifère dans l'Aquitaine, où elle renferme seulement avec cette espèce *Sonneratia Bejaudryi, Sonneratia rara,* qui sont plus probablement des Hoplites du groupe de *H. Vari, Pachydiscus ambiguus, Scaphites gibbus* et *Sc. Haugi.*

En Westphalie et, plus au Nord, à Haldem et Lemford, cette zone est bien caractérisée par une faune abondante de Céphalopodes, et il semble même qu'elle s'y dédouble en deux horizons.

A la base, celui de l'*Am. cæsfeldiensis*, avec :

Hoplites cæsfeldiensis, Schlüter, sp.
— — var. *dolbergensis*, Schlüter.
— *striato-costatus*, Schlüter, sp.
Pachydiscus Stobæi (Nilsson), Schlüter, sp.
Pachydiscus patagiosus, Schlüter, sp.
— *icenicus*, Schlüter, sp.
Scaphites gibbus, Schlüter.
— *spiniger*, Schlüter.

L'horizon supérieur comprend :

Hoplites Vari, Schlüter, sp.
— *lemfordensis*, Schlüter, sp.
Pachydiscus (?) *Wittekindi*, Schlüter, sp.
— *auritocostatus*, Schlüter, sp.
— *Lundgreni*, de Grossouvre, sp.
Pachydiscus (?) *haldemensis*, Schlüter, sp.
Scaphites pulcherrimus, Rœmer.
— *Rœmeri*, d'Orbigny.
— *spiniger*, Schlüter.
— *ornatus*, Rœmer.
Turrilites polyplocus [1], Rœmer, sp.

Il serait hasardé de généraliser ce dédoublement de la zone à *H. Vari*, laquelle, d'ailleurs, n'est vraiment typique qu'en Westphalie et ne possède partout ailleurs qu'une faune de Céphalopodes toujours fort restreinte.

Il est difficile de préciser à quelles zones correspondent exactement les faunes hippuritiques de la partie inférieure du Campanien.

Probablement quelques-unes des espèces qui occupent les couches les plus élevées du Santonien passent dans les couches inférieures du Campanien : dans les Corbières, *Hippurites sulcatus* et *Hippurites striatus*, de même que, dans les Charentes, *Hippurites Arnaudi*, habitent à la fois la partie supérieure du premier étage et la base du second.

Il est possible aussi que la faune à *Hippurites sulcatus* des Alpes orientales monte dans le Campanien inférieur.

[1] *Turrilites polyplocus* ne se montre qu'au sommet de P^3 ; c'est à tort qu'il est indiqué dans la colonne P^2 du tableau XVI, p. 384 de mon mémoire de 1894.

Dans l'Ariège, aux environs de Leychert, nous trouvons :

Hippurites sulcatoïdes, Douvillé.
— *variabilis*, Munier-Chalmas.
— *Archiaci*, Munier-Chalmas.
Hippurites Héberti, Munier-Chalmas.
— *latus*, Matheron.

dont les relations intimes avec la faune qui occupe le sommet du Santonien laissent supposer que ces espèces doivent caractériser les niveaux inférieurs du Campanien, sans que l'on puisse non plus préciser exactement dans quelles zones ils se cantonnent.

La dernière zone sénonienne, dite à *Pachydiscus neubergicus*, renferme comme Céphalopodes :

Pachydiscus neubergicus, v. Hauer, sp.
— *Sturi*, Redtenbacher, sp.
— *icenicus*, Sharpe, sp.
— *galicianus*, Favre, sp.
— *colligatus*, Binkhorst, sp.
— *gollevillensis*, d'Orbigny, sp.
— *perfidus*, de Grossouvre.
— *subrobustus*, Seunes.
— *Oldhami*, Sharpe, sp.
— *Portlocki*, Sharpe, sp.
Gaudryceras planorbiforme, J. Böhm, sp.
— *anapastum*, Redtenbacher, sp.
— *luneburgense*, Schlüter, sp.
— *Jukesi*, Sharpe, sp.
Tetragonites Cala, Forbes, sp.
Pseudophyllites Indra, Forbes, sp.
Brahmaïtes Haugi, Seunes, sp.
— (?) *Brandti*, Redtenbacher, sp.
Brahmaïtes cf. Brahma, Forbes, sp.
Hoplites Lafresnayi, d'Orbigny, sp.
Placenticeras placenta, Meck.
Sphenodiscus Ubaghsi, de Grossouvre.
— *Rutoti*, de Grossouvre.
— *Binckhorsti*, J. Böhm.
— *lenticularis*, Owen, sp.
Desmoceras Larteti, Seunes.
— *Griffithi*, Sharpe, sp.
Hauericeras Fayoli, de Grossouvre.
Baculites anceps, Lamarck.
— *distans*, Arnaud.
Hamites cylindraceus, d'Orbigny.
Turrilites polyplocus, A. Rœmer, sp.
Scaphites constrictus, Sowerby, sp.
— *tridens*, Kner.
— *Verneuili*, d'Orbigny, sp.
— *pulcherrimus*, Rœmer.
— *nodifer*, Hagenow.

J'ai seulement indiqué ici les espèces d'Europe : on trouvera l'indication des formes spéciales à l'Inde dans le tableau, page 724.

Cet horizon est donc un de ceux qui possèdent, avec la plus vaste extension géographique, une faune de Céphalopodes excessivement riche; j'ajouterai que le genre *Sphenodiscus* semble acquérir à cette époque un grand développement et est représenté par de nombreuses formes; en dehors de celles déjà citées plus haut, on peut encore signaler *Sphenodiscus lobatus*,

Tuomey (du Mississipi), *Sph. Whitfieldi*, J. Böhm (de New-Jersey), *Sp. Siva*, Forbes, sp. (de l'Inde) et dans les couches de Mari-Hills du Baloutchistan, *Sph. acutodorsatus*[1], Nötling, associé à une espèce d'un groupe voisin *Indoceras baluchistanense*, Nötling.

Pour le Campanien supérieur, je n'admets qu'une faune unique d'Hippurites : il n'y a pas, comme on l'a dit, une faune maëstrichtienne et une autre danienne. On m'a objecté, il est vrai, que d'après les coupes du Crétacé de la Catalogne, données par M. Vidal, le niveau garumnien à *Hippurites Castroi* est superposé au niveau dordonien à *H. radiosus;* mais je ferai tout d'abord remarquer que la superposition dans une coupe unique de deux espèces à deux niveaux différents ne constitue pas une donnée suffisante pour établir leurs rapports réels dans le temps et déterminer la généralité de cette succession.

Cette remarque est surtout vraie pour les Hippurites : j'ai déjà eu l'occasion d'attirer l'attention sur l'irrégularité de leur distribution à la fois dans le sens horizontal et vertical. Ainsi *Hip. Maestrei* qui, dans les Corbières, est localisé dans le Santonien supérieur, se trouve, au contraire, en Espagne, dans le Santonien inférieur. Dans les Corbières, *Hip. sublœvis* et *Hip. canaliculatus* occupent deux niveaux distincts, alors qu'en Provence ils ont vécu l'un à côté de l'autre. Dans l'Aquitaine, *Hip. inferus* se montre pour la première fois dans l'assise cataloguée par M. Arnaud sous la lettre F^2, et *Hip. petrocoriensis* n'apparait que plus tard, dans l'assise H^1, où n'a encore été trouvé aucun échantillon de la première espèce. Voilà une succession basée, non sur une coupe unique, mais sur une série de coupes d'une région étendue : il semble donc que l'on serait en droit d'en conclure qu'*Hip. inferus* se trouve toujours au-dessous d'*Hip. petrocoriensis*. Cependant, si l'on continue à s'élever, on voit reparaître *H. inferus* dans l'assise H^2.

Je pourrais multiplier ces exemples, mais je préfère montrer que c'est précisément en m'appuyant sur la coupe de M. Vidal[2] que je suis arrivé à établir la contemporanéité des *Hip. radiosus* et *Hip. Castroi*.

En effet, ce savant a observé, aux environs du col de Nargo (Espagne), au-dessus de calcaires argileux à *Ostrea ungulata* (= *larva*), *Hemipneustes* et *Hip. radiosus,* des couches marneuses et marno-calcaires, grises et assez souvent noir-

[1] Dont le plan des cloisons rappelle celui de *Sph. Rutoti*.

[2] 1871. Vidal, *Datas para el conociamento del terreno garumnense de Cataluna.*

cies par des matières bitumeuses, qui comprennent de nombreuses couches de lignite, au milieu desquelles s'intercale à Isona un banc à *Hippurites Castroi*. Les couches de lignite renferment des *Lychnus*, des *Cyclostoma*, *Pyrgulifera armata*. Les couches marneuses encaissantes sont riches en fossiles marins ou saumâtres qui se rapportent principalement aux genres *Cyrena*, *Natica*, *Cerithium*, *Ostrea*, *Cardium*, *Dejanira* et qu'accompagnent de nombreux Polypiers. Au-dessus vient une mince assise de grès marneux et ferrugineux à Cyrènes, avec un peu de lignites, puis des marnes terreuses rouges et bigarrées, surmontées par un conglomérat et des calcaires rougeâtres.

La coupe sur le versant septentrional des Pyrénées est semblable. Dans la Haute-Garonne, au-dessus des couches marneuses à *Ostrea ungulata* et *Hip. Lapeirousei*, que surmontent les calcaires jaunes à *Hemipneustes* (Calcaire nankin) ayant pour équivalent latéral des grès avec lentille calcaire à *Hip. radiosus*, on voit se développer des couches argilo-marneuses bigarrées avec faune saumâtre et lits de lignite au milieu desquels s'intercale à Séglan un banc calcaire à *Hippurites radiosus;* la série se continue par un calcaire compact à silex, dit « calcaire lithographique », dans lequel on trouve des fossiles de l'horizon de Rognac.

Rapprochons les deux coupes, nous avons :

ESPAGNE.	HAUTE-GARONNE.
Calcaires lacustres avec faune de Rognac.	Calcaires lacustres avec faune de Rognac.
Couches saumâtres à Cyrènes, avec lignites et banc à *Hippurites Castroi.*	Couches saumâtres à Cyrènes, avec lignites et banc à *Hippurites radiosus.*
Couches marines à *Ostrea ungulata*, *Hemipneustes*, *Hippurites radiosus.*	Couches marines à *Ostrea ungulata*, *Hemipneustes*, *Hip. radiosus*, *Hip. Lapeirousei.*

La comparaison de ces deux coupes démontre donc bien le synchronisme des calcaires à *Hip. Castroi* et de ceux à *Hip. radiosus*.

On pourrait objecter que les couches saumâtres de la Catalogne ne sont peut-être pas synchroniques de celles de la Haute-Garonne, dans le sens absolu de ce terme, car le mouvement de retrait des eaux marines, auquel est due la formation des dépôts lagunaires dits « garumniens », ne s'est probablement pas produit d'une manière brusque et instantanée, mais a été lent et graduel. J'admets parfaitement cette manière de voir; mais comme j'ai démontré que les subdivisions inférieure et moyenne du Garumnien appartiennent à la même zone paléontologique que les couches marines sous-jacentes, il en résulte que les dépôts saumâtres de la Haute-Garonne et de la Catalogne, sans être homochrones, selon l'expression proposée par M. Douvillé, sont cependant synchroniques dans le sens où ce terme est pris ordinairement en géologie.

Cette dernière observation suffirait d'ailleurs à elle seule, en dehors de la comparaison des coupes de la Catalogne et de la Haute-Garonne, pour prouver que les *Hippurites radiosus* et *Hip. Castroi* ont vécu pendant la période de temps correspondant à une même zone paléontologique.

Je considère donc comme amplement démontré qu'il n'y a pas au sommet de la série crétacée deux faunes successives d'Hippurites, l'une dordonienne, l'autre garumnienne, mais une seule habitant le Campanien supérieur et composée, dans la partie occidentale, des espèces suivantes :

Hippurites Lapeirousei, Goldfuss.
— *radiosus*, des Moulins.
— *Lamarcki*, Bayle.
Hippurites Castroi, Vidal.
— *serratus*, Douvillé.
Pironea polystylus, Pirona.

A la province orientale appartiennent :

Hippurites cornucopiæ, Defrance.
— *colliciatus*, Woodward.
— *Lapeirousei*, Goldfuss.
Hippurites vesiculosus, Woodward.
Pironæa polystylus, Pirona.
— *corrugata*, Woodward.

Hippurites cornucopiæ est associé, au cap Passaro, à *Orbitoides gensacica*, et l'on a même dit qu'il y était accompagné de Nummulites; malgré la présence de ces dernières, qui n'a pas encore été confirmée d'une manière indiscutable, je n'hésite pas à classer cet horizon dans le Campanien supérieur, tant à cause de l'association à *Orbitoïdes gensacica* que de la grande analogie de l'*Hip. cornucopiæ* avec *Hip. Castroi*, *Hip. Lapeirousei* et *Hip. colliciatus*.

Tout récemment, M. K. Redlich (1899) a signalé en Roumanie l'association d'*Hip. colliciatus* et *Hip. Lapeirousei* dans des couches qui renferment une faune franchement sénonienne avec des Orbitoïdes et sont recouvertes par des couches à *Lytoceras*, *Baculites* et *Inoceramus Cripsii*.

Enfin il convient de signaler encore le singulier Hippurite, *Barretia monilifera*, Woodward, de la Jamaïque, où il est accompagné d'Orbitoïdes, de Radiolites, d'Inocérames, d'Actéonelles, etc.

Nous pouvons donc dire que, jusqu'à ce jour, nous ne connaissons pas de niveaux de Rudistes supérieurs au Campanien.

La dernière zone de cet étage est partout surmontée par des couches où l'on ne rencontre plus ni Ammonites, ni Bélemnitelles : la faune qui l'habite et dont je viens d'indiquer la composition est donc la dernière faune d'Ammonites; en même temps que ces dernières, ont disparu les Bélemnitelles, les Hippurites, les Sphérulites, les Radiolites et les Inocérames : on n'a jamais constaté la présence d'aucun représentant de ces groupes au-dessus des couches correspondant à la dernière zone sénonienne.

Si nous considérons que les couches du deuxième étage de la craie supérieure, tel que l'a défini Coquand, en 1856, étage auquel il a donné, en 1857, le nom de Campanien, renferment bon nombre des espèces les plus caractéristique de la dernière zone d'Ammonites, nous pouvons en conclure immédiatement que son troisième étage, le Dordonien, ne peut être qu'un facies latéral de la partie supérieure du deuxième, c'est-à-dire des couches les plus élevées de la dernière zone d'Ammonites : le Dordonien ne peut donc être conservé dans la nomenclature.

C'est ce qu'a démontré depuis longtemps M. Arnaud. Il est revenu sur cette question dans un travail récent[1], duquel il résulte nettement que l'étage Dordonien de Coquand ne comprend en réalité que des accidents locaux, des lentilles de Rudistes intercalées au milieu de couches appartenant au Campanien; il correspond seulement à un facies. Pour le maintenir dans la nomenclature, il faudrait modifier essentiellement les définitions données par le créateur de cet étage; mais si l'on a le droit d'établir une subdivision nouvelle avec un certain ensemble de couches, on n'a pas celui de lui appliquer un nom déjà donné dans un autre sens. En d'autres termes, l'ensemble avec lequel M. Arnaud a composé son Dordonien constitue bien une subdivision naturelle, homogène et nettement délimitée, mais n'est pas l'équivalent du Dordonien de Coquand et, par conséquent, doit porter un nom différent; il ne comprend d'ailleurs qu'une zone unique d'Ammonites et, par conséquent, il n'y a aucune raison pour l'élever à la hauteur d'un sous-étage.

Le Maëstrichtien de Dumont renferme des couches qui appartiennent aussi à la zone du *P. neubergicus*. Il a été défini de la manière suivante[2] : « Ce dernier système dont le nom rappelle celui de la ville de Maëstricht où il est de-

[1] 1897. Arnaud, *Divisions naturelles du Crétacé supérieur au-dessus du Santonien dans le Sud-Ouest et dans la région pyrénéenne* (*Bul. Soc. géol. de France*, 3e série, XXV, p. 676).

[2] 1850. Dumont, *Rapport sur la carte géologique de la Belgique* (Acad. royale de Belgique, XVI, n° 1 des Bulletins).

puis longtemps connu par les fossiles qu'il contient, commence, dans quelques localités de la province de Limbourg, par de la glauconie sableuse ou du calcaire glauconifère; il comprend le calcaire grossier exploité aux carrières de Maëstricht, celui de Folx-les-Caves et de Ciply et correspond au Calcaire pisolithique du bassin de Paris. »

J'ai montré précédemment (p. 323) que le Tuffeau de Maëstricht repose directement près de cette ville sur la craie blanche à silex noirs, tandis qu'ailleurs se développe localement, dans la partie supérieure de cette dernière, un massif de calcaire grisâtre, le Calcaire de Kunraed; il en résulte, ainsi que je l'ai fait ressortir, que ce dernier doit être considéré comme un facies latéral de la craie blanche de Maëstricht.

Or, le Calcaire de Kunraed renferme les mêmes Céphalopodes que ceux du Tuffeau; tous deux appartiennent à la même zone, celle caractérisée par la dernière faune d'Ammonites : celle-ci se trouve ainsi représentée dans le Limbourg par une série d'assises hétéropiques, la craie blanche, le Calcaire de Kunraed et le Tuffeau de Maëstricht.

L'étage Maëstrichtien créé seulement pour ce dernier est donc basé uniquement sur un facies, celui des couches les plus élevées de la série crétacée des environs de Maëstricht : conséquemment on ne peut parler d'un étage Maëstrichtien, mais seulement d'un facies Maëstrichtien.

Il nous reste à rechercher la correspondance des zones précédentes avec les subdivisions établies dans la craie blanche.

La zone à *Pl. bidorsatum* comprend les couches les plus élevées de la craie à *Act. granulatus*, celles qui sont immédiatement au-dessus de la craie à Marsupites et au-dessous de la craie à *Act. quadratus* typique; dans le Bassin anglo-parisien, cette zone est assez mal caractérisée et fort difficile à reconnaître; on peut lui rapporter une partie des couches inférieures de la craie grise phosphatée du Nord de la France, où l'on a recueilli *Act. granulatus* (collection du Muséum), et la craie jaune à *Act. granulatus* de la partie supérieure de la carrière de Margny-les-Compiègne.

Dans les régions où a été signalée la superposition immédiate de la craie blanche à *Act. quadratus* à la craie blanche à *Marsupites*, il faudrait admettre soit que cette zone fait défaut, soit qu'elle est passée inaperçue.

Entre la zone à *P. bidorsatum* et celle à *Hopl. Vari* et *H. cæsfeldiensis* se place, dans l'Allemagne du Nord, la craie à *Becksia Soekelandi* de M. Schlüter : elle représente donc ma zone à *Mortoniceras delawarense*. En Allemagne, c'est là que se rencontre exclusivement *Act. quadratus.* La zone à *Mortoniceras delawarense* est donc l'équivalent de la craie à *Act. quadratus*, et c'est en effet à ce niveau que M. Arnaud en a trouvé, près de Montmoreau (Charente), un exemplaire.

En Allemagne, la *B. mucronata* est excessivement rare dans cet horizon et semble le plus souvent y faire complètement défaut, si bien que nombre de géologues allemands ont prétendu que ces deux Bélemnitelles ne s'accompagnent jamais. Cependant il paraît résulter d'observations précises que, même dans ce pays, elles se rencontrent parfois ensemble, tout au moins dans les couches supérieures de la zone à *Act. quadratus.*

En France, au contraire, la plupart des géologues soutiennent que leur apparition est simultanée; telle était l'opinion d'Hébert et telle est encore celle de MM. Gosselet, J. Lambert, Peron, etc.

Cependant j'ai pu constater que, dans la craie grise phosphatée du Nord de la France (voir p. 129), *Act. quadratus* existe d'abord seul sur une certaine hauteur avant que ne se montre *B. mucronata* qui l'accompagne ensuite; puis *Act. quadratus* disparaît et l'autre Bélemnitelle persiste seule.

Comment concilier ces diverses observations d'apparence contradictoire? soit en supposant qu'*Act. quadratus* ou que *B. mucronata* n'ont pas apparu partout au même moment, soit en admettant que la succession réelle des couches n'a pas été exactement observée.

Peut-être les deux hypothèses se réalisent-elles à la fois; car, d'une part, il paraît bien certain, d'après ce qui précède, que *B. mucronata* s'est montrée plus tôt en France que dans l'Allemagne du Nord; de nombreux exemples nous apprennent d'ailleurs que l'apparition d'un même type est loin d'être rigoureusement simultanée et homochrone, même dans une région peu étendue; d'autre part, il est parfaitement admissible que certaines couches de la craie blanche, correspondant aux couches de craie grise qui renferment *Act. quadratus* seul, aient pu échapper à l'observation, et nous avons d'autant plus de raisons de le supposer, que la craie blanche est d'ordinaire si peu fossilifère et si monotone, qu'elle ne retient guère l'attention des géologues.

Quoi qu'il en soit de ce point, nous pouvons dire que la zone à *Mortoniceras delawarense* correspond exactement à la craie à *Act. quadratus.*

Par suite, la craie à *Belemnitella mucronata* (sans *Act. quadratus*), c'est-à-dire l'ensemble des couches renfermant cette Bélemnitelle seule, comprend les deux zones supérieures définies par des faunes d'Ammonites, mais il sera

IMPRIMERIE NATIONALE.

souvent difficile de préciser exactement quelle portion des couches doit être attribuée à chacune d'elles.

Assurément, on a pu séparer dans la plupart des localités un certain nombre d'horizons se distinguant par des caractères paléontologiques spéciaux, mais lorsque l'on examine la question de près, on ne tarde pas à s'apercevoir que les associations de fossiles sur lesquelles on s'est basé n'ont aucune généralité et se modifient d'une coupe à une autre.

Beaucoup de géologues ont cru, par exemple, que l'on pouvait, dans les couches à *Bel. mucronata*, reconnaître une zone inférieure sans *Magas pumilus* et une supérieure avec ce Brachiopode.

C'est bien ainsi que les choses se présentent dans la vallée de l'Yonne, mais déjà, un peu plus au Nord, à Épernay, M. Peron a trouvé *Magas pumilus* immédiatement au-dessus des couches à *Act. quadratus*. A Königslutter-Lauingen, *Magas pumilus* est abondant dans les couches inférieures à *B. mucronata* et devient rare à la partie supérieure.

Je suis persuadé que les distinctions que l'on a aussi voulu faire en se basant sur la présence ou l'absence de certains types d'Echinocorys, n'ont qu'une valeur absolument locale et ne peuvent, tout au moins dans l'état actuel de nos connaissances, servir de base pour une classification générale des couches à *B. mucronata*, la succession que l'on observe dans une localité donnée pouvant être modifiée et renversée dans une autre.

C'est pour cette raison que les zones établies dans la craie des environs de Mons ne constituent pas, à mon avis, de véritables zones paléontologiques; leur ordre de succession résulte uniquement de l'ordre des modifications survenues dans les conditions de dépôt et ne correspond pas réellement à des stades différents de l'évolution des faunes.

Il est intéressant de rechercher quels peuvent être aussi les rapports des quatre zones d'Ammonites que nous distinguons dans le Campanien avec les couches à facies saumâtre ou fluvio-lacustre.

En Provence, d'après nos définitions, les calcaires à *Ostrea galloprovincialis* appartiennent encore au Santonien, et il est probable qu'ils en constituent l'assise supérieure. Même M. de Lapparent, dans la dernière édition de son *Traité de géologie*, parue il y quelques semaines, les place dans son étage Aturien. Cependant, si l'on admet que la classification des couches secondaires doit être basée sur l'évolution des faunes d'Ammonites, il est impossible de les séparer des couches inférieures caractérisées par *Pl. syrtale*, puisque, d'après M. Toucas (1870), elles-mêmes renferment cette espèce qui y a été signalée sous le nom d'*Am. polyopsis.*

Quant aux calcaires saumâtres à *Cassiope Coquandi,* rien ne permet de les classer plutôt dans le Santonien que dans le Campanien. Au-dessus commence une série fluvio-lacustre dans laquelle on a distingué quatre termes qui sont de haut en bas :

1° Le Rognacien;
2° Le Bégudien;
3° Le Fuvélien;
4° Le Valdonnien.

D'après M. de Lapparent, les trois inférieurs seulement seraient sénoniens et le quatrième danien, mais il ne me paraît guère possible de maintenir cette dernière attribution depuis que j'ai démontré, dans ma note de 1897 [1], que les calcaires de Rognac ont pour équivalent dans la région pyrénéenne les calcaires lacustres à *Lychnus* et à *Bauxia* qui, dans la Haute-Garonne, reposent sur les couches saumâtres à Cyrènes et sont recouverts par les marnes à *Micraster tercensis.*

Or, comme à Tercis, le Sénonien supérieur est surmonté par des calcaires renfermant une faune qui rappelle tout à fait celle des couches à *M. tercensis* du Garumnien supérieur, il est tout naturel de voir dans le calcaire du Garumnien moyen un facies lacustre du Sénonien supérieur.

Évidemment, nous n'avons pas là une démonstration absolue et incontestable de cette équivalence, mais tant d'autres considérations viennent confirmer cette conclusion, qu'il est impossible de l'écarter, d'autant plus qu'aucune objection sérieuse ne vient la contredire.

Ainsi, dans la Haute-Garonne, le mouvement d'émersion, qui s'était déjà fait sentir dans les Corbières à une époque plus ancienne, n'a commencé à se prononcer que vers la fin du Sénonien. A ce moment, au régime purement marin ont succédé des conditions saumâtres et lagunaires auxquelles est dû le dépôt des couches à Cyrènes. Leur attribution au Sénonien ne peut être douteuse, car on y observe encore un certain nombre de fossiles marins caractéristiques de cet étage, tels qu'*Ostrea ungulata* et *Hippurites radiosus.*

[1] 1897. A. de Grossouvre, *Sur la limite du Crétacé et du Tertiaire* (*Bull. Soc. géol. de France,* 3ᵉ série, XXV, p. 57).

C'est donc bien à tort que certains auteurs ont voulu les rapporter au Danien, sous prétexte que l'on y trouve le *Nautilus danicus*. Tout d'abord, on peut contester la présence de ce fossile, signalé d'ailleurs par bien peu d'observateurs; en tout cas, *Ostrea ungulata* et *Hippurites radiosus* n'ont jamais été rencontrés dans des couches vraiment daniennes, et les Orbitoïdes de ce niveau sont celles du Sénonien supérieur. La présence du *Nautilus danicus* serait donc insuffisante pour déterminer l'âge danien de cet horizon, et la citation qui en a été faite prouverait tout au plus que cette espèce descend dans le Sénonien ou bien y est représentée par des formes voisines.

D'ailleurs, M. Roussel a constaté qu'à Latour une lentille à *Cyrena garumnica*, *Actæonella Baylei*, *Radiolites Leymeriei*, est intercalée dans le Calcaire nankin.

Tout cet ensemble de faits démontre de la manière la plus incontestable que calcaires à *Hemipneustes* et à *Hippurites radiosus*, marnes à Orbitoïdes et marnes à Cyrènes, sont des facies latéraux se remplaçant mutuellement à de faibles distances.

Le mouvement d'émersion continuant, aux couches saumâtres ont succédé des couches purement lacustres à *Lychnus* et à *Bauxia*, puis une nouvelle transgression a ramené la mer, mais avec une faune toute nouvelle et bien différente de celle du Sénonien; la plupart des formes qui vivaient précédemment dans la région ont disparu et ont été remplacées par des types tertiaires. On ne peut douter que cette transgression a coïncidé avec le renouvellement général des faunes dans la mer de la région pyrénéenne, renouvellement qui, à Tercis, s'est produit après le dépôt des dernières couches à Ammonites; à celles-ci font suite de nouveaux sédiments habités par une faune complètement différente et dont bon nombre d'éléments se retrouvent dans les couches à *Amphistegina* et *Nummulites spilecensis*.

A cette considération s'ajoute ce fait que, dans les Pyrénées aussi bien qu'en Provence, la faune de Rognac se relie intimement à celle des couches sous-jacentes.

En effet, en Espagne, les couches saumâtres du Garumnien inférieur renferment des intercalations à *Lychnus* et à *Pyrgulifera armata*, preuve incontestable que cette assise appartient à l'horizon du Calcaire de Rognac.

En Provence, au-dessous de celui-ci, on trouve le Bégudien avec une faune qui se relie si intimement à la précédente, que M. Roule a réuni ces deux assises pour en former l'étage moyen de son terrain fluvio-lacustre de Provence caractérisé par la présence des Lychnus.

Au contraire, l'étage supérieur renferme une faune toute différente.

Il résulte clairement de ce qui précède que le Garumnien inférieur et le Garumnien moyen appartiennent à la même zone paléontologique et que tous deux ne sont que les facies saumâtre et lacustre de la dernière zone sénonienne, conclusion que j'ai formulée explicitement en 1897.

Le Calcaire de Rognac étant le facies lacustre des couches à *Ammonites neubergicus,* il nous reste à déterminer la correspondance des trois termes inférieurs : Bégudien, Fuvélien et Valdonnien.

Ceux-ci doivent avoir leurs équivalents dans les trois zones paléontologiques inférieures du Campanien; à défaut de preuves directes, on est amené à les identifier terme à terme et à établir le parallélisme de la manière suivante :

Zone à *Hoplites Vari* .... Bégudien.
Zone à *Mortoniceras delawarense* .... Fuvélien.
Zone à *Placenticeras bidorsatum* .... Valdonnien.

Cette solution me paraît d'autant plus satisfaisante que la série fluvio-lacustre paraît se grouper naturellement en deux subdivisions, l'une inférieure formée par les couches à lignites (Valdonnien et Fuvélien), l'autre par les couches à Lychnus (Bégudien et Rognacien), et que parallèlement les couches marines peuvent se grouper en deux assises, l'une à la base avec les deux zones inférieures, l'autre au sommet avec les deux zones supérieures. La première est caractérisée par la présence des *Actinocamax,* qui vont graduellement de la forme *granulatus* à la forme *quadratus* pour s'éteindre définitivement à son sommet, tandis que la seconde groupe toutes les couches où a vécu *Belemnitella mucronata* seule.

Provisoirement, nous admettrons donc cette correspondance en ayant soin toutefois de noter que le parallélisme du Rognacien avec la zone supérieure de l'assise à *Bel. mucronata,* c'est-à-dire avec la zone à *P. neubergicus,* ne peut être mise en doute.

Indiquons maintenant les divers facies sous lesquels se présentent ces divers horizons.

La distinction de la zone à *Placenticeras bidorsatum* n'est pas toujours bien facile, surtout dans les couches à facies crayeux comme celles du Bassin anglo-parisien : elle correspond alors à la partie supérieure des couches à *Act. granulatus.* Mais celles-ci sont elles-mêmes assez peu définies, et la Bélemnitelle qui les caractérise, abondante dans l'Allemagne du Nord, est une rareté en France et en Angleterre : elle ne commence à devenir un peu commune qu'en Belgique, particulièrement dans la glauconie de Lonzée. Je dois signaler que l'on en a trouvé quelques échantillons (collections du Muséum) dans la craie grise du Nord de la France. Ce même horizon est représenté par les sables à végétaux de la base des couches d'Aix-la-Chapelle (Aachénien) et dans le Hainaut par la craie de Saint-Vaast. En Westphalie, il correspond aux Marnes à *Becksia Sækelandi* de M. Schlüter; dans la région subhercynienne, aux Marnes de Heimbourg; dans le Brunswick, il est représenté par la partie supérieure des argiles bleues de Broitzem et, en Scanie, par la partie supérieure des calcaires marneux d'Eriksdal, Kullemölla et Lyckäs.

La zone à *Mortoniceras delawarense*, qui correspond exactement à la craie à *Act. quadratus*, est mieux individualisée et mieux connue que la précédente.

Dans le Bassin anglo-parisien, elle est à l'état de craie blanche caractérisée principalement par deux Échinides, *Offaster pilula* et *Corculum corculum*, qui partout sont assez généralement répandus. On y trouve des Micrasters du groupe du *M. Brongniarti* et du *M. pseudoglyphus*. *Micraster gibbus* et *M. fastigatus* semblent également des formes assez constantes de cet horizon. Dans le Bassin anglo-parisien, des accidents phosphatés se présentent sous forme de craie grise. Telle est en Angleterre la craie de Taplow. En France, la craie grise débute au niveau de l'*Act. granulatus*, se continue par des couches avec *Offaster pilula*, dans lesquelles *Act. quadratus*, d'abord seul, est ensuite accompagné par *B. mucronata*, puis vient une craie blanche renfermant également *Act. quadratus* et *Bel. mucronata*. A l'Ouest de la vallée de la Seine, les Bélemnitelles disparaissent, et cet horizon n'est plus indiqué que par la présence d'*Offaster pilula* et *Corculum corculum*. Dans le Hainaut, la Craie de Trivières appartient au même horizon. Il est également à l'état de craie traçante dans le Nord de l'Allemagne, à Lunebourg, dans l'île d'Helgoland et au voisinage du littoral baltique à Lägerdorf.

Au Sud de ce bassin de craie blanche traçante, on trouve l'horizon à *Act. quadratus*, représenté dans la région subhercynienne par les marnes d'Ilsenbourg, en Brunswick par les marnes de Vordorf, Wohrum, etc., près Peine, et à Kœnigslutter-Lauingen, par des argiles noirâtres ou grisâtres à *Becksia Sækelandi*, puis en Westphalie par les marnes à *Becksia Sækelandi* (Schlüter), de Lette, Holtwich et Legden.

En Scanie, l'*Act. quadratus* est rare et paraît remplacé par *Act. mamillatus* dans le conglomérat de Tosterup et dans les calcaires de Balsberg et d'Ignaberga.

Cette zone est à l'état de calcaire marneux dans l'Aquitaine. Dans la région alpine, elle correspond aux calcaires de Contes-les-Pins : c'est à tort que l'on a cité de ces derniers *Pachydiscus neubergicus* sur la foi d'échantillons ainsi étiquetés autrefois dans les collections de la Sorbonne. Ce sont eux précisément qui ont servi de type à mon *Pachydiscus Lévyi*, lequel habite le Campanien inférieur en compagnie d'un *Mortoniceras*, qu'on avait jadis rapporté à *Am. texanus*, mais qui en est bien distinct et que j'ai décrit sous le nom de *Mortoniceras campaniense*. J'ai reconnu depuis qu'il ne diffère pas de l'espèce des États-Unis d'Amérique, décrite par Morton sous les noms d'*Am. delawarensis* et *Am. Vanuxemi* [1]. Avec ces Céphalopodes se trouvent des Échinides, tels que *M. gibbus* et des formes voisines de *M. Brongniarti*. La présence de ces dernières ne peut être invoquée pour rapporter ces calcaires à l'horizon de Meudon, car elles débutent dès la base de la craie à Bélemnitelles du Bassin de Paris; dans l'Allemagne du Nord, elles sont fréquentes dans la zone à *Act. quadratus*, et enfin elles sont représentées dans le Campanien des Charentes par *M. regularis*, Arnaud, bien difficile à distinguer de *M. Brongniarti*.

Au facies sableux de cette zone appartiennent les sables glauconieux d'Aix-la-Chapelle et les couches inférieures du Grès d'Alet dans les Corbières.

Enfin le type fluvio-lacustre paraît représenté par les couches à lignites de Fuveau et probablement aussi par celles de Gosau et du Neue-Welt dans les Alpes orientales.

L'assise à *Bel. mucronata* comprend deux zones qu'il est difficile de séparer dans le Bassin anglo-parisien, comme je le disais précédemment. Les principaux types de cet horizon sont : en France, Meudon, la partie supérieure de la craie d'Épernay, Montereau, Saint-Aignan (Yonne), et en Angleterre, Norwich, Portsdown et Piddletown, ces deux derniers dans le Hampshire.

En Belgique, on pourrait rapporter à la zone inférieure les craies d'Obourg et de Nouvelles, et, près de Maëstricht, la craie glauconifère et la craie blanche d'Heure-le-Romain; tandis que la craie blanche à silex noirs de Maëstricht, à la partie supérieure de laquelle se développe localement le Calcaire de Kun-

[1] Il est intéressant de noter la présence de cette espèce en Tunisie, où elle a été recueillie à Sbeitla par M. l'ingénieur des mines Jordan.

raed avec Céphalopodes de la zone à *Pachydiscus neubergicus*, doit être rattachée à la zone supérieure. A celle-ci correspond aussi l'assise de Spiennes du Hainaut, qui comprend à la base la craie grossière de Spiennes, la craie brune phosphatée et la craie glauconifère à Thécidées, la série se complétant par le Tuffeau de Saint-Symphorien et, dans le Limbourg, par le Tuffeau de Maëstricht. De ce côté, l'assise à *Bel. mucronata* se trouve représentée par un certain nombre de couches hétéropiques variées.

Le facies crayeux se retrouve encore à Lunebourg où la série est complète, et sur le littoral baltique à Helgoland, à Itzehoe, en Danemark et en Scanie; il se poursuit vers l'Est sur la plate-forme russe et s'étend jusqu'en Crimée et au Caucase.

La zone supérieure à *Bel. mucronata* est à l'état de calcaires blancs durs à silex avec Ammonites en Irlande, de calcaire grossier à Kunraed près Maëstricht, de calcaires bleuâtres, marneux à Echinocorys, Micrasters et Ammonites à Tercis, de calcaires blancs durs avec Ammonites (calcaires à Stegasters) à Gan; de calcaires plus ou moins sableux avec Ammonites aux environs de Grenoble (j'ai déjà cité de ces derniers gisements *Pachydiscus* cf. *perfidus;* M. Révil m'a communiqué récemment un bel échantillon de *Brahmaïtes* (?) *Brandti*); de calcaires à Foraminifères, en Suisse et dans la Brianza (Schistes rouges des Préalpes; Marnes et calcaires de Seewen avec Stegasters des chaînes orientales de la Suisse; calcaires à *Inoceramus Cripsii* et *Bel. mucronata* de la Brianza); de marnes avec *Bel. mucronata* et faune septentrionale dans le Nierenthal, près Salzbourg; marnes à Inocérames et à Ammonites dans les Alpes autrichiennes (Neue-Welt, Neuberg).

La zone supérieure est fréquemment représentée dans la région méditerranéenne par des couches à Orbitoïdes : à Maëstricht, dans les Charentes, dans la vallée de la Garonne, à Méaudre (Dauphiné), dans les Alpes orientales, à l'Est du lac de Garde, se poursuit dans les Carpathes et les Balkans; a été observée à Amasie, en Asie Mineure, par de Tchihatcheff et de là se prolonge jusque dans le Baloutchistan.

L'assise à *Bel. mucronata* possède le facies gréseux dans les grès marneux de Cœsfeld ((Whestphalie), le grès vert du Holstein et du Mecklembourg, les grès de la Haute-Garonne qui passent au Calcaire nankin, les Grès de Labarre, près de Foix, la partie supérieure des Grès d'Alet dans les Corbières, les Lauzes et les grès subordonnés du Dauphiné, et dans les Alpes orientales par les grès à Orbitoïdes et la partie supérieure de la zone du Flysch, avec Fucoïdes et Helminthoïdes nombreux, où ont été rencontrés quelques Céphalopodes avec *Bel. mucronata, Echinocorys* et *Micraster*. Le grès carpathique renferme *Scaphites constrictus*, ce qui indique qu'il appartient au moins en partie à la zone supérieure du Sénonien.

Au facies à Orbitoïdes se rattache intimement le facies à Rudistes, car souvent Orbitoïdes et Hippurites s'accompagnent dans les mêmes couches. Vers le Nord, quelques Rudistes atteignent Maëstricht, mais ils y sont atrophiés et réduits à une taille infime. Dans l'Aquitaine, les bancs de Rudistes sont assez nombreux vers le sommet du Sénonien; on les retrouve dans la vallée de la Garonne, en Sicile (cap Passaro) et dans les Alpes autrichiennes; ils sont évidemment aussi représentés dans les calcaires à Rudistes du Frioul et de la côte adriatique.

Le facies lacustre est seulement connu pour la zone inférieure dans la Provence (Couches de la Bégude), tandis que la zone supérieure a pour principaux types : le calcaire lithographique du Garumnien moyen de la Haute-Garonne, les marnes rouges avec bancs de poudingues et les calcaires lacustres à *Bauxia* et *Lychnus* des Corbières et du Languedoc, et enfin les Calcaires de Rognac, en Provence.

Les dépôts à Plantes sont abondants notamment dans l'assise de Laramie qui termine la série sénonienne de l'Amérique du Nord et renferme de nombreuses couches exploitables de lignites; ils se retrouvent à Patoot, au Groënland, associés à des fossiles marins des Couches de Fort-Pierre et de Fox Hills, c'est-à-dire exactement dans les mêmes conditions que le Laramie des Montagnes Rocheuses.

TERTIAIRE.

Aux couches caractérisées par les dernières Ammonites en succèdent d'autres où l'on ne rencontre plus aucun de ces fossiles : sur toute la surface du globe nous observons partout ce même fait. Comme nous avons basé la classification des couches secondaires sur l'évolution des Ammonites, il est naturel et logique que nous fassions coïncider avec le moment de leur disparition la fin des temps secondaires et le début de l'ère tertiaire.

Quand j'ai fait cette proposition en 1897, elle a été, je le reconnais, fort mal accueillie et a soulevé de nombreuses protestations. On m'a reproché de placer dans le Tertiaire des couches qui avaient des affinités crétacées nettement marquées par leurs faunes d'Échinides, de Brachiopodes, de Vertébrés, etc. J'ai déjà répondu précédemment à ces objections; j'ajouterai qu'avec cette thèse des affinités nous retombons dans la méconnaissance des facies, cause de tant d'erreurs. Pourtant, si nous admettons que l'évolution du monde organique s'est produite d'une manière continue, on reconnaîtra que c'est une utopie irréalisable de vouloir tracer dans le temps une ligne de démarcation qui sépare nettement les organismes à affinités crétacées de ceux à affinités tertiaires. Il est déjà bien remarquable qu'à l'instant même où ont disparu les Ammonitidés, nous ne trouvions plus trace d'Inocérames, de Trigonies... et surtout d'Hippurites, de Sphérulites et de tous les Rudistes qui ont joué un rôle si important dans la faune du Crétacé supérieur, car jusqu'à présent nous n'en connaissons aucun de couches plus récentes que celles qui contiennent les dernières Ammonites. A ce point de vue, la limite du Crétacé et du Tertiaire n'est pas seulement une limite conventionnelle, c'est une limite qui s'impose naturellement. Si elle constituait aussi une barrière infranchissable pour tous les organismes qui ont vécu pendant le Secondaire, nous serions en présence d'un fait inexplicable dans la théorie de l'évolution.

La limite que je proposais d'abandonner avait pour elle le mérite de l'ancienneté et nous avait été léguée par nos devanciers; cependant, au fond, elle était basée sur des erreurs de fait et sur des confusions causées, par exemple, par l'extension abusive donnée à l'étage Danien ou par la création d'un étage Garumnien, assemblage de couches hétérogènes.

Je ne crois pas inutile de revenir sur ces divers points et d'exposer complètement l'état de la question.

Desor a défini ainsi l'étage Danien :

« M. Desor pense dès lors qu'il faut envisager le calcaire de Faxe, la craie corallienne et le lambeau pisolithique de Laversine et de Vigny, comme un étage particulier de la craie, le plus récent de tous, ainsi que l'avait proposé M. Élie de Beaumont; mais il ne saurait y comprendre les terrains à Nummulites, qu'il envisage comme étant d'une époque plus récente. M. Desor propose d'appeler cet étage *terrain danien*, parce qu'il est surtout développé dans les îles du Danemark. Ainsi que l'avait pensé M. Graves, il est probable qu'on devra y rapporter par la suite le terrain de Maëstricht[1]. »

[1] Séance du 16 novembre 1846 (*Bull. Soc. géol. de France*, 2ᵉ série, IV, p. 181. *Sur le terrain danien, nouvel étage de la craie*, par M. Desor).

Le Danien a donc pour type le calcaire pisolithique et le calcaire de Faxe : comme, en 1846, la plupart des géologues étaient d'accord pour synchroniser ceux-ci avec le Tuffeau de Maëstricht, toutes ces couches furent englobées dans le même étage, de sorte qu'en 1875, dans son tableau de classification du Crétacé supérieur, Hébert subdivisait le Danien en deux assises, dont l'une, inférieure, comprenait le Calcaire à Baculites de Valognes, le Calcaire de Saltholm, la Craie grise de Ciply et la Craie d'Ignaberga; l'autre, le Calcaire pisolithique, le Tuffeau de Maëstricht et le Calcaire de Faxe.

Hébert était conduit à ces parallélismes par la conviction que des couches ne pouvaient appartenir à un même étage que si elles possédaient le même facies et des faunes semblables; c'est pour cette raison encore que, dans son tableau, il plaçait les Grès du Maine au-dessus de la Craie de Rouen et supposait dans tout le Nord de l'Europe une lacune correspondant aux calcaires à Hippurites.

« Je me suis laissé guider, disait-il, pour établir la distinction entre ces deux étages (le Sénonien et le Danien), par le caractère d'uniformité que présente dans toute l'Europe, non seulement au Nord, mais autour des Alpes et jusque dans la Crimée et les régions caucasiennes, la faune de la craie de Meudon.

« Dès qu'on dépasse cet horizon, on rencontre, au contraire, des dépôts d'une étendue très restreinte, extrêmement différents par leur nature minéralogique et par leur faune. Ce sont des lambeaux de couches autrefois continues et qui appartiennent à une mer dans laquelle les conditions de la sédimentation et les faunes ont considérablement varié. L'Europe n'a été baignée qu'en quelques petites anses ou golfes par cette mer, à laquelle probablement appartenait une bonne partie du grand dépôt crétacé de l'Amérique du Nord. »

Bien que les principes qui servaient de base aux idées d'Hébert soient aujourd'hui universellement abandonnés, ils n'en conservent pas moins une sorte d'influence secrète et inconsciente sur l'esprit de bien des géologues.

De même qu'il a fallu de longues années de discussions pour amener un accord général sur la question du facies corallien et sa répétition à des niveaux différents, de même nombre de géologues répugnent encore à cette idée que certaines couches de la craie blanche peuvent être représentées ailleurs par des couches de craie grise ou des couches de tuffeau. On se refuse à admettre que la Craie blanche de Meudon puisse avoir pour équivalent latéral la Craie grise de Ciply ou le Tuffeau de Saint-Symphorien, et l'on veut voir dans ces différentes couches, superposées dans le Hainaut, des zones distinctes caractérisées par des faunes différentes. Cependant je crois avoir démontré que toutes appartiennent à la même époque, c'est-à-dire à un ensemble caractérisé par une même faune d'Ammonites; en d'autres termes, on a là une zone représentée par une succession de couches hétéropiques qui se sont succédé dans un certain ordre en raison de variations dans les conditions de la sédimentation, mais qui, si ces variations avaient été différentes, auraient pu tout aussi bien se superposer de toute autre manière, chacune d'elles conservant d'ailleurs la même faune. Je considère qu'au lieu d'avoir la série Craie de Nouvelles, Craie de Spiennes, Craie brune phosphatée de Ciply, on aurait pu, si certaines circonstances avaient été réalisées, observer la série renversée, les facies et les faunes se succédant dans l'ordre inverse.

Nous avons suffisamment d'exemples de ces interversions de facies et de faunes, par exemple dans la succession des facies vaseux et corallien, pour que ce principe puisse être admis, si l'on veut bien se donner la peine d'y réfléchir.

La création de l'étage Garumnien par Leymerie a introduit des confusions de même ordre : ce savant a établi cette subdivision pour un ensemble de couches dont il n'avait pas su reconnaître l'équivalence avec les couches sénoniennes ou tertiaires de facies différent; elles lui paraissaient constituer un type spécial du terrain crétacé.

J'ai démontré que les deux subdivisions inférieures du Garumnien appartiennent en réalité à la même zone que les couches marines sous-jacentes; si elles présentent avec elles d'aussi grandes différences, c'est à cause du mouvement de retrait des eaux marines qui s'est produit à cette époque. Le Garumnien inférieur est une formation saumâtre avec intercalations marines, et le Garumnien moyen est constitué par des calcaires lacustres : après le dépôt de ces derniers, la mer est revenue, ramenant avec elle une faune absolument différente de celle qui peuplait les couches marines plus anciennes.

Il fallait donc séparer du Danien et du Garumnien un certain nombre de couches que l'on était habitué à distinguer des assises sénoniennes sous-jacentes, alors qu'en réalité elles constituaient avec elles une zone unique et indivisible.

La confusion était encore augmentée par les erreurs commises dans la classification des couches inférieures : les grès et marnes de Sougraigne et les dernières couches marines de la Provence étaient placées au sommet du Campanien, de telle sorte que l'on arrivait à paralléliser les lignites de Fuveau avec le Calcaire pisolithique et le Calcaire de Faxe. En déterminant l'âge exact de ces diverses couches et en démontrant qu'en Provence il n'y avait pas de Campanien marin, j'ai été nécessairement conduit à vieillir les couches qui les surmontaient et à modifier complètement les parallélismes jusqu'alors admis.

Il ne sera donc pas inutile au but que je me propose de parler des premiers dépôts qui ont suivi la disparition des dernières Ammonites, dépôts que je considère comme base de la série tertiaire. J'aurai ainsi l'occasion de montrer que les affinités entre leurs faunes et celle du Sénonien sont bien moindres qu'on ne s'est plu à le dire, sans en donner d'ailleurs aucune preuve positive.

Dans le Bassin de Paris, la fin de la période crétacée est marquée par une émersion suivie d'érosions et de ravinements, de sorte que les sédiments déposés après le retour du régime marin reposent en discordance et transgressivement sur la surface irrégulière de la craie blanche, plus ou moins durcie et modifiée à sa partie supérieure. Ainsi, tandis qu'à Montereau et à Meudon ces nouvelles couches sont superposées à la craie supérieure à *Belemmitella mucronata*, à Montainville, dans la vallée de la Mauldre, elles sont adossées à la craie à *Micraster coranguinum*. La mer, en revenant occuper cette région, n'a donc pas nivelé les irrégularités du sol et donné naissance à une surface plane d'abrasion, mais elle a trouvé un relief accidenté et offrant en certains points des falaises au pied desquelles ses sédiments se sont accumulés.

On a donné à cette nouvelle assise le nom de Calcaire pisolithique, en raison de l'apparence que la roche présente dans certains gisements : il ne s'agit pas, d'ailleurs, de vrais pisolithes, comme on l'a cru, mais de fossiles roulés et principalement de débris d'Algues calcaires (Lithothamniums).

La faune est absolument différente de celle de la craie sous-jacente; elle est mal connue et n'a encore été l'objet d'aucun travail descriptif. Si l'on peut y citer quelques espèces d'origine crétacée, bien plus grand paraît être le nombre de celles qui s'y montrent pour la première fois et lui impriment un caractère particulier.

M. Munier-Chalmas a publié, en 1897, une étude fort intéressante sur cette assise[1], dans laquelle il distingue un groupe inférieur et un autre supérieur : le premier formé par les gisements du Bois d'Esmans, près Montereau, ceux de Vigny et de la Falaise; le second, par les calcaires à Foraminifères de Meudon.

[1] 1897. Munier-Chalmas, *Note préliminaire sur les assises montiennes du Bassin de Paris* (*Bull. Soc. géol. de France*, 3e série, XXV, p. 82).

La superposition de ces deux groupes ne paraît avoir été observée nulle part, de sorte que je serais plutôt disposé à les regarder comme équivalents, les différences paléontologiques qu'ils présentent résultant des conditions spéciales de dépôt propres à chacun d'eux. Tandis que les sédiments de Montereau, Vigny et la Falaise ont été formés dans la zone des Nullipores, ceux de Meudon présentent un caractère beaucoup plus côtier : avec des espèces marines et quelques Algues calcaires, on y rencontre des coquilles d'estuaires, lacustres et même terrestres. Je ne vois donc aucun motif pour ne pas admettre que l'on a là des dépôts synchroniques (je ne dis pas homochrones), mais de facies différents.

En Belgique, des circonstances analogues sont aujourd'hui bien connues, grâce aux travaux détaillés de MM. Rutot et Van den Broeck. Ces deux savants nous ont montré que l'assise des environs de Mons, désignée sous le nom de Tuffeau de Ciply, comprenait deux niveaux distincts : les neuf dixièmes de la masse devaient être rattachés au Calcaire de Mons, tandis que le dixième restant était seul d'âge crétacé; un ravinement et un gravier de base séparent d'ailleurs de la manière la plus nette les deux séries.

Tandis que la faune connue jusqu'alors du Tuffeau de Ciply provenait de la base et ne différait par aucun trait essentiel de celle des couches crétacées sous-jacentes (craie phosphatée de Ciply), sa partie supérieure renferme une faune absolument différente : on n'y rencontre plus ni Bélemnitelles, ni Ammonites, ni Scaphites, ni Baculites, ni Hamites, plus aucun Rudiste, plus d'Inocérames, plus de Trigonies, mais des Gastropodes et des Lamellibranches dans lesquels MM. Rutot et Van den Broeck ont reconnu un grand nombre des espèces du Calcaire de Mons, décrites par Briart et Cornet. Ils ont fait voir, en outre, que le calcaire à Cérithes de Cuesmes n'était qu'un facies local du Tuffeau de Ciply, renfermant en ce point une plus forte proportion de grands Cérithes que dans les autres gisements observés. M. Rutot a donné[1] dernièrement une liste des Gastropodes trouvés dans le Tuffeau de Ciply, le poudingue de base et le Calcaire de Cuesmes qui montre que cette faune comprend 46 espèces du Calcaire de Mons. Il fait remarquer « que la faune du Tuffeau de Ciply est essentiellement marine, tandis que celle du Calcaire de Mons renferme quantité d'espèces saumâtres ou même d'eau douce;

[1] 1895. Rutot, *Essai de synchronisme des couches maëstrichtiennes et sénoniennes de Belgique*, p. 189 (*Bull. soc. belge de géologie*, VIII, p. 145).

que, d'autre part, tous les éléments fauniques du Calcaire de Mons proviennent pour ainsi dire d'un point unique, le puits Coppée, entre Mons et Obourg, de sorte que l'on n'en connaît qu'une faune restreinte, tandis que les fossiles du Tuffeau de Ciply proviennent d'une douzaine de gîtes différents compris entre Cuesmes et Mesvin ». Il considère donc que le Calcaire de Mons est seulement un facies plus côtier ou lagunaire du Tuffeau de Ciply.

Si nous nous transportons à l'Est, nous rencontrons en Danemark un nouveau type des couches qui ont succédé à la craie blanche traçante. Mais, tandis que dans le Bassin de Paris et en Belgique il y a lacune, dans la région baltique le phénomène de la sédimentation ne paraît pas avoir subi de discontinuité, et les couches de Faxe et de Saltholm ont succédé immédiatement à la craie blanche à Bélemnitelles et à Ammonites. Cependant, au point de vue paléontologique, il semble s'être produit un changement important dans la faune, car, d'après les relevés de Lundgren, sur soixante-dix espèces que les couches daniennes renfermeraient, une dizaine seulement seraient communes avec la craie sous-jacente. Les travaux plus récents de M. Anders Hennig, dont j'ai parlé précédemment, ont montré que le nombre des espèces daniennes était beaucoup plus élevé, cent cinquante au moins, dont près de la moitié se retrouveraient dans le Sénonien. M. Anders Hennig constate l'absence complète des Bélemnitelles, des Ammonites et des Inocérames, mais il dit avoir rencontré dans cette assise des Scaphites et des Baculites. J'avoue que ce fait me surprend beaucoup : on avait déjà autrefois signalé des Bélemnitelles dans ces calcaires et, plus tard, on reconnut qu'il s'agissait d'échantillons remaniés. Peut-être en est-il de même pour les Scaphites et les Baculites trouvés par M. Hennig? Peut-être aussi ces fossiles existent-ils seulement dans des couches inférieures, des couches de passage, qui devraient être distinguées des autres pour être rattachées au Sénonien?

Quoi qu'il en soit, il existe entre la faune des calcaires daniens et celle de la craie sous-jacente des différences profondes et essentielles, de sorte qu'il n'est pas possible, en s'appuyant sur la présence de quelques genres d'Échinides, de quelques Huîtres et Brachiopodes, communs aux deux niveaux, de dire que le premier est encore nettement crétacé.

Évidemment, si nous mettions à part un certain nombre des espèces des calcaires de Faxe et de Saltholm, telles qu'*Ostrea vesicularis*, *O. lateralis*, *Terebratulina striata*, *Echinocorys sulcata*, etc., nous serions tentés de dire que nous avons là une faune franchement sénonienne.

Cependant une telle conclusion manquerait de base sérieuse et, en l'adoptant, nous commettrions une erreur du même genre que celle dans laquelle sont si souvent tombés nos prédécesseurs en géologie. Rappelons-nous combien longtemps on a voulu maintenir dans l'Oxfordien toutes les couches à facies vaseux qui se trouvent vers la limite de cet étage et de celui que nous appelons aujourd'hui le Rauracien, mais qui était alors désigné sous le nom de Corallien. Je me souviens encore du désespoir d'un géologue me montrant une belle coupe de calcaires marneux bleuâtres : « Est-il possible, me disait-il, d'enlever à l'Oxfordien des couches qui s'y rattachent si nettement par tout l'ensemble de leurs caractères : même nature de sédiments que les couches typiques oxfordiennes; même faune de Lamellibranches, etc.? »

Aujourd'hui encore, il est bien facile de se tromper quand on se laisse guider par des considérations de cet ordre, et cependant que d'exemples devraient nous éclairer à ce sujet! J'en ai déjà cité de nombreux; qu'il me soit permis d'en ajouter encore quelques autres : la flore sénonienne du Beausset avec son caractère archaïque résultant à la fois de l'analogie de ses Fougères avec des types plus anciens et de la rareté des Dicotylédones; l'observation de M. Munier-Chalmas qui, dans le Frioul autrichien, a constaté dans les couches du Sénonien le plus supérieur la présence d'une faune spéciale d'Échinides dont beaucoup de formes rappellent des genres anciens; il y a quelques semaines, M. J. Lambert m'écrivait qu'il étudiait une faune échinitique coralligène du Bathonien inférieur de Saint-Gaultier (Indre), très curieuse par ses caractères de modernité relative.

On voit par là avec quelle prudence il faut conclure, quand il s'agit de déterminer l'âge d'un niveau par les affinités de sa faune : des couches avec des fossiles d'apparence crétacée peuvent être tertiaires, et réciproquement d'autres avec affinités tertiaires peuvent, en réalité, être crétacées.

Il se présente évidemment dans ces circonstances nombre de questions difficiles et délicates à résoudre. Bien qu'il soit tout naturel, comme je l'ai exposé, de placer la fin des temps crétacés au moment de la disparition des Ammonites, il ne nous serait pas permis cependant de dire que toute couche qui ne renferme aucun représentant de ce groupe est nécessairement tertiaire. Il faut, et la tâche est plus ou moins ardue suivant les cas, rechercher sa place exacte dans la chronologie géologique et voir si, malgré ses caractères apparents, elle n'est pas synchronique de couches vraiment crétacées.

Ainsi il serait possible, quoique la chose me paraisse peu probable, que l'on arrivât à distinguer plusieurs horizons dans l'ensemble des couches groupées dans le Danien et que quelques-uns d'entre eux dûssent être classés dans le Sénonien.

Toutefois il ne faut pas oublier non plus qu'on a autrefois signalé dans les couches daniennes de la Baltique la présence de *Bel. mucronata* et qu'il a été ensuite reconnu que cette espèce s'y trouve seulement en échantillons remaniés provenant de la craie blanche sous-jacente.

L'étage Danien est-il antérieur au Montien, ou doit-il être considéré comme équivalent? Il est difficile de répondre nettement à cette question, parce que nous avons affaire à des faunes qui ne sont pas comparables, mais il est vraisemblable que les couches inférieures du Danien, celles qui, en Danemark, ont succédé immédiatement à la craie à Bélemnitelles, sont antérieures au Calcaire de Mons ou au Calcaire pisolithique de Meudon, puisque le dépôt de ceux-ci a été précédé de dénudations et d'érosions. Néanmoins il est fort probable que toutes ces couches appartiennent à la même époque géologique, c'est-à-dire à une même zone, et qu'elles sont synchroniques dans le sens attaché à cette expression dans le langage géologique.

Comme l'indique la faune du Calcaire de Saltholm, celui-ci est un dépôt d'eau plus profonde que le Tuffeau de Ciply ou le Calcaire pisolithique : M. Munier-Chalmas, se basant sur la présence du *Corallium Beckii*, a été conduit à penser que le Calcaire de Faxe s'est formé dans une zone correspondant à peu près à celle du Corail rouge de la Méditerranée, tandis que le Calcaire pisolithique de la Falaise appartient à une moindre profondeur (zone des Nullipores) et que des conditions lagunaires s'observent dans les couches de Meudon et de Mons. Nous aurions donc là divers sédiments d'une même mer, assez profonde en Danemark et beaucoup moins en Belgique et dans le Bassin de Paris, où se trouvait la ligne de rivages parsemée de lagunes.

Cette manière de voir me semble confirmée par les observations faites dans la région pyrénéenne, où nous rencontrons la faune de Mons intercalée au milieu de couches synchroniques du Danien.

A Tercis, il y a eu, à la fin des temps crétacés, continuité du régime marin, tout comme en Danemark : à des couches riches en Ammonites et en Inocérames en succèdent de nouvelles qui n'ont pas une composition minéralogique bien différente, mais dont la faune ne ressemble en rien à celle qui l'a précédée. Ammonites, Scaphites, Hamites, Inocérames ont disparu, et si l'on rencontre encore des Micrasters et des Echinocorys, il n'y a cependant aucune

IMPRIMERIE NATIONALE.

espèce commune avec les couches sous-jacentes, tandis qu'apparaissent, au contraire, un certain nombre de nouveaux types qui persistent dans les couches supérieures dont l'âge tertiaire n'est pas discuté.

Que l'on prenne, par exemple, la liste de fossiles donnée par M. Seunes, pour son Danien inférieur[1] (p. 183) : on constatera l'absence complète de tout terme commun avec la faune de son Danien supérieur (p. 193); par contre, un bon nombre de fossiles de ce dernier (*Echinocorys semiglobus, Cidaris Baugeyi, Coraster beneharnicus*) se retrouvent dans les couches plus élevées, franchement tertiaires, à *Operculina Héberti* et *Nummulites spilecensis*, et ils n'y sont pas tous roulés, mais bien en place, comme M. Seunes me l'a confirmé. Du reste, notre confrère signale déjà *Operculina Héberti* dans les couches à *Isater aquitanicus* de Benesse-les-Dax.

Donc, dans cette région, où il y a eu continuité du régime marin, il existe néanmoins une démarcation très tranchée entre les couches sénoniennes et daniennes et, au contraire, une liaison intime de ces dernières avec les couches éocènes.

Passons dans la Haute-Garonne : un retrait de la mer a, vers la fin des temps crétacés, amené l'émersion de cette contrée, de sorte qu'aux sédiments marins succèdent des couches saumâtres et lagunaires, puis d'eau douce : ces dernières constituent le Garumnien inférieur et moyen, tandis que le Garumnien supérieur est formé par une nouvelle série marine.

Il devrait donc y avoir là, si l'on se conformait aux principes de la classification stratigraphique, une limite d'étage bien indiquée, et cependant elle est contestée précisément par les géologues qui préconisent cette méthode.

Leymerie avait déjà insisté sur le caractère spécial de la nouvelle faune marine dont l'arrivée coïncide avec le retour de la mer dans la région précédemment émergée.

« Ici, malgré la concordance parfaite de stratification, dit Leymerie, la séparation est indiquée par des différences très grandes, aussi bien sous le rapport minéralogique qu'au point de vue des fossiles. Il y a là évidemment entre la craie sénonienne et la formation nummulitique un étage nouveau, qui n'a pas d'équivalent dans le Nord de l'Europe, si ce n'est peut-être dans la craie

[1] 1890. Seunes, *Recherches géologiques sur les terrains secondaires et l'Éocène inférieur de la région Sous-pyrénéenne.*

de Faxe, en Danemark, dont d'Orbigny a fait le type danien, auquel il rapportait le calcaire pisolithique de Meudon.

. . . .

« La faune garumnienne, entre les limites où elle offre un facies marin, se compose de deux parties : l'une, qui gît à la base du terrain, et l'autre, à la partie supérieure (colonie). Ces deux faunes toutes spéciales, séparées, comme nous l'avons vu, par l'assise des calcaires compacts à silex dépourvus de fossiles caractéristiques, sont absolument différentes; il n'y a pas une espèce, circonstance qui nous paraît digne d'être remarquée, qui soit commune de l'une à l'autre.

. . . .

« Les Mollusques (de la faune supérieure), la plupart à l'état de moules, paraissent inédits; on y remarque cependant quelques rares fossiles crétacés et même un certain nombre d'espèces nummulitiques. »

Lorsque l'on se dirige vers l'Est, pour aller dans l'Ariège et les Corbières, on voit le facies continental s'accuser de plus en plus et les couches saumâtres d'Auzas passer à des argiles rutilantes recouvertes par un calcaire lacustre, prolongement du calcaire lithographique de la Haute-Garonne et équivalent du calcaire de Rognac. Depuis la publication de ma note de 1897, toute une série de découvertes de fossiles de cet horizon dans la région des Corbières sont venues confirmer mes indications.

Le Garumnien supérieur passe lui-même à des marnes vertes et rouges avec intercalations lacustres : à Montolieu, au pied de la Montagne-Noire, le calcaire lacustre, superposé aux marnes rouges, renferme *Physa prisca*.

Nous avons donc là une coupe absolument analogue à celle de la Provence, où aux calcaires de Rognac succèdent les argiles rouges de Vitrolles, recouvertes elles-mêmes par les calcaires à *Physa prisca, Limnæa, Megalostoma*, etc.

Or, à quelques mètres au-dessous de ces derniers, M. Vasseur a découvert récemment une barre de calcaire à *Physa montensis* et a ainsi apporté une nouvelle preuve, à l'appui de l'équivalence que j'établissais, en 1897, entre les couches montiennes de la Haute-Garonne et les marnes rouges inférieures aux calcaires à *Physa prisca*.

Je vois également là un nouvel argument à l'appui de la limite que je propose; car si les calcaires à *Physa prisca* et les marnes rouges inférieures sont un facies latéral du Garumnien supérieur, constitué dans la Haute-Garonne par les marnes à Miliolites, *Micraster tercensis* et *Echinanthus*, on ne doit pas oublier que celui-ci possède une faune assez homogène sur toute sa hauteur, et que le *M. tercensis*, par exemple, n'est pas localisé dans certains niveaux, mais se rencontre sur toute l'épaisseur de l'assise. Il est donc impossible de songer à tracer une coupure importante au milieu de cet ensemble et d'en mettre une partie dans le Crétacé et l'autre dans le Tertiaire. Par conséquent, on ne peut séparer les couches montiennes des calcaires à *Physa prisca*, et c'est nécessairement au-dessous du Montien que doit être placée la limite entre le Crétacé et le Tertiaire.

M. Roule a d'ailleurs fait ressortir depuis longtemps le changement important qui s'est produit, après le dépôt des couches de Rognac, dans les faunes lacustres de la Provence.

« Quant au dernier horizon (celui qui succède à l'étage de Rognac), la faune qu'il renferme, dit-il, n'a plus que des rapports lointains avec celle des deux systèmes inférieurs; presque toutes les espèces qui la constituent appartiennent à des genres qui vivent encore aujourd'hui dans nos pays; les Lychnus, les Mélanies à courtes spires, les Bulimes à bouche irrégulière, ont disparu; d'autre part, au point de vue pétrographique, l'alternance de puissantes assises d'argiles, de grès ou de poudingues, avec des calcaires généralement très compacts, donnent à cet horizon une physionomie à part et nécessitent sa séparation du reste des couches lacustres. »

En Russie, sur les bords de la Volga, aux environs de Syrzan, M. Pavlow nous a montré, en 1897, lors des excursions du septième congrès géologique international, une coupe non moins probante que celles que je viens de rappeler. Là, au-dessus de la craie à *Belemnitella mucronata* et séparé d'elle par une surface ravinée, on trouve un grès glauconieux à *Nautilus danicus*. La surface de contact de ce grès et de la craie présente de larges ondulations; des tubulures, profondes de quelques centimètres et remplies de sable, pénètrent dans la craie durcie au contact et rubéfiée à la surface. Tandis que le grès à *Nautilus danicus* est ainsi nettement séparé par une discordance de la craie à Bélemnitelles, il se relie intimement, au contraire, par l'intermédiaire d'un tripoli à Diatomées, à une roche siliceuse bleuâtre renfermant un certain nombre d'espèces identiques à celles du Paléocène de Copenhague et du Thanétien d'Angleterre ou rappelant des formes montiennes. Dans la Russie orientale, la liaison des couches à *Nautilus danicus* avec les assises tertiaires s'affirme donc de la manière la plus évidente

J'ai montré également que, dans l'Inde (p. 722 et 723), la série crétacée à Ammonites est surmontée à Ninnyoor, etc., par des couches à *Nautilus danicus,* dont la faune n'a aucune analogie avec celle des assises qui les ont immédiatement précédées.

Enfin, dans l'Amérique du Nord, sur le littoral du Pacifique, on a cru qu'on avait, dans la série de Chico-Téjon, en Californie, un type des couches de passage du Crétacé au Tertiaire : on pensait que des Ammonites s'y trouvaient associées à une faune de Mollusques tertiaires, et pendant longtemps cette opinion a eu cours dans la science et a été répétée nombre de fois par les géologues les plus éminents.

Un travail récent de M. Stanton a mis fin à cette légende [1]. Après une étude complète des gisements, M. Stanton est arrivé à constater que les assises de Chico et de Téjon sont complètement indépendantes, et que si l'on avait signalé dans la dernière des fossiles crétacés et en particulier des Ammonites, c'est que l'on avait été induit en erreur par des accidents stratigraphiques restés inaperçus. En réalité, les Couches de Chico renferment une faune purement crétacée, dans laquelle on rencontre quelques Ammonites, parmi lesquelles *Ammonites jugalis,* Gabb, dont M. Stanton signale l'analogie avec *Am. Larteti* du Campanien supérieur des Pyrénées; M. T. Stanton a eu l'amabilité de m'envoyer un moulage de cette espèce, et je ne puis que confirmer son appréciation. Par contre, les Couches de Téjon possèdent seulement des fossiles éocènes, et les espèces communes avec celles de Chico sont peu nombreuses (six) et appartiennent à ces formes indifférentes qui ont joui d'une grande extension verticale. Le plus souvent, les deux séries sont en contact anormal par faille; M. Stanton pense qu'on arrivera un jour à reconnaître qu'une période d'érosion a séparé leur dépôt.

Je crois que l'exposition précédente suffit pour justifier amplement la proposition que j'avais faite de placer la limite entre le Crétacé et le Tertiaire immédiatement au-dessus des dernières couches à Ammonites. Non seulement cette limite est une conséquence nécessaire de la méthode adoptée pour la classification des assises secondaires, mais elle se trouve naturellement imposée par tout un ensemble de considérations paléontologiques et stratigraphiques. En nombre de points, elle correspond à des lacunes, des discordances

[1] 1898. Thimothy W. Stanton, *The faunal relations of the Eocene and Upper Cretaceous on the Pacific coast* (17th *Ann. Report of the U. S. Geol. Survey*).

et des transgressions. Elle ne coïncide pas seulement avec la disparition des Ammonitidés et des Bélemnites, mais avec celle des Rudistes qui ont joué un rôle si important dans la craie supérieure (Hippurites, Sphérulites, Radiolites), et encore avec celle d'un certain nombre d'autres Mollusques, Inocérames et Trigonies.

Je ne crois donc pas qu'on puisse opposer à cette opinion aucun argument précis, et s'il y a quelque chose dont on soit en droit de s'étonner, c'est que cette limite soit si nettement marquée sur toute la surface du globe accessible à nos investigations.

CLASSIFICATION DES COUCHES SUPRACRÉTACÉES.

ÉTAGES.	SOUS-ÉTAGES.			FAUNES DE CÉPHALOPODES.	FAUNES DE RUDISTES.	FOSSILES DIVERS.
(DANIEN. — Disparition des Ammonitidés, des Bélemnites, des Hippurites, des Sphérulites, des Radiolites et des Inocérames.)						
SÉNONIEN. CAMPANIEN.	SUPÉRIEUR.	*Pachydiscus neubergicus.*	*Belemnitella mucronata.*	*Pachydiscus neubergicus, P. colligatus, P. gollevillensis, P. Sturi, P. icenicus, P. galicianus, P. perfidus, P. subrobustus, P. Portlocki, Gaudryceras planorbiforme, G. anapastum, G. luneburgense, G. Jukesi, Tetragonites Cala, Pseudophyllites Indra, Brahmaites Haugi, B. cf. Brahma, B.* (?) *Brandti, Hoplites Lafresnayei, Placenticeras placenta, Sphenodiscus Ubaghsi, S. Binkhorsti, S. lenticularis, Desmoceras Larteti, D. Griffithi, Hauericeras Fayoli, Baculites anceps, B. distans, Hamites cylindraceus, Scaphites constrictus, Sc. tridens, Sc. Verneuili, Sc. pulcherrimus, Sc. nodifer, Turrilites polyplocus, Belemnitella mucronata.*	PROVINCE OCCIDENTALE. *Hip. Lapeirousei, Hip. Castroi, Hip. Lamarcki, Hip. radiosus, Hip. serratus, Pironæa polystylus.* PROVINCE ORIENTALE. *Hip. cornucopiæ, Hip. colliciatus, Hip. Lapeirousei, Hip. vesiculosus, Hip. Loftusi, Pironæa polystylus, P. corrugata.*	Facies maëstrichtien et dordonien : *Hemipneustes striatoradiatus, H. pyrenaïcus, Cassidulus lapiscancri, Rhynchopygus Marmini, Caratomus avellana, Catopygus fenestratus, Faujasia Faujasi, Thecidea papillata, Trigonosemus pectiniformis, Nerita rugosa, Pyrgopolon Mosæ, Orbitoïdes.* Spéciaux à la zone supérieure : *Stenonia tuberculata, Stegaster, Tholaster, Clypeolampas Leskei.* Communs aux deux zones : *Micraster pseudo-glyphus, M. glyphus, M. Brongniarti, M. gibbus, Echinocorys parisiensis, E. ovata, E. conica, Salenidia Heberti, Temnocidaris Baylei, Terebratella santonensis, Inoceramus Cripsii, In. impressus, Ostrea ungulata, O. Matheroni, O. vesicularis.*
		Hoplites Vari.		*Hoplites Vari, H. cœsfeldiensis, H. dolbergensis, H. lemfordensis, H. striatocostatus, H. rarus, H. Rejaudryi, Pachydiscus ambiguus, P. Wittekindi, P. auritocostatus, P. Lundgreni, P. haldemensis, P. Stobæi, P. patagiosus, P. icenicus, Scaphites gibbus, Sc. Haugi, Sc. pulcherrimus, Sc. Rœmeri, Sc. spiniger, Sc. ornatus, Turrilites polyplocus, Bel. mucronata.*	PROVINCE OCCIDENTALE. *Hip. Verneuili, Hip. Vidali, Hip. serratus.* PROVINCE ORIENTALE. *Hip. Bœhmi, Hip. colliciatus, Hip. Lapeirousei, var. crassa, Hip. sulcatus.*	
	INFÉRIEUR.	*Mortoniceras delawarense.*	*Act. quadratus.*	*Mortoniceras delawarense, Pachydiscus Lévyi, P.* (?) *obscurus, P.* (?) *lettensis, Actinocamax quadratus, Bel. mucronata* (à la partie supérieure seulement).	PROVINCE OCCIDENTALE. *Hip. Arnaudi, Hip. latus, Hip. sulcatoïdes, Hip. sulcatissimus, Hip. striatus, Hip. variabilis, Hip. Archiaci, Hip. Heberti.* PROVINCE ORIENTALE. *Hip. Oppeli, Hip. Chalmasi, Hip. inæquicostatus, Hip. sulcatus.*	*Micraster pseudo-glyphus, M. gibbus, M. regularis, Offaster pilula, Corculum corculum, Echinocorys scutata, E. orbis, Salenidia Heberti, Pyrina petrocoriensis, Rynchonella globata, Ostrea Matheroni.*
		Placenticeras bidorsatum.	*Actinocamax granulatus.*	*Pl. bidorsatum, Pachydiscus dülmensis, P. Launayi, P. cf. isculensis, Hauericeras pseudo-Gardeni, Scaphites aquisgranensis, Sc. hippocrepis, Sc. binodosus, Act. granulatus, Act. verus, Act. Grossouvrei, Act. Toucasi.*		
SANTONIEN.		*Placenticeras syrtale et Pachydiscus* (?) *isculensis.*		*Placenticeras syrtale, Sonneratia Daubréei, Schlönbachia Bertrandi,* (?) *Hoplites Gosseleti, Pachydiscus leptophyllus, P.* (?) *isculensis, P.* (?) *Jeani, P.* (?) *Cayeuxi, Kossmaticeras Vaju, K. pachystoma, Schlüteria Rousseli, Gaudryceras Rouvillei, Turrilites Sicardi, Scaphites cf. hippocrepis, Sc. cf. aquisgranensis, Act. granulatus, Act. verus, Act. Grossouvrei, Act. Toucasi.*	PROVINCE OCCIDENTALE. *Hip. galloprovincialis, Hip. dentatus, Hip. latus, Hip. Toucasi, Hip. socialis, Hip. Zürcheri, Hip. Jeani, Hip. Moulinsi, Hip. canaliculatus, Hip. crassicostatus, Hip. Matheroni, Hip. Peroni, Hip. turgidus, Hip. Carezi, Hip. cristatus, Hip. Maestrei, Hip. sublævis, Hip. præcessor, Hip. microstylus, Hip. rennensis, Hip. bioculatus, Batolites organisans.* PROVINCE ORIENTALE. *Hip. sulcatus, Hip. Oppeli, Hip. inæquicostatus, Hip. Chalmasi, Hip. Gaudryi, Hip. cornuvaccinum, Hip. Maestrei, Hip. Chaperi, Hip. Tabur-*	*Micraster coranguinum, Hemipneustes Cotteaui, H. Arnaudi, Rhynchonella Boreaui, Clypeolampas ovum, Morsupites ornatus, In. Cripsii, In. cardissoïdes, Lima marticensis, Vulsella turonensis, Ostrea galloprovincialis.*
		Mortoniceras texanum.		*Mortoniceras texanum, M. serratomarginatum, Placenticeras syrtale,* (?) *Hoplites Gosseleti, Sonneratia Savini, Muniericeras Lapparenti, M. inconstans, M. rennense, M. gosavicum, Desmoceras pyrenaicum, Puzosia corbarica, P. aff. Gaudama, Gaudryceras mite, Pachydiscus* (?) *Carezi, Actinocamax granulatus, Act. verus.*		*Micraster turonensis, M. corbaricus, M. coranguinum, Botriopygus Toucasi, B. Nanclasi, Salenia geometrica, Cyphosoma magnificum, Rh. vespertilio, In. digitatus, Pecten quadricostatus.*

	CONI.	*Barroisiceras Haberfellneri.*	*Actinocamax*	*phylla*, *T. Slizewiczi*, *Barroisiceras Haberfellneri*, *B. Nicklèsi*, *B. sequens*, *B. Boissellieri*, *Mortoniceras Zeilleri*, *Gauthiericeras bajuvaricum*, *G. Margæ*, *Peroniceras subtricarinatum*, *P. tridorsatum*, *P. westphalicum*, *P. Moureti*, *P. Rousseauxi*, *P. Czörnigi*, *P. L'Epéei*, *Schlönbachia Nanclasi*, *Schl. Fournieri*, *Placenticeras Fritschi*, *Sonneratia Janeti*, *Desmoceras ponsianum*, *Puzosia Le Marchandi*, *Scaphites Meslei*, *Sc. Lamberti*, *Sc. Potieri*, *Act. westphalicus*, *Act. verus*.		*Micraster decipiens*, *Holaster placenta*, *Echinocorys vulgaris*, *Rynchonella petrocoriensis*, *Inoceramus involutus*, *Ostrea plicifera*, *Vulsella petrocoriensis*.
TURONIEN.	ANGOUMIEN.	*Acanthoceras Deveriai.* *Acanthoceras ornatissimum.* *Acanthoceras Bizeti.*	*Actinocamax plenus.*	*Prionotropis Woolgari*, *P. papalis*, *Prionocyclus Neptuni*, *P. Bravaisi*, *P. Germari*, *Acanthoceras Bizeti*, *Ac. ornatissimum*, *Ac. Deveriai*, *Peroniceras inferum*, *Pseudotissotia Galliennei*, *Sphenodiscus Requieni*, *Placentiras Orbignyi*, *Phylloceras bizonatum*, *Neoptychites peramplus*, *Turrilites saxonicus*, *T. Reussi*, *Baculites bohemicus*, *Actinocamax strehlensis*, *Act. paderbornensis*.	PROVINCE OCCIDENTALE. *Hip. inferus*, *Hip. gosaviensis*, *Hip. giganteus*, *Hip. Rousseli*, *Hip. Moulinsi*, *Hip. præmoulinsi*, *Hip. Grossouvrei*, *Hip. Vasseuri*, *Hip. Requieni*, *Hip. resectus*, *Hip. petrocoriensis*, *Biradiolites cornupastoris*. PROVINCE ORIENTALE. *Hip. gosaviensis*, *Hip. præsulcatus*, *Hip. Tabarnii*, *Hip. Baylei*.	*Micraster decipiens*, *M. icaunensis*, *M. brevis*, *M. beonensis*, *M. cortestudinarium*, *M. breviporus*, *M. corbovis*, *M. Michelini*, *Catopygus obtusus*, *Nucleolites parallelus*, *Cidaris hirudo*, *Cyphosoma engolismense*. *Terebratulina gracilis*, *T. Bourgeoisi*, *Terebratula engolismensis*, *Magas Geinitzi*. *Trigonia scabra*, *Spondylus spinosus*, *Inoceramus Brongniarti*, *In. Cuvieri*, *Arca ligeriensis*, *Ostrea columba gigas*, *O. eburnea*, *O. santonensis*.
	SAUMURIEN.	*Mammites nodosoïdes.*		*Mammites nodosoïdes*, *M. rusticus*, *M. Revelierei*, *M. michelobensis*, *Prionotropis Schlüteri*, *P. launensis*, *P. papaliformis*, *P. bohemicus*, *P. Fleuriausi*, *Acanthoceras*, n. sp. cf. *Bizeti*, *Ac.* (?) *superstes*, *Mortoniceras salmuriense*, *Pseudotissotia Douvilléi*, *Neoptychites Telinga*, *N. Xetra*, *N. peramplus*, *N. levesiensis*, *N. juvencus*, *Placenticerus memoria-Schlönbachi*, *Puzosia Laubei*, *P. montis albi*, *Actinocamax plenus*.		*Echinoconus subrotundus*, *Holaster planus*, *Discoïdes inferus*, *Periaster Verneuili*, *Rynchonella Cuvieri*, *Inoceramus labiatus*.
CÉNOMANIEN.		*Acanthoceras rhotomagense.*	*Actinocamax lanceolatus.*	*Acanthoceras rhotomagense*, type et var. *Ac. laticlavium*, *Mammites Renevieri*, *M. bochumensis*, *M. essendiensis*, *M. inconstans*, *Neolobites Vibrayei*, *Hoplites falcatus*, *Placenticeras* (*Forbesiceras*) *complanatum*, *Schlönbachia varians*, type et var. *Coupei*, *Schl. Goupili*, *Puzosia subplanulata*, *P. Austeni*, *Sphenodiscus* cf. *pedernalis* (Rœmer, non Buch), *Scaphites æqualis*, *Sc. obliquus*, *Sc. Rochati*, *Turrilites tuberculatus*, *T. costatus*, *T. Desnoyeri*, *T. Scheuchzeri*, *Bel. ultimus*, *Actinomax lanceolatus* (Sowerby, non Schlotheim), *Act. plenus* au sommet.	PROVINCE OCCIDENTALE. *Sauvagesia Sharpei*, *S. Mantelli*, *Sphærulites foliaceus*, *S. Fleuriausi*, *S. triangularis*, *Caprotina striata*, *C. costata*, *C. quadriplicata*, *Caprina adversa*, *Ichthyosarcolithes triangularis*, *Polyconites operculatus*. PROVINCE ORIENTALE. Faune du col dei Schiosi : *Caprina schiosensis*, *Sphærucaprina forojuliensis*, *Schiosia schiosensis*, *Sch. carinata*. Faune des Termini Imerese : *Caprina communis*, *Sphærucaprina Woodwardi*, *Schiosia gigantea*, *Ichthyosarcolithes bicarinatus*. Et au-dessous (Cénomanien inférieur ou Albien supérieur) : *Caprotina* cf. *striata*, *Sellæa sicula*, *S. cespitosa*, *S. Zitteli*, *Himmeraelites vultur*.	*Holaster suborbicularis*, *H. nodulosus*, *H. subglobosus*, *H. trecensis*, *Discoïdes subbuculus*, *D. cylindricus*, *Epiaster distinctus*, *E. crassissimus*, *Catopygus columbarius*, *C. carinatus*, *Anorthopygus orbicularis*, *Codiopsis doma*, *Salenia petalifera*, *Diplopodia variolaris*, *Heterodiadema lybicum*. *Rhynchonella compressa*, *Terebratula biplicata*, *T. phaseolina*, *Terebratella Menardi*, *T. pectita*, *T. carentonensis*, *Terebrirostra lyra*, *Magas Geinitzi*, *Kingena lima*. *Ostrea columba*, *O. Baylei*, *O. biauriculata*, *O. conica*, *O. carinata*, *O. flabellata*, *O. dilwiana*, *Spondylus striatus*, *Inoceramus concentricus*, *Chlamys asper*, *Pecten quinquecostatus*, *P. æquicostatus*, *Trigonia crenulata*, *T. subcostaria*. *Orbitolina plana*, *O. conica*, *O. concava*.
		Acanthoceras Mantelli.		*Ac. Mantelli* est confiné dans les couches inférieures du Cénomanien, mais il y est accompagné d'un bon nombre des espèces ci-dessus.		

(Zone à *Mortoniceras inflatum*, *Stoliczkaia dispar*, *Hoplites valbonensis*, etc.)

COMPARAISON DES DIVERSES CLASSIFICATIONS DES COUCHES SUPRACRÉTACÉES.

ÉTAGES ADOPTÉS.			ZONES.	DUMONT. 1850.	COQUAND. 1856.	HÉBERT. 1875.	SCHLÜTER. 1876.	MUNIER-CHALMAS ET DE LAPPARENT. 1893.		STOLLEY. 1897.
SÉNONIEN.	CAMPANIEN.	SUPÉRIEUR.	*Pachydiscus neubergicus.*	Maëstrichtien.	Dordonien.	Danien.	Ober-Senon.	ATURIEN.	Maëstrichtien.	Assise à *Bel. mucronata.*
			Hoplites Vari.	Sénonien.	Campanien.	Sénonien.			Campanien.	
		INFÉRIEUR.	*Mortoniceras delawarense.*	Hervien.						Assise à *Act. quadratus.*
			Placenticeras bidorsatum.	Aachénien.			Unter-Senon.			Assise à *Act. granulatus.*
	CORBIÉRIEN.	SANTONIEN.	*Placenticeras syrtale.*		Santonien.			EMSCHÉRIEN.	supérieur.	
			Mortoniceras texanum.							
		CONIACIEN.	*Mortoniceras Emscheris.*		Coniacien.		Emscher.		inférieur.	Assise à *Act. westphalicus.*
			Barroisiceras Haberfellneri.							
TURONIEN.	ANGOUMIEN.		*Acanthoceras Deveriai.*	Nervien.	Provencien. (Mornasien.) Angoumien.		Turon.	TURONIEN.	Angoumien.	
			Acanthoceras ornatissimum.						Ligérien.	
			Acanthoceras Bizeti.			Turonien.				
	SAUMURIEN.		*Mammites nodosoïdes* et *Acanthoceras*, n. sp.		Ligérien.					
CÉNOMANIEN.			*Acanthoceras rhotomagense.*		Cénomanien. Carentonien. Gardonien.	Cénomanien.	Cenoman.	Cénomanien.		
			Acanthoceras Mantelli.							

TABLEAU DU SYNCHRONISME DES

ÉTAGES ADOPTÉS.			ZONES À	BASSIN DE PARIS.	TOURAINE.	AQUITAIN
SÉNONIEN.	CAMPANIEN	SUPÉRIEUR.	*Pachydiscus neubergicus.*	Calcaire à Baculites du Cotentin. Craie à *Bel. mucronata* de Meudon, Beauvais, Compiègne, Epernay, Montereau et Saint-Aignan (Yonne).		Couches à Thécidées de à *Faujasia* de la Dor *Hip. radiosus* de Lamé Blanc. Couches à O de Royan.
			Hoplites Vari.			Marnes glauconieuses *Baylei* et *Terebratel* Calcaires marneux.
		INFÉRIEUR.	*Mortoniceras delawarense.*	Craie à *Act. quadratus* de Reims et de Michery. Craie grise (sup.). Craie de Beynes à *Corculum corculum.*		Craie à *Am. delawaren* *hippocrepis.*
			Placenticeras bidorsatum.	Craie à *Act. granulatus* et *Act. Grossouvrei* de Margny-les-Compiègne. Craie grise (moy.).	Craie de Blois. Craie de Chaumont à *Micr. regularis.*	Calcaires marneux à *Mi*
	CORBÉRIEN.	SANTONIEN.	*Placenticeras syrtale.*	Craie grise (inf.). Craie à Marsupites d'Étaples, de Beauvais, de Chartres, de Sens et de Paron. Craie à silex cariés de Dieppe.	Craie à silex à *Clypeolampas ovum.* Craie noduleuse à *Spondylus truncatus.*	Calcaires sableux à Ru Ostracées.
			Mortoniceras texanum.		Craie glauconieuse à *Ost. Peroni, Rh. vespertilio.*	Banc à Botriopygus. C *texanus.*
		CONIACIEN.	*Mortoniceras Emscheris.*	Craie inférieure à *Mic. coranguinum.* Craie à Bryozoaires et à silex zonés d'Elbeuf et de Dieppe.	Lit à *Mic. turonensis.* Banc à *Ost. proboscidea* et *O. plicifera.*	Calcaire de Périgueux à
			Barroisiceras Haberfellneri.	Craie supérieure à *Mic. decipiens.* Craie à silex noirs de Rouen. Craie de Lezennes. Craie de Maillot.	Calcaires durs de Villedieu et de Caugey. Grès à *Actæonella crassa* et *Ellipsomilia Bourgeoisi.*	Calcaires durs à Tisso Montignac et de Go
TURONIEN.		ANGOUMIEN.	*Acanthoceras Deveriai.*	Craie inférieure à *Mic. decipiens.* Craie de Vervins, de Béon et d'Armeau. Craie phosphatée du Cambrésis. Tuns de Lezennes. Craie à *Mic. breviporus.* Craie de Troyes et de Joigny. Craie à cornus du Nord. Marlettes à *Terebratulina gracilis.*	Craie à Bryozoaires, à *Ost. columba gigas, Terebratulina Bourgeoisi* et *Am. Requieni.*	Calcaires de Saint-Mé Sauveterre. Couches Saint-Cirq. Calcaires de Chancelade à *R* Calcaires marneux à
			Acanthoceras ornatissimum.		Tuffeau de Poncé.	
			Acanthoceras Bizeti.		Tuffeau de Bourré.	
		SAUMURIEN.	*Mammites nodosoïdes* et *Acanthoceras*, n. sp.	Craie à *In. labiatus.* Craie de Dracy. Craie noduleuse du Blanc Nez. Dièves à *Magas Geinitzi* du Nord de la France. Tourtia de Lille.	Tuffeau de Saumur. Craie à *In. labiatus.*	Calcaires à Ammonites Marnes à *Ost. columb*
CÉNOMANIEN.			*Acanthoceras rhotomagense.*	Craie glauconieuse. Craie de Rouen. Sables du Perche et du Maine. Sables et Grès du Mans. Marnes à Ostracées. Craie à Holasters de l'Yonne et de l'Aube. Sables de la Hardoye. Marne de Givron. Marne à *Asteroseris coronula.*	Sables de Bousse et craie à *Terebratella carentonensis.* Couches à Ostracées. Sables et grès à Trigonies. Craie glauconieuse.	Calcaire à *Terebratella s* caire supérieur à Ich Sables et grès à Ost tégulines. Lignites du caire inférieur à Ich pierre de Sircuil et Sables à Orbitolines tifères : couches de F
			Acanthoceras Mantelli.			

CHES SUPRACRÉTACÉES EN FRANCE. TABLEAU XXXVII.

	PYRÉNÉES.	VALLÉE DU RHÔNE.	PROVENCE.	ALPES OCCIDENTALES.
ls. Silex Bancs à Maine Craie	Calcaire à *Bauxia* et *Cyclophorus*. Marnes rouges avec poudingues. Marnes à Orbitoïdes de Gensac. Marnes à Cyrènes. Calcaire nankin. Calcaires de Tercis. Calcaires à Stegasters.		Calcaires de Rognac à *Lychnus* et *Bauxia*. Grès à Reptiles.	Calcaires à Orbitoïdes de Méaudre. Calcaires à silex de la Grande-Chartreuse. Calcaires à Foraminifères de l'Obiou. Lauzes à *Bel. mucronata* de Sassenage.
ocidaris bnensis.			Calcaires du Mimet et de la Bégude à Physes. Calcaires pisolithiques à *Lychnus*.	
taphites	Grès d'Alet. Grès de Labarre. Couches à Hippurites de Benaïx et Leychert.		Couches lignitifères de Fuveau à Corbicules.	Calcaires de Contes-les-Pins et de Font de Giariel : *Mic. gibbus*, *M. Brongniarti* et *Am. delawarensis*.
ris.			Calcaires de Valdonne à *Cyrena globosa* et *Melanopsis galloprovincialis*.	
arnes à	Marnes à *Actinocamax* de Saint-Louis et de la Bastide. Grès et conglomérats des Corbières. Bancs à Hippurites et Ammonites des Croutets et de la Montagne des Cornes.		Couches à *Glauconia Coquandi*. Bancs à Hippurites du Beausset. Marnes à *Lima marticensis*.	
à *Am.*	Calcaires et marnes à *Mic. corbaricus*, *Muniericeras* et *Morton. texanum*.		Calcaires et marnes à *Am. texanus* et *Mic. corbaricus*.	Calcaires à *Am. texanus* de l'Escarène et du Col des Peyres.
nensis.	Marnes à *Mic. corbaricus* et *Am. Margæ* de Montferrand.	Couches lignitifères et bancs à *Hip. resectus* et *Hip. Requieni* de Piolenc et de Nyons. Grès à Ammonites de Nyons et Dieulefit. Grès de Mornas. Sables avec argiles réfractaires d'Uzès.	Grès et calcaires marneux du Beausset à *Mic. corbaricus*.	Calcaires à *Am. subtricarinatus* et *Am. bajuvaricus* d'Argens.
nes de Arche.	Calcaires à *Tissotia* de Montferrand et de Soulatge.		Grès calcarifères à *Rhynchonella petrocoriensis*. Calcaire à *Hip. giganteus* des Martigues.	
ues de ites de ême et *ricalis. audi.*	Poudingues de Montferrand. Calcaires et marnes à Hippurites du Linas et de Bugarach.	Calcaires à Echinocorys et Micrasters de Nyons et Dieulefit. Grès calcarifères d'Uchaux à *Am. Requieni*. Couches à *Am. papalis* d'Uchaux.	Calcaires à *Hippurites inferus* et *Biradiolites cornupastoris*. Grès de la Mède. Poudingue de la Ciotat.	Calcaires à *Mic. decipiens*. Calcaire de l'Argentière à *Hip. Rousseli*.
bourg.		Calcaires à *In. labiatus*.	Marnes des Jeannots à *Periaster Verneuili* et *Am. nodosoïdes*.	Calcaires à *In. labiatus*.
s. Cal lithes. Argiles s. Cal lithes : rinien. ligni-	Calcaire de Bidache. Flysch à Orbitolines. Calcaires à Rudistes des Corbières. Calcaires à Caprinules des environs de Rennes-les-Bains. Calcaires à *Schiosia* de Cubières. Grès et conglomérats de Camarade et de Serrelongue. Marnes à Échinides.	Grès et sables de Mondragon. Couches à lignites de la vallée de la Cèze. Calcaires à Orbitolines. Marnes et calcaires à *Holaster subglobosus* et Ammonites de Nyons et Dieulefit.	Calcaires sableux et sables à Ostracées avec Caprines et Ichthyosarcolithes. Grès à Orbitolines. Marnes à *Heterodiadema lybicum*.	Grès à Ostracées et à Orbitolines. Calcaires à Ichthyosarcolithes de la Montagne de Lure. Marno-calcaires à Holasters et à Ammonites.

TABLEAU DU SYNCHRONISME DES

ÉTAGES ADOPTÉS.			ZONES À	IRLANDE.	ANGLETERRE.	BELGIQUE.	SCANDINAVIE.	
SÉNONIEN.	CAMPANIEN	SUPÉRIEUR.	*Pachydiscus neubergicus.*	Hard Chalk à Ammonites.	Upper chalk de Portsdown, Piddletown, Studland-Bay et Norwich.	Tuffeau de Maëstricht et de St-Symphorien. Craie de Spiennes. Craie de Ciply. Calcaire de Kunraed. Craie blanche de Maëstricht. Craie de Nouvelles, d'Obourg, d'Heure le Romain et de Vaals.	Craie blanche à silex. Marne sableuse de Köpinge. Calcaire d'Hanaskog.	Cr
			Hoplites Vari.	Calcaire à *Bel. mucronata.*				Co
		INFÉRIEUR.	*Mortoniceras delawarense.*	Calcaire à *Act. quadratus.*	Craie à *Act. quadratus* du Kent.	Craie de Trivières. Sables glauconieux et grès vert d'Aix-la-Chapelle.	Conglomérat de Tosterup. Marnes de Rödmölla. Calcaires de Balsberg et d'Ignaberga à *Act. mamillatus.*	Co
			Placenticeras bidorsatum.		?	Craie de St-Vaast. Sables d'Aix-la-Chapelle. Glauconie de Lonzée.		Ca
	CORBIÉRIEN.	SANTONIEN.	*Placenticeras syrtale.*	Calcaire blanc à Marsupites.	Craie de Margate, Brighton et Gravesend.		Calcaires marneux d'Eriksdal, de Kullemölla et de Lyckås. Calcaire d'Arnag.	Pic
			Mortoniceras texanum.					Ma
		CONIACIEN.	*Mortoniceras Emscheris.*	Calcaire glauconieux à *Spondylus spinosus* et *Act. verus.*	Craie à Bryozoaires et à silex zonés du Hampshire. Craie de Broadstairs, St-Margaret, Ramsgate.		Marnes de Rödmölla, d'Eriksdal. Sables verts de Bornholm.	En
			Barroisiceras Haberfelleri.		Craie à Inocérames de Cukmare. Craie de Longstock et Paugbourn.			
TURONIEN.	ANGOUMIEN.		*Acanthoceras Deveriai.*		Craie à *Mic. decipiens* de l'île de Wight, du Nord du Wiltshire, de Winchester, Stock et Stockbridge. Craie noduleuse de Beachy-Head et de Douvres. Chalk Rock. Craie à *Terebratulina gracilis* de Douvres et de Winchester.	Craie de Maisières. Rabots de St-Denis. Fortes Toises. Dièves à *Terebratulina gracilis.*		Cu Sc Br
			Acanthoceras ornatissimum.					
			Acanthoceras Bizeti.					
	SAUMURIEN.		*Mammites nodosoïdes* et *Acanthoceras*, n. sp.	Grès calcaréeux glauconieux avec fragments d'Inocérames.	Craie conglomérée de Charlton. Marnes de Folkestone et Dorking.	Argiles à *In. labiatus.*		My
CÉNOMANIEN.			*Acanthoceras rhotomagense.*	Grès à *Asteroseris coronula.* Sables glauconieux à *Am. varians.*	Grey Chalk. Chalk Marl. Chloritic marl.	Tourtias de Montignies-sur-Roc, de Tournay et d'Assevent. Meule de Bernissart (sup.).		Plä
			Acanthoceras Mantelli.					

(1) Il est probable que l'on a là l'équivalent des couches de Contes-les-Pins (Alpes-Maritimes) et que l'*Am.* cf. *texanus* cité par M. Franchi est l'*Am. delawarensis.*

…CHES SUPRACRÉTACÉES EN EUROPE.

…AGNE DU NORD.	BOHÊME.	BAVIÈRE.	ALPES ORIENTALES.	ESPAGNE.	ITALIE.
…che et craie bleuâtre …bourg. Craie de Rü-…és du Holstein.			Flysch des Alpes autrichiennes. Couches de Siegsdorf et du Nierenthal. Marnes de Neuberg. Grès à Orbitoïdes. (?) Bancs à *Hip. colliciatus*.	Couches d'Isona à *Hip. Castroi*. Couches à Orbitoïdes et à *Pironœa* et couches à *Hemipneustes* de Cuatretronda et de Mariola. Couches à Stegasters de la Marina. Couches à *Stenonia* de Mancha Real.	Scaglia à *Stenonia*. Couches à Orbitoïdes et *Pironœa* d'Udine. Marnes à *Bel. mucronata* de la Brianza. Couches du Monte Gargano, de S. Polo Matese et du Cap Passaro à Orbitoïdes et *Hip. cornucopiœ*.
…le Lemford et Hal-				Couches à *Am. Vari* de Tovillas (Burgos).	
…*Becksia Sœkelandi*. …d'Ilsenbourg. Argiles …gslutter. Marnes de …Craie de Lägerdorf			Couches de charbon du Neue Alp et de Grünbach. Bancs à *Hip. Bœhmi*.		(?) Couches à *Am.* cf. *texanus*[1] et *Echinocorys* du Col de Tende.
…ableux de Dülmen. …de Heimbourg. Ar-… Broitzem.					
…iceuses de Haltern. …uader subhercynien.			Bancs à *Hip. sulcatus*, *H. Chalmasi* et *H. Oppeli*. Conglomérats.	Couches à *Hip. Vidali* du Montsech.	Poudingue de Sirone. Couche à *Hip. Oppeli* de Santa Croce.
…ableuses de Reck-…en. Sudmerberger-…erat. Calcaires du …à Marsupites.			Marnes de Glaneck et de Sankt-Wolfgang (sup.) à *Am. texanus*. Calcaires à Hipp. de l'Untersberg.		Calcaire à *Hip. Taburnii* de la Campanie. Couches à *Am.* cf. *texanus* de la Toscane.
…ergel. Salzberg Mer-…). Marnes du Para-…ad. Marnes à Spon-…le Querum. Marnes …i de fer de Peine …larnes du Zeltberg.	Chlomekerschichten. Priesenerschichten (supér.).	Grossbergschichten. Marterbergschichten.	Marnes de Glaneck et de Sankt-Wolfgang (inf.) à *Tissotia*.	Couches à *Hip. Maestrei* du Montsech. Couches à *M. corbaricus* de la Navarre et de la Catalogne.	Couche à *Am. subtricarinatus* de la Toscane.
…ner. …Pläner. …Pläner.	Priesenerschichten (infér.). Teplitzerschichten. Iserschichten.	Callianassenschichten. Pulverthumschichten. Eisbuckelschichten.	Conglomérats; bancs à *Hip. gosaviensis*.	Couches à *Hip. prœmoulinsi* du Montsech.	Calcaires à *Hip. gosaviensis* de Santa Croce et du Mt Pigno. Calcaires à *Radiolites lumbricalis* de S. Polo Matese.
…Pläner.	Malnitzerschichten et Weissenbergerschichten	Winzerbergschichten. Reinhausenerschichten		Couches à *Periaster Verneuili* et *In. labiatus* de la Vieille-Castille et d'Oviédo.	
…rieur. Tourtia d'Es-…	Korycanerschichten. Perutzerschichten.	Eybrunner Mergel. Regensburger Grünsandstein. Schutzfelsschichten.	Conglomérats et marnes à Orbitolines.	Marnes jaunes à Orbitolines et marnes à Hemiasters de Burgos. Couches à Ostracées des chaînes ibérique et hispérique et de la Vieille Castille.	Couches à *Schiosia* du col dei Schiosi. Calcaires à *Caprina communis* des Termini Imerese. Couches de la Toscane à *Am.* cf. *Mantelli*, *navicularis* et *Turrilites costatus*.

TABLEAU DU SYNCHRONISME DES COUCHES SUP

ÉTAGES ADOPTÉS.			ZONES À	ALGÉRIE, TUNISIE.	ÉGYPTE.	PALESTINE, S
SÉNONIEN.	CAMPANIEN	SUPÉRIEUR.	*Pachydiscus neubergicus.*	Couches à *Roudaireia* et *O. Overwegi.* — Couches à *Stenonia* du Djebel-Ben-Neja. Couches à *Hemipneustes* de Laghouat. Couches à *Tur. polyplocus* du Kef. Couches à petites Ammonites ferrugineuses de Sidi-Abd-el-Kerim.	Calcaires, marnes et grès à *O. ungulata, O. Overwegi, Roudaireia, Am. Ismaëlis* et *Tur. polyplocus* de la chaîne arabique et des déserts lybiques. Calcaire à *Hip. vesiculosus* de Suez.	Craie à silex. Couches à *Roudairei*
			Hoplites Vari.			
		INFÉRIEUR.	*Mortoniceras delawarense.*	Couches à *Am. delawarensis* de Sbeitla.		
			Placenticeras bidorsatum			
	CORBIÉRIEN.	SANTONIEN.	*Placenticeras syrtale.*	Calcaire des Tamarins à *Pl. syrtale* et Marsupites. Couches à *Mic. corbaricus* et *Biradiolites* de Dja-Halloufa.		Marnes à poissons Alma avec *Am. Ber*
			Mortoniceras texanum.	Calcaire à *Am. texanus* des Tamarins, de Medjes-el-Foukani et de Dyr-el-Kef.		Marnes à *Am. texanus vesicularis.*
		CONIACIEN.	*Mortoniceras Emscheris.*	Calcaires et marnes de l'Aurès, de Batna, de Medjes-el-Foukani, des Tamarins et de l'Oued Refana à *Hemiaster Fourneli, Tissotia, Peroniceras* et *Barroisiceras.*		Couche à *Am. subtri*
			Barroisiceras Haberfellneri.		Calcaires à *Peridster, Echinobrissus* et *Tissotia Fourneli* d'Abou-Roach.	
TURONIEN.	ANGOUMIEN.		*Acanthoceras Deveriai.*	Calcaires de Batna à *Hip. Rousseli.* Couches de Tebessa et de Laghouat à *Am.* cf. *Deveriai, Sphenodiscus* cf. *Requieni* et *Biradiolites cornupastoris.*	Calcaires à *Biradiolites, Cyphosoma Abbatei, Holaster Meslei, Trochactœon Salomonis, Nerinea Requieni* d'Abou-Roach.	Calcaire à *Biradioli chactœon Salomonis nea Requieni.*
			Acanthoceras ornatissimum.			
			Acanthoceras Bizeti.			
	SAUMURIEN.		*Mammites nodosoïdes* et *Acanthoceras*, n. sp.	Couches de Laghouat et du Djebel Guelb à *Am. Telinga* et *Am. superstes.*		Partie supérieure du du Liban avec *A soïdes.*
CÉNOMANIEN.			*Acanthoceras rhotomagense.*	Marnes à *Heterodiadema lybicum.* Calcaires d'Aumale à *Sauvagesia.* Calcaires de Constantine à *Caprina communis.* Marnes et calcaires à Ostracées (*O. flabellata, O. africana, O. Scyphax, O. Mermeti*, etc.).	Calcaires et grès à *Sauvagesia Nicaisei* (= *Schweinfurthi*), *Ostrea flabellata, O. africana, O. Mermeti*, etc., *Heterodiadema lybicum*, et Marnes à *Hemiaster cubicus* de la chaîne arabique (cloître Saint-Paul).	Calcaire du Liban (i *harpax.* Calcaires nites de Jérusale grise à *Heterodiad cum, Hemiaster ba* Ostracées (*O. flabell*
			Acanthoceras Mantelli.			

Tableau XXXIX.

ÉTACÉES EN AFRIQUE, EN ASIE ET EN AMÉRIQUE.

PERSE.	INDE.	ÉTATS-UNIS.	AMÉRIQUE (BORD PACIFIQUE).	DIVERS.
Couches à Échinides (*Hemipneustes*, *Iraniaster*, *Stenonia*) de Poucht e Kouh. Couche à *Hip. cornucopiæ* de Khorremabad.	Groupe d'Ariyaloor (pr. p.); Couches à *Trigonoarca* et Couches de Valudayoor. Tharia beds (Assam).	Couches de Laramie. Étage de Montana (Fox Hills et Fort-Pierre). Glauconitic Division. Couches de Navarro. Ponderosa Marls. Ripley Formation. Rotten limestone. Sables et Marnes de New-Jersey (sup.).	Couches supérieures de Chico. Couches de Nanaimo à Vancouver. Couches de Quiriquina.	Couches à *Am. colligatus* de Tulléar et à *Brahmaïtes* des environs de Diégo-Suarez (Madagascar). Couches à *Hemipneustes* du Baloutchistan. Couches de Bilma. Couches de Patoot. Couches à Hippurites du Mexique avec *Barretia*. Couches à *Barretia* et Orbitoïdes de la Jamaïque.
		Sables et Marnes de New-Jersey (inf.: Matawan formation). Tombigbee Sands (sup.).		
(?) Couches à *Loftusia* et *Biradiolites* du Pays des Baktyaris.	Groupe de Trichinopoly (sup.).	Grès de Dallas. Calcaire d'Austin. Tombigbee Sands (inf.). Eutaw Group (sup.).	Couches à *Am. texanus* du Venezuela.	Couches du Natal.
	Groupe de Trichinopoly (inf.).		Couches à *Gauthiericeras Margæ* et *Mortoniceras canaense* du Venezuela. (?) Couches à *Lenticeras Andii* du Pérou.	
	Marbre de Trichinopoly. Groupe d'Ootatoor (sup.) Couches de Cunum et Monglepady).	Eagle Ford shales. Étage du Colorado (Niobrara et Fort Benton).	(?) Couches à *In. labiatus* de l'île de la Reine-Charlotte.	
Cénomanien de la chaîne de Poucht e Kouh à Ammonites (*Am. rhotomagensis*, *Am. laticlavius*, *Am. Couloni*; *Am. Gentoni*, *Turrilites costatus*, etc.) et à Échinides.	Groupe d'Ootatoor (moy.) Couches de Bagh à Échinides.	Étage du Dakota. Timber Creek Group. Eastern Cross Timber. Lower Cross Timber.	Couches inférieures de Chico à *Acanthoceras Turneri*.	Couches à Orbitolines de Sokotra. Couches à Échinides des Ras Fartak et Gharwen sur le côté d'Hadramaout (Arabie). Couches à Ammonites d'Isakondry (Madagascar).

CHAPITRE XXIII.

ESSAI SUR L'HISTOIRE DE LA TERRE.

CONSIDÉRATIONS GÉNÉRALES.

L'histoire des sciences d'observation nous montre que leur développement procède par étapes successives. Tout d'abord il faut réunir un certain nombre de faits; puis, quand ils ont été plus ou moins laborieusement amassés, l'esprit cherche à les grouper et à les synthétiser; il se livre à des hypothèses et bâtit des systèmes que viennent plus tard confirmer, modifier ou renverser de nouvelles observations. C'est donc par une marche analogue à celle qui est appelée, en mathématiques, la méthode de fausse position, que l'on arrive à édifier une théorie embrassant l'ensemble des données recueillies.

C'est ainsi qu'après avoir déterminé l'ordre de succession des couches dans une région, le géologue s'efforce d'établir leur correspondance avec celles d'autres pays. Divers problèmes se posent alors à son esprit. Dans quelles conditions les sédiments se sont-ils déposés? Pourquoi, à la même époque, sont-ils composés, ici de calcaires purs, là d'argiles ou de sables? Pour quelle raison leur faune varie-t-elle? Par là, il est amené à rechercher pour chaque moment de l'histoire de notre planète la distribution des terres et des mers. Mais cette ébauche géographique ne lui suffit point encore : il veut connaître non seulement la forme des anciens continents, mais aussi leur ossature et les chaînes qui ont accentué leur relief. Il lui faut étudier le mécanisme de la formation des montagnes et retrouver celles des temps plus reculés qui, peu à peu effacées par l'érosion, ont fini par disparaître complètement. Enfin il doit encore élucider l'histoire des phénomènes volcaniques et éruptifs et établir leurs relations avec les plissements et les dislocations de la croûte terrestre.

Les théories générales succèdent ainsi à cette connaissance précise des faits qu'on a peut-être un peu irrévérencieusement qualifiée de géologie terre à terre, car les faits bien observés sont la pierre de touche des théories, et, sans eux, les spéculations de ce genre, dans lesquelles l'imagination arrive à jouer le rôle principal, ne sauraient être que de purs romans.

La figure de la terre étant à peu près exactement sphérique, on devait naturellement être conduit à penser que les accidents de son écorce se coordonnent suivant un réseau géométrique parfaitement symétrique.

Tel a été le point de départ de la conception du système pentagonal, aujourd'hui complètement abandonné et remplacé par le système tétraédrique, dû à M. Lowtian Green; entre les deux existe une certaine parenté, puisque dans l'un comme dans l'autre il s'agit de rapprocher des alignements à 120 degrés.

Si le système tétraédrique rend assez bien compte des grands traits géographiques actuels, il ne paraît pas s'adapter d'une manière aussi satisfaisante à l'évolution du relief terrestre, autant du moins que nos connaissances actuelles en paléogéographie nous permettent d'en juger avec quelque certitude. Car si la déformation de notre sphéroïde obéit à une loi de symétrie, nous devrions en retrouver l'indication dès les premiers temps de la solidification de la croûte terrestre. Or, il ne semble pas qu'il en soit ainsi. Un ensemble de données concordantes nous apprend en effet que, vers la fin des temps primaires, un énorme massif continental s'était constitué, comprenant une grande partie de l'Amérique du Sud et de l'Afrique, l'Arabie, l'Hindoustan et la partie occidentale de l'Australie. Cette grande terre s'étendait alors d'une manière continue à peu près du trentième degré de longitude Ouest au cent cinquantième degré de longitude Est et était comprise entre le trentième degré de latitude Nord et le trentième degré de latitude Sud; elle s'est écroulée successivement au cours des temps géologiques et aujourd'hui il en reste seulement quelques débris, formant d'ailleurs des régions fort étendues et dont quelques-unes, telles que le centre de l'Afrique australe et l'Hindoustan, ont complètement échappé, depuis la fin des temps paléozoïques, à toute incursion marine, alors que d'autres aires continentales étaient tour à tour émergées et submergées.

L'existence de ce long et large bourrelet équatorial, faisant saillie au-dessus du niveau des océans, paraît absolument inconciliable avec l'hypothèse d'une forme tétraédrique prise comme type de la déformation de l'écorce terrestre.

Il nous faut donc, je crois, renoncer à trouver dans l'analyse des traits tectoniques de notre planète aucun ordre symétrique. D'ailleurs, comme la figure de la terre s'écarte très peu de celle d'une sphère, les déformations qu'elle a éprouvées ont dû résulter, non de la différence de tensions qui, théoriquement, étaient sensiblement les mêmes en tous les points, mais uniquement de circonstances spéciales et locales dues précisément au défaut d'homogénéité de la croûte. Les conditions propres à chaque région, telles que la plus ou moins grande rigidité de l'écorce, l'intensité des réactions souterraines, etc., ont donc joué le rôle prépondérant, et, pour cette raison encore, les dislocations ne peuvent se coordonner symétriquement.

Tout au plus, en partant de cette notion que la figure de la terre est celle d'un ellipsoïde de révolution aplati aux pôles, peut-on en induire, comme je l'exprimais en 1888, que les plissements et les fractures doivent tendre à se produire suivant les méridiens et les parallèles. C'est bien, en effet, autour de ces alignements que les directions des accidents terrestres oscillent plus ou moins, et si l'on suppose que, depuis l'origine de la croûte solide, la figure générale de la terre n'ait pas sensiblement varié, c'est-à-dire que le rapport de ses axes soit resté à peu près le même, comme tout plissement dirigé suivant les parallèles occasionne une diminution de la longueur de l'axe des pôles, il faut nécessairement qu'un plissement de direction perpendiculaire amène une réduction corrélative du diamètre de l'équateur.

L'observation justifie cette induction, car aux chaînes armoricaine et variscique dirigées à peu près Est-Ouest correspondent plus ou moins exactement, comme date, les Appalaches et l'Oural alignés sensiblement suivant les méridiens. De même à la chaîne alpine et à ses prolongements asiatiques correspondent les chaînes bordières du Pacifique, de direction perpendiculaire.

Peut-on pousser plus loin les recherches dans cette voie et arriver à se rendre compte des conditions de déformation de la croûte terrestre? En tout cas, nous ne serons en mesure de le tenter que par des considérations générales et nécessairement un peu vagues, car le problème échappe aux ressources de la plus haute analyse mathématique.

Si l'écorce terrestre était assez rigide et offrait une résistance suffisante aux efforts latéraux développés par la diminution de volume du noyau fluide, elle conserverait indéfiniment la forme qu'elle possédait à l'origine, aux premiers moments de sa solidification, et le noyau liquide interne prendrait une figure d'équilibre en rapport avec cet état de choses, c'est-à-dire avec l'existence de la croûte extérieure qui l'envelopperait à distance et les mouvements de rotation dont ces deux parties seraient animées.

Mais pour qu'il puisse exister un vide entre le noyau fluide et la croûte solide, il faut que cette dernière soit capable de se soutenir par elle-même. Si elle est impuissante à supporter les compressions déterminées par les réactions mutuelles de ses diverses parties, elle devra nécessairement s'affaisser : telle est la cause généralement admise depuis Élie de Beaumont pour les dislocations de diverse nature, plis et fractures, qui permettent à la croûte solide de s'appuyer sur le noyau fluide au fur et à mesure que celui-ci se refroidit et se contracte.

Partons du cas simple, examiné par Laplace, d'un noyau fluide animé d'un mouvement de rotation uniforme autour d'un axe fixe. Nous savons par les travaux de cet illustre mathématicien qu'une masse fluide homogène, dont les éléments matériels ne sont soumis qu'à leurs attractions mutuelles suivant les lois de la gravitation, prend dans ce cas une figure d'équilibre définitive qui est celle d'un ellipsoïde de révolution autour de l'axe de rotation.

Si la masse fluide n'est pas homogène et si les couches de niveau sont très peu différentes de la forme sphérique, le calcul montre que celles-ci sont encore des ellipsoïdes de révolution autour de l'axe de rotation et que leur aplatissement va en croissant du centre à la surface.

Considérons maintenant le cas où des parcelles solides, indépendantes les unes des autres, seraient placées à la surface du noyau liquide sur lequel elles flotteraient; la figure d'équilibre ne sera évidemment pas la même que précédemment, alors qu'il s'agissait uniquement d'une masse fluide; les parcelles solides ne pourront pas occuper une position quelconque et leur emplacement définitif sera déterminé par l'ensemble des conditions du système : vitesse de rotation, volume, forme et densité de chacune des parties, etc.

Mais si, au lieu de parcelles solides indépendantes les unes des autres, nous avons un ensemble de masses entre lesquelles existent certaines relations et qui composent, en quelque sorte, un système articulé et comme un radeau plus ou moins bien consolidé flottant sur le noyau fluide, le problème se complique, mais il est certain que tout l'ensemble finira par prendre une certaine figure d'équilibre qui se rapprochera de celle d'un ellipsoïde de révolution.

La forme ainsi acquise subsistera tant que les conditions primitives resteront les mêmes, mais si des forces extérieures viennent à intervenir, le système devra prendre une nouvelle figure d'équilibre en rapport avec ce nouvel état de choses.

Or, ces modifications peuvent être réalisées, par exemple, par de simples changements survenus dans les relations des masses solides.

Si nous supposons, en particulier, qu'il s'agisse du sphéroïde terrestre et si nous laissons de côté les effets résultant de la contraction du noyau fluide en supposant, pour simplifier, que son volume reste constant, nous voyons que le rabotement par l'érosion des protubérances continentales et l'entassement de leurs débris dans les bassins de sédimentation ont pour résultat de faire varier la répartition des charges à la surface et sont, par conséquent, susceptibles d'occasionner un changement de la figure d'équilibre.

De même, si un compartiment de l'écorce terrestre s'élève ou s'affaisse, l'équilibre sera rompu et, pour le rétablir, les positions relatives des autres compartiments devront se modifier.

En un mot, en vertu de la tendance qu'éprouve un système composé d'un noyau fluide et d'une enveloppe solide, insuffisamment résistante, à prendre sous l'influence d'un mouvement de rotation une forme d'équilibre en rapport avec l'ensemble des conditions spéciales auxquelles il est soumis, il ne peut se produire un déplacement quelconque de masses, sans qu'il n'en résulte nécessairement des mouvements de tout l'ensemble et des réactions du noyau fluide sur son enveloppe; par suite, certaines parties tendront à s'éloigner du centre et d'autres, au contraire, à s'en rapprocher; les tensions superficielles se modifieront et, peu à peu, dans la suite des temps, ces effets, en s'ajoutant les uns aux autres, finiront par amener un état final tel, que, dans certaines régions, l'écorce incapable de résister aux compressions développées devra se rompre ou s'écraser en se plissant.

Par conséquent, en raison même des modifications incessantes qui se produisent à la surface de la terre, on peut dire que *la figure d'équilibre de notre planète est instable.*

Ce défaut de stabilité de la croûte terrestre est confirmé par tous les détails de l'histoire de la terre à travers les temps géologiques et, en particulier, par la variabilité incessante du dessin paléogéographique. Bien des faits peuvent servir à mettre en évidence cette notion : les occasions ne me manqueront pas d'y revenir, et je me bornerai pour l'instant à rappeler que l'accumulation, sur certaines aires de sédimentation, de dépôts dont l'épaisseur atteint plusieurs milliers de mètres, ne peut trouver son explication que dans cette cause. Comment songer à admettre que nous sommes en présence de cuvettes ayant eu dès l'origine de pareilles profondeurs? aucun des dépôts que nous y observons n'offre, ni dans sa constitution, ni dans sa faune, de caractères abyssaux : souvent même nous constatons que sur cette énorme épaisseur tous affectent constamment le même facies. Nous sommes donc obligés à supposer que le fond des bassins est successivement descendu de telle manière que le phénomène de la sédimentation a, pendant un temps plus ou moins long, marché de pair avec celui de l'affaissement.

C'est aussi à cette mobilité de la croûte terrestre que sont dues les transgressions et les régressions et, dès 1894, dans une courte note, j'exprimais quelques-uns des résultats auxquels j'avais été conduit dans cette voie sous la forme suivante : « On vérifie qu'à une phase positive dans une région correspond une négative dans une autre, et l'on peut même établir qu'il existe, à ce point de vue, un contraste constant entre certaines aires de la surface du globe. » Puis, après avoir cité à l'appui une série d'exemples empruntés aux temps secondaires, je concluais par la loi suivante : « Cette analyse fait ressortir l'existence de nombreux mouvements orogéniques dans la région alpine pendant toute la durée de l'ère secondaire : à chacun d'eux correspond une transgression. C'est une loi générale qui peut être étendue à d'autres périodes. »

Ces conclusions étaient en contradiction complète avec les opinions alors en faveur dans la science et notamment avec la thèse soutenue par M. Suess dans ce livre admirable, *Das Antlitz der Erde* (1883-1888), qui a remué tant d'idées et imprimé une nouvelle activité aux recherches géologiques.

Elles ont été cependant confirmées par une série de travaux ultérieurs qui sont venus prouver l'exactitude et la généralité de la loi que j'avais formulée et qui ont ainsi, en partie, anticipé la démonstration détaillée que je me proposais d'en faire ici.

Je citerai, en particulier, le grand ouvrage (1897) de M. Frech sur les terrains paléozoïques, dans lequel ce savant a fait ressortir pour les temps primaires une série de faits analogues à ceux que j'avais énoncés pour l'ère secondaire. Il a montré qu'à diverses reprises il y a eu une sorte de compensation entre les transgressions et les régressions : régression du Cambrien dans les régions atlantiques et transgression dans l'Europe méridionale; régression du Silurien dans les Montagnes Rocheuses et transgression dans les régions arctiques, etc.

Deux mémoires importants de M. Haug (1898 et 1900) ont aussi trait à ce même sujet.

Dans le premier, M. Haug a développé un des points que j'avais brièvement indiqués dans ma note de 1894 : la coïncidence qui existe, vers la fin des temps jurassiques, entre l'émersion du Nord et de l'Ouest de l'Europe et la transgression très marquée des couches tithoniques dans la région alpine. Il a cherché à déterminer les moments exacts où se sont produites la transgression tithonique dans les régions affectées par les plissements alpins et la régression portlandienne sur les massifs d'ancienne consolidation, et il est arrivé à cette conclusion, que le maximum de la première s'est manifesté au moment où se déposaient les Couches de Stramberg et qu'il a coïncidé avec le maximum de la régression du Portlandien du Nord, c'est-à-dire avec la phase saumâtre du Purbeckien, ainsi qu'avec la régression du Volgien supérieur dans la Russie centrale.

Dans son second mémoire, actuellement en cours d'impression et qu'il a eu l'amabilité de me communiquer en épreuves, M. Haug a traité d'une manière générale la question des transgressions et des régressions, et les détails dans lesquels il est entré confirment complètement les conclusions générales que je formulais en 1894.

Toutefois je me vois obligé à faire des réserves sur la rédaction nouvelle qu'il propose pour la loi concernant les relations des transgressions et des régressions.

« J'ai été conduit en outre, dit-il, à des résultats positifs, et je crois être à même de formuler la loi suivante :

Toutes les fois qu'un terme déterminé de la série sédimentaire se présentera en transgression sur les aires continentales, le même terme sera en régression dans les géosynclinaux.

Et, réciproquement,

Toutes les fois qu'un terme se présentera en transgression dans les géosynclinaux, il sera en régression dans les aires continentales.

Ce qui revient à dire que les transgressions sur les aires continentales sont compensées par les régressions dans les géosynclinaux, et *vice versa.* »

La loi énoncée sous cette forme n'est pas générale et souffre de nombreuses exceptions.

En premier lieu, tout terme en transgression sur les aires continentales n'est pas nécessairement en régression dans le géosynclinal alpin.

Les exemples ne manquent pas à l'appui de cette assertion : je me bornerai à en prendre un dans la transgression la plus classique de toutes, celle que l'on cite à chaque instant, la grande transgression de l'époque cénomanienne.

A ce moment, la mer envahit toute l'Europe orientale qui depuis longtemps était presque complètement émergée : la Bavière, la Bohême et une grande partie de la plate-forme russe sont recouvertes par les eaux marines.

En même temps, un mouvement positif se produit aussi dans les Alpes Orientales : sur le revers septentrional de cette chaîne, l'étage Cénomanien est connu en de nombreux points et, de la vallée de la Loizach jusqu'à Vienne, on le voit à l'état de marnes et de conglomérats à Orbitolines reposer, non pas sur le Gault, mais sur des terrains plus anciens ; la mer cénomanienne était donc en transgression par rapport à la mer albienne.

De même aussi, en beaucoup de points des Pyrénées et des Carpathes, le Cénomanien repose sur des couches bien plus anciennes que le Gault et même sur les terrains primaires.

Si donc, dans ces zones plissées, le Cénomanien est parfois en régression par rapport au Néocomien, il s'y trouve souvent en transgression vis-à-vis du Gault.

Par conséquent, à l'époque cénomanienne, un mouvement positif s'est fait sentir à la fois sur les aires continentales et dans les géosynclinaux.

D'un autre côté, je puis montrer que, *sur les aires continentales, les transgressions ne sont pas générales* et que *des termes, transgressifs en certains points, sont ailleurs en régression.*

Considérons pour cela une autre transgression qui, d'ailleurs, ne le cède guère en importance à celle des temps cénomaniens et qui présente avec elle de nombreux rapports. Comme celle-ci, elle s'est fait surtout sentir dans l'Est de l'Europe où, en de nombreux points de la Bavière, de la Bohême, de la Moravie et de la plate-forme russe, la série secondaire débute par des dépôts bathoniens, calloviens ou oxfordiens.

Cette transgression, si prononcée dans l'Est, a pour contre-coup une régression à l'Ouest. M. Douvillé a montré (1875) qu'il existe dans l'Yonne, la Nièvre, le Cher et l'Indre, une lacune à la base de l'Oxfordien. Depuis lors, j'ai poursuivi l'étude de ce phénomène et reconnu qu'en de nombreux points des bordures méridionale et occidentale du Bassin de Paris, ainsi que dans le Nord de l'Aquitaine, on rencontre une ou plusieurs lacunes qui peuvent même prendre assez d'amplitude pour s'étendre du Bathonien au Rauracien.

Cette tendance à l'émersion dans l'Ouest de la France se manifeste encore par l'intercalation de niveaux saumâtres et lacustres au milieu des couches bathoniennes; signalés depuis longtemps par M. Bleicher dans la région des Causses, ils ont été ensuite suivis plus au Nord, le long de la bordure occidentale du Plateau central, successivement par MM. Mouret et Glangeaud, et, dernièrement, M. Benoît nous faisait connaître dans l'Indre la présence d'un niveau lacustre au milieu des calcaires oolithiques bathoniens, découverte importante et inattendue. Nous avons là comme le prélude des émersions que M. Douvillé et moi avions signalées dans cette même région.

Donc, pendant qu'une transgression considérable s'accuse dans l'Est de l'Europe, à l'Ouest se manifeste sur la même aire continentale une tendance à l'émersion.

C'est là un des exemples que j'avais en vue en signalant, en 1894, le contraste qui existe entre certaines aires de la surface du globe, contraste qui souvent ne se produit pas à une époque unique, mais se renouvelle à diverses reprises pour certaines régions données.

Ainsi nous pouvons montrer que l'opposition signalée entre l'Est et l'Ouest de l'Europe, aux époques bathonienne, callovienne et oxfordienne, a persisté pendant une longue durée de temps.

Partons du début des temps carbonifériens : à ce moment, une vaste mer couvre la plus grande partie de l'Europe et laisse seulement émerger quelques îlots plus ou moins étendus; mais, tandis qu'à l'Ouest les couches de combustible de cet âge sont peu nombreuses et surtout peu puissantes, à l'Est s'accumulent les couches exploitables du grand bassin de Moscou.

Aux époques suivantes, le contraste continue : en Russie, le régime marin règne encore au Nord du Donetz, tandis que, dans l'Ouest de l'Europe, la mer se retire peu à peu et que des couches de grès, de schistes et de houille avec quelques minces intercalations marines s'y déposent dans les dépressions formées entre les rides dues aux mouvements orogéniques qui commencent à s'accentuer; puis, de ce dernier côté, toute trace d'influence marine disparaît et, à la fin de la période carboniférienne, l'Ouest et le centre de l'Europe sont entièrement à l'état continental.

Pendant toute cette durée, nous constatons donc une opposition complète entre l'Est et l'Ouest de l'Europe; elle va s'affirmer encore pendant les périodes suivantes.

Aux débuts des temps permiens, le régime marin n'existe plus que dans l'Europe orientale, en Russie, où se déposent les Grès d'Artinsk, pendant que dans l'Ouest, sous l'influence de conditions continentales, s'accumulent des dépôts grèseux avec empreintes de Plantes et souvent quelques couches de charbon.

Vers la fin des temps permiens, le régime continental persiste encore dans l'extrême Ouest, en Angleterre, en France et en Espagne, mais, dans le centre de l'Europe, la mer regagne déjà peu à peu du terrain, et au contraire en Russie, une tendance à l'émersion se traduit par l'apparition de grès à Plantes, au milieu desquels s'intercalent des marnes et des argiles bariolés avec gypse et sel gemme.

Le mouvement ainsi préparé s'accentue à l'époque triasique : le régime lagunaire finit par prévaloir en Russie, où ne se déposent plus que des marnes bariolées, avec gypse et sel gemme, renfermant uniquement des Plantes et des restes de Ceratodus et de Labyrinthodontes; pendant ce temps, les incursions marines deviennent plus fréquentes et plus prononcées dans le centre et l'Ouest de l'Europe, de telle sorte que, vers le début des temps jurassiques, la mer recouvre à peu près toutes ces dernières régions, alors qu'elle s'est retirée complètement de la Russie. Elle ne reviendra baigner de nouveau celle-ci que vers la fin de la période médiojurassique (époques bathonienne, callovienne et oxfordienne), précisément au moment même où se produira dans l'Ouest la tendance à l'émersion dont j'ai parlé précédemment.

Vers le milieu de l'époque portlandienne, le mouvement d'émersion s'accentue dans l'Ouest de l'Europe et la mer n'y occupe plus qu'une surface très restreinte, dans des conditions absolument comparables à celles des temps westphaliens; par contre, elle couvre de larges surfaces en Russie et s'étend progressivement vers le Nord, jusqu'aux régions actuellement baignées par la Mer Glaciale.

Nous avons donc là un exemple frappant du contraste, prolongé à travers une longue durée de temps, qui existe entre les vicissitudes auxquelles ont été soumises deux aires appartenant à la même plate-forme continentale, exemple qui à la fois confirme l'exactitude de la règle que je formulais en 1894, montre que les régressions et les transgressions ne sont pas générales sur les aires continentales et prouve enfin que des compartiments plus ou moins étendus de l'écorce terrestre s'élèvent, tandis que d'autres s'affaissent.

J'ai d'ailleurs, au commencement de ce volume (p. 143), cité un exemple qui met en évidence l'existence de ces déplacements relatifs même pour des points relativement peu éloignés.

La question est donc beaucoup plus complexe que je ne le laissais entrevoir en 1894, me réservant de la traiter plus en détail dans ce mémoire : on ne peut se borner à dire qu'une transgression marine est compensée par une régression et surtout il est inexact d'affirmer qu'un terme sédimentaire en transgression sur les aires continentales est nécessairement en régression dans les géosynclinaux.

Il faut partir de cette conception que *toute modification dans l'état de la croûte terrestre amène une réaction de la masse fluide intérieure sur son enveloppe et, par conséquent, met en action les forces orogéniques.* Leurs effets peuvent, à un moment donné, être plus ou moins prononcés, car ils sont évidemment proportionnés à la capacité de résistance des diverses parties de la croûte solide, mais, en s'ajoutant, les tensions développées finissent par triompher dans certaines régions et amener des crises qui se traduisent par des plissements énergiques dans les zones faibles et des fractures dans les massifs plus résistants, incapables de se plisser.

L'effort orogénique est donc permanent, mais les grandes ruptures d'équilibre sont intermittentes et toujours localisées.

Les développements dans lesquels je suis entré justifient donc les considérations précédentes et les conclusions auxquelles elles m'avaient conduit.

J'ai montré, avec abondance de preuves, la mobilité perpétuelle de l'écorce terrestre, qui s'affirme tantôt dans une région et tantôt dans une autre, et je suis ainsi conduit à la notion du phénomène de déformation.

Il me reste à en compléter la preuve en faisant voir que les transgressions et les régressions sont accompagnées de mouvements orogéniques qui se produisent non seulement dans les géosynclinaux, c'est-à-dire dans les zones de futurs plissements énergiques, mais aussi sur les aires continentales. Moins accusés sur ces dernières, ils échappent à un premier examen, mais peuvent cependant être mis assez facilement en évidence.

J'ai déjà indiqué, en passant, que l'émersion de l'Europe occidentale et centrale, au cours de la période carbonifèrienne, était due à des mouvements orogéniques : ce sont eux qui ont donné naissance aux chaînes armoricaine et variscique.

Après cette période de plissements, l'Ouest et le Centre de l'Europe sont devenus un massif stable, sur lequel les couches secondaires et tertiaires ont,

IMPRIMERIE NATIONALE.

comme l'on dit d'ordinaire, conservé leur horizontalité, bien que cette expression soit inexacte dans son sens littéral.

Une étude plus détaillée montre d'ailleurs que des plissements à grande courbure s'y sont produits, donnant naissance à des bombements, à des dômes, selon le mot aujourd'hui adopté, et produisant l'émersion de régions plus ou moins étendues. Puis la mer est revenue couvrir ces dômes arasés et sur les tranches des couches se sont déposés de nouveaux sédiments.

Je me propose de décrire prochainement en détail un bombement de ce genre, dans lequel on observe la transgression successive des divers termes sédimentaires sur la série plissée, le maximum de la lacune correspondant à la superposition directe des couches rauraciennes sur la tranche des couches calloviennes coupées en biseau.

M. Munier-Chalmas a tout dernièrement signalé sommairement une série de phénomènes de même ordre arrivés dans le Pays de Bray au cours de l'ère tertiaire; nous savons d'ailleurs, grâce à ses travaux et à ceux de MM. de Lapparent et Dollfus, que le dôme du Bray n'est pas le résultat d'un mouvement unique, mais de toute une série dont on retrouve les traces pendant une longue durée [1].

Les preuves abondent donc aujourd'hui de la permanence de l'effort orogénique.

Par conséquent, je suis autorisé, je crois, à formuler les lois suivantes:

La figure d'équilibre de la terre est essentiellement instable : elle tend à se modifier continuellement, non seulement par l'effet de la contraction du noyau liquide, mais encore par l'action des forces extérieures qui donnent naissance à des réactions de ce noyau sur son enveloppe.

L'action de la force orogénique est permanente.

Les transgressions et les régressions, aussi bien que les plissements et les fractures de la croûte terrestre, ne sont que des manifestations de la force orogénique : ce sont des phénomènes qui s'accompagnent toujours.

Certaines régions offrent dans leur histoire des contrastes frappants, qui souvent se renouvellent pendant de longues périodes.

Les considérations précédentes montrent combien il importe de rechercher, pour chaque instant de l'évolution de la terre, la répartition des terres

[1] M. Glangeaud vient de faire connaître plusieurs bombements analogues qui se sont produits dans l'Aquitaine antérieurement au dépôt des couches supracrétacées.

et des mers, la situation des reliefs continentaux et leur influence sur la sédimentation.

Examinons rapidement quelles données le géologue peut utiliser pour se guider dans ces essais de reconstitution paléogéographique et voyons en même temps à quelles difficultés il se heurte : sujet déjà traité par bien des géologues et sur lequel on pourrait s'étendre longuement, mais je me bornerai à quelques réflexions sans avoir la prétention de présenter toutes les faces de la question.

Nous savons que, pendant les temps tertiaires, de vastes portions des continents de cette époque se sont effondrées et ont disparu à de grandes profondeurs sous les eaux des océans, échappant ainsi complètement à nos investigations.

Il est probable que des phénomènes de même ordre s'étaient produits pendant les périodes antérieures, de sorte qu'aujourd'hui il ne nous reste plus que des débris très incomplets et très clairsemés des anciens dépôts. Même sur les parties émergées, accessibles à l'observation, l'érosion a enlevé des masses considérables de roches. Pendant longtemps on soupçonnait à peine la grandeur des effets dus à cette cause et l'on était porté à considérer les lignes des affleurements actuels comme les traces des anciens rivages. Ebray, Magnan et M. Bleicher ont protesté avec vigueur contre ces idées et sont les premiers qui ont montré l'importance des phénomènes de dénudation et le rôle qu'ils avaient joué dans la distribution actuelle des sédiments.

Nous n'avons donc plus aujourd'hui sur nos continents que de rares débris des anciens dépôts et, le plus souvent encore, dissimulés à nos regards sous un manteau plus ou moins épais de terrains transgressifs.

C'est avec des documents aussi incomplets que le géologue doit chercher à opérer la restitution des états géographiques successifs de notre globe et, en particulier, déterminer pour diverses époques les limites respectives du domaine marin et des masses émergées.

Comme l'a dit M. de Lapparent, le problème est presque aussi difficile que celui de la reconstitution d'un livre dont les feuillets seraient en majeure partie perdus.

En mettant en œuvre les données de tout genre fournies par l'observation, nous ne pourrons arriver, par de larges inductions, qu'à tracer des ébauches imparfaites et grossières des anciens états de choses.

Bien rares seront les cas où nous découvrirons des traces d'anciens rivages;

il faut alors qu'ils nous aient été conservés sous des dépôts transgressifs et, dans ce cas, nous ne devons pas oublier de vérifier avec soin que nous sommes bien en présence de dépôts côtiers, car nous pourrions être induits en erreur par des lacunes; celles-ci, en effet, n'indiquent pas nécessairement une émersion, mais peuvent souvent résulter uniquement de la dispersion des sédiments par l'effet d'érosions postérieures à leur dépôt.

Ainsi, dans la zone axiale des Alpes Occidentales, nous voyons, aux environs de Guillestre (Basses-Alpes), le Jurassique supérieur, sous forme de calcaires bréchoïdes, à éléments calcaires reliés par un ciment rouge ou verdâtre, reposer directement sur le Lias et le Trias. De l'absence de dépôts d'âge bajocien, bathonien, callovien et oxfordien, on ne peut conclure immédiatement, comme on l'a fait, que les mers de ces diverses époques ne s'étendaient pas dans les chaînes intérieures, car rien n'empêche d'admettre qu'après la formation des sédiments liasiques la mer a encore séjourné un certain temps dans ces contrées et qu'elle s'est retirée à une époque ultérieure, laissant à découvert, sur l'emplacement de ces chaînes intérieures, les couches précédemment déposées. L'érosion les a alors attaquées, en a enlevé une épaisseur plus ou moins considérable et a mis à nu le Lias et même le Trias, sur lequel sont venus s'entasser de nouveaux sédiments quand, à l'époque tithonique, la mer a réoccupé le territoire qu'elle avait abandonné.

L'étude des faunes fournira également des indications utiles, mais c'est avec beaucoup de réserve et de discernement qu'il faut utiliser cet ordre de données : en particulier, les différences présentées à ce point de vue par deux régions n'autorisent pas à affirmer qu'elles appartenaient à deux aires de sédimentation absolument distinctes et séparées par des barrières empêchant entre elles toute communication.

C'est qu'en effet la composition d'une faune dépend avant tout du facies, puisque tous les organismes, à part ceux du Plankton, sont plus ou moins liés aux conditions locales. Sous ce rapport, les courants marins ont dû jouer un rôle considérable, et l'on peut, par exemple, constater dans les mers actuelles le phénomène d'une zone chaude touchant une froide, sans qu'il y ait aucun mélange, toutes deux étant séparées par une surface absolument nette et tranchée. Telle est, entre autres, la *muraille glacée* qui longe le bord Ouest du Gulf Stream sur la côte du Massachussets, produisant un triage complet des espèces qui ne peuvent supporter un changement de température. De même la faune qui habite le courant tempéré de la côte occidentale d'Écosse ne ressemble en rien à celle du courant froid de la côte orientale.

D'un autre côté, une augmentation considérable de profondeur peut également empêcher l'échange des espèces entre deux provinces avec autant d'efficacité au moins qu'une barrière continentale.

Pour ces motifs, Neumayr me semble avoir conclu un peu hâtivement à la séparation complète des mers qui baignaient, à l'époque crétacée, les côtes orientale et occidentale de l'Hindoustan, en se basant sur la différence des faunes de Madras et de Narbada, car les différences de facies suffisent pour en donner une explication fort admissible. La Craie de Villedieu et la craie blanche synchronique du Bassin de Paris possèdent des faunes au moins aussi dissemblables que les précédentes, et cependant on ne peut songer à les considérer comme ayant appartenu à deux mers isolées l'une de l'autre.

L'examen des roches sédimentaires sera aussi très utilement mis à contribution, malgré les transformations que celles-ci ont pu subir depuis le moment de leur dépôt, particulièrement par l'effet de l'hydrométamorphisme. L'examen microscopique en plaques minces est surtout à recommander, et, dans un mémoire récent qui peut servir de modèle, M. Cayeux a montré tout le parti qu'on pouvait en tirer.

L'étude des éléments clastiques qui entrent dans la composition des roches apporte un concours précieux à ce genre d'investigations et permet souvent de retrouver leur lieu d'origine et, par suite, de connaître l'emplacement des massifs émergés et le sens des courants qui apportaient les matériaux de la sédimentation.

Mais il ne s'agit pas seulement d'établir la chronologie des faits géologiques et de chercher à reconstituer les états géographiques successifs de la surface de la terre; il faut encore arriver à reconnaître la nature et la corrélation des phénomènes qui ont amené les transformations de notre planète. Or, ici comme dans tous les autres domaines de la nature, une loi d'ordre doit présider à cette évolution, et, par conséquent, nous sommes autorisés à rechercher si la succession des faits géologiques ne présente pas une régularité qu'il s'agit de définir et de préciser. Déjà nous pouvons entrevoir qu'ils obéiront à une certaine périodicité et que, probablement, les époques de crise manifestées par les surrections des chaînes de montagnes séparent une série de cycles similaires.

Pour arriver à dégager cette homologie, il nous faut tout d'abord diriger nos recherches sur les temps les plus récents, car, à mesure que nous remontons dans l'histoire de la terre, les événements deviennent plus obscurs et moins accessibles à nos investigations.

Les enseignements que nous retirerons de l'étude des temps les plus rapprochés nous permettront de porter nos regards plus loin en arrière et de découvrir ainsi des relations qui, sans cela, nous échapperaient.

Examinons donc, suivant l'expression pittoresque de M. Suess, la *face* de notre planète; interrogeons l'état actuel de la terre et considérons tout d'abord la portion occidentale de ce que les géographes ont appellé l'ancien continent, c'est-à-dire l'Europe et l'Afrique; jetons un coup d'œil sur la constitution de ce coin de terre.

Au centre, nous voyons une zone, correspondant à peu près à la région méditerranéenne, occupée par une série de massifs montagneux dans lesquels les couches tertiaires et secondaires ont été violemment plissées et redressées.

Au Nord et au Sud s'étendent, au contraire, de vastes contrées où ces mêmes couches ont conservé une allure tranquille et, pour employer l'expression consacrée, sont restées horizontales. Sauf de rares exceptions, elles n'y ont subi que des ridements très peu prononcés; par contre, le sol y est divisé par des fractures en voussoirs qui ont été plus ou moins dérangés dans le sens vertical.

Nous avons donc sous les yeux deux types de régions caractérisées par une structure tectonique absolument différente : des zones de plissements énergiques et des champs de fractures.

On a voulu en déduire que l'on était en présence de deux régimes orogéniques différents : dans l'un prédomineraient les compressions latérales, et dans l'autre les efforts verticaux de direction centripète.

Sous cette forme, la question me paraît mal posée, car si les dislocations sont le résultat d'une diminution de volume de notre sphéroïde, la force centripète qui s'exerce sur la croûte a pour effet d'y développer des compressions tangentielles : il y a donc là rapport de cause à effet et non deux causes distinctes, les tensions qui se développent dans le sens horizontal étant en dernière analyse une conséquence de l'action des forces verticales.

Par suite, il est plus exact de dire que les compressions tangentielles dues aux efforts centripètes se manifestent de deux manières différentes : sur certaines parties de l'écorce terrestre plus plastiques elles déterminent des plissements, sur d'autres plus rigides des cassures, de la même manière qu'un barreau de métal comprimé dans le sens de la longueur peut, selon sa nature, flamber ou se rompre.

Mais si les dislocations résultent d'une diminution du volume du sphéroïde terrestre et d'un gauchissement de sa surface forcée de s'appliquer sur un noyau de volume réduit, les failles doivent, aussi bien que les plis, se rapporter à cette même cause et, par suite, ne peuvent être en général que des failles inverses dans lesquelles il y a remontée le long des plans de fracture.

Cependant celles des régions fracturées sont en général considérées comme des failles de tassement, c'est-à-dire telles que la masse supérieure est descendue en glissant le long de la cassure; elles correspondraient, par conséquent, à un plus grand développement de la surface extérieure.

Il y aurait donc incompatibilité entre les deux catégories de dislocations, plissements et failles : les uns résultant d'une diminution de volume, les autres ne pouvant se concilier avec cette cause.

Dans cet ordre d'idées, Dutton a été conduit à penser que la zone affaissée de la Musinia, près du bord Sud-Ouest du Wasatch-Plateau (États-Unis), s'était effondrée *entre deux voussoirs tendant à s'écarter l'un de l'autre.*

Il faudrait recourir à la même hypothèse pour expliquer la chute de la clef de voûte qui a donné naissance à la vallée du Rhin encadrée entre les massifs des Vosges et de la Forêt-Noire.

M. Michel Lévy a montré que, dans les ridements à grande courbure, des failles longitudinales produisent en général l'effondrement des clefs de voûte et la surélévation des fonds de bateau, comme si ces derniers étaient soumis à une pression de bas en haut déterminant leur ascension, tandis que des vides créés sous les clefs anticlinales entraîneraient un affaissement.

Si l'on admet que les phénomènes signalés par M. Michel Lévy sont dus à des failles normales, il faut nécessairement admettre qu'un écartement des supports a eu lieu.

Par conséquent, plissements et failles normales ne peuvent se comprendre comme le résultat d'une cause unique et correspondent nécessairement à deux phases distinctes : une contraction et une dilatation du noyau interne de notre planète.

En principe, cette manière de voir ne comporte aucune impossibilité : au lieu de supposer que le refroidissement amène une diminution continue du volume du noyau fluide, nous pouvons très bien imaginer des périodes de dilatation alternant avec d'autres de contraction, car l'étude des propriétés physiques des corps nous a appris que l'augmentation progressive de volume d'un solide ou d'un fluide sous l'action de températures croissantes est une loi qui souffre des exceptions. La masse fluide formant le noyau de notre planète a une composition assez complexe pour qu'il soit permis de supposer qu'à certains moments la diminution de la chaleur a pu produire une augmentation de son volume.

En fait, cette explication ne paraît pas admissible, car toutes les observations tendent à montrer, d'une manière de plus en plus précise, que le phénomène orogénique est continu et que l'effort de compression latérale ne cesse de s'exercer. En outre, nous constatons fort souvent que les failles et les plissements sont synchroniques.

On pourrait aussi supposer que la poussée du noyau fluide qui, comme je l'ai indiqué précédemment, s'exerce parfois sur certains compartiments de l'écorce terrestre, y déterminerait des failles normales, mais cette hypothèse doit aussi être rejetée, au moins d'une manière générale, car presque toujours, à côté de failles supposées normales, on observe la trace indiscutable de poussées tangentielles, et d'ailleurs on ne voit pas bien comment certaines parties de l'écorce terrestre seraient en tension alors que d'autres seraient en compression.

Je suis donc disposé à considérer comme inverses la plupart des failles qui jouent un rôle tectonique important et, bien que cette notion semble répugner à nombre de géologues, il me semble qu'une observation attentive tend à la justifier de plus en plus.

Ce sont à des failles inverses que paraissent dus les effondrements adriatiques : dans le Tyrol méridional, dit M. Suess, « les fractures périadriatiques sont accompagnées non seulement d'un affaissement, mais encore d'un chevauchement des masses les plus élevées sur les masses les plus affaissées ».

Dans le Harz supérieur, les failles sont inverses, d'après M. Klockmann.

Sur les bords de la longue fracture qui limite au Nord-Est le massif de la Bohême, le granite et les roches archéennes qui l'accompagnent surplombent le Jurassique et le Crétacé retroussés sur les bords de la faille.

De même, à l'extrémité Sud-Ouest de ce massif, près de Voglarn, non loin d'Ortenbourg, Egger et Gümbel ont vu le gneiss chevauchant le Jurassique.

On arrivera donc, je crois, à constater la fréquence des failles inverses et le rôle prépondérant qu'elles jouent dans la structure de la plupart des régions.

La chute des clefs de voûte des ridements anticlinaux leur est certainement due : notamment la vallée du Rhin doit être regardée comme résultant de l'affaissement d'un voussoir en forme de coin, ayant sa pointe tournée en haut, sous l'influence de pressions latérales exercées par les deux flancs de la voûte.

En résumé et pour présenter sous une autre forme une des conclusions énoncées précédemment : *les plissements et les failles ne sont que des manifestations différentes de la force orogénique et en particulier de la force centripète résultant de la diminution de volume du noyau fluide.*

Revenons à l'examen de la zone alpine plissée et des deux massifs stables, Vorlands de M. Suess, qui l'encadrent.

Sur les bords de ceux-ci se dressent deux bourrelets continus : au Nord, c'est la chaîne alpine proprement dite; au Midi, celle de l'Atlas; entre eux, d'autres zones plissées s'irradient dans des directions variables, tels les Apennins, le système dinarique, etc.

Tout s'est donc passé comme si la région affectée par les plissements avait été comprimée et serrée entre deux massifs stables qui se rapprochaient. Elle s'est comportée à peu près comme une lame flexible entre les deux mâchoires d'un étau; mais, n'étant pas à la fois suffisamment élastique et résistante, elle n'a pu abandonner le noyau fluide sur lequel elle était appliquée pour s'élever à de grandes hauteurs.

Les expériences classiques de Daubrée, dans lesquelles des ploiements et contournements sont produits par une pression horizontale croissante, en même temps que des pressions verticales empêchent ces ploiements de se développer dans le sens perpendiculaire, nous offrent une image assez fidèle de ce phénomène.

Mais, lorsque l'on dit que la constitution de la chaîne alpine indique des efforts venant du Sud et dirigés vers le Nord, parce que les plis y sont déversés dans ce sens sur le Vorland septentrional, on donne aux expériences précédentes une portée qu'elles n'ont pas. Quand une chaîne plissée est orientée de l'Est à l'Ouest, je comprends que l'on puisse regarder l'effort de compression comme dirigé du Nord au Sud, mais qu'on veuille encore préciser son sens, c'est ce qui m'échappe. Je ne vois pas le butoir immobile contre lequel cet effort s'est exercé, car, il faut bien le remarquer, le résultat des expériences de Daubrée n'aurait été aucunement modifié si la lame, au lieu d'être appuyée contre un obstacle fixe et poussée contre lui par un effort perpendiculaire, avait été serrée entre les deux mâchoires mobiles d'un étau.

Nous devons donc nous représenter le plissement de la région méditerranéenne comme s'étant produit de la manière suivante : par suite de la contraction de la terre, les deux massifs stables, les deux Vorlands, se sont rapprochés l'un de l'autre et les couches plastiques situées entre eux ont été forcées de se plisser pour occuper un espace moindre.

Si ces couches avaient pu se comporter comme une lame flexible, homogène et complètement libre, les rides produites se seraient réparties régulièrement. Mais il n'en a pas été ainsi, parce que l'action de la pesanteur tend à maintenir les couches appliquées contre leur support. Il en est résulté que les tensions développées par le rapprochement des deux massifs n'ont pu se distribuer uniformément, en raison de l'adhérence qui existe entre la croûte et le noyau fluide. Elles ont été plus fortes au voisinage des points d'application, et c'est évidemment pour ce motif que les plissements sont plus nombreux et plus intenses sur les bords des deux mâchoires de l'étau et autour des massifs résistants compris entre elles.

Les considérations précédentes permettent de se rendre compte de la formation des bourrelets sur la bordure des Vorlands et des massifs d'ancienne consolidation situés au sein de la région plissée.

Il resterait à rechercher pourquoi le bourrelet appliqué contre le Vorland septentrional possède des proportions que les autres chaînes ne semblent pas avoir atteintes : nous en trouverons plus loin l'explication dans les circonstances mêmes qui ont présidé au dépôt des couches constituant la zone écrasée.

Quelle est la constitution réelle d'un bourrelet montagneux? Que deviennent en profondeur ces plis si tassés les uns contre les autres, si compliqués, et l'on pourrait dire si étrangement enchevêtrés, qu'offre à notre observation la chaîne des Alpes proprement dite?

Il me semble que, pour répondre à cette question, il y a lieu de recourir à la méthode déjà employée par M. Suess pour l'étude des volcans et de prendre comme point de départ l'examen d'*une série de dénudation*.

La chaîne alpine est, en effet, d'âge trop récent; le travail de l'érosion n'y est pas encore assez avancé pour avoir pénétré dans les parties profondes du bourrelet et, par conséquent, la portion la plus extérieure de la zone plissée est seule accessible à notre observation.

Il faut donc nous adresser à des chaînes de plus ancienne date dans lesquelles une ablation longtemps prolongée aura mis à nu le noyau des plis et leur soubassement.

Or, dans les Ardennes, nous constatons que les failles jouent un rôle beaucoup plus important que dans les Alpes, et une chaîne plus ancienne encore, plus profondément rabotée, celle des Grampians, ne nous montre plus de plis, mais seulement des plans de poussée ayant produit d'énormes déplacements dans le sens horizontal.

Peut-être faut-il induire de là qu'en profondeur les plis se transforment en fractures avec plans de charriage? Les déplacements ainsi occasionnés dans le soubassement plus rigide et se prêtant moins au travail de plissement se traduiraient à la surface, sur les couches sédimentaires récemment déposées et plus plastiques, par cet entassement de plis qui constitue une chaîne.

Je sais bien que l'on objectera à cette conclusion que je me suis appuyé sur la comparaison de chaînes dont les âges sont trop différents et pour lesquelles le mécanisme de la formation a pu n'être pas le même. La chose est possible, quoique peu probable. D'ailleurs, n'est-ce pas l'essence même de la méthode géologique de conclure du présent au passé? La marche inverse se justifie par les mêmes raisons.

La chaîne alpine avait tout d'abord été regardée comme d'âge tertiaire, mais une analyse plus approfondie a permis d'y reconnaître une succession de dislocations dont les premières remontent aux époques les plus anciennes de l'histoire de la terre.

C'est Élie de Beaumont qui, le premier, a introduit en géologie le principe de l'âge relatif des dislocations. Rappelant que, dès 1667, Sténon soutenait déjà que toutes les couches sédimentaires inclinées sont des couches redressées, il montra que l'âge d'une chaîne est déterminé par la considération des couches qui s'étendent horizontalement à son pied et de celles qui, au contraire, se redressent et se contournent sur ses flancs.

« L'âge géologique des deux classes de couches fournit donc le moyen le plus sûr de déterminer l'âge des montagnes elles-mêmes : il est, en effet, évident que la date de l'apparition de la chaîne est intermédiaire entre l'époque du dépôt des couches qui y sont redressées et celle du dépôt des couches qui s'étendent horizontalement au pied de ses pentes. »

Mais la surrection d'une chaîne n'est pas le résultat d'un mouvement unique, et l'étude de la série des couches sédimentaires qui la composent permet de reconnaître, grâce aux discordances qu'elles présentent, toute une succession de mouvements de dates très différentes.

Leur trace peut avoir été affaiblie ou même complètement effacée par les dénudations, car les discordances sont des phénomènes toujours localisés et limités à la zone sur laquelle l'effort orogénique a concentré son action; les couches relevées et plissées dans celle-ci reprennent leur allure régulière à mesure que l'on s'en éloigne.

Toutefois, même dans les cas où les effets de l'érosion ont été assez prononcés pour empêcher l'observation directe des discordances, la nature des matériaux de la sédimentation est parfois susceptible de nous fournir quelques utiles indications. Si nous voyons succéder à des roches à texture fine d'autres à éléments clastiques plus ou moins grossiers, nous pouvons être certains qu'il y a eu accentuation des reliefs continentaux : l'apparition d'un conglomérat nous annonce sûrement l'existence de mouvements orogéniques, pourvu que nous sachions distinguer un conglomérat d'érosion d'un conglomérat de transgression.

Recherchons donc la trace des mouvements de divers âges, ou tout au moins des principaux, qui ont affecté les couches dans la zone dont les plissements constituent aujourd'hui la chaîne des Alpes.

Dans la région de Graz, on voit des gneiss surmontés en discordance par des calcaires semi-cristallins (*Schöckelkalk*) et des schistes verts chlorités (*Semriacher-Schiefer*), rapportés par M. Frech au Silurien et, d'ailleurs, recouverts par des schistes à Chondrites et des calcaires à Crinoïdes, avec fossiles du Dévonien inférieur : nous avons donc là une discordance antésilurienne.

Dans les Alpes Occidentales, les sédiments d'âge stéphanien sont, en certains points, en discordance avec les schistes cristallins anciens qui les supportent : la grosseur des éléments clastiques entrant dans la composition des conglomérats et grès carbonifériens dénote des actions torrentielles s'exerçant sur des reliefs accentués dus vraisemblablement à des mouvements orogéniques d'âge westphalien.

Le profil de la Dent de Morcles, donné par M. Renevier, nous fournit aussi un exemple d'une discordance de même âge, car on y voit le Carboniférien reposant sur les schistes verts cornés et les micaschistes plissés et arasés.

Ce même profil fait ressortir une discordance entre le Carboniférien et le Trias et met ainsi en évidence des plissements postcarbonifériens.

Sur le versant oriental du massif du Tödi, M. Rothpletz a observé au

Bifertengrat un lambeau carboniférien pincé dans le gneiss et recouvert en discordance par le Verrucano, circonstance qui nous révèle également des mouvements postcarbonifériens.

Il est vraisemblable qu'on doit encore rapporter à ceux-ci la discordance signalée depuis longtemps par Ch. Lory dans le massif d'Oisans, à Belledonne et aux Grandes Rousses, entre le Lias ou le Trias et les couches cristallines qui les supportent. A la Mure et à Saint-Gervais, le Trias est aussi discordant avec le Carboniférien.

Une discordance s'observe également entre le Permien et les couches sous-jacentes dans le Rhäticon, le Prättigau, l'Adula et les environs de l'Ortlerjoch et du Stifilerjoch.

M. Frech a montré l'existence, dans les Alpes Carniques, d'un plissement d'âge permien par suite duquel le Verrucano et la dolomie du Röthi sont discordants sur le Carboniférien.

M. Vacek a indiqué que, dans la région d'Eisenerz, le Trias inférieur repose en discordance sur le terrain ferrifère dénudé.

La région alpine nous offre donc de nombreuses traces de mouvements bien accentués d'âge permien, se rattachant ainsi aux plissements dits *hercyniens* (armoricains et varisciques), mais un peu plus récents cependant que ceux qui se sont fait sentir dans le Nord de l'Europe.

Vers le milieu de la période crétacée, une nouvelle discordance interrompt la continuité des couches : signalée dans le Dévoluy par Ch. Lory, confirmée et précisée par les travaux récents de M. P. Lory, elle est surtout accentuée dans les Alpes Orientales, où les Couches de Gosau, avec leurs conglomérats si développés, reposent parfois sur les tranches des couches infra-crétacées, plissées et arasées.

Dans les Carpathes, les mouvements orogéniques de cette époque ont laissé des traces encore plus manifestes, s'il est possible, dans la chaîne qui a surgi vers la fin des temps infracrétacés : M. Uhlig nous en a fait connaître les débris dans les Klippes qui s'étendent de Rogorznik, près Neumarkt (Galicie), jusque dans le Comitat de Saros (Haute-Hongrie).

Nous arrivons ainsi à l'ère tertiaire pendant laquelle les mouvements orogéniques se sont multipliés, donnant naissance à ces plissements nombreux et compliqués, si difficiles à déchiffrer.

Dans la chaîne alpine, les derniers mouvements s'ajoutent donc à toute une succession d'autres plus anciens et d'âges divers : sous la forme adoptée aujourd'hui, on peut dire que les plissements alpins s'y superposent à des plissements hercyniens et calédoniens.

Mais comment se sont composés ces divers mouvements? Question encore peu étudiée, car, dans cet ordre d'idées, nous ne connaissons encore que les très intéressantes recherches de M. Golfier sur les effets que de nouvelles pressions latérales peuvent produire sur des couches sédimentaires reposant sur un substratum déjà plissé et arasé, tentative qui mérite d'attirer l'attention et qui montre dans quelle voie il convient de marcher.

Cependant, aujourd'hui, d'après l'opinion prédominante, les efforts successifs se seraient toujours exercés dans la même direction, les lignes de déformation seraient restées fixes et, aux diverses époques de mouvements orogéniques, les plissements se seraient reproduits constamment suivant les mêmes lignes. Ce sont là des idées auxquelles M. Suess paraît attacher une grande importance et sur lesquelles il insiste à diverses reprises dans son ouvrage.

Pourtant, les exceptions aux règles ainsi formulées paraissent nombreuses et M. Suess lui-même nous a montré que les plissements des Sudètes disparaissent sous les plis plus récents des Carpathes qu'ils rencontrent sous un angle très ouvert, presque droit.

Il a également fait remarquer, en s'appuyant sur les travaux de Macpherson, que, dans le Sud de l'Espagne, les plis paléozoïques de la Meseta viennent buter contre la faille du Guadalquivir, de l'autre côté de laquelle les plis bétiques ont une direction à peu près parallèle à celle de la fracture; leur allure n'est donc pas déterminée par celle des plis anciens.

M. Termier a établi que, dans le massif des Grandes Rousses, il n'y a pas concordance entre les plis alpins et hercyniens; tandis que les premiers vont vers le Nord, le Nord-Est ou le Nord-Nord-Est, les autres, dirigés plutôt vers le Nord-Ouest, font avec eux des angles de grandeur variable pouvant atteindre 45 degrés, et exceptionnellement 90 degrés; il ajoute que, même dans les points où le parallélisme existe, il n'y a pas concordance absolue et que l'axe des plis alpins ne coïncide pas avec celui des bandes houillères; les plus récents ne se sont pas formés sur l'emplacement de ceux de l'ancienne chaîne.

Près de là, dans le Dévoluy, M. P. Lory a décrit des plissements anté-sénoniens de direction Sud-Ouest à Nord-Est, auxquels ont succédé d'autres plissements dirigés presque perpendiculairement.

Les travaux de M. Michel Lévy ont montré qu'entre l'Allier et la Saône de larges ondulations tertiaires coupent obliquement les plis paléozoïques.

Dans les Asturies, M. Barrois a établi la superposition, presque à angle droit, de plis postéocènes à des plis antépermiens.

Il y a donc *dans la chaîne alpine superposition, mais non coïncidence, de plissements de divers âges.* Nous pouvons en conclure que *son tracé n'était pas encore déterminé au cours de l'ère paléozoïque.* Nous verrons plus loin qu'*il n'a commencé à se dessiner que vers la fin des temps primaires ou le début des temps secondaires.*

Passons maintenant à l'étude de la structure, de la tectonique, des Vorlands qui encadrent la région plissée. J'ai déjà indiqué brièvement la différence essentielle qui les distingue de cette dernière : l'horizontalité des couches secondaires et tertiaires que, pour emprunter une expression de M. Suess, nous pourrions appeler *structure tabulaire*, par opposition à la *structure plissée* de la région alpine.

Il est intéressant d'examiner de plus près la constitution de ces Vorlands, mais nous nous bornerons à celui du Nord, car le continent africain est encore trop peu connu pour qu'il soit possible d'en parler en détail; tout ce que nous savons sur lui, c'est que les plis de l'Atlas viennent au Sud se plaquer contre une région dans laquelle les couches secondaires et tertiaires horizontales reposent sur le Dévonien plissé.

Le Vorland septentrional contre lequel butent les plis alpins comprend, ainsi que l'a montré M. Suess, à l'Ouest, une partie dans laquelle existent des plissements plus anciens et, à l'Est, un vaste territoire resté insensible aux efforts orogéniques depuis le début des temps paléozoïques : c'est la plateforme russe.

Considérons la région occidentale où les couches secondaires et tertiaires ainsi que les dernières couches paléozoïques sont à peu près horizontales. M. Suess, par l'analyse des discordances observées, a montré que l'on pouvait y distinguer, au Sud, une première zone où toutes les couches primaires sont plissées jusqu'au Carboniférien moyen; mais, de même que les plis alpins ne se sont pas propagés vers le Nord, au delà d'une ligne nettement définie, de même le nouveau système ne dépasse pas non plus, dans cette même direction, une ligne jalonnée par les bassins houillers qui s'échelonnent du pays de Galles à la Westphalie et, à l'Est, il se termine par les plissements des

Sudètes qui plongent et disparaissent sous ceux plus récents des Carpathes. A ces plis il a donné les noms d'*armoricains* et *varisciques*, tandis que M. M. Bertrand a proposé pour leur ensemble celui d'*hercyniens*.

Au Nord de cette ligne se trouve une autre zone dans laquelle les couches du Carboniférien, du Dévonien et du Silurien supérieur restées sensiblement horizontales reposent sur des terrains plissés plus anciens; ce nouveau système de plis, les plis *calédoniens*, s'arrête à une ligne allant des Orcades aux Lofoten, au Nord de laquelle les couches cambriennes reprennent une allure horizontale.

Ainsi la partie occidentale du Vorland alpin comprend une série de territoires dans chacun desquels l'âge des derniers plissements est d'autant plus ancien que celui-ci est plus septentrional.

On a exprimé ce fait sous une autre forme en disant qu'il y a eu recul successif vers le Sud des zones de plissement.

Cette formule ne me paraît pas exacte, ou du moins suffisamment précise, car elle permet une interprétation qui n'est pas absolument conforme à la réalité. Il semble, en effet, qu'elle a été assez souvent interprétée en ce sens que les plis hercyniens seraient absolument spéciaux à la région comprise entre les lignes qui limitent respectivement au Nord, d'une part, les plis hercyniens et, de l'autre, les plis alpins. Or, il n'en est rien, comme je l'ai montré précédemment, car dans la zone alpine il y a superposition de plis calédoniens, hercyniens et alpins, et dans la zone hercynienne, de plis hercyniens et calédoniens.

Il est donc préférable de dire qu'au Nord de la Méditerranée une série de zones nettement délimitées forment des bandes allongées à peu près de l'Ouest à l'Est, telles que la date des *derniers* plissements subis dans chacune d'elles est d'autant plus récente que la zone est plus méridionale.

Dans le Vorland septentrional de la région alpine, les couches secondaires et tertiaires ont, en général, conservé leur horizontalité et ont résisté aux efforts de plissement; toutefois ceci n'est vrai que dans une certaine mesure, car si de ce côté nous ne trouvons rien de comparable aux plis alpins, nous pouvons y observer cependant des ridements à grande courbure.

Pour beaucoup d'entre eux, il est certainement fort difficile ou même impossible de distinguer la part qui revient aux mouvements orogéniques et celle qui doit être attribuée aux irrégularités du fond du bassin sédimentaire sur lequel les dépôts formés se sont en quelque sorte moulés.

Il en est cependant un certain nombre, comme les bombements du Pays de Bray, du Weald, du Teutoburger Wald et de la région subhercynienne, qui portent assez manifestement l'empreinte de mouvements tangentiels pour qu'aucune hésitation ne soit possible.

Le Pays de Bray, par exemple, si bien étudié par M. de Lapparent, est un bombement en forme de dôme allongé du Nord-Ouest au Sud-Est et limité au Nord-Est par une retombée brusque, qui dégénère parfois en faille.

Les ridements du Vorland nous offrent d'ailleurs certaines circonstances particulières qu'il convient d'examiner de plus près.

Nous avons vu précédemment que, sur son bord méridional, entre les vallées de la Saône et de l'Allier, les plis tertiaires et paléozoïques se coupent obliquement.

Dans le Bassin de Paris, au contraire, les axes des ondulations montrent un parallélisme bien net avec les plis de la chaine hercynienne. On a attribué cette circonstance à un réveil de l'effort orogénique qui n'aurait cessé de s'exercer avec la même direction, sur la même zone; pour cette raison, M. Suess a donné à ces *plissements* le nom de *posthumes*.

J'avoue qu'il me paraît bien difficile de comprendre comment, à différentes époques, les plis ont pu se reproduire exactement suivant les mêmes lignes et j'ai cité précédemment nombre d'exemples où des plis d'âges différents se recoupent sous des angles variés.

Considérons d'ailleurs le soubassement de terrains primaires qui sert de support aux sédiments mésozoïques et tertiaires : les couches y sont affectées de plis énergiques, pressés les uns contre les autres, couchés, parfois même renversés et chevauchés par d'autres. Des érosions ont plus tard raboté la tête des massifs ainsi constitués et les ont entamés profondément, jusqu'à une surface s'écartant assez peu de la forme plane, c'est-à-dire ont produit une pénéplaine qui a formé le fond du nouveau bassin de sédimentation. Comment les axes, souvent fort inclinés, des plis à demi démolis pourraient-ils correspondre à ceux des ondulations des couches secondaires?

En fait, si l'on compare les plis des couches houillères de la Flandre avec ceux des couches crétacées qu'ils supportent, on voit qu'il est impossible de les raccorder

Et cependant nous avons vu qu'il y avait concordance comme direction entre les uns et les autres.

Je ne puis m'expliquer ce parallélisme qu'en regardant les plis des couches

IMPRIMERIE NATIONALE.

secondaires comme un reflet, une répercussion, des accidents longitudinaux qui existent dans la chaîne hercynienne.

Lorsque, par l'effet de compressions tangentielles, il se produit un déplacement relatif des massifs découpés par des fractures dans le soubassement paléozoïque rigide, et que ces massifs tendent à se chevaucher en remontant le long des plans des failles, les mouvements ainsi déterminés doivent se traduire dans la masse plastique supérieure, constituée par les sédiments secondaires et tertiaires, en ondulations et en plis plus ou moins accentués qui prennent évidemment la direction des fractures.

Or, M. Suess a établi que les chaînes de plissement sont affectées de nombreuses cassures longitudinales parallèles à leur direction.

C'est donc uniquement pour cette raison que les plissements dits *posthumes* épousent la direction des anciens plis.

La zone alpine et son Vorland n'ont pas uniquement éprouvé des plissements très accentués dans la première et très atténués dans la seconde; nous pouvons y constater également des accidents d'un genre tout différent qui, dans chacune des deux régions, prennent des caractères particuliers : je veux parler des affaissements d'aires plus ou moins vastes.

Dans la région alpine, ce sont des chutes de compartiments en forme de cuvettes ou même de bassins plus ou moins étendus et de formes plus ou moins régulières, parfois délimités par une série de failles sensiblement rectilignes et alors allongés, d'autres fois arrondis, elliptiques ou même presque circulaires, sans que l'on puisse y constater l'existence de fractures linéaires périphériques.

Quelquefois, ces effondrements, de dimensions alors relativement restreintes, ont lieu au sein même des zones de plissement et interrompent, en partie ou complètement, leur continuité. Tels sont, par exemple, ceux du Prättigau et de Salzbourg; ce dernier, établi sur la zone extérieure du bourrelet alpin, est découpé dans les bandes du Flysch crétacé et des grès éocènes.

Celui de Vienne a séparé la chaîne des Alpes de celle des Carpathes; au Nord, il entre jusque dans la région du Flysch, il fait disparaître complètement la zone calcaire et au Sud il pénètre dans la masse centrale cristalline.

M. de Margerie a montré que les Pyrénées et la Provence sont deux fragments d'une même chaîne séparés par un effondrement, précisément à la même époque que l'ont été les Alpes des Carpathes.

Plus à l'Est, d'autres segmentent encore le bourrelet terminal en tronçons isolés les uns des autres : la Crimée a été séparée des Balkans par l'effondrement occidental de la mer Noire et du Caucase par l'effondrement oriental. Cette dernière chaîne est elle-même coupée au bord de la Caspienne par un affaissement qui a donné naissance au bassin méridional de cette mer.

D'autres s'étendent en arrière du bourrelet terminal ou sur son bord interne : tels sont ceux de la Lombardie, du golfe de Graz et de la plaine de la Hongrie; ce dernier entame même profondément certaines parties de la chaîne des Carpathes.

Tel est encore celui de l'Adriatique, dont la structure a été élucidée par les travaux des géologues autrichiens; il est délimité par une série de flexures ou failles en gradins, dont les dénivellations vont, en général, en diminuant à mesure que l'on s'éloigne des bords et qui sont accompagnées de chevauchements vers la région affaissée.

Sur la côte occidentale de l'Italie se sont aussi produits une série d'effondrements à bord régulièrement convexe, qui, en se justaposant, ont déterminé les découpures de l'Apennin; à l'extrémité méridionale, une cassure presque exactement circulaire est jalonnée par le Vésuve, le Stromboli et l'Etna.

Ces diverses observations ont conduit à considérer le bassin actuel de la Méditerranée comme le résultat d'un certain nombre d'écroulements de ce genre.

Depuis longtemps, d'ailleurs, Spratt avait exprimé l'opinion que la mer Égée était une fosse de date relativement récente; les travaux de Neumayr ont confirmé cette manière de voir et démontré qu'il s'était produit de ce côté deux effondrements successifs, dont le dernier est certainement postglaciaire.

D'autres fosses ont fait disparaître la terre qui reliait les Baléares à la Corse et à la Sardaigne et ont séparé ces îles, ainsi que la Sicile et Malte, du continent africain; sur la côte algérienne, les fractures qui ont limité au Sud cette chute sont aujourd'hui indiquées par une série de roches éruptives récentes.

A l'Est de la Sicile et de Malte, un grand écroulement a fait disparaître le prolongement des chaînes de l'Atlas et a même entamé profondément le Vorland méridional.

L'étude des terrains dans lesquels ont été découpées ces fosses et de ceux qui s'y sont formés a permis de préciser les dates de ces phénomènes et de reconnaître qu'ils s'échelonnent pendant une longue durée de temps.

Les premiers paraissent remonter aux débuts de l'Helvétien, c'est-à-dire au moment où se produisaient les modifications tectoniques les plus accentuées; ils se sont ensuite succédé et se sont prolongés jusqu'à une époque très récente : il est probable que l'homme a été témoin de quelques-uns d'entre eux.

On a pu constater que, pour certains, les chutes se sont répétées à plusieurs reprises : ainsi, dans la mer Tyrrhénienne, elles ont commencé à l'époque helvétienne pour se poursuivre presque jusqu'à nos jours; M. Suess considère même que de nouveaux affaissements se préparent encore de ce côté, accusés principalement par les tremblements de terre, si fréquents le long de la ligne périphérique des Lipari.

En résumé, *dans la région plissée,* comprise entre les Vorlands africain et européen, *les effondrements en forme de bassins ont joué, au cours des derniers temps tertiaires, un rôle aussi important que les plissements.*

Ils y ont atteint de vastes dimensions, attaquant les zones de plissements et mordant plus ou moins profondément sur les Vorlands.

Leur début paraît dater de l'époque où les bourrelets de plissement ont été à peu près définitivement formés. Ils ont continué, peut-on dire, jusqu'à nos jours.

La Méditerranée actuelle résulte en grande partie d'une série de fosses d'effondrement.

Les Vorlands n'ont pas échappé non plus à ce genre d'accidents, mais, de ce côté, nous observons des conditions absolument différentes de celles que nous avons précisées pour la région méditerranéenne.

Sur le bord méridional du Vorland européen, on peut citer, il est vrai, les cirques d'effondrement du Ries et du Höhgau, qui reproduisent sur une échelle minuscule les grands effondrements circulaires de la région méditerranéenne. Mais ce sont des exceptions, et les Vorlands ont surtout été découpés par de longues failles en compartiments plus ou moins étendus qui se sont déplacés les uns par rapport aux autres dans le sens vertical; de même, un édifice établi sur un sol mouvant éprouve des tassements irréguliers.

Les divers compartiments ainsi délimités ont donc subi des mouvements inégaux. Les uns, faisant saillie dans le sens vertical, ont été dépouillés de leur couverture récente et nous montrent, suivant l'expression pittoresque de d'Omalius d'Halloy, les restes revenus au jour d'une vieille Europe, de l'Europe des temps primaires; c'est en interrogeant ces débris que M. Suess y a retrouvé les traces d'anciennes chaînes morcelées et en partie disparues.

D'autres, s'enfonçant à de grandes profondeurs, ont été annexés aux océans : tel *l'Atlantide*, ce continent qui réunissait l'Europe occidentale à l'Amérique du Nord et qui, en s'effondrant, a donné naissance au bassin septentrional de l'Océan Atlantique.

L'hypothèse de l'existence de cette terre disparue a été depuis quelques dizaines d'années confirmée par les travaux des géologues anglais et américains, et M. Suess a, dans son ouvrage, admirablement exposé toutes les raisons qui militent en sa faveur.

Ce continent, disloqué par de grandes fractures, s'est écroulé successivement morceau par morceau, ce qui a permis à diverses reprises aux faunes boréales de pénétrer dans la Méditerranée. M. de Lapparent pense même que les invasions glaciaires sur les continents européen et américain doivent être attribuées aux derniers écroulements des terres atlantiques.

Parmi les autres effondrements du Vorland septentrional, les plus caractéristiques à signaler sont ceux qui ont affecté de longues bandes rectilignes et, entre ces derniers, il convient de citer en particulier l'effondrement linéaire de la vallée du Rhin, résultant de l'écroulement en gradins du sommet d'une voûte dont les flancs sont représentés par les massifs des Vosges et de la Forêt Noire; par la dépression ainsi formée, la mer oligocène, arrivant de Mayence, a pu s'avancer jusqu'à Bâle.

Un autre effondrement du même genre est celui de la vallée de la Limagne, dont le mouvement de descente a permis l'entassement de plus d'un millier de mètres d'épaisseur de sédiments lacustres ou saumâtres.

Mais le plus remarquable de tous est celui qui nous est offert par le Vorland méridional : vers le Nord, il se termine aux plis du Taurus, bourrelet marginal de la région plissée, et, de là, presque exactement orienté suivant le méridien, il se prolonge jusqu'à la côte du Zambèze, c'est-à-dire sur un parcours de plus de six mille kilomètres. Cette zone de fractures est constituée essentiellement par un système de grandes failles parallèles dirigées Nord-Sud, entre lesquelles des failles transversales ont découpé des voussoirs allongés qui ont diversement joué dans le sens vertical, de telle sorte que dans les parties déprimées ont pris naissance une série de bassins sans écoulement avec des nappes d'eau dont le niveau est parfois sensiblement inférieur à celui des mers : tels sont le lac de Tibériade, la mer Morte et les lacs de l'Afrique australe, lac Rodolphe, lac Victoria, lac Tanganyika, lac Nyassa, etc.

Cette zone de dépressions correspond à l'étroit fossé de la vallée du Jourdain et de la mer Morte; elle se prolonge par l'Ouadi Arabah, le golfe d'Akabah, se raccorde avec la fosse érythréenne et de là se poursuit sur le continent africain par la dépression de l'Afar et la région des grands lacs intérieurs.

Les divers effondrements des Vorlands sont de dates très variables : les uns sont récents, comme ceux de l'Atlantique; d'autres remontent à l'époque oligocène, comme celui de la vallée du Rhin, et sont, par conséquent, antérieurs aux grands plissements et aux premiers effondrements de la zone alpine; d'autres sont beaucoup plus anciens encore et datent de l'aurore des temps mésozoïques, tels ceux qui ont commencé le morcellement du grand massif continental indo-africain et permis à la mer liasique de déposer à Madagascar des sédiments à *Spiriferina* et à *Harpoceras;* d'autres, un peu plus tardifs, ont amené la mer médiojurassique sur la bordure orientale du continent africain.

Donc, *les effondrements des Vorlands sont essentiellement linéaires et occasionnés en général par des systèmes de fractures parallèles ayant découpé des voussoirs allongés.*

Il est à remarquer que les fractures dont je viens de parler ont une direction à peu près méridienne; et ce cas se présente d'une manière générale pour la plupart des failles importantes du Vorland alpin postérieures aux mouvements hercyniens. Cependant ce n'est pas une loi absolue, car, en Scanie, par exemple, le sol est morcelé par une série de grandes fractures sensiblement parallèles allant du Nord-Ouest au Sud-Est. Il est vrai qu'elles ont joué à plusieurs époques, et certaines d'entre elles remontent à une date antérieure aux mouvements hercyniens. En Écosse aussi, on a reconnu l'existence d'un grand nombre de failles, mais elles sont dirigées du Nord-Est au Sud-Ouest, c'est-à-dire parallèlement aux plis de la chaîne calédonienne; les mouvements des voussoirs y ont eu lieu à diverses reprises, et il s'en trouve qui sont certainement plus anciens que le Carboniférien, tandis que d'autres sont d'âge mésozoïque ou même tertiaire. De même encore, dans l'Hindoustan, en dehors des fractures qui ont déterminé les côtes actuelles, d'autres, antérieures à l'ère mésozoïque et possédant d'ailleurs des alignements variables, ont découpé les couches du Gondwana inférieur de telle sorte que les lambeaux affaissés entre les massifs de gneiss ont seuls subsisté, échappant aux puissantes érosions qui ont fait disparaître la majeure partie de ce terrain.

Ces diverses cassures se sont produites sur des massifs d'ancienne consolidation; si nous considérons spécialement celles qui ont attaqué la zone consolidée par les plissements hercyniens et formant le Vorland de la chaîne alpine, nous voyons qu'on peut en distinguer d'âges les plus différents; nous sommes donc autorisés à dire que *les effondrements du Vorland alpin ont commencé immédiatement après les plissements hercyniens pour se continuer jusqu'à l'époque glaciaire et même jusqu'à nos jours.*

M. von Kœnen a, en effet, soutenu depuis longtemps cette thèse (1883) et l'a étayée par de nombreux exemples. Plus récemment, M. G. Müller a, de son côté, fait connaître toute une série de failles postglaciaires.

Le contraste que nous venons de reconnaître, au point de vue de la structure, entre la zone méditerranéenne et ses Vorlands se poursuit plus loin et se manifeste encore dans leur constitution intime et dans leur rôle au cours des temps qui ont précédé les grands mouvements orogéniques tertiaires.

Sur les Vorlands, la continuité des couches est interrompue par de grandes lacunes, considérables à la fois par leur extension en surface et en durée, auxquelles succèdent de vastes transgressions ramenant la mer sinon sur les Vorlands tout entiers, du moins sur d'importantes portions de leur territoire.

Dans la zone méditerranéenne, au contraire, nous sommes toujours certains de retrouver les termes de la série sédimentaire marine qui font défaut sur les Vorlands: *les lacunes* que nous y observons *sont limitées comme extension en surface et résultent de mouvements orogéniques.*

Il est inutile d'insister sur ces points, de montrer l'analogie qui existe entre les lacunes sédimentaires des Vorlands européen et africain et de faire ressortir les différences que présentent la nature et la puissance des dépôts de même âge suivant qu'on les étudie dans ceux-ci ou dans la région alpine: c'est une comparaison que l'on peut faire zone par zone depuis la fin des temps paléozoïques jusqu'à la première partie de l'ère tertiaire.

Par cet examen et la constatation des alternatives d'émersions et d'immersions subies par les Vorlands nous arrivons à reconnaître que ces régions ont, pendant toute cette durée, constitué des plates-formes continentales tour à tour envahies et abandonnées par les mers, alors que dans la région méditerranéenne existait un bassin marin permanent duquel sont en général parties les transgressions sur les Vorlands.

Mais le contraste entre ceux-ci et la région alpine se complète encore par celui des faunes propres à chacun d'eux. Neumayr, qui depuis longtemps a fait ressortir ce dernier point, attribuait à des différences de climat la répartition des divers genres d'Ammonites. Il croyait pouvoir distinguer sur chaque hémisphère trois zones: une polaire, une tempérée et une équatoriale. Cette théorie a été depuis longtemps battue en brèche et aujourd'hui elle est abandonnée par la plupart des géologues en présence du nombre considérable de faits qui paraissent inconciliables avec les idées de Neumayr. Tout récemment, MM. Pompeckj et Haug ont été amenés à considérer la localisation des *Phylloieras* et des *Lytoceras* dans la zone alpine comme résultant uniquement de la profondeur à laquelle ces animaux vivaient.

Ce nouvel ordre de considérations nous amène donc encore à envisager les dépôts des Vorlands comme formés en général dans des mers peu profondes et appartenant à la *zone néritique*, tandis que ceux de la région alpine doivent être attribués à une mer plus profonde et classés dans la *zone bathyale* de M. Renevier.

Ainsi *les Vorlands de la région alpine ont constitué depuis la fin des temps primaires des plates-formes continentales tour à tour envahies et abandonnées par les mers*, tandis que, *dans la région alpine, n'a cessé d'exister une mer relativement assez profonde.*

L'opposition entre les dépôts des deux régions n'a pas échappé aux premiers observateurs et a été depuis longtemps mise en relief. Bien souvent on a discuté sur les dépôts alpins et extra-alpins. Déjà, en 1853, pour rendre compte de leurs différences, Studer imaginait qu'avant le dépôt de la Mollasse une ligne de hauteurs s'élevait sur le bord septentrional des Alpes. De même Gümbel attribuait les caractères propres des dépôts mésozoïques des Alpes Orientales et de ceux des plateaux de la Souabe et de la Bavière à l'existence d'une chaîne à laquelle il donnait le nom de vindélicienne : elle aurait formé une barrière infranchissable entre les mers qui baignaient les deux régions. Plus récemment, M. Paul, observant des relations de même ordre entre les terrains des Carpathes et ceux des plaines de la Galicie et de la Podolie, était conduit à une hypothèse semblable. Elle a été reprise dans ces derniers temps à propos des blocs exotiques de la Suisse considérés comme les restes d'une couverture provenant d'une poussée vers le Sud des terrains de la chaîne vindélicienne.

Il ne me paraît cependant pas nécessaire de recourir à de telles complications pour expliquer les différences constatées entre les dépôts de la zone plissée et ceux du Vorland. Les conditions spéciales propres à chacune des deux aires de sédimentation suffisent : pendant longtemps la plate-forme septentrionale s'est élevée au-dessus des fosses de la région alpine; plus tard, celles-ci ayant été comblées par l'accumulation des sédiments ou relevées par des mouvements orogéniques, les conditions de profondeur sont devenues à peu près les mêmes : circonstance réalisée vers la fin des temps crétacés. Mais, à ce moment, le facies si particulier des Couches de Gosau résulte uniquement de leur formation au pied d'une côte montagneuse où les Rudistes pouvaient prospérer dans certaines anses abritées favorables à leurs conditions d'existence. Un peu plus loin des rivages se déposaient des sédiments sableux qui, devenant de plus en plus fins à mesure que l'on s'éloignait vers le Nord, prenaient peu à peu le facies des dépôts de la Bavière et de la Bohême. C'est ainsi que M. Karrer a pu observer au voisinage du Danube, à Stockerau, dans les argiles extraites d'un puits, une faune de Gastropodes, de Bivalves, de Bryozoaires et de Foraminifères rappelant tout à fait celles de certaines couches de la Bohême. Cette observation montre qu'il y a passage graduel du facies de Gosau à celui de la plate-forme continentale, et est en contradiction avec l'hypothèse d'une chaîne qui aurait limité au Nord la mer préalpine.

M. Douvillé a étudié dernièrement la répartition, pendant les temps crétacés et éocènes, des Rudistes, des Orbitolines et des Orbitoïdes. Il a montré que ces fossiles s'accompagnaient fréquemment et, en tout cas, vivaient à peu près dans la même zone biologique, de sorte qu'en s'aidant des données fournies par les uns et les autres, on peut arriver à reconstituer les rivages des mers que ces animaux habitaient. Si l'on admet, en effet, qu'au cours des temps crétacés les modifications éprouvées par les aires d'habitat aient peu varié, on est autorisé à baser cette recherche sur la considération des gisements successifs de ces fossiles. En les reportant tous sur une carte, on voit qu'ils se répartissent sur une bande régulière qui peut se suivre d'une manière continue de l'Ouest à l'Est, depuis le Mexique et la mer des Antilles jusqu'aux îles de la Sonde : elle correspond à ce que l'on appelle d'ordinaire la zone méditerranéenne, mais M. Douvillé, pour éviter toute confusion, propose de lui donner le nom de *Mésogée*. Elle a formé pendant la période crétacée une dépression continue, constamment occupée par une mer qui séparait l'Amérique du Nord de l'Amérique du Sud, l'Eurasie septentrionale de l'Afrique et de l'Australie.

Grâce à l'obligeance de M. Douvillé, je puis insérer ici une réduction de la carte donnant l'aire d'extension des Rudistes, des Orbitolines et des Orbitoïdes qu'il a présentée à la Société Géologique dans la séance du 2 avril 1900.

Si on la compare à celle qui représente l'extension des derniers plissements ayant affecté la croûte terrestre, on voit qu'une grande analogie existe entre les deux tracés; mais les Rudistes et les autres fossiles considérés occupent

IMPRIMERIE NATIONALE.

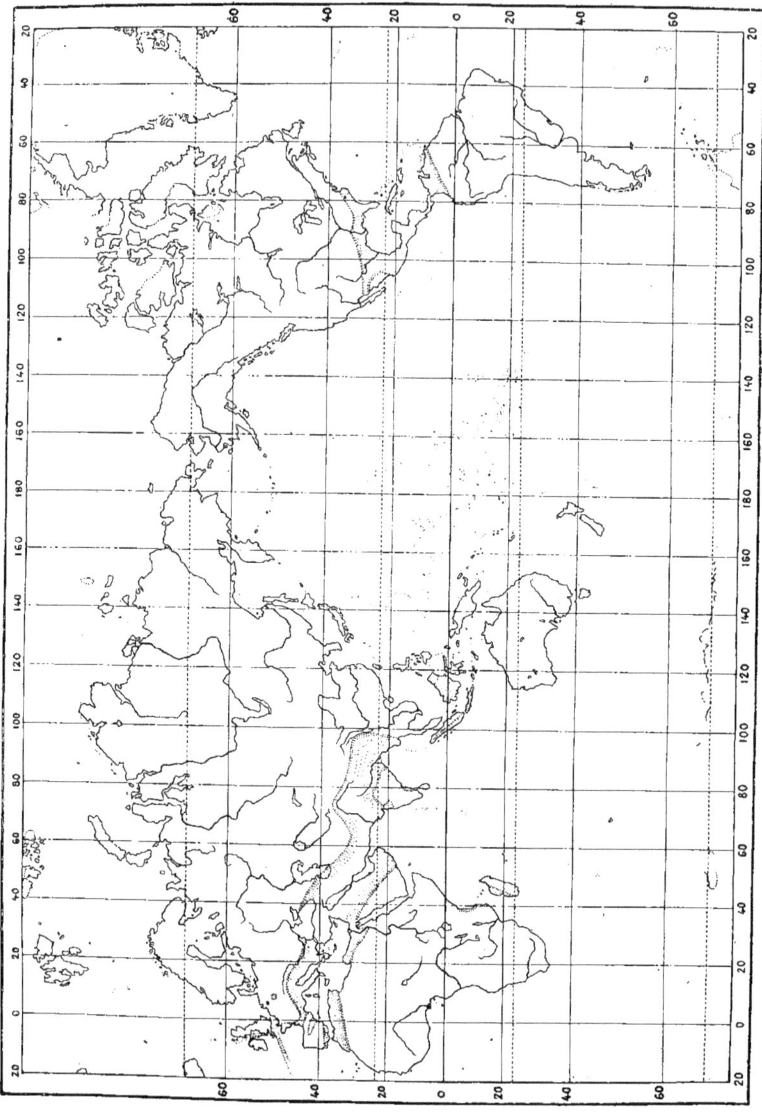

Fig. 29. — Extension des Rudistes, des Orbitolines et des Orbitoïdes, d'après M. Douvillé.

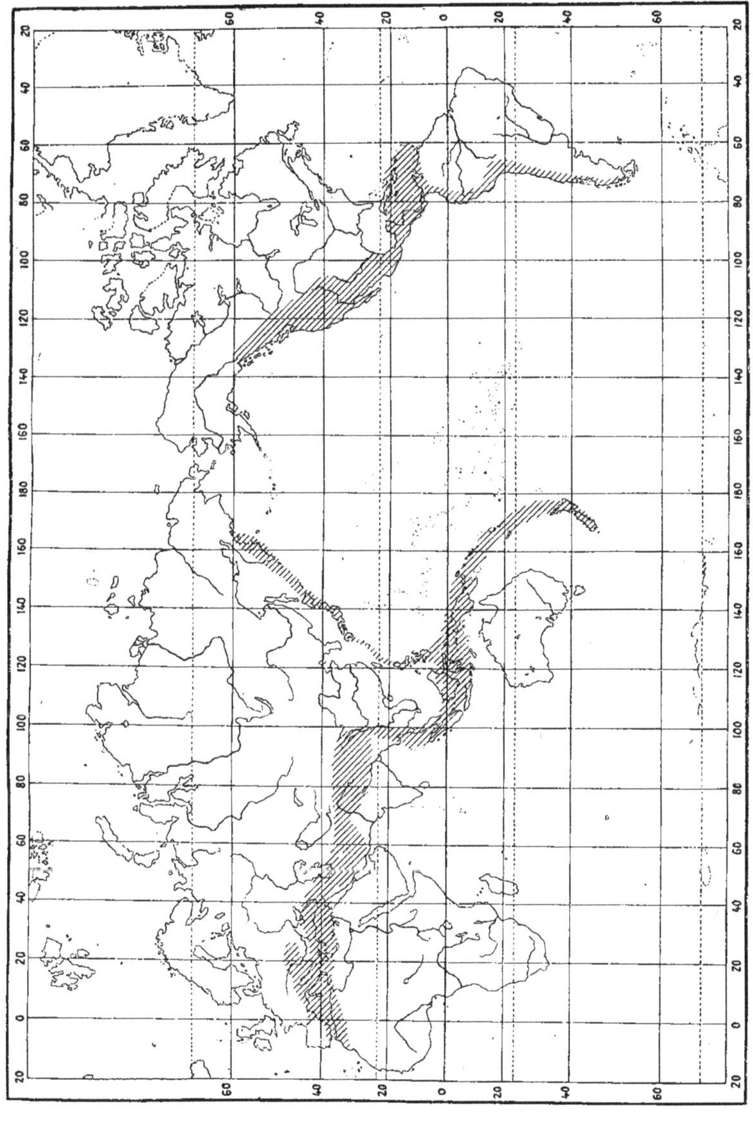

Fig. 30. — Esquisse des zones atteintes par les plissements secondaires et tertiaires.

une surface plus grande que celle des chaînes récentes, ils débordent les zones plissées et s'étendent plus ou moins loin sur les plates-formes continentales qui les délimitent. Leur présence sur ces dernières n'a pas toutefois le caractère de continuité et de persistance qu'elle présente dans la Mésogée elle-même : celle-ci constitue réellement leur véritable patrie, de laquelle ils ont pu essaimer à certains moments pour se répandre plus ou moins loin et plus ou moins nombreux dans les mers continentales. Les colonies qu'ils ont ainsi formées ont toujours été localisées et le plus souvent très éphémères. Tels sont plus particulièrement les gisements de Rudistes de Maëstricht, de la Scanie et de la région subhercynienne.

Je crois donc devoir réserver le nom de Mésogée à la dépression relativement profonde et continue dont les rivages étaient dessinés par les aires d'habitat normal des Rudistes, des Orbitoïdes et des Orbitolines.

Résumons les résultats auxquels nous avons été conduits par la comparaison de la zone mésogéenne et de ses deux Vorlands.

Ces derniers étaient des plates-formes continentales, tour à tour envahies et abandonnées par les mers; les eaux n'y avaient en général qu'une assez faible profondeur, sauf exceptionnellement à certaines époques et sur certaines aires d'affaissement, de telle sorte que les dépôts qui s'y formaient et les faunes qui les habitaient appartiennent d'ordinaire à la zone néritique. Les Vorlands sont restés à peu près insensibles aux mouvements de plissement, mais ont été disloqués par de grands effondrements linéaires.

Dans la Mésogée, la mer, en général plus profonde, a persisté sans discontinuité et a laissé des dépôts plus puissants caractérisés par une faune spéciale. Plus tard, cette région a constitué une aire de plissements énergiques et d'effondrements en forme de bassins : la Méditerranée est due en grande partie à une série de fosses d'affaissement.

Donc il y a *opposition complète entre la Mésogée des temps secondaires et ses Vorlands, à la fois au point de vue stratigraphique, faunique et tectonique.*

Recherchons si nous ne pouvons pas, à l'aide des données auxquelles nous venons d'arriver, parvenir à élucider certains points de l'histoire des temps plus anciens.

Tout d'abord, une première induction nous apparaît : nous avons été amenés à regarder la Méditerranée comme la Mésogée actuelle; par conséquent, il est tout naturel d'examiner si la Mésogée alpine, c'est-à-dire celle de la fin des temps primaires, de l'ère secondaire et des premiers temps tertiaires, n'est pas due aussi à une série d'effondrements qui se seraient produits successivement après la crise correspondant à la surrection des chaînes armoricaine et variscique.

Or, il est impossible de ne pas envisager l'énorme épaisseur de sédiments accumulés dans certaines parties de la Mésogée alpine comme le résultat de dépôts formés sur des aires en voie d'affaissement. Si, parmi eux, il en est qui présentent des caractères bathyaux, aucuns cependant ne peuvent être attribués aux zones abyssales.

Par conséquent, en tenant compte de la puissance considérable des terrains superposés, nous sommes forcément conduits à admettre que les fonds des bassins dans lesquels ils se sont déposés devaient descendre au fur et à mesure que les matériaux sédimentaires s'y accumulaient : c'est précisément à ces aires d'affaissement que Dana a donné le nom de *géosynclinaux*.

Les géosynclinaux de Dana me paraissent donc comparables aux fosses d'effondrement de la Méditerranée actuelle.

De même que ces dernières se sont produites successivement, de même les diverses aires de la Mésogée alpine se sont affaissés à plusieurs époques.

Considérons en particulier la région alpine proprement dite.

Vers la fin des temps carbonifériens, alors que les actions orogéniques avaient produit leur plus grand effort dans l'Ouest et le centre de l'Europe et donné naissance aux chaînes armoricaine et variscique, un affaissement se produit dans la Bosnie et dans l'Herzégovine, sur les bords du massif ancien de la péninsule balkanique; il permet aux Fusulines et plus tard aux fossiles de l'étage d'Artinsk de pénétrer jusqu'aux bords de la région actuellement occupée par le revers méridional des Alpes Orientales.

Plus tard, les effondrements se propagent à l'Est jusque dans la région des Carpathes et à l'Ouest jusque dans les Alpes Lombardes, mais, dans les Alpes Occidentales, le mouvement de descente est moins prononcé et plus lent, de sorte que, de ce côté, les dépôts triasiques ne possèdent ni la puissance ni la faune de ceux des Alpes Orientales où s'entasse une énorme épaisseur de sédiments peuplés par les curieuses faunes d'Ammonites que nous ont fait connaître les travaux de F. von Hauer et de M. E. von Mojsisovics.

Vers la fin des temps triasiques, les fosses des Alpes Orientales paraissent à peu près comblées, car, dans les couches qui se déposent à ce moment, les coquilles de grands Megalodus, les Polypiers, les intercalations de schistes noirs charbonneux remplis de Plantes terrestres et de nombreuses écailles de

Poissons, témoignent d'une très faible profondeur. M. Suess considère même que la présence de la *terra rossa* révèle l'émersion partielle de certaines régions.

Bien que la série des couches liasiques présente encore une certaine continuité dans les Alpes orientales, cependant il semble que, vers le début des temps liasiques, quelques terres ont été émergées, puis de nouveau recouvertes par les eaux. Comment expliquer autrement les singulières poches formées par les Couches de Hierlatz au milieu des Calcaires du Dachstein? Nous y retrouvons les particularités des gisements de Normandie au milieu des récifs du Grès de May, si bien décrites par Deslongchamps.

Vers la fin de l'époque liasique, de profondes modifications se produisent: depuis longtemps F. von Hauer a mis en évidence la séparation si nette qui existe entre les dépôts de cet âge et ceux qui leur ont succédé, telle, dit-il, que, si l'on avait cherché à établir une classification d'après l'étude des terrains des Alpes Orientales, on aurait certainement mis une coupure de premier ordre entre le Lias et le Dogger.

Les gisements médio et suprajurassique sont très clairsemés dans les Alpes Orientales et, en particulier, le Bajocien y fait défaut presque complètement. Le plus souvent, des lacunes considérables existent et la série débute par des couches, appartenant soit au Bathonien ou au Callovien, soit au Tithonique, qui reposent transgressivement sur le Lias ou le Trias. Même, d'après F. von Hauer, il existerait une discordance de stratification entre ces derniers et les couches transgressives qui les recouvrent. MM. Suess et E. von Mojsisovics nous ont aussi appris que, dans le massif de l'Osterhorn, les Fleckenmergel du Lias sont surmontés par un conglomérat dont la base renferme des fossiles bajociens.

Ainsi, dans les Alpes Orientales, le mouvement d'affaissement qui avait permis le dépôt d'énormes épaisseurs de couches triasiques s'est arrêté ou tout au moins ralenti pendant la période jurassique, en même temps que se produisaient des mouvements du sol amenant l'émersion de certaines régions, mouvements précurseurs et en quelque sorte préparatoires de ceux plusénergiques des périodes crétacée et tertiaire.

Mais pendant ce même temps, dans les Alpes Occidentales, les conditions sont absolument différentes: là, au cours des temps jurassiques, se déposent des épaisseurs de sédiments se comptant par milliers de mètres. Le mouvement d'affaissement de cette région s'est alors précipité, et l'activité de la sédimentation s'est accrue concurremment.

Ce contraste entre l'Ouest et l'Est de la chaîne des Alpes se poursuit pendant la période crétacée. Dans les Alpes Orientales, les couches néocomiennes sont plus continues et plus régulières que celles du Jurassique, mais, vers la fin des temps infracrétacés, des mouvements orogéniques très accentués ont lieu, accusés par le plissement des couches néocomiennes sur les tranches desquelles viennent se déposer les Couches de Gosau : les conglomérats de ces dernières, répétés à plusieurs niveaux, décèlent l'existence de reliefs fréquemment renouvelés.

Les Alpes Occidentales n'ont pas échappé complètement à ces mouvements, et MM. Ch. et P. Lory nous ont dévoilé leur existence dans le Dévoluy et le Diois; mais, de ce côté, l'effort a été localisé. Les Alpes Centrales et le Nord des Alpes Occidentales semblent avoir été émergées pendant une partie des temps crétacés, tandis que plus au Sud, dans les Hautes et Basses Alpes et dans les Alpes Maritimes, les calcaires crétacés, souvent presque crayeux, atteignent de grandes puissances.

Au cours de cette même période, l'affaissement de la région dalmate, dont j'ai déjà parlé précédemment, se continue, et des débuts du Jurassique à la fin du Crétacé se superposent plus de mille mètres de calcaires, en général peuplés de Rudistes, preuve irrécusable que, malgré l'importance de la chute, la vitesse de la sédimentation a marché de pair avec elle, puisque, dans cette région, la mer n'a jamais possédé qu'une très faible profondeur. Le mouvement se ralentit peu à peu vers la fin des temps crétacés; bientôt des conditions lagunaires, puis continentales, succèdent au régime marin. La Dalmatie devient terre ferme : des calcaires lacustres tertiaires s'y déposent; puis, à une époque très voisine de la nôtre, un nouvel effondrement se produit dans cette région prédestinée et donne naissance à la Mer Adriatique.

Il ressort des événements que nous venons de passer rapidement en revue une telle analogie entre les aires d'affaissement de la Mésogée secondaire et les effondrements de la Méditerranée, que l'on ne peut se refuser à les assimiler et, par suite, à considérer les géosynclinaux de Dana comme dus essentiellement à des effondrements.

On a depuis longtemps remarqué, Hall le premier (1859), que les zones de plissement coïncident avec les zones de grandes épaisseurs de sédiments.

Et nous venons d'être conduits à considérer les grandes épaisseurs de sédiments comme s'étant accumulées dans les bassins d'effondrement de la Mésogée, siège de futurs plissements.

Donc *le dessin des chaînes tertiaires a commencé à se déterminer immédiatement après les derniers plissements primaires et s'est complété peu à peu au cours des temps secondaires et tertiaires.*

Le bourrelet marginal qui limite au Nord la zone des plissements s'est appuyé contre les bords du Vorland découpés par les fosses les plus externes de la Mésogée. Ainsi s'explique la démarcation nette et tranchée qui existe alors entre la zone plissée et son Vorland.

Dans les cas où, au contraire, les deux régions ont la même constitution et sont formées des mêmes terrains représentés avec les mêmes facies, il n'y a plus de limite précise et l'on voit l'intensité du plissement décroître peu à peu en avant du bourrelet montagneux. Tels sont l'Oural, les Pyrénées et les Appalaches.

Nous sommes arrivés de la sorte à préciser les traits généraux de l'évolution orogénique et tectonique dans les temps qui ont suivi la surrection des chaînes armoricaine et variscique : il reste à vérifier si, dans les périodes antérieures, nous pouvons retrouver la même succession d'événements.

Or, on reconnaît facilement qu'après la formation de la chaîne calédonienne il existait une Mésogée bordée au Nord par un Vorland et que leur limite commune coïncidait avec le bord externe du bourrelet marginal des plissements armoricains et varisciques.

Entre cette Mésogée, que nous pouvons appeler hercynienne, et son Vorland nous retrouvons les mêmes rapports qu'entre la Mésogée alpine et ses Vorlands.

Le Vorland septentrional hercynien constituait une plate-forme continentale soumise à des alternatives d'émersion et d'inondation, et sur laquelle les sédiments possédaient des caractères absolument différents de ceux de la zone mésogéenne.

Il existe, par exemple, la même homologie entre le vieux grès rouge déposé sur ce Vorland et les couches dévoniennes franchement marines, à facies schisteux ou calcaire, du Devonshire, de la Belgique, des Ardennes, du Harz et de la Bohême, qu'entre les grès et les marnes triasiques de l'Europe septentrionale et les masses calcaires de même âge de la région alpine.

La différence que présentent simultanément les couches gréseuses du Culm, en Angleterre, et les masses calcaires de la zone mésogéenne (Belgique, Westphalie, Silésie) sont de même ordre que celles qui ont existé plus tard entre le Rhétien et le Lias du Nord de l'Europe et ceux de la zone alpine (Alpes Occidentales, en particulier).

D'ailleurs, il y a lieu de considérer l'énorme épaisseur que les sédiments dévoniens et carbonifériens inférieurs d'origine marine possèdent dans la région médiane de l'Europe comme due à leur dépôt sur des aires en voie d'affaissement.

En résumé, nous constatons les mêmes contrastes au point de vue de la nature des sédiments, des faunes, des relations orogéniques et tectoniques entre la Mésogée hercycienne et son Vorland septentrional qu'entre la Mésogée alpine et les Vorlands qui la délimitaient.

Nous pouvons également entrevoir des relations analogues entre la Mésogée calédonienne et le Vorland qui lui fait suite au Nord : sur ce dernier, le Grès de Torridon repose en discordance marquée sur les gneiss archéens et par ses caractères rappelle le grès rouge dévonien et les grès rouges triasiques : il est donc sur le Vorland calédonien l'homologue du vieux grès rouge sur le Vorland hercynien ou des grès triasiques sur le Vorland alpin.

De même on voit le Silurien, très développé et atteignant une grande épaisseur dans la Mésogée calédonienne, très réduit sur les plates-formes russe et scandinave.

L'histoire de l'évolution géographique de la partie occidentale de l'Europe se compose donc d'une suite de périodes homologues, dont les coupures correspondent aux dates de surrection des divers systèmes de montagnes; nous pourrons, à ce point de vue, distinguer une ère calédonienne, une ère hercynienne, une ère alpine et une ère néogène ou récente, cette dernière débutant après la surrection définitive des chaînes alpines.

Chacune de ces périodes de temps comprend une succession de phénomènes analogues.

Immédiatement après la surrection d'un système de montagnes se constitue une Mésogée encadrée entre deux plates-formes continentales.

La Mésogée est formée par une série de fosses d'effondrement qui se produisent successivement et où s'accumulent d'énormes épaisseurs de sédiments possédant une nature particulière et une faune spéciale.

Les plates-formes continentales sont tour à tour envahies et abandonnées par les eaux marines : il s'y produit surtout des effondrements linéaires; les dépôts y ont en général un caractère néritique qui les distingue à première vue de ceux de la zone mésogéenne.

Puis les dépôts épais accumulés dans cette dernière, comprimés entre les Vorlands, sont énergiquement plissés et donnent naissance à un nouveau système de chaînes de montagnes, tandis que les plates-formes continentales, restant insensibles aux efforts de plissement, sont morcelées par des fractures en compartiments qui jouent les uns par rapport aux autres dans le sens vertical.

De nouveaux effondrements se produisent alors au sein de la zone plissée, parfois entamant même les Vorlands; ils donnent naissance à une nouvelle Mésogée.

Après chaque période de plissements, la Mésogée se rétrécit et les plates-formes continentales s'accroissent par l'adjonction sur leurs bords d'une partie des zones plissées.

Après la surrection des chaînes alpines et les effondrements qui l'ont suivie et se sont succédé jusqu'à l'époque actuelle, la Mésogée est réduite à la Méditerranée.

Mais les plates-formes continentales, en même temps qu'elles s'agrandissent aux dépens de la Mésogée, sont fracturées par de grandes failles, et certaines de leurs parties s'abîment en profondeur jusqu'aux régions abyssales des Océans.

C'est surtout pour le Vorland septentrional que nous avons pu vérifier cette évolution; nous ne sommes pas encore en état de dire si elle s'applique dans toute sa rigueur au Vorland méridional, au continent africain, dont la constitution nous est encore trop peu connue.

Il est fort probable aussi que l'évolution géographique de la partie orientale de l'ancien continent appartient au même type, mais les documents nous manquent également pour que nous puissions l'affirmer avec assurance.

Nous voyons bien la chaîne du Zagros s'appuyer contre le massif stable formé par les plaines de l'Arabie et la chaîne de l'Himalaya contre un des lambeaux de l'ancien continent de Gondwana, la péninsule de l'Hindoustan. Dans cette dernière, on connaît des chaînes fort anciennes, la chaîne des Arvali, constituée par des gneiss, des schistes et des quartzites plissés, au pied desquels s'étalent en discordance les couches horizontales de Vyndhian rapportées par certains géologues au Cambrien. Ce système montagneux est donc de date bien antérieure aux plissements hercyniens, et pourtant, entre lui et les chaînes himalayennes, il n'en existe aucun autre d'âge intermédiaire.

Nous rencontrons donc ici une circonstance qui nous rappelle la position de ce tronçon du bourrelet alpin appuyé directement contre la plate-forme russe, circonstance due probablement à ce fait, que les effondrements mésogéens avaient mordu sur la plate-forme de l'Hindoustan, de même que, dans l'Est de la Méditerranée actuelle, une des fosses d'effondrement a entamé la plate-forme africaine.

D'un autre côté, la structure générale de l'énorme faisceau de chaînes qui occupe le centre de l'Asie est bien différente de celle du système alpin, car, dans le premier, les lignes directrices sont sensiblement parallèles, tandis qu'en Europe les chaînes s'irradient dans les sens les plus divers, séparées les unes des autres par d'anciens noyaux de consolidation.

Nous ignorons également si le massif stable sibérien est absolument comparable au Vorland septentrional des chaînes alpines.

Toutes ces questions attendront probablement longtemps encore une réponse définitive, mais, tout en notant quelques différences, nous sommes en droit de dire que les traits généraux de l'évolution paraissent fort analogues.

Passons aux chaînes qui bordent l'Océan Pacifique et considérons en particulier celles de l'Amérique du Nord, pays dont la constitution est aujourd'hui bien connue, grâce aux travaux des géologues des États-Unis et du Canada.

Le noyau de ce continent, ayant la forme d'une ellipse allongée dans la direction Nord-Sud, consiste en une plate-forme de sédiments paléozoïques qui tous ont conservé leur horizontalité et ont été seulement affectés par des failles; vers son milieu, apparaissent au jour les couches archéennes mises à nu par des érosions; à leurs affleurements correspond cette région que M. Suess a appelée le *Bouclier canadien.*

Celui-ci est donc entouré par une ceinture de sédiments paléozoïques horizontaux qui, à l'Est, s'étendent jusque vers l'embouchure du Saint-Laurent, à l'Ouest jusqu'au pied des Montagnes Rocheuses et au Nord jusque vers le 79e degré de latitude.

A l'Est, une chaîne très ancienne, antécarboniférienne, située sur la rive droite du Saint-Laurent, limite la zone des terrains horizontaux. Au Sud des monts Adirondacks et immédiatement à l'Ouest de l'extrémité de cette première chaîne s'en trouve une autre plus récente, celle des Appalaches d'âge postcarboniférien.

Les plissements y affectent une énorme épaisseur de sédiments en majeure partie détritiques et qui, à ce point de vue, n'ont aucune analogie avec les roches mésogéennes des chaînes de l'Eurasie.

La chaîne des Appalaches paraît s'être appuyée à l'Est contre un massif continental, dont la formation remonte probablement au moins à l'époque de la surrection de la chaîne antécarboniférienne. C'est l'Atlantide dont j'ai déjà eu l'occasion de parler : les arguments en faveur de son existence sont principalement étayés sur la nature des sédiments paléozoïques au voisinage de la côte atlantique actuelle et leur origine lagunaire ou même continentale. Au cours des temps mésozoïques et pendant une grande partie de l'ère tertiaire, un continent s'est donc élevé précisément dans la région occupée aujourd'hui par les eaux atlantiques, tandis que la mer était à l'Ouest, c'est-à-dire sur l'emplacement même du continent actuel.

La chaîne des Appalaches, se recourbant à son extrémité méridionale vers l'Ouest, s'est prolongée au delà du Mississipi, à travers l'Arkansas et les territoires indiens, jusqu'aux environs du 100e méridien (Greenwich) et probablement de là se dirigeait vers le Nord; elle s'est moulée, sur le bord de la plate-forme, de terrains paléozoïques horizontaux qui constituent le noyau de l'Amérique du Nord.

Plus tard, vers la fin des temps jurassiques, a pris naissance une large zone de plissements comprenant les Basin Ranges, la Sierra Nevada et les Coast Ranges.

Enfin, à une époque plus récente, après le dépôt des sédiments crétacés, une nouvelle chaîne s'est dressée, mais, cette fois, c'est à l'Est de la précédente, s'intercalant entre elle et la plate-forme centrale.

Nous ne retrouvons donc pas ici la même régularité de succession qu'en Europe, où les zones de plissement reculent graduellement et régulièrement vers le Sud. Si, par exemple, nous les numérotons dans l'ordre de leur formation, en commençant par les plus anciennes, nous aurions, en Europe, du Nord au Sud, la série 1, 2 et 3, et dans l'Amérique du Nord, en allant de l'Est à l'Ouest, la série 1, 2, 4 et 3.

De plus, la structure des chaînes américaines est fort différente de celles de l'Europe : dans ces dernières, la région plissée comprend un certain nombre de bourrelets divergeant et se ramifiant en divers sens; dans l'Amérique du Nord, chaque système est constitué par une série de plissements sensiblement parallèles.

De ce côté, le continent s'est donc accru par de longs rubans qui sont venus s'ajouter les uns aux autres sur le bord pacifique.

A ce point de vue, l'Océan Pacifique est, en quelque sorte, l'homologue de la Mésogée européenne et a joué le même rôle qu'elle.

Cette analogie se complète si nous considérons que, sur le littoral opposé, d'autres chaînes forment également la bordure du massif continental.

Nous pouvons alors dire que l'Océan Pacifique s'est comporté comme une Mésogée comprise entre deux massifs continentaux situés à l'Est et à l'Ouest : le premier est l'Atlantide, auquel se sont soudées une série de bandes plissées ; l'autre est le massif sibérien, contre lequel se sont appuyés les plis de la bordure du Pacifique.

La marche de l'évolution orogénique et tectonique pour cette partie du globe semble ainsi pouvoir se résumer dans la formule déjà énoncée précédemment : une Mésogée encadrée entre deux Vorlands contre lesquels viennent s'appuyer les bourrelets formés par les plissements des terrains mésogéens.

De la sorte, les principaux traits tectoniques de notre sphéroïde se grouperaient autour de deux Mésogées dont les axes sont sensiblement perpendiculaires.

D'ailleurs, il semble bien que, d'une manière générale, les noyaux continentaux se sont accrus sur *tous leurs bords* par l'adjonction de zones plissées. Ainsi, au Nord des terrains horizontaux paléozoïques et secondaires qui entourent le Bouclier canadien, on a reconnu sur les bords du Smith Sound et du Kennedy Channel, entre 79 et 82 degrés de latitude Nord, une large bande de terrains archéens (Rawson beds) et siluriens fortement plissés suivant la direction Nord-Est.

De même, au Sud de l'ancien continent de Gondwana, nous voyons à l'exmité de l'Afrique, près du Cap, reposer sur les schistes plissés de Malmesbury, probablement siluriens, les grès horizontaux de la montagne de la Table et les schistes fossilifères de Bokkeweld, d'âge dévonien.

Plus à l'Est nous observons, du continent australien jusqu'à la Nouvelle-Zélande et la Nouvelle-Calédonie, une suite de plissements concentriques d'âges divers et d'autant plus récents qu'ils sont plus éloignés du continent.

Tous ces faits démontrent que les zones de plissement ont entouré d'une manière plus ou moins continue les anciens noyaux continentaux, mais pour beaucoup d'entre elles nous n'en connaissons plus aujourd'hui que des fragments isolés les uns des autres à la suite des effondrements qui ont morcelé les continents.

HISTOIRE DES TEMPS CRÉTACÉS.

J'avais l'intention de résumer ici l'histoire de la terre, en partant du début des temps primaires, et de montrer comment ses diverses phases rentrent dans le cadre précédemment tracé; mais je n'ai pas tardé à m'apercevoir que, malgré mon désir d'abréger, j'étais entraîné beaucoup plus loin que je ne l'aurais voulu. Aussi, pour ne pas trop allonger ce chapitre, je me bornerai à la période crétacée et encore devrai-je laisser de côté bien des détails sur lesquels il conviendrait de s'arrêter.

Il nous faut tout d'abord examiner quelle était, vers la fin des temps jurassiques, la répartition de la terre ferme et des mers.

J'ai déjà établi l'existence de deux dépressions marines permanentes, la Mésogée et le Pacifique.

Au Nord, la Mésogée était limitée par une plate-forme continentale qui, de l'Amérique du Nord s'étendait, par le Groënland, la Norvège et la Russie, jusque vers l'extrémité orientale de la Sibérie.

La partie septentrionale de cette plate-forme a été émergée d'une manière presque constante depuis la fin des temps primaires, constituant un continent dont nous reconnaissons aujourd'hui les débris dans le Groënland, le Spitzberg, la Nouvelle-Zemble, l'archipel de la Sibérie, etc. Au Nord se trouvait une dépression qui a formé un bassin marin depuis les temps les plus reculés, comme tendent à le prouver toute une série d'indications concordantes.

Au Groënland, Nathorst vient de découvrir le Silurien et le Dévonien sur la côte orientale, tandis qu'au Spitzberg les grès à Cephalapsis de Lifde bay contiennent, semble-t-il, une intercalation marine due évidemment à une incursion des eaux de cette mer boréale.

Dans l'archipel du Nord de l'Amérique, nous connaissons du Carboniférien marin et, au Spitzberg, le même étage désigné par Heer sous le nom d'Ursien renferme au milieu de ses couches à Plantes une assise marine.

Le Trias marin existe au Spitzberg, au cap Thorsden (Eisfjord) sur la côte occidentale, et en Sibérie près des bouches de la Lena et de l'Olenek.

La présence d'un fossile rhétien (*Rh. fissicostata*) sur la côte orientale du Groënland serait peu compréhensible si l'on n'admettait pas l'existence d'une mer boréale.

C'est elle aussi qui, aux époques du Jurassique inférieur et moyen, a déposé les couches des Îles Patrick dans l'archipel de l'Amérique du Nord, celles de la côte orientale du Groënland, du Spitzberg et de la Terre François-Joseph.

A chaque instant, de nouvelles découvertes viennent compléter cet ensemble de données et, tout récemment, M. Diener, résumant les trouvailles faites par le baron von Toll, nous apprenait que celui-ci avait constaté en Sibérie, sur la chaîne côtière, entre la Lena et l'Olenek, non seulement la présence du Lias à *Am. margaritatus*, mais celle de l'Oxfordien à *Cardioceras;* il signalait en même temps dans les îles de la Nouvelle-Sibérie l'existence de nodules renfermant des Ammonites jurassiques.

Des couches marines d'âge infracrétacé viennent d'être décrites par M. Pompeckj dans l'île du Roi-Charles et étaient déjà connues d'Andö, l'une des Lofoten.

Enfin, sur la côte orientale du Groënland, au Hochstetter Foreland, par 75 degrés de latitude Nord, existent des couches tertiaires d'âge miocène avec débris de coquilles marines semblables à celles recueillies par M. Nathorst à l'Eisfjord, sur la côte occidentale du Spitzberg : faune remarquable, parce qu'elle est composée de genres aujourd'hui étrangers aux régions arctiques et qui rappellent des formes méridionales.

Toutes ces observations établissent donc l'existence d'une mer polaire arctique à laquelle on peut donner le nom de Mer Boréale : contournant le Groënland par le Nord, elle a baigné à diverses reprises les bords du continent septentrional aujourd'hui morcelé par des effondrements relativement récents.

Cette mer, longeant le massif sibérien, communiquait aussi avec le Pacifique, comme en témoignent les découvertes récentes du baron von Toll et les couches à *Cadoceras* de l'Alaska dont M. Pompeckj vient de décrire les différents fossiles; à plusieurs époques, elle est entrée en relation avec la Mésogée par un bras qui venait temporairement s'établir dans la dépression volgienne dont j'ai déjà eu l'occasion de parler.

Faisant en quelque sorte pendant à celle-ci, mais possédant une superficie autrement importante, une mer australe limitait au Sud le massif continental comprenant l'Amérique du Sud, l'Afrique, l'Hindoustan et l'Australie.

La permanence de cette mer est démontrée par les lambeaux marins d'âges divers que nous trouvons sur la bordure de ce continent équatorial.

Dans l'Afrique australe, le Dévonien marin fossilifère n'est représenté que par les schistes fossilifères de Bokkeweld, près du Cap.

Dans la péninsule de l'Hindoustan, nous ne connaissons aucun représentant fossilifère du Paléozoïque marin et, pour en rencontrer, il faut se transporter tout à fait sur la bordure de l'ancien continent, c'est-à-dire dans la partie orientale de l'Australie. C'est, en effet, seulement dans le Queensland, la Nouvelle-Galles du Sud, la Victoria et la Tasmanie, que l'on a découvert jusqu'à ce jour des fossiles marins du Cambrien, du Silurien et du Dévonien. A l'époque carboniférienne, la mer a reculé, et alors se sont déposées des couches à Plantes au milieu desquelles des alternances marines indiquent encore quelques submersions. Puis les conditions continentales ont prévalu vers la fin des temps paléozoïques, et c'est seulement au cours de la période crétacée que la mer est revenue baigner le bord oriental de l'Australie.

Mais, tandis que sur celui-ci la sédimentation marine offre une lacune considérable s'étendant de la fin du Carboniférien au Crétacé, nous voyons, au contraire, à mesure que nous nous éloignons dans la direction de l'Est, la série marine se compléter peu à peu et, en Nouvelle-Zélande comme en Nouvelle-Calédonie, nous observons, du Paléozoïque au Tertiaire, une succession variée de dépôts marins interrompue seulement par quelques intercalations de couches à Plantes.

Vers la fin de l'époque triasique ou les débuts du Jurassique, le continent équatorial a commencé à se disloquer et à se morceler; par les brèches produites, la Mer Australe a pu entrer en communication avec la Mésogée.

L'Océan Indien s'ouvre et c'est alors que se déposent les couches jurassiques observées sur la côte occidentale de l'Australie. Plus tard, la brèche s'agrandira et, se prolongeant vers le golfe de Bengale, permettra le dépôt des couches marines intercalées dans le Gondwana supérieur, puis celui des couches crétacées des environs de Madras et de l'Assam.

Un chenal s'établit aussi entre Madagascar et l'Afrique, entre l'Hindoustan et l'Arabie. D'abord se déposent les couches à *Spiriferina* et *Harpoceras* de Madagascar, dont nous pouvons voir le prolongement dans les gisements de Kirman, en Perse. Plus tard, ce même bras de mer envahira le bord effondré de l'Afrique orientale, où il laissera cette série de couches étudiées par MM. Douvillé, Futterer, Tornquist, G. Müller, et dont les analogies avec les sédiments contemporains de Cutch, sur le bord occidental de l'Hindoustan, ont été depuis longtemps mises en relief.

Ayant ainsi tracé les grands traits de la géographie des derniers temps jurassiques, il nous reste à dire quelques mots d'un groupe de fossiles dont la connaissance a pris une importance prépondérante dans l'étude des terrains mésozoïques : je veux parler des Ammonites. Les opinions sur les conditions de leur existence se sont beaucoup modifiées au cours de ces dernières années et s'écartent notablement aujourd'hui des idées autrefois admises.

Pendant longtemps, ces animaux ont été comparés à l'Argonaute qui tantôt rampe sur le fond de la mer et tantôt nage en se servant de l'entonnoir placé du côté de la carène.

Partant de cette conception, Neumayr, dans ce mémoire paru en 1883 qui fit une si vive impression dans le monde scientifique, pensa que leur distribution géographique résultait de la variation des conditions climatériques et était avant tout une question de latitude, thèse qui ne tarda pas à être combattue par MM. Heilprin (1887) et Pfeffer (1891).

En 1888, dans sa description géologique de la montagne de Lure, M. Kilian, insistant sur ce fait que la faune de Céphalopodes barrémiens des régions méridionale et alpine n'est pas connue dans le Nord de l'Europe, disait simplement que cette absence doit s'expliquer ou par des migrations zoologiques, par des influences climatériques ou bathymétriques, ou encore par l'interruption à cette époque de toute communication entre les mers septentrionales et celles du Midi, mais il n'insistait pas davantage et ne discutait pas ces diverses hypothèses.

En 1895, dans sa note stratigraphique sur les environs de Sisteron, après s'être étendu longuement sur la répartition des diverses espèces d'Ammonites et avoir donné sur ce sujet d'intéressantes et précieuses indications, il examine « l'hypothèse de types littoraux et de types pélagiques parmi les Ammonites et une autre cause de variation de la faune tenant à la latitude ».

Il rejette la première parce qu'il faudrait supposer des mœurs différentes chez des animaux appartenant souvent à un même genre (objection qui me paraît peu décisive), et la seconde parce qu'elle est en opposition avec les faits observés par lui dans le bassin du Rhône, où les espèces à cachet septentrional reparaissent au Sud de la région habitée par les types méridionaux.

« Il pense donc que l'on est en présence de deux groupes de provenance diverse : le premier serait formé d'espèces indigènes vivant dans le voisinage plus ou moins immédiat des côtes et qui appartiendraient en partie à des types de la province septentrionale ; le second comprendrait, au contraire, des formes méridionales (*Lytoceras*) dont les courants ou la plus grande profondeur des eaux auraient facilité l'immigration dans le géosynclinal alpin. »

Mais la théorie de Neumayr continuait à être vigoureusement attaquée, en même temps que les idées sur les conditions d'habitat des Ammonites se modifiaient profondément.

En 1893, M. J. Walther, s'appuyant sur ce fait que le Nautile et la Spirule habitent au fond des mers et sont, suivant une expression aujourd'hui adoptée, des animaux benthoniques [1], exprima le premier, je crois, l'idée que les Ammonites avaient aussi vécu dans les mêmes conditions. Comme pour la Spirule et le Nautile, il admit que leurs coquilles vides seules pouvaient flotter à la surface, poussées par les vagues et formant alors partie du Pseudoplankton [2].

Il développa de nouveau ces idées à ce sujet dans un mémoire publié en 1897.

En 1896, M. A. E. Ortmann, dans un article consacré à la théorie des zones climatériques de Neumayr, admit également que les Ammonites étaient des animaux benthoniques.

En 1897, M. Pompeckj, à l'occasion d'une étude sur le Lias de l'Anatolie, discuta aussi la même question : il montra que dans l'Est de l'Europe et en Asie Mineure on trouve côte à côte deux bandes de gisements liasiques, les uns peuplés par les espèces dites de la zone tempérée et les autres par celles de la zone équatoriale. Il établit que la première devait être considérée comme la bordure littorale de la seconde, et il en conclut que l'on ne pouvait attribuer à des conditions climatériques spéciales les différences existant entre ces deux faunes. En conséquence, il regarda les Phylloceras et les Lytoceras comme des habitants des grandes profondeurs.

En 1898, M. Haug, analysant les mémoires de MM. J. Walther et A.-E. Ortmann, admettait que le contraste des faunes de la province méditerranéenne et de celle de l'Europe centrale, au lieu d'être attribué à une différence de latitude, devait être recherché dans une différence de profondeur des eaux.

(1) Le *Benthos* [το βενθος] (Hœckel, 1890) comprend tous les organismes fixés ou se traînant sur le fond de la mer.

(2) Le *Plankton* [πλανκτος] (V. Hensen, 1888), ce qui flotte dans les eaux et est transporté mécaniquement par les courants.

Le *Pseudoplankton* (Hœckel, 1890) comprend les organismes qui font partie du Benthos au début de leur vie et sont plus tard transportés comme le Plankton.

Le *Nekton* (Hœckel, 1890) est composé par les animaux nageurs.

Il estimait que les types les plus caractéristiques de la première (*Phylloceras*, *Lytoceras*) sont *sténothermes* [1], c'est-à-dire liés à une température constante, tandis que les types communs sont *eurythermes* [1], c'est-à-dire peuvent supporter de grandes variations de température et par conséquent vivre à des profondeurs variables.

Il est peut-être téméraire de parler de différences de température, même au sein des mers, pour une époque où il ne semble pas qu'une différenciation des climats se fût encore produite, car les arguments invoqués à cette occasion par M. Haug en faveur de la thèse de Neumayr ne me paraissent pas absolument démonstratifs, et les faits cités peuvent s'expliquer d'autres manières [2]. Il serait donc préférable de ne pas employer les épithètes de « sténotherme » et d'« eurytherme », et puisque, aujourd'hui, l'accord semble s'établir sur ce point que la distribution des Ammonites dépend en grande partie de la profondeur, il conviendrait de dire simplement, sans en rechercher la cause, que les Phylloceras et les Lytoceras étaient des animaux bathyaux, tandis que les espèces communes aux parties profondes de la Mésogée et aux zones néritiques étaient des types indifférents.

Cet ensemble de considérations semble en tout cas bien démontrer que les Ammonites n'ont pas été des animaux pélagiques, mais qu'elles ont vécu au fond des mers; il en résulte que, le plus souvent, nous devons trouver leurs coquilles là même où elles ont habité.

Les données fournies par l'observation confirment cette manière de voir, et nous pouvons ainsi nous expliquer comment, au même niveau et en des gisements assez voisins, les faunes de Céphalopodes ont parfois une composition et un aspect absolument différents. Souvent il arrive aussi que, dans une station, une seule espèce prédomine, représentée alors par une multitude d'individus de tailles variées, alors qu'en une autre existe une accumulation d'échantillons appartenant à une autre espèce.

[1] Expressions proposées par Möbius, 1876.

[2] M. de Lapparent (*Traité de géologie*, 4e édition) professe des idées analogues. Il admet que l'exode méridional des formations coralligènes indique qu'au début des temps suprajurassiques a commencé à s'établir la différenciation des zones de climat. Il serait trop long de discuter cette question sous ses divers aspects : je me bornerai à faire observer qu'une haute température n'est pas la seule condition nécessaire pour le développement des Polypiers constructeurs et que d'autres facteurs interviennent encore. Je suis plutôt porté à croire que le recul vers le Sud des formations coralligènes résulte du mouvement relatif d'exhaussement qui commençait à se produire dans le Nord et des apports vaseux venant des terres septentrionales.

En outre, rien n'empêche d'admettre que, si la décomposition des parties molles de l'animal s'est faite rapidement ou si l'entassement des sédiments s'est produit assez lentement, les coquilles ont pu arriver à flotter à la surface et être alors disséminées à de grandes distances; c'est ainsi qu'aujourd'hui on trouve des coquilles de Spirules fort loin de leur lieu d'origine.

Poursuivant les conséquences de la conception précédente, nous verrons que la répartition des Ammonites doit varier non seulement selon les zones bathymétriques, mais aussi selon le facies des couches, puisque ces animaux ont vécu sur le fond de la mer et que leur distribution a certainement été en rapport avec l'ensemble des conditions biologiques propres à chaque station, conditions qui, aujourd'hui, trouvent en partie leur expression dans le facies des dépôts; par conséquent, les associations d'espèces et de genres devront varier d'un gisement à un autre.

L'observation confirme également cette déduction, comme le prouve le travail si intéressant et si concluant à cet égard de M. Kilian (1895), dans lequel il a établi de la manière la plus précise et la plus détaillée la composition de diverses faunes synchroniques de Céphalopodes et montré leurs relations constantes avec les facies des terrains qui les renferment. Il serait facile de multiplier ces exemples, mais je me bornerai à en citer un autre que j'ai eu l'occasion de vérifier bien souvent : la faune d'Ammonites qui peuple les marnes à Spongiaires du Jurassique moyen ressemble bien peu à celle des calcaires vaseux lithographiques de même âge.

Dans cet ordre d'idées, il n'est donc plus permis de parler, tout au moins en ce qui concerne les Céphalopodes, d'une province méditerranéenne et d'une autre de l'Europe centrale, car, en réalité, on a une faune unique dont les divers éléments se répartissent selon les zones bathymétriques et selon les facies. En revanche, on pourra parler, à l'époque du Jurassique supérieur, d'une province volgienne.

Je suppose donc que nous sommes arrivés vers la fin des temps jurassiques.

Examinons comment s'établit, à ce moment, la distribution géographique des Céphalopodes.

Tout d'abord, nous voyons la Russie habitée par une faune possédant une physionomie bien spéciale due à l'absence presque complète des genres d'Ammonites et de Bélemnites qui peuplent l'Europe centrale et méridionale. En outre, sur cette même aire pullule un genre particulier de Lamellibranches, les Aucelles, qui paraissent dériver des Avicules. On a souvent qualifié cette faune de « polaire » : c'est lui donner une origine fort contestable, car les gisements connus des régions arctiques sont d'âge plus récent que les dépôts de la Russie, où cette faune est apparue pour la première fois. Il est donc préférable d'adopter une autre expression, et celle de *volgienne* paraît tout indiquée pour rappeler son développement spécial sur les bords de la Volga.

L'autonomie de cette province avait commencé à se dessiner vers les époques callovienne et oxfordienne; à ce moment, elle renfermait encore un grand nombre des types de l'Europe centrale et occidentale, mais déjà apparaissaient les premiers représentants de ce groupe de Bélemnites appelées par M. Pavlow *Infradepressi,* groupe destiné à prendre dans la mer volgienne une extension si considérable vers la fin des temps jurassiques. Quelques individus ont bien pénétré dans l'Ouest, mais ce sont des raretés : on a cité *Bel. Puzosi* de Dives, et j'en ai moi-même recueilli des fragments dans les couches à *Cardioceras cordatum,* à Neuvizy (Ardennes), et plus au Sud jusque dans la haute vallée de la Meuse, aux environs de Commercy.

On a souvent dit que la province volgienne était caractérisée par l'abondance des *Cardioceras* devenant plus rares dans l'Ouest de l'Europe et faisant défaut dans le Midi. C'est une erreur : le *Cardioceras cordatum* est au moins aussi abondant à Neuvizy qu'aux environs de Rjasan; il n'est pas rare non plus à Villers (Calvados) et en Provence, et on le retrouve au mont Hermon, en Syrie. Les argiles à *Cardioceras Suessi,* qui se montrent non loin de Rjasan, dans les berges de l'Oka, à Nikitino, à Spassk et à Kouminskoïé, offrent la plus grande analogie avec les argiles de l'Oxfordien inférieur de la Haute-Marne et du Jura : c'est une faune composée de petits individus d'Ammonites; mais, en Russie, les *Cardioceras* seraient plutôt moins abondants qu'en France; des deux côtés, on trouve les mêmes petits *Peltoceras,* mais, à Rjasan, j'ai rencontré fort peu de *Perisphinctes* et aucun de ces *Neumayria,* si nombreux dans l'Ouest de l'Europe et récemment décrits en partie par M. de Loriol dans les mémoires de la Société paléontologique suisse; mais nous savons par les travaux de M. Bukowski que, s'ils sont absents dans le Centre et l'Est de la Russie, ils existent en Pologne dans les couches de Czentoschau.

A l'époque callovienne, c'est le développement du genre *Cadoceras* qui semble vraiment caractériser la province volgienne, car il est fort rare et représenté seulement par un petit nombre d'espèces et d'individus en Allemagne, en Angleterre et en France. Il est très abondant en Russie, et les récents travaux de M. Pompeckj viennent de nous faire connaître avec quelle richesse de formes il a aussi peuplé les régions polaires dans la Terre François-Joseph et dans l'Alaska.

La distinction de la province volgienne ne devient tout à fait tranchée que vers le début des temps portlandiens.

Les couches à *Ammonites Eudoxus* et *Am. pseudomutabilis*, qui caractérisent les derniers temps kimméridiens, ont une extension considérable : en France, elles se trouvent à la fois dans le Nord et dans le Midi; M. Michalski les a découvertes en Pologne, et M. Pavlow sur les bords de la Volga.

Après le dépôt de cette zone, les nouveaux sédiments qui se forment en Russie contrastent avec ceux du midi de l'Europe, à la fois par la nature de leur faune et celle de leurs sédiments. Ce sont des argiles de couleur foncée, grises ou noires, plus ou moins sableuses, renfermant en général de nombreuses Ammonites transformées en phosphorite et revêtues extérieurement d'un enduit nacré brillant. Le facies de ces dépôts est absolument semblable à celui des argiles à phosphorites du Gault, qui, dans l'Est de la France, viennent reposer transgressivement sur le Jurassique. Les couches albiennes de Machéromenil (Ardennes) m'ont complètement rappelé les couches à *Virgatites* et à *Craspedites* que M. Pavlow nous a montrées aux environs de Moscou, dans les talus des rives de la Moskowa. De part et d'autre, la composition de la faune présente les mêmes caractères par la prédominance, d'abord des Céphalopodes, puis des Lamellibranches, et par la rareté relative des Gastropodes et des Brachiopodes.

La seule différence consiste dans l'extrême abondance des Bélemnites en Russie, mais elle s'explique naturellement si l'on veut bien se souvenir que ce groupe est en déclin à l'époque albienne.

Une multitude d'Aucelles donne aussi une physionomie spéciale aux couches volgiennes; il y a là encore une analogie frappante avec les couches albiennes des Ardennes qui renferment de nombreux exemplaires d'*Inoceramus*, genre fort voisin d'*Aucella*, auquel il succède dans le temps et dont il semble dériver.

Par leur richesse en Aucelles se rattachent à la province volgienne les couches de la bordure orientale du Pacifique. Ces fossiles ont été signalés dans les îles Aléoutiennes et dans l'Alaska. Ils sont abondants à l'île de la Reine-Charlotte, où *Aucella skidegatensis*, Whiteaves, paraît identique à *A. Pallasi*; dans les couches de la Kootanie series de la Colombie anglaise; dans les couches de Knoxville de la Californie, l'Orégon et l'État de Washington, avec *A. crassicolis* et *A. Piochii* qui rappelle *A. mosquensis*, et enfin dans les couches de Mariposa de la Sierra Nevada.

Cette mer à Aucelles se serait étendue encore plus au Sud, car, en 1890, M. Nikitin nous a fait connaître la présence à San Luis de Potosi (Mexique), par 22 degrés de latitude Nord seulement, la présence d'*Aucella Pallasi*, type et var. *plicata*, dans des concrétions noires de phosphorite provenant d'argiles sableuses gris-violet.

Dans ces divers gisements, les Aucelles sont associées à des Ammonites qui rappellent des formes russes (*Virgatites, Polyptychites, Craspedites*), mais il s'y trouve en même temps des espèces tithoniques caractéristiques de la province mésogéenne et en particulier des *Lytoceras* et des *Phylloceras*. Nous n'avons donc plus là le type volgien pur, mais un type mixte.

La communication entre la mer qui baignait la Russie et le Pacifique a pu avoir lieu soit par la Mer Polaire, soit par la Mésogée.

Dans les régions polaires, le type volgien existe à l'île de Kuhn, sur la côte orientale du Groënland, aux Lofoten, au Spitzberg, à la Terre François-Joseph et dans le Nord de la Sibérie. La Mer Polaire n'a d'ailleurs été reliée à la mer russe qu'à une époque assez tardive par la Nouvelle-Zemble et le bassin de la Petschora.

Dans la Mésogée se montrent parfois quelques immigrants appartenant à la faune volgienne. M. Pompeckj vient d'établir (1901) qu'à son voisinage, en Franconie, de l'Oxfordien au Kimméridien, les Aucelles sont représentées par la même succession de formes qu'en Russie. Auparavant (1897), M. Antonio Abel avait découvert, dans un klippe de la Basse-Autriche, des Aucelles et des Virgatites associés à une faune franchement tithonique.

Plus à l'Est, en Crimée, M. Karakash a trouvé *Am. versicolor* au milieu d'un Néocomien alpin, et une forme analogue du Caucase a été décrite par lui sous le nom de *Perisphinctes Inostranzewi*. A Mangichlak et à Tours-Kyr, des Aucelles ont été trouvées avec une faune néritique de Lamellibranches et de Gastropodes rappelant celles du Kimméridien et du Portlandien de l'Ouest de l'Europe. En Perse, à l'Est du lac Ourmia, M. Weithofer a signalé des *Olcostephanus* rappelant des espèces du Hils et de la Russie. Dans la région himalayenne, les Couches de Spiti offrent certainement des affinités volgiennes.

Ainsi, dans la Mésogée, nous voyons apparaître un certain nombre de représentants de la faune volgienne qui offrent un grand intérêt, parce qu'ils nous montrent que des communications existaient entre cette mer et celle de la Russie et qu'ils sont susceptibles de fixer les rapports entre les couches des deux régions. Toutefois, dans la partie européenne de la Mésogée, le caractère de la faune est essentiellement tithonique et les immigrants volgiens sont des raretés. Il n'en est peut-être pas de même plus à l'Est (Asie), où semble exister un type mixte, mais les renseignements que nous possédons de ce dernier côté sont encore insuffisants pour nous édifier complètement à cet égard.

Par la Nouvelle-Calédonie et la Nouvelle-Zélande, où l'on a cité des Aucelles, la faune volgienne a pu pénétrer dans la Mer Australe, qui a déposé dans le Sud de l'Afrique les Couches d'Uitenhage. Celles-ci, par leurs Aucelles et certains de leurs fossiles, Ammonites et Bélemnites, se rattachent au type volgien. Elles sont caractérisées en même temps par un groupe spécial de Trigonies (*Tr. ventricosa, Tr. Smeei*), qui se retrouve, d'une part, sur la bordure pacifique de l'Amérique du Sud et, de l'autre, pénètre vers le Nord, jusque dans l'Hindoustan; on l'y observe sur la côte orientale, au milieu des Couches de Rajmahal, et sur la côte occidentale, dans les Couches d'Oomia. De ce dernier côté, aux environs de Cutch, à un Jurassique avec types alpins (*Phylloceras, Lytoceras*) succède un nouvel horizon renfermant *Am. Bleicheri* et *Am. occultefurcatus* voisin d'*Am. Boidinei*, c'est-à-dire des formes volgiennes.

Outre la province volgienne et la province tithonique, cette dernière s'étendant dans la Mésogée, du Mexique où elle a été décrite pour les environs de Puebla par MM. Félix et Lenk, à travers l'Europe et l'Afrique jusque dans les régions asiatiques, et des aires à faunes mixtes comme celles de la bordure du Pacifique, nous trouvons un quatrième territoire qui, vers les débuts du Portlandien, offre des caractères spéciaux. Il est peu étendu et comprend seulement le Sud de l'Angleterre, le Hanovre, le Nord de la France, le Jura et l'Aquitaine. Sa faune comprend certains types d'Ammonites que nous ne connaissons ni de la province volgienne, ni de la province tithonique. Ce sont des Ammonites de très grande taille, désignées sous les noms d'*Am. gigas, Am. portlandicus*, etc. Quelques espèces volgiennes, à l'état de raretés d'ailleurs, s'y montrent associées aux précédentes. On pourrait lui donner le nom de *province portlandienne*.

Toutefois son existence a été très éphémère, car, dès le début du Portlandien moyen, alors que s'accentue le mouvement qui va amener l'émersion de la plus grande partie de l'Europe, les éléments volgiens envahissent complètement le territoire resté encore sous les eaux dans le Nord : c'est le moment où se déposent dans le Boulonnais les argiles à *Ostrea expansa* avec leur faune d'Ammonites du genre *Virgatites*.

L'Europe septentrionale n'est plus baignée que par un bras de mer vraisemblablement allongé de l'Ouest à l'Est et relié à la mer volgienne. La situation rappelle à ce moment celle de la fin des temps carbonifériens, alors que la mer couvrait une grande partie de la Russie et que l'Ouest de l'Europe était presque entièrement émergé ; du pays de Galles jusqu'en Silésie, et probablement jusqu'au Donetz, se formait une longue bande de dépôts houillers au milieu desquels des intercalations à fossiles marins montrent que les eaux salées n'avaient cependant pas tout à fait abandonné ces contrées.

La Mésogée est, vers la fin des temps jurassiques, presque strictement limitée à la région qui sera plus tard affectée par les plissements alpins ; elle constitue ce que l'on peut appeler la *province tithonique*. Dans les parties profondes se déposent soit des calcaires à *Aptychus*, soit des calcaires à silex et à Radiolaires, soit des calcaires souvent bréchoïdes et parfois colorés en rouge, qui renferment une nombreuse faune d'Ammonites : aux *Perisphinctes*, *Hoplites*, *Neumayria*, *Oppelia*, *Waagenia*, *Phylloceras*, *Lytoceras*, s'adjoignent des Bélemnites plates et les représentants d'un genre de Brachiopodes, *Pygope*, spécial à cette province. Cette faune, privée de ses éléments bathyaux, se retrouve sur les parties des socles continentaux encore baignées par des annexes de la Mésogée.

Sur la bordure de celle-ci et au voisinage des terres qui émergent de ses eaux, s'édifient des massifs coralligènes caractérisés par le développement des *Heterodiceras* qu'accompagnent de nombreuses Nérinées (*Itieria*) ; d'autres dessinent des lignes de moindre profondeur, destinées en général à devenir les axes de futurs plissements.

L'émersion de la fin des temps jurassiques, grâce à laquelle la plus grande partie de l'Europe est amenée à l'état continental, résulte de mouvements orogéniques dont viennent témoigner les éléments détritiques entrant dans la composition des roches sédimentaires. Ils apparaissent dès le début du Portlandien (Portland Sand, sables de Portland; galets des couches à *Trigonia Pellati* de la Crêche, près Boulogne ; poudingues à galets de roches anciennes du Pays de Bray ; poudingues de Besançon à gros galets de calcaire bathonien). Dans le Boulonnais, le caractère détritique est encore bien prononcé au Portlandien moyen dans les argiles de la zone à *O. expansa* qui renferment plusieurs lits de galets provenant des roches primaires; il convient de signaler plus particulièrement celui qui correspond au Coprolit bed de Speeton et qui est représenté, près de Boulogne, par un lit de concrétions et d'Ammonites phosphatées du genre *Virgatites*.

Les mouvements orogéniques dont nous trouvons ainsi la trace dans le Nord de l'Europe ne sont que le contre-coup très atténué de plissements plus intenses qui se produisent à peu près au même moment dans l'Amérique du Nord, sur le bord pacifique. Les chaînes de la Sierra Nevada et des Coast Ranges sont, comme nous l'ont démontré les travaux des géologues américains, d'âge antécrétacé : les couches de Washita et de Chico y reposent en discordance sur une série plissée dont l'âge doit permettre de fixer la date du phénomène orogénique. Mais le niveau précis des dernières couches redressées et celui des premiers sédiments non dérangés ne sont pas encore déterminés avec certitude.

Dans la Californie centrale, sur le versant occidental de la Sierra Nevada, au sommet de la série plissée, on trouve les Couches de Mariposa (Mariposa slates ou Gold belt series) que leur faune permet de classer dans le Jurassique; M. Hyatt pense qu'elles montent jusque dans le Tithonique, tandis que M. Haug repousse cette manière de voir et croit que l'assise de Mariposa ne peut être plus récente que le Kimméridien, parce qu'elle renferme un *Cardioceras* (*C. dubium*, Hyatt), genre qui n'arrive pas dans le Portlandien; d'ailleurs, pour lui, le reste de la faune montre surtout des affinités séquaniennes et kimméridiennes.

Cette remarque n'est pas décisive : d'après M. Hyatt, le *C. dubium* est oxfordien, mais ce savant signale en outre, il est vrai, *C. Beaugrandi*, espèce du Kimméridien qui ne me paraît présenter aucune différence avec *C. alternans*. Les Couches de Mariposa iraient donc de l'Oxfordien au Kimméridien, mais comme nous ne connaissons pas la distribution verticale des diverses espèces dans cette série, nous ne pouvons affirmer qu'elle ne dépasse pas ce dernier étage et nous ignorons si elle se termine avec le niveau à *C. Beaugrandi* (= *alternans*).

Quant aux Couches de Knoxville, base de la série discordante et transgressive, dont la faune a été récemment étudiée par M. T. W. Stanton, elles sont classées par les géologues américains dans l'Infracrétacé. M. Haug, par contre, est d'avis que leur partie inférieure correspond certainement au Portlandien supérieur. Il admet, en conséquence, que le plissement des chaînes californiennes a eu lieu immédiatement après le dépôt du Kimméridien et avant celui du Portlandien supérieur.

Une telle précision me paraît prématurée, et je crois qu'il est plus prudent de dire, avec les géologues américains, que, dans l'Amérique du Nord, le plissement des chaînes de la bordure du Pacifique est d'âge antécrétacé. D'ailleurs, fort probablement, les mouvements orogéniques se sont continués pendant une assez longue durée et, dans le Nord de l'Europe, où ils sont d'ailleurs moins accentués, nous les voyons se produire dès le début du Portlandien; il me serait facile de montrer qu'ils avaient déjà été précédés par d'autres.

En même temps que ces mouvements préparent l'émersion à peu près complète du Nord de l'Europe et de l'Amérique du Nord, c'est-à-dire de la plus grande partie de la plate-forme septentrionale, nous pouvons constater en beaucoup d'autres points des mouvements en sens inverse indiqués par des transgressions qui amènent le Tithonique à reposer, souvent en discordance, sur des terrains plus anciens.

Dans la Chaîne Métallifère, dans l'Apennin, dans les Alpes Occidentales, Centrales et Orientales, un grand nombre d'auteurs, qu'il serait trop long de citer tous, ont montré la superposition directe du Jurassique supérieur au Callovien, au Lias, au Trias, ou même aux terrains paléozoïques ou cristallins. Dès 1886, M. Vacek avait déjà attiré l'attention sur cette discontinuité dans la série jurassique et, depuis lors, bien d'autres faits analogues ont été signalés dans des travaux plus récents.

Dans les Carpathes, les Balkans, la Dobroudja, la Crimée et le Caucase, on connaît de nombreux exemples de la transgression tithonique.

Plus à l'Est encore, d'après M. Weithofer, en Perse, près du lac Ourmia, le Jurassique supérieur repose sur le Lias.

Au Mexique, des calcaires noirs avec Perisphinctes tithoniques surmontent des calcaires marneux à Arietites.

Dans le Chili et l'Argentine, le Tithonique, débutant par un conglomérat de base, vient recouvrir trangressivement le Callovien, le Bajocien ou le Lias.

Dans le Péloponèse, M. Douvillé, rappelant d'anciennes observations de Boblaye, a montré que le Jurassique supérieur coralligène succède immédiatement au Trias.

La transgression tithonique a encore été observée en Tunisie par M. Aubert, puis par MM. Ficheur et Haug.

Ainsi l'histoire des derniers temps jurassiques nous apporte la preuve manifeste de la coexistence de mouvements orogéniques, de régressions et de transgressions.

L'émersion, que nous avons vu commencer à se dessiner vers les débuts de l'époque portlandienne, s'accentue peu à peu, et bientôt tout le Nord, le Centre et l'Ouest de l'Europe passent à l'état continental; seul un bras de mer persiste encore partant de la Russie et se prolongeant jusque dans le Yorkshire et le Lincolnshire.

Les Couches de Purbeck se déposent alors dans le Dorsetshire, composées à la partie inférieure d'assises marines ou saumâtres alternant avec des couches lacustres et se terminant par le Marbre de Purbeck, formation purement d'eau douce avec *Cypris, Paludina, Physa, Limnœa,* etc. Un régime analogue s'établit dans le Hanovre et, des deux côtés, la présence de marnes argileuses bariolées, semblables à celles du Trias, avec amas de gypse et de sel, nous révèle l'existence de bassins d'évaporation analogues à celui du Kora-Boghaz sur les bords de la Caspienne.

Là se forment aujourd'hui, sous nos yeux, des dépôts de même aspect et de même constitution que ceux du Keuper, ainsi que nous l'a montré la curieuse série d'échantillons exposés, en 1897, à Saint-Pétersbourg.

Les travaux récents de M. Glangeaud ont appris que les mêmes particularités se retrouvaient dans les Charentes, et nous savons aussi que, dans le Jura, les Couches de Purbeck renferment des marnes gypsifères avec cristaux de quartz.

A ce moment, tout le Nord de l'Espagne est émergé, et M. Choffat a montré qu'en Portugal, du Nord des Berlengas jusqu'au cap Mondego, le Jurassique supérieur est représenté par des grès n'ayant fourni que des végétaux terrestres avec quelques rares fossiles lacustres.

Par suite de cette variété des conditions de dépôt, on conçoit qu'il soit fort difficile d'établir la correspondance exacte entre les diverses termes de la série mésogéenne, de la série volgienne et de la série saumâtre et lacustre.

Les recherches approfondies de M. Pavlow semblent démontrer que l'horizon à *Hoplites rjasananis* correspond aux Couches de Berrias et que le niveau à *Polyptychites stenomphalus* appartient au Valanginien inférieur.

Mais de même que la position exacte de la limite entre les systèmes jurassique et crétacé a donné lieu à de longues discussions, lorsqu'il s'est agi de la fixer au milieu de la succession continue des couches mésogéennes, de même l'accord est encore loin d'être établi sur le classement des couches wealdiennes du Hanovre. Alors qu'autrefois elles étaient rangées sans hésitation dans le Crétacé, Struckmann a plus tard soutenu qu'elles devaient être descendues dans le Jurassique, et cette opinion a été adoptée par un certain nombre de géologues. Cependant les travaux récents de M. A. von Kœnen et de ses élèves ont montré que les arguments de Struckmann étaient loin d'avoir la valeur qu'on leur attribuait, et ont prouvé que toutes les observations faites, sainement interprétées, étaient contraires à sa thèse.

Vers le début des temps infracrétacés, la Mésogée s'avance sur le bord de la plate-forme continentale européenne : dans le Jura, on observe tout d'abord une alternance de couches lacustres et marines, puis le régime marin s'établit définitivement accusant ainsi le progrès continu de l'invasion des eaux salées. Il est probable qu'à l'époque hauterivienne la mer s'avançait jusqu'au Pays de Bray.

La faune de Céphalopodes des parties profondes de la Mésogée est constituée à ce moment par des Hoplites, des Holcodiscus, des Holcostephanus, avec des formes attribuées aux Desmoceras, des Phylloceras et des Lytoceras; des Bélemnites plates et des Térébradules trouées (*Pygope*) caractérisent aussi cette association. Sur la bordure n'existe plus qu'une faune dans laquelle les éléments bathyaux ont disparu et composée principalement d'Hoplites et d'Holcostephanus. Ailleurs se forment soit des calcaires à Rudistes où les *Heterodiceras* du Jurassique supérieur sont remplacés par les *Valletia*, soit des calcaires à Radiolitidés comme ceux du Frioul, de l'Istrie et de la Dalmatie. En d'autres points, ce sont des dépôts marneux à Spatangues généralement accompagnés de Lamellibranches et de Gastropodes.

Ces mêmes associations se retrouvent sur les parties immergées de la plate-forme continentale, mais la faune de Céphalopodes est alors très appauvrie et réduite le plus souvent à quelques Hoplites.

Déjà, à cette époque, des mouvements orogéniques commencent à se produire dans la zone mésogéenne du côté des Carpathes, donnant naissance aux Grès de Groditsch et aux Schistes de Teschen. Dans cette région, le facies Flysch date donc du début des temps crétacés; il se poursuit vers l'Ouest, moins bien caractérisé d'ailleurs, jusque dans les Alpes autrichiennes où il est représenté par les Couches de Rossfeld. Vers la fin des temps crétacés, il se développera dans les Alpes Orientales, tandis qu'il se produira seulement à l'Éocène dans les Alpes Centrales et vers le milieu de l'Oligocène dans les

Alpes Occidentales. Nous voyons donc que l'histoire de la chaîne alpine est loin de présenter cette unité sur laquelle on s'est si souvent plu à insister.

En Asie, nous connaissons toute une série de gisements qui jalonnent la Mésogée néocomienne. En Perse, c'est, au voisinage du lac Ourmia, la faune de Gudaïsch à *Holcostephanus* du groupe du *bidichotomus* découverte par MM. Rodler et Strauss et décrite par M. Weithofer; plus loin, dans le Baloutchistan, des couches remplies d'innombrables exemplaires de Bélemnites (*Belemnite shhale*) avec *Bel. pistilliformis, Bel. subfusiformis, Bel. latus, Bel. dilatatus;* puis, dans le Salt Range, au col de Chichali, une argile sableuse noirâtre qui a fourni à Waagen *Holcostephanus Astieri*. Dans la montagne de Sirban, un Néocomien gréseux succède en concordance au Jurassique; plus à l'Est, dans l'Himalaya central, les Schistes de Spiti passent à leur partie supérieure, par transitions ménagées, aux Grès jaunâtres de Gieumal, de sorte que l'on a certainement là des couches néocomiennes.

Nous ignorons comment s'établissait la communication avec le bassin du Pacifique, mais, dans celui-ci, les gisements de la Nouvelle-Zélande et ceux des Rolling down beds du Queensland marquent la liaison avec la Mer Australe.

A cette époque la mer volgienne continue à former une province marine bien distincte de la province mésogéenne et des mers continentales qui s'y rattachent. Quelques espèces de Céphalopodes seulement sont communes aux deux, tels *Oxynoticeras Gevrili*, *O. heteropleurum* et *O. Marcoui*, qui, à Rjasan, se trouvent dans les couches à *Am. stenomphalus* superposées au niveau à *Hoplites rjasanensis;* elles pénètrent jusqu'au Nord de Simbirsk, dans la région d'Alatyr-Kurmish, et y sont accompagnées d'une riche faune dont une partie a déjà été décrite par M. Schtirowsky.

De la mer volgienne se détachait vers l'Ouest un bras qui, passant par le Hanovre, venait baigner le Yorkshire et le Lincolnshire, régions où les travaux de MM. Lamplugh et Pavlow nous ont fait connaître une faune à peu près identique à celle de la Russie. Mais de même que les Couches de Rjasan renferment quelques représentants de la faune mésogéenne, de même M. von Kœnen a reconnu que, dans le Hanovre, la faune volgienne est associée à un certain nombre d'Holcostephanus et d'Hoplites du Sud-Est de la France; on y a même trouvé des Bélemnites plates. Il est difficile de dire par quelle voie se sont faites, dans l'Allemagne du Nord et en Angleterre, les migrations de faunes issues du Jura et de la Mésogée. M. von Kœnen paraît incliner à supposer que la communication s'établissait directement par la Westphalie, mais on peut aussi imaginer avec M. Douvillé qu'elle avait lieu par un bras de mer existant sur l'emplacement actuel de la Manche.

La Mer Volgienne, en transgression vers le Nord, venait par le bassin de la Petschora se relier à la Mer Polaire. Nous connaissons par M. Lahusen ses traces dans la région des embouchures de la Lena et de l'Olenek. M. Pompeckj vient de nous en signaler d'autres à l'île du Roi Charles, où avec diverses Aucelles (*A. Keyserlingi*, *A. crassicolis*, *A. terebratuloïdes*) se rencontrent de nombreuses Bélemnites, dont les unes appartiennent au groupe des *Hastati* (*Bel. jaculum*, *Bel. subfusiformis*, *Bel.* cf. *pistilliformis*, *Bel. obtusiformis*) et les autres au groupe des *Infradepressi* (*Bel. absolutiformis*, *Bel.* cf. *moquensis*, *Bel. brunsvicencis*, *Bel. subquadratus*) : on a donc là un mélange de formes mésogéennes et volgiennes.

La Mer Polaire baignait aussi les îles Lofoten, où Lundgren a depuis longtemps indiqué la présence d'*Aucella Keyserlingi*, espèce infracrétacée, dans les grès d'Andö.

La faune volgienne est encore représentée dans l'hémisphère Nord tout le long de la bordure pacifique du continent américain, dans l'Alaska, à l'île de la Reine-Charlotte, dans la Colombie anglaise et dans les chaînes côtières de la Californie[1]; là, avec de nombreuses Aucelles, on rencontre des Ammonites et des Bélemnites se rattachant aux types russes, mais dans le dernier de ces gisements apparaissent déjà des Desmoceras avec des Phylloceras et des Lytoceras.

Plus au Sud, au Mexique, on observe le même mélange d'espèces vol-

[1] En Californie, le Crétacé est représenté par une série de couches concordantes subdivisées en deux groupes : au sommet, celui de Chico appartenant au Supracrétacé et, à la base, celui de Shasta correspondant à l'Infracrétacé. Ce dernier est lui-même partagé en Couches de Horsetown occupant la partie supérieure et Couches de Knoxville. Celles-ci, renfermant seules des Aucelles, sont caractérisées par une faune de Céphalopodes comprenant des Hoplites, des Simbirskites, des Lytoceras et des Phylloceras : on peut les considérer comme correspondant au Néocomien et au Barrémien. Dans les Couches de Horsetown, on a distingué deux niveaux fossilifères; le plus inférieur est probablement aptien. Celui du sommet caractérisé par une Ammonite voisine d'*Am. mamillaris*, *Am. Beudanti* et *Am. inflatus*, est nettement albien.

M. James Perrin-Smith a étudié récemment (1899) l'évolution d'une forme de la partie supérieure des Couches de Horsetown qu'il a désignée sous le nom de *Schlönbachia oregonensis*. Les cloisons montrent qu'il ne s'agit pas d'un véritable *Schlönbachia*, c'est-à-dire d'une espèce du groupe de l'*Am. varians*, mais d'un *Mortoniceras*, groupe rattaché à tort au précédent; il est probable que l'*Am. oregonensis* n'est autre que le jeune de l'*Am. inflatus*. En tout cas, ce qui a été dit des stades successifs de l'évolution du genre *Schlönbachia* se rapporte, en réalité, au genre *Mortoniceras*.

giennes et mésogéennes, comme nous l'ont appris les travaux de MM. Nikitin, del Castillo et Aguilera.

Dans l'Amérique du Sud, les couches néocomiennes sont encore mal connues, mais leur existence paraît bien établie par la découverte de quelques fossiles caractéristiques dans la Nouvelle-Grenade, le Chili et la chaîne des Andes; parmi eux, *Crioceras Duvali* paraît être le plus répandu. M. Steinmann a montré que sur la bordure de ce continent existent des représentants d'un groupe de Trigonies caractéristique des dépôts d'Uitenhage et paraissant spécial à la Mer Australe.

Les Couches d'Uitenhage de l'Afrique du Sud, dont l'âge a été discuté et balloté du Jurassique au Crétacé, semblent cependant appartenir, au moins en partie, à l'Infracrétacé : ce sont des schistes et des grès glauconieux, avec empreintes de Cycadées et de Fougères, renfermant des *Holcostephanus* à affinités russes et hanovriennes et des Bélemnites du groupe des *Infradepressi* caractéristique de la province volgienne.

Il est vrai que, non loin de là à Madagascar, un Néocomien avec *Bel. pistilliformis*, *Bel. binervius* et *Bel. polygonalis* semble avoir plutôt des affinités mésogéennes.

D'autres dépôts infracrétacés se trouvent sur le bord affaissé du plateau africain, à l'Est des grandes lignes de dislocation dont j'ai parlé précédemment, à Mozambique, dans le pays du protectorat allemand, à Mombaz et dans le pays des Somalis; ils appartiennent à ce bras de mer qui, vers les débuts des temps secondaires, a établi de ce côté une communication entre la Mer Australe et la Mésogée.

Dans l'Afrique allemande, les gisements explorés par M. Bornhardt et dont la faune vient d'être décrite par M. G. Müller offrent, avec de nombreux Lamellibranches, plusieurs Trigonies en partie identiques et en partie analogues à des formes d'Uitenhage. Ils ont fourni en outre un fragment d'*Holcostephanus*, une belle Ammonite discoïdale rapportée au genre *Placenticeras* (ce qui paraît douteux) et *Bel. binervius*, espèce mésogéenne.

Les Trigonies d'Uitenhage se retrouvent aux environs de Cutch dans les grès à végétaux de la série d'Oomia, sur le bord occidental de la péninsule de l'Hindoustan; sur la côte orientale, elles remontent jusque vers 17° de latitude Nord, un peu au Nord de Coconada, où on les rencontre dans les Grès de Trippetty, sommet des Couches de Rajmahal (Gondwana supérieur). Un peu plus au Sud, à Sripermatoor (Sud-Ouest de Madras), des grès ont fourni des Ammonites rappelant, d'après Waagen, plutôt des types néocomiens que jurassiques.

Nous avons donc là, aussi bien que sur la côte orientale de l'Afrique, des dépôts laissés par les eaux de la Mer Australe qui, pénétrant dans les brèches ouvertes par les dislocations, venaient lécher les bords des fragments de l'ancien continent de Gondwana.

A l'époque barrémienne ont dû se produire des modifications géographiques importantes qui se traduisent par l'apparition d'une faune composée de nouveaux éléments (cryptogènes). Sur de nombreux points de la Mésogée, les eaux diminuent de profondeur, comme en témoigne le développement des calcaires à Rudistes et à Orbitolines; en même temps un recul de la mer se produit sur la plate-forme continentale européenne, compensé plus tard par un nouveau progrès vers la fin des temps barrémiens.

La nouvelle faune mésogéenne est caractérisée par les genres *Pulchellia*, *Silesites*, *Costidiscus* et *Heteroceras*, parmi lesquels le premier est particulièrement intéressant, à la fois parce qu'il paraît être la souche d'un grand nombre de genres supracrétacés et parce qu'il possède, dès son apparition, une énorme extension géographique. On le connaît depuis la Nouvelle-Grenade jusqu'à Koutaïs dans le Caucase, en passant par le Mexique, l'Algérie, l'Espagne, l'Italie, les Alpes occidentales et les Alpes suisses (Altmann), les Carpathes (Wernsdorf) et Dimboviciora en Roumanie (d'après M. Simionescu).

A côté des couches à facies vaseux habitées par les Céphalopodes, se forment, dans les parties moins profondes, des dépôts à Spatangues ou des calcaires zoogènes.

Déjà ces derniers avaient apparu dès le Barrémien inférieur : en 1889, M. Sayn en avait, dans la Drôme, signalé des lentilles au niveau des couches à *Pulchellia*. Depuis lors, MM. Sayn, P. Lory et Paquier ont poursuivi l'étude de ces accidents qui, d'après le résultat des travaux récents de M. Paquier, sont constitués par des calcaires à débris d'organismes divers, dans lesquels les Bryozoaires et les Polypiers sont excessivement rares et parfois introuvables, les Orbitolines plus ou moins fréquentes suivant les cas, ainsi que les Milliolidés et les Algues calcaires.

Mais c'est seulement avec le Barrémien supérieur que les véritables calcaires à Rudistes apparaissent pour prendre une extension encore plus considérable pendant l'Aptien inférieur : ils forment des masses calcaires puissantes jouant un rôle orographique important dans la constitution de certaines régions.

IMPRIMERIE NATIONALE.

Les calcaires urgoniens inférieurs, d'âge barrémien supérieur, sont caractérisés par certaines formes de Caprotinés (*Pachytraga paradoxa*), des *Agria* et *Requienia ammonia*, mais *Toucasia carinata* ne s'y montre pas encore; presque partout, ils se terminent par un niveau marneux à Orbitolines, où *Requienia ammonia* et les *Agria* ont disparu et dans lequel débutent *Toucasia carinata*, *Monopleura trilobata* et les *Matheronia*.

D'après M. Paquier, les calcaires urgoniens se sont déposés au sein d'eaux agitées et peu profondes : là pullulaient les Foraminifères et les Rudistes, qui, par places, se groupaient en colonies; leurs débris, parfois charriés au loin par les courants, pouvaient arriver dans les zones plus profondes où se formaient les vases à Céphalopodes, donnant ainsi naissance à des intercalations accidentelles de calcaires à débris au milieu des couches à Ammonites. Les Polypiers y sont excessivement rares : ce sont essentiellement des vases calcaires à Foraminifères.

Dans la région delphino-provençale, les calcaires urgoniens, d'âge barrémien supérieur, se rencontrent aux environs d'Avignon, d'Orgon, d'Aix et, plus au Nord, dans le Vercors, la Grande-Chartreuse et les Bauges; de là ils se poursuivent en Suisse, où ils ont été reconnus d'une manière précise par M. Sayn dans les couches de l'Altmann.

Ce niveau est-il également représenté dans les calcaires urgoniens du Vorarlberg et des Alpes autrichiennes, étudiés par MM. Vacek et Bittner? C'est ce qu'il est encore impossible de dire.

J'indiquerai un peu plus loin l'extension générale des calcaires urgoniens, lorsque je parlerai de l'Aptien inférieur, car il est le plus souvent impossible, dans l'état actuel des observations, de savoir quelle part il convient de faire dans ces puissantes masses aux dépôts d'âge barrémien ou aptien.

Sur la plate-forme de l'Europe occidentale, la mer est en retrait au début du Barrémien, alors que se déposent les sables et marnes bariolés du Bray et les couches d'eau douce de Wassy; vers la fin de cette époque, elle est revenue vers le Nord et peut-être a-t-elle pénétré jusque dans le Boulonnais, mais la faune des couches que l'on pourrait rapporter à ce moment est si mal caractérisée, qu'il n'y a aucune raison pour ne pas la rattacher aussi à l'Aptien. Cependant, plus au Nord encore, dans l'île de Wight, la base du lower green sand est certainement d'âge barrémien et probablement doit être rattachée à la mer septentrionale qui continuait à baigner le Yorkshire.

De ce dernier côté, la faune est encore nettement volgienne; toutefois on y a signalé *Requienia Lonsdalei*, espèce exclusivement mésogéenne et dont la présence dans ce gisement septentrional a tout lieu de surprendre : M. Douvillé suppose qu'elle est arrivée de la Mésogée par une communication ouverte sur l'emplacement de la Manche actuelle.

La province volgienne a encore conservé à ce moment toute son autonomie, et les fossiles communs avec la Mésogée font absolument défaut ou, du moins, sont d'une extrême rareté : la faune de Simbirsk présente les plus grandes analogies avec celles du Hanovre et du Yorkshire et est principalement caractérisée par un genre d'Ammonites, *Simbirskites*, absent dans la Mésogée. Cependant, dans le Hanovre et le Yorkshire, la présence de grands *Ancyloceras* indique bien l'existence de communications plus ou moins faciles avec les mers plus méridionales.

A l'époque suivante, les modifications déjà esquissées s'accentuent de plus en plus. D'une part, sur les plates-formes continentales, l'invasion marine qui venait de subir un temps d'arrêt fait des progrès rapides; de l'autre, dans la région mésogéenne, des mouvements orogéniques se préparent, accusés par la diminution de profondeur d'un grand nombre d'aires marines sur lesquelles peuvent s'établir des faunes de Rudistes; ailleurs, par un retrait de la mer ou la prédominance des éléments détritiques dans les formations littorales. En même temps, la province volgienne perd l'autonomie qu'elle avait conservée jusqu'à ce jour et une même faune de Céphalopodes s'établit sur toute la terre. Nous rencontrons les *Am. Deshayesi* et *Martini* aussi bien dans la Mésogée que dans le Nord de la France, en Angleterre, au Hanovre, à Saratow sur la Volga, et dans l'Oolithe ferrugineuse infra-trappéenne de Cutch, en Hindoustan. A partir de ce moment, les différences entre les faunes d'Ammonites des diverses régions paraissent être uniquement d'ordre bathymétrique ou dépendre des facies.

L'individualisation si bien caractérisée de la province volgienne est, dans l'histoire de la terre, un phénomène singulier qui peut être mis en parallèle avec celui de la localisation de la flore à *Glossopteris* dans la partie méridionale de ce continent équatorial qui s'étendait du Brésil jusqu'en Australie; pourtant, de même que cette flore australe a eu dans son extension des points de contact avec la flore boréale, de même il a existé des communications entre les provinces volgienne et mésogéenne.

Sur la plate-forme continentale de l'Ouest de l'Europe, l'Aptien, en transgression très prononcée, est constitué soit par des dépôts argileux souvent peuplés de Plicatules et ayant, pour ce motif, mérité le nom d'argiles à Plicatules, soit par des grès plus ou moins grossiers qui trahissent des conditions plus agitées et l'attaque de certains reliefs continentaux : tels sont les grès grossiers à *Am. Milleti* du Cher, les sables verts des Ardennes, le poudingue (*tourtia*) de l'Artois à *Plicatula radiola*, les sables jaunes bariolés avec poudingue à *Am. Milleti* des falaises de la Hève, le lower green sand de l'île de Wight et les graviers ferrugineux de Farringdon; peut-être ces couches appartiennent-elles en partie à l'Albien inférieur. Plus à l'Est, en Hanovre et à l'île d'Helgoland, des couches marneuses et surtout argileuses se déposent à ce même moment.

Pendant la première partie des temps aptiens, les calcaires à Rudistes prennent dans la région mésogéenne une grande extension, ce qui peut être considéré comme l'indice d'une tendance générale à l'émersion; à ce moment continuent à se dessiner certains axes de futurs plissements.

Le développement des Rudistes n'a pu avoir lieu que dans des eaux suffisamment pures, et c'est pourquoi, dans la seconde moitié des temps aptiens, dès qu'apparaissent les sédiments argileux ou sableux, ces animaux disparaissent complètement.

La faune de Rudistes de l'Aptien inférieur a été spécialement étudiée par M. Paquier, qui a montré qu'elle se composait de *Toucasia carinata* de grande taille, de *Requienia ammonia*, de Caprinés, de Caprotinés, de *Stenopleura*, *Horiopleura* et *Polyconites*. Le genre *Schiosia*, considéré jusqu'ici comme cénomanien, a, selon toute probabilité, débuté dès la fin de l'Aptien inférieur.

Pour la première fois, semble-t-il[1], depuis le début des temps infracrétacés, la région pyrénéenne est envahie par les eaux marines. Sur le versant Nord, de la Clape près Narbonne jusqu'à l'extrémité occidentale, on voit alterner les facies marneux et à Rudistes. Sur le versant espagnol, une transgression s'observe aussi, et les calcaires à *Toucasia* ou bien des marnes à Orbitolines et à Spatangues reposent directement sur le Jurassique; à Teruel, dans le Sud de l'Aragon, des calcaires arénacés à Trigonies sont intercalés dans des bancs à Orbitolines et à Heterasters, qui passent latéralement à des calcaires à Rudistes.

De ce côté, se dessine donc une transgression venant du Sud-Est, puisque la mer néocomienne avait précédemment baigné une partie de la province de Valence et les districts de Mora et d'Aliaga, à l'Est de la province de Teruel.

(1) Voir, sur ce point, les réserves exprimées à la page 401.

En Provence, un bombement des couches jurassiques et néocomiennes paraît, vers cette époque, avoir fait émerger une longue bande de terre qui, s'appuyant à l'Est sur le massif des Maures, se dirigeait vers l'Ouest jusqu'aux environs d'Arles.

Par une sorte de compensation, le centre du bassin de la Basse-Provence s'enfonce, de sorte qu'à la Bédoule un Aptien à Céphalopodes succède à un Barrémien à Réquiénies.

Au Nord de la bande émergée, une ligne de faibles profondeurs est indiquée par les massifs d'Orgon et du Luberon qui vont rejoindre ceux de Simiane et de Sisteron, limitant au Sud une dépression qu'à l'exemple de M. Paquier nous pourrons appeler la fosse vocontienne. A Apt, tout l'Aptien est à l'état de marnes et d'argiles remplies de nombreuses Ammonites. Un peu au Nord, un relèvement est indiqué par les calcaires crayeux suboolithiques à Réquiénies du mont Ventoux, tandis que plus à l'Ouest, à Voiron, et plus au Nord, dans le Diois, nous retrouvons un facies à Céphalopodes. Mais, dans le Vercors et la Grande-Chartreuse, des calcaires à Rudistes se déposent, annonçant dans cette région un exhaussement auquel ne tardera pas à succéder une émersion complète.

Le rivage occidental de ce bassin commence à s'ensabler et, de ce côté, les dépôts aptiens sont formés principalement de calcaires gréseux, de marnes sableuses ou même de véritables grès (grès à Discoïdes et à Orbitolines du Gard). Les mêmes circonstances se retrouvent au Nord, à la Perte du Rhône.

La seconde partie des temps aptiens verra une sédimentation argileuse et gréseuse due à des modifications géographiques et orographiques mettre fin partout au régime des vases calcaires à Rudistes.

Les calcaires urgoniens se poursuivent à travers la Suisse (*Schrattenkalk*) jusque dans le Vorarlberg et ont été découverts vers l'extrémité orientale des Alpes autrichiennes par M. Bittner.

Dans les provinces d'Alicante et de Cadix, l'Aptien est représenté par des couches à Orbitolines et à Plicatules et il faut arriver en Algérie pour y retrouver des dépôts bathyaux à Phylloceras et à Lytoceras qui, d'ailleurs, passent latéralement à des calcaires à Rudistes.

Ceux-ci continuent à s'entasser dans la région adriatique, non seulement à l'Est, en Dalmatie et en Istrie, mais vers l'Ouest ils gagnent le Monte-Gargano, Rome, la Calabre et de là s'étendent jusqu'en Sicile (Termini Imerese).

Ailleurs, comme nous l'avons déjà vu dans la région pyrénéenne, le dépôt des calcaires à Rudistes correspond parfois à une transgression : tel est le cas à Héraclée, où des calcaires à *Requienia gryphoïdes* et *Toucasia* reposent directement sur le terrain houiller.

Dans les Carpathes, l'Aptien n'a pas encore été signalé, du moins à ma connaissance ; c'est là, d'ailleurs, qu'à cette époque se produisaient les mouvements orogéniques ayant donné naissance à la chaîne étudiée par M. Uhlig dans les Klippes qui en sont les débris : les terrains transgressifs qui viennent s'appuyer sur les couches plissées débutent, en effet, avec l'Albien.

En Serbie, l'Aptien est représenté par des couches à Orbitolines associées à des conglomérats à Rudistes. Cet étage est encore signalé dans les Balkans, la plaine prébalkanique, en Crimée, dans le Daghestan et à Mangichlak. Plus à l'Est, d'après les explorations de M. de Morgan (1889-1899) et les déterminations de M. Douvillé, son existence est démontrée en Perse, entre Kachan et Ispahan, où a été recueillie une Ammonite voisine d'*Am. Martini*, et à Poucht-e-Kouh (chaîne frontière du Louristan), où a été trouvé *Douvilléiceras Cornueli*. M. Bogdanowitsch avait, d'ailleurs, signalé antérieurement l'Aptien dans les montagnes turcomano-khorassiennes et dans l'Alburs.

De là il faut aller à Cutch pour observer, à la base de la montagne d'Ukra constituée par les trapps du Dekkan, un mince lit d'oolithe ferrugineuse à *Am. Martini* et *Am. Deshayesi* reposant sur les Grès d'Oomia.

Plus à l'Est, aucun gisement connu n'indique la liaison avec le bassin pacifique.

Dans la Mer Australe, l'Aptien est représenté à Madagascar par des couches à grands *Douvilléiceras Martini*, et il existe probablement aussi dans l'Afrique orientale allemande et dans le pays des Somalis (vallée du Wahi).

Sur la bordure occidentale du Pacifique, il y a tout lieu de croire, d'après divers indices, que cet étage ne fait pas défaut en Australie : sur la bordure orientale, la partie inférieure des Couches de Horsetown paraît lui appartenir; dans l'Amérique du Sud, *Ostrea aquila, Pseudodiadema Malbosi* et des Orbitolines ont été citées en Colombie; *Exogyra Boussingaulti* a été recueilli dans un calcaire noir de la Cordillère de Mérida; on connaît *Am. Martini* de Bogota, et Coquand a signalé *Ancyloceras Matheroni* près du détroit de Magellan.

Au Mexique, à Catorce et à San Luis de Potosi, des calcaires à *Hoplites* et à *Phylloceras* indiquent l'extrémité occidentale de la dépression mésogéenne;

Diplopodia Malbosi (Sonora) et *Salenia prestensis* (Chihuahua), déterminés par Cotteau, confirment également l'existence de dépôts de l'époque aptienne dans ce pays.

Si les couches de la division de Trinity, dans l'Amérique du Nord, doivent, comme il semble, être rapportées à l'Aptien supérieur[1], il s'est produit à ce moment sur ce continent, au voisinage du golfe du Mexique, une première invasion marine sur un territoire depuis longtemps émergé.

Il serait alors possible qu'une partie des calcaires à Rudistes des Sierras du Nord du Mexique soient l'équivalent du Glen rose limestone du Texas et de l'Arkansas.

Ainsi, à l'époque aptienne, nous constatons encore que les régressions de certaines régions et les transgressions qui se produisent sur d'autres sont synchroniques de mouvements orogéniques, conformément à la loi que j'ai énoncée au commencement de ce chapitre.

A l'époque suivante, les couches albiennes sont partout en transgression sur la plate-forme de l'Ouest de l'Europe : la mer y forme un vaste golfe débouchant directement au Sud sur la Mésogée par la Bourgogne et le Jura, mais probablement fermé sur tout le reste de son contour et séparé de la mer qui couvrait la Russie par une partie de l'Europe centrale émergée. Vers ce moment, le bras de mer septentrional qui s'étendait de la Russie à l'Angleterre avait donc du disparaître. Dans ce golfe qui, vers le Nord-Ouest, s'étendait par Helgoland jusqu'à Greifswald, en Poméranie, se déposaient soit des vases argileuses plastiques et noirâtres, dans lesquelles les fossiles sont d'ordinaire à l'état pyriteux, soit des sables glauconieux le plus souvent chargés de nodules phosphatés.

C'est seulement vers la fin de l'époque albienne, alors que le mouvement de progression s'étend et se généralise sur la plus grande partie de la surface de la terre, qu'apparaît, dans ce golfe, une nouvelle roche, très siliceuse, très riche en débris d'organismes siliceux, à l'étude de laquelle M. Cayeux a consacré un chapitre de son bel ouvrage (1897) : la Gaize du Bassin de Paris et les Flammenmergel de l'Allemagne du Nord.

La mer albienne qui couvre la plate-forme russe dépasse Moscou et Saratow vers le Nord.

A l'autre extrémité de la plate-forme septentrionale nous voyons, sur le

[1] Voir page 732.

continent américain, les couches de Fredericksburg et de Washita succéder à celles de Trinity; si ces dernières sont rapportées à l'Aptien supérieur, comme les autres ne renferment que des fossiles de l'Albien supérieur, il faut en conclure l'existence d'une lacune et, par conséquent, reconnaître qu'à la transgression de la fin des temps aptiens a succédé, au début de l'époque albienne, une régression compensée ensuite par une nouvelle transgression vers la fin de cette même époque.

C'est précisément au cours des temps albiens que se produit un des événements importants de la période crétacée : pour la première fois depuis les temps primaires, la mer vient baigner le bord oriental de l'Amérique du Sud et le bord occidental de l'Afrique; il est donc probable que certaines parties de la plate-forme qui reliait ces deux continents se sont effondrées, et de ce moment doit dater l'ouverture au moins partielle de la partie méridionale de l'Atlantique.

Au Brésil, au voisinage de la côte, entre l'embouchure des Amazones et celle du Rio Real, à Para, Pernambuco et Sergipe, se trouvent des dépôts renfermant une riche faune d'Ammonites, décrite par M. White; ces espèces ont été rapportées à des formes cénomaniennes, mais M. Douvillé a montré qu'on avait seulement là des types albiens [1].

D'après cela, une bonne partie des grès rouges du Brésil et du Nord-Ouest de la République Argentine qui, d'après M. Steinmann, devraient probablement être rattachés au Crétacé, pourraient être parallélisés avec les Grès rouges de Nubie.

De même sur la côte de l'Afrique, au Gabon, à Angola, à l'île d'Elobi et jusqu'à Mossamedès, on trouve, sur des grès rouges analogues également aux Grès de Nubie, une alternance de grès et de calcaires renfermant une faune albienne bien caractérisée : *Am. mamillaris, Am. inflatus* et *Am. clavigerus.*

Récemment, M. A. von Koenen a décrit du Cameroun une faune qui paraît appartenir au même niveau, et l'Ammonite qu'il a figurée sous le nom

[1] *Am. maroimensis*, White : la figure (pl. XX, fig. 5) rappelle certaines variétés adultes d'*Am. inflatus*, et la figure 6 ressemble à *Am. varicosus.*

Am. sergipensis, White, n'est autre qu'*Am. Delaruei.*

Am. tectorius, White, ressemble à *Am. cornutus*. Pictet.

Am. bistrictus, White, est bien voisin d'*Am. Dupini.*

Am. offarcinatus, White, est certainement identique à *Am. mamillaris.*

Am. pedroanus, White, est du groupe de l'*Am. Renauxi.*

Am. buarquianus, White, ne peut être séparé d'*Am. Roissyi* (Communication de M. Douvillé).

de *Pulchellia* (?) *gibbosula* ne paraît pas différer de certains échantillons du *Stoliczkaia dispar* que nous trouvons à La Fauge (Isère).

Sur la plate-forme méridionale, l'invasion des eaux de la Mésogée se fait sentir en Syrie, en Palestine et en Égypte.

Au Liban, au-dessus du Jurassique, des grès bitumineux avec lignites, qui renferment des couches à Trigonies et dans lesquels on rencontre *Buchiceras syriacum* (= *Placenticeras Uhligi*) et *Enallaster*, appartiennent à l'Albien supérieur; ils sont rouges, jaunes, violets, et alternent avec des marnes bariolées et des calcaires fossilifères.

Ils doivent être considérés comme un facies latéral des *Grès de Nubie*, qui s'étendent vers le Sud jusque dans le Sahara oriental, pourvu que l'on sépare de ceux-ci la partie inférieure d'âge paléozoïque pour laquelle a été proposé le nom de *Grès du Désert*.

Après avoir ainsi considéré les progrès des eaux de la Mésogée sur les deux plates-formes qui l'enserrent, examinons ce qui se passait dans cette dépression elle-même : les sédiments y sont presque partout plus ou moins chargés de sables grossiers, parfois même à l'état complètement gréseux, témoignant ainsi des conditions troublées qui caractérisent cette époque; les *Lytoceras* et les *Phylloceras* sont relativement rares, ce qui permet de croire que les fosses mésogéennes étaient alors en général peu profondes.

A l'Est, la dépression pyrénéenne s'accroît et, en Espagne, son extension se manifeste par des transgressions : au Monte-Jabalon, par exemple, des marnes et des grès grossiers versicolores recouvrent directement le Jurassique. Il n'est pas sans intérêt de noter que la faune des dépôts albiens de l'Aragon est principalement composée de nombreuses Ostracées identiques à celles qui au même moment peuplent les couches de l'Algérie : ce facies africain règne aussi en Portugal.

Des calcaires à Rudistes caractérisés par *Toucasia santanderensis* se développent en divers points, aussi bien sur le versant français que sur le versant espagnol, où, vers l'Ouest, on les retrouve jusqu'à Santander.

Dans l'Aragon, les Grès d'Utrillas, de la province de Teruel, renferment des couches de lignite et de jayet et correspondent par conséquent à une phase négative locale.

Dans le bassin de la Basse-Provence, la mer est également en retrait et réduite à son extension minimum : les dépôts albiens y sont aujourd'hui très clairsemés.

114
IMPRIMERIE NATIONALE.

Dans la fosse vocontienne, les gisements de cet âge indiquent par leurs caractères et leur distribution de profondes modifications dans les conditions générales de la sédimentation; l'élément gréseux y joue un rôle prépondérant. Au voisinage du rivage méridional, souvent l'Albien recouvre directement le Barrémien, ainsi que je l'ai indiqué précédemment (p. 536), tandis que, dans le Nord, on le voit reposer sur des calcaires à Rudistes d'âge aptien inférieur, les marnes et les grès supérieurs ayant été enlevés par érosion, comme l'a montré M. Paquier.

Le facies détritique se poursuit en Suisse et dans le Vorarlberg; mais, dans cette direction, toute trace de dépôts albiens indiscutables disparaît à l'Est de Vils. Il est donc probable que les mouvements orogéniques qui avaient, à l'époque précédente, donné naissance à la chaîne pennine dans la région carpathique s'étaient propagés vers l'Ouest dans les Alpes autrichiennes, repoussant la mer et amenant l'émersion de régions plus ou moins étendues.

Dans les Carpathes, au contraire, les gisements albiens sont assez nombreux et bien caractérisés : les reliefs, déterminés de ce côté par les mouvements dont nous venons de parler, ont été attaqués par l'érosion, et les sédiments déposés sur la tranche des couches relevées sont formés de schistes, de grès et même de conglomérats au milieu desquels ont été découverts des fossiles albiens en d'assez nombreux points : tels sont, en particulier, les Grès grossiers du Godula Berg, les Grès d'Ellgroth, etc.

Sur le versant méridional des Alpes de Transylvanie, aux environs de Campulung, dans des conglomérats renfermant des débris de terrains divers (schistes cristallins, calcaire tithonique, etc.) et reposant indifféremment en discordance sur les schistes cristallins, le Tithonique, le Néocomien ou le Barrémien, M. Popovici Hatzeg a trouvé une faune albienne supérieure bien caractérisée : *Gaudryceras Sacya, Mortoniceras inflatum, Stoliczkaia dispar, Puzosia Mayori*... Ce gisement nous offre donc à la fois la démonstration de mouvements orogéniques et celle d'une transgression qui leur a succédé.

De là, nous pouvons suivre une série de gisements albiens dans les Balkans, en Serbie, en Crimée et dans la région caucasienne.

En Asie Mineure, nous trouvons l'Albien aux environs d'Héraclée à la fois sous forme de calcaire à Rudistes et de flysch à *Am. varicosus.*

Nous le connaissons ensuite en Perse où, d'après les découvertes de M. de Morgan, il est probablement représenté dans la chaîne de l'Elbours, aux environs du Demavend, par des calcaires à Orbitolines et à *Radiolites* cf. *Davidsoni*, et dans la chaîne frontière du Louristan, à Poucht e Kouh, par des couches à *Puzosia Stoliczkai* et *P. Denisoni*.

Dans le Nord du Penjab, à Sriban près Abottabad, l'Albien est en transgression au-dessus du Jurassique sous forme de grès à Ammonites et Bélemnites.

Les gisements des Khasi Hills, dans l'Assam, au Nord de Sylhet, avec *Am. dispar*, indiquent le passage de la Mésogée qui de là se prolongeait vers l'Arrakan, où elle déposait le flysch de Sandoway à *Am. inflatus;* puis, par l'emplacement de la zone plissée, cette dépression se continuait jusqu'au bassin pacifique. L'Australie était alors baignée par les eaux marines sur son bord oriental, comme le montrent les Ammonites du groupe de l'*inflatus* qui y ont été trouvées.

Au Japon, l'Albien supérieur transgressif est connu avec une faune très analogue à celle de la base des Couches d'Ootatoor de l'Hindoustan. Il existe aussi dans l'île de la Reine-Charlotte, où se rencontrent *Am. Beudanti* et *Am. inflatus*. J'ai indiqué précédemment que la partie supérieure des Couches de Horsetown appartient à l'Albien.

Au Mexique, cet étage comprend des calcaires à Rudistes (*Caprina, Caprinula* et *Schiosia*) intercalés entre des couches à *Placenticeras Uhligi* et *Engonoceras*[1], circonstances qui se retrouvent dans la série de Comanche du Texas, où les Couches de Frederiksburg et de Washita appartiennent bien nettement par leurs fossiles à l'Albien supérieur : on peut donc voir dans les couches à Rudistes du Mexique le prolongement de celles du Texas.

La mer qui couvrait le Mexique et le Texas baignait aussi les bords du continent de l'Amérique du Sud, car les travaux de M. Gerhardt nous ont appris l'existence de l'Albien en Colombie, dans la Cordillère de Bogota[2]. Il est donc fort probable, comme l'a fait remarquer M. Douvillé (1898), que les couches dites à Hippurites signalées au Venezuela correspondent aux couches à Rudistes du Texas et du Mexique.

En tout cas, les couches albiennes se poursuivent en bordure le long des côtes de l'Amérique du Sud jusqu'au Pérou, indiquant qu'entre ce con-

(1) Communication directe de M. Aguilera.

(2) De ces gisements sont cités *Acanthoceras Lyelli*, *Schlönbachia acuto-carinata* (qui n'est autre que *S. Roissyi*), *Prionocyclus guayabanus*, Steinm, et *Pr. mediotuberculatus*, Gerhardt; *Pr. pitalensis*, Steinm., du Sud de la Colombie, appartient probablement au même niveau.

tinent et celui de l'Amérique du Nord s'ouvrait la communication de la Mésogée avec le bassin pacifique.

Au Pérou, M. Douvillé (1898) a signalé des environs de Trujillo, d'après les récoltes de M. Pinillos, toute une série de fossiles albiens : *Am. Milleti, Am. Lyelli, Am. acuto-carinatus* (=*Roissyi* =*peruvianus*), associés à une Exogyre très voisine d'*Ex. flabellata* et à une grande Trigonie, probablement la même que *Tr. plicato-costata* du Mexique et très voisine aussi de la *Tr. crenulata* du Cénomanien d'Europe.

Des couches de couleur plus claire dites « Couches à Oursins et à *Buchiceras* » renferment *Placenticeras Uhligi* avec *Pecten* cf. *quinquecostatus* et *Enallaster Tschuddii* déjà signalé au Pérou par Desor et M. de Loriol.

Plus au Sud (11 à 12 degrés lat. Sud), M. Steinmann (1881) avait signalé, près de Pariatambo, des couches, avec lits importants de combustible, renfermant avec *Schl. acuto-carinata*, *Mojsisovicsia Dürfeldi*, Steinmann, et *Ammonites carbonarius*, Gabb.

Des couches albiennes existent encore plus loin vers le Sud, comme l'indique la présence du genre *Enallaster* cité à Caracoles, en Bolivie.

A Madagascar, des couches riches en *Am. inflatus*, montrent que la brèche ouverte de ce côté livrait toujours passage à la mer, mais celle-ci y semblerait être plutôt en retrait, etc., car nous ne connaissons encore aucun indice de son prolongement vers le Nord : les explorations de M. Bornhardt dans les pays du protectorat allemand n'ont, en effet, fourni à M. G. Müller aucuns fossiles albiens, et il n'en a pas encore été signalé non plus ni en Abyssinie, ni dans le pays des Somalis.

Au cours des temps albiens, il s'est donc produit des modifications profondes dans la distribution des terres et des mers : il est probable que les dislocations du grand continent équatorial et son morcellement se sont continués à cette époque; c'est ainsi que peut s'expliquer l'apparition simultanée de la mer albienne sur les deux bords opposés de l'Atlantique actuelle, au Brésil, à Cameroun et à Angola. Le golfe de Bengale a dû aussi s'agrandir vers ce même moment, comme le laissent présumer les dépôts albiens d'Ootatoor, d'Arrakan et d'Assam, et ces gisements paraissent bien indiquer que la Mer Australe était alors en communication avec la Mésogée par cette voie. Par contre, la Mer Boréale est en retrait, et on n'a encore signalé dans les régions arctiques aucun représentant des zones supérieures infracrétacées; le Supracrétacé semble également y faire défaut.

Les transgressions, les régressions et les mouvements orogéniques qui se sont produits au cours des temps albiens ont amené dans le régime sédimentaire des perturbations considérables, mises en évidence par la nature détritique que présentent partout les dépôts de cet âge.

Les dépressions mésogéennes sont en général dans une phase négative, et bien peu d'entre elles sont assez profondes pour permettre le développement des Céphalopodes bathyaux (*Phylloceras* et *Lytoceras*); il en résulte une grande uniformité dans les caractères des faunes des diverses régions.

L'extension du niveau à *Am. inflatus* est particulièrement remarquable et peut être comparée à celle de la zone à *Am. macrocephalus*; ces deux Ammonites, universellement répandues à la surface de la terre, sont vraiment des types cosmopolites.

Dans les mers de l'époque de l'*Ammonites inflatus*, nous voyons se dessiner une sous-province zoologique caractérisée par la présence du *Placenticeras Uhligi* avec ses variétés plates et lisses et ses formes renflées à grosses côtes se rapprochant du *Buchiceras syriacum;* le genre *Enallaster* y acquiert un grand développement. Cette sous-province embrasse le Pérou, le Venezuela, le Mexique et le Texas; de l'autre côté de l'Atlantique, le Portugal en est une annexe, et elle se développe par le Maroc, l'Algérie et la Tunisie jusqu'en Palestine et en Syrie. En Algérie, certaines formes particulières d'Ostracées y pullulent et se retrouvent dans le Nord de l'Espagne et en Portugal (facies bellasien); il est probable que l'on arrivera à les reconnaître dans les couches du Texas.

La transgression commencée sur les plates-formes continentales vers les débuts de la période infracrétacée se continue pendant les temps cénomaniens et atteint de vastes contrées depuis longtemps émergées; à ce point de vue, elle est, comme on l'a fait remarquer, l'homologue de la transgression des temps bathoniens et oxfordiens.

On a souvent, dans ces dernières années, parlé de cette transgression cénomanienne, mais, au fond, elle n'est qu'une phase particulière d'un mouvement dont nous avons déjà pu suivre le développement depuis la fin des temps jurassiques. Il y a eu, comme je l'indiquais en 1894, une transgression tithonique, suivie d'une transgression néocomienne, d'une autre barrémienne, d'une autre aptienne et d'une autre albienne, qui ont précédé la transgression cénomanienne, laquelle s'est elle-même prolongée jusqu'à la fin des temps supracrétacés.

D'ailleurs, il est nécessaire de remarquer que l'amplitude d'une transgression en superficie peut très bien n'avoir aucun rapport avec l'amplitude du déplacement relatif, dans le sens vertical, des niveaux des mers et des continents. Si aujourd'hui, par exemple, les océans venaient à s'élever de cent ou deux cents mètres, de vastes étendues de terres seraient submergées, alors qu'un abaissement de même valeur ajouterait relativement peu de chose au domaine continental.

La transgression cénomanienne a été depuis longtemps mise en évidence par A. d'Orbigny, ce grand savant qui a exercé sur les progrès de la géologie une influence si marquée. Dans le premier volume de la *Paléontologie française* (1840), il fait remarquer que « à l'étage de la craie, on voit, dès les couches de craie chloritée, tout changer d'aspect dans les mers crétacées. . . Vers cette époque, ces mers avaient pris, en France et dans toute l'Europe, une extension du double au moins de celle qu'elles avaient à l'instant où elles se sont montrées pour la première fois avec les terrains néocomiens. »

Depuis lors, M. Suess (1875), à la lumière des travaux plus récents, s'est attaché à suivre ce phénomène sur toute la surface de la terre, mais le tableau qu'il en a tracé doit subir quelques retouches de détail, car certaines régions, indiquées comme envahies par les eaux cénomaniennes, les ont vues, au contraire, se retirer des territoires précédemment occupés.

D'ailleurs, il ne serait pas exact de dire, avec M. Haug, que « la transgression cénomanienne envahit les aires continentales, mais ne se fait pas sentir dans les géosynclinaux où l'on constate, au contraire, des indices manifestes de régression »; j'ai déjà eu l'occasion de traiter ce point : l'exposé qui suit complétera mes observations précédentes et montrera que, dans la Mésogée, la mer est, en général, en progrès à l'époque cénomanienne.

Dans l'Ouest de la plate-forme septentrionale, dans l'Amérique du Nord, la mer, qui, à l'époque albienne, avait déposé dans le Texas, l'Arkansas et les Territoires Indiens, les couches de Fredericksburg et de Washita, constituant la partie supérieure de la série de Comanche, est plutôt en retrait à l'époque cénomanienne, car les grès rouges du Dakota, avec lignites, rares coquilles d'eau douce et débris de plantes terrestres, ne sont pas de formation marine, et c'est seulement au voisinage immédiat du golfe du Mexique que les Timber Creek beds, également à l'état de grès grossiers, renferment des fossiles marins.

En Europe, au contraire, la mer avance de tous côtés sur la plate-forme continentale. Vers l'Ouest, elle atteint le massif breton : tout le Bocage vendéen est probablement recouvert, comme l'indiquent les lambeaux et débris crétacés des environs de Challans, de la forêt de Touvois, des environs de Vertou et de la Haie-Fouassière. Cette mer se reliait donc largement à celle qui couvrait l'Aquitaine plus au Sud et dont les gisements de Roquefort, Saint-Sever et Tercis jalonnent la communication avec les eaux qui baignaient la région pyrénéenne.

A l'Ouest, elle avait son rivage sur le bord d'un massif cristallin aujourd'hui disparu en profondeur, à la suite des effondrements atlantiques : la Bretagne et l'Irlande en sont des restes. C'est de ce massif et non du Plateau central, comme on l'a indiqué à tort, que dérivent la plupart des éléments détritiques qui entrent dans la composition des couches cénomaniennes de l'Ouest de la France; car, en se dirigeant de l'Ouest vers l'Est on voit la grosseur des grains quartzeux aller en diminuant, et, dans le Berry, c'est-à-dire justement dans la région située immédiatement au Nord du Plateau central, l'ensablement des couches diminue et le facies sableux fait place au facies marneux. Comme je l'ai indiqué précédemment (p. 368), les mêmes circonstances se présentent dans les Charentes, où les sables cénomaniens sont de plus en plus fins de l'Ouest vers l'Est, à mesure que l'on se rapproche du Limousin.

La Mer Cénomanienne atteint l'Irlande et plus au Nord l'Écosse, reprenant de ce dernier côté un domaine qu'elle avait déjà possédé à l'époque callovienne, mais qu'elle n'avait pas tardé à abandonner.

Dans cette direction, les Orbitolines se sont propagées le long du massif continental atlantique, depuis la Charente jusqu'en Irlande, point le plus septentrional que ces Foraminifères paraissent avoir atteint; nous les rencontrons, en effet, à Fouras dans l'Aunis, à Ballon dans le Maine, aux environs de Valogne dans le Cotentin, à Little Halden dans le Devonshire et au Colin Glen en Irlande.

En Flandre, la mer s'avance vers le Sud et ses premiers sédiments sont formés par des conglomérats quartzeux auxquels les mineurs ont donné le nom de tourtias : tels sont ceux de Mons, Montignies-sur-Roc, Tournai, Assevent et Sassegnies; elle pénètre même jusque dans la région ardennaise, où le Cénomanien à Hokai couronne aujourd'hui, à une altitude de 565 mètres, un des sommets les plus élevés.

Dans l'Allemagne du Nord, en progrès aussi vers le Sud, elle couvre la région houillère de la Ruhr pendant qu'à l'Est elle va rejoindre les eaux qui, débordant de la Mésogée, s'étalent sur la Bavière, la Bohême, la Saxe, la Galicie et la Russie.

Sur le Vorland méridional, la mer est en retrait au Brésil où n'a encore été signalé aucun Céphalopode cénomanien authentique; il paraît en être de même sur la côte occidentale de l'Afrique, à Cameroun et à Angola. Mais, sur le Vorland africain, elle est en progrès : conservant le type Européen au Nord de l'Atlas, elle dépose plus au Sud, de Figuig par El-Goleah et Aïnsalah, jusqu'à Tademayt et, vers l'Est, jusqu'à la vallée du Nil et aux bords de la Mer Rouge, des sédiments vaseux caractérisés par une faune abondante d'Ostracées et d'Échinides et constituant ce que M. Zittel a appelé le facies africano-syrien. Des intercalations gypseuses semblent indiquer des eaux très peu profondes et devenant même parfois lagunaires.

Le Cénomanien, très épais au Liban, se retrouve bien caractérisé à Jérusalem.

L'invasion de la mer sur la plate-forme équatoriale est indiquée par les gisements de la côte Sud-Est de l'Arabie (Ras Fartak et Ras Gharwen) qui renferment la faune d'Échinides décrite par Duncan; leur extension vers le Sud-Ouest est indiquée par les couches à Orbitolines et *Ostrea flabellata* de Marbat et celles de l'île de Sembda, près Sokotra, récemment découvertes par M. Kossmat. La Mésogée se reliait ainsi à la Mer Australe par un bras auquel appartiennent, plus au Sud, les gisements de Madagascar (Diego-Suarez, Isakondry), signalés par M. Boule.

Plus à l'Est, l'invasion de la péninsule de l'Hindoustan est marquée, sur le revers occidental de la région trappéenne, par les Couches de Bagh, dans la vallée de la Narbada, avec leur faune d'Échinides qui rappelle celles de l'Arabie et du facies africano-syrien. Sur l'autre revers, aux environs de Madras, les dépôts cénomaniens font suite à ceux de l'Albien supérieur, mais leur faune, riche en Céphalopodes, offre un contraste frappant avec celle des Couches de Bagh. Depuis longtemps, insistant sur l'absence de tous traits communs entre elles, on a voulu en déduire qu'on avait là les dépôts de deux mers absolument distinctes. Il me semble qu'une pareille conclusion est bien peu fondée. Ne connaît-on pas, en effet, de nombreux exemples de couches synchroniques et voisines, possédant des faunes entièrement dissemblables, parce que les conditions biologiques étaient différentes ? Ne trouve-t-on pas encore aujourd'hui, sur les fonds de la même mer, des populations variant d'un point à un autre? Il n'y a aucune raison sérieuse pour ne pas admettre que les eaux qui, à l'Est et à l'Ouest, baignaient la péninsule de l'Hindoustan, communiquaient directement avec la Mésogée.

Sur le bord oriental du bassin pacifique, nous avons pu suivre, de la Bolivie et du Pérou jusqu'à l'île de la Reine-Charlotte, une zone de dépôts albiens bien caractérisés par leur faune; par contre, on n'y connaît aucun Céphalopode cénomanien, sauf à la base des Couches de Chico, dans la Californie [1].

Sur la rive occidentale du Pacifique, le Cénomanien bien caractérisé est connu au Japon et à l'île Sakalin, et la liaison avec la Mer Australe est accusée par les couches à Orbitolines de Bornéo; probablement plus au Sud, l'étage est aussi représenté à la base de la série supracrétacée, constituée en Australie par les Grès du désert et en Nouvelle-Zélande par les Couches de Whararika à Inocérames, Bélemnites, Ammonites et Baculites.

Le Cénomanien se comporte dans la Mésogée comme sur les plates-formes continentales, et il y est tantôt en transgression et tantôt en régression.

Examinons tout d'abord la dépression pyrénéenne : nous y constatons sur son bord septentrional un mouvement transgressif, car, dans les Corbières, au Nord de Rennes-les-Bains, le Cénomanien repose directement sur le Dévonien. En Espagne, le bord méridional de la cuvette nous offre, au contraire, l'exemple d'une régression, car, au Montsech, le Turonien supérieur succède

[1] L'assise de Chico correspond au Supracrétacé : elle repose en concordance sur l'assise de Horsetown et la dépasse transgressivement vers l'Est; elle comprend à la base une série de grès et de conglomérats et se termine par des grès et des schistes.

Dans la partie inférieure se trouve un singulier Rudiste *Coralliochama Orchutti* associé à des *Desmoceras*.

Plus haut se montre un horizon à *Acanthoceras* et *Desmoceras;* c'est peut-être de là que viendrait *Ac. Turneri*, forme que M. Kossmat assimile à une espèce du Groupe d'Ootatoor et qu'il considère comme se rattachant à la série de l'*Am. rhotomagensis*.

S'il en est bien ainsi, toutes les couches précédentes seraient cénomaniennes.

Vers le sommet des Couches de Chico existe un autre niveau de Céphalopodes : *Am. chicoensis*, *Am. jugalis* et *Am. Newberryi*.

Am. jugalis offre beaucoup de ressemblance, comme l'a fait remarquer M. T. W. Stanton, avec *Desmoceras Larteti* des Couches à Stegasters de Pau; mais la distinction des diverses espèces de *Desmoceras* est si délicate, qu'il serait peut-être hasardé d'en tirer une conclusion sur l'âge des couches.

En résumé, on voit qu'il existe dans les Couches de Chico une série cénomanienne; que le Turonien, le Coniacien, le Santonien sont douteux et que le Campanien le plus supérieur paraît y être représenté.

immédiatement aux calcaires à Réquiénies (barrémiens-aptiens), tandis que, plus au Nord (N. de Boixols), le Cénomanien existe bien caractérisé.

Au voisinage de l'axe de la chaîne, sur son revers septentrional, on trouve, depuis Fontfroide jusqu'à l'extrémité occidentale, toute une série de conglomérats cénomaniens qui démontrent le soulèvement de régions étendues et leur attaque par une active érosion. Vers l'extrémité occidentale, aux Eaux-Chaudes, le Cénomanien repose transgressivement sur le granite.

Dans le golfe de la Basse-Provence, prolongement de la partie septentrionale de la dépression pyrénéenne, le Cénomanien est en progrès par rapport à l'Albien et le plus souvent repose directement sur l'Aptien ou sur les calcaires à Réquiénies.

Séparés de ce golfe par une bande émergée, les dépôts de la bordure de la dépression vocontienne sont constitués, dans les Alpes-Maritimes, par des couches riches en Ostracées et, aux environs d'Apt, par des sables rouges bigarrés avec gisements subordonnés de minerai de fer.

Du côté de l'Ouest, sur la rive droite du Rhône, ils sont à l'état de sables et de grès grossiers, à la partie supérieure desquels s'intercalent des couches à lignites avec fossiles d'eau douce et d'eau saumâtre, indices d'une phase négative.

Dans le centre de la fosse s'accumulent, au contraire, des couches vaseuses avec une faune d'Ammonites et d'Holasters qui rappelle celle de Rouen; ce facies se prolonge très loin vers l'Est et, de ce côté, nous ne voyons rien qui soit de nature à indiquer le voisinage d'une terre émergée. Certaines parties de l'axe de la chaîne devaient cependant faire encore saillie au-dessus de la mer, puisque nous connaissons, près du Col de l'Argentière, un Turonien à Rudistes reposant sur le Jurassique, mais elles étaient trop restreintes comme étendue pour avoir pu influer sur le régime général de la sédimentation et donner lieu à un apport important de matériaux détritiques.

Par contre, le facies sableux se retrouve vers le Nord, aux abords de la vallée de l'Isère, de sorte que, dans le Vercors, l'étage est représenté par des grès rouges à *Turrilites costatus;* plus loin, il disparaît complètement dans le massif de la Grande-Chartreuse, et à partir de là semble, comme je l'ai montré dans les chapitres XIII et XIV, faire complètement défaut dans la Savoie et dans les Alpes centrales[1] et peut-être même plus loin encore, au delà du

[1] Sauf, d'après M. Renevier, à Cheville.

Rhin. Les premiers dépôts authentiques de cet âge signalés de ce côté se trouvent à l'Est de la Lech : ce sont des marnes avec lits charbonneux, associées à des conglomérats de roches variées et à des couches à Orbitolines, que l'on peut suivre, en lambeaux plus ou moins disséminés, jusqu'aux portes de Vienne. Partout le Cénomanien est en transgression par rapport à l'Albien, car il repose directement sur les calcaires jurassiques ou triasiques. La présence de conglomérats à très gros éléments témoigne d'actions torrentielles s'exerçant sur des reliefs prononcés, dus aux mouvements orogéniques déjà signalés à l'époque précédente et qui se sont évidemment continués de ce côté pendant les temps cénomaniens avec une intensité encore plus grande que précédemment.

Cette ligne de conglomérats indique donc approximativement le voisinage des côtes méridionales d'une mer bordant un pays à relief accidenté et qui, vers le Nord, s'étendait sur le Vorland septentrional, envahissant la Bavière, la Bohême et la plate-forme russe.

De là, le Cénomanien peut se suivre dans les zones plissées des Carpathes (grès carpathique à *Am. Mantelli* et *Turrilites costatus*) et des Balkans : des conglomérats de roches diverses y décèlent l'existence de terres émergées à la suite des mouvements orogéniques qui avaient donné naissance à la chaîne pennine.

Plus loin, les traces de la Mésogée cénomanienne sont indiquées par les gisements de la Crimée, du Caucase, d'Héraclée en Asie Mineure, des chaînes situées près de la limite de la Russie et de la Perse, du Louristan [1], qui nous conduisent à ceux du Nord du Salt-Range dans l'Hazara, et des montagnes de Samana au milieu des chaînes himalayennes. Mais c'est à tort que l'on a cité comme crétacés les grès et marnes glauconieuses signalés par Stoliczka au bord de la dépression du Tarim, sur la route de Leh à Yarkand, car, d'après MM. Suess et de Margerie (1, p. 576), les Ostracées rencontrées dans ces couches ne sont pas crétacées mais tertiaires.

La faune de Céphalopodes des couches cénomaniennes paraît être très uniforme et partout correspondre à une faible profondeur des eaux. Si l'on met à part le gisement d'Ootatoor, dans l'Hindoustan, riche en *Phylloceras* et en *Lytoceras*, mais dans lequel, cependant, la répartition verticale des di-

[1] A Poucht e Kouh, dans la chaîne frontière du Louristan, M. de Morgan a recueilli, d'après les déterminations de M. Douvillé, *Acanthoceras laticlavium*, *Ac. Couloni*, *Ac. Gentoni*, *Ac. Cunningtoni*, *Ac. rhotomagense*, *Ac. sarthacense*, *Turrilites costatus*. MM. Gauthier et Cotteau ont décrit de Kébir Kouh cinq espèces d'Échinides qui, comme ils l'ont fait remarquer, offrent une analogie frappante avec certains types cénomaniens de l'Algérie.

verses espèces n'est pas exactement établie, aucun autre ne nous offre de caractères bathyaux bien accusés. Les *Lytoceras* et les *Phylloceras* cénomaniens paraissent aussi rares dans la zone mésogéenne que sur les plates-formes continentales. En France, je ne connais, comme représentants du premier, que les deux échantillons de l'École des Mines que j'ai signalés en 1893 (*Les Ammonites de la craie supérieure,* p. 236), l'un de Rouen, l'autre de Vergons (Basses-Alpes).

Aussi voyons-nous, grâce à la faible profondeur des eaux, les Rudistes se multiplier et occuper de vastes surfaces. A l'Ouest, ils envahissent la plate-forme continentale, se développent largement en Aquitaine et, de là, se propagent en Touraine, où ils sont encore relativement nombreux, et jusqu'en Belgique et en Angleterre.

Plus au Sud, ils reparaissent dans les bombements de Roquefort, Saint-Sever et Tercis, établissant ainsi la liaison avec le versant français des Pyrénées, le long duquel on les retrouve d'une extrémité à l'autre.

Ils existent aussi dans le golfe de la Basse-Provence et, sur l'autre bord de la langue de terre émergée, on les voit reparaître à la montagne de Lure.

Plus au Nord, dans les Alpes orientales où l'influence méridionale se trahit par la présence d'un Polypier africain, *Aspidiscus cristatus,* M. Schlosser a découvert près de Kufstein *Caprina adversa.* Comme, d'un autre côté, la faune de Rudistes cénomaniens de la Bohême présente des affinités bien marquées avec celle de la Sicile, il faut nécessairement admettre que les parties émergées de la zone centrale des Alpes ne constituaient pas alors une barrière infranchissable; il y avait certainement communication entre la mer qui baignait la Bohême et celle des régions adriatiques où se développaient les calcaires à Rudistes du Bellunais (lac Santa Croce), du Frioul, de l'Istrie et de la Dalmatie, qui rejoignaient vraisemblablement ceux de l'Apennin central et méridional et de la Sicile (Termini Imerese).

Le facies à Rudistes paraît être rare en Algérie, où il convient cependant de signaler le banc à Caprines du rocher de Constantine qui renferme *Caprina communis,* espèce de la Sicile.

Au point de vue de la distribution des Rudistes, il y a lieu de distinguer deux provinces bien distinctes : une occidentale, comprenant l'Aquitaine et la Provence, et une autre orientale, avec une région à caractères mixtes, le versant français des Pyrénées.

Avec le Turonien, nous entrons dans une époque dont les sédiments sont ou bien mal caractérisés, ou souvent même absents sur de grandes surfaces. Je suis très disposé à croire que cet étage manque à peu près complètement dans l'Est de l'Europe, à partir de la Galicie, sur toute l'étendue de la plate-forme russe[1], jusqu'au Caucase. Dans beaucoup de coupes, en effet, on s'est basé pour l'indiquer uniquement sur la présence de certains Inocérames, fossiles dont la détermination est d'ordinaire bien difficile. Par contre, dans les listes données, on voit souvent, associés aux formes considérées comme turoniennes, d'autres fossiles qui plaident plutôt pour un âge beaucoup plus récent. Enfin, ce qui me confirme dans cette opinion, c'est que, presque toujours, dans les coupes, il n'existe que deux niveaux fossilifères bien nets : l'un, appartenant au Cénomanien, l'autre, à l'assise à *Belemnitella mucronata*.

[1] M. Sinzow (1899) distingue, dans la région de Saratow et de Simbirsk, les assises suivantes pour lesquelles je ne cite d'ailleurs qu'une partie des fossiles indiqués :

1. Cr.$_2^2$ b. Marnes gris-bleuâtre, ayant environ 80 mètres de puissance avec *Ostrea vesicularis*, *Bel. mucronata*, *Bel. subventricosa*, Blainv., *Bel. lanceolata* (Schloth.), Sharpe.

2. Cr.$_2^2$ a. Marnes blanches passant à la craie traçante, environ 33 mètres : *Inoceramus Brongniarti*, *In. lobatus*, *Scaphites Verneuili*, *Sc. constrictus*, *Bel. vera*, *Bel. lanceolata*, *Bel. subventricosa*.

Ces deux assises appartiennent au Campanien : les associations de fossiles ne laissent pas que de surprendre un peu et il serait probablement possible de retrouver dans cet ensemble les diverses zones de cet étage. *Act. verus* et la forme indiquée sous le nom de *Bel. subventricosa*, mais qui est peut-être l'*Act. Grossourei* que m'a communiqué M. Pavlow, correspondraient au Campanien le plus inférieur. La forme de *Bel. subventricosa* se rapportant à *Act. mamillatus* se trouverait au niveau de la zone à *Act. quadratus*. Au-dessus viendrait la craie à *Bel. mucronata*.

Les assises inférieures comprennent :

3. Cr.$_2^1$ d. (1 m. 30 de puissance au maximum) grès et marnes phosphatées, riches en Éponges, avec *In. Brongniarti*, *Spondylus spinosus*, *Bel. plena*.

4. Cr.$_2^1$ c. (1 m. 30 de puissance au maximum) grès phosphatés avec *Cardium productum*, *Chlamys asper*, *Kingena lima*, *Terebratella pectita*, *Baculites baculoïdes*, *Heteroceras Reussi*.

5. Cr.$_2^1$ b. Sables ayant jusqu'à 33 mètres de puissance à *Ostrea conica* avec dents de Poissons.

6. Cr.$_2^1$ a. (1 mètre) grès argileux micacés à *Ostrea conica*, *Am. varians*, *Bel. plena*.

Dans ces quatre assises on ne peut voir que du Cénomanien et tout au plus la base du Turonien.

Il semble donc bien qu'il y a, de ce côté, une grande lacune embrassant la presque totalité du Turonien, le Coniacien et le Santonien.

La craie du Caucase paraît offrir une lacune analogue.

Cette manière de voir concorde d'ailleurs avec tout un ensemble d'observations dans lesquelles la même lacune s'observe de la manière la plus évidente. Ainsi, dans le Cotentin, le Campanien le plus supérieur, caractérisé par *Am. neubergicus* et un certain nombre d'Ammonites de la même zone, repose directement sur le Cénomanien à Orbitolines. Dans les montagnes de la Chartreuse et de la Savoie, les calcaires à *Bel. mucronata* et *Am. Brandti,* appartenant au Campanien le plus élevé, recouvrent immédiatement le Gault. Il paraît en être de même dans les Alpes suisses, ainsi que j'ai cherché à l'établir précédemment.

En Égypte, sur de vastes surfaces, le Campanien supérieur, sous forme de grès, de marnes ou de calcaires, à *Ostrea Villei, O. vesicularis, O. Overwegi, Roudaireia,* etc., repose directement sur le Cénomanien ou le Grès de Nubie.

Plus au Sud, M. Kossmat m'a dit qu'à Sokotra le Cénomanien à Orbitolines est recouvert par un calcaire dont la faune semble indiquer le Sénonien supérieur.

Tous ces faits, dont je pourrais multiplier les citations, démontrent qu'après le dépôt du Cénomanien et avant celui du Campanien supérieur des régressions se sont produites; mais comme des érosions ont dû suivre les émersions, il serait téméraire de vouloir en déduire immédiatement que l'étendue des régressions correspond exactement à celle des lacunes observées. C'est ainsi, par exemple, que, dans la presqu'île du Cotentin, des Échinides siliceux d'âge sénonien, qui gisent aujourd'hui à la surface du sol, nous apparaissent comme les débris de terrains disparus et nous apprennent qu'aux couches à Orbitolines sont venus se superposer d'autres sédiments. A quelle époque la mer s'est-elle donc retirée et les agents d'érosion ont-ils pu accomplir leur œuvre destructrice? Nous ne le savons pas exactement, et tout au plus pouvons-nous soupçonner, par induction, comme nous le verrons plus loin, que le travail de déblaiement a eu lieu, dans un grand nombre de régions, vers la fin du Santonien ou le début du Campanien. Ainsi, tandis que d'un côté les rivages progressent, de l'autre ils reculent, et la marche générale du mouvement de transgression, destiné à atteindre définitivement son apogée vers la fin des temps campaniens, se trouve entrecoupée d'épisodes locaux variables d'un pays à un autre.

Examinons maintenant comment le Turonien se comporte dans les régions où il a pu être reconnu et distingué avec précision.

Sur la plate-forme septentrionale, une transgression importante se produit aux États-Unis, où l'étage du Colorado s'étend sur de vastes surfaces dépassant de beaucoup l'aire des dépôts antérieurs et s'avançant jusque sur le territoire du Canada.

Dans le Nord-Ouest de l'Europe, le Turonien se présente sous forme d'une craie marneuse qui, vers sa partie supérieure, commence à prendre les caractères de la craie blanche. On doit, comme je l'ai démontré, rattacher à cet étage la base des couches à *Micraster decipiens* (= *cortestudinarium*, auct.) qui affectent souvent le facies de craie noduleuse. Dans l'Est du Bassin de Paris, le sous-étage Saumurien devient argileux et passe à l'état de dièves, souvent assez plastiques pour être utilisées comme terres à poteries. L'Angoumien, au contraire, plus calcaire et chargé de silex, accuse des conditions moins littorales : il est à l'état de craie grise phosphatée dans le Cambrésis et, à Lille, on y trouve des lits de nodules phosphatés ou tuns qui paraissent correspondre à d'anciens courants de fond. En Belgique aussi, le Turonien supérieur est transgressif et, près de Hornu, l'assise des Rabots repose sur le poudingue dévonien.

Mais, dans l'Ouest du Bassin de Paris, les conditions sont différentes : le Saumurien y est à l'état de craie à silex noirs, dont la composition microscopique indique, d'après M. Cayeux, un dépôt formé sous une assez grande profondeur d'eau. Si l'on compare sa composition et son allure avec celle des couches cénomaniennes sous-jacentes, on est conduit à penser que, de ce côté, le Saumurien a dû déborder le Cénomanien et aller reposer sur les roches cristallines du continent atlantique [1]. Par contre, l'Angoumien, avec sa faune de grands Lamellibranches, ses lits de nodules roulés, perforés, couverts d'Ostracées et de Bryozoaires, indique une mer de faible profondeur et agitée. Il y a donc eu, de ce côté, mouvement positif vers les débuts du Turonien et négatif plus tard.

Des circonstances analogues se retrouvent dans l'Aquitaine : dans la Dordogne, comme l'ont montré MM. Arnaud, Mouret et Glangeaud, le Saumurien repose souvent directement sur le Jurassique plissé, et parfois la différence angulaire de stratification est fort considérable (45 degrés en certains points). Nous avons donc là une preuve manifeste des mouvements orogéniques qui se

[1] L'existence du Turonien au voisinage du littoral de l'Océan est démontrée par la présence, dans le Crétacé de Touvois, de certains fossiles signalés par M. L. Bureau dans sa *Notice sur la géologie de la Loire-Inférieure* : par exemple, *Biradiolites cornupastoris*, déterminé par M. Peron.

sont produits entre le dépôt des dernières couches jurassiques et le retour de la mer crétacée.

Dans la Charente, aux premiers temps turoniens correspond une phase positive pendant laquelle a eu lieu le dépôt des couches à Ammonites et celui des marnes inférieures de l'Angoumien. La phase négative est accusée par le développement du facies à Rudistes de l'Angoumien supérieur et la formation, constatée par M. Glangeaud, de couches lignitifères plus ou moins gypsifères à différents niveaux de cette même subdivision dans la Dordogne.

En Westphalie, où le Turonien est en général tout entier à l'état marneux ou calcaire (Pläner), il est à noter que des accidents sableux apparaissent à sa partie supérieure. En Saxe, en Bohême et en Bavière, les facies marneux (Pläner) et sableux (Quader) alternent fréquemment et souvent d'une manière différente d'une localité à une autre; néanmoins un mouvement de transgression paraît s'y être produit à l'époque angoumienne, car, à Teplitz, nous voyons des couches à Rudistes turoniens reposer sur les terrains porphyriques et, en Bavière, à Betzenstein près Pegnitz, un lambeau de roche glauconieuse à *Callianassa antiqua* appartenant au Turonien supérieur recouvre directement le Jurassique.

Quelques îlots turoniens apparaissent au milieu des terrains récents de la Silésie allemande, mais, plus à l'Est, notre connaissance du Crétacé de la Russie n'est pas encore assez avancée pour que nous puissions affirmer si cet étage y est ou non représenté; on peut dire cependant qu'il semble en général y faire défaut.

Arrivons à l'examen des dépôts de la Mésogée.

Dans la dépression pyrénéenne, le Turonien est en général fort mal caractérisé : à l'Ouest, on en connaît un très petit affleurement près de Tercis, mais de là il faut aller jusque dans les Corbières pour l'observer de nouveau. Le développement des Rudistes dans sa partie supérieure correspond à une phase négative et, de plus, la présence de conglomérats de roches variées dénote des mouvements orogéniques dont la trace est encore accusée, plus à l'Est, par les poudingues de la Ciotat. Peut-être à ce même moment appartient la formation conglomératique récemment découverte par MM. P. Lory et Sayn dans le Diois et le Dévoluy.

Dans le bassin de la Basse-Provence, les limites de la mer turonienne paraissent dépasser un peu celles de la mer cénomanienne, mais en bien des points où les couches à Hippurites reposent transgressivement sur des terrains plus anciens, l'étude paléontologique des couches n'est pas encore assez avancée pour que nous sachions exactement le niveau des premiers dépôts. En tout cas, les sédiments de ce golfe sont le plus souvent formés de sables grossiers. En particulier, aux Martigues, les Grès de la Mède sont caractérisés par une faune saumâtre, et les débris végétaux terrestres qu'ils renferment annoncent le voisinage de terres émergées, terres qui, avec le massif des Maures, dessinaient probablement le prolongement de l'axe de la chaîne pyrénéenne.

Dans la dépression vocontienne, le Turonien manque aux environs d'Uzès, entre le Cénomanien sableux et le Coniacien lagunaire; à Uchaux, cet étage est sableux et, plus à l'Est, il devient peu à peu calcaire; de ce côté se déposent, vers la fin des temps angoumiens, des couches à Micrasters [1] qui rappellent complètement par leur faune la craie inférieure à Micrasters du Bassin de Paris : c'est précisément le *Micraster decipiens*, si abondant dans certaines couches du Nord, qui arrive dans la région alpine où nous le connaissons typique et assez commun dans de nombreux gisements de la Drôme, des Hautes-Alpes, des Basses-Alpes et des Alpes-Maritimes. La voie qu'il a suivie est tracée encore aujourd'hui par les moules siliceux que l'on en rencontre épars, à la surface du sol, dans le Mâconnais, puis à Digoin, de l'autre côté des montagnes du Charolais, et plus au Nord dans le Nivernais.

L'existence d'îlots plus ou moins étendus dans la région centrale de la chaîne ressort de l'existence, signalée par M. Portis, d'un lambeau de calcaire à Hippurites superposé au Tithonique près du Col de l'Argentière, et dans lequel M. Douvillé a reconnu l'*Hip. Rousseli;* mais l'absence d'éléments détri-

[1] Dans sa belle monographie géologique du Diois et des Baronnies orientales, M. Paquier indique (p. 279) que j'ai déterminé, comme *Mortoniceras Bourgeoisi*, un fragment d'Ammonite provenant des calcaires blancs à silex de Vesc. Comme ces calcaires sont inférieurs aux couches gréseuses qui renferment la faune de Dieulefit à *Tissotia* et *Barroisiceras*, M. Paquier insiste avec raison (p. 285) sur l'anomalie de cette succession. Je crains fort d'avoir induit en erreur mon savant confrère, car *M. Bourgeoisi*, toujours confiné dans le Coniacien supérieur, ne peut évidemment se trouver au-dessous du Coniacien inférieur. En traitant précédemment de l'âge des calcaires à Micrasters de Dieulefit (p. 495 et suiv.), j'avais perdu de vue la détermination que j'avais donnée à M. Paquier, mais les motifs que j'ai mis en avant pour attribuer ces calcaires au Turonien me paraissent avoir conservé toute leur valeur, et je suis persuadé que je me suis trompé dans la détermination de l'échantillon communiqué. Je n'ai pas souvenir de son état de conservation, mais, en tout cas, je pourrai trouver une excuse de mon erreur dans ce fait que, dans un rapide examen, il est facile de confondre l'*Am. Bourgeoisi* avec certaines formes du groupe de l'*Am. Woolgari*.

IMPRIMERIE NATIONALE.

tiques dans les couches crétacées qui, aujourd'hui encore, s'avancent jusque dans la zone du Briançonnais, permet de croire que la surface des terres émergées ne devait pas être considérable.

Plus au Nord, le Turonien manque certainement au delà de l'Isère, dans les Alpes de la Savoie; très probablement il fait défaut aussi dans les Préalpes et n'est pas représenté, ainsi qu'on le croit généralement, dans les Couches de Seewen.

Cet étage ne reparaît que dans le Salzkammergut où, d'ailleurs, sa partie supérieure est seule connue sous forme de couches à Hippurites (*H. gosaviensis*) associées à des conglomérats grossiers, le tout transgressif sur les calcaires triasiques. Il est probable qu'il se poursuit dans les Carpathes, mais rien ne l'établit d'une manière incontestable, et nous pouvons dire qu'à partir de Vienne son existence reste à démontrer dans le prolongement oriental de la Mésogée.

Dans la partie méridionale de cette mer, nous retrouvons le Turonien en Algérie et en Tunisie; il y est assez mal caractérisé, et les couches qui semblent le représenter ou sont très pauvres en fossiles, ou ne renferment que des espèces indifférentes, sans valeur au point de vue stratigraphique. Il en est résulté que certaines assises ont été classées par les uns dans le Turonien, alors que d'autres les plaçaient dans le Cénomanien ou le Sénonien. En de nombreux points, il semble établi d'ailleurs que le Turonien fait réellement défaut et que le Sénonien repose alors en discordance sur les couches sous-jacentes.

D'après M. Peron, le Turonien est peu ou point représenté, paléontologiquement du moins, dans le Nord, mais paraît être bien développé plus au Sud, dans la région des hauts plateaux. Aux environs de Laghouat et au Djebel-Guelb en Tunisie, existe l'*Am. Telinga,* cette curieuse forme de l'Inde, qui ressemble à une réduction des énormes *Am. peramplus* adultes, relativement abondants sur la plate-forme continentale, dans tout l'Ouest de l'Europe, alors qu'ils paraissent rares ou complètement absents dans les couches turoniennes des autres régions. Dès 1896, j'ai signalé l'analogie des formes de la Tunisie décrites, en 1889, dans le mémoire de M. Peron, avec l'espèce de l'Inde et une autre de la Touraine, publiée en 1867 par Courtiller.

Am. Telinga est accompagné, en Algérie, d'une autre espèce (*Am. superstes*) bien remarquable par son extrême analogie avec *Am. coronatus;* elle se trouve également dans l'Inde, et je l'ai découverte récemment dans l'Aquitaine.

Sur le Vorland méridional, le Turonien n'existe pas au Brésil; Barrat lui a rapporté au Congo un calcaire fossilifère de Libreville; il est représenté en Égypte par le calcaire à Biradiolites d'Abbou-Roach, près des Pyramides. C'est avec le même facies qu'il se montre aux environs de Jérusalem; *Mammites nodosoïdes* est cité par M. Diener dans les niveaux supérieurs des calcaires du Liban [1].

[1] En Syrie et Palestine, la série crétacée débute par des grès à Trigonies qui renferment *Enallaster Delgadoi*, *En. syriacus;* avec les calcaires de Bhamdun à *Buchiceras syriacum*, ils correspondent au Gault supérieur et passent latéralement au Grès de Nubie.

Au-dessus, en Syrie, vient le Calcaire du Liban, à la base duquel M. Diener a constaté un horizon fossilifère à *Am. rhotomagensis* et, au sommet, un niveau à *Am. nodosoïdes.*

A Jérusalem, le Grès de Nubie est recouvert par une masse calcaire dans laquelle on trouve, à la base, des calcaires gris à Céphalopodes (*Am. rhotomagensis*), Ostracées (*O. flabellata*, *O. olisiponensis*, *O. africana*, *O. Mermeti*) et à Échinides (*Heterodiadema lybicum*, *Hemiaster batnensis*).

Plus haut, on observe, à Jérusalem, un terrain à Rudistes (*Biradiolites*) avec bancs à Nérinées (*N. Requieni*) et à Actéonelles (*Trochactæon Salomonis*). Ils seraient recouverts directement, d'après M. Blanckenhorn, par les couches de Kakuhle à *Am. texanus.*

Mais M. Diener, qui a eu entre les mains les matériaux recueillis par O. Fraas, dit qu'il y a vu une Ammonite très voisine de l'*Am. subtricarinatus.* Fraas a d'ailleurs figuré de la montagne des Oliviers, sous le nom d'*Am. Goliath*, un échantillon qui rappelle l'*Am. westphalicus* adulte, tel que je l'ai représenté (pl. XII, fig. 4).

Il convient de signaler encore l'*Am. Traskii*, Gabb (in Fraas) de Sâhel Alma, qui semble se rapporter à *Am. glaneckensis*, Redtenbacher, et se placerait ainsi au niveau de l'*Am. texanus;* puis l'*Am. cultratus* de Fraas, désigné par M. Blanckenhorn sous le nom de *Schlönbachia* cf. *Blanfordiana*, provenant des marnes à Poissons de Sâhel Alma, qui me paraît être le *Schl. Bertrandi* du Santonien des Corbières.

Enfin un niveau élevé du Crétacé correspond aux couches à *Rondaireia* qui, probablement, sont l'équivalent des couches à *Roudaireia* d'Égypte. (M. Peron a montré que la *Roudairia Drui*, Munier-Chalmas, 1881, doit s'appeler *Roudaireia ausserensis*, Coquand, sp., 1862.)

Dans ce dernier pays, la succession est analogue.

Au-dessus du Grès de Nubie, le Cénomanien est représenté par des couches à Ostracées (facies africano-syrien) avec *Heterodiadema lybicum*, *Hemiaster batnensis*, *H. cubicus*, etc., et *Sauvagesia.*

Au-dessus, à Abou-Roach, vient un calcaire à *Biradiolites* avec les mêmes fossiles qu'à Jérusalem (*N. Requieni*, *Trochactoeon Salmoonis*), puis des marnes à *Tissotia* citées seulement aussi d'Abou-Roach.

La série se termine par une assise très variable formée de grès, de marnes ou de calcaires crayeux, qui me semble se rapporter au Campanien le plus supérieur; elle repose tantôt sur les couches à *Tissotia*, tantôt sur le Cénomanien, tantôt directement sur le Grès de Nubie. Cet horizon est caractérisé par *O. Villei*, *O. vesicularis*, *O. Overwegi*, *O. ungulata*, *Roudaireia*, *Inoceramus Cripsii*, *Turrilites polyplocus*, *Ammonites Ismaelis*, *Am. Cambysis;* au Djebel Attaka, à 12 kilomètres à l'Ouest de Suez, il existe, à ce niveau, un calcaire à *Hippurites vesiculosus* et *Ostrea ungulata*, qui constitue le gisement d'Hippurites le plus méridional connu.

Plus à l'Est, les dépôts turoniens sont bien caractérisés au voisinage de Pondichéry, sur le bord d'une des brèches ouvertes dans le continent austral, et représentés par le sommet des Couches d'Ootatoor; j'ai, depuis 1896, insisté à diverses reprises sur les affinités de la faune de cette région avec celles des mers plus occidentales.

Dans le chenal ouvert à l'Est de l'Afrique, le Turonien marin ne paraît pas exister, ou tout au moins la faune du gisement des territoires allemands où M. G. Müller a signalé un Radiolite est insuffisante pour permettre de décider si l'on est en présence du Turonien ou du Sénonien. A Madagascar, cet étage n'a encore été observé que comme formation continentale, dans les couches à Tortues et à Dinosauriens de Majunga, étudiées par M. Depéret.

Sur la bordure du Pacifique, le Turonien est à peu près inconnu : à l'île de la Reine Charlotte, on a bien cité *Inoceramus problematicus*, mais, comme je l'ai déjà dit, la présence de ce fossile me paraît insuffisante pour établir avec certitude l'âge de l'assise qui le renferme. Nulle part ailleurs, aucun fossile caractéristique du Turonien n'a été indiqué.

Les temps turoniens sont marqués par l'apparition et le développement des Hippurites. Nous en rencontrons des gisements dans l'Aquitaine, des deux côtés de la chaîne pyrénéenne, en Provence et dans la vallée du Rhône, à Gosau et au Neue-Welt, sur le versant Nord des Alpes orientales; sur le versant Sud, au Monte Pigno, à l'Est du lac de Garde, à Callonèche, à Sossai et au col dei Schiosi, près du lac de Santa Croce (Futterer); puis à Nabresina au Nord de Trieste, et à Sebenico en Dalmatie. D'autres gisements existent au Sud-Ouest de Tunis[1], et *Hip. Rousseli* a été recueilli près de Batna.

Vers la fin de l'époque turonienne commence aussi à se développer le facies à Micrasters : ce genre avait fait son apparition vers la fin des temps cénomaniens avec le *Micraster Michelini*, qui est tantôt un *Micraster* et tantôt et plus souvent un *Epiaster*. Avec les *Micraster decipiens*, *M. brevis* et *M. cortestudinarium*, il se répand sur le Vorland septentrional et descend même vers le Sud, jusque dans la région rhodanienne et dans les Alpes maritimes. Il prendra une extension encore plus considérable à l'époque suivante.

Nous avons vu que la fin des temps turoniens a été marquée en de nombreux points par une sédimentation troublée, indice d'une mer peu profonde

[1] Des Hippurites turoniens ont été trouvés par M. Pervinquière, au Djebel Sbeitla et au Djebel Bireno au Sud de Thola; ils existent dans tout ce massif jusqu'à Tebessa, mais ne sont en nombre qu'en de rares points. (Communication de M. Pervinquière.)

et agitée; dans la région mésogéenne, des mouvements orogéniques ont même donné lieu, par places, à des conglomérats grossiers (Pyrénées, Basse-Provence, Diois (?) et Alpes autrichiennes).

Des circonstances analogues marquent aussi le début des temps coniaciens.

En Touraine, les calcaires de la partie inférieure de cet étage se séparent du Turonien par une surface ravinée et offrent souvent un conglomérat de base; dans l'Aquitaine, des sables ou des grès constituent les couches coniaciennes inférieures; en Westphalie et dans la région subhercynienne, les sédiments sableux prédominent. De ce dernier côté, il s'est même produit des bombements suivis d'un arasement de la tête des plis, de sorte que, dans le Hanovre et le Brunswick, les couches coniaciennes (emschériennes) reposent tantôt sur le Gault, tantôt sur l'une quelconque des subdivisions du Turonien, et renferment à l'état conglomératique les éléments remaniés des couches démantelées. Tel est, entre Peine et Bodenstedt, un conglomérat de galets dont la grosseur varie de celle d'une noix à celle de la tête et dont certains renferment des fossiles du Gault ou du Pläner turonien.

Plus au Nord, dans la région baltique, la mer en transgression recouvre Bornholm et arrive à Eriksdal et Rödmölla, en Scanie. Par contre, elle paraît être en retrait du côté de l'Irlande, où n'existe probablement aucun dépôt d'âge coniacien; il en est de même en Belgique.

Le mouvement positif paraît assez général, vers la fin du Coniacien, sur une partie de la plate-forme occidentale et se constate aussi dans les Corbières, tandis qu'au contraire, dans la région rhodanienne et dans la Drôme, se prononce une phase négative bien accentuée, de telle sorte que les dernières couches coniaciennes, superposées à des couches à Hippurites, sont formées de sables et d'argiles bigarrés d'origine continentale ou lagunaire.

Par suite de ces circonstances, la fosse vocontienne se trouve fermée au Nord et ses communications sont interrompues avec le Bassin de Paris; au Sud, elle est toujours séparée de la dépression pyrénéenne continuée par le golfe de la Basse-Provence. Il est probable, mais sans qu'on puisse l'affirmer, qu'à l'Est l'axe de la chaîne alpine est émergé : cette fosse ne peut donc plus communiquer avec la Mésogée que par la région des Alpes maritimes.

Plus au Nord, la Savoie, les Préalpes et les Alpes suisses sont toujours émergées, et nous ne retrouvons le Coniacien bien caractérisé que dans le Salzkammergut, où, aux conditions troublées de l'époque précédente, succède un régime plus tranquille correspondant au dépôt de la partie inférieure des marnes de Glaneck, de Gosau et de Sankt-Wolfgang.

Plus loin vers l'Est, nous n'avons aucune indication sur l'existence de l'étage coniacien ni dans la Mésogée, ni sur la plate-forme continentale du Nord.

Sur le Vorland méridional, nous trouvons des traces du Coniacien, en Égypte et en Palestine; puis en Hindoustan où il semble d'ailleurs être fort réduit, car, à la base des Couches de Trichinopoly, nous ne connaissons qu'un seul Céphalopode coniacien, *Am. westphalicus*, et encore en exemplaires rares. D'ailleurs, une période de ravinement a séparé le dépôt des dernières Couches d'Ootatoor de celui des Couches de Trichinopoly, car celles-ci renferment à l'état remanié des débris des premières.

La présence d'*Am. Haberfellneri* indique l'existence du Coniacien à Madagascar, et il est probable que, contrairement aux idées reçues, les couches de Natal [1] appartiennent au moins en partie au même étage. Leur faune rappelle d'ailleurs autant celle des couches de l'Europe que celle de l'Hindoustan; et c'est bien à tort, je crois, que nombre de savants ont insisté sur les rapports intimes existant avec cette dernière région.

[1] La craie du Natal comprend, d'après Griesbach, la succession suivante de haut en bas :

f. Calcaire brun dur avec *Am. Gardeni*, ossements, bois, etc.

e. Sables et grès bruns tendres avec nombreux Lamellibranches et Gastropodes.

d. Grès et sables; lit à Ammonites : *Am. Umbolazi, Am. Soutoni, Am. Stangeri, Am. Rembda, Am. Kayei, Anisoceras rugatum.*

c. Grès tendre à Trigonies.

b. Grès calcaire dur.

M. Kossmat pense qu'il n'y a pas là plusieurs zones paléontologiques différentes, et il cite à l'appui ce fait que, dans les collections de la Société géologique de Londres, il a vu ensemble, dans un même échantillon de roche, *Am. Stangeri* et *Am. Gardeni.*

On a souvent insisté sur les affinités de cette faune et de celle des environs de Pondichéry, thèse qui me paraît fort discutable. *Am. Soutoni* et *Am. Stangeri* appartiennent à des genres absents ou représentés seulement par de rares échantillons dans la craie de l'Hindoustan. *Am. Stangeri* est très voisin de *Peroniceras subtricarinatum*, et *Am. Soutoni* rappelle beaucoup *Mortoniceras Bontanti* de la Craie de Villedieu; ce seraient donc des formes coniaciennes. *Am. Rembda,* Forbes, est une espèce du Campanien supérieur de l'Hindoustan, mais *Am. Rembda* du Natal en diffère par l'allure de ses sillons. D'après M. Kossmat, les échantillons d'*Am. Gardeni* du Natal sont identiques à ceux de l'Hindoustan, mais les diverses formes de *Hauericeras* sont si voisines les unes des autres qu'elles ne peuvent être considérées comme ayant une grande valeur au point de vue stratigraphique. Je dois seulement faire remarquer que, jusqu'à présent, les *Haueri-*

Sur le continent américain, le Coniacien fait absolument défaut aux États-Unis et la transgression turonienne paraît avoir été suivie d'un retrait de la mer. Le seul argument que l'on pourrait invoquer contre cette manière de voir serait basé sur la présence dans l'étage du Colorado d'Inocérames voisins de l'*I. involutus*, mais si l'on examine les coupes des régions où ces fossiles sont cités, on voit qu'ils s'y trouvent bien au-dessous d'autres absolument caractéristiques du Turonien.

Sur l'autre bord de la Mésogée, le Coniacien est indiqué au Venezuela par la présence de *Gauthiericeras Margae*, *G. Lenti*, *Mortoniceras canaense* (forme voisine de *M. Bourgeoisi*). Dans ces mêmes gisements se trouvent *Amaltheus Sieversi* et une forme très curieuse, *Lenticeras Andii*, déjà décrite du Pérou par Gabb, espèces qui pourraient être santoniennes.

Ainsi, d'une manière générale, à l'époque coniacienne, nous constatons encore des transgressions, des régressions et des mouvements orogéniques; il semble même qu'en surface les régressions l'emportent sur les transgressions, au moins pour les régions connues et accessibles à l'observation.

Cependant le facies à Rudistes est relativement moins développé à l'époque coniacienne que précédemment : les seuls gisements où l'on connaisse des Hippurites coniaciens sont ceux de la région rhodanienne (Nyons, Mornas, Gatigues, les Martigues) et de la Basse-Provence. Il est d'ailleurs probable que le facies à Rudistes de la région adriatique comprend des niveaux coniaciens, mais nous n'en avons pas encore de preuves positives.

Avec le Coniacien commencent à se multiplier les Bélemnitelles apparues déjà au cours des temps cénomaniens : *Act. westphalicus* est caractéristique de cet étage, mais son aire d'extension est très restreinte et, même dans l'Allemagne du Nord où il est plus répandu qu'ailleurs, il est fort rare. En France, je n'en connais d'échantillons authentiques que du Nord (environs de Lille); on le trouve aussi à Bornholm et en Scanie.

ceras ne sont pas connus au-dessous du Santonien. D'ailleurs, ils existent dans la craie de l'Europe en Allemagne, en Aquitaine, dans les Pyrénées et en Galicie.

Les couches du Natal se placeraient donc à la limite du Coniacien et du Santonien, et leurs affinités sont au moins aussi marquées avec la craie de l'Europe qu'avec celle de l'Hindoustan.

La présence de *Lytoceras Kayei* et celle de *Pseudophyllites Indra*, ce dernier reconnu par M. Kossmat parmi les échantillons conservés à Londres, indiqueraient un âge campanien supérieur, mais j'attache plus d'importance aux indications fournies par les *Mortoniceras* et *Peroniceras* qu'à celles données par les *Lytoceras*. Peut-être, d'ailleurs, existerait-il au Natal un niveau campanien qui n'aurait pas encore été distingué?

Un des caractères les plus intéressants de la faune coniacienne est offert par le développement d'un groupe de Céphalopodes de la famille des Pulchelliidés, remarquable par le dessin très simple de ses cloisons qui rappellent celles des Cératites du Trias. Dans la coquille adulte, elles sont restées au stade d'évolution caractérisant les premiers tours des *Pulchellia*. Ces Ammonites ne nous sont connues encore que de l'Algérie, la Tunisie, l'Égypte, des environs de Gosau dans les Alpes orientales et des Corbières, c'est-à-dire de la partie européenne de la Mésogée. Au Nord, sur la plate-forme continentale, elles pénètrent en Aquitaine et même jusqu'en Touraine. Il y a eu de ce dernier côté, à diverses reprises, une dépression par laquelle les types mésogéens se sont avancés plus ou moins loin vers le Nord. Ainsi, à l'époque callovienne, j'ai montré que les *Glossothyris* sont arrivées jusque dans le Poitou; à l'époque cénomanienne, les Rudistes n'étaient pas rares en Touraine et y ont pénétré encore pendant les temps turoniens et sénoniens.

La craie santonienne est en progression sur la plate-forme continentale du Nord de l'Europe. En Irlande, la craie à Marsupites repose près de Ballycastle, sur le Trias. Dans le Limbourg, les sables d'Aix-la-Chapelle, correspondant au Santonien supérieur, s'avancent transgressivement vers le Sud; de même le dépôt de la glauconie de Lonzée (Hainaut) à *Act. granulatus* et *Act. verus* est dû à un mouvement en avant de la mer qui baignait le sol de la Belgique. En Scanie, la craie à *Act. granulatus* s'avance plus au Nord que la craie à *Act. westphalicus*. En Westphalie et dans la région subhercynienne, la sédimentation est toujours troublée, probablement par suite de mouvements du sol particulièrement prononcés dans ces contrées, où ils donnent lieu à des apports de matériaux sableux et même de conglomérats; d'ailleurs, le Quader santonien montre dans cette région des intercalations saumâtres et même d'eau douce.

Dans l'Aquitaine, la fin de l'époque santonienne est aussi marquée par une phase négative accusée par le développement du facies sableux et des niveaux à Rudistes.

En Bohême et en Bavière, nous ne connaissons pas de couches santoniennes ou campaniennes, soit que le mouvement de régression constaté à la fin des temps coniaciens ait persisté et amené une émersion définitive, soit que les dépôts d'âge plus récent aient disparu par l'érosion; cette dernière hypothèse me paraît la plus vraisemblable, car autrement il faudrait imaginer que, pendant les derniers temps crétacés, ces deux régions formaient une vaste île au milieu de la mer, et je ne connais aucun fait qui vienne à l'appui de cette hypothèse.

L'extension vers l'Est de la mer crétacée est indiquée par les couches à *Act. Grossouvrei* du Nord de Simbirsk, comme le prouvent les échantillons qu'a bien voulu me communiquer M. Pavlow.

A l'autre extrémité de la plate-forme, vers l'Ouest, une transgression se produit dans le midi des États-Unis, mais elle n'atteint que les régions immédiatement voisines du golfe du Mexique : c'est à ce moment que se dépose le Calcaire d'Austin à *Am. texanus, Am. syrtalis* (*Am. Guadaloupæ*) et *Biradiolites austinensis,* représenté plus au Nord par les Grès de Dallas.

Sur la plate-forme méridionale, il est probable que le Santonien existe dans le Nord de l'Afrique [1]; il n'est pas connu en Égypte, où peut-être a-t-il été enlevé par l'érosion, mais, en Palestine et en Syrie, il est représenté par des couches à *Am. texanus* et *Am. Bertrandi.* Plus loin, il est bien développé dans l'Hindoustan, où il est constitué par les Couches de Trichinopoly.

Dans la dépression pyrénéenne, les horizons à Rudistes se multiplient vers la fin des temps santoniens, notamment sur le revers Nord de la chaîne à son extrémité orientale. Dans les Corbières, ils sont intercalés au milieu de grès grossiers. Plus au Sud, à Saint-Louis, un conglomérat à très gros éléments, arrachés à des terrains variés et en particulier à des couches crétacées, nous offre la preuve incontestable que des mouvements orogéniques ont relevé ces couches et les ont exposées à l'érosion. Ainsi se prépare l'émersion définitive de la dépression qui se poursuivait des Corbières à la Basse-Provence.

Dans la région des Alpes occidentales, l'existence du Santonien est révélée par les échantillons d'*Am. texanus* recueillis au col des Peyres (Basses-Alpes) et à l'Escarène (Alpes-Maritimes); puis il faut arriver à la vallée de l'Inn pour retrouver des couches santoniennes transgressives sur les terrains plus anciens, mais partout accompagnées, dans les niveaux supérieurs de l'étage, de ce facies conglomératique qui caractérise les Couches de Gosau. De là jusqu'à Vienne, le plus grand nombre des gisements de Rudistes appartiennent soit aux derniers temps santoniens, soit au début du Campanien, et comme, à Glaneck et à Gosau, le Santonien inférieur est représenté par des marnes à Ammonites, ce changement radical de régime accuse des mouvements orogéniques qui, de ce côté aussi, préparent une émersion.

[1] Il est bien évident que je parle seulement ici du Vorland africain et non de sa bordure mésogéenne où le Santonien est bien développé.

IMPRIMERIE NATIONALE.

Sur l'autre versant de la chaîne alpine, nous trouvons des conditions analogues. A Sirone, dans la Brianza, un conglomérat avec *Trochactæon, Glauconia* et *Hippurites* repose sur le Biancone infracrétacé, et sa faune indique le Santonien supérieur ou le Campanien inférieur. La même faune se retrouve plus à l'Est dans les couches de Callonèche, près du lac Santa Croce; elle se poursuit dans les calcaires de l'Istrie, dans l'Apennin, et nous retrouvons en Grèce, à Caprena et à Antinitza, des gisements de même âge.

Les Couches de Gosau ont été signalées en divers points des Carpathes; il est bien probable qu'en général elles appartiennent à ce même horizon santonien qui paraît avoir eu une extension considérable.

J'ai reporté sur une carte l'indication de tous les gisements d'Hippurites, d'âges divers, connus jusqu'à ce jour, sauf ceux du Mexique et des Antilles à l'Ouest et celui de Kirman à l'Est, qui sont en dehors des limites du cadre.

L'examen de leur répartition montre qu'ils sont surtout fréquents dans la partie septentrionale de la Mésogée : ils trouvaient là, probablement à la faveur des ridements qui avaient commencé à se produire et qui y étaient particulièrement nombreux et enchevêtrés, des plages favorables à leur développement.

Il faut remarquer en outre que ces gisements jalonnent en quelque sorte les contours de noyaux émergés sur les bords desquels les Hippurites pouvaient seulement rencontrer les conditions de faible profondeur requises pour leur habitat.

Par contre, dans la moitié méridionale de la Mésogée, en Algérie et en Tunisie, le Santonien se présente avec un facies calcaire et marneux caractérisé principalement par le développement des Ostracées et des Lamellibranches.

De là, vers l'Est, il n'y a plus aucune indication de niveaux santoniens bien authentiques; tout au plus pourrait-on citer les couches à Echinocorys et à Micrasters, signalées par M. Obroutchev, sur la frontière de la Perse et de l'Afghanistan. A ce même niveau appartiennent vraisemblablement les couches à Rudistes et à *Loftusia* du pays des Baktyaris, entre Ispahan et Dizful, signalées par M. Douvillé d'après les résultats des explorations de M. de Morgan.

En Amérique, une indication de cette mer est donnée par les couches à *Am. texanus* du Venezuela. *Am. Guadaloupæ* et *Am. texanus* ont aussi été recueillis au Mexique, où paraissent s'édifier à ce moment des calcaires à Hippurites; d'après une communication de M. Aguilera, ils renfermeraient une faune très voisine de celle des Corbières et de la Provence.

Tandis que le facies à Hippurites caractérise la moitié septentrionale de la Mésogée européenne, plus au Nord, sur le Vorland, le facies à Bélemnitelles qui avait commencé à prendre naissance à l'époque coniacienne acquiert une grande extension et, vers le Sud, atteint la dépression pyrénéenne; de ce côté, les couches du Santonien supérieur renferment assez abondamment, dans certains gisements des Corbières, *Act. granulatus*, *Act. Toucasi* et *Act. Grossouvrei*. M. Toucas avait déjà signalé des Bélemnitelles dans le Santonien de la Basse-Provence.

En même temps, sur la plate-forme européenne, le facies à Micrasters se propage également, mais des types différents se localisent dans certaines régions : *Micraster coranguinum* abondant en Angleterre est plus rare dans le Bassin de Paris et, en Touraine, cède la place au *M. turonensis* qui habite aussi l'Aquitaine. Dans les Corbières, en Catalogne, dans la Basse-Provence et dans la région des Alpes occidentales se multiplie le *M. corbaricus*.

En Algérie et Tunisie, le genre *Hemiaster* est fort abondant, alors qu'il est rare dans le Sénonien de la France. Par contre, le genre *Micraster* y est peu répandu et ses caractères tendent à s'y modifier; parfois il prend un fasciole péripétale mal défini et incomplet, caractère qui a motivé, de la part de Pomel, la création du genre *Plesiaster;* mais son *Pl. Peini* ne diffère guère du *M. corbaricus* des Corbières, et une série assez nombreuse d'échantillons rapportés par M. le capitaine Flick de Dja-Halloufa montre qu'il existe tous les intermédiaires entre le *Pl. Peini* et le *Micraster corbaricus*[1] et ses variétés typiques.

Sur le continent de l'Amérique du Nord, la transgression, commencée à l'époque santonienne, se poursuit pendant les premiers temps campaniens. A l'Est, elle atteint la côte de l'Atlantique actuel où se déposent des couches marines, les Sables et Marnes de New-Jersey, dont la partie inférieure renferme *Mortoniceras delawarense*, espèce qui caractérise sur l'autre bord de l'Atlantique les couches du Campanien inférieur de l'Aquitaine, celles précisément où M. Arnaud a recueilli un échantillon d'*Act. quadratus*. Sur le bord du golfe du Mexique, les mêmes niveaux sont représentés par la partie supérieure des Sables de Tombigbee dans l'Alabama et le Mississipi.

[1] Du Vorland méridional, le genre *Micraster* est encore connu à Madagascar, d'où M. J. Lambert a décrit un *Micraster Meunieri* d'Ambohimarina (Massif d'Antsingy, aux environs de Diego-Suarez); il appartient au groupe du *M. gibbus* et est accompagné dans son gisement par un *Echinocorys*.

LÉGENDE DE LA FIGURE 31.

1. **Maëstricht** (Campanien supérieur).
2. **Saint-Paterne** (Santonien).
3. **Las Bodas**, au Nord-Est de Léon (Campanien). [Douvillé, p. 73.]
4. **Quintanaloma**, au Nord de Burgos (Campanien). [Larrazet, Douvillé, p. 167.]
5. **Batna** (Turonien). [Peron, M. Bertrand, Douvillé, p. 192 et 206.]
6. **Constantine** (Turonien et Santonien). [Coquand, Peron.]
7. **Tebessa** et **Djebel Sbeitla** (Turonien). [Communication de M. Pervinquière.]
8. **Cap Passaro** (Campanien supérieur). [Thompson, Douvillé, p. 223.]
9. Environs de **Bénévent** (Turonien, Santonien et Campanien supérieur). [Guiscardi, Parona, Douvillé, p. 215.]
10. **Monte Gargano** (Campanien supérieur). [Douvillé, p. 224.]
11. Environs de Rome : **Monte Lepini** (Santonien). [Communication de M. di Stefano à M. Douvillé.]
12. **Île San Antioco** (?). } (La Marmora.)
13. **Olmedo** (?). }
14. **Col de l'Argentière** (Turonien). [Portis, Douvillé, p. 206.]
15. **Sirone** (Santonien supérieur ou Campanien inférieur). [Douvillé, p. 201.]
16. **Monte Pigno**, à l'Est du lac de Garde (Turonien). [Taramelli.]
17. **Lac Santa Croce**, Bellunais (Turonien, Santonien et Campanien supérieur). [G. Bœhm, Futterer, Douvillé, p. 205.]
18. **Bacher Gebirge** (Campanien). [Rolle, Redlich.]
19. Nord de **Klagenfurt**, entre les vallées du Gurk et du Görtschitz (Campanien). [Redlich.]
20. Environs de **Graz**; Kainach, Piber, etc. (Campanien) (?). [Rolle.]
21. **Bakonyer Wald** (Campanien supérieur).
22. Région de **Trentschin** (Upohlawer Conglomerat à *Hip. sulcatus*, d'après F. von Hauer).
23. Vallée de l'**Olt** (Campanien supérieur). [Redlich.]
24. **Filipovce**, près Sofia (Campanien supérieur). [Toula, Douvillé, p. 194 et 222.]
25. **Gabrowo** au Sud-Ouest de Tirnova (Campanien supérieur). [Douvillé, p. 211.]
26. **Antinitza**, chaine des monts Othrys (Santonien). [Douvillé, p. 214.]
27. **Caprena** (Santonien). [Munier-Chalmas, Douvillé, p. 213.]
28. **Amasie** (?). [Douvillé, p. 218.]
29. **Hakim Khan** (Campanien supérieur). [Woodward, Douvillé, p. 201.]
30. **Khorremabad**, versant oriental du Kouh Mapeul (Campanien supérieur). [Douvillé, p. 225.]
31. **Djebel Attaka**, à l'Ouest de Suez (Douvillé, p. 103).

Kirman, Perse (Turonien) (?). [Stahl, Z. Geol. von Persien, p. 64.]

La Jamaïque et **Mexique** (Coniacien (?), Santonien (?) et Campanien supérieur). [Woodward, Douvillé, p. 110.]

N. B. J'ai indiqué les renvois aux pages du Mémoire sur les Hippurites de M. Douvillé (1891-1897. *Mémoires de la Société géologique de France*, Paléontologie).

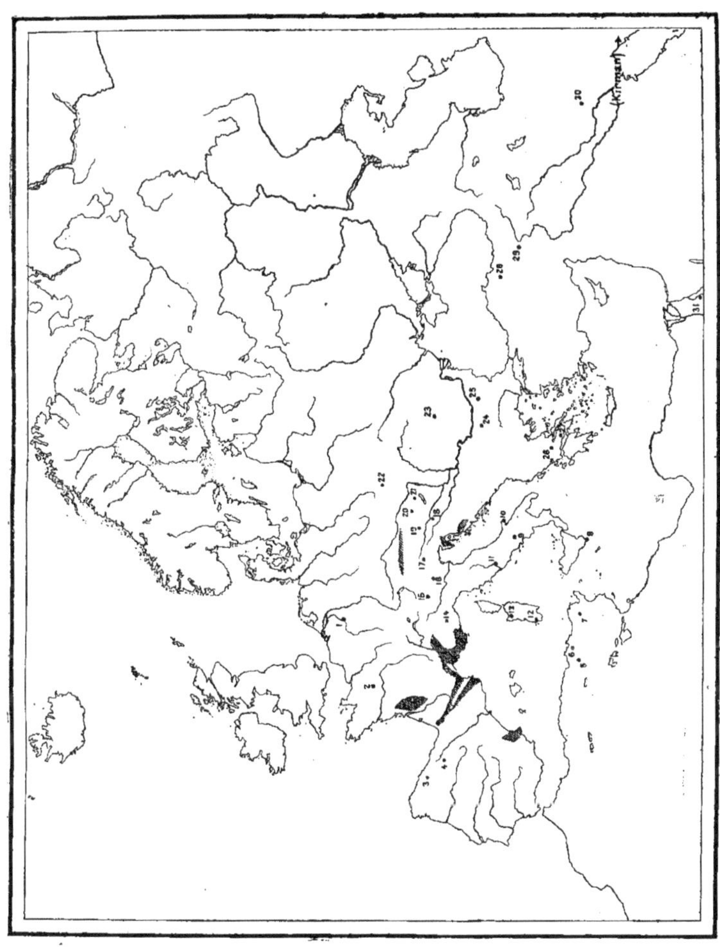

Fig. 31. — Répartition des gisements d'Hippurites.

Sur le Vorland européen, nous constatons une transgression dans le Nord, en Scanie, où les couches à *Act. mamillatus* et *quadratus* reposent directement sur les terrains anciens à Balsberg.

Dans le Brunswick, on voit, près de Königslutter-Lauingen, les argiles à *Act. quadratus* superposées aux couches triasiques. Près d'Aix-la-Chapelle, la continuation de la phase positive est indiquée par la craie glauconifère qui succède aux sables inférieurs et la transgression des couches herviennes sur les terrains primaires de la Hesbaye.

Dans l'Est du Vorland septentrional, nous connaissons des couches à *Act. quadratus* en Pologne, et j'ai indiqué précédemment que M. Pavlow m'avait communiqué, comme provenant du Nord de Simbirsk, plusieurs échantillons d'*Actinocamax*, dont quelques-uns montraient le passage d'*Act. Grossouvrei* à *Act. mamillatus* et indiquaient par conséquent un niveau campanien. Plus au Sud, M. Fournier a cité *Act. quadratus* sur le revers méridional du Caucase, mais je n'en ai aperçu aucun échantillon provenant de cette région dans les musées de Saint-Pétersbourg.

Ce sont là, sur le Vorland septentrional, les points extrêmes vers l'Est où nous constations des niveaux franchement campaniens inférieurs.

Sur le Vorland méridional, je ne vois rien qui puisse être rapporté avec certitude au Campanien inférieur, ni dans l'Amérique du Sud [1] dont le bord atlantique ne montre aucune couche marine plus récente que le Gault supérieur, ni dans l'Afrique du Nord, ni en Palestine. Cependant il est possible qu'il existe dans le Sahara, mais les documents précis nous manquent à cet égard.

Dans la péninsule de l'Hindoustan, le Campanien inférieur est aussi en régression, car, au-dessus des couches santoniennes de Trichinopoly, les assises de Valudayoor et d'Ariyaloor ne renferment aucuns fossiles de ce niveau, mais seulement des Céphalopodes de la dernière zone crétacée.

Plus au Sud, je ne vois non plus dans les fossiles signalés à Madagascar ou sur la côte occidentale de l'Afrique rien qui indique d'une manière certaine la présence du Campanien inférieur.

Il en est de même autour du bassin pacifique, aussi bien en Nouvelle-Zélande, au Japon, que dans l'Amérique du Nord et l'Amérique du Sud.

Examinons ce qui se passe à ce même moment dans la Mésogée.

Dans la dépression pyrénéenne, la phase négative signalée vers la fin des

[1] Sauf, peut-être, les couches à Gastropodes de Pernambuco.

temps santoniens amène l'émersion progressive du territoire situé entre les Corbières et l'extrémité du golfe de la Basse-Provence. Dans cette dernière région, aux couches à Hippurites succèdent des sédiments saumâtres et lacustres, entremêlés de couches à lignites. Dans les Corbières, les grès à Rudistes sont surmontés par une formation gréseuse, le grès d'Alet, qui représente, pour une partie du moins, le Campanien inférieur. Ce grès s'étend au Nord transgressivement sur les terrains paléozoïques qui forment la bordure de la dépression pyrénéenne; la présence de quelques rares fossiles indique que des influences marines présidaient encore au dépôt de ces sédiments, mais la mer peu profonde s'ensablait par l'apport de matériaux détritiques provenant des affleurements primaires situés plus au Nord. Dans l'Ariège, cet ensablement se fait aussi sentir, et le Campanien inférieur est représenté par le Grès de Labarre; mais comme les graviers et les sables venaient du Nord, il en résulte que la grosseur du grain allait en diminuant vers le Sud et que les sédiments devenant plus fins n'empêchaient pas le développement des Rudistes et de leur cortège de Polypiers dans les régions de Leychert et de Bénaïx. De là, vers l'Ouest jusqu'à l'Océan, nous ne connaissons plus rien qui puisse être attribué au Campanien inférieur.

Mais, sur le versant espagnol, nous trouvons cet étage en transgression en certains points, par exemple à Las Bodas, au Nord de Léon, où les calcaires à *Hip. Verneuili* et *Hip. Vidali* surmontent une masse peu épaisse de grès blanc reposant directement sur les terrains anciens.

Dans les Alpes occidentales, la dépression vocontienne semble encore plus réduite que précédemment, car, à part l'échantillon de *Pachydiscus Sayni* d'Annot dans les Basses-Alpes, qui rappelle des formes du Campanien inférieur, nous ne connaissons de dépôts authentiques de cet âge que dans les Alpes-Maritimes, où les couches de Font-de-Giariel et de Contes-les-Pins [1] nous offrent une espèce, *Mortoniceras delawarense*, déjà rencontrée dans les Marnes de New-Jersey et dans les couches de l'Aquitaine, et récemment découverte en Tunisie par M. Jordan.

En résumé, l'époque campanienne inférieure paraît caractérisée par un mouvement négatif assez général, et le nombre des points où l'on peut constater des transgressions est fort limité.

A cette régression générale du Campanien inférieur correspondent évidem-

[1] C'est à tort que l'on a signalé *Am. neubergicus* dans cette région et rattaché ces gisements au Campanien supérieur (voir page 815).

ment la plupart des érosions qui ont fait disparaître, dans certaines régions, des épaisseurs plus ou moins considérables de couches crétacées antérieurement déposées; c'est pour cette raison que nous verrons le Campanien le plus supérieur reposer souvent sur le Santonien, le Coniacien ou même le Cénomanien. Ainsi, dans le Cotentin, le Calcaire à Baculites surmonte directement les grès à Orbitolines; en Égypte, les couches à *Ostrea ungulata* et *O. Overwegi*, le Coniacien, le Cénomanien ou même le Grès de Nubie.

Le facies crayeux caractérise les dépôts campaniens inférieurs du Vorland européen. Des sédiments plus rapprochés des rivages nous sont offerts par la Scanie et le Limbourg. En Westphalie et dans la région subhercynienne, des dépôts argileux ou marneux succèdent aux grès santoniens.

Le facies à Bélemnitelles (*Actinocamax*) est limité à la plate-forme septentrionale, mais il est inconnu à son extrémité occidentale en Amérique. En France, l'*Act. quadratus* est relativement abondant dans la craie grise et la craie blanche du bassin de Paris, mais il n'a pas encore été rencontré à l'Ouest des vallées du Loing et de la Seine. Cependant, au Sud, quelques échantillons en ont été recueillis en Aquitaine, aux environs de Montmoreau. Le genre *Actinocamax* n'était d'ailleurs pas rare dans les Corbières à l'époque du Santonien et M. Toucas a signalé des Bélemnitelles dans les couches de cet âge en Provence.

Il paraît donc bien difficile de regarder ce genre comme issu des mers boréales; il était spécial à la plate-forme septentrionale, mais il a pénétré jusque sur les bords de la Mésogée.

Au Nord, les Actinocamax se retrouvent en Irlande (comté d'Antrim) et en Scanie, à l'Est, jusqu'aux environs de Simbirsk, et, de ce côté, peut-être atteignent-ils aussi les bords de la Mésogée dans le Caucase.

L'aire d'extension des Actinocamax est en tout cas bien inférieure à celle que nous verrons occupée par la *Belemnitella mucronata*.

Le facies à Rudistes du Campanien inférieur est surtout développé dans la région pyrénéenne et dans les Alpes orientales; de ce dernier côté, il correspond à une phase négative destinée à se prolonger pendant la plus grande partie des temps campaniens et à laquelle correspondent les lignites du Neue-Alp à Gosau et de Grünbach, près Wiener-Neustadt. A ce même moment se déposent les lignites de Fuveau dans le golfe de la Basse-Provence.

Au retrait de la mer qui semble avoir presque partout prédominé pendant le Campanien inférieur succède un mouvement général d'invasion marine qui s'accentue surtout pendant les derniers temps crétacés.

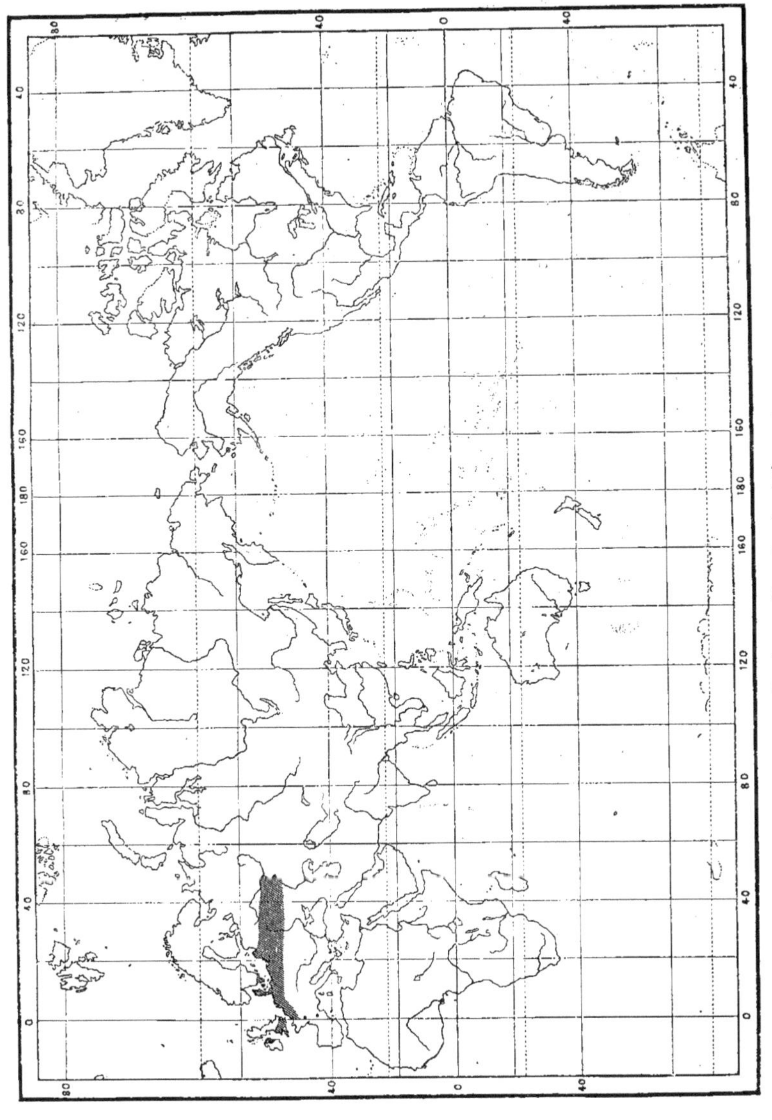

Fig. 32. — Extension des Actinocamax.

Examinons d'abord ce qui se passe sur le Vorland septentrional.

Sur le continent américain, la mer s'avance plus loin vers le Nord qu'elle ne l'avait fait depuis la fin des temps dévoniens; elle atteint le bord occidental du Groënland, venant entremêler les couches à Plantes de Patoot d'intercalations marines qui renferment un certain nombre des fossiles de Fort-Pierre et de Fox-Hills. La liaison avec les dépôts du centre des États-Unis est indiquée par les gisements de l'Athabasca et du Mackenzie.

Sur l'emplacement des Montagnes Rocheuses s'entassent alors une énorme épaisseur de couches groupées en deux subdivisions, Fort-Pierre et Fox-Hills; leurs faunes n'offrent d'ailleurs aucuns traits réellement distinctifs pouvant motiver une séparation; au contraire, tout indique que seule la dernière zone crétacée y est représentée.

Ces couches reposent en général sur des strates rapportées au Groupe de Benton et dans lesquelles, d'après les données fournies par les géologues américains, il est impossible de voir autre chose que du Turonien. Il y a donc là une lacune considérable, indiquée, en outre, par les surfaces érodées observées au contact des deux terrains; en s'approchant du golfe du Mexique, cette lacune s'atténue, mais on ne peut cependant affirmer que, de ce côté, la série soit complète et que tous les termes soient représentés entre la zone à *Mortoniceras delawarense* et celle supérieure à *Placenticeras* et *Sphenodiscus*.

En même temps, plus à l'Ouest, s'accumulent les couches lignitifères de Laramie s'étendant au Nord des bords du Saskatchewan, jusqu'à plus de 150 kilomètres au Sud de Santa-Fé, dans le Nouveau-Mexique.

En Portugal, M. Choffat a découvert, à l'Ouest de Mira, le Campanien supérieur transgressif, représenté par des couches à *Hoplites Vari*, mais la transgression constatée en ce point correspond seulement au début du Campanien supérieur et ne semble pas se poursuivre davantage, car le gisement dont il s'agit est le seul du Sénonien qui soit connu à l'état marin en Portugal.

Il est difficile de dire si, en Aquitaine, il y a eu progression à cette époque; en tout cas, la profondeur des eaux a diminué vers la fin des temps crétacés, et si les premières couches du Campanien supérieur possèdent encore un facies marno-crayeux, dans les dernières, l'apparition des Orbitoïdes et le développement des lentilles à *Hippurites radiosus* indiquent une faible profondeur.

Dans le Bassin de Paris, la mer est en progrès vers l'Ouest, où, dans le

Cotentin, près de Valognes, un tuffeau à Bryozoaires avec Ammonites de la dernière zone crétacée repose sur les grès cénomaniens à Orbitolines.

En Irlande, la puissance relative des calcaires à *Bel. mucronata* qui, d'ailleurs, débordent vers l'Ouest les couches inférieures, indique également une transgression dans cette direction.

En Belgique, la transgression des dernières couches crétacées est mise en évidence par le lambeau de Pry, près Valcourt (entre Sambre et Meuse), formé par un conglomérat à *Trigonosemus pectiniformis* remplissant une fente dans les calcaires dévoniens; par les silex jaunâtres fossilifères, restes d'un dépôt décalcifié, probablement équivalent du Tuffeau de Maëstricht que l'on trouve sur le plateau des Hautes-Fanges, à la Baraque Michel, par 600 mètres d'altitude, et enfin par le lambeau de marne à Gastropodes de Tolbiac, au Sud-Est d'Aix-la-Chapelle, assimilé par M. Schlüter au Calcaire de Kunraed.

En Scandinavie, la mer du Campanien supérieur semble s'être étendue très loin vers le Nord, car des dragages faits dans la Mer du Nord ont démontré l'existence de la craie entre 65 et 68 degrés et même jusqu'à 78 degrés de latitude; de la craie à silex avec une Bélemnitelle a été ramenée par 65° 43′ au large de la côte de Norvège.

Plus au Sud, nous ne connaissons de dépôts de cet âge ni en Saxe, ni en Bohême, ni en Bavière, mais la présence de la *Bel. mucronata* dans la zone septentrionale des Alpes autrichiennes, à une faible distance des bords du Vorland, la composition marneuse des sédiments qui la renferment, ainsi que les caractères septentrionaux de la faune (*Micraster, Echinocorys*) qui l'accompagne, sont de nature à faire soupçonner qu'à ce moment la mer devait déborder sur la plate-forme septentrionale et se relier à celle qui couvrait les régions baltiques.

Un peu plus à l'Est, en Pologne et en Gallicie, la craie à *Bel. mucronata* est largement développée, mais l'ensemble des listes de fossiles données pour les diverses régions laisse l'impression que seul le niveau le plus supérieur doit y être représenté.

En Russie, cette même assise possède une très grande extension : vers le Nord, sur le versant oriental de l'Oural, des couches à Baculites et à Scaphites ont été découvertes (M. Federow, 1887-1889) dans la vallée de la Sossjva, par 62° 30′ de latitude Nord. D'après les indications de M. Karpinsky, la craie à *Bel. mucronata* existe dans l'Oural méridional Nous ne savons rien sur son extension plus à l'Est et nous ignorons si elle se poursuit en Sibérie.

Sur le Vorland méridional, la craie campanienne marine est inconnue à l'intérieur du continent américain aussi bien que sur son rivage atlantique; des restes de *Mosasaurus* trouvés dans la haute vallée de l'Amazone indiquent probablement un facies continental de cet âge; il est possible que les dépôts à Gastéropodes de la province de Pernambuco appartiennent au Campanien supérieur.

Il en est probablement de même des grès à *Roudaireia* du Congo, et la présence de l'Huître signalée sous le nom d'*O. Baylei* ne doit pas être considérée comme étant en contradiction avec cette manière de voir, car il est fort possible que sous ce nom on ait désigné des échantillons d'*O. vesicularis*, espèce fort difficile à distinguer de la précédente et d'ailleurs aussi de l'*O. proboscidea.*

Dans l'Afrique du Nord, la mer campanienne s'est étendue très loin vers le Sud, comme le démontre l'étonnante découverte, que nous fait connaître M. de Lapparent, d'un Échinide (*Noetlingia Monteili*) rapporté par le colonel Monteil, des environs de Bilma (18° 23′ 08″ de latitude Nord), sur la route du lac Tchad à Tripoli, Échinide qui a été reconnu par M. V. Gauthier comme fort voisin d'une espèce du Campanien supérieur du Baloutchistan.

En Égypte, une série de couches à Ostracées (*O. ungulata, O. Overwegi, O. Villei*) avec *Roudaireia* et Ammonites (*Am. Ismaelis, Am. Cambysis*), à l'état de calcaires crayeux, de marnes ou de grès, représentent l'assise supérieure du Campanien et reposent tantôt sur le Coniacien (couches à *Tissotia* d'Abou Roach), tantôt sur le Cénomanien dans le désert arabique, tantôt sur le Grès de Nubie dans les grandes oasis.

Près de Suez, ce même niveau renferme un calcaire à *Hip. vesiculosus* constituant le gisement le plus méridional d'Hippurites connu jusqu'à ce jour.

En Palestine et en Syrie, l'assise à *Roudaireia* correspond probablement au Campanien le plus supérieur, car le fossile précédent caractérise par son abondance, dans toute l'Afrique du Nord, les dernières couches crétacées.

La mer du Campanien supérieur est revenue, sur le bord oriental de l'Hindoustan, au voisinage du golfe de Bengale et y a déposé transgressivement ses sédiments sur les couches santoniennes, turoniennes, cénomaniennes et albiennes. Les subdivisions distinguées dans le district de Pondichéry, Couches de Valudayoor et Couches à *Trigonoarca*, appartiennent par leur faune à la dernière zone crétacée et correspondent aux Couches d'Ariyaloor du district de Trichinopoly. Il est à remarquer que dans le premier seul existent des représentants des genres bathyaux *Lytoceras* et *Phylloceras*, qui manquent complètement dans l'autre.

Au Sud-Ouest de cette même région, il est probable que les couches supérieures de Sokotra, qui reposent sur le Cénomanien, appartiennent aussi au Campanien supérieur.

Ce même niveau est bien représenté à Madagascar, sur les deux rivages, oriental et occidental, de l'île. En 1900, j'ai signalé la présence sur la côte occidentale, à la hauteur de Diego-Suarez, d'une série de Céphalopodes appartenant pour la plupart à des espèces de l'Hindoustan et dont les conditions de gisement rappellent tout à fait celles des Couches à *Trigonoarca* de Pondichéry; comme dans ces dernières, ils sont roulés et à l'état phosphaté dans une roche sableuse. Leur présence sur cette côte est importante à constater, car elle montre que les fossiles de la région de Madras ont pénétré jusque vers l'extrémité Nord de cette île par le chenal ouvert entre elle et l'Afrique australe. D'autre part, des fossiles ayant absolument le même aspect que les précédents m'ont été montrés par M. Boule, comme provenant de la montagne des Français, au Sud de Diego-Suarez et au voisinage de la côte orientale, circonstance qui semble bien indiquer qu'à ce moment la terre de Madagascar était déjà à l'état d'île. Plus au Sud, sur cette même côte, M. Boule a signalé le gisement de Fanivelona, à 30 kilomètres au Nord de Machelona, dont la faune présente les plus grandes affinités avec celle du Sénonien supérieur de l'Hindoustan et renferme en particulier *Pseudophyllites Indra*. Tout récemment, M. Douvillé m'a montré un bel échantillon des environs de Tullear (côte occidentale) absolument identique aux exemplaires typiques de *Pachydiscus colligatus* de Maëstricht, du Cotentin, de l'Aquitaine, des Pyrénées et de Neuberg.

En face de Madagascar, sur la rive orientale de l'Afrique, le Campanien supérieur semble exister à la baie de Sainte-Lucie (Zoulouland), caractérisé par *Ostrea ungulata*, et aussi à Sofala, près du Zambèze. Peut-être existe-t-il sur la côte du Natal d'où M. Kossmat cite *Lytoceras Kayei* et *Pseudophyllites Indra*[1]?

Quant aux gisements de Mossamedès, leur âge précis ne peut encore être indiqué, faute de données paléontologiques suffisantes.

Dans la région mésogéenne, le Campanien le plus supérieur est représenté

[1] Voir mes réserves à cet égard, page 926.

au Mexique par des calcaires à Rudistes avec *Barretia*, cette forme singulière d'Hippurite depuis longtemps déjà connue de la Jamaïque, où elle est associée à une faune de Polypiers et de Gastéropodes complètement analogue à celle des Couches de Gosau.

Dans la dépression pyrénéenne, la mer du Campanien supérieur a, sur le revers septentrional de la chaîne, complètement abandonné l'extrémité orientale; là n'existent plus que des bassins d'évaporation où se forment des marnes rouges avec amas de gypse. Des lits de poudingues de roches variées annoncent des mouvements orogéniques; puis le régime lacustre s'établit et donne naissance à des calcaires renfermant une faune identique à celle qui, au même moment, habite les Couches de Rognac, dans la Basse-Provence. La mer s'est retirée dans la partie médiane de la dépression (Haute-Garonne), qu'elle délaisse ensuite vers la fin des temps correspondant à la dernière zone crétacée, faisant place à des lacs où se déposent aussi des calcaires à *Bauxia;* on trouve donc dans cette région la dernière zone crétacée représentée par une série régressive, débutant par des couches marines, se continuant par des couches saumâtres (Garumnien inférieur) et se terminant par des calcaires lacustres (Garumnien moyen), tandis que, plus à l'Ouest, vers Pau, Tercis, Biarritz et Dax, le régime marin persiste.

Sur le versant espagnol, le Campanien le plus supérieur est aussi, en certains points, à l'état de calcaires lacustres accusant également une phase négative.

Au Sud, dans les provinces d'Alicante et de Valence, le Campanien supérieur, caractérisé par des Ammonites, des Hemipneustes, des Stegasters, des Orbitoïdes et des Hippurites (*Pironœa*), renferme fréquemment des sables, des grès et des poudingues, indices d'une sédimentation troublée, causée probablement par des mouvements orogéniques.

Dans le golfe de la Basse-Provence, abandonné par la mer depuis la fin des temps santoniens, le Campanien le plus supérieur, formé de marnes rutilantes et de calcaires lacustres avec *Bauxia* (faune de Rognac), déborde sur les terres émergées pendant les époques précédentes.

L'absence de tous dépôts campaniens supérieurs dans la fosse vocontienne et dans les Alpes-Maritimes ne nous permet pas cependant d'affirmer que la mer avait abandonné ces régions, car l'érosion a pu intervenir pour faire disparaître les couches qui s'y seraient déposées. En tout cas, un peu plus au Nord, le retour de la mer sur des régions qu'elle avait depuis longtemps abandonnées nous est indiqué par la présence de couches à *Bel. mucronata* dans le Dévoluy et le Diois, dans le Nord du Dauphiné et dans la Savoie; elles débutent au-dessus des grès albiens par des sédiments détritiques annonçant des actions érosives s'exerçant sur des reliefs qui venaient de prendre naissance. Tous les fossiles qui ont été rencontrés jusqu'à ce jour indiquent seulement la zone la plus élevée du Campanien.

Dans les Alpes suisses, les Couches rouges des Préalpes, aussi bien que les Couches de Seewen de la Suisse orientale, doivent très probablement pour leur totalité être rattachées au niveau le plus élevé de la craie; en tout cas, certains fossiles, et notamment des Stegasters, indiquent que cet horizon y est certainement représenté.

Dans les Alpes autrichiennes, la zone la plus élevée du Campanien supérieur est seule connue, d'ailleurs bien caractérisée par sa faune; elle s'avance vers le centre de la chaîne, dépassant dans cette direction la limite des couches santonniennes; ainsi, à Neuberg, les sables à Orbitoïdes et les marnes à Inocérames et à *Am. neubergicus* reposent directement sur les calcaires triasiques. En s'éloignant des rivages dans la direction du Nord, on voit apparaître dans le prolongement de ces couches la faune septentrionale avec ses Bélemnitelles, ses Micrasters et ses Echinocorys. Elle s'avance même sur le versant méridional de la chaîne alpine, car les marnes de Breno, dans la Brianza (Lombardie), contiennent aussi la *Bel. mucronata;* nous trouvons là un nouvel exemple de la transgression du Campanien supérieur, ces marnes reposant sur le poudingue de Sirone d'âge santonien supérieur ou campanien inférieur. Des deux côtés de l'axe de la chaîne, la même lacune semble donc exister, s'étendant des débuts du Campanien à la dernière zone crétacée.

Plus loin, à l'Est, M. K. Redlich a étudié, au Nord de Klagenfurth, des lambeaux crétacés reposant directement sur le Trias, les phyllades paléozoïques ou le gneiss et renfermant *Hip. sulcatus, Hip.* cf. *Archiaci* et *H. colliciatus*, association qui semblerait appartenir au Campanien supérieur, puisque, au-dessus, mais leur paraissant subordonnées, se trouvent des marnes à *Pachydicus neubergicus.*

Plus au Sud-Est dans la Basse-Styrie, à Rötschach (Bacher Gebirge), M. K. Redlich a constaté la superposition à la dolomie triasique de calcaires à Hippurites avec *Hip. Lapeirousei* et *Hip. colliciatus.*

Nous retrouvons donc là de nouvelles indications de la transgression campanienne signalée aussi par F. von Hauer dans le Bakonyer-Wald, où le Gault est surmonté directement par des couches à Inocérames et des calcaires à Hippurites appartenant à la dernière zone sénonienne.

Dans les Carpathes et les Balkans, celle-ci est connue en d'assez nombreux points et d'ordinaire également en transgression sur des couches plus anciennes. Tels sont, en particulier, les gisements étudiés par M. Popovici-Hatzeg, aux environs de Campulung, sur le versant roumain des Alpes de Transylvanie: des marnes rouges, grises ou parfois brunâtres, renfermant une Bélemnitelle (*Bel. Höferi*) bien voisine de la *Bel. mucronata*, y reposent sur le Tithonique, le Néocomien ou le Gault.

Sur l'autre revers des Carpathes, aux environs d'Urmös, M. Simionescu a indiqué la superposition aux couches infracrétacées de marnes, avec conglomérats subordonnés, renfermant, outre des Ammonites, *Stenonia tuberculata* et *Stegaster pseudo-italicus*, fossiles qui indiquent nettement le Campanien le plus supérieur; Herbich avait signalé de ce gisement *Bel. mucronata*.

Un peu à l'Ouest, en Roumanie, dans la vallée de l'Olt, M. Redlich a reconnu, aux environs de Brezoiu, la superposition directe au gneiss d'un lambeau crétacé, formé de conglomérats, de grès, de marnes et de calcaires avec les Orbitoïdes de Gensac, *Hip. colliciatus* et *Hip. Lapeirousei*, c'est-à-dire avec une faune caractérisant le Campanien le plus supérieur.

En Crimée et au Caucase, sur les deux versants de la chaîne, le Campanien le plus supérieur est depuis longtemps signalé avec un facies à Bélemnitelles, Micrasters et Echinocorys qui rappelle celui du Vorland septentrional, et il semble probable qu'il repose directement sur les couches cénomaniennes.

Le prolongement de la Mésogée est indiqué à l'Est, en Perse, par les dépôts du Louristan avec leur curieuse faune d'Échinides (*Hemipneustes*, *Iraniaster* et même *Stenonia*[1]) décrite par MM. Cotteau et Gauthier; aux environs de Khorremabad, sur le versant oriental du Kouh Mapeul, ils ont fourni *Hip. cornucopiæ*.

Puis nous observons dans le Baloutchistan une transgression bien accusée du Campanien supérieur avec les couches à Échinides (*Hemipneustes*), Orbitoïdes, Ostracées et Ammonites (*Indoceras*, *Sphenodiscus*) qui surmontent directement les schistes à Bélemnites du Néocomien.

Plus loin, dans l'Assam, les Couches de Tharia se rattachent par leurs fos-

(1) Renseignement fourni par M. V. Gauthier.

siles à celles d'Ariyaloor et indiquent ainsi la liaison de la Mésogée avec les dépôts du golfe de Bengale.

Dans le bassin pacifique, le Campanien le plus supérieur est connu sur le bord occidental, au Japon, avec une faune qui rappelle celle des couches de l'Hindoustan; à l'Est, il est représenté, dans la Colombie anglaise, par les Couches de Nanaimo[1], avec lits de combustible intercalés, et en Californie, par la partie supérieure des Couches de Chico.

Dans l'Amérique du Sud, l'île de Quiriquina, par 36 degrés de latitude Sud, nous offre un nouvel exemple de la transgression du Campanien supérieur, car les couches crétacées étudiées par M. Steinmann[2] appartiennent à la dernière zone d'Ammonites et reposent directement sur les schistes cristallins.

Nous venons de voir qu'une transgression générale caractérise la fin des temps campaniens, partout nettement caractérisée et presque partout coïncidant d'une manière précise avec la dernière zone crétacée. A beaucoup d'égards elle rappelle la transgression tithonique, mais cette dernière ne s'est fait sentir que dans les régions mésogéennes et a été compensée par une régression sur les plates-formes continentales, alors que la transgression campanienne a été générale et a atteint à la fois les unes et les autres; les régions où l'on peut constater une régression sont peu nombreuses et n'occupent qu'une superficie très restreinte.

Toutefois, tout à fait vers la fin des temps campaniens, une phase positive se dessine, accusée moins par un recul des rivages de la mer que par des modifications dans le facies des dernières couches (facies maëstrichtien, facies dordonien, facies garumnien) : ce sont les débuts d'un mouvement général de régression qui s'accusera par des émersions, à l'aurore de l'ère tertiaire, à la fois dans la Mésogée et sur les plates-formes continentales.

A cette transgression campanienne semble correspondre une tendance à la répartition uniforme de la faune de Céphalopodes : les *Phylloceras* et les *Lyto-*

[1] Les Couches de Nanaimo renferment : *Pseudophyllites Indra*, *Pachydiscus otacodensis*, *Baculites occidentalis* qui rappelle *B. vagina*, *Phylloceras Forbesi*, *Hauericeras Gardeni*. M. Kossmat pense que *Lytoceras Jukesi*, Whiteaves, est le *Lyt. Kayei* de l'Hindoustan.

[2] La faune de Céphalopodes des Couches de Quiriquina comprend : *Nautilus subplicatus*, Philippi; *Holcodiscus gemmatus*, Huppi; *Puzosia Darwini*, Philippi; *Pachydicus Quiriquinæ*, Philippi, qui rappelle *P. colligatus*; *Phylloceras Surya*, Forbes; *Phylloceras ramosum*, Meek; *Lytoceras Varuna*, Forbes; *L. Kayei*, Forbes; *Hamites* cf. *cylindraceus*, Defrance; *Baculites vagina*, Forbes.

IMPRIMERIE NATIONALE.

ceras ne sont plus uniquement confinés dans la Mésogée, mais se disséminent aussi sur les Vorlands.

Ainsi M. Schlüter a signalé des représentants de ces groupes dans l'Allemagne du Nord et jusque dans la région baltique. Au Musée de Bruxelles, j'ai pu constater l'existence d'un *Lytoceras* parmi les échantillons du Calcaire de Kunraed. M. Brasil a signalé le *Lytoceras planorbiforme* dans le Calcaire à Baculites du Cotentin et, en Irlande, Sharpe nous a fait connaître *Gaudryceras Jukesi* du Hard Chalk.

Sur le Vorland septentrional, l'aire d'habitat des Bélemnitelles prend une extension considérable et *B. mucronata* occupe des régions où n'ont jamais été signalés aucuns Actinocamax.

M. Pompeckj vient de nous faire connaître la présence dans l'Alaska d'une Bélemnitelle qui ne peut être que la *B. mucronata*, d'après l'examen d'un échantillon autrefois recueilli par Wosnessenky et déjà étudié par Grewingk [1], qui l'avait rapporté à *Belemnites paxillosus*.

Aux États-Unis, on connaît la *B. mucronata* du Dakota et en échantillons roulés au Texas, dans les conglomérats de la base du Tertiaire; elle est abondante sur le bord atlantique (New-Jersey).

En France, elle existe certainement dans la région pyrénéenne, car on ne peut rapporter à une autre espèce les fragments de Bélemnitelles indiqués par M. Peron dans les couches du Campanien supérieur de la Haute-Garonne (Sainte-Croix). La présence de Bélemnites m'a été signalée dans les Calcaires à Stegasters des environs de Pau : je n'ai pu vérifier personnellement ce fait, toutefois il me paraît très vraisemblable, si on le rapproche de l'observation de M. Peron.

Dans l'Aquitaine, M. Réjaudry a découvert ce fossile aux environs de Barbezieux.

La *Bel. mucronata* est fréquente en Savoie et a pénétré vers le Sud jusque dans le Dévoluy, d'après les observations de M. P. Lory. Il est probable qu'elle existe en Suisse, mais, de l'autre côté de la chaine, elle est connue de la Brianza, et M. Oppenheim m'a dit qu'il en avait trouvé des fragments dans la Scaglia de Valdagno (Vicentin). On la trouve dans les terrains en bordure au Nord des Alpes autrichiennes, puis à Nikolsbourg (Moravie), dans les Car-

[1] M. Ch. A. White a, de Fossil Point Port Möller, dans la partie occidentale de la baie de Katnaï (Alaska), aussi décrit, d'après des échantillons incomplets, *Belemnites macritatis*, forme élancée qui pourrait bien se rapporter à certaines variétés de la *Bel. mucronata*.

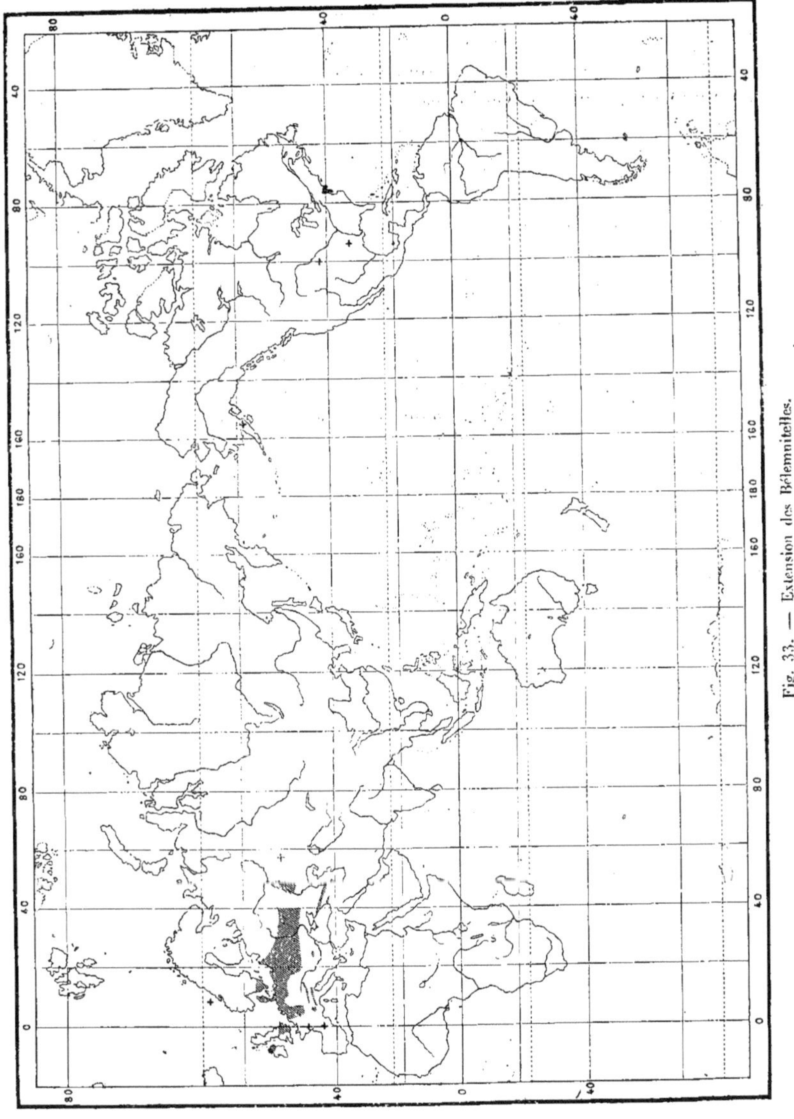

Fig. 33. — Extension des Bélemnitelles.

pathes (environs de Campulung), en Crimée et au Caucase (latitude la plus méridionale où elle soit connue).

D'après M. Karpinsky, elle existe dans l'Oural méridional : on la trouve à Saratow et à Simbirsk sur la Volga.

Au Nord, elle s'avance fort loin, puisque l'on a dragué des débris de Bélemnitelles au large des rives de la Norvège par plus de 65 degrés de latitude Nord, mais elle ne paraît pas avoir dépassé le Cercle polaire arctique.

Ainsi la *Belemnitella mucronata* est connue sur le Vorland septentrional du Pacifique à l'Oural, c'est-à-dire de toutes les régions de cette plate-forme baignées par la mer du Campanien supérieur; au Sud, elle a pénétré dans les parties de la Mésogée qui bordent ce Vorland.

Les gisements d'Hippurites comprennent à l'extrême Ouest ceux à *Barretia* du Mexique et de la Jamaïque, puis, outre la station éphémère de Maëstricht, les lentilles à *Hip. radiosus* du sommet du Crétacé de l'Aquitaine, celles de la Haute-Garonne, des provinces de Barcelone et Lérida, les gisements à *Hip. Castroi* d'Isona, ceux d'Alicante à *Hippurites* et *Pironæa,* les couches à Orbitoïdes et *Hip. cornucopiæ* du cap Passaro (Sicile), de S. Polo Matese à l'Est de Bénévent, et du Monte Gargano (Italie); le gisement à Orbitoïdes et *Pironæa polystylus* du Nord d'Udine, celui à *Hip. cornucopiæ* de la vallée de l'Olt (Roumanie), les calcaires à Hippurites et Orbitoïdes du Bakonyer-Wald, le gisement d'*H. bulgaricus* près de Sofia, celui d'*H. Loftusi* de Gabrowo dans les Balkans, les couches de Hakim Khan à *H. Loftusi, H. vesiculosus, H. colliciatus* et *Pironæa corrugata,* le gisement d'*H. cornucopiæ* de Khorremabad dans le Louristan. Le gisement authentique le plus oriental est celui de Kirman signalé par Blanford, le plus méridional celui de Suez à *Hip. vesiculosus* et le plus septentrional celui de Maëstricht.

Les Orbitoïdes semblent avoir fait leur apparition seulement dans la dernière zone campanienne et ont habité à peu près les mêmes régions que les Hippurites : Maëstricht, l'Aquitaine, la dépression pyrénenne, la bordure septentrionale de la Mésogée (Méaudre (Isère), Alpes autrichiennes, Alpes de Transylvanie); à des régions plus centrales de la Mésogée appartiennent les gisements de la Jamaïque, des environs d'Alicante, du cap Passaro, du Monte Gargano, du Nord d'Udine, du Bakonyer-Wald et de Hakim Khan; à la bordure méridionale se rattachent ceux du Sud de la province de Constantine.

Comme conséquence de la phase négative qui a commencé à se produire vers la fin des temps crétacés et qui, dans la Haute-Garonne, par exemple, a amené l'établissement d'un régime saumâtre, puis lacustre, nous voyons en de nombreux points apparaître un facies particulier caractérisé surtout par l'abondance des Bryozoaires et une faune particulière que l'on pourrait appeler maëstrichtienne. Dans celle-ci se montrent certains genres de Brachiopodes absents ou fort rares dans la craie blanche : *Trigonosemus, Thecideum; Nerita rugosa* y est d'ordinaire très abondant, ainsi que les *Hemipneustes*. Certains gisements de la Scanie peuvent être rapportés à ce facies qui a son plus beau développement aux environs de Maëstricht (Tuffeau de Maëstricht) et aux environs de Mons (craie à Thécidées). Le Calcaire à Baculites du Cotentin, certains gisements de l'Aquitaine (Maurens), les couches à Orbitoïdes de la Haute-Garonne (Gensac, etc.) et les couches de Méaudre dans le Dauphiné doivent y être rattachés aussi. La faune de Siegsdorf, près Salzbourg, décrite par M. J. Bœhm ainsi que celle de Nagorzany, près Lemberg, présentent également de très grandes affinités avec celle de Maëstricht. Le même facies se retrouve en Crimée et a été découvert en Asie Mineure, à Amasie, par M. de Tchihatcheff. Il correspond évidemment à des eaux assez peu profondes, comme le montrent la présence des Rudistes et celle des Orbitoïdes qui souvent leur sont associés.

Le genre *Hemipneustes* acquiert un grand développement à l'époque du Campanien supérieur : Maëstricht, Ciply, Pyrénées, Espagne, Algérie, Perse, Baloutchistan.

Certains autres genres d'Échinides caractérisent aussi la Mésogée au cours des derniers temps campaniens.

Tels sont les *Stegaster* (environs de Pau, province d'Alicante, Suisse, Italie, Carpathes, Caucase); les *Stenonia* (Mancha-Real (province de Jaën), Italie (dans la Scaglia), Tunisie (Djebel Ben Neja), environs d'Urmös (Transylvanie), d'après M. Simionescu et Louristan d'après une communication de M. V. Gauthier), auxquels il convient d'ajouter le curieux genre *Iraniaster* du Louristan décrit par MM. Cotteau et Gauthier.

Tandis que le développement des Bélemnitelles, des Micrasters et des Echinocorys donne un caractère particulier à la faune campanienne de la plateforme septentrionale, sur le Vorland méridional les dernières couches crétacées sont en général caractérisées par l'abondance des *Roudaireia* indiqués au Congo, très communs en Algérie, en Tunisie, en Égypte et en Palestine. Nous les retrouvons dans le Baloutchistan (*Roudaireia crassoplicata*, Nœtling) et en Hindoustan, dans les Couches d'Ariyaloor où ils ont été figurés par Stoliczka sous le nom de *Cyprina cristata;* on les a signalés en Australie.

La phase négative qui commence à se dessiner vers la fin des temps crétacés paraît atteindre son maximum vers le début du Tertiaire. A ce moment nous constatons un retour des conditions géographiques qui ont prévalu, à deux reprises déjà, vers la fin des temps carbonifériens, puis des temps jurassiques.

Dans le Nord de l'Europe devait alors exister, comme à ces époques plus anciennes, un bras de mer dirigé à peu près de l'Est à l'Ouest et auquel se rattachent les dépôts du Calcaire pisolithique du Bassin de Paris, du Calcaire de Mons dans le Hainaut, du Danien de la Baltique et du Paléocène de Copenhague. Ce bras de mer communiquait avec la mer qui, à l'Est, baignait la région de la Volga, puisque, près de Saratow, nous retrouvons une faune qui présente les affinités les plus étroites avec celles de Mons et de Copenhague.

Dans les Pyrénées s'accuse, au contraire, un mouvement inverse, car la mer revient occuper la Haute-Garonne, et la faune montienne qui s'y établit indique avec la mer de Mons une communication qui avait probablement lieu par la Manche et quelques-uns des bras de mer déjà découpés au milieu du continent atlantique.

La mer, après avoir abandonné presque tout le Vorland européen, s'était probablement retirée aussi de la région située sur le revers septentrional des Alpes et n'occupait plus, au Sud de la chaîne, qu'une dépression fort restreinte.

Il serait trop long de poursuivre l'étude de l'évolution géographique au cours des temps tertiaires : j'ai voulu seulement montrer comment à leur début nous retrouvons, dans une certaine mesure, dans la distribution des terres et des mers les mêmes dispositions générales que nous avions déjà observées à plusieurs reprises au cours des époques antérieures.

Par là nous apprenons que les traits généraux de la surface n'avaient pas beaucoup varié et se trouvaient déjà à peu près fixés vers la fin des temps primaires. Des lois d'ordre et de régularité ont donc présidé à la formation de l'écorce terrestre, et l'analyse des diverses phases de son histoire permettra un jour de les formuler.

En tout cas, je crois avoir suffisamment justifié les lois plus générales auxquelles m'avaient conduit les considérations théoriques développées au commencement de ce chapitre. J'ai montré par de nombreux exemples qu'à chaque moment de l'histoire de la terre les limites des continents et des mers ont varié, en progrès dans certaines régions, en recul dans d'autres; en même temps se produisaient des mouvements orogéniques plus ou moins accentués, préparant les plis des futures chaînes ou esquissant des bombements éphémères, en tout cas modifiant les reliefs et donnant une nouvelle activité aux actions érosives.

L'évolution géographique au cours des temps géologiques est donc essentiellement le résultat des mouvements de l'écorce terrestre : ceux de la mer en sont une conséquence.

CONCLUSIONS.

Nous pouvons dès maintenant entrevoir la marche générale de cette évolution, mais avant de chercher à l'esquisser dans ses grands traits, il convient de nous arrêter sur quelques points que je n'ai pu traiter précédemment, puisque j'ai dû laisser complètement de côté l'histoire de la terre pendant les périodes antérieures aux débuts du crétacé.

Tout d'abord, il convient de remarquer que, dans toute la série des terrains aujourd'hui accessibles à notre observation, nous n'en rencontrons aucun qui ait appartenu aux zones abyssales, c'est-à-dire qui se soit déposé à une profondeur comparable à celle de nos océans actuels. Par conséquent, si nous tenons compte de ce fait, que des parties importantes des anciennes masses continentales ont disparu par effondrement et ont été annexées aux dépressions océaniques, nous sommes autorisés à en conclure qu'il existait certainement autrefois des bassins possédant une profondeur au moins égale à celle des océans actuels.

Mais nous ne connaissons aucun dépôt formé dans ces anciens abîmes, c'est-à-dire aucune portion des océans primaires, secondaires ou tertiaires n'a cessé d'appartenir aux régions abyssales et n'a été annexée aux masses continentales.

De là résulte cette conséquence importante que si les masses continentales actuelles ont été, à diverses reprises et pendant des périodes plus ou moins longues, submergées et recouvertes par les eaux marines, elles n'ont jamais en tout cas fait partie des régions abyssales et qu'ainsi elles ont, de tout temps, joué un rôle analogue à celui des socles continentaux actuels.

L'histoire des premiers temps géologiques nous apprend que, dès la fin des temps archéens, une bande surélevée et stable, constituant un massif continental soumis sur ses bords seulement à des alternatives d'émersion et de submersion, s'étendait dans les régions arctiques du Bouclier canadien jusque vers l'extrémité orientale de la Sibérie.

Plus au Sud existait certainement, vers la fin des temps primaires, un autre massif continental encore plus important, qui comprenait la plus grande partie de l'Amérique du Sud, de l'Afrique, de l'Arabie, de l'Hindoustan et de l'Australie.

Mais dans celui-ci on ne connaît de terrains primaires fossilifères que sur sa bordure : les assises qui, dans le centre de l'Afrique australe et dans l'Hindoustan, par exemple, sont rapportées au Cambrien, au Silurien et au Dévonien, n'ont jamais fourni aucun fossile; dès lors, il est très vraisemblable que ce massif était déjà à l'état de continent dès le début des temps primaires.

Entre les deux massifs précédents se trouvait une zone déprimée, essentiellement instable, siège de nombreux effondrements qui se sont succédé au cours des temps primaires, secondaires et tertiaires, mais qui n'ont jamais produit de fosses abyssales : c'est la Mésogée dont les dépôts ont été, à diverses reprises, violemment plissés et en partie annexés aux plates-formes continentales qui l'enserraient. De la sorte, successivement restreinte, cette dépression a fini par disparaître comme bassin marin dans sa partie asiatique, a été réduite à la Méditerranée actuelle dans sa partie européenne et s'est, au contraire, considérablement accrue à l'Ouest par les effondrements qui ont donné naissance aux régions septentrionale et méridionale de l'Atlantique.

Ainsi s'était donc constituée dès les temps primaires une vaste protubérance, située presque entièrement dans l'hémisphère boréal, divisée par une dépression médiane orientée à peu près de l'Est à l'Ouest et baignée à ses deux extrémités par l'Océan Pacifique, au Nord par une mer boréale et au Sud par un océan austral.

Les continents actuels sont le résultat de deux ordres de phénomènes : des plissements et des effondrements; les premiers se produisant sur la bordure des plates-formes continentales, les seconds disloquant les zones précédemment consolidées et en précipitant des portions plus ou moins vastes au niveau des abîmes océaniques.

Nous pouvons remarquer en outre que, sur les plates-formes continentales, certaines régions semblent avoir été prédestinées aux affaissements, et c'est ainsi que dans l'Ouest de l'Europe se trouve une aire où le régime marin a toujours eu une plus longue durée que dans la partie centrale et sur laquelle se sont accumulées des épaisseurs considérables de sédiments.

Entre l'Europe et l'Asie, à l'Ouest de l'Oural, une autre aire déprimée a été à maintes reprises envahie par les eaux de la Mésogée qu'elle a mise en communication avec la Mer Boréale; j'ai précédement insisté sur l'opposition qui a existé pendant longtemps entre l'histoire des deux aires précédentes.

Une autre zone de dépressions, de direction perpendiculaire à cette dernière, existait dans le Nord de l'Europe : c'est là seulement que les eaux marines ou saumâtres ont pu persister à diverses reprises alors que l'Europe septentrionale était amenée à l'état continental. Ce fait s'est produit vers la fin des temps primaires, des temps jurassiques, puis des temps crétacés. Cette dépression correspond aujourd'hui à cette bande de terres basses qui longent le littoral de la Mer du Nord et de la Baltique.

Nous voyons donc le dessin géographique évoluer autour de traits qui ont conservé une certaine stabilité et une certaine permanence depuis les temps les plus reculés.

ERRATA ET ADDENDA.

REMARQUES GÉNÉRALES.

L'expression de *Crétacé* a été souvent employée au lieu de *Supracrétacé*.

Le nom *Echinocorys* est masculin : au lieu d'*E. ovata*, *E. scutata*, etc., il faut lire *E. ovatus*, *E. scutatus*, etc.

Conformément aux règles adoptées pour la nomenclature, j'ai conservé exactement l'orthographe des noms patronymiques.

CHAPITRE PREMIER.

Page 8, note 1, au lieu de « 1867 », lire « 1887 ».

Page 4, lignes 2 et 4 à partir du bas, au lieu de « *cortestudinarium* », lire « *decipiens* ».

Page 5, lignes 4, 8 et 11, au lieu de « *cortestudinarium* », lire « *decipiens* ».

Page 6, lignes 3 et 4 de la note au bas de la page, au lieu de « le lieu où il s'est produit », lire « la province à laquelle il appartient ».

Page 11, ligne 9 en remontant, au lieu de « ceux-ci passent à leur », lire « celui-ci passe à son ».

Page 21, lignes 4, 7 et 11, au lieu de « *cortestudinarium* », lire « *decipiens* »; dans le tableau du bas, remplacer « *cortestudinarium* » par « *decipiens* ».

Page 24, ligne 12, au lieu de « Ammonitidées », lire « Ammonitidés »; ligne 15, supprimer « pélagiques ».

Page 28, ligne 6 en remontant, au lieu de « *cortestudinarium* », lire « *decipiens* ».

Page 29, lignes 5 et 13 par le bas, au lieu de « *cortestudinarium* », lire « *decipiens* ».

Page 30, ligne 2, au lieu de « *cortestudinarium* », lire « *decipiens* ».

CHAPITRE II.

Ce chapitre a été rédigé et imprimé avant la publication du beau mémoire de M. Cayeux (1897, *Contribution à l'étude micrographique des terrains sédimentaires. Mémoires de la Soc. Géol. du Nord*); les résultats auxquels j'étais arrivé se trouvent confirmés par les recherches beaucoup plus étendues de mon savant confrère.

Toutefois il existe quelques divergences entre nos conclusions respectives relativement aux conditions de dépôt de la craie et à la zone bathymétrique à laquelle cette roche appartient. Il faut bien reconnaître d'ailleurs que la solution de cette question comportera toujours une certaine indécision et que les indications pouvant y conduire n'auront jamais une valeur absolue qui entraîne nécessairement la conviction.

Je prends, par exemple, l'argument fondé sur la considération des faunes de Mollusques. Tout d'abord, il convient de faire une première réserve, c'est qu'en raison même de la nature de la roche et des conditions de fossilisation, les restes de ces animaux ont le plus souvent complètement disparu et que, par conséquent, le petit nombre de ceux qui ont pu être observés ne nous donne qu'une idée très imparfaite de l'ensemble de la faune.

De la considération des données fournies par les divers auteurs qui ont étudié la craie, M. Cayeux conclut « que si l'on tient pour immuable la distribution bathymétrique des Mollusques, il faut considérer les profondeurs inférieures à 150 brasses comme pouvant seules permettre le développement de la faune des Mollusques de la craie ».

Dans cette proposition, M. Cayeux a introduit une restriction fort prudente, mais qui diminue beaucoup la portée de sa conclusion : « Si l'on tient pour immuable la distribution bathymétrique des Mollusques », réserve qui pourrait se formuler encore en disant : « si l'on admet que la distribution bathymétrique était exactement la même, à tous les points de vue, pendant la période crétacée que de nos jours ». Or, c'est là précisément le point délicat, et il y a tout lieu de supposer que cette distribution était différente. De nos jours, il semble, en effet, que les variations de température jouent à cet égard un rôle prépondérant, et nous savons que certaines espèces vivant sur les côtes de Scandinavie se trouvent à de grandes profondeurs dans les mers plus méridionales. Dès lors, il est fort probable que si la faune de Mollusques trouvée dans la craie correspond aujourd'hui à la zone de 150 brasses au maximum, elle devait vivre autrefois à une profondeur beaucoup plus considérable. La température des eaux superficielles des mers crétacées était certainement supérieure à celle des mers actuelles et, de plus, le refroidissement en profondeur devait se faire beaucoup moins rapidement, car la diminution de température que nous observons aujourd'hui résulte de l'afflux des eaux polaires, cause qui n'existait pas à l'époque de la craie. Par conséquent, il y a tout lieu de croire que la faune qui vit actuellement dans la zone de 150 brasses ne pouvait exister à ce moment qu'à une profondeur bien plus considérable.

Que conclure de ceci? c'est que la question reste ouverte et que s'il est permis de dire que la craie n'est pas un dépôt abyssal, il est impossible de préciser à quelle profondeur elle correspond.

Page 78, ligne 17, au lieu de « *cortestudinarium* », lire « *decipiens* ».

Page 79, note 2, au lieu de « XII », lire « XXII ».

Page 105, ligne 17, au lieu de « *vesiculosa* », lire « *Baylei* ».

Page 111. On verra plus loin que les *Actinocamax* sénoniens offrent de bas en haut la succession suivante : *Act. westphalicus*, *Act. granulatus* et *Act. quadratus*.

Page 112, lignes 3 et 9 en remontant, au lieu de « *Sonneratia perampla* », lire « *Neoptychites peramplus* ».

Page 113, lignes 10, 14 et 17, même correction que ci-dessus.

Page 114, ligne 8, même correction que ci-dessus.

Page 117, ligne 9 en remontant, même correction que ci-dessus.

Page 123, ligne 2 en remontant, au lieu de « *Sonneratia perampla* », lire « *Neoptychites peramplus* ».

Page 130, ligne 9 en remontant, au lieu de « *westphalicus* », lire « *granulatus* ».

Page 147, tableau V, ligne 5, *Act. westphalicus* n'existe que dans la zone à *M. decipiens*; l'indication relative à la zone à *M. coranguinum* se rapporte en réalité à *Act. granulatus*; ligne 12, au lieu de « *Sonneratia perampla* », lire « *Neoptychites peramplus* ».

CHAPITRE IV.

Par J. Lambert.

Cinq années se sont écoulées depuis la publication du Chapitre IV de cet ouvrage imprimé et distribué en 1895; il m'a paru indispensable d'y faire aujourd'hui quelques additions et corrections pour mettre mon travail au courant des dernières découvertes et des plus récentes publications. Parmi ces dernières, je me fais un devoir et un plaisir de mentionner à part l'étude si remarquable publiée par M. Rowe, sous le titre de : *An analysis of the genus Micraster* [1].

[1] Août 1899. *Quat. Journ. of the Geol. Soc.* Vol. LV, p. 494; London.

M. Rowe semble ne plus croire possible de séparer les *Micraster* de la craie d'Angleterre en un nombre plus ou moins élevé d'espèces distinctes, et il rattache toutes les formes par lui étudiées à sept groupes ou sous-groupes, qui prennent chacun le nom d'une ou de deux espèces. Ces divisions sont les suivantes :

1° Groupe du *Micraster cor-bovis;*
2° Groupe du *Mic. Leskei;*
3° Groupe de passage du *M. Leskei* au *M. præcursor;*
4° Groupe du *Mic. præcursor;*
5° Sous groupe du *Mic. cortestudinarium;*
6° Groupe du *Mic. coranguinum* (*auctorum*);
7° Groupe du *Mic. coranguinum*, Var. *latior*.

L'auteur passe d'abord en revue l'évolution des caractères pour chaque forme considérée à chaque horizon géologique, puis il nous donne un tableau comparatif des caractères propres aux espèces des zones inférieures et supérieures. Les conclusions présentées, vraies pour les espèces anglaises, ne sauraient toutefois s'appliquer d'une façon générale, car plusieurs formes de la région méditerranéenne échappent aux règles posées. M. Rowe n'hésite pas ensuite à conclure des rapports qui existent entre chaque groupe à la preuve d'une lente évolution du type *Micraster* pendant le dépôt de la craie. Ces conclusions se rapprochent d'ailleurs sensiblement de celles que j'ai moi-même présentées. (Voir p. 153 et 249.)

Pour simplifier ce travail rectificatif, je le donnerai sous la forme d'un supplément à la page 253 de cet ouvrage :

Epiaster brevis, Schlüter (voir p. 253 et 182). — J'ai pu encore étudier quelques individus de cette espèce provenant de Paderborn et un autre du *Cuvieri-Pläner* de Langelsheim. Certains, et notamment ce dernier, présentent les traces évidentes d'un fasciole, surtout visible aux parties ambulacraires. L'espèce est donc bien un *Micraster* et non un *Epiaster*, et ce n'est pas sans motifs que M. Barrois et moi en avions rapproché la forme du bassin de Paris, depuis désignée sous le nom de *Mic. icaunensis* (voir p. 235) et qui, parfois, ne porte aussi que des traces de fasciole.

Gibbaster Gauthier, 1887 (*in* Peron : *Histoire du terrain de craie*, p. 236). — Genre incidemment proposé pour les *Micraster*, dont l'ambulacre impair, seulement un peu plus étroit que les autres, est composé de pores conjugués, allongés dans les rangées externes comme ceux des ambulacres pairs. Malheureusement, ce caractère, qui semble au premier abord très important, est sujet à de grandes variations, ainsi que le montre l'examen de séries du *M. turonensis* et du *M. senonensis*. *Gibbaster* constitue donc seulement, à mon avis, une section commode pour le groupement d'un certain nombre d'espèces d'étroite affinité; mais il ne doit comprendre que des formes présentant le double caractère d'avoir des ambulacres semblables et d'être pourvues d'un fasciole sous-anal. Sans doute, M. Gauthier a placé dans son genre à la fois des espèces adètes et des espèces fasciolées, les premiers types par lui cités sont même dépourvus de fasciole, mais il fait de *Gibbaster* un groupe de *Micraster* et non d'*Epiaster*, genre cependant maintenu dans son travail; il établit ce groupe à l'occasion d'une espèce fasciolée, et celle-ci est seule figurée dans l'ouvrage; enfin, l'ordre d'énumération des types, purement stratigraphique, est ici sans aucune importance pour l'interprétation de la pensée de l'auteur. Précisant aujourd'hui les caractères des *Gibbaster*, je n'hésite donc pas à les limiter aux formes fasciolées. Quant aux espèces à ambulacres semblables, mais dépourvues de fasciole sous-anal, on sait qu'elles rentrent dans le genre *Isopneustes* Pomel (*non* Seunes, *nec* Cotteau), si elles sont en même temps dépourvues de sillon antérieur. Lorsqu'elles présentent un sillon antérieur, il y a lieu d'en faire encore une section à part : *Isomicraster*. Mais ce sont là des distinctions théoriques vraiment bien subtiles, et le mieux serait peut-être de n'admettre ni *Isomicraster*, ni *Gibbaster*.

Gibbaster Seunes, 1889. — Ce terme, qui faisait double emploi avec celui proposé par M. Gauthier, a été supprimé par son auteur, qui l'a remplacé par celui de *Tholaster* Seunes, 1891.

Isomicraster. — Je propose ce nom pour grouper comme sous-genre, ou simple section, les anciens *Micraster* à ambulacres semblables, pourvus d'un sillon antérieur et dépourvus de fasciole sous-anal. Il diffère de *Gibbaster* par l'absence de fasciole; d'*Isopneustes* (*non* Seunes) par la présence d'un sillon antérieur, d'*Isaster* par le même caractère et, en outre, l'existence de quatre pores génitaux. Quant à *Hypsaster* Pomel, qui a pour type *H. Vatonei*, il diffère absolument d'*Isomicraster* par la forme de son péristome subpentagonal, tandis que celui des *Isomicraster* est nettement labié et même pourvu d'un labrum saillant qui le recouvre en partie. C'est dans ce sous-genre nouveau que l'on devra reporter les espèces suivantes : *Epiaster Renati* Gauthier — *Epiaster gibbus* Schlüter — *Micraster senonensis* Lambert — *Micraster Meunieri* Lambert.

Isomicraster Stolleyi. — Je crois devoir désigner sous ce nom l'ancien *Epiaster gibbus* Schlüter, qui se distingue de ses congénères par sa forme élevée, régulièrement conique, très rétrécie en arrière, fortement échancrée en avant, vers l'ambitus, mais à sillon peu accusé en dessus, son périprocte rond situé plus bas que chez aucun autre, son péristome à labrum très saillant et rapproché du bord, ses aires périplastronales finement granuleuses, ses ambulacres assez peu profonds, avec zone interporifère couverte de granules facilement caducs, surtout sur la suture médiane, qui devient souvent lisse.

J'ai sous les yeux deux individus de Lunebourg, qui présentent bien les caractères indiqués et se distinguent facilement des autres *Micraster* connus; l'un avait été déterminé par M. Stolley comme *Epiaster gibbus* Schlüter.

Le *M. senonensis*, moins conique, est beaucoup plus large en arrière, son péristome est plus éloigné du bord, son périprocte est situé plus haut, ses ambulacres sont plus profonds. *M. gibbus* et *M. fastigatus* sont nettement fasciolés.

Micraster Agassiz, 1836. — Le tableau de répartition des espèces du genre, annoncé à la page 163, ne se trouvant pas d'accord avec les conclusions de M. de Grossouvre, a été supprimé.

— *angula* d'Orbigny, 1850 : *Prodrome de paléont. stratig. univ.*, t. II, p. 269. — Nom résultant d'une erreur typographique et mis pour *M. ungula* (voir ci-dessous).

— *Archeri* Ten. Woods. — Espèce attribuée à Tenisson Woods par M. Tate (*Criticals Rremarks on a Bittner's Echiniden des Tertiars von Australien*, p. 193), en 1893. Mais M. Woods ne me paraît pas avoir publié son *Brissopsis Archeri*, d'où il suit que *Mic. Archeri* tombe en synonymie de *Cyclaster lycoperdon* Bittner.

— *arenatus* Sismonda (voir p. 184). — Depuis 1895, M. de Riaz a retrouvé cette espèce au point où l'indiquait Sismonda et aussi à la localité de Saint-Hospice. Elle est, d'après lui, caractéristique du Campanien et occupe à Contes un niveau intermédiaire entre les bancs à *M. coranguinum* de la Trinité-Victor et ceux à *M. Brongniarti* de Font-de-Giariel. J'ai eu par M. de Riaz communication d'un superbe individu du musée de Menton (long., 78 mill.; larg., 75, et haut., 40). Son ambulacre impair est seulement un peu moins large que les pairs, mais formé comme les autres de pores nettement allongés, même dans les rangées internes. L'espèce rentrerait donc dans la section des *Gibbaster;* elle est pourvue d'un fasciole sous-anal et son péristome est assez rapproché du bord.

— *atacamensis* Philippi. — Espèce vivante de l'Amérique méridionale et qui paraît être un *Schizaster*.

— *bigibbus* Beyrich, 1848 (*Zur Kenntniss des Tertiaren Bodens der Mark Brandeburg — Karsten's und V. Dechen's Archiv.*, Bd. XXII, p. 100). — Espèce éocène dont Mayer avait fait, en 1861, son *Leiospatangus tubifer* et qui est devenue pour Noetling le type de son genre *Lævispatagus* (*Die fauna des Samländischen Tertiars*, Lief. VI, p. 211 et suiv.). Il semble, en effet, que la validité du genre de Mayer soit au moins douteuse.

— *Borchardi* Hagenow. — J'avais, par erreur, attribué cette espèce à Quenstedt (voir p. 212). En réalité, elle a été proposée par Hagenow (*in litteris*), en 1853, et réunie au *M. Leskei* Desmoulins par Geinitz, en 1872 (*Das Elbthalgebirge in Sachsen*, t. II, p. 13).

J'ai pu m'en procurer un individu de Vollin, et je partage complètement l'opinion de Geinitz sur la nécessité de réunir l'espèce d'Hagenow au *M. Leskei*, mais je ne crois plus qu'il soit possible de la réunir au *M. Hagenowi*.

Micraster breviporus Agassiz, 1840. — Je ne puis que confirmer mes premières conclusions au sujet de cette espèce (voir p. 178). J'ai pu, en effet, m'assurer que le moule en plâtre M. 10, dont l'original était de provenance inconnue, ne représente pas une espèce particulière, mais seulement le jeune du *M. decipiens* Bayle [1]. Le *M. breviporus* Agassiz est donc à tous points de vue une espèce à supprimer.

— *carentonensis* Lambert (voir p. 240). — Un bon individu de cette espèce a été recueilli par M. le commandant Savin à la montagne des Cornes (Corbières), près du petit lac, associé à l'*Echinocorys vulgaris*.

— *chilensis* Philippi. — N'appartient pas réellement au genre et paraît être un *Enallaster*.

— *ciplyensis* Schlüter (*Ueber einige Exocycl. Echiniden der Baltischen Kreide und deren Bett.*, p. 19, pl. II, f. 1, 2, Berlin, 1897). — J'ai adopté et décrit à nouveau cette espèce qui m'a paru avoir des caractères bien tranchés (*Note sur les Échin. de la craie de Ciply*, p. 45, pl. II, fig. 1, 2, Bruxelles, 1898).

— *consobrinus* Coquand, 1859. — Espèce nominale de la craie de Cognac, rapprochée du *M. laxoporus* (*Bull. Soc. géol. de Fr.*, 2ᵉ série, t. XVI, p. 977).

— *coranguinum* Klein. — Je dois à l'obligeance de M. A. Rowe la communication de plusieurs très beaux individus de la craie de Gravesend. La forme typique figurée par Klein paraît aujourd'hui assez rare. La plus grande partie des individus recueillis appartient à la variété allongée (Var. II), surtout fréquente dans la craie à *Marsupites*; ces individus sont remarquables par l'extrême excentricité du péristome et semblent former passage aux espèces de la craie à Bélemnites, comme *M. Haasi* Stolley et même *M. Brongniarti* Hébert. La granulation des ambulacres postérieurs de chaque côté du plastron permet cependant de séparer sans difficulté le *M. coranguinum* de ses congénères.

Chez lui, en effet, cette portion des ambulacres est garnie de granules irréguliers, variciformes, anastomosés, bien développés, et reste presque dépourvue de granules miliaires. Au contraire, chez les espèces citées de la craie à Bélemnites,

[1] M. Rowe pense que ce jeune appartiendrait plutôt au *M. coranguinum*. C'est, en tout cas, une forme douteuse dont le mieux est de ne tenir aucun compte.

IMPRIMERIE NATIONALE.

les granules miliaires dominent, les granules variciformes sont plus rares, très petits et mêlés de tubercules mamelonnés. Chez *M. decipiens* des couches inférieures, cette granulation est aussi beaucoup plus fine que chez *M. coranguinum.*

Micraster coranguinum Rowe (*op. cit.,* p. 538). — Sans doute, pour obéir à de prétendues règles, M. Rowe attribue l'espèce non à son créateur, mais au premier auteur qui l'a mentionnée depuis la publication de la fatidique édition du *Systema naturæ.* Cette seule obligation d'attribuer à Leske, malgré lui, la paternité d'une espèce créée depuis quarante-quatre ans, juge un système contre lequel ne doivent cesser de protester tous les naturalistes soucieux d'appliquer les seuls principes immuables basés sur une loi de justice et la réalité des faits historiques.

M. Rowe distingue deux sous-groupes ou variétés dans le *M. coranguinum.*

I. Son *M. coranguinum* proprement dit aurait pour type à la fois la forme figurée par Wright et celle figurée par Forbes. Je suis d'abord obligé de constater que les formes figurées par ces deux auteurs sont assez différentes : la première correspond exactement, selon moi, au type de Klein, tandis que la deuxième, plus allongée, à péristome plus marginal et labrum plus saillant, rappelle ma Variété II. Or, pour M. Rowe, cette dernière représenterait essentiellement le *M. coranguinum,* bien que le type de ce dernier soit certainement la forme large figurée par Klein et heureusement interprétée par Wright.

II. M. Rowe reconnaît que sa Variété *latior* correspond au type de Klein et de Leske. Il aurait donc été, à mon sens, plus logique de ne pas en faire une variété, pour créer à côté un type nouveau et arbitraire de l'espèce.

Pour chacun de ses sous-groupes, M. Rowe distingue des formes diverses : déprimée, qui est assimilée au *M. normanniæ;* surbaissée, dite *planidorsata;* carénée, *carinata;* gibbeuse, *gibbosa,* et renflée, assimilée au *M. beonensis.* Il me paraît regrettable d'avoir caractérisé certaines formes par des noms d'espèces connues, car il n'existe pas de rapports directs et étroits entre *M. beonensis* et les variétés les plus renflées du *M. coranguinum.*

— *corbaricus* Lambert (voir p. 237). — M. de Riaz vient de retrouver cette espèce à son niveau habituel dans les Alpes maritimes, notamment à Gorbio, avec *M. decipiens* (de Riaz : *Bull. Soc. géol. de Fr.,* 3e sér., t. XXVII, p. 428, 1899).

— *corbovis* Forbes (voir p. 194). — Il ne saurait exister de désaccord sur le type de cette espèce, qui est pour M. Rowe, comme pour moi, la forme de grande taille, figurée par Forbes (*in* Dixon). Caractérisant toutefois ce *Micraster* par la courbure de ses pétales pairs antérieurs, je lui assimilais, avec Cotteau, certaines formes du Turonien supérieur. M. Rowe lui rapporte essentiellement des individus de la zone à *Terebratulina gracilis,* voisins de ceux ci-dessus rattachés au *M. Leskei* (*M. brevi-*

porus), Variété III; cependant ces individus anglais ont leur face postérieure tronquée ou rentrante, jamais subrostrée (Rowe, *op. cit.*, p. 518, pl. XXXV, fig. 1, 4, ligne 1re).

En dehors de la forme des pétales, M. Rowe caractérise surtout le *M. corbovis* par ses aires périplastronales[1] très finement granuleuses, d'apparence lisse, et l'absence de carène postérieure. Ces caractères, le premier surtout, sont faciles à reconnaître d'après les figures 2, 3, pl. XXXIX, que l'on peut comparer à celle (fig. 1, pl. XXXVIII) du *M. Leskei*. L'auteur anglais ayant eu à sa disposition, pour l'interprétation de l'espèce de Forbes, des matériaux très étendus qui me faisaient défaut, j'estime que son interprétation doit être préférée à celle de Cotteau et à la mienne. Grâce à l'obligeance et à l'amabilité bien connues de M. Rowe, j'ai pu récemment étudier un certain nombre de *M. corbovis* et constater combien les caractères nouvellement mis en lumière sont préférables à celui tiré de la légère courbure des ambulacres. Je considère donc aujourd'hui le *M. corbovis* comme une bonne espèce.

Les variations dans la forme du test étudiées en Angleterre sont assez importantes et ont permis de distinguer les Variétés : déprimée, dite *normanniæ;* surbaissée, *planidorsata;* carénée, *carinata*, et gibbeuse, *gibbosa*.

Le *M. corbovis* tel que le comprend M. Rowe est rare sur le continent; je n'en connais que deux individus recueillis par moi dans la craie à *Terebratulina gracilis* de l'Yonne, l'un à Césy, l'autre à Looze, près Joigny.

Micraster cordiformis Desor. — Après examen du type de l'espèce, je me suis assuré que Desor avait commis à son sujet une inexplicable erreur. Ce type, en effet, un moule en silex aujourd'hui dans ma collection, n'est pas un *Epiaster*, mais, comme je le supposais, un bel individu du *Cardiaster Heberti*, que M. Schlüter réunit maintenant à son *C. maximus*.

— *cormarinum* Parkinson (*s. Spatangus*). — M. Fortin m'a récemment communiqué des individus de Louviers que j'ai cru devoir rattacher au type de Parkinson, en indiquant que ce dernier paraissait constituer plutôt une espèce distincte qu'une simple variété du *Mic. coranguinum* (Fortin, *Notes de géologie normande*, V, p. 34, Rouen, 1899).

Un autre individu rencontré, avec des *M. decipiens*, dans la craie d'Elnes (Pas-de-Calais) montre aussi des rapports remarquables avec l'espèce de Parkinson, mais, en raison de la forme de ses ambulacres et de la granulation de ces derniers au voisinage du plastron, il serait plutôt à rapprocher du *M. decipiens* que du *M. coranguinum*, et j'aime mieux le laisser encore réuni au premier, à titre de variété polygonale, à ambulacres profonds.

(1) Je crois devoir emprunter ce terme à M. Rowe; il facilite les descriptions et désigne très bien les deux aires ambulacraires postérieures (I et V) à la face inférieure, de chaque côté du plastron.

Micraster cortestudinarium Geinitz (*Das Elbthalgebirge in Sachsen*, II, p. 11, taf. IV, fig. 1 et 4, 1872). — Sous ce nom, Geinitz semble avoir confondu plusieurs espèces. La figure 2 se rapporterait seule au type de Goldfuss. Les figures 3 et 4 me paraissent d'une interprétation difficile, et il est évident que le moule figure 4 n'appartient pas au *M. cortestudinarium*.

Quant à la figure 1, elle doit être rattachée à certaines variétés larges du *M. Leskei*, et on ne saurait la confondre avec l'espèce de Goldfuss à ambulacres bien plus longs, plus profonds, et zones interporifères moins lisses.

— *cortestudinarium* Rowe (*op. cit.*). — L'auteur anglais propose de réunir au type de Goldfuss à la fois les *M. decipiens* Bayle, *M. Gosseleti* Cayeux et *M. turonensis* Bayle. J'ai déjà expliqué que je ne croyais pas cette opinion fondée. Il existe, selon moi, entre ces diverses espèces des différences suffisantes pour opérer des distinctions d'autant plus utiles à faire que chacune de ces formes caractérise un niveau spécial de la craie. Je ne crois donc pas avoir à revenir sur ce que j'ai écrit à ce sujet, il y a cinq ans.

M. Rowe distingue parmi les individus rapportés à son *M. cortestudinarium* certaines variations de formes qu'il nomme *normanniæ, planidorsata, beonensis, carinata* et *gibbosa*.

Le *M. cortestudinarium* de M. Rowe est, selon moi, distinct de l'espèce de Goldfuss et se rapporte au *M. decipiens* de Bayle; il occupe le même niveau stratigraphique.

— *cuneatus* Hagenow, 1840. — Créée dans la deuxième partie de la *Monographie der Rugen'schen Kreideversteinerungen* (*Jabrb. für Miner. geol. und Petref. v. Leonhard u. Bronn.*, 1840, p. 654, taf. IX, fig. 5), cette petite espèce est remarquable par sa forme déprimée, large, sinuée en avant, arrondie en arrière, subplane en dessous, fortement déclive en dessus d'arrière en avant, postérieurement carénée et subrostrée, sa face postérieure rentrante, son apex central, ses ambulacres courts, étroits, avec zones interporifères d'apparence lisse, son péristome peu éloigné du bord (et à labrum probablement saillant).

L'ouvrage d'Hagenow est peu répandu, et cette espèce, que je ne connais pas en nature, paraît avoir été perdue de vue par les auteurs. Elle semble voisine du *M. coranguinum* Klein, sans pouvoir être confondue avec lui, et je la crois bien différente; elle occupe d'ailleurs un niveau stratigraphique beaucoup plus élevé et appartient à l'horizon de la *Belemnitella mucronata*.

— *fastigatus* Gauthier. — C'est à cette forme, si voisine du vrai *Mic. gibbus*, que l'on devra rapporter l'espèce signalée par Rœmer dans la craie à *Bel. mucronata* de Cracovie, sous le nom de *M. gibbus* (*Geol. von Oberschlesien*, p. 355, taf. XXXIX, fig. 3, Breslau, 1870). L'individu figuré est moins conique que ceux de la craie de Reims, mais ses gibbosités marginales antérieures assez prononcées rappellent davantage la forme typique du *M. gibbus*, lequel est, d'ailleurs, bien plus nettement conique en dessus.

Micraster Fortini Lambert, 1896. — Espèce gibbeuse, à pores de l'ambulacre impair peu différents de ceux des autres, prymnodesme et se plaçant à la limite de la section *Gibbaster*. Je l'ai établie incidemment dans ma *Note sur quelques Échinides crétacés de Madagascar* (*Bull. Soc. géol. de Fr.*, 3e sér., t. XXIV, p. 328, pl. XII, fig. 6 et 7). Elle a, depuis, été reprise par M. Fortin, dans ses *Notes de géologie normande* (IV, p. 28, pl. V, Elbeuf, 1897) et provient de la falaise Ouest de Dieppe.

— *gibbus* Lamarck (*s. Spatangus*). — C'est par suite d'une erreur typographique que ci-dessus (p. 170, l. 3) le *Micraster* de Nice est dit *prymnadète*; il faut lire *prymnodesme*, c'est-à-dire pourvu d'un fasciole sous-anal.

J'ai, depuis 1895, fait figurer un bon type du vrai *M. gibbus* Lamarck, vu de profil (*Bull. Soc. géol. de Fr.*, 3e série, t. XXIV, 1896, pl. XII, fig. 3), et une grande variété, vue en dessus et de profil (*ibid.*, fig. 4 et 5).

— *gibbus* Stolley, 1891 (*Die Kreide Schleswig-Holsteins*, Kiel, 1891, p. 260, taf. IX, fig. 2, de la craie à *Bel quadrata* de Lägerdorf). — Cette forme ne correspond pas au vrai *Spatangus gibbus* de Lamarck.

M. Stolley a remarqué avec raison qu'il existait pour les auteurs deux *M. gibbus*, l'un plus pyramidal, à carène postérieure plus étroite et périprocte situé plus bas; c'est l'*Epiaster gibbus* Schlüter, dépourvue de fasciole. L'autre, avec fasciole, a sa carène postérieure courbe, sa face supérieure moins régulièrement conique, son périprocte situé plus haut, sa face postérieure plus développée; ce serait pour M. Stolley le véritable *M. gibbus*. Mais ce *M. gibbus* Stolley est de tous points identique au *M. fastigatus* Gauthier, lequel, il faut le reconnaître, n'est probablement que la variété septentrionale du vrai *M. gibbus* des Alpes maritimes (voir p. 168 et 227).

Quant à la forme conique et adète figurée par M. Schlüter, je propose de la désigner sous le nom de *M. Stolleyi*, en faisant remarquer qu'elle devra rentrer dans la section *Isomicraster*.

— *glyphus* Stolley (*op. cit.*, p. 255, taf. VIII, fig. 2). — L'auteur rapporte son espèce au *M. glyphus* Cotteau; elle en paraît, en effet, très voisine, mais ce n'est pas le vrai *M. glyphus* Schlüter de la craie de Coesfeld; son ambitus est moins anguleux, son apex plus central, et ses ambulacres sont moins longs, ainsi que j'ai pu m'en assurer par l'examen d'individus provenant de la localité même de Lägerdorf (craie à *Bel. quadrata*). L'espèce de M. Stolley est, d'ailleurs, plus régulièrement cordiforme que le *M. glyphus* Cotteau, non anguleuse à l'ambitus; son sillon antérieur est moins profond, son labrum moins saillant, son apex plus central; elle se rapproche surtout de ce que j'ai appelé *M. Schlœnbachi* Desor (voir p. 210).

Micraster Gottschei Stolley, 1891 (*op. cit.*, p. 258, taf. VIII, fig. 4). — Est encore une espèce de la craie à *Bel. quadrata* de Lägerdorf. Elle diffère du *M. Haasi* par son labrum moins saillant, son sillon antérieur un peu moins profond, ses ambulacres un peu plus développés. En revanche, elle ne me paraît être que la grande taille du *M. Schroderi*, et il ne semble pas possible de séparer les deux espèces.

— *Haasi* Stolley, 1891 (*op. cit.*, p. 257, taf. VIII, fig. 3). — Il ne m'est pas possible de comprendre en quoi cette espèce de la craie à *Bel. quadrata* de Lägerdorf diffère du *Mic. Brongniarti* Hébert. Tout au plus peut-on la considérer comme intermédiaire entre ce dernier et le *Mic. Schroderi* Stolley. L'examen d'un individu communiqué par M. Stolley à M. de Grossouvre n'est pas venu diminuer mon embarras au sujet de ce *Micraster*, et j'estime qu'il n'y a pas lieu de séparer spécifiquement *M. Haasi* de *M. Brongniarti*.

— *Idæ* Cotteau. — C'est avec le plus vif étonnement que j'ai vu M. Schlüter, dans un récent travail (*Ueber einige exocyclische Echiniden der Baltischen Kreide und deren Bett*, p. 37, 1897), rejeter cette espèce, si bien écrite et figurée par Cotteau dans la synonymie de son *Brissopsis cretacea*. D'abord, au point de vue de l'antériorité, je crois que l'espèce de Cotteau a été publiée avant celle de M. Schlüter. En outre, cette dernière, non figurée, est nécessairement restée incertaine. Enfin l'espèce suédoise de Cotteau n'est pas un *Brissopsis*, mais bien un *Micraster*, ainsi que j'ai pu m'en assurer par l'examen du type donné à Cotteau par Mlle Ida Nilsson et aujourd'hui conservé à l'École des Mines. Il est, d'ailleurs, à remarquer que, d'après Griepenkerl (*Die Verstein. d. Senon. Kreide v. Kœnigslutter*, p. 28), *Brissopsis cretacea* serait nettement pourvu de deux fascioles, c'est-à-dire un type qui ne saurait être confondu avec *Mic. Idæ*.

— *Leskei* Desmoulins (*s. Spatangus*). — Cette espèce, dont j'ai déjà parlé (p. 178), très bien figurée par d'Orbigny et caractéristique par son abondance du Turonien supérieur, était universellement connue quand Hébert est venu, en 1866, soutenir qu'elle devait prendre le nom de *M. breviporus*. Il affirmait que le vrai *M. Leskei* était une espèce très différente se trouvant en Danemark au contact de la craie de Meudon et de la craie supérieure (*Comptes rendus Acad. des Sc.*, t. LXII, p. 1404, 26 juin 1866). L'espèce recueillie en Danemark par M. Hébert et dont j'ai pu étudier plusieurs individus par lui donnés à Cotteau est, en effet, très différente du *Micraster* figuré par d'Orbigny sous le nom de *Leskei*, mais elle n'est pas moins différente du type du *Spatangus Leskei* Desmoulins, lequel n'était d'ailleurs pas une espèce danoise, mais un moule siliceux paraissant avoir été importé en Norvège et de tous points identique à ceux de la craie turonienne de Wollin, de France et d'Angleterre. M. Schlüter vient donc avec beaucoup de raison de faire du prétendu *Spatangus Leskei* d'Hébert son *Brissopneustes danicus*.

Il faudra donc remplacer partout dans mon travail de 1895 le nom de *breviporus* par celui de *Leskei* (voir p. 204). L'espèce a été récemment retrouvée par M. de Riaz dans les calcaires de Gorbio (Alpes-Maritimes), où elle est associée aux *M. decipiens* et *M. corbaricus* (de Riaz, *op. cit.*, p. 428).

Micraster Leskei Rœmer (*Geol. von Oberschlesien*, p. 310, taf. XXXIV, fig. 3, Breslau, 1870). — La forme figurée du Turonien d'Oppeln serait différente du type de l'espèce et remarquable par ses ambulacres postérieurs presque aussi développés que les antérieurs; tous sont bien plus étroits que chez le véritable *M. Leskei*. N'ayant pas vu en nature cette forme, je crois devoir me borner à la signaler ici, tout en insistant sur ses caractères très particuliers.

— *Leskei* Rowe, 1892 (*op. cit.*, p. 525). — L'auteur anglais est arrivé, au sujet de cette espèce, aux mêmes conclusions que moi, et, tandis qu'avec M. de Riaz je rétablissais l'espèce de Desmoulins (*Comptes rendus somm. Soc. géol. de Fr.*, n° 13, p. 77, juin 1899), M. Rowe la réintégrait de son côté, après avoir aussi constaté que le moule du *M. breviporus* (M. 10) se rapporte à un jeune du type du *M. coranguinum*. L'auteur anglais rattache comme moi au *M. Leskei* un certain nombre de variétés, notamment des formes auxquelles il donne les noms de : déprimée, *normanniæ;* surbaissée, *planidorsata;* renflée, *beonensis;* carénée, *carinata*, et gibbeuse, *gibbosa*.

— *Meunieri* Lambert, 1896 (*Bull. Soc. géol. de Fr.*, 3e sér., t. XXIV, p. 326, pl. XII, fig. 1 et 2). — Espèce malgache du type du *M. gibbus*, mais dépourvue de fasciole sous-anal et se distinguant de ses congénères par son sillon antérieur très atténué. Elle rentre dans le sous-genre *Isomicraster*.

— *præcursor* Rowe, 1899 (*op. cit.*, p. 530 et suiv., pl. XXXV, fig. 1 et 6, l. 4; pl. XXXVI, fig. 3 et 6; pl. XXXVII, fig. 3 et 4; pl. XXXVIII, fig. 7 et 8, et pl. XXXIX, fig. 5 et 6). — Malgré son nom, cette espèce ne paraît pas descendre au-dessous de l'horizon de l'*Holaster planus*, et elle ne serait le précurseur que de la forme *coranguinum*.

M. Rowe réunit sous cette dénomination un certain nombre de *Micraster* du Turonien supérieur et du Sénonien inférieur, et il n'est pas très facile de se faire une idée exacte de son espèce, alors surtout qu'il paraît y rattacher comme simples variétés des formes aussi dissemblables que *M. beonensis*, *M. normanniæ*, *M. Cayeuxi* et *M. Bucaillei* et qu'il nous avertit en même temps de l'existence de nombreuses formes de passage entre *M. præcursor* et *M. Leskei*. La difficulté signalée est d'autant plus grande qu'aucune bonne figure du type de l'espèce n'a été donnée. Sans doute, le mémoire de M. Rowe est accompagné de nombreuses figures de détails grossis, mais ces détails, qui ne me paraissent pas absolument caractéristiques, ne sauraient suppléer à une figure d'ensemble reproduisant la vraie physionomie de l'espèce. On nous dit bien que ce *Micraster* diffère du *M. decipiens*, avec lequel il se rencontre, par sa moindre largeur, et qu'il a beaucoup de rapports avec *M. Leskei;* mais cela est insuffisant pour permettre de le reconnaître. D'après les figures de la planche XXXVI, les ambulacres seraient tantôt peu profonds, à zones interporifères lisses et sutures des plaques peu distinctes, tantôt plus creusés, avec zone interporifère granuleuse, accidentée par les sutures des plaques et un profond sillon médian. La saillie du labrum, plus ou moins développée, ne recouvre pas complètement le péristome, et les aires périplastronales sont, d'après la planche XXXVII, plus ou moins finement granuleuses. Malgré ces constatations et n'ayant pu examiner de ce *Micraster* aucun individu authentique, je dois avouer que je ne puis m'en faire une idée exacte ni expliquer en quoi il diffère positivement des nombreuses espèces préétablies existant aux mêmes horizons stratigraphiques, comme *M. cortestudinarium* Goldfuss, *M. normanniæ* Bucaille, *M. Cayeuxi* Parent ou *M. icaunensis* Lambert.

Micraster pseudoglyphus, de Grossouvre, 1895 (voir p. 199). Ce *Micraster* doit être simplement réuni au *M. Schroderi,* Stolley.

— *Schroderi,* Stolley, 1891 (*op. cit.*, p. 259, taf. VIII, f. 5, et taf. IX, fig. 1). — Cette espèce de la craie à *Bel. quadrata*, de Lägerdorf, bien que rappelant le *M. coranguinum,* dont elle est probablement le dérivé, s'en distingue par ses ambulacres plus courts (22 paires de pores en II au lieu de 32, à taille égale), son sillon antérieur plus profond en dessus, son péristome à lèvre encore plus saillante et plus rapprochée du bord, ses aires périplastronales garnies de fins granules, beaucoup plus petits que les tubercules du plastron et non de granules variciformes anastomosés, à peine contrastants comme taille avec les tubercules des aires voisines.

Après une sérieuse étude de la description de M. Stolley et des figures données par lui, surtout après un examen attentif des individus de Lägerdorf qui m'ont été communiqués, il ne m'est pas possible d'admettre que ce *M. Shroderi* diffère réellement du *M. Gottschei,* qui me paraît en être seulement la grande taille. Une légère déviation dans la position de l'un des pores génitaux n'a pour moi d'autre importance qu'une variation individuelle. On peut, en effet, constater de semblables variations dans la position respective des pores en étudiant une série de n'importe quelle espèce de *Micraster,* et, si la série est suffisamment étendue, il serait facile de grouper à part un nombre plus ou moins considérable d'individus à déviation dextre ou sénestre de l'un des pores. Cette constatation pourrait bien conduire à réunir encore au *M. Schroderi* le *M. glyphus*, Stolley (*non* Schlüter); mais je ne me crois pas autorisé à opérer encore cette réunion, alors que l'étude des individus de Lågerdorf me porte à rattacher plutôt ce *M. glyphus*, de M. Stolley, au *M. Schlœnbachi,* Desor.

L'espèce du bassin de Paris désignée par M. de Grossouvre sous le nom de *M. pseudoglyphus* (voir p. 199) est, selon moi, complètement identique au *M. Schroderi* et doit être simplement rejetée dans sa synonymie, le nom proposé par M. Stolley ayant l'antériorité.

C'est encore au *M. Schroderi* que l'on devra rapporter certaines citations du *M. coranguinum* par les auteurs allemands, notamment celle de cette espèce dans la craie de Lauingen et de Boimstorf faite par Griepenkerl (*op. cit.*, p. 28), ce qui ne veut pas dire que le *M. coranguinum* n'existe pas en Allemagne. J'en ai, au contraire, sous les yeux un individu parfaitement typique de la craie de Lunebourg.

Micraster sublacunosus, Quenstedt (voir p. 211). C'est par erreur que cette espèce a été, sur la foi de Quenstedt, attribuée à Geinitz. Ce dernier a seulement établi un *Hemiaster sublacunosus* et, sans se prononcer sur l'attribution générique exacte de cette forme, on peut affirmer qu'elle n'appartient pas au genre *Micraster* dans lequel Quenstedt l'a reportée sans motifs suffisants.

— *ultimus*, Mayer Eymar, 1898 (*Neue Echin. aus den Nummuliteng. Egyptens*, p. 6, taf. VI, f. 6). — Ce prétendu *Micraster* éocène ne paraît pas appartenir au genre et il semble avoir été créé sur un jeune *Linthia*. (Voir Fourtau : *Revis. des Échin. foss. de l'Égypte*, p. 689, Le Caire, 1899.)

— *ungula*, Agassiz, 1847 (Catal. rais., p. 141) est un *Hemiaster*. (Voir *Spatangus ungula*.)

Plesiaster, Pomel, 1883. — M. Gauthier insiste beaucoup pour le maintien de ce genre, surtout depuis la découverte en Tunisie d'individus présentant un fasciole péripétale bien net. Il ne l'avait cependant admis en 1889 qu'avec beaucoup de réserves, annonçant même que certains individus étaient dépourvus de fasciole péripétale, fait qui devrait conduire à la suppression du genre.

Si l'on adopte *Plesiaster*, il importe de remarquer combien, à la fin des temps crétacés, il relie étroitement le groupe *Mesospatanginæ* [1] des Micrastériens au groupe *Neospatanginæ* des Brissopsiens. *Plesiaster* ne diffère d'ailleurs de *Cyclaster* que par la présence d'un quatrième pore génital à l'apex et de certains *Brissopsis* que par le moindre développement du madréporide en arrière.

Pseudoepiaster, Seunes, 1898 (*Échin. des Pyrénées occid.*, I. — *Bull. Soc. géol. de France*. 3e sér., t. XVI, p. 803). — M. Seunes a proposé pour les *Micraster* sans fasciole

[1] Je divise aujourd'hui le sous-ordre des *Spatangoidea*, Agassiz, 1840, en six familles : *Ananchitidæ*, A. Gras, 1848 — *Pourtalesiadæ*, Loven, 1883 — *Œropidæ*, Lambert, 1896 — *Toxasteridæ* — *Brissidæ*, Cotteau, 1885 — *Prospatangidæ*. Mes *Toxasteridæ* correspondent aux Echinospatangidées de Cotteau et mes *Prospatangidæ* à ses Spatangidées. Quant à la famille des *Brissidæ*, je crois devoir y distinguer deux sous-familles : *Mesospatanginæ*, comprenant les deux tribus des *Micrasterinæ* et des *Hemiasterinæ*, c'est-à-dire les anciens grands genres *Micraster* et *Hemiaster*; *Neospatanginæ*, comprenant les tribus des *Opissasterinæ*, *Schizasterinæ*, *Pericosminæ*, *Brissopsinæ*, c'est-à-dire des pétalodesmes, des pleuropétalodesmes, des cyclodesmes et des prymnopétalodesmes, tous ethmolysiens, tandis que les *Mesospatanginæ* ont leur apex ethmophracte.

IMPRIMERIE NATIONALE.

du groupe du *M. coranguinum* le nom de *Pseudoepiaster*, complètement inutile, puisque ces oursins, s'ils existent réellement, rentreraient très exactement dans le genre *Epiaster*.

M. Gauthier avait incidemment proposé le terme *Gibbaster* pour des formes voisines, pourvues ou non de fascioles, mais caractérisées par leur ambulacre impair composé, comme les autres, de pores inégaux, nettement allongés dans les rangées externes. Je viens d'indiquer qu'il y avait lieu de limiter ce sous-genre *Gibbaster* aux espèces pourvues de fascioles, en rejetant les autres soit dans un sous-genre nouveau *Isomicraster*, soit dans le genre *Isopneustes* Pomel (*non* Munier Chalmas) qui est dépourvu, en outre, de sillon antérieur. Je ne crois pas, d'ailleurs, qu'il y ait lieu d'attacher une grande importance à toutes ces distinctions trop subtiles et fondées sur des caractères trop peu stables.

Schizaster, Agassiz, 1840. — Un examen plus approfondi de la délicate question relative à la valeur de ce genre me porte à revenir sur la déclaration de ma note de la page 176, et je considère que le vrai type du genre *Schizaster* est la forme à pores de l'ambulacre impair simples, non dédoublés, comme *S. Studeri* de l'Éocène, qu'elle soit pourvue de deux ou quatre pores génitaux, ce caractère paraissant être seulement d'importance sexuelle, tout au plus spécifique.

Spatangus hieroglyphicus, Muller, 1847 (*Monog. d. Petrefact. d. Aachenen Kreideform*, p. 9, taf. I, f. 2). — Espèce créée pour un moule siliceux assez mal conservé, pourvu d'un sillon antérieur distinct, quoique peu profond et paraissant se rapporter mieux au *Mic. Leskei* qu'à toute autre espèce.

— *ungula*, Morton, 1834 (*Synopis*, p. 78, tab. X, f. 6). — Cette espèce est un *Hemiaster* et elle avait été à tort reportée par Agassiz parmi les *Micraster*. (Voir Clark : *Mesozoic Echinod. of the U. S.*, p. 85, pl. XLVI, f. 2-1. — Washington, 1893.)

Le nombre des espèces à tort ou à raison placées dans le genre *Micraster* par les auteurs, ou s'y rapportant, quoique laissées dans d'autres genres, s'élève, à ma connaissance, à cent cinquante-quatre. En rejetant toutes celles qui, en réalité, n'appartiennent pas au genre, les synonymes, les espèces nominales ou celles insuffisamment caractérisées, on reste encore en présence d'une quarantaine d'espèces répandues dans les diverses zones de la craie depuis le Cénomanien jusqu'au Danien inclusivement.

Dans ma note de la page 263, j'avais admis au sujet des *Echinocorys* certaines conclusions que des recherches nouvelles et l'examen de nouveaux individus de provenances diverses m'obligent encore à modifier. Je ne puis d'ailleurs trancher incidemment ici un problème de paléontologie aussi complexe que celui soulevé par l'étude de ces oursins. Je me bornerai donc à rappeler quelques généralités et à faire quelques rectifications.

Parmi les formes pour ainsi dire innombrables que présentent les *Echinocorys*, il y a lieu de distinguer deux groupes ou sous-genres, suivant que les ambulacres sont formés de plaques basses avec pores serrés et réguliers, ou de plaques hautes avec pores espacés, irrégulières. Les premiers sont des *Echinocorys* typiques, les seconds rentrent dans le sous-genre *Galeola* de Klein.

Echinocorys, évident dérivé de *Pseudananchys* de l'Albien d'Algérie, apparaît dans le Cénomanien[1] et ne s'éteint que dans l'Éocène[2]. Le prétendu genre *Oolaster* Laube ne repose, en effet, sur aucun caractère acceptable et n'avait été admis qu'en considération de son gisement. Les *Galeola* sont du Sénonien supérieur (Maëstrichtien) et surtout du Danien. On les a quelquefois confondus avec *Corculum*, mais ce dernier en diffère par la hauteur plus grande de ses plaques, la finesse de ses petits pores ronds et la présence de Sphéridies.

Le nom d'*E. hemisphærica*, Brongniart, doit être substitué à celui de *carinata*, Defrance (*non* Lamarck). La forme du bassin de Paris, successivement nommée par moi *conoidea* (*non* Goldfuss) et *conica* (*non* Agassiz), doit prendre le nom de *subconica*, car elle diffère sensiblement du vrai *E. conica* de la craie de Ciply. (Voir d'ailleurs, à ce sujet, ma note sur les Échinides de la craie de Ciply, p. 38 et suiv. Bruxelles, 1898.)

Enfin c'est, selon moi, par erreur que l'on applique généralement à la petite espèce danienne du calcaire de Salthom le nom d'*Ananchites sulcata* Goldfuss, lequel est un *Galeola* de forme et de caractères très différents, spécial jusqu'ici à l'horizon de Maëstricht. La petite espèce danienne avec ses variétés hémisphérique et subconique devra reprendre le nom de *Galeola papillosa*, Klein, 1734.

J. LAMBERT.

CHAPITRES V À XXIII.

Page 271, ligne 5, en remontant, au lieu de « Nortfolk », lire « Norfolk ».

Page 272, ligne 3, en remontant, au lieu de « *undus* », lire « *fundus* », et au lieu de « *Sonneratia perampla* », lire « *Neophtychites peramplus* ».

Page 273, ligne 9, en descendant, au lieu de « *Sonneratia perampla* », lire « *Neoptychites peramplus* ».

(1) *Offaster sphæricus* Schlüter n'est certainement pas un *Offaster*, et le fait que son périprocte est marginal plutôt qu'inframarginal est insuffisant pour le séparer d'*Echinocorys* dont il a tous les caractères. Cet Échinide vient du « Pläner bei Rheine an der Ems » dont le niveau serait cénomanien, d'après M. Schluter.

(2) *Oolaster maltensis* de l'Éocène est de tous points un *Echinocorys*, tellement voisin même de *Galeola pyrenaïca*, qu'il faut, pour le distinguer, un examen attentif.

Page 276, ligne 6, en descendant, au lieu de « *westphalicus* », lire « *granulatus* ».

Page 283, tableau VI, 3e ligne, en descendant, au lieu de « *wesphalicus* », lire « *granulatus* ».

Page 287, ligne 10, en descendant, au lieu de « es », lire « les ».

Pages 297-298. « De récentes observations faites dans la vallée de la Haine par M. Jules Cornet montrent que la Meule de Bernissart, assimilée à la Meule de Bracquegnies, ne correspond pas à une zone unique, mais comprend plusieurs termes allant du niveau à *Am. inflatus* au Cénomanien franc représenté par des couches marneuses et sableuses, avec nodules calcaires irréguliers, situées sous le gravier à *Chlamys asper* et d'une épaisseur totale de plus de 100 mètres. On y a recueilli *Am. rhotomagensis*, *Am. varians*, *Baculites baculoïdes*, *Turrilites tuberculatus*, avec de nombreux Lamellibranches et des Brachiopodes. »

Page 296, ligne 6, en remontant, au lieu de « *Douvilléiceras* », lire « *Acanthoceras* ».

Page 299, ligne 17, en descendant, au lieu de « *Sonneratia perampla* », lire « *Neoptychites peramplus* ».

Page 303, ligne 2, en remontant dans la note au bas de la page, au lieu de « compléte », lire « compléter ».

Page 304. La faune de la craie grise de Ciply comprend, d'après les études de M. Lambert sur les échantillons du Musée de Bruxelles (*Note sur les Échinides de la craie de Ciply*), les espèces suivantes :

Cidaris serrata, Desor.
Cidaris montainvillensis, Lambert.
Temnocidaris danica, Desor.
Macrodiadema ciplyense, Lambert.
Rachiosoma Grossouvrei, Lambert.
Cyphosoma inops, Lambert.
— *Rutoti*, Lambert.
Caratomus sulcatoradiatus, Goldfuss.
Caratomus peltiformis, Wahlenberg.
Nucleopygus coravium (Defrance), Agassiz et Desor.
Catopygus fenestratus, Agassiz.
Cardiaster granulosus, Goldfuss.
Cardiaster Héberti, Cotteau.
Echinocorys ciplyensis, Lambert.
— *conicus*, Agassiz.
— *belgicus*, Lambert.
— *Arnaudi*, Seunes.
Micraster ciplyensis, Schlüter.

Page 305. « D'après le même travail de M. Lambert, la faune d'Échinides du Poudingue de la Malogne comprend :

Cidaris Hardouini, Desor.
Salenidia Bonissenti, Cotteau.
Salenia belgica, Lambert.
Gauthieria Broecki, Lambert.
Cyphosoma Corneti, Cotteau.
Caratomus Rutoti, Lambert.
— *peltiformis*, Wahlenberg.
Lychnidius scrobiculatus, Goldfuss.

Page 307. La légende de la carte géologique de la Belgique a été modifiée récemment : je crois devoir donner l'extrait de la dernière édition (mars 1900) concernant les parties mentionnées précédemment pages 307-309.

GROUPE TERTIAIRE.

SYSTÈME PALÉOCÈNE.

Étage Montien (*Mn*).

ASSISE SUPÉRIEURE LACUSTRE (*Mn 2*).

Mn 2. Couches d'eau douce à *Physa montensis*.

ASSISE INFÉRIEURE MARINE (*Mn 1*).

Mn 1. Calcaire de Mons et tuffeau supérieur de Ciply.
Calcaire à grands Cérithes et poudingue de base.

GROUPE SECONDAIRE.

SYSTÈME CRÉTACÉ.

Crétacé supérieur.

Étage Maëstrichtien (*M*).

Limbourg.	*Hainaut et Brabant.*
Md. Tuffeau caverneux à *Belemnitella mucronata*, avec lits à bryozoaires à la partie inférieure.	
Mc. Tuffeau massif, sans silex, à *Mosasaurus giganteus* (*M. Camperi*).	
Mb. Craie grossière à silex gris.	*Mb*. Tuffeau de Saint-Symphorien ou tuffeau inférieur de Ciply à *Belemnitella mucronata* et tuffeau à silex gris du Brabant.
Ma. Couche *dite* à Coprolithes. Lits à Thécidées.	*Ma*. Poudingue de la Malogne.

Étage Sénonien (*Cp*).

Limbourg.	*Hainaut et Brabant.*
ASSISE DE SPIENNES, à *Trigonosemus* (*Cp 4*).	
	Cp 4b. Craie brune phosphatée de Ciply, à *Pecten pulchellus, Belemnitella mucronata* et *Mosasaurus Lemonnieri*, parfois glauconifère au sommet.
Cp 4. Craie grossière à silex bruns et noirs.	*Cp 4a.* Craie grossière de Spiennes, à silex bruns et noirs; poudingue de Cuesmes.
ASSISE DE NOUVELLES, à *Magas pumilus* (*Cp 3*).	
Cp 3c. Craie blanche, à silex noirs.	*Cp 3cb.* Craie de Nouvelles, à *Magas pumilus.*
Cp 3b. Craie blanche, sans silex. Craie grossière, à silex gris rudimentaires.	
Cp 3a. Craie glauconifère, à *Belemnitella mucronata.* Craie grossière glauconifère, à silex gris rudimentaires et à *Belemnitella mucronata.* Lit graveleux et glauconie grossière, à la base.	*Cp 3a.* Craie d'Obourg, à silex noirs. Conglomérat, à *Belemnitella mucronata*, à la base.
ASSISE DE HERVE, à *Belemnitella quadrata* (*Cp 2*).	
Cp 2c. Argilite et grès argileux glauconifères. Smectique, à *Gyrolithes Davreuxi.* (Altération : argile sableuse glauconifère.)	*Cp 2.* Craie de Trivières, avec lits de nodules roulés à la base (*Belemnitella mucronata, B. quadrata, Actinocamax verus*).
Cp 2b. Sable glauconifère.	
Cp 2a. Gravier glauconifère. Gompholite glauconifère, à fragments de phtanite (*Belemnitella mucronata, B. quadrata, Actinocamax verus*).	
ASSISE D'AIX-LA-CHAPELLE (*Cp 1*).	
Cp 1. Sable jaune, grès et argile violette à végétaux; lits graveleux.	*Cp 1.* Craie de Saint-Vaast, à silex bigarrés. Lit de glauconie grossière à la base.

Étage Turonien.

SOUS-ÉTAGE NERVIEN (*Tr2*).

Tr2c. Craie glauconifère de Maisières, à *Ostrea lateralis* et *Terebratulina gracilis*[1] (GRIS).

Tr2b. Silex de Saint-Denis, en bancs ou en rognons, avec craie ou marne jaunâtre (RABOTS).

Tr2a. Marnes grises et bleues, à concrétions siliceuses (FORTES TOISES).

SOUS-ÉTAGE LIGÉRIEN (*Tr1*).

Tr1b. Marnes blanchâtres, à *Terebratulina gracilis*[1] (DIÈVES).

Tr1a. Marnes bleues et vertes, à *Inoceramus labiatus* et *Actinocamax plenus* (DIÈVES).

Étage Cénomanien (*Cn*).

Cn3. Marne glauconifère, à cailloux roulés, à *Pecten asper* (TOURTIA DE MONS).

Cn2. Gompholite ferrugineux, très fossilifère, à *Terebratula depressa*, Lm. (*T. nerviensis*, d'Arch.) [TOURTIA DE TOURNAI ET DE MONTIGNIES-SUR-ROC].

Cn1. Sable et grès glauconifères, gris bleuâtre, à silice gélatineuse, avec *Trigonia dædalea* et *Cardium* (*Protocardia*) *hillanum*; gaize; gravier et poudingue (MEULE DE BRACQUEGNIES).

SYSTÈME JURASSIQUE.

Jurassique supérieur.

Étage Wealdien (*W*).

Wm. Glaises plastiques et argiles réfractaires.

Wn. Argile sableuse de Bernissart à Iguanodons : *I. Mantelli* et *I. Bernissartensis*; à *Lepidotus* et à Fougères : *Weichselia* (*Lonchopteris*) *Mantelli*.

Wp. Alternances de sable et d'argile, d'origine fluvio-lacustre, avec végétaux.

Ws. Sable quartzeux (*Torrent* des mineurs), avec bois silicifié.

Wg. Grès blancs, mamelonnés.

Wl. Amas ligniteux.

Wfe. Limonite; sables ferrugineux.

Wx. Cailloux de phtanite et de grès houiller, de quartz blanc, etc.

[1] La Térébratuline turonienne, connue sous ce nom, n'est pas la véritable *T. gracilis*. Celle-ci, dans le Limbourg, se rencontre principalement au niveau de la craie à *Magas*.

Page 312, ligne 2, en remontant de la note au bas de la page, au lieu de « Louzée », lire « Lonzée ».

Page 313, ligne 6, en descendant, au lieu de « *westphalicus* », lire « *granulatus* ».

Page 330, tableau X, ligne 2, au lieu de « *westphalicus* », lire « *granulatus* ».

Page 335, ligne 12, en descendant, au lieu de « *Cuveri* », lire « *Cuvieri* »; ligne 25, au lieu de « *Acanthoceras deverioïdes* var. *inerme* », lire « *Acanthoceras Bizeti* ».

Page 338, ligne 1, en remontant, au lieu de « *Ancyloceras Douvilléi* », lire « *Hamites trinodosus*, Geinitz (voir p. 669) ».

Page 348, tableau XI, 3e case, en remontant « *Tuffeau :* les tuffeaux exploités en Touraine appartiennent à plusieurs horizons (voir p. 779) ».

Page 349, tableau XII, au lieu de « *Acanthoceras deverioïdes* var. *inerme* », lire « *Acanthoceras Bizeti*, de Grossouvre », et au lieu de « *Acanthoceras deverioïdes* var. *armatum* », lire « *Acanthoceras ornatissimum*, Stoliczka ».

Dans le tuffeau inférieur, au lieu de « *Prionotropis Woolgari* », lire « *Prionotropis* cf. *launensis* ».

Au lieu de « *Ancyloceras Douvilléi* », lire « *Hamites trinodosus*, Geinitz ».

Page 352. « M. Glangeaud a montré que les couches dites *purbeckiennes* des Charentes sont un facies latéral du Portlandien moyen. »

Page 367. Même observation à propos des argiles gypsifères.

Page 368, ligne 17, en descendant, au lieu de « *Orbitolina concava* », lire « *Orbitolina plana* var. *mamillata* ».

Page 371, ligne 9, en descendant, au lieu de « *Revellierei* », lire « *Revelierei* »; ligne 13, au lieu de « *Prionotropis Woolgaris*, Sow. sp. », lire « *Prionotropis* af. *launensis* »; ligne 16, supprimer « *Prionotropis papalis* ».

Page 372, ligne 12, en remontant, au lieu de « *Acanthocerus Deveriai* », lire « *Acanthoceras* sp. nov. (espèce de Saumur) », et au lieu de « *Pseudotissotia Galliennei* », lire « *Pseudotissotia* sp. (échantillon trop incomplet pour être susceptible d'une détermination spécifique) ».

Page 374, ligne 20, en descendant, au lieu de « *Harlèi* », lire « *Harléi* ».

Page 378. Le *Mortoniceras campaniense* dont il est parlé ici et dans les pages suivantes est le *Mortoniceras delawarense*, Morton, sp. (voir p. 743).

Page 380, ligne 8, en remontant : l'*Orbitoïdes media* de Royan est, comme l'a reconnu M. Schlumberger d'après l'examen des types de Defrance, exactement l'*Orb. Faujasi;* mais comme celle-ci a été insuffisamment décrite et non figurée, c'est le nom de *media* qui doit être adopté.

L'espèce de Maëstricht est l'*Orbitoïdes lentiformis* (Defrance) Fortis. (Communication de M. Douvillé.)

Page 382. « Dans les couches situées entre Bergerac et Mussidan, notamment à Maurens, on trouve une Orbitoïde qui est identique à celle de Maëstricht, *O. lentiformis*. (Communication de M. Douvillé.) »

Page 383. Les considérations de cette page, relatives aux subdivision du Turonien, doivent être modifiées conformément à ce que je dis plus loin, pages 778 et suivantes, notamment page 782.

Page 384, tableau XIV, assise E, au lieu de « *Olcostephanus superstes* », lire « *Acanthoceras* (?) *superstes* »; au lieu de « *Prionotropis Woolgari* », lire « *Prionotropis* af. *launensis* », et supprimer « *P. papalis* »; assise F^2, au lieu de « *Acanthoceras Deveriai* », lire « *Acantheceras*, nov. sp. », et au lieu de « *Pseudotissotia Galliennei* », lire « *Pseudotissotia*, sp. Ces espèces se trouvent à la limite des assises F^1 et F^2; il en résulte donc que F^1 et les couches de la base F^2 appartiennent à la même zone paléontologique que les couches sous-jacentes et doivent, par conséquent, être rattachées au Ligérien.

Page 384, tableau XVI, au lieu de « *Pseudotissotia Galliennei*, d'Orb., sp. », lire « *Pseudotissotia*, sp. »; au lieu de « *Acanthoceras Deveriai* », lire « *Acanthoceras*, nov. sp. » et reporter l'indication d'existence dans la zone F; au lieu de « *Mammites Revellierei* », lire « *Mammites Revelierei* »; au lieu de « *Prionotropis Woolgari*, Sowerby, sp. », lire « *Prionotropris* af. *launensis* »; supprimer « *Prionotropolis papalis* »; et au lieu de « *Olcostephanus superstes*, Kossmat », lire « *Acanthoceras* (?) *superstes*, Kossmat, sp. ».

Page 386. Dans la légende de la figure 31, mettre « e_{11} » avant « e_{111} ».

Page 393. « L'Orbitoïde de Roquefort n'est pas *O. media;* elle se trouve avec un autre type très curieux (genre nouveau) signalé à Landiras (ligne 11, en descendant) comme grandes Orbitoïdes. On y rencontre encore des *Omphalocyclus* (*Orbitolites*), bien difficiles à distinguer d'*O. macroporus* de Maëstricht, représenté à Gensac par une forme voisine ou identique, *O. disculus*, Leymerie. (Communication de M. Douvillé.) »

Page 415, ligne 18, en descendant : *Orbitoïdes gensacica*, Leymerie, doit porter le nom d'*Orbitoïdes papyracea*, Boubée.

Page 429, ligne 13, en descendant, au lieu de « *Coralliochama* », lire « *Mitrocaprina* ».

IMPRIMERIE NATIONALE.

Page 439. « Au col du Linas, la série est plus complète qu'on ne l'a d'ordinaire indiqué; en effet, d'après l'examen que M. Douvillé a bien voulu faire d'échantillons d'Orbitolines que j'y ai recueillies à divers niveaux, on y rencontrerait *Orbitolina conoïdea*, espèce de l'Aptien, et *Orbitolina plana* var. *mamillata* du Cénomanien de Fouras.

Page 441. « Près de Cubières, j'ai recueilli des Rudistes que M. Douvillé rapporte au genre *Schiosia.* »

Page 443. Ajouter à la liste des Ammonites des Calcaires marneux et marnes à Micrasters, « *Phylloceras glaneckense* ».

Page 455, ligne 14, en descendant, au lieu de « quelque cent mètres », lire « quelques cents mètres ».

Page 464. « J'ai trouvé dans les couches supérieures à Hippurites des environs des Croutets *Mitrocaprina Bayani*, espèce déjà signalée des environs de Foix. »

Page 478. « Je considère aujourd'hui le n° 7 de la coupe de Clansayes comme devant être rattaché à l'étage Albien, ainsi que je l'explique dans le chapitre consacré à la classification des couches supracrétacées (p. 763 et suiv.). »

Page 497, ligne 5, en descendant, au lieu « d'Uchaux », lire « Dieulefit ».

Page 506, ligne 17, en descendant, au lieu de « proviendraient », lire « provenaient ».

Page 513, ligne 5, en remontant, supprimer « Turonien ».

Page 524, ligne 4, en remontant, au lieu de « Lymnées », lire « Limnées ».

Page 525, ligne 7, en descendant, et ligne 11, en remontant, au lieu de « *Lymnæa* », lire « *Limnœa* ».

Page 543. 2e paragraphe. — « Le *M. arenatus* est bien du Santonien inférieur, comme je le supposais, et non du Campanien, comme on l'a indiqué, car M. Peron l'a trouvé sur le chemin de Contes-les-Pins à la Madonne, en compagnie d'*Am. texanus* et de nombreux *Inoceramus digitatus.* »

4e paragraphe. — « Les Échinides crétacés des environs de Conte-les-Pins ont été souvent désignés comme provenant de la Palarea : c'est à tort, car le château de la Palarea est au sommet sur le Nummulitique. Le gisement des Échinides est situé près d'un hameau entre Nice et l'Escarène, marqué Font-de-Jarrier sur les plaques des routes de la région et écrit Font-de-Giariel sur la carte d'État-Major. (Communication de M. Peron.) »

Page 568, ligne 7, en descendant, au lieu de « Nirmont », lire « Niremont ».

Page 581, ligne 3, en remontant, au lieu de « *Lonsdalii* », lire « *Londaslei* ».

Page 618, note du bas de la page. « L'espèce des Pyramides (Abou Roach) n'est pas le *Biradiolites Mortoni*, car elle appartient au Turonien (voir p. 923), comme se trouvant au-dessous de couches avec *Tissotia.* »

Page 637. Ajouter à la liste des fossiles du Santonien « *Phylloceras glaneckense* », « Redtenbacher, sp. », que j'ai trouvé dans les marnes à *Am. texanus* et *Micraster corbaricus* des Corbières.

Page 639, 3e ligne, en descendant, au lieu de « *Gaudryceras glaneckense* », lire « *Phylloceras glaneckense* ».

Page 641. « Il est vraisemblable que *Hip. colliciatus* et peut-être aussi *Hip. sulcatus* montent dans le Campanien supérieur, comme on peut l'induire des travaux de M. Redlich. »

Page 646. A la suite de cette bibliographie, il y a lieu d'ajouter :

« 1899. K. Redlich. *Die Kreide der Görstschitz und Gurkthales* (*Jahrb. d. k. k. geol. Reichsanstalt*, XLIX, p. 663).

« 1900. K. Redlich. *Das Alter der Kohlenablagerungen östlich und westlich von Rötschach in Süd-Steiermark* (*Jahrbuch d. k.k. geol. Reichsanstalt*, L., p. 409). »

Page 684, ligne 9, en descendant, au lieu de « Oudraten kreide », lire « Quadratenkreide ».

Page 761. Pour montrer combien la présence du genre *Echinocorys*, invoquée pour maintenir le Garumnien supérieur et le Danien dans le système Crétacé, est au fond un argument sans grande portée, il me suffit de rappeler que ce genre persiste dans des couches éocènes incontestées, comme l'a montré M. Lambert, p. 971.

Page 767, ligne 11, en descendant, « Rhotomagien » : cette orthographe est mauvaise. Coquand a écrit Rothomagien et d'Orbigny *Am. rhotomagensis.* L'orthographe correcte est sans *h*, et c'est celle qui est adoptée par tous les savants qui se sont occupés des origines celtiques. Rotomagus (Rouen) dérive, en effet, du gaulois.

L'Itinéraire Antonin porte Rotomagus; Ptolémée écrivait « Ρατομαγος »; au IVe siècle, Novit. Dignit. donne « Rotomago ». Au VIe siècle, Grégoire de Tours écrit « civitas Rothomagensis », et cette orthographe se retrouve dans un certain nombre d'actes des conciles de cette époque; mais l'un des premiers cependant, celui d'Orléans, 511, écrit encore « Rotomagus ».

On doit donc écrire correctement *Am. rotomagensis* et étage Rotomagien.

Page 800, ligne 8, en remontant, après « Caprena » ajouter « et d'Antinitza ».

NOTE ADDITIONNELLE.

D'après Schlönbach (1865, *Beitr. z. Pal. Jura-und Kreide-Formation in nord-westlichen Deutschland*), le Brachiopode turonien désigné par presque tous les auteurs sous le nom de *Terebratulina gracilis* doit porter le nom de *Terebratulina rigida*, Sow., sp., 1829, tandis que celui de *Terebratulina gracilis*, Schloth., sp., 1813, doit être réservé à une espèce des couches à *Bel. mucronata.*

INDEX ALPHABÉTIQUE.

IMPRIMERIE NATIONALE.

IMPRIMERIE NATIONALE.

IMPRIMERIE NATIONALE.

RÉPERTOIRE DES TABLEAUX.

RÉPERTOIRE DES FIGURES ET DES PLANCHES.

FIGURES.

IMPRIMERIE NATIONALE.

PLANCHES.

TABLE DES MATIÈRES.

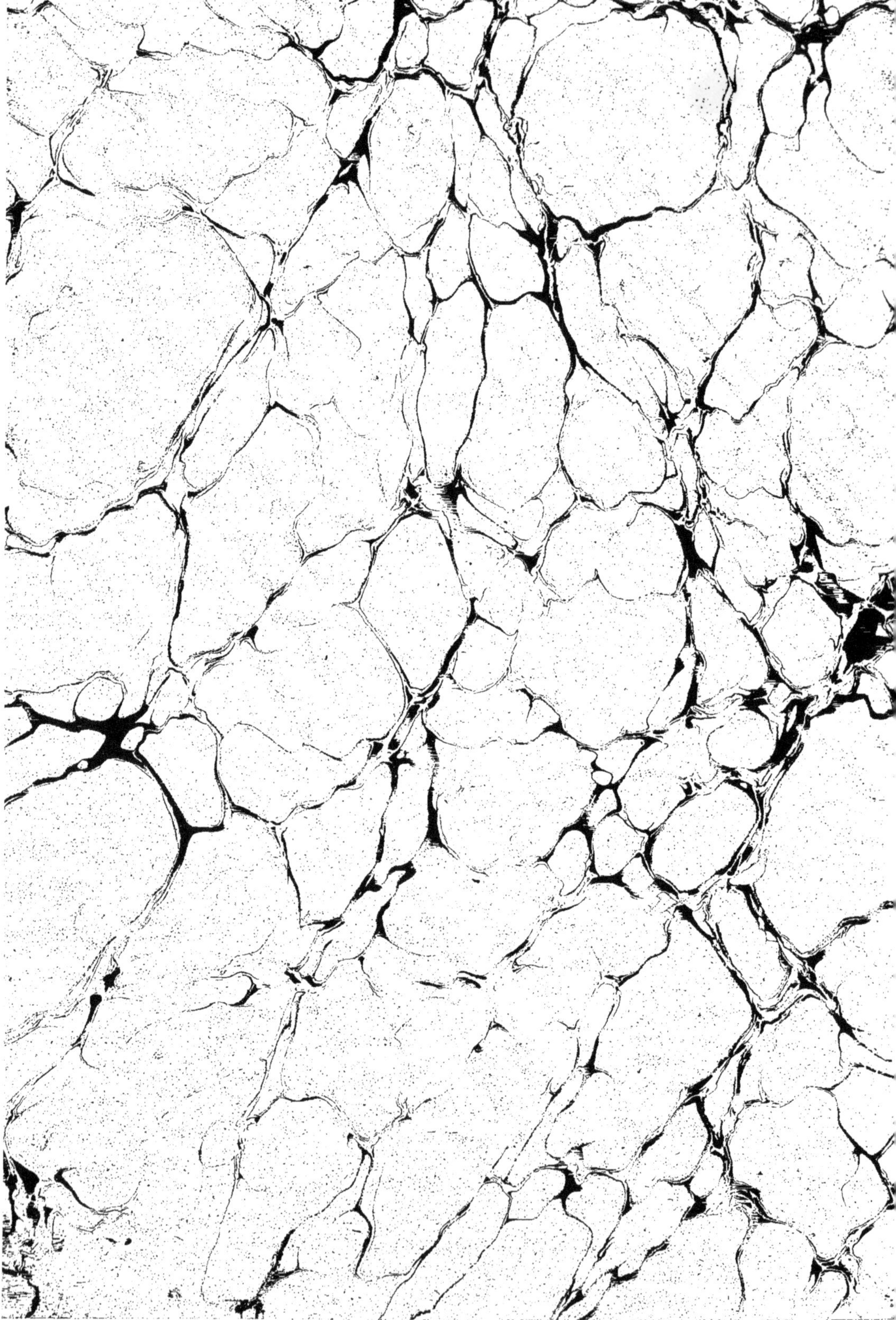

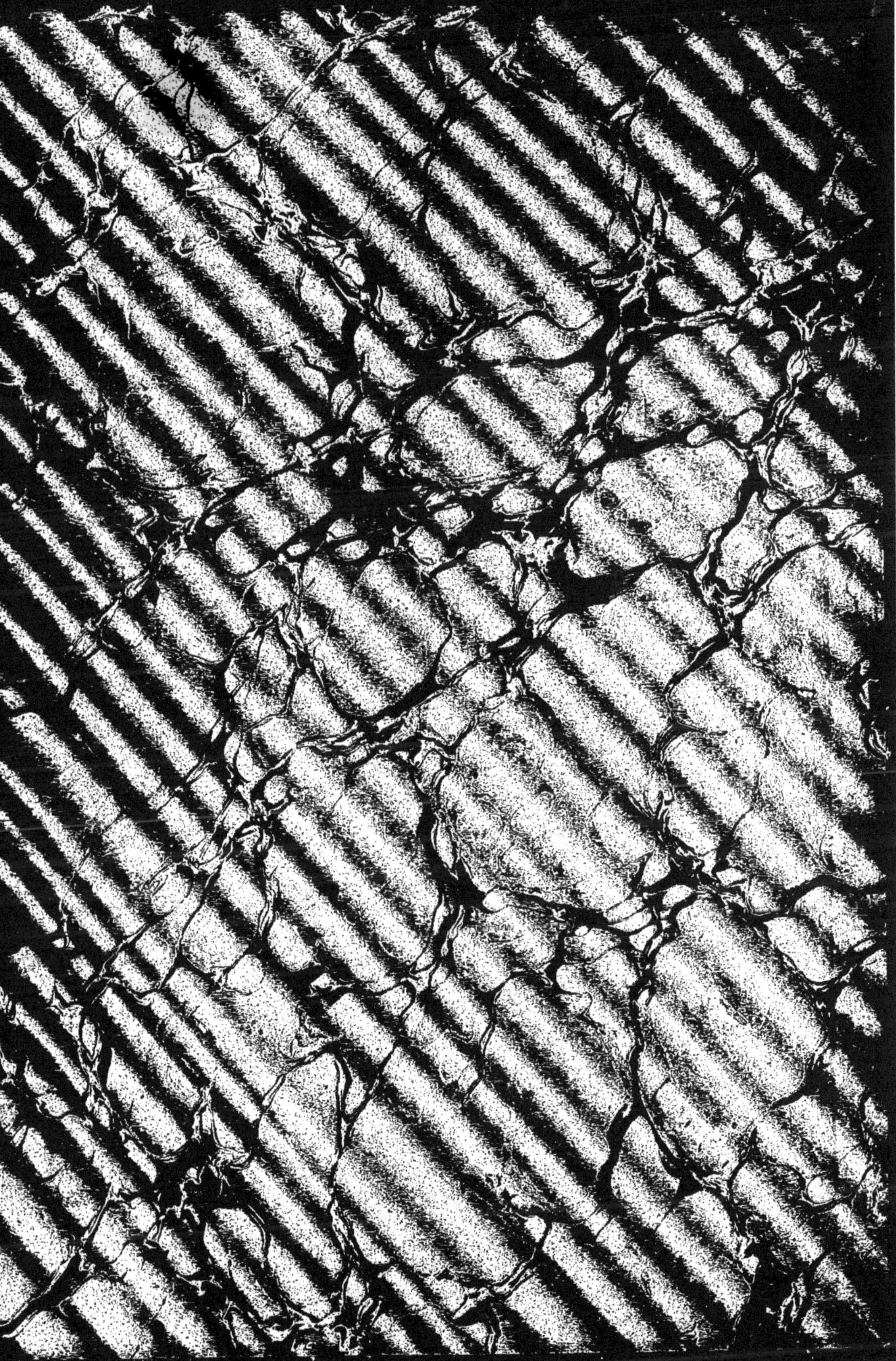

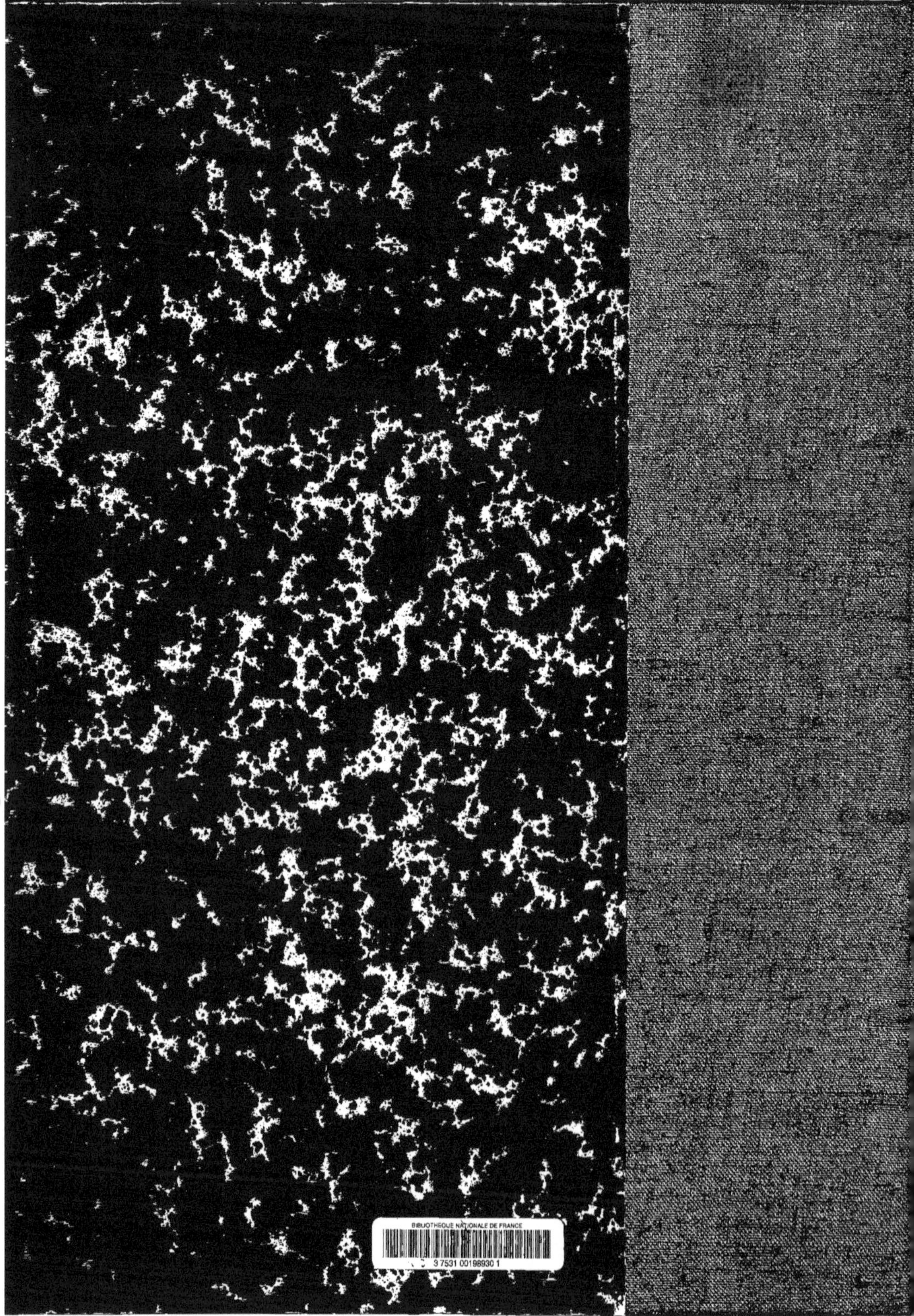